Plasmaphysik für Physiker

Von Prof. Lew A. Artsimowitsch
und Prof. Roald S. Sagdejew
Space Research Institute, Moskau

Übersetzt aus dem Russischen
von Dr. rer. nat. Hans-Peter Zehrfeld
Max-Planck-Institut für Plasmaphysik, Garching

Mit 125 Abbildungen

B. G. Teubner Stuttgart 1983

CIP-Kurztitelaufnahme der Deutschen Bibliothek

Arcimovič, Lev A.:
Plasmaphysik für Physiker / von Lew A. Artsimowitsch u.
Roald S. Sagdejew. Übers. aus d. Russ. von Hans-Peter
Zehrfeld. – Stuttgart : Teubner, 1983.
Einheitssacht.: Fizika plazmy dlja fizikov <dt.>
ISBN 978-3-519-03051-5 ISBN 978-3-322-91219-0 (eBook)
DOI 10.1007/978-3-322-91219-0

NE: Sagdeev, Roald S.:

Gesamtherstellung: Beltz Offsetdruck, Hemsbach/Bergstraße
Umschlaggestaltung: W. Koch, Sindelfingen

Vorwort

Dem Erscheinen dieses Buches liegt die folgende Entstehungsgeschichte zugrunde. Eines Tages im Jahre 1971 bat mich Lew Andrejewitsch Artsimowitsch zu einem, wie er sich ausdrückte, "sehr wichtigen" Gespräch zu sich. Er zeigte mir ein etwa 80 Seiten umfassendes Manuskript mit dem Arbeitstitel "Was jeder Physiker vom Plasma wissen sollte"*). Obgleich es in dem L.A. Artsimowitsch eigenen anschaulichen Stil geschrieben war und Plasmaphysik in konzentriertester Form enthielt, war der Autor nicht ganz zufrieden damit. Es war so, daß er zu dieser Zeit schon zwei Bücher veröffentlicht hatte, in denen einige Fragen der Plasmaphysik und kontrollierter thermonuklearer Reaktionen behandelt wurden und zwar aus der Sicht und in der Sprache des Experimentalphysikers unter Voraussetzung nur "des Minimums an theoretischen Kenntnissen, das für eine allgemeine Orientierung in der Physik des Hochtemperaturplasmas unbedingt notwendig ist". Man muß dazu bemerken, daß Lew Andrejewitsch an Theoretiker ganz bestimmte Anforderungen stellte. Er war der Meinung, daß Plasmatheorie Anwendungscharakter haben sollte, und zu abstrakt-theoretischen, "rein wissenschaftlichen" Arbeiten hatte er ein ziemlich ironisches Verhältnis. Lew Andrejewitsch liebte es festzustellen, daß sich ein Plasma als physikalisches Objekt vollständig beschreiben läßt, indem man von einfachen "ersten Prinzipien" ausgeht (den Gesetzen der Mechanik und des Elektromagnetismus) und daß sich Theoretiker mit konkreten Erscheinungen und Effekten, und nicht mit einer verbesserten Herleitung der Grundgleichungen des Plasmas beschäftigen sollten.

In diesem ersten Gespräch über das Buch wurde mir vorgeschlagen, Mitautor zu werden und, in einer einem verhältnismäßig breiten physikalischen Publikum verständlichen Form, den mathematischen Apparat der Plasmatheorie in das Buch einzubringen. Den dafür notwendigen Grad an Vereinfachung verglich Artsimowitsch mit dem gewöhnlich von Theoretikern in Seminaren mit Experimentalphysikern benützten.

Für mich war es eine große Ehre, als Vertreter der Theoretiker zur Mitarbeit an einem solchen Buch eingeladen zu werden. Viele Fragen, die in das Buch Eingang finden sollten, waren von mir in Seminaren behandelt worden, die unter der Leitung von Lew Andrejewitsch standen. Ich erinnere mich gut an mein erstes Seminar bei ihm im Kurtschatow-Institut im Herbst 1956, das sich mit der theoretischen Erwartung der sogenannten

*) Es wurde später als selbständiges Buch herausgegeben. (ATOMISDAT, Moskau 1976)

"diamagnetischen" Instabilität (der "Spiegel-Instabilität") und ihrer möglichen Gefahr für den Erfolg thermonuklearer Experimente in Apparaturen mit magnetischen Spiegeln befaßte.

Ungefähr zehn Jahre später wurde im gleichen Seminar (in Anwendung auf Tokamaks) "neoklassische Transporttheorie" behandelt. Artsimowitschs untrügliches kritische Gespür, seine außerordentliche physikalische Intuition und Sensitivität, verbunden mit einer seltenen Herzlichkeit, machten seine Seminare zu einer wahren Schule für junge Physiker.

Die Aufgabe, die sich die Autoren beim Schreiben dieses Buches stellten, bestand darin, auch Physikern, deren Arbeitsgebiet mit der Physik des Hochtemperaturplasmas wenig oder gar nichts zu tun hat, von der Plasmaphysik, von ihren Ideen und von der Logik ihrer Entwicklung eine Vorstellung zu vermitteln. Wir wollten soweit wie möglich Analogien zu Methoden, Phänomenen und Prozessen aus den verschiedensten Bereichen der Physik benützen. Es gab viele Diskussionen, es gab Übereinstimmung in vielem, aber es gab auch unterschiedliche Auffassungen.

So gab es wesentliche Unterschiede, was unsere Vorstellungen von der "Rangfolge" angeht, vom "Was ist was?" in der Plasmaphysik. Obwohl ich weiß, daß Physiker solchen Einschätzungen mit einer gewissen Skepsis gegenüberstehen, will ich doch auf eine der zum Glück wenigen Meinungsverschiedenheiten eingehen, die diese Frage betreffen. Ich war (und bin auch heute) nicht bereit, den Effekt des "Plasmafokus" in seiner Bedeutung höher einzuschätzen, als den der "stoßfreien Stoßwellen". Nach meiner Meinung stellen Konfigurationen mit Plasmafokus, so interessant sie auch sind, lediglich eine der Modifikationen von Plasmaströmung beim Pinch-Effekt dar. Was jedoch die grundlegenden begrifflichen Fragen anging, so waren unsere Einschätzungen sehr ähnlich.

Der Grundgedanke, der sich sozusagen wie ein roter Faden durch das Buch zieht, ist die Vorstellung, daß ein Plasma nicht nur ein Gas von Teilchen, von Elektronen und Ionen ist, sondern auch ein Gas von Quasiteilchen - von Wellen. Die Leichtigkeit, mit der im Plasma gleichsam ganz von allein Schwingungen und Wellen angeregt werden können, führt dazu, daß man Wellen "Bürgerrechte" als Quasiteilchen zugestehen muß. Freilich ist ein Hochtemperaturplasma praktisch immer ein sich rein klassisch verhaltendes Objekt, und unsere Plasma-Quasiteilchen sind den Quasiteilchen, wie wir sie bei niedrigen Temperaturen als kollektive Anregungszustände in kondensierten Medien kennen, nicht ganz ähnlich.

Anfang 1973, als Lew Andrejewitsch starb, war das Manuskript dieses Buches von seiner Vollendung noch weit entfernt. In den ersten Monaten nach seinem Tode fiel es mir schwer, daran zu arbeiten. Kurz danach wurde ich zum Institutsdirektor berufen, und die damit verbundenen administrativen Aufgaben waren weder wissenschaftlicher, noch literarischer Tätigkeit förderlich. Gelegentlich konnte ich die unterbrochene Arbeit wieder aufnehmen, doch kam ich damit sehr langsam voran. Vor einigen Monaten jedoch, als wir - alle Freunde und Schüler von Lew Andrejewitsch - begannen, Vorbereitungen zu seinem siebzigsten Geburtstag zu treffen, als wir beschlossen, zu seinem Gedenken ein internationales Symposium zu veranstalten und ein Buch mit Erinnerungen an ihn herauszugeben, da versprach ich meinen Kollegen und auch mir selbst, bis zu diesem Tage die Arbeit an dem alten Manuskript zu beenden. Dabei schien mir, daß das lebendige Wort L.A. Artsimowitschs, in Form des Faksimiles seiner einige Wochen vor dem Tode geschriebenen letzten Seiten, das Interesse der Leser finden würde.

In den sechs Jahren, die seit seinem Tode vergangen sind, sind in der Physik des Hochtemperaturplasmas trotz großer Fortschritte die grundlegenden Ideen der sechziger Jahre nicht nur erhalten geblieben, sondern, nachdem sie weitere Bestätigung durch neue theoretische und experimentelle Untersuchungen erfahren haben, auch zum festen Bestand geworden. Ein großer Schritt nach vorn hat sich in der Physik des kosmischen Plasmas und in der Plasma-Astrophysik ergeben. Hier finden weitgehend die Ideen und Vorstellungen Anwendung, die in der Physik des Hochtemperaturplasmas entwickelt wurden. Für das Buch gestattete dies eine Beschränkung auf nur minimale Änderungen des Manuskriptes von 1973. Um Artsimowitschs Stil zu wahren, wurden in einer ganzen Reihe von Abschnitten Fragmente aus seinen früher schon veröffentlichten Büchern verwendet.

Da das vorliegende Buch keine erschöpfende Monographie darstellt, ist auch das Literaturverzeichnis nur unvollständig. Es bot sich die Angabe der (meiner Meinung nach) nützlichsten Bücher und Übersichtsarbeiten an.

Um ein nach dem Tode von Artsimowitsch sich aus verständlichen Gründen ergebendes Übergewicht der Theorie zu vermeiden, wurde vom Mitautor eine Reihe von experimentellen Graphiken und Resultaten "eingestreut", die die Entwicklung der Plasmaphysik illustrieren sollen. Vielleicht scheint dem Leser die Auswahl der experimentellen Illustrationen einseitig zu sein - er mag dies dann dem Geschmack des Theoretikers zuschreiben.

Um die Arbeit an dem Manuskript zu vollenden, mußte ich mich von Alltagsverpflichtungen weitgehend befreien, Urlaub nehmen und mich der großen Hilfe von seiten meiner Kollegen bedienen. Besonders möchte ich V.D. Schapiro und V.I. Schewtschenko danken, die sich mit mir in selbstloser Weise in die Anstrengungen der letzten Etappe der Arbeit an diesem

Buch geteilt haben. Ich denke, daß ohne ihre Hilfe diese Arbeit nicht abgeschlossen worden wäre. Von für mich unschätzbarem Wert war die Mitarbeit von A.A. Galejew, mit dem mich die engen Bande langjähriger gemeinsamer Arbeit verbinden. Auch A.B. Michailowsky möchte ich meinen Dank für eine Reihe von nützlichen Ratschlägen aussprechen. Schließlich danke ich dem Verlag ATOMISDAT für seine Bemühungen und für große Hilfe.

Dezember 1978 R.S. Sagdejew

Vorwort des Übersetzers

Zusammen mit der Übersetzung wurde das Buch von CGS- auf MKSA-Einheiten umgeschrieben. Dies wurde wesentlich durch die Benützung einer Arbeit von E.S. Weibel*) erleichtert, die deshalb Anhängern des CGS-Systems für die Umrechnung bestens empfohlen sei.
Da nur einige der im Literaturverzeichnis angegebenen Publikationen dem deutschen Leser zugänglich sind, wurden unter /21-23/ drei weitere, neuere Bücher über Plasmaphysik genannt.

Juni 1983 H.P. Zehrfeld

*) E.S. Weibel "Dimensionally Correct Transformations between Different Systems of Units", American Journal of Physics, Vol.36, No.12, p. 1130-1133, 1968

Inhalt

Vorwort 3

1 Plasma ohne Magnetfeld

1.1 Allgemeine Charakterisierung eines Plasmas 9
1.2 Plasmaschwingungen 14
1.3 Einteilung der Plasmen 20
1.4 Teilchenstöße 24
1.5 Transportprozesse 33
1.6 Plasma im Hochfrequenzfeld 38
1.7 Das Eindringen einer elektromagnetischen Welle ins Plasma. Transformation in eine Plasmawelle 44
1.8 Plasmastrahlung 52
1.9 Die kinetische Gleichung eines Plasmas 62
1.10 Hydrodynamische Beschreibung 69
1.11 Plasmaschall 76
1.12 Kinetische Theorie der Wellen im Plasma 82
1.13 Kinetische Theorie der Langmuir-Wellen 92
1.14 Strahlinstabilität 98
1.15 Parametrische Instabilität 107
1.16 Resonante Wechselwirkung von Wellen und Teilchen (Quasilineare Theorie) 117
1.17 Resonante Wechselwirkung von Wellen und Teilchen (induzierte Streuung) 129
1.18 Nichtlineare Wechselwirkung von Wellen und schwache Turbulenz 134
1.19 Modulationsinstabilität und der Kollaps von Langmuir-Wellen 139
1.20 Stationäre nichtlineare Wellen 146

2 Plasma mit Magnetfeld

2.1 Die Bewegung geladener Teilchen im Magnetfeld 156
2.2 Beispiele für die Teilchenbewegung im Magnetfeld 165
2.3 Adiabatische Invarianten der Teilchenbewegung 171
2.4 Kinetische Theorie des Plasmas im Magnetfeld 175
2.5 Plasmahydrodynamik im Magnetfeld 179

2.6 Schwingungen und Wellen 189
2.7 Kinetische Theorie der Plasmawellen 203
2.8 Die Wechselwirkung von Wellen mit Plasmateilchen im Magnetfeld und quasilineare Diffusion 215
2.9 Plasmagleichgewicht im Magnetfeld 227
2.10 Beispiele von Plasmagleichgewichten im Magnetfeld. Der Tokamak 232
2.11 Stabilität der Plasmaoberfläche im Magnetfeld 243
2.12 Austauschinstabilität und das Energieprinzip der Magnetohydrodynamik 250
2.13 Die Stabilisierung magnetohydrodynamischer Instabilitäten in Fusionsapparaturen 256
2.14 Magnetohydrodynamische Instabilität des Gleichgewichtes bei endlicher elektrischer Leitfähigkeit 265
2.15 Die Instabilität der Tearing-Mode 271
2.16 Driftinstabilität 280
2.17 Mikroinstabilität eines Plasmas und anomale Diffusion .. 292
2.18 Energiebilanz des Plasmas im Tokamak 296
2.19 Anomaler Widerstand und die Bildung von Doppelschichten 311
2.20 Stoßfreie Stoßwellen 330
2.21 Erzeugung und Verstärkung magnetischer Felder 344

Literaturverzeichnis 354
Liste der verwendeten Formelzeichen 356
Sachregister 359

1 Plasma ohne Magnetfeld

1.1 Allgemeine Charakterisierung eines Plasmas

Ein ionisiertes Gas, dessen Atome (zumindest in ihrer überwiegenden Zahl) eines oder mehrere Elektronen verloren und sich in positive Ionen verwandelt haben, nennt man Plasma. Dies ist eine nur vorläufige Definition des Plasmas als eines besonderen Zustandes der Materie. Im weiteren werden wir eine genauere Bestimmung vornehmen. Im allgemeinen stellt ein Plasma ein Gemisch aus drei Komponenten dar: Es enthält freie Elektronen, positive Ionen und neutrale Atome (oder Moleküle). Plasma - das ist der in der Natur am häufigsten vorkommende Zustand der Materie überhaupt. Sonne und Sterne lassen sich als gigantische Ansammlungen heißen Plasmas auffassen. Die äußere Hülle der Erde - die Ionosphäre besteht aus Plasma. Außerhalb der Ionosphäre, in der Magnetosphäre der Erde, befinden sich die Plasmosphäre und die sogenannten Strahlungsgürtel, die besondere Gebilde von Plasma darstellen. Unter terrestrischen Bedingungen im Laboratorium und in der Technik begegnen wir dem Plasma in Gasentladungen, da jede Art von Entladung (ein Blitz, ein Funke, ein Lichtbogen usw.) immer auch mit der Entstehung von Plasma verbunden ist.

Für die Entwicklung der plasmaphysikalischen Forschung waren stets die Perspektiven praktischer Anwendung ein wichtiges Stimulans. Anfänglich interessierte das Plasma die Physiker als ein origineller Leiter des elektrischen Stromes und als Lichtquelle. Heute sieht man seine physikalischen Eigenschaften unter anderem Aspekt und damit erscheint es in einem neuen Licht. Einerseits ist der Plasmazustand der natürliche Zustand jeder auf sehr hohe Temperatur erhitzten Materie, andererseits haben wir es mit einem dynamischen System zu tun, einem Objekt, das der Wirkung elektromagnetischer Kräfte unterliegt.

Neue Methoden zur Untersuchung des Verhaltens eines Plasmas sind eng mit großen technischen Problemen verbunden, deren wissenschaftliches Fundament die Plasmaphysik bildet. Hierzu gehören vor allem die kontrollierte Kernfusion und die magnetohydrodynamische Umwandlung von thermischer in elektrische Energie. Es ist möglich, daß in nicht ferner Zukunft die Plasmaphysik auch in der Beschleunigertechnik eine große Rolle spielen wird.

Die Untersuchung der sich im Plasma abspielenden Vorgänge ist jedoch nicht nur im Zusammenhang mit den verschiedenen praktischen Anwendungen von Interesse. Ein Plasma ist ein materielles Medium, das sich aus einem

Kollektiv von Teilchen konstituiert, die nach einfachsten Gesetzen (den Gesetzen elektrostatischer Anziehung und Abstoßung) miteinander in Wechselwirkung stehen. Die Aufgabe des Physikers ist es, ausgehend von der bekannten Mikrostruktur des Plasmas die in diesem Medium sich abspielenden verschiedenen Vorgänge zu erklären. Die theoretische Ausgangslage ist hier von außerordentlicher Transparenz. Dabei bewegen wir uns in der Regel im Rahmen der klassischen Physik, da Quanteneffekte normalerweise keine nennenswerte Rolle spielen.

Die Hauptanstrengungen der experimentellen Forschung gelten gegenwärtig der Entwicklung von Methoden zur Erzeugung eines Plasmas möglichst maximaler Parameter: hoher Temperatur und hoher Dichte. Wir selbst verschaffen uns das Objekt der Untersuchungen, nämlich ein Hochtemperaturplasma, indem wir optimale Bedingungen für seine Existenz zu schaffen versuchen, Bedingungen, unter denen sich das Plasma in einem quasistationären, stabilen Zustand befindet.

Bevor wir diese Frage weiter untersuchen, wollen wir eine genauere Bestimmung des Begriffes Plasma vornehmen. Die elektrischen Kräfte, die zwischen Ladungen verschiedenen Vorzeichens im Plasma bestehen, sorgen für dessen Quasineutralität, d.h. für eine näherungsweise Gleichheit der Dichte von Elektronen und Ionen. Jede Ladungstrennung, die durch eine relative Verschiebung einer Gruppe von Elektronen zu einer Gruppe von Ionen hervorgerufen wird, muß zur Entstehung elektrischer Felder führen, die diese Störung auszugleichen versuchen. Diese Felder nehmen mit zunehmender Dichte der Teilchen zu und können im Falle eines dichten Plasmas sehr hohe Werte annehmen.

Für eine Abschätzung der Stärke des Feldes, das bei einer Verletzung der Neutralität des Plasmas entsteht, wollen wir annehmen, daß in einem gewissen Gebiet vollständige Ladungstrennung vorliegt und in seinem Inneren nur Ladungen eines Vorzeichens verblieben sind. In dem betrachteten Gebiet genügt das elektrische Feld der Poisson-Gleichung $\mathrm{div}\underline{E} = \rho/\varepsilon_o$, wobei ρ die Dichte der elektrischen Ladung ist. Wenn x die lineare Ausdehnung des betrachteten Gebietes und n die Ladungsdichte des Plasmas ist, dann ist $\mathrm{div}\underline{E} \sim E/x \sim ne/\varepsilon_o$ und folglich $E \sim nex/\varepsilon_o$. Dies entspricht einer Änderung des Plasmapotentials um den Wert $\varphi \sim Ex \sim nex^2/(2\varepsilon_o)$.

Betrachten wir ein Beispiel. Es liege ein vollständig ionisiertes Wasserstoffplasma bei Normaltemperatur und einem Druck von 133.3 Pa (1 Torr) vor. In jedem Kubikzentimeter eines solchen Plasmas gibt es $7 \cdot 10^{16}$ Ionen bzw. Elektronen. Ist daher die Quasineutralität in einem Gebiet verletzt, dessen Ausdehnung etwa 1 mm beträgt, dann übersteigt dort das elektrische Feld 10^{12} V/m und in seinem Inneren baut sich eine Potentialdifferenz von über 10^9V auf. Es ist klar, daß eine solche Ladungstrennung völlig irreal ist. Sogar in einem wesentlich dünneren Plasma wird eine starke Verletzung der Quasineutralität in einem Gebiet dieser Größe durch die entstehenden elektrischen Felder sofort beseitigt. Das elektrische Feld drängt Ladungsträger des einen Vorzeichens aus dem Gebiet nichtkompensierter Ladung hinaus und zieht solche entgegengesetzter Ladung herein. Grenzt man andererseits im Plasma einen hinreichend kleinen Bereich ab, so kann dort die Quasineutralität verletzt sein, da sich das Feld, das einen Überschuß von Ladungen des einen Vorzeichens erzeugt hat, als zu schwach erweist, auf die Bewegung der Teilchen wesentlichen Einfluß auszuüben. Für gegebene Dichte und Temperatur des Plasmas gibt es eine Länge r_D, die die folgende Bedingung erfüllt: Falls $x \ll r_D$ gilt, dann ist innerhalb eines Gebietes der linearen Ausdehnung x eine Ladungstrennung ohne wesentlichen Einfluß auf die Bewegung der Teilchen, wenn jedoch $x \gg r_D$ ist, dann sind die Dichten von Teilchen entgegengesetzten Ladungsvorzeichens im genannten Gebiet praktisch einander gleich.

Diese charakteristische Länge läßt sich auf die folgende Weise abschätzen. In einem Gebiet der linearen Ausdehnung r ist bei vollständiger Ladungstrennung die potentielle Energie eines Teilchens größenordnungsmäßig gleich der Energie kT*) seiner thermischen Bewegung. Somit läßt sich für die potentielle Energie die Abschätzung

$$U = e\varphi = \frac{ne^2 r_D^2}{2\varepsilon_0} \sim \frac{1}{2}\, kT$$

angeben. Folglich ist

$$r_D = \left(\frac{\varepsilon_0 kT}{ne^2}\right)^{1/2}$$

Den gleichen Wert für r_D erhalten wir durch eine Betrachtung der Abschirmung des elektrischen Feldes im Plasma. Wir wollen annehmen, daß ins Plasma eine punktförmige "Probeladung" q eingebracht worden ist. In hinreichend kleiner Entfernung r von dieser Ladung hat das Potential den Wert $q/(4\pi\varepsilon_0 r)$. In großen Entfernungen wird sich jedoch infolge der durch das Feld der Ladung q hervorgerufenen Polarisation der Potentialverlauf ändern. Im Zustande statistischen Gleichgewichts wird die räumliche Verteilung von Elektronen und Ionen in der Umgebung der Probeladung durch das Boltzmann-Gesetz $n \sim \exp(-U/kT)$ bestimmt, wobei U für

*) Die thermische Energie eines Plasmateilchens wird zweckmäßigerweise in Elektronenvolt angegeben. Deshalb ist es üblich, auch die Plasmatemperatur in Elektronenvolt auszudrücken, indem man die Energie kT in Einheiten von 1 eV angibt. Auf diese Weise entspricht 1 eV einer Temperatur von ungefähr 11600 K. Da die Boltzmannkonstante nur als Faktor der absoluten Temperatur auftreten wird, ist eine Verwechslung mit der später einzuführenden Wellenzahl k nicht zu befürchten.

Elektronen und Ionen entgegengesetztes Vorzeichen hat. Wie leicht zu sehen ist, führt die dadurch hervorgerufene Polarisierung im betrachteten Gebiet zu einer Abschirmung des elektrischen Feldes. In der Nähe der Probeladung, d.h. bei relativ großem Absolutwert des Verhältnisses U/kT, ist die Dichte von Ladungen mit einander entgegengesetztem Vorzeichen größer. Dies muß zu einer starken Abschwächung des elektrischen Feldes führen. Eine Rechnung unter Benützung sowohl der Poisson-Gleichung, als auch des Boltzmann-Gesetzes, zeigt, daß in großen Entfernungen von der Ladung q das Potential exponentiell abfällt und daß der Bereich, innerhalb dessen um die Ladung q herum ein starkes elektrisches Feld existiert, von der Oberfläche einer Kugel mit einem Radius der Größenordnung r_D begrenzt wird. Diese charakteristische Abschirmlänge wurde erstmals von Debye bei der Betrachtung starker Elektrolyte eingeführt. Später wurde dieser Begriff in die Plasmaphysik übernommen. Die Größe

$$r_D = (\varepsilon_o kT/ne^2)^{1/2} \tag{1.1}$$

nennt man den Debye-Radius oder die Debye-Länge. Wenn der Debye-Radius die räumliche Ausdehnung der Gebiete der Ladungstrennung charakterisiert, dann läßt sich die Zeit, für die solche Gebiete existieren, ermitteln, indem man r_D durch die Geschwindigkeit der schnelleren Teilchen (der Elektronen) teilt:

$$t \sim \frac{r_D}{v_e} \approx \left[\frac{\varepsilon_o kT}{ne^2}\right]^{1/2} \left[\frac{m_e}{kT}\right]^{1/2} = \left[\frac{\varepsilon_o m_e}{ne^2}\right]^{1/2}$$

Je höher die Plasmadichte ist, desto kleiner sind die die Ladungstrennung charakterisierenden räumlichen und zeitlichen Größen. In Gebieten dichten und kalten Plasmas kann eine Verletzung der Quasineutralität nur im Inneren relativ kleiner Gebiete vorliegen. Andererseits kann in einem dünnen und heißen Plasma die Debye-Länge wesentlich größer sein, als die Ausdehnung des von Plasma erfüllten Gebietes. In diesem Falle bewegen sich Elektronen und Ionen unabhängig voneinander und es gibt keinen Mechanismus, der Ladungsdichten entgegengesetzten Vorzeichens automatisch ausgleicht.

Indem wir den Begriff der Debye-Länge benützen, wollen wir die Bestimmung des Plasmas als eines besonderen Zustandes der Materie präzisieren. Eine Ansammlung frei sich bewegender positiv und negativ geladener Teilchen, d.h. ein ionisiertes Gas, nennen wir ein Plasma, wenn die Debye-Länge klein ist gegen die lineare Ausdehnung des vom Gas eingenommenen Gebietes. Diese Definition stammt von Langmuir, dem Gründer der Lehre vom Plasma. Wir müssen zwei Bemerkungen zu den hier eingeführten Plasmaparametern Dichte und Temperatur machen:

1. Elektronen- und Ionendichte sind im allgemeinen nicht notwendigerweise einander gleich, da im Plasma neben einfach geladenen auch noch mehrfach geladene Ionen vorhanden sein können. Wenn n_1 die Dichte der einfach geladenen Ionen ist, n_2 die der zweifach geladenen usw., dann ist die Elektronendichte n_e durch $n_1+2n_2+ \dots$ gegeben. Im weiteren werden wir uns jedoch hauptsächlich für den Fall interessieren, in dem Elektronen- und Ionendichte einander gleich sind (was insbesondere für ein reines Wasserstoffplasma der Fall ist). Die Berücksichtigung des Einflusses mehrfach geladener Ionen auf die Elementarprozesse im Plasma bereitet im allgemeinen keine große Schwierigkeit.
2. Die Einführung nur einer Größe T für die Temperatur des Plasmas ist nur dann gerechtfertigt, wenn die mittlere kinetische Energie von Elektronen und Ionen gleich groß ist. Im allgemeinen muß man im Plasma zumindest zwei Temperaturen unterscheiden: die Elektronentemperatur T_e und die Ionentemperatur T_i. In einem unter Laboratoriumsbedingungen oder in Apparaturen erzeugten Plasma ist T_e im allgemeinen wesentlich größer als T_i. Der Unterschied zwischen T_e und T_i ist durch das sehr große Massenverhältnis zwischen Ionen und Elektronen bedingt. Die äußeren Quellen elektrischer Versorgung, mit deren Hilfe (in Form der verschiedenen Gasentladungen) Plasma erzeugt wird, geben ihre Energie vorzugsweise an die Elektronenkomponente des Plasmas ab, da sich gerade die Elektronen als Träger des Stromes erweisen. Die Ionen andererseits gewinnen thermische Energie durch Stöße mit den schnellen Elektronen. Die bei solchen Stößen einem Ion übertragene Energie ist nicht größer als das $4m_e/m_i$-fache der kinetischen Energie eines Elektrons. Die bei einem Stoß im Mittel übertragene Energie ist noch kleiner. Da $m_e \ll m_i$ ist, muß ein Elektron, um seinen gesamten Energieüberschuß abzugeben, sehr viele (Tausende) Stöße erleiden. Da parallel zu den Prozessen des Austausches von thermischer Energie zwischen Elektronen und Ionen die Elektronen aus Quellen der äußeren elektrischen Versorgung Energie gewinnen und gleichzeitig das Plasma durch verschiedene Arten von Wärmeaustausch Energie verliert, bleibt während einer elektrischen Entladung gewöhnlich ein großer Unterschied zwischen Elektronen und Ionentemperatur bestehen. In der Regel nimmt dieser Unterschied mit zunehmender Plasmadichte ab, da die Zahl der Stöße zwischen Elektronen und Ionen im gegebenen Volumen proportional zum Quadrat der Dichte zunimmt.
   Unter gewissen besonderen Bedingungen jedoch kann in einem stark ionisierten Plasma T_i wesentlich größer als T_e sein. Solche Bedingungen können insbesondere in kurzzeitigen, gepulsten Entladungen hoher Leistung vorliegen, in denen Stoßwellen erzeugt werden anschließend kumulieren.

1.2 Plasmaschwingungen

Ein Plasma ist ein Medium, in dem sehr leicht verschiedene Arten von Schwingungen und Wellen angeregt werden können. Wir wollen diejenige einfachste Schwingungsart betrachten, die durch mikroskopische Abweichungen von der Quasineutralität entsteht. An einer gewissen Stelle im Plasma sei auf irgendeine Weise ein Ladungsüberschuß entstanden. Wir wollen untersuchen, was dabei geschieht. Am leichtesten ist dies am Beispiel einer ebenen Plasmaschicht zu verfolgen. Unter der Wirkung der "rücktreibenden" Kraft des elektrischen Feldes genügt die Bewegung der Elektronen der Gleichung $m_e \Delta\ddot{x} = -eE_x = -ne^2x/\varepsilon_o$, wobei Δx die Verschiebung der Elektronen ist. Hieraus folgt, daß der Abbau der Überschußladung von Schwingungen mit der Frequenz

$$\omega_p = (ne^2/\varepsilon_o m_e)^{1/2} \tag{1.2}$$

begleitet ist. Dies sind die sogenannten Langmuir-Schwingungen. An diesen Schwingungen nehmen die Plasmaionen wegen ihrer großen Masse praktisch nicht teil. Im Unterschied zu Schallschwingungen in einem neutralen Gas, in dem die rücktreibende Kraft der Druckgradient ist, spielen hier die durch Ladungstrennung verursachten elektrischen Felder die wesentliche Rolle. Die Langmuir-Schwingungen können sich im Plasma in der Form von Wellen mit der Frequenz $\omega = \omega_p$, die in dem von uns benützten vereinfachten Modell von der Wellenlänge nicht abhängt, fortpflanzen. Die Phasengeschwindigkeit solcher longitudinalen Wellen ist gegeben durch ω_p/k, wobei $k = 2\pi/\lambda$ die Wellenzahl und λ die Wellenlänge ist. Bei kleinen Wellenlängen (großen Werten von k) muß auch der Einfluß des gewöhnlichen Schalleffektes berücksichtigt werden, der mit der Existenz lokalen Druckungleichgewichts im Plasma verbunden ist. Dazu müssen beide elastischen Kräfte superponiert werden. Es ist leicht zu sehen, daß das Quadrat der Geschwindigkeit in diesem allgemeineren Falle gegeben ist durch

$$\omega^2/k^2 = ne^2/(\varepsilon_o m_e k^2) + \partial p_e/\partial \rho_e \tag{1.3}$$

so daß

$$\omega^2 = ne^2/(\varepsilon_o m_e) + k^2 \partial p_e/\partial \rho_e \tag{1.3'}$$

Hier ist ρ_e die Dichte des Elektronengases ($\rho_e = nm_e$) und p_e sein Druck. In dieser Form wurden die Eigenschaften von Elektronenschwingungen eines Plasmas schon von Langmuir erhalten. Er ging von einer Analogie zu Schallwellen aus und benützte die Gleichungen der Gasdynamik. Bei der Berechnung von $\partial p/\partial \rho$ für die adiabatische Kompression setzte Langmuir in der Zustandsgleichung $\gamma = c_p/c_v = 5/3$, indem er das Elektronengas als einatomig ansah. Dies gilt jedoch nur unter der Voraussetzung, daß sich während des Schwingungsvorganges eine Gleichverteilung der thermischen Energie über die drei Freiheitsgrade translatorischer Elektronenbewegung einstellt. Nun erfahren in in einem beliebigen Plasma während einer Schwingungsperiode $2\pi/\omega_p$ die Elektronen praktisch keinen Stoß, so daß sich eine Gleichverteilung nicht einstellen kann. A.A. Vlasov hat durch Betrachtung der entsprechenden kinetischen Gleichung gefunden, daß in Wirklichkeit $\gamma = 3$ gilt.

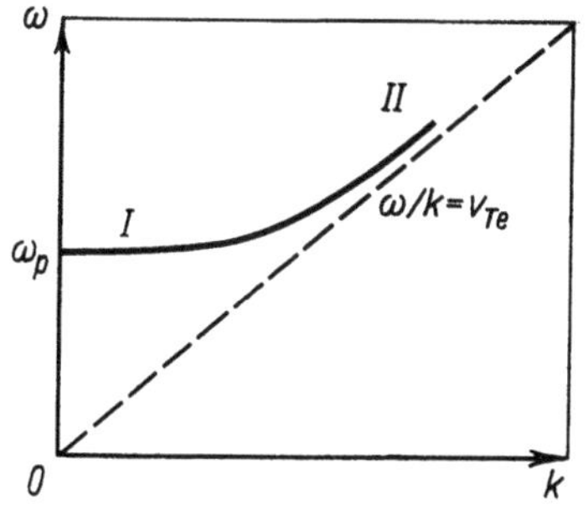

Abb.1.1
Dispersionskurve von Langmuir-Schwingungen:

I - langwelliger Bereich $kr_D \ll 1$
II - kurzwelliger Bereich

Zu diesem Ergebnis kann man durch sehr einfache Überlegungen sogar ohne Benützung einer kinetischen Gleichung gelangen. Stellen wir uns eine Gasschicht zwischen zwei parallelen ebenen Wänden vor, deren Abstand sich langsam ändert. Wenn Stöße zwischen den Teilchen sehr selten sind, dann muß für die zur Wand senkrechte Geschwindigkeitskomponente eines Teilchens die adiabatische Invariante $v_\perp l$ erhalten bleiben; l ist der Abstand zwischen den Wänden. Dies läßt sich leicht beweisen, indem man die Reflexion der Teilchen von einer beweglichen Wand betrachtet. Wegen der Erhaltung dieser Invarianten wird der Druck $nmv_\perp^2$ auf die Wand sich proportional zu n/l^2 ändern. Da aber $n \sim 1/l$ ist, wird $p \sim n^3$, und das bedeutet $\gamma = 3$. Praktisch haben wir damit die Zustandsgleichung für die adiabatische Kompression eines eindimensionalen Gases abgeleitet. Sie läßt sich auch auf thermodynamischem Wege erhalten. Mit dem genannten Wert für γ können wir die Beziehung (1.3) in der Form

$$\omega^2 = \omega_p^2 + 3k^2(kT_e/m_e) \qquad (1.3'')$$

schreiben. In allen Fällen, in denen die Wellenlänge groß gegen die Debye-Länge ist, ist der zweite Term in Gleichung (1.3") kleiner als der erste.

Die Abhängigkeit der Schwingungsfrequenz von der Wellenzahl k (die sogenannte Dispersionskurve) ist auf Abb.1.1 dargestellt. Für große k (kleine λ) muß der Frequenzverlauf sich asymptotisch der linearen Dispersion einer Schallwelle im Elektronengas nähern. Von wesentlichem Einfluß auf die Wellenausbreitung in einem Plasma niedriger Elektronentemperatur sind die Stöße der Elektronen mit den Ionen. Bei solchen Stößen nimmt die Energie der geordneten Elektronenbewegung, d.h. die Energie der Welle, ab (es tritt eine Dämpfung der Welle ein). Dieser normale Dämpfungsmechanismus tritt sowohl bei der Ausbreitung longitudinaler Wellen im Plasma auf, wie sie mit Elektronenschwingungen vom Langmuirschen Typ verbunden sind, als auch beim Durchtritt transversaler elektromagnetischer Wellen durch ein Plasma. Der unerwartetste und wichtigste Effekt jedoch, der zur Physik der Langmuir-Schwingungen gehört, wurde von L.D. Landau vorausgesagt. Landau hat entdeckt, daß auch ohne Stöße (d.h. auch ohne Reibungskraft) Elektronenschwingungen gedämpft werden. Hierbei ist die Dämpfung für Wellen mit großem k besonders groß. So werden Wellen mit $k > 1/r_D$ so stark gedämpft, daß es keinen Sinn mehr hat, für den Bereich solcher Werte von k die Dispersionskurve aufzutragen (s. Abb.1.1). Die Ursache dieser sogenannten Landau-Dämpfung, bei der Elektronen, deren Geschwindigkeit in der Nähe der Phasengeschwindigkeit der Welle liegt, Schwingungsenergie absorbieren, ist in einer Umkehrung des Wawilov-Tscherenkow-Effektes zu sehen. Wir werden diese interessante Erscheinung später (s. Abschnitt 1.12) anhand einer kinetischen Gleichung ausführlich betrachten. Hier wollen wir lediglich qualitativ den ihr zugrunde liegenden physikalischen Mechanismus erörtern. Abb.1.2 zeigt das Potentialrelief einer Langmuir-Plasmawelle, die sich längs der x-Achse mit der Phasengeschwindigkeit v_{ph} bewegt. Das Koordinatensystem möge sich zusammen mit der Welle bewegen. Dann läßt sich das elektrische Potential in Form einer periodischen Funktion $\varphi(x)$ darstellen, die von der Zeit nicht abhängt. Zur Vereinfachung setzen wir $\varphi(x)$ aus rechteckigen Stücken zusammen. Ein Elektron, dessen Geschwindigkeit im Laborsystem den Wert v besitzt, ist auf Abb.1.2 als Punkt dargestellt, der sich mit der Geschwindigkeit $u = v - v_{ph}$ bewegt.

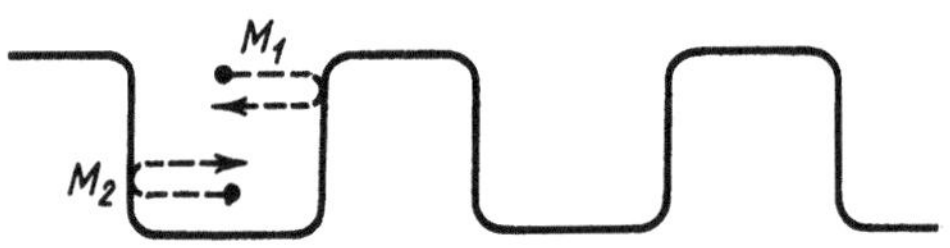

Abb.1.2
Schematische Darstellung des Energieaustausches zwischen resonanten Elektronen und Welle

Für $m_e u^2/2 < e\varphi_0$, wobei φ_0 die Amplitude des elektrischen Potentials der Welle ist, wird das Elektron in der Potentialmulde zwischen zwei Potentialbergen gefangen sein. Bei der Reflexion von diesen Bergen tauscht das Elektron mit der Welle Energie aus. Solche "resonanten" Elektronen gehören einem nur engen Bereich des Geschwindigkeitsspektrums an, da das Produkt aus Potentialamplitude und Elektronenladung gewöhnlich klein gegen die mittlere kinetische Energie der thermischen Elektronenbewegung ist. Elektronen, die nicht zu diesem Bereich des Spektrums gehören, werden vom Wellenfeld nur relativ wenig beeinflußt. Die resonanten Teilchen lassen sich in zwei Gruppen einteilen: in eine Gruppe von Teilchen, die die Welle überholt ($v>v_{ph}$) (1) und in eine, die hinter der Welle zurückbleibt ($v<v_{ph}$) (2). Auf Abb.1.2 bezeichnet der Punkt M_1 ein Elektron, das zur ersten Gruppe gehört und der Punkt M_2 ein solches der zweiten Gruppe. Im Koordinatensystem, das sich zusammen mit der Welle bewegt, kehren beide Teilchen nach einem Stoß am Potentialwall (ohne Änderung des Geschwindigkeitsbetrages) die Richtung ihrer Geschwindigkeit um. Auf diese Weise hat ein überholendes Elektron nach dem Stoß im Laborsystem die Geschwindigkeit $v = v_{ph}-v + v_{ph} < v$, d.h. ein Teil der kinetischen Energie der Elektronen wird an die Welle abgegeben. Umgekehrt gewinnt ein zurückbleibendes Elektron nach dem Stoß am Potentialwall zusätzliche Energie. Bei Maxwellscher Geschwindigkeitsverteilung der Plasmaelektronen gibt es weniger überholende als zurückbleibende Teilchen, so daß die Wechselwirkung resonanter Teilchen mit der Welle insgesamt zu einer Umwandlung von Wellenenergie in Energie thermischer Bewegung führen muß, was einer Schwingungsdämpfung entspricht. Je höher die Dichte der resonanten Teilchen wird, desto stärker muß offenbar die Dämpfung werden. Bei Maxwellscher Geschwindigkeitsverteilung nimmt sie mit Abnahme von v_{ph} schnell zu. Die Phasengeschwindigkeit der Welle nimmt mit der Wellenlänge ab und für Wellenlängen, die kleiner als der Debye-Radius r_D werden, ist sie von der Größenordnung der thermischen Geschwindigkeit v_{Te} der Elektronen. In diesem Falle (Bereich II auf Abb. 1.1) wird sie so stark, daß sich im Plasma keine Wellen mehr ausbreiten können. Im entgegengesetzten Falle, wenn $v_{ph} \gg v_{Te}$ ist, nimmt die Zahl der resonanten Teilchen exponentiell ab und die Dämpfung wird sehr schwach.

Wir wollen eine grobe Abschätzung der Änderungsgeschwindigkeit der Wellenamplitude vornehmen. Diese wird durch das sogenannte <u>Dämpfungsdekrement</u> charakterisiert, die logarithmische Ableitung der Wellenenergie nach der Zeit: $\gamma = 1/(2W) . dW/dt$. Hier ist W die Energiedichte der Welle.

Bei einem Stoß verliert ein Elektron der ersten Gruppe (eines, das die Welle überholt) die Energie

$$\Delta w_e = m_e v^2/2 - m_e(2\omega/k - v)^2/2 = 2m_e(v - \omega/k)\omega/k.$$

Die Zahl der Stöße, die ein Elektron pro Sekunde an den Potentialbergen der Welle erfährt, ist gleich der Geschwindigkeit des Elektrons relativ zur Welle geteilt durch den Scheitelabstand λ zweier Potentialberge.

Ein die Welle überholendes Elektron überträgt dieser in der Zeiteinheit die Energie $2m_e(v-\omega/k)^2\omega/k\lambda$. Die Energie, die einem hinter der Welle zurückbleibenden Elektron übertragen wird, bestimmt der gleiche Ausdruck.

Indem wir über alle von der Welle $E_0 \sin kx$ eingefangenen Elektronen summieren, finden wir für die Änderung der Wellenenergie

$$\frac{dW}{dt} = \frac{2m_e\omega}{k\lambda}\left\{\int_{\omega/k}^{\omega/k+(2eE_0/m_e k)^{1/2}} (v-\omega/k)^2 f_0^e(v)dv - \int_{\omega/k-(2eE_0/m_e k)^{1/2}}^{\omega/k} (v-\omega/k)^2 f_0^e(v)dv\right\} \qquad (1.4)$$

Hier ist $f_0^e(v)$ die Gleichgewichtsverteilungsfunktion der Elektronen über die Geschwindigkeitskomponente in Ausbreitungsrichtung der Welle, so daß $f_0^e(v)dv$ die Zahl der Elektronen mit Geschwindigkeiten im Intervall zwischen v und v+dv ist. Berücksichtigen wir, daß E_0 klein ist und daher v nur wenig verschieden von ω/k, dann können wir $f^e{}_0(v)$ in der Form

$$f_0^e(v) = f_0^e(\omega/k)+df_0^e/dv\big|_{v=\omega/k}\cdot(v-\omega/k)$$

darstellen. Setzen wir dies in (1.4) ein und integrieren, dann ergibt sich

$$dW/dt = (2e^2/\pi m_e)(\omega/k^2)E_0^2\, df_0^e/dv\big|_{v=\omega/k} \qquad (1.5)$$

Für eine Bestimmung des Dämpfungsdekrementes müssen wir die in einer Welle enthaltene Energie berechnen. Die Energiedichte der Welle ist durch

$$W = \varepsilon_0\overline{E^2}/2 + nm_e\overline{v_e^2}/2$$

gegeben, wobei $\overline{E^2}$ der quadratische Mittelwert des elektrischen Feldes ist; $\overline{v_e^2}$ ist das mittlere Geschwindigkeitsquadrat der Elektronen in der Welle. Für longitudinale Schwingungen eines Elektrons sind kinetische und potentielle Energie einander ungefähr gleich. Folglich ist $W = \varepsilon_0\overline{E^2}$. Aus (1.5) erhalten wir für das Dämpfungsdekrement

$$\gamma \sim \frac{e^2\omega}{\varepsilon_0\pi m_e k^2}\left.\frac{df_0^e}{dv}\right|_{v=\omega/k}$$

Für longitudinale Plasmawellen ist $\omega\approx\omega_p$ und wir erhalten schließlich

$$\gamma \sim \frac{\omega_p^3}{\pi k^2 n}\left.\frac{df_0^e}{dv}\right|_{v=\omega/k}$$

Longitudinale Langmuirschwingungen müssen bei der Betrachtung der thermischen (schwarzen) Plasmastrahlung berücksichtigt werden. Der Beitrag dieser Schwingungen zur Zustandsenergie des Plasmas im Gleichgewicht läßt sich größenordnungsmäßig bestimmen, wenn man wie in der Strahlungstheorie jedem Freiheitsgrad die Energie kT/2 zuordnet und die Zahl der Freiheitsgrade gleich der Dimension des Volumens im Phasenraum der Wellenzahlen setzt. Da wegen der Landaudämpfung ein Grenzwert $k_m \sim 1/r_D$ für die Wellenzahl existiert derart, daß Schwingungen mit höherer Wellenzahl nicht angeregt werden, gilt für das Phasenvolumen $V_{ph} \approx 1/r_D^3$. Deshalb gilt für die Schwingungsenergie pro Volumeneinheit $W_o \approx (1/r_D^3)kT/2$. Diese Abschätzung gilt, weil $\hbar\omega_p \ll kT$ und deshalb für die Elektronenschwingungen die Rayleigh-Jeans-Statistik anzuwenden ist.

Die obigen Überlegungen beziehen sich auf den Fall, daß die Verteilung der Elektronen thermodynamischem Gleichgewicht entspricht, d.h. daß das Geschwindigkeitsspektrum eine Maxwellverteilung zeigt. Wenn jedoch auch nur in einem kleinen Teil des Spektrums die Geschwindigkeitsverteilung der Elektronen von der Gleichgewichtsverteilung stark abweicht, dann können Schwingungen sehr großer Amplitude angeregt werden und das bedeutet, daß eine der Formen von Plasmainstabilität auftreten kann.

Aus der oben durchgeführten elementaren Analyse des Mechanismus der Wellendämpfung ergibt sich insbesondere, daß Schwingungsanregung auftreten kann, wenn die Verteilungsfunktion der Elektronen über die Geschwindigkeiten in einem gewissen Bereich ihrer Werte ein Maximum hat. In diesem Falle überwiegt unter den resonanten Teilchen für Wellen mit einer Phasengeschwindigkeit, die etwas kleiner ist, als es dem Maximum der Verteilungsfunktion entspricht, die Gruppe der die Welle überholenden Teilchen: es gilt $df_o^e/dv|_{v=v_{ph}} > 0$.

Im Falle starker Anregung können Schwingungen für die Dynamik von Plasmaprozessen eine große Rolle spielen. Manchmal ist es sogar angebracht, ein Plasma als Gemisch zweier Gase aufzufassen: eines Gases eigentlicher Plasmateilchen (Elektronen und Ionen) und eines Gases von Quasiteilchen, von Schwingungen. Eine solche Betrachtungsweise liegt der modernen Behandlung vieler turbulenter Phänomene zugrunde (s. Abschnitte 1.15-1.18). Im Gas der "Quasiteilchen" müssen neben Langmuirschwingungen manchmal auch noch andere, insbesondere niederfrequente Schwingungen berücksichtigt werden.

In einem Plasma ohne Magnetfeld sind dies longitudinale Schwingungen der Ionen. Ihrem Wesen nach stellen Schwingungen, an denen die gesamte Masse des Plasmas beteiligt ist, nichts anderes als Ausbreitung von Schall mit der Geschwindigkeit $c_s = (\partial p/\partial \rho)^{1/2}$ dar. Wie bekannt ist, hat in einem gewöhnlichen Gas der Begriff der Schallwelle nur dann einen Sinn, wenn die Wellenlänge des Schalls wesentlich größer als die freie Weglänge der Atome oder Moleküle ist. Es zeigt sich, daß in einem Plasma wegen der weitreichenden Coulombkräfte (die das sogenannte selbstkonsistente Feld erzeugen) Schallschwingungen auch im entgegengesetzten Grenzfall existieren können, d.h. dann, wenn die Schallwellenlänge wesentlich kleiner ist, als die freie Weglänge. Schallschwingungen in einem Plasma ohne Magnetfeld werden in Abschnitt 1.11 betrachtet.

1.3 Einteilung der Plasmen

Mit Hilfe der eingeführten Begriffe Debye-Länge und Plasmafrequenz sind wir in der Lage, die Plasmen, denen wir in der Natur begegnen, in dünne und dichte, in klassische und in Quantenplasmen einzuteilen. Die innere Energie eines Plasmas setzt sich zusammen aus der kinetischen Energie von Ionen und Elektronen und der Energie der elektrostatischen Coulombwechselwirkung der das Plasma konstituierenden Ladungsträger (in einem auf relativistische Temperaturen geheizten Plasma muß auch eine magnetische Wechselwirkung berücksichtigt werden). Wir wollen die mittlere kinetische Energie $(3/2)kT$ pro Teilchen mit der mittleren Wechselwirkungsenergie vergleichen. Wegen der Debye-Abschirmung spielt die Wechselwirkung eines geladenen Teilchens mit weit entfernten Ladungsträgern keine wesentliche Rolle, so daß wir nur seine unmittelbaren Nachbarn zu berücksichtigen brauchen. Der mittlere Abstand zu einem benachbarten Teilchen ist durch $r \sim (1/n)^{1/3}$ gegeben, die Wechselwirkungsenergie ist daher näherungsweise $e^2 n^{1/3}/4\pi\varepsilon_0$. Aus diesem Grunde kann man ein Plasma in der Regel als ideales Gas betrachten, wenn $e^2 n^{1/3}/4\pi\varepsilon_0 \ll kT$ ist. Erheben wir beide Seiten dieser Ungleichung zur Potenz 3/2, dann ist leicht zu sehen, daß sie die Form $nr_D^3 \gg 1$ annimmt. Auf diese Weise läßt sich die Bedingung für die Idealität eines Plasmas durch die Zahl der Teilchen ausdrücken, die in einem Gebiet mit linearen Abmessungen von der Größenordnung der Debye-Länge Platz finden. Diese Zahl muß sehr groß sein*). Für $nr_D^3 \gg 1$ ist die thermische Energie der Teilchen größer sowohl als die elektrostatische Wechselwirkungsenergie, als auch die Gleichgewichtsenergie der Elektronenschwingungen des Plasmas. Wenn diese Bedingung nicht erfüllt ist, dann ist das Plasma eher als Flüssigkeit, denn als Gas anzusehen - als Flüssigkeit mit einer sehr komplizierten und bis heute nicht bekannten Zustandsgleichung. Bei weiterer Erhöhung der Plasmadichte ist der Übergang in den metallischen Zustand zu erwarten. Bei sehr hohen Plasmadichten ist mit Quanteneffekten zu rechnen. Zuerst sind sie bei den Langmuir-Schwingungen zu berücksichtigen. Offenbar wird dies dann notwendig, wenn ein Energiequant der Plasmaschwingungen mit der

*) Bei genauerer Betrachtung müßte berücksichtigt werden, daß die Beiträge der Coulombwechselwirkung zur Energie von der Ordnung $e^2 n^{1/3}/(4\pi\varepsilon_0)$, die durch Anziehung bzw. Abstoßung bedingt sind, einander kompensieren. Das von uns schließlich gefundene Kriterium für die Idealität ($nr_D^3 \gg 1$) bleibt jedoch gültig.

mittleren thermischen Energie eines Elektrons vergleichbar wird. Dann wird die de-Broglie-Wellenlänge für Elektronen von thermischer Geschwindigkeit von der Größenordnung der Debye-Länge. Noch bevor dies eintritt, wird die Bedingung $\hbar/m_e v_{Te} \sim 1/n^{1/3}$ erfüllt, d.h. die de-Broglie-Wellenlänge wird vergleichbar mit dem mittleren Abstand zwischen den Elektronen, so daß für die Elektronen Quantenstatistik (Fermi-Dirac- anstelle von Boltzmann-Statistik) anzuwenden ist. Dies ist die sogenannte <u>Quantenentartung</u> des Plasmas. In einem Quantenplasma beginnen Austauschkräfte eine Rolle zu spielen und die Form der Dispersionsbeziehung für die Plasmawellen (1.3") hat eine etwas andere Form:

$$\omega^2 = \omega_p^2 + 3(1 - a r_s) k^2 v_F^2 / 5$$

Hier ist v_F die Fermi-Geschwindigkeit, a ist ein numerischer Koeffizient (~0.06), und r_s ist ein dimensionsloser Parameter, der das Verhältnis von Wechselwirkungs- zu Fermienergie charakterisiert.

Nach dem Pauli-Prinzip können sich zwei Elektronen mit gleichem Spin nicht im gleichen Raumpunkt aufhalten. Deshalb wird sich die potentielle Energie der gegenseitigen elektrostatischen Abstoßung der Elektronen und damit auch die rücktreibende Kraft für die Plasmaschwingungen etwas erniedrigen. Da jedoch Austauschkräfte Kräfte kurzer Dauer sind, können sie die Frequenz der Langmuir-Wellen unendlicher Wellenlänge nicht ändern und haben nur Einfluß auf die Frequenz von Wellen mit einem Wellenvektor endlicher Länge.

Die große Mehrzahl der in der Natur anzutreffenden Plasmen kann man als ideales Gas betrachten (kosmisches Plasma, Gasentladungsplasma usw.). Als Beispiel eines nichtidealen Plasmas können die starken Elektrolyte dienen. Die interessantesten unter ihnen sind die Lösungen der Alkalimetalle in Ammoniak, in denen der Übergang zum flüssigen Zustand und die Umwandlung in ein Metall sich gut verfolgen lassen. Ein Quantenplasma liegt im Elektronengas der Metalle vor. Bei den Dichten kondensierter Materie ($n_e \sim 10^{23}\,cm^{-3}$) macht ein Energiequant der Plasmaschwingungen größenordnungsmäßig einige Elektronenvolt aus. Quantenhafte Eigenschaften kann auch ein Plasma zeigen, das aus Elektronen und positiv geladenen Quasiteilchen - den "Löchern" in Halbleitern - besteht. Plasma dieser Art faßt man unter der Bezeichnung <u>Festkörperplasma</u> zusammen. Die Erscheinung der Quantenentartung erwarten wir auch für das Elektronengas in sehr dichter Sternmaterie - in den Weißen Zwergen.

Die Eigenschaften eines Plasmas werden komplizierter, wenn in ihm außer geladenen Teilchen (Ionen und Elektronen) auch noch neutrale Atome und Moleküle vorhanden sind, d.h. wenn das Plasma nicht vollständig ionisiert ist.

Der Ionisatationsgrad eines Plasmas - das Verhältnis der Zahl geladener Teilchen zur Zahl der ursprünglich vorhandenen Atome - wird durch die Konkurrenz zwischen dem Prozeß der Ionisation und dem diesem entgegengesetzten der Rekombination (der Wiedervereinigung von Elektronen und Ionen zu neutralen Teilchen) bestimmt. Im thermodynamischen Gleichgewicht hängt der Ionisationsgrad nicht von den Einzelheiten dieser Vorgänge ab und kann im Prinzip rein thermodynamisch bestimmt werden. Am einfachsten sind die Gesetze der Thermodynamik für ein ideales Plasma, d.h. für ein Plasma, in dem die kinetische Energie der geladenen Teilchen wesentlich größer als die Wechselwirkungsenergie ist. Wir wollen annehmen, daß nur einfache Ionisation vorliegt. Nach den allgemeinen Prinzipien der statistischen Physik ist das Verhältnis der Wahrscheinlichkeiten, bei gegebener Temperatur ein Elektron mit den Energien w_1 und w_2 anzutreffen, durch

$$(g_1/g_2).\exp((-w_1+w_2)/kT) \qquad (1.6)$$

gegeben. Hier sind g_1 und g_2 die quantenstatistischen Gewichte für die Zustände mit den Energien w_1 und w_2. Der Ionisationsgrad des Gases, das heißt das Verhältnis der Zahl der freien Elektronen zur Zahl der neutralen Atome, wird durch den Ausdruck (1.6) bestimmt, in dem $w_1-w_2= I$ zu setzen ist, wobei I die Ionisationsenergie ist.

In diesem Falle ist g_1 die Zahl der Quantenzellen im Phasenraum für ein freies Elektron, und g_2 ist das quantenstatistische Gewicht eines stationären Energieniveaus im Atom. Wenn wir zur Vereinfachung die Möglichkeit des Elektronenübergangs auf angeregte Zustände des Atoms ausschließen und annehmen, daß der Grundzustand nicht entartet ist, dann ist I die Ionisationsenergie des Grundzustandes und $g_2 = 1$. Freie Elektronen haben ein kontinuierliches Energiespektrum. Das quantenstatistische Gewicht der freien Zustände ist ungefähr gleich dem Phasenvolumen eines Elektrons mit mittlerem thermischen Impuls $(2m_e kT)^{1/2}$ geteilt durch das Phasenvolumen einer Elementarzelle im Phasenraum:

$$g_1 \approx (2m_e kT)^{3/2}\, V_o/(2\pi\hbar)^3$$

In diesem Ausdruck ist V_o das einem Elektron zur Verfügung stehende geometrische Volumen, d.h. $V_o = 1/n_e$. Folglich ist

$$g_1 \approx (1/n_e(2\pi\hbar)^3).(2m_e kT)^{3/2}$$

Unter Benützung dieses Ergebnisses erhalten wir die sogenannte Saha-Formel, die die Abhängigkeit des Ionisationsgrades von der Temperatur bestimmt:

$$n_e/n_a = (g_1/g_2)\exp(-I/kT) \approx ((2m_e kT)^{3/2}/n_e(2\pi\hbar)^3)\exp(-I/kT) \qquad (1.7)$$

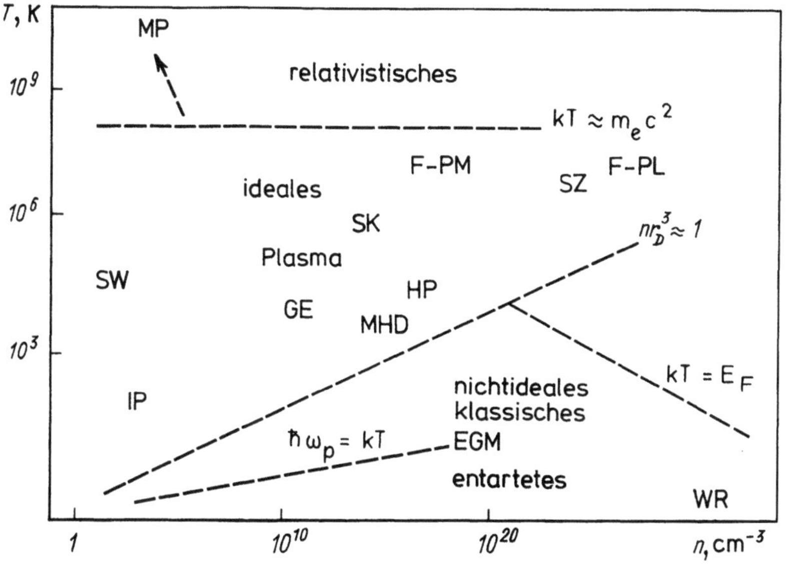

Abb.1.3 Einteilung der Plasmen

GE - Gasentladungsplasma; MHD - Plasma in MHD-Generatoren; FP-M - Fusionsplasma (magnetische Einschließung); FP-L - Fusionsplasma (Laserfusion); EGM - Elektronengas in Metallen; HP - Halbleiterplasma; WR - entartetes Elektronengas in Weißen Riesen; IP - Ionosphärenplasma; SW - Plasma des Sonnenwindes; SK - Plasma in der Sonnenkorona; SZ - Plasma im Zentrum der Sonne; MP - Plasma in der Magnetosphäre von Pulsaren

Etwas anders geschrieben (was für die Berechnung des Verhältnisses n_e/n_a bei kleinem Ionisationsgrad zweckmäßig ist) nimmt die Formel (1.7) die Form

$$n_e/n_a \approx ((2m_e kT)^{3/4}/n_a^{1/2}\,(2\pi\hbar)^{3/2})\exp(-I/kT) \qquad (1.7')$$

an. Aus der Saha-Formel folgt, daß sich ein Gas umso leichter ionisieren läßt, je geringer seine Dichte (d.h. die Dichte der Atome des Gases) ist. Bei Dichten, die wesentlich niedriger als die Dichte kondensierter Materie sind, wird ein hoher Ionisationsgrad auch schon für Temperaturen kT<<I erreicht. Wenn die Dichten allerdings zu klein werden, dann sind die Bedingungen für die Herstellung eines thermodynamischen Gleichge-

wichtszustandes erschwert, weil es eine zu geringe Zahl von Gleichverteilung über die verschiedenen Freiheitsgrade herstellenden Stößen zwischen den Teilchen gibt. Für Plasmen, die sich nicht im thermodynamischen Gleichgewichtszustand befinden, muß man zur Bestimmung des Ionisationsgrades die Einzelheiten der zu Ionisation und Rekombination führenden Stoßprozesse betrachten. Die Behandlung solcher Fragen würde im Rahmen dieses Buches zu weit vom gestellten Thema wegführen.

Es ist üblich, zwischen einem Hochtemperaturplasma und einem kalten Plasma zu unterscheiden. Diese Unterscheidung ist sehr stark mit den Zielsetzungen bestimmter Untersuchungen und deren Anwendungen verknüpft.

So sind mit einem Hochtemperaturplasma Untersuchungen des Problems der kontrollierten Kernfusion verbunden. Gerade diese Untersuchungen haben die stürmische Entwicklung der Physik des Hochtemperaturplasmas in den fünfziger und sechziger Jahren angeregt, die zur Klärung vieler Erscheinungen auch in der Physik der Strahlungsgürtel und in gewissen neuen Gebieten der Astrophysik geführt hat. Ein kaltes Plasma wird als gasförmiger Leiter des elektrischen Stromes in magnetohydrodynamischen Generatoren verwendet.

Das in der Ionosphäre vorhandene kalte Plasma kann man als natürliche Realisierung eines Plasmas niedriger Temperatur ansehen. Die von uns vorgenommene Einteilung der Plasmen läßt sich in einem Diagramm darstellen (Abb.1.3). Da sich die Autoren hauptsächlich für hohe Temperaturen interessieren, ist auch das Buch hauptsächlich der Physik des heißen, vollständig ionisierten Plasmas gewidmet.

Die breite Anwendung numerischer Methoden in der Plasmaphysik, die ursprünglich nur der Auswertung von Experimenten und dem Vergleich mit der Theorie dienten, erstreckt sich heute auch auf eine eigenständige Richtung, auf die sogenannte Plasmasimulation. Die direkte Lösung der Bewegungsgleichungen von N miteinander wechselwirkenden Teilchen mit Hilfe schneller Rechner ist mit dem Begriff der sogenannten "numerischen Experimente" verbunden. In einigen Fällen gelang es, bis zu $n = 10^6$ Teilchen zu betrachten.

1.4 Teilchenstöße im Plasma

Wir wollen uns ein allgemeines Bild von der Bewegung von Elektronen und Ionen in einem Plasma ohne äußere Felder verschaffen. Diese Bewegung wird durch die Gesetze der Wechselwirkung zwischen den Teilchen bestimmt. In einem Plasma hohen Ionisationsgrades besteht die Teilchenwechselwirkung im wesentlichen in der Streuung im Coulomb-Feld. Bei der Streuung unterscheidet man im wesentlichen die drei folgenden Elementarprozesse: die Streuung von Elektronen an Ionen, die von Elektronen an Elektronen und die Streuung von Ionen an Ionen. Andere Elementarprozesse sind entweder mit Photonenstrahlung verbunden (wir werden diese in Abschnitt 1.8 betrachten), oder sie spielen sich unter Beteiligung von neutralen Teilchen ab (und treten mit zunehmendem Ionisationsgrad in den Hintergrund). Als Beispiel eines Prozesses der ersten Art können die mit der Erzeugung von Bremsstrahlung verbundenen Elektronen-Ionenstöße dienen, Beispiele solcher zweiter Art sind Prozesse der Ionisation und der Anregung von Atomen durch Elektronenstoß sowie Umladungsprozesse von Ionen an Atomen. Wenn es sich nicht gerade um ein Wasserstoffplasma handelt, dann ist im allgemeinen auch die Wechselwirkung der Elektronen mit Ionen in energetisch verschiedenen Anregungszuständen zu berücksichtigen. In diesem Fall kann sich die Strahlung der angeregten Ionen als sehr intensiv erweisen. Diese Strahlung wird eine wesentliche Rolle bei der Energiebilanz von Plasmaprozessen spielen.

Im wesentlichen werden wir uns auf die Untersuchung der Wechselwirkung von Teilchen in einem vollständig ionisierten Plasma beschränken.
Wir betrachten die Bewegung eines gewissen "Testteilchens" im Plasma (als solches wählen wir irgendein Elektron oder Ion aus und richten dabei unser Augenmerk auf die Teilchenbahn). Dieses geladene Teilchen erfährt auf seinem Wege Streuakte. Wenn wir die Bewegung eines leichten Teilchen in einer Gesamtheit schwerer Teilchen betrachten (etwa die eines Elektrons zwischen Ionen), dann kann man die Streuzentren als unbeweglich ansehen. In einem solchen Falle wird die Wahrscheinlichkeit der Streuung in eine gegebene Richtung durch die klassische Formel von Rutherford bestimmt.
Jede durch den Vorbeiflug eines Testteilchens an einem Streuzentrum hervorgerufene Streuung führt zu einer Ablenkung der Teilchenbahn um einen gewissen Winkel θ, d.h. zu einer Abnahme der Geschwindikgeit in der ursprünglichen Richtung von v auf $v \cdot \cos\theta$. In der großen Mehrzahl der Fälle spielen sich die Streuvorgänge in großer Entfernung vom Streuzentrum ab und sind deshalb in der Regel von sehr kleinen Richtungsänderungen der Teilchenbahn begleitet (eine charakteristische Besonderheit der Rutherford-Streuung von Punktladungen im elektrischen Feld!). Aus diesem Grunde hat hier die in der kinetischen Theorie der Gase übliche Vorstellung einer aus einzelnen Geradenabschnitten bestehenden und die Stoßorte verbindenden Teilchenbahn keinen Sinn. An ihrer Stelle erscheint das Bild einer stetig gekrümmten Bahn, deren Richtung wegen der außerordentlich vielen, dabei aber gleichzeitig sehr schwachen Impulsänderungen, die durch "Stöße" mit anderen Teilchen hervorgerufen werden, einen anderen Verlauf nimmt. Praktisch glätten sich diese Impulsänderungen zu einer

kontinuierlichen Kraft und repräsentieren das auf ein Teilchen während der Bewegung wirkende "Mikrofeld" des Plasmas, das durch Superponierung der von einzelnen Teilchen erzeugten elektrischen Felder entsteht.
Dabei bietet sich die Einführung einer mittleren freien Weglänge l als der Entfernung an, über die das Teilchen die ursprüngliche Richtung seiner Geschwindigkeit beibehält. Diese Definition entspricht der folgenden Gleichung

$$dv = -v.dx/l \qquad (1.8)$$

Hier ist dv die auf dem Wege dx sich in Richtung der ursprünglichen Bewegung ergebende mittlere Geschwindigkeitsänderung. Mit Berücksichtigung von dx = v.dt läßt sich (1.8) in Form einer Bewegungsgleichung mit einer gewissen effektiven Reibungskraft schreiben:

$$mdv/dt = - mv(v/l) = - mv\nu \ , \qquad (1.8')$$

wobei die hierbei eingeführte Größe $\nu = v/l$ die <u>Stoßfrequenz</u> genannt wird.
Indem man die Definition (1.8') benützt, kann man l mit Hilfe eines Integrals über die Winkelverteilung der gestreuten Teilchen darstellen. Wenn sich der Geschwindigkeitsvektor bei einem Stoß um den Winkel θ dreht, dann ist die Geschwindigkeitsänderung in Richtung der ursprünglichen Bewegung durch $\Delta v = v(1-\cos\theta)$ gegeben. Da es sich hauptsächlich um Streuung um kleine Winkel handelt ($\theta \ll 1$), läßt sich für diese Geschwindigkeitsänderung näherungsweise $\Delta v \approx v\theta^2/2$ schreiben. Für die totale Geschwindigkeitsänderung durch Streuung an mehreren Zentren gilt $\Delta v_N = (v/2)\sum \theta_i^2$, wobei die Summierung über alle N Streuzentren auszuführen ist. Beim Durchlaufen der Strecke dx trifft ein geladenes Teilchen in Stoßentfernungen, die alle möglichen Werte annehmen, auf $ndx\int ds$ Streuzentren. Das Flächenelement ds läßt sich durch den Stoßparameter b in der Form $ds = 2\pi b.db$ ausdrücken. Für kleine Streuwinkel θ gilt die Beziehung $\theta \approx v_\perp/v$, wobei sich $v_\perp$ aus der Komponente der Bewegungsgleichung ermitteln läßt, die die zur Richtung der Anfangsgeschwindigkeit senkrechte Bewegung beschreibt:

$$m\dot{v}_\perp \approx (Ze^2/4\pi\varepsilon_o l).(b^2+v^2t^2)^{-3/2}$$

Hierbei haben wir vorausgesetzt, daß die Bahn Testteilchens eine nahezu gerade Linie ist und der Abstand größter Annäherung daher praktisch mit dem Stoßparameter übereinstimmt. Daraus folgt

$$v_\perp \sim (Ze^2/2\pi\varepsilon_o m)\int_0^\infty b/(b^2+v^2t^2)^{3/2}\,dt = Ze^2/2\pi\varepsilon_o mbv$$

d.h. $\theta \approx 2Ze^2/2\pi\varepsilon_o mbv^2$. Folglich erhalten wir als Mittelwert

$$\overline{dv} = -\,dxnv2\pi \cdot \int_{b_{min}}^{b_{max}} \theta^2 bdb = -\,dxnv(Z^2e^4/\varepsilon_o m^2v^4)\ln\frac{b_{max}}{b_{min}} \quad (1.9)$$

Wenn wir (1.9) mit der Formel (1.8) vergleichen, erhalten wir

$$l = (4\pi/n)(\varepsilon_o mv^2/Ze^2)^2(1/\ln(b_{max}/b_{min})) \quad (1.10)$$

Eine Abschätzung für die Größen b_{max} und b_{min} erhalten wir aus den folgenden Überlegungen. Das elektrische Feld des Streuzentrums ist ein Coulombfeld nur in Entfernungen, die kleiner als der Debye-Radius r_D sind. In größeren Entfernungen fällt es exponentiell ab, so daß Stöße mit einem Stoßparameter größer als r_D von der Betrachtung ausgeschlossen werden müssen. In der Realität freilich kann man die Debye-Wolke um die sich bewegende Ladung nur in grober Näherung als sphärisch ansehen. Die Relaxationszeit - die Zeit für die Herausbildung einer solchen Wolke - ist von der gleichen Größenordnung, wie die Zeit, die ein Ladungsträger mittlerer thermischer Geschwindigkeit benötigt, um eine Strecke zu durchfliegen, die gleich dem Radius dieser Wolke ist. Die strenge Theorie führt jedoch nur zu einer kleinen quantitativen Korrektur des für die freie Weglänge erhaltenen Ausdrucks. Wir ersetzen daher bei der Berechnung von l den Maximalwert b_{max} für den Stoßparameter durch r_D.
Für b_{min} kann man den Wert des Stoßparameters nehmen, der einer Streuung um Winkel $\theta \sim 1$, für die Näherung kleiner Winkel verletzt würde, entspricht. Indem wir $\theta \sim 1$ setzen, erhalten wir

$$b_{min} \sim Ze^2/4\pi\varepsilon_o mv^2 \quad (1.11)$$

Da die auf diese Weise für die Teilchenwechselwirkung im Plasma erhaltene, in (1.10) im Logarithmus stehende Größe b_{max}/b_{min} sehr groß ist (in allen praktisch interessierenden Fällen liegt ihr Wert zwischen 10^4 und 10^8), hat die Güte der Abschätzungen für b_{max} und b_{min} praktisch keinen Einfluß auf die Genauigkeit der Berechnung von l*). Die Voraussetzungen, unter denen der Ausdruck für die freie Weglänge l erhalten wurde, sind erfüllt, wenn das Testteilchen ein Elektron ist und man dessen Wechselwirkung mit den Plasmaionen betrachtet. Die mittlere freie Weglänge, die den Elektronen-Ionen-Stößen im Plasma entspricht, bezeichnen wir mit l_{ei}. Man erhält sie durch Mittelung des Ausdruckes (1.10) über das Energiespektrum der Elektronen. Sind alle Ionen im Plasma einfach geladen, dann erhält man unter der Annahme einer Maxwellverteilung der Elektronenenergien den folgenden Ausdruck für die mittlere freie Weg-

*) Eine genauere Betrachtung unter Berücksichtigung von Quanteneffekten bei der Coulombstreuung führt für $Ze^2/4\pi\varepsilon_o\hbar v < 1$ (Verletzung der quasiklassischen Näherung) zu einer abgeänderten Form des Ausdruckes im Logarithmus. Anstelle von b_{min} erscheint die Brillouin-Wellenlänge $\hbar/mv$. Die Änderung des numerischen Wertes für den Logarithmus ist allerdings nur unbedeutend.

länge

$$l_{ei} = 6.10^{17}(kT_e/e)^2/(nL_K) \qquad (1.12)$$

wobei T_e die Elektronentemperatur und L_K der sogenannte Coulomb-Logarithmus ist. Man erhält ihn, indem man in den Ausdruck $\ln(b_{max}/b_{min})$ die Werte $b_{max}= r_D$, $b_{min}= q_e q_i/4\pi\epsilon_o m_e v^2$ und $m_e v^2= 3kT_e$, $q_e= -q_i= -e$ einsetzt. Innerhalb sehr großer Änderungsbereiche für n und T_e erhält man für L_K Werte zwischen 10 und 20. Da in der Plasmaphysik häufig eine nur grobe Abschätzung der die Teilchenstoßprozesse charakterisierenden Größen genügt, nehmen wir für das weitere $L_K = 15$ an.

Neben l_{ei} lassen sich noch gewisse andere gemittelte Parameter für die Stoßprozesse zwischen Elektronen und Ionen einführen. Der effektive Stoßquerschnitt σ_{ei} ist durch $l_{ei}= 1/n\sigma_{ei}$ und die mittlere freie Flugzeit durch $\tau_{ei}= l_{ei}/v_{Te}$ gegeben, wobei v_{Te} die die mittlere thermische Geschwindigkeit der Elektronen ist. Für die Stoßfrequenz gilt $\nu_{ei}= 1/\tau_{ei}$. Für diese Größen gelten die Formeln:

$$\sigma_{ei} \cong 2.5.10^{-23}\ (kT_e/e)^{-2}, \quad \tau_{ei} \cong 6.3.10^{10}(kT_e/e)^{3/2}/n \qquad (1.13)$$
$$\nu_{ei} \cong 1.6.10^{-11} n/(kT_e/e)^{3/2}$$

Diese Ausdrücke lassen sich unschwer auf den Fall mehrfach geladener Ionen verallgemeinern. Der effektive Stoßquerschnitt wächst proportional zum Quadrat der Ionenladung, woraus sich entsprechende Änderungen für die anderen Parameter ergeben.

Unter den verschiedenen Arten der Teilchenwechselwirkung im Plasma spielen die Stöße zwischen Elektronen und Ionen die wichtigste Rolle, da sie insbesondere den Mechanismus solcher Vorgänge wie Leitung des elektrischen Stroms und Diffusion bestimmen.

Zu einer vollständigen Beschreibung der Coulombwechselwirkung von Teilchen im Plasma gehört auch die Einführung der Parameter, die den statistischen Effekt der Stöße zwischen gleichartigen Teilchen beschreiben (Elektronen-Elektronen- und Ionen-Ionen-Stöße). Hierbei wird die Berechnung dadurch erschwert, daß bei der Betrachtung der Stoßvorgänge die Bewegung des Streuzentrums berücksichtigt werden muß. Es ist jedoch klar, daß sich die Berücksichtigung dieser Bewegung nur auf den Wert des numerischen Koeffizienten in den Formeln für die mittlere freie Weglänge auswirkt und die Temperaturabhängigkeit ungeändert läßt. Insbesondere erwarten wir, daß l_{ee} (die mittlere freie Weglänge für Elektronen-Elektronen-Stöße) bis auf einen nur wenig von 1 verschiedenen numerischen Faktor l_{ei} übereinstimmt. Die Formel für l_{ii} (die mittlere freie Weglänge für Ionen-Ionen-Stöße) erhält man aus der Formel für l_{ei}, indem man in dieser T_e durch T_i ersetzt. Für τ_{ee} und τ_{ei} ergeben sich ungefähr gleiche Werte. Das Verhältnis τ_{ii}/τ_{ee} ist gegeben durch $(m_i T_i^3/m_e T_e^3)^{1/2}$. Sind Ionen- und Elektronentemperatur einander gleich, dann kommen Ionen-Ionen-Stöße wesentlich seltener vor, als Elektronen-Elektronen- oder Elektronen-Ionen-Stöße.

Streuung wird nicht nur durch die stochastischen Mikrofelder einzelner geladener Teilchen hervorgerufen, sondern auch durch die elektrischen Felder von Plasmaschwingungen. Wir wollen versuchen, wenigstens grob die der Wechselwirkung von Elektronen mit Plasmaschwingungen bei thermodynamischem Gleichgewicht (Rayleigh-Jeans) entsprechende freie Weglänge eines Elektrons abzuschätzen. Für diese Formel benützen wir die Beziehung $\Delta v = -v(\Delta x/l)$. Δx sei von der Ordnung einiger Debye-Längen, d.h. von der Ordnung der Wellenlänge der kurzwelligsten Plasmaschwingungen. Die Längskomponente der Geschwindigkeit ändert sich über diese Entfernung um den Wert $\Delta v = -v(1-\cos\theta) \approx -v(\theta^2/2)$, wobei θ der Ablenkungswinkel des Elektrons unter der Wirkung der Senkrechtkomponente $E_\perp$ des elektrischen Feldes der Schwingungen ist. Dieser Winkel ist gegeben durch das Verhältnis der mittleren Senkrechtkomponente der Geschwindigkeit, die ein Elektron im Feld $E_\perp$ gewinnt, zur Längsgeschwindigkeit v. Folglich gilt für den Winkel $\theta = (eE_\perp/2m_e\omega_p)(1/v)$ und wir erhalten

$$\Delta v \sim (1/8v)(eE_\perp/m_e\omega_p)^2 ; \qquad l \sim 8r_D v^2(m_e\omega_p/eE_\perp)^2$$

Berücksichtigen wir, daß $E_\perp = -(2/3)E^2 \approx 2kT_e/3\epsilon_0 r_D^3$ gilt, dann ergibt sich $l \approx 10^{17}(kT_e/e)^2/n$. Auf diese Weise erweist sich für $\lambda > r_D$ Beitrag des Schwingungsfeldes zu den Elektronenstreuprozessen bei grober Abschätzung als um etwa eine Größenordnung (um den Faktor des Coulomb-Logarithmus) kleiner, als der Beitrag durch gewöhnliche Coulombstöße der Teilchen. Die strenge Rechnung zeigt, daß sowohl die gewöhnliche Coulombstreuung, als auch die Streuung an Plasmaschwingungen als Spezialfälle der Wechselwirkung von Teilchen mit Fluktuationen eines Mikrofeldes abgeleitet werden können. Dabei sind "Zweierstöße" das Ergebnis der Streuung an Fluktuationen eines Mikrofeldes, dessen Wirkung sich auf Entfernungen erstreckt, die kleiner als r_D sind. Hingegen müssen Fluktuationen mit $\lambda > r_D$ als Superposition von Plasmaschwingungen betrachtet werden.

Auf diese Weise ist die freie Weglänge eines Elektrons bezüglich der Streuung durch Plasmaschwingungen um eine Größenordnung größer, als im Falle binärer Stöße. Allerdings stellt sich das Plasma oft als instabil heraus: die Amplituden der Plasmaschwingungen wachsen von ganz allein auf Werte an, die um vieles größer sind, als mit dem thermodynamischen Gleichgewichtszustand verträglich ist. In diesen Fällen bestimmen die

Schwingungen den Wert für die freie Weglänge. Plasmen dieser Art zeigen anomale Eigenschaften.

Im Zusammenhang mit der Einführung des Begriffes der freien Weglänge ist es zweckmäßig, noch einmal auf Einteilung der Plasmen in ideale und nichtideale zurückzukommen. Die Bedingung der Idealität $nr_D^3 \gg 1$ läßt sich schreiben als $\omega_p l/v_{Te} \gg 10$. Diese Bedingung bedeutet, daß während einer Schwingungsperiode praktisch keine Stöße auftreten. Im Falle eines nichtidealen Plasmas werden Stöße so häufig, daß die Schwingungen zu schnell gedämpft werden und der Begriff der Schwingung selbst seinen Sinn verliert.

Wir wollen eine Bilanz ziehen. Mit der bisherigen Untersuchung haben wir versucht, die Wechselwirkung geladener Teilchen in einem Plasma im Rahmen der elementaren kinetischen Theorie der Gase zu betrachten, und zwar indem wir die stetig gekrümmten Bahnen von Elektronen und Ionen durch Geradenstücke und den statistischen Effekt vieler schwacher Stöße durch einen starken Stoß ersetzt haben. Der Nutzen solcher qualitativen Methoden besteht darin, daß man anhand von Formeln für die mittlere freie Weglänge, für die freie Flugzeit usw., bei der Analyse der wichtigsten physikalischen Prozesse im Plasma mit anschaulichen Bildern arbeiten kann. Es gibt jedoch auch eine strenge Methode für die Untersuchung der Coulombwechselwirkung von Teilchen in einem Plasma. Diese strenge Methode bedient sich des mathematischen Apparates der kinetischen Theorie.

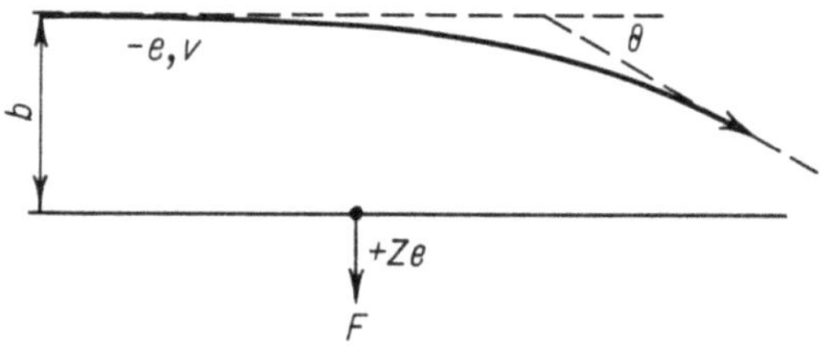

Abb.1.4
Die Bahn eines Elektrons bei der Coulombstreuung am Ion

Wir wollen uns jetzt der Frage des Austauschs von thermischer Energie zwischen Elektronen und Ionen im Plasma zuwenden. Betrachten wir zunächst den einfachsten Fall: Ein schnelles Elektron mit dem Impuls $m_e v_e$ möge sich an einem unbeweglichen Ion vorbeibewegen und hierbei um den Winkel θ gestreut werden, wobei dem Ion der Impuls $2m_e v_e \sin(\theta/2)$ übertragen werde (Abb.1.4). Unter der Wirkung dieses Impulses setzt sich das Ion in Bewegung und gewinnt die kinetische Energie

$$\Delta w_i = (1/2m_i)(2m_e v_e \sin(\theta/2))^2$$

Um die Energie zu ermitteln, die ein schnelles Elektron in der Zeiteinheit den unbeweglichen Ionen überträgt, muß man Δw mit $v_e f(\theta) d\Omega$ multiplizieren und über alle Winkel integrieren:

$$-dw_e/dt = ne^4 L_K/4\pi\varepsilon_o^2 m_i v_e^2 \qquad (1.14)$$

(es wird vorausgesetzt, daß das Ion einfach geladen ist). Den Ausdruck für die übertragene Energie formen wir wie folgt um:

$$ne^4 L_K/4\pi\varepsilon_o^2 m_i v_e = (2m_e/m_i)\,\nu_{ei} w_e \qquad (1.15)$$

Hier ist ν_{ei} die Stoßfrequenz für Stöße zwischen Elektronen mit kinetischen Energie w_e und den unbeweglichen Ionen. Bei einem Stoß geht im Mittel der $2m_e/m_i$-te Teil der Energie verloren (wie dies für das anschauliche Modell eines elastischen Stoßes zwischen zwei Kugeln auch erwartet wird). Den Mittelwert Q_{ei} der Energie, die ein Elektron in einer Sekunde an die Ionen abgibt, erhält man aus (1.14) durch Integration über eine Maxwellverteilung:

$$Q_{ei} = (1.11.10^{-32}/A)n(kT_e/e)^{-1/2} \qquad (1.16)$$

Hier ist A die (relative) Atommasse des ionisierten Gases. Die angegebene Formel ist nur für $T_e >> T_i$ richtig. Wenn T_e von der gleichen Ordnung wie T_i ist, dann muß der Ausdruck (1.16) durch

$$Q_{ei} \approx 10^{-32} n(k(T_e-T_i)/e)(kT_e/e)^{-3/2}/A \qquad (1.17)$$

ersetzt werden. Um eine Vorstellung von der Effektivität des Wärmeaustauschs zwischen Elektronen und Ionen im Plasma zu gewinnen, betrachten wir ein konkretes Beispiel. Die Elektronentemperatur in einem Wasserstoffplasma einer Dichte von $n = 10^{13}\ cm^{-3}$ werde auf einem Wert von 10^6K gehalten. Um die Ionen von der Temperatur Null unter diesen Bedingungen auf $T_i = T_e/2$ zu heizen, werden 1.2 ms benötigt. Wir bemerken, daß dieses Ergebnis nur dann einen Sinn hat, wenn im Verlaufe des betrachteten Zeitintervalls die Ionen die ihnen übertragene Energie auch behalten. Ein Ion mit einer Energie, die einer Temperatur von einigen hunderttausend Grad entspricht, legt pro Sekunde etwa 100m zurück. Um unter solchen Bedingungen die Ionenkomponente heizen zu können, ist eine gute thermische Isolierung des Plasmas notwendig.

Wenn die thermische Geschwindigkeit der Elektronen wesentlich größer ist, als die der Ionen, dann bleibt Formel (1.17) auch für $T_i > T_e$ gültig, d.h. wenn Heizung der Elektronen durch die heißere Ionenkomponente eintritt. Für diesen Fall schreiben wir (1.17) um in

$$Q_{ie} \approx 10^{-32} n(k(T_i-T_e)/e)(kT_e/e)^{-3/2}/A \qquad (1.17')$$

wobei $Q_{ie}=-Q_{ei}$ die Energie ist, die den Elektronen von den Ionen pro Volumeneinheit in 1s übertragen wird. Wenn es allerdings in einem Plasma mit kalten Elektronen so viele heiße Ionen gibt, daß $v_e \ll v_i$ ist, dann kann sich der Wärmeaustausch wesentlich beschleunigen. Mit der gleichen Schlußweise wie für die Herleitung von (1.14) kommen wir unter den genannten Bedingungen zu folgender Beziehung für den Wärmeaustausch:

$$Q_{ie} = ne^4 L_K/4\pi\varepsilon_o^2 m_e v_i \tag{1.18}$$

oder nach Integration über eine Maxwellverteilung der Ionen

$$Q_{ie} = 2.10^{-29} n(kT_i/e)^{-1/2} \tag{1.18'}$$

Zur wesentlichen Charakterisierung des Verhaltens der Materie dient eine Zustandsgleichung, d.h. eine Beziehung zwischen Druck, Temperatur und Dichte. Für ein klassisches Plasma mit isotroper Geschwindigkeitsverteilung der geladenen Teilchen hat die Zustandsgleichung die gleiche Form, wie für ein ideales Zweikomponentengas: $p = nk(T_e+T_i)$. Hier ist p der Plasmadruck, der gleich ist der Summe aus Ionen- und Elektronendruck. Wie wir schon oben ausgeführt haben, gilt diese Formel dann, wenn $nr_D^3 \gg 1$ ist.

Gewöhnlich wird vorausgesetzt, daß die Energieverteilung der Gasteilchen eine Maxwellverteilung ist. Diese Annahme ist für ein Plasma nicht ohne weiteres gerechtfertigt. Eine Maxwellsche Energieverteilung ist das Ergebnis von Teilchenstößen. Damit sich in einem gegebenen Kollektiv von Teilchen bei beliebiger Anfangsverteilung über einen großen Energiebereich eine Maxwellverteilung einstellt (d.h. ein Maxwell"schwanz" entsteht), muß eine Zeit vergehen, in der im Mittel alle Teilchen einige Stöße miteinander ausführen können. Dabei ist die Rede von Stößen von Teilchen gleicher Sorte. Insbesondere stellt sich eine Maxwellsche Energieverteilung bei den Elektronen praktisch in einer Zeit ein, die etwa das Zehnfache der Elektronen-Elektronen-Stoßzeit τ_{ee} ausmacht. In der Ionenkomponente stellt sich eine Maxwellverteilung nach etwa zehn Ionen-Ionen-Stößen ein. Unter der Bedingung $T_i \sim T_e$ stellt sich also bei den Ionen (entsprechend dem Verhältnis $(m_e/m_i)^{1/2}$) eine Maxwellverteilung wesentlich langsamer ein. Auf diese Weise stellt sich heraus, daß durch Stöße zwischen Teilchen gleicher Sorte sich in jeder der Plasmakomponenten eine Maxwellverteilung einstellen kann, bevor die Komponenten untereinander ins thermische Gleichgewicht kommen. Aus diesem Grunde können auch bei unterschiedlichen Werten der Temperatur Elektronen und Ionen im Plasma sehr wohl eine Maxwellverteilung besitzen. Außerdem kann bei kleiner Einschlußzeit der geladenen Teilchen im Plasma die Ionenkomponente für Energien, die wesentlich größer sind als die der Temperatur der Ionenkomponente entsprechende thermische Energie, eine Verteilung aufweisen, die von einer Maxwellverteilung weit entfernt ist (die Zahl der entsprechend schnellen Ionen ist, wenn nicht irgendwelche Mechanismen der Beschleunigung geladener Teilchen vorliegen, wesentlich kleiner als nach Maßgabe einer Maxwellverteilung).

1.5 Transportprozesse im Plasma

Die Begriffe freie Weglänge und Stoßzeit oder Stoßfrequenz erlauben bereits jetzt den Aufbau einer qualitativen Theorie der Transportprozesse im Plasma. Hierzu gehören Diffusion, Wärmeleitung, Leitung des elektrischen Stroms und anderes mehr.

Die Bewegung eines geladenen Teilchens im Plasma hat einen statistischen, diffusionsartigen Charakter, dem sich ein Diffusionskoeffizient $D \sim v_T^2 \tau$ zuordnen läßt. Ein makroskopischer Effekt kann sich daraus bei der Diffusion von Elektronen in einem schwach ionisierten Plasmas ergeben, in dem die neutralen Teilchen die Rolle der Streuzentren spielen.

Bei inhomogener Plasmatemperatur findet im Verlauf einer solchen Diffusionsbewegung ein Wärmetransport statt, der durch die übliche Wärmeleitungsgleichung beschrieben wird, wobei der Wärmeleitungskoeffizient entsprechend seiner physikalischen Bedeutung als das Produkt aus Diffusionskoeffizient und Wärmekapazität erscheint ($\chi = D.c$).

Daraus folgt, daß der Wärmeleitungskoeffizient eines vollständig ionisierten Plasmas proportional zu $T^{5/2}$ ist. Der richtige Wert für den Proportionalitätsfaktor ergibt sich aus der kinetischen Theorie. Die Existenz verschiedener Teilchensorten mit verschiedenen Geschwindigkeiten und mittleren freien Weglängen bedingt, daß auch der Wärmetransport der verschiedenen Teilchensorten unterschiedlich ist. Deshalb unterscheidet man in einem Plasma nicht zufällig zwischen Elektronen- und Ionenwärmeleitfähigkeit (und das gleiche gilt auch für die Diffusion).

Die wichtigste Eigenschaft eines Plasmas ist seine Fähigkeit, unter der Wirkung eines elektrischen Feldes elektrischen Strom zu leiten. Bis auf einige Feinheiten läßt sich dieser Vorgang auch ohne Zuhilfenahme der kinetischen Theorie verstehen. Unter der Wirkung eines elektrischen Feldes entsteht im Plasma eine gerichtete Bewegung geladener Teilchen, mit anderen Worten, durch das Plasma fließt ein elektrischer Strom. Wenn sich die Plasmabewegung über räumliche Bereiche erstreckt, deren Abmessungen wesentlich größer sind, als die mittlere freie Weglänge der Teilchen, und wenn eine charakteristische Zeit für diese Bewegung groß ist gegen die freie Flugzeit, dann erwarten wir, daß Stöße eine wesentliche Rolle spielen werden.

Beim Fließen eines Plasmastroms kann man die Ionen in der Regel als unbeweglich ansehen. Der Strom wird durch den Elektronenfluß erzeugt. Im einfachsten Falle konstanter Stromstärke wird sich ein Gleichgewicht zwischen der auf die Elektronen wirkenden Kraft des elektrischen Feldes und der durch die Stöße zwischen Elektronen und Ionen bedingten Reibungskraft einstellen. Diese Reibungskraft ist gleich dem mittleren Impulsverlust eines Elektrons beim Stoß mit einem Ion. Ein Elektron erleidet pro Sekunde ν_{ei} Stöße, und bei jedem dieser Stöße verliert es den Impuls $m_e\underline{u}$, wobei $\underline{u}$ der Geschwindigkeitsvektor des Elektrons ist. Folglich ist die Kraft der Abbremsung gegeben durch $m_e\underline{u}\nu_{ei}$ und im Zustand des Gleichgewichts der Kräfte gilt

$$-e\underline{E} = m_e\underline{u}\nu_{ei} \qquad (1.19)$$

Die Stromdichte im Plasma wird durch den Ausdruck

$$\underline{j} = -ne\underline{u} \qquad (1.20)$$

bestimmt, folglich ist

$$\underline{j} = (ne^2/m_e\nu_{ei})\underline{E} = (ne^2\tau_{ei}/m_e)\underline{E} \qquad (1.21)$$

Das ist das Ohmsche Gesetz für ein Plasma.

$\sigma = (ne^2/m_e)\tau_{ei}$ ist die elektrische Leitfähigkeit des Plasmas. Setzen wir in diese Formel den Ausdruck für τ_{ei} und Werte für die Konstanten ein, dann erhalten wir (für $L_K = 15$)

$$\sigma \approx 1.4.10^3(kT_e/e)^{3/2} \qquad (1.22)$$

Diese Formel kann auf ein vollständig ionisiertes Plasma mit einfach geladenen Ionen (Wasserstoffplasma) angewendet werden. Wir bemerken, daß die Leitfähigkeit von der Plasmadichte nicht abhängt und mit zunehmendem T_e schnell anwächst. Bei einer Temperatur von 10^8K ($kT_e \approx 8.6$keV) ergibt sich, daß die elektrische Leitfähigkeit eines Wasserstoffplasmas um mehr als eine Größenordnung höher ist, als die von Kupfer bei Zimmertemperatur. Das Vorhandensein mehrfach geladener Ionen erniedrigt die elektrische Leitfähigkeit des Plasmas beträchtlich. Im allgemeinen, wenn die Relativdichten der Ionenkomponenten mit den Ladungen Z_1, Z_2, ... gleich α_1, α_2, ... sind, dann ist (1.22) durch

$$\sigma \approx 1.4.10^3(\Sigma\alpha_k Z_k/\Sigma\alpha_k Z_k^2)(kT_e/e)^{3/2} \qquad (1.23)$$

zu ersetzen. Für ein Plasma mit sehr hoher Elektronentemperatur bedarf diese Beziehung einer Abänderung. Für ein schnelles Elektron wird der effektive Streuquerschnitt σ_{ei} bei hoher Ionenladung wesentlich kleiner als der geometrische Querschnitt des Ions. In diesem Falle beginnt beim Streuprozeß die Wechselwirkung des Elektrons mit dem inneratomaren Feld eine wesentliche Rolle zu spielen, wodurch der Streuquerschnitt wesentlich größer wird, als er sich bei Annahme einer punktförmigen Ionenladung ergibt. Bei hinreichend großen Werten von w_e wird der effektive Streuquerschnitt für das Elektron bereits nicht mehr durch die Ionenladung Z_i, sondern durch die Ordnungszahl des Atoms Z_a bestimmt - der Streuquerschnitt wächst proportional zu Z_a^2.

Im Zwischenbereich solcher Energien, für die der Übergang von $\sigma_{ei}\sim Z_i^2$ zu $\sigma_{ei}\sim Z_a^2$ stattfindet, fällt der effektive Streuquerschnitt langsamer als $1/T_e^2$. Deshalb wächst die elektrische Leitfähigkeit eines Hochtemperaturplasmas beim Vorhandensein schwerer Komponenten langsamer als nach dem $T^{3/2}$-Gesetz und erweist sich gegenüber selbst geringen Verunreinigungen des Plasmas als außerordentlich empfindlich. Bei $T_e \approx 10^8$K ist in einem Wasserstoffplasma der Beitrag eines Atoms oder Ions Quecksilber zur Abbremsung der Elektronen einige tausend Male größer, als der Beitrag eines Wasserstoffions. Auf ein schwach ionisiertes Plasma, in dem Elektronen mit neutralen Teilchen häufiger zusammenstoßen, als mit Ionen, ist (1.23) bereits nicht mehr anwendbar. Aus physikalischen Gründen ist klar, daß man in diesem Fall auf die Formel (1.21) zurückgreifen muß, jedoch anstelle von τ_{ei} die mittlere Stoßzeit für Elektronen und neutrale Atome oder Moleküle einzusetzen hat:

$$\sigma = ne^2\tau_{en}/m_e \qquad (1.24)$$

Insbesondere wird dabei die Temperaturabhängigkeit der elektrischen Leitfähigkeit vom Verhalten des effektiven Streuquerschnittes für die Streuung von Elektronen an neutralen Teilchen abhängen. In einem schwach ionisierten Plasma jedoch ist für die Temperaturabhängigkeit der Ionisationsgrad der bestimmende Faktor. Tatsächlich ist $\tau_{en}\sim 1/n_o$, weshalb σ proportional zum Verhältnis n/n_o ist, was bedeutet, daß bei niedrigen Temperaturen ($kT<<I$) σ proportional ist zum stark sich ändernden Exponentialfaktor $\exp(-I/2kT)$.

Betrachten wir kurz den Anwendungsbereich des Ohmschen Gesetzes für ein Plasma. Dieses Gesetz ist gültig, wenn sich im Plasma zwischen den auf ein Elektron vom elektrischen Feld ausgeübten Kräften und den Reibungskräften ein Gleichgewicht eingestellt hat. Es fragt sich aber, ob sich ein solches Gleichgewicht unter sonst beliebigen Bedingungen auch einstellt.

Die Abbremsung, die ein Elektron in einem vollständig ionisierten Plasma, das dem Einfluß eines beschleunigenden Feldes ausgesetzt ist, erfährt, ist umso schwächer, je größer die Geschwindigkeit des Elektrons ist. Wir wollen das Verhalten eines Elektrons betrachten, das dem hochenergetischen "Schwanz" der Maxwellverteilung angehört ($w_e >> kT_e$). Die Beschleunigung, die ein Elektron zwischen zwei "Stößen" mit Ionen erfährt, ist proportional zu τ_{ei} und wächst folglich wie v^3. Wenn daher die thermische Geschwindigkeit des von uns betrachteten Elektrons hinreichend groß ist, dann kann die Geschwindigkeitszunahme u von der gleichen Größenordnung wie v oder sogar größer werden. In einer solchen Situation ist das vereinfachte Modell eines Prozesses, für den angenommen wird, daß ein Elektron zwischen zwei Stößen relativ wenig gerichtete Geschwindigkeit gewinnt und bei einem starken Stoß augenblicklich vollständig verliert, nicht anwendbar. In Wirklichkeit gehen Beschleunigung und Abbremsung des Elektrons gleichzeitig vor sich. Während das Elektron gerichtete Geschwindigkeit gewinnt, ändert sich gleichzeitig durch die Rutherford-Streuung an den Ionen allmählich die Richtung seiner Geschwindigkeit. Während das elektrische Feld seine Bahn zu begradigen versucht, wird diese durch die Wechselwirkung mit den Ionen gekrümmt. Wenn die Zunahme an gerichteter Geschwindigkeit nicht durch Streuung kompensiert wird, dann kann sich ein Gleichgewicht der Kräfte nicht einstellen und das Elektron gerät in einen Zustand fortgesetzter Beschleunigung, in dem seine Energie ständig wächst. Mit Zunahme seiner Energie nimmt die Reibungskraft ab, deshalb wird ein Elektron, das in diesen Zustand geraten ist, so lange weiterbeschleunigt, wie es sich im Einflußbereich des Feldes befindet. In diesen Zustand des "Durchgehens" kommen solche Plasmaelektronen, die auf einer freien Weglänge eine Geschwindigkeitszunahme u erfahren, die größer als ihre Anfangsgeschwindigkeit ist. Die Bedingung für dieses "Durchgehen" (man spricht bei solchen Elektronen von Runaway-Elektronen und vom Runaway-Effekt) läßt sich in der Form

$$eE\tau_{ei}/m_e > v \qquad (1.25)$$

schreiben. Da τ_{ei} proportional zu v^3/n ist, folgt aus (1.25), daß der Runaway-Effekt dann eintritt, wenn Ew_e/n einen gewissen kritischen Wert überschreitet. Wie man leicht sehen kann, liegt dieser Wert für ein Wasserstoffplasma bei ungefähr $3 \cdot 10^{-16}$ (w_e in eV). In Plasmaexperimenten ist die Bedingung (1.25) gewöhnlich nur für Elektronen erfüllt, deren Energie um ein Vielfaches größer ist, als kT_e. Diese Elektronen machen einen nur sehr kleinen Teil der gesamten Elektronenkomponente aus. Da in diesem Fall der wesentliche Beitrag zum elektrischen Strom von der überwiegenden Zahl der thermischen Plasmaelektronen kommt, gilt das Ohmsche Gesetz mit einem sehr hohen Grad an Genauigkeit. Allerdings existiert neben dem gewöhnlichen Leitfähigkeitsstrom im Plasma nun ein zusätzlicher Strom beschleunigter Elektronen, für den das Ohmsche Gesetz nicht gilt. Wenn das Verhältnis E/n groß wird, dann wird (1.25) auch für Elektronen thermischer Geschwindigkeit erfüllt sein. Dann wird ein großer Teil der Elektronenkomponente ständig beschleunigt und wir erwarten eine starke Verletzung des Ohmschen Gesetzes, da wir es dann eigentlich mit einem instationären Beschleunigungsprozeß der Elektronen zu tun haben. Die Rechnung zeigt, daß Runaway-Elektronen dann im vermehrten Maße auftreten, wenn der Mittelwert von u über das ganze Plasma größer als ein Zehntel der mittleren thermischen Geschwindigkeit der Elektronen wird. Das Verhältnis u/v_e wächst proportional zu v_e^2, wenn daher für Elektronen mit der thermischen Energie $w_e = kT_e$ das Verhältnis $u/v_e = 0.1$ beträgt, dann wird für Elektronen einer Energie von $10.kT_e$ u vergleichbar mit v_e, so daß diese Elektronen die Runaway-Schwelle erreichen. Der Übergang von Elektronen in den Runaway-Zustand läßt sich in ringförmigen elektrischen Entladungen, in denen das das Plasma in einem toroidalen Gefäß erzeugt und einem elektrischen Wirbelfeld ausgesetzt wird, beobachten. In solchen Experimenten wird unter gewissen Bedingungen tatsächlich bei verhältnismäßig kleinem Spannungsabfall an der Plasmaschleife die Beschleunigung einer (verhältnismäßig kleinen) Gruppe von Plasmaelektronen auf sehr hohe Energien beobachtet.

Eine genauere Analyse des Verhaltens von Runaway-Elektronen zeigt, daß diese im Plasma verschiedene Schwingungen und Wellen erzeugen und verstärken können, wobei sie ihre ganze Energie oder einen wesentlichen Teil davon abgeben. Daraus ergibt sich ein neuer Abbremsungsmechanismus für die beschleunigten Teilchen, indem weitere Beschleunigung nicht eintritt, wenn die Elektronen einen gewissen Betrag an kinetischer Energie gewonnen haben. Dieser automatische Mechanismus verhindert, daß alle Plasmaelektronen in einen Zustand ständiger Weiterbeschleunigung geraten. Es ist klar, daß man in diesem Falle die elektrische Leitfähigkeit des Plasmas nicht nach Formel (1.22) bestimmen kann und daß die Abbremsung der Elektronen bei der Wechselwirkung mit den Wellen zu einer Erhöhung des Widerstandes führen muß. Zur Anomalie des elektrischen Widerstandes eines Plasmas im starken elektrischen Feld liegen heute viele experimentelle Befunde vor. Für ein Verständnis anomalen elektrischen Widerstandes bedarf es der Heranziehung der nichtlinearen Theorie der Plasmainstabilitäten (s. Abschnitt 2.19). Die bei hoher Plasmadichte und relativ kleinen elektrischen Feldern gefundenen experimentellen Werte stimmen innerhalb der Fehlergrenzen mit den Werten überein, die man aus der Beziehung (1.23) findet.

1.6 Plasma im Hochfrequenzfeld

Die originellen Eigenschaften eines Plasmas zeigen sich sehr deutlich, wenn man sein Verhalten in einem elektrischen Feld hoher Frequenz betrachtet. Hier beginnt die mechanische Trägheit der Elektronen eine wesentliche Rolle zu spielen. Betrachten wir den einfachsten Fall: Auf das Plasma wirke ein elektrisches Feld E, dessen Stärke durch $E_0\exp(-i\omega t)$ gegeben sei. Wenn die Frequenz so groß ist, daß die Wahrscheinlichkeit für einen Elektronen-Ionen-Stoß während einer Schwingungsperiode des Feldes hinreichend klein ist, dann kann für eine Betrachtung der Elektronenbewegung in erster Näherung der Einfluß der Abbremsung vernachlässigt werden. Die Bewegungsgleichung hat dann die Form

$$m_e\ddot{x} = -eE_0\exp(-i\omega t) \qquad (1.26)$$

wobei x die Koordinate in Richtung des elektrischen Feldes ist. Indem wir (1.26) integrieren, erhalten wir

$$u_e = \dot{x} = (eE_0/im_e\omega)\exp(-i\omega t) \qquad (1.27)$$

Folglich ist

$$j = -\,enu_e = -\,ne^2E/im_e\omega \qquad (1.28)$$

Die erhaltene Beziehung läßt sich in der Form

$$E = (-im_e\omega/ne^2)j \qquad (1.29)$$

schreiben. Das bedeutet, daß die Spannung dem Strom in der Phase um 90° nacheilt. Ein Plasma besitzt also in einem Hochfrequenzfeld eine eigene "nichtmagnetische" Induktivität, die von der Elektronenträgheit hervorgerufen wird. Bei niedrigen Dichten kann diese nichtmagnetische Induktivität des leitenden Plasmas größer sein, als seine gewöhnliche (magnetische) Induktivität. Für einen homogenen zylindrischen Plasmaleiter ist die magnetische Induktivität pro Längeneinheit gegeben durch

$$L_m = \mu_0/4\pi \qquad (1.30)$$

Daraus ergibt sich, daß das Verhältnis von magnetischer zu nichtmagnetischer Induktivität durch $\Pi e^2/4\pi\epsilon_0 m_e c^2 \approx 3\cdot 10^{-13}$ gegeben ist, wobei Π die Zahl der Elektronen pro m Plasmaleiter ist. Die so gefundene Größe hat eine sehr einfache Bedeutung: sie ist gleich der Gesamtzahl von Elektronen, die in einem Abschnitt des Plasmaleiters von der Länge des klassischen Elektronenradius $r_0 = e^2/4\pi\epsilon_0 m_e c^2$ Platz finden. Die Formel (1.29), die eine Beziehung zwischen der Stromdichte und der Stärke des Hochfrequenzfeldes herstellt, läßt sich verallgemeinern, indem man die durch Stöße verursachte Abbremsung der Elektronen berücksichtigt. Dann erhalten wir

$$E = j(1/\sigma - i\omega m_e/ne^2) \tag{1.31}$$

Diese Eigenschaft der Bewegung der Elektronen und des dabei unter der Wirkung des hochfrequenten elektrischen Feldes übertragenen Stroms spielt eine ganz wesentliche Rolle für das dielektrische Verhalten eines Plasmas. Im oben betrachteten einfachsten Falle, in dem am Plasma das elektrische Feld $E_0\exp(-i\omega t)$ anliegt, werden Beschleunigung x und Geschwindigkeit des Elektrons durch die Ausdrücke (1.26) und (1.27) bestimmt. Indem wir noch einmal über die Zeit integrieren, erhalten wir als Verschiebung

$$x = (e/m_e\omega^2)E_0\exp(-i\omega t) \tag{1.32}$$

Aus (1.32) folgt, daß es zwischen der Verschiebung eines Elektrons und der wirkenden Kraft ($F = -eE$) eine Phasenverschiebung von 180° gibt. Dies ist ein Verhalten, das dem bei gewöhnlichen festen Dielektrika beobachteten gerade entgegengesetzt ist. Bei einer Phasenverschiebung von 180° zwischen der auf die Ladung wirkenden Kraft und Ladungsverschiebung ist die elektrische Polarisation der Materie gegen das Feld gerichtet, so daß die Dielektrizitätskonstante $\epsilon < 1$ ist. Mit Hilfe der bekannten Formel

$$\epsilon = 1 + P/\epsilon_0 E \tag{1.33}$$

läßt sich die Dielektrizitätskonstante durch das Dipolmoment pro Volumeneinheit (die Dipoldichte) P ausdrücken. Im Plasma gilt

$$P = -\,nex \tag{1.34}$$

wobei x die Verschiebung der Elektronen ist (die Verschiebung der Ionen kann man vernachlässigen, da sie sehr klein ist). Aus (1.32) und (1.34) finden wir die bekannte Beziehung

$$\epsilon = 1 - \omega_p^2/\omega^2 \tag{1.35}$$

aus der folgt, daß sich in einem Plasma elektromagnetische Wellen mit einer Frequenz, die kleiner als ω_p ist, nicht ausbreiten können. Der Brechungsindex ist folglich $N = \sqrt{\epsilon} = (1-\omega_p^2/\omega^2)$, während die Wellenzahl $k = 2\pi/\lambda$ gegeben ist durch $k = N\omega/c = (\omega/c)(1-\omega_p^2/\omega^2)^{1/2}$.

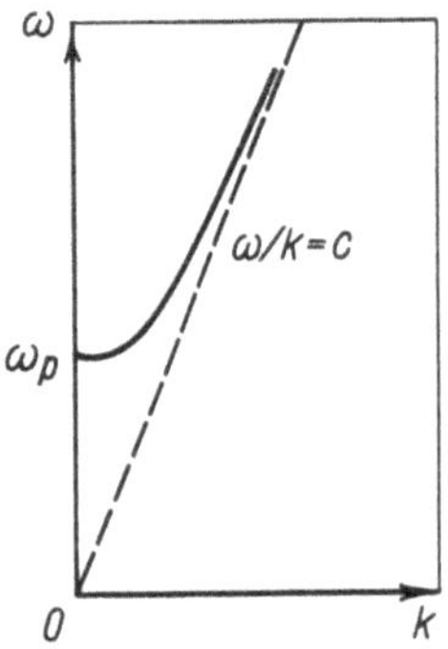

Abb.1.5
Dispersionskurve elektromagnetischer Wellen im Plasma

Abb.1.5 zeigt die Dispersionskurve elektromagnetischer Wellen im Plasma. Elektromagnetische Wellen in einem räumlich homogenen Plasma ohne äußeres Magnetfeld zeigen keine Landaudämpfung. Dies hängt damit zusammen, daß die Phasengeschwindigkeit der Wellen $\omega/k = c/(1-\omega_p^2/\omega^2)^{1/2}$ größer als die Lichtgeschwindigkeit im Vakuum ist, so daß Teilchen, die mit solchen Wellen in Resonanz treten können, nicht vorhanden sind. Deshalb besteht der offenbar einzige Dämpfungsmechanismus für elektromagnetische Wellen in einem solchen Plasma in der durch Stöße bedingten Abbremsung der Elektronen. In der Beziehung für die Dielektrizitätskonstante führt die Berücksichtigung dieses Effektes zum Auftreten eines Imaginärteils. Wenn man in der Bewegungsgleichung für die Elektronen im Felde der Welle die Reibungskraft der Elektronen an den Ionen berücksichtigt

$$m_e\ddot{x} = -eE_0\exp(-i\omega t) - m_e\dot{x}/\tau_{ei}$$

dann erhält man für die Verschiebung

$$x = (e/m_e\omega(\omega+i\nu_{ei}))E_0\exp(-i\omega t).$$

Durch Benützung von (1.32) und (1.34) finden wir

$$\varepsilon = 1 - \omega_p^2/\omega(\omega+i\nu_{ei}). \qquad (1.36)$$

Gewöhnlich ist für elektromagnetische Wellen im Plasma die Ungleichung $\omega \gg \nu_{ei}$ erfüllt. An der unteren Frequenzgrenze $\omega \approx \omega_p$ ist diese Ungleichung der Bedingung $\omega_p\tau_{ei} \gg 1$ (und das bedeutet der Idealitätsbedingung $nr_D^3 \gg 1$ (vgl. Abschnitt 1.3)) äquivalent. Aus diesem Grunde kann man sich in Formel (1.36) mit hinreichender Genauigkeit auf die ersten zwei Glieder einer Entwicklung nach ν_{ei}/ω beschränken:

$$\varepsilon = 1 - \omega_p^2/\omega^2 + i\,\omega_p^2\,\nu_{ei}/\omega^3 \qquad (1.36')$$

Bisher haben wir die Bewegung der Elektronen im elektrischen Feld der Welle in (bezüglich der Amplitude) linearer Näherung betrachtet. In dieser Näherung vollführen die Elektronen in Richtung des elektrischen Feldes schnelle Schwingungen mit einer Geschwindigkeit u, die durch die Beziehung (1.27) bestimmt wird. In der nächsten Ordnung in der Amplitude führt der mittlere quadratische Effekt schneller Oszillationen einer Welle mit räumlich inhomogener Amplitude zu einer Verdrängung der Plasmaelektronen aus Gebieten elektromagnetischen Feldes. Die Physik dieses Verdrängungseffektes läßt sich wie folgt verstehen. Das elektromagnetische Feld, das die hochfrequenten Schwingungen der Elektronen mit der Geschwindigkeit u(t) hervorruft, erzeugt sozusagen einen zusätzlichen Hochfrequenzdruck $p_{HF} \sim nm_e u^2$, der die Plasmaelektronen einem Feldminimum zustreben läßt.

Betrachten wir etwa eine stehende elektromagnetische Welle. In einer solchen Welle schwingen elektrisches und magnetisches Feld in einer zur Inhomogenitätsrichtung (zur z-Achse) senkrechten Ebene.

$$E_x = (1/2)E_x(z)\exp(-i\omega t) + \text{K.K.}$$

$$B_y = (1/2)B_y(z)\exp(-i\omega t) + \text{K.K.}$$

Hier bezeichnet K.K. das konjugiert Komplexe des jeweils vorangehenden Terms. Die Feldamplituden sind miteinander durch die Beziehung

$$dE_x/dz = i\omega B_y$$

verknüpft, die sich aus der Maxwellgleichung

$$\text{rot}\underline{E} = -\frac{\partial \underline{B}}{\partial t}$$

ergibt. Entsprechend unseren obigen Bemerkungen sind die Plasmaelektronen in einer Welle endlicher Amplitude an zwei Bewegungen beteiligt: an den schnellen Schwingungen in Richtung des elektrischen Feldes und an der langsamen Verschiebung senkrecht zur Inhomogenitätsrichtung:

$$\underline{r} = (1/2)\underline{x}\exp(-i\omega t) + \underline{z}(t) + \text{K.K.}$$

Die Gleichung für die Bewegung der Elektronen längs der z-Achse hat die Form

$$m_e\ddot{z} = -euB_y = -(e/4)(u.\exp(-i\omega t)+\text{K.K.})(B_y\exp(-i\omega t)+\text{K.K.}) \qquad (1.37)$$

In dieser Gleichung haben wir berücksichtigt, daß die Geschwindigkeit der Elektronen eine reelle Größe ist und haben sie in der Form

$$u = (1/2)u(z)\exp(-i\omega t) + \text{K.K.}$$

dargestellt, wobei u(z) mit Hilfe von Gleichung (1.27) bestimmt wird. Indem wir auf der rechten Seite von (1.37) über die schnellen Schwingungen mitteln, erhalten wir die folgende Gleichung für die langsame Bewegung der Elektronen längs der z-Achse

$$m_e\ddot{z} = -(e^2/4m_e\omega^2)(E\frac{\partial E^*}{\partial z} + K.K.) = -(e^2/4m_e\omega^2)\frac{\partial|E|^2}{\partial z} \qquad (1.38)$$

Diese Gleichung besagt, daß im Felde einer elektromagnetischen Welle mit räumlich inhomogener Amplitude auf die Plasmaelektronen ein dem Gradienten des elektrischen Feldes entgegengesetzter Gradient des Hochfrequenzdruckes wirkt:

$$F_z = -\frac{\partial p_{HF}}{\partial z} \qquad (1.39)$$

Dieser von der elektromagnetischen Welle erzeugte Hochfrequenzdruck ist gegeben durch

$$p_{HF} = (e^2n/4m_e\omega^2)E^2(z) \qquad (1.40)$$

Obgleich wir diese Formel lediglich für den Fall einer stehenden monochromatischen elektromagnetischen Welle erhalten haben, ist sie in Wirklichkeit ziemlich allgemein gültig. Insbesondere kommt man bei der Betrachtung der Elektronenbewegung in einem inhomogenen longitudinalen elektrischen Feld endlicher Amplitude ($E_z = (1/2)E_z(z)\exp(-i\omega t)+K.K.$) zum gleichen Ergebnis. Die Teilchen mögen sich in einem Feld mit in z-Richtung wachsender Amplitude um den Punkt $z = 0$ bewegen. Während der Schwingungsbewegung sind Kraft und Verschiebung einander entgegengerichtet. Wenn das Teilchen daher nach rechts verschoben wird, ist es einer größeren rücktreibenden Kraft ausgesetzt, als bei einer Verschiebung nach links. Insgesamt ergibt sich eine Kraft in negativer z-Richtung und damit in Gegenrichtung des Gradienten des elektrischen Feldes.

Wenn wir uns auf in der Amplitude quadratische Glieder beschränken, dann läßt sich die auf die Elektronen wirkende Kraft in der Form

$$F = -(e/2)(E.\exp(-i\omega t) + \delta z\cdot\frac{\partial E_z}{\partial z}\exp(-i\omega t)) + K.K.$$

schreiben. Daraus ergibt sich, daß sich die Bewegung der Elektronen in z-Richtung zusammensetzt aus schnellen Oszillationen

$$\delta z = -(eE/2m_e\omega^2)\exp(-i\omega t) + K.K. \qquad (1.41)$$

und aus einer langsamen Verschiebung unter der Wirkung einer über diese schnellen Oszillationen gemittelten Kraft:

$$\langle F_z \rangle = -(e/2)\langle \delta z(\frac{\partial E_z}{\partial z}\exp(-i\omega t)+K.K.)\rangle$$

Setzen wir auf der rechten Seite dieser Beziehung δz ein und führen die Mittelung über die schnellen Oszillationen aus, dann erhalten wir wieder die Kraft (1.39) mit dem Hochfrequenzdruck (1.40). Für eine laufende ebene Welle verschwindet diese Kraft. In allen anderen Fällen ist sie von Null verschieden und führt zu einer Verdrängung des Plasmas aus Gebieten hochfrequenten Feldes. Aus diesem Grunde können für die Einschließung eines dichten Plasmas Bündel starker elektromagnetischer Wellen, wie sie in der heutigen kohärenten Elektrodynamik erzeugt werden, Anwendung finden. Diese Einschließung läßt sich auf die folgende Weise verstehen. In ein hinreichend dichtes Plasma kann eine elektromagnetische Welle nicht eindringen, und am Plasmarand entsteht ein Gradient des elektrischen Feldes. Daraufhin ändert sich unter der Wirkung des Hochfrequenzdruckes das Dichteprofil des Plasmas und die Elektronen werden in feldfreie Gebiete gedrängt (Abb.1.6). Vermöge der daraufhin einsetzenden elektrischen Polarisierung folgen die Ionen den Elektronen nach.

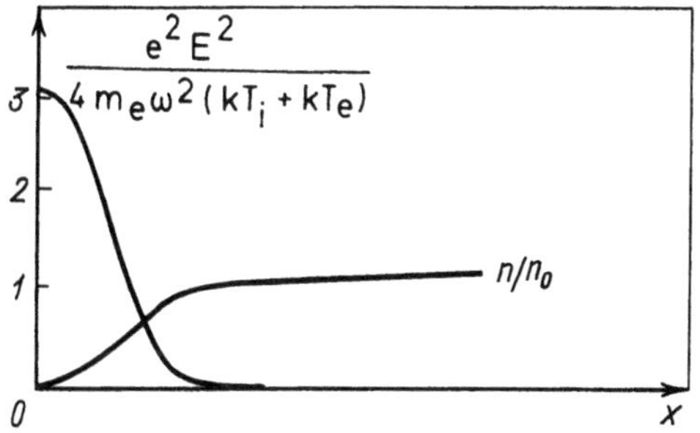

Abb.1.6
Wirkung des Druckes einer elektromagnetischen Welle auf das Plasma

Die Gleichungen, die das Gleichgewicht des Plasmas im elektrischen Feld beschreiben, lassen sich wie folgt angeben:

$$-eE_o-(e^2/4m_e\omega^2)\frac{\partial E^2}{\partial z} - \frac{1}{n}\frac{\partial(nkT_e)}{\partial z} = 0 \qquad (1.42)$$

$$eE_o - \frac{1}{n}\frac{\partial(nkT_i)}{\partial z} = 0 \qquad (1.43)$$

(Hier haben wir die Quasineutralitätsbedingung $n_e = n_i$ benützt.) Aus diesen Gleichungen erhalten wir

$$n = n_o\exp(-e^2|E|^2/4m_e\omega^2k(T_e+T_i))$$

$$eE_o = -e^2|E|^2T_i/4m_e\omega^2k(T_i+T_e),$$

wobei n_0 die ungestörte Dichte für E -> 0 ist. Auf diese Weise kann eine hinreichend starke elektromagnetische Welle

$$e^2|E|^2/m_e\omega^2 >> k(T_e+T_i)$$

in der Tat zur Einschließung eines Plasmas verwendet werden.

1.7 Das Eindringen einer elektromagnetischen Welle ins Plasma. Transformation in eine Plasmawelle

Da für $\omega < \omega_p$ die Dielektrizitätskonstante negativ wird, können elektromagnetische Wellen über die Tiefe einer Skin-Schicht hinaus nicht ins Plasma eindringen. Es zeigt sich, daß sich im Inneren dieser Schicht einer Dicke von der Ordnung c/ω_p geradezu dramatische Vorgänge abspielen können. Diese lassen sich am einfachsten verstehen, wenn man die Ausbreitung einer elektromagnetischen Welle in einem inhomogenen Plasma betrachtet, dessen Dichte und Dielektrizitätskonstante nur von einer Raumkoordinate abhängen. Wir wollen annehmen, daß die Dichte ins Plasma hinein (mit z) zunimmt. In einem solchen Plasma möge sich unter einem gewissen Winkel zur z-Achse eine elektromagnetische Welle ausbreiten. Wenn sich die Plasmadichte über eine Wellenlänge hinreichend wenig ändert, d.h. wenn die Bedingung $\omega L/c >> 1$ erfüllt ist, wobei L eine charakteristische Länge für die Dichteänderung ist, dann läßt sich das Problem der Ausbreitung einer elektromagnetischen Welle mit Ausnahme singulärer Punkte überall in der Näherung der geometrischen Optik betrachten. In dieser Näherung läßt sich, genauso wie in einem homogenen Medium, das Wellenfeld in Form einer ebenen Welle bestimmen. Allerdings muß dabei berücksichtigt werden, daß sich die z-Komponente des Wellenvektors und die Wellenamplitude mit dem Abstand langsam ändern:

$$E,B = (\mathrm{const}/k_z^{1/2}).\exp(i\int k_z dz + ik_y y - i\omega t) \qquad (1.44)$$

Zur Vereinfachung wollen wir annehmen, daß der Wellenvektor in der y-z-Ebene (der Einfallsebene) liegt. Die Dispersionsbeziehung dieser Welle hat die gleiche Form, wie im homogenen Falle:

$$k_z^2 + k_y^2 = \varepsilon(\omega/c)^2 \qquad (1.45)$$

Links vom Plasma, d.h. im Vakuum, geht diese Gleichung offenbar in $k^2 = \omega^2/c^2$ über. Da $k_y^2 = k^2\sin^2\theta$ ist, läßt sich die Dispersionsbeziehung im allgemeinen Falle folgendermaßen schreiben:

$$k_z^2 = (\omega^2/c^2)(\varepsilon - \sin^2\theta)$$

Den Punkt $\varepsilon = \sin^2\theta$ nennt man den Umkehrpunkt der Welle. Die Feldstruktur in der Nähe des Umkehrpunktes zeigt Abb.1.7. Links vom Umkehrpunkt ergibt sich als Ergebnis der Überlagerung der einfallenden und der reflektierten Welle die Schwingungsform einer stehenden elektromagnetischen Welle. Rechts vom Reflexionspunkt tritt in Plasmarichtung exponentiell Dämpfung ein. Weitere Einzelheiten der Feldstruktur ergeben sich aus der Lösung der Maxwellgleichungen:

$$\mathrm{rot}\underline{E} = i\omega\underline{B} \tag{1.46'}$$

$$\mathrm{rot}\underline{B} = -i\varepsilon(\omega/c^2)\underline{E} \tag{1.46"}$$

wobei ε eine Funktion des Ortes ist. Indem wir $\underline{B}$ aus der ersten Gleichung berechnen und in die zweite einsetzen, erhalten wir die folgende Gleichung für $\underline{E}$:

$$\Delta\underline{E} + \varepsilon(\omega/c)^2\underline{E} - \mathrm{grad}(\mathrm{div}\underline{E}) = 0 \tag{1.47}$$

Eliminiert man in entsprechender Weise $\underline{E}$ dann erhält man für $\underline{B}$

$$\Delta\underline{B} + \varepsilon(\omega/c)^2\underline{B} + {}^1\!/_\varepsilon\,\underline{\nabla\varepsilon}\,\mathrm{x}\,\mathrm{rot}\underline{B} = 0 \tag{1.48}$$

Zur Untersuchung der Feldstruktur unterscheiden wir zwei voneinander unabhängige Fälle von Polarisation der Welle: S-Polarisation, bei der der Vektor elektrischen Feldes senkrecht zur Einfallsebene schwingt (und das bedeutet im betrachteten Falle längs der x-Achse gerichtet ist), und

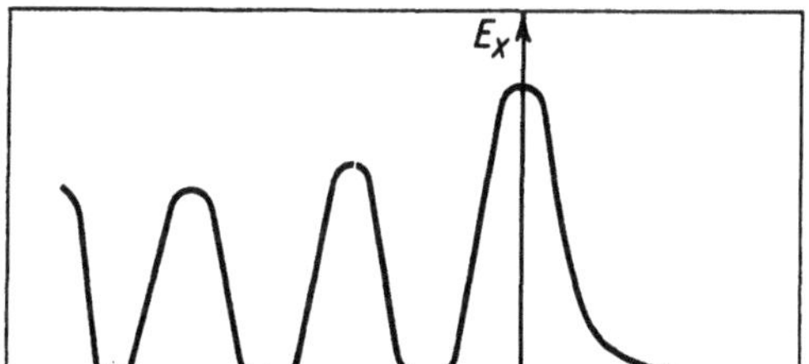

Abb.1.7
Die Verteilung des elektrischen Feldes einer elektromagnetischen Welle in einem inhomogenen Plasma in der Nähe des Reflexionspunktes

P-Polarisation, bei der der Vektor des elektrischen Feldes in der Einfallsebene (der y-z-Ebene) liegt und der magnetische Feldvektor der Welle parallel zur x-Achse schwingt. Am einfachsten ist der Fall der S-Polarisation zu betrachten, für die sich Gleichung (1.47) für das elektrische Feld in der Form

$$\frac{\partial^2 E}{\partial z^2} + (\omega^2/c^2)(\varepsilon - \sin^2\theta)E = 0 \tag{1.49}$$

schreiben läßt. In hinreichend großer Entfernung vom Umkehrpunkt $\varepsilon = \sin^2\theta$ läßt sich diese Gleichung in der Näherung der geometrischen Optik lösen; die Lösung stimmt mit (1.44) überein, und die Struktur des Feldes ist von der Art, wie auf Abb.1.7 dargestellt. Um die Lösung in der Nähe des Umkehrpunktes zu erhalten, muß man eine bestimmte Koordinatenabhängigkeit für ε annehmen. Wir nehmen an, daß in der Umgebung dieses Punktes die Plasmadichte von z linear in der Form $n = n_o(1+z/L)$ abhängt, wobei n_o die Elektronendichte in dem Punkt ist, in dem die Plasmafrequenz und die Frequenz der Welle übereinstimmen. In diesem Falle führt (1.49) auf die bekannte Airysche Gleichung

$$\frac{\partial^2 E}{\partial z'^2} - (\omega^2/c^2)(z'/L)E = 0 \qquad (1.50)$$

wobei $z' = z - L\sin^2\theta$ ist. Die im Punkte $z'=0$ nichtsinguläre Lösung dieser Gleichung läßt sich durch die Airysche Funktion ausdrücken. In hinreichend großer Entfernung vom Punkte $z'=0$ geht diese Funktion asymptotisch in die Lösung der geometrischen Optik über (s. (1.44) mit $k_z^2 = -(\omega^2/c^2)(z'/L)$; links vom Punkte $z'=0$ ist die Lösung oszillatorisch, rechts davon ergibt sich ein exponentieller Abfall). Wir betrachten jetzt die Welle der P-Polarisation, bei der das elektrische Feld eine Komponente in Richtung der Inhomogenität hat und mit der die zu Beginn des Abschnitts erwähnten "dramatischen" Vorgänge zusammenhängen. Es läßt sich vermuten, daß in der Umgebung des Punktes $z = 0$ mit der Resonanz $\omega = \omega_p$ die obengenannte Komponente E_z des elektrischen Feldes der einfallenden elektromagnetischen Welle longitudinale (Langmuir-) Plasmaschwingungen anregen kann. Um uns davon zu überzeugen, daß dieser "Freiheitsgrad" tatsächlich realisiert wird, richten wir unser Augenmerk auf die unvermeidliche Ladungstrennung, die von der durch die Normalkomponente E_z des elektrischen Feldes bedingten Bewegung der Elektronen in Richtung der Dichteinhomogenität hervorgerufen wird. Betrachten wir genauer das Verhalten der Feldamplituden in der Umgebung des Punktes $z = 0$. Aus der z-Komponente der zweiten der Maxwell-Gleichungen (1.46) findet man leicht, daß die Amplitude des longitudinalen Feldes durch die Beziehung

$$\varepsilon E_z \approx cB_x(0)\sin\theta \qquad (1.51)$$

bestimmt wird. Das Verhalten des magnetischen Feldes läßt sich ausgehend von Gleichung (1.48), die hier ($\underline{B}$ parallel zur x-Achse, ε nur eine Funktion von z) die Form

$$\frac{\partial^2 B}{\partial z^2} - (1/\varepsilon)\frac{\partial \varepsilon}{\partial z}\cdot\frac{\partial B}{\partial z} + (\omega^2/c^2)(\varepsilon - \sin^2\theta)B = 0 \qquad (1.52)$$

hat, betrachten. Aus dieser Gleichung folgt, daß der Reflexionspunkt der Welle der P-Polarisation ebenfalls durch die Bedingung $\varepsilon = \sin^2\theta$ bestimmt wird. Jenseits des Reflexionspunktes $z = -L\sin^2\theta$ fällt das Magnetfeld der Welle über eine charakteristische Länge von der Ordnung

$c/\omega \sin\theta$ exponentiell ab. Aus der exakten Lösung von Gleichung (1.52), die etwas schwieriger zu finden ist, als die der Airyschen Gleichung, ergibt sich, daß das Magnetfeld im Punkte $z = 0$ der Plasmaresonanz keine Anomalie zeigt und in Formel (1.51) als konstant angesehen werden kann. Daraus folgt, daß das elektrische Feld im Punkte $z = 0$ eine Singularität der Ordnung $1/\varepsilon$ besitzt. Abb.1.8 zeigt die Struktur des elektrischen Feldes im Falle der P-Polarisation. Die dünne Schicht in der Umgebung der Singularität läßt sich als Kondensator interpretieren, in dem bei Vernachlässigung von Dissipation (von Stößen) und von räumlicher Dispersion, die bekanntlich einer Wegführung von Energie durch die Plasmawelle entspricht, beliebig viel Energie gespeichert werden kann. Damit der hier beschriebene Effekt bemerkbar wird, dürfen der Reflexionspunkt und der Punkt der Plasmaresonanz räumlich nicht zu weit auseinanderliegen. Die Bedingung für das Eindringen einer elektromagnetischen Welle in das Gebiet der Plasmaresonanz schreiben wir in der Form $|k_z z| \sim 1$, wobei $z = L.\sin^2\theta$ der Abstand zwischen dem Reflexionspunkt und dem Punkt der Plasmaresonanz ist.
Setzen wir hier $k_z \sim (\omega/c)\sin\theta$ ein, dann erhalten wir, daß die elektromagnetische Welle fast in Normalenrichtung in das Resonanzgebiet fällt:

$$\theta \sim (c/\omega L)^{1/3} \ll 1$$

Verschwinden allerdings kann θ nicht (Normaleinfall), da in diesem Falle das longitudinale Feld überhaupt verschwindet.

Die Singularität des E_z-Feldes im Punkte $z = 0$ verschwindet, wenn man reale Effekte wie Stöße oder die Anregung longitudinaler Plasmaschwingungen berücksichtigt. Um die Anregung longitudinaler Schwingungen zu betrachten, muß die sich auf Grund der thermischen Bewegung ergebende Frequenzänderung berücksichtigt werden (s. Gleichung (1.3')).

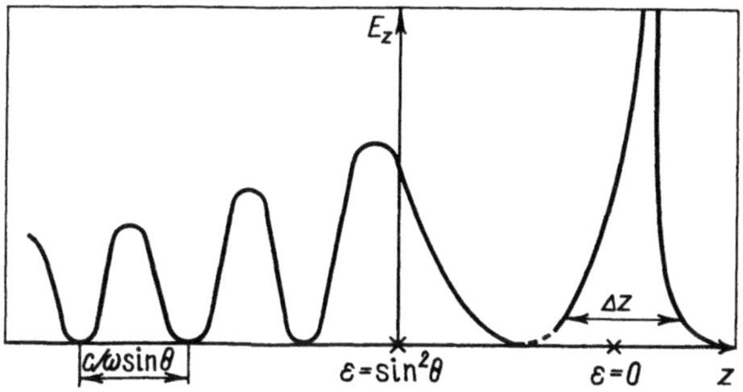

Abb.1.8 Die räumliche Verteilung des elektrischen Feldes einer elektromagnetischen Welle in der Nähe des Punktes der "Plasmaresonanz" in einem inhomogenen Plasma und die Erscheinung der Transformation einer elektromagnetischen Welle in eine Plasmawelle

Wir betrachten zunächst den einfacheren Fall, in dem die Singularität im Resonanzpunkt durch Stöße verschwindet. Indem wir den Ausdruck (1.36') für die Dielektrizitätskonstante des Plasmas im Falle von Stößen benützen, finden wir, daß die Amplitude des longitudinalen elektrischen Feldes durch die Beziehung

$$E_z = cB_x(0)\sin\theta/(-(z/L)-i\nu/\omega) \tag{1.53}$$

bestimmt wird. Daraus folgt, daß durch die Dissipation das longitudinale elektrische Feld auf den Wert

$$E_{max} \approx (\omega/\nu).cB_x(0)\sin\theta \tag{1.54}$$

begrenzt wird. Ein solches Feld entsteht in einem Gebiet der Ausdehnung

$$\Delta z \sim L\,\nu/\omega \tag{1.55}$$

In allen obigen Beziehungen ist $B_x(0)$ der Wert der magnetischen Induktion in der Nähe der Singularität. Um eine Beziehung mit der Amplitude B der einfallenden Welle herzustellen, muß man Gleichung (1.52) lösen. Wir verzichten hier darauf, zu beschreiben, wie man die strenge Lösung dieser Gleichung findet und geben lediglich das Ergebnis an:

$$B_x(0)\sin\theta = (c/\omega L)^{1/2}\,B.\Phi(\tau)/(2\pi)^{1/2} \tag{1.56}$$

wobei $\tau = (\omega L/c)^{1/2}\sin\theta$ ist. Abb.1.9 zeigt die Funktion $\Phi(\tau)$. Die oben durchgeführte Betrachtung zeigt, daß $\Phi(\tau)$ für große τ exponentiell abnimmt.

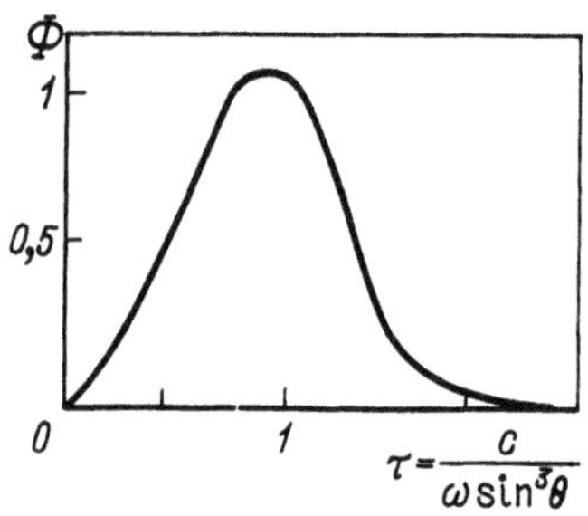

Abb.1.9
Der Verlauf der Funktion $\Phi(\tau)$

Wir können jetzt den Absorptionskoeffizienten für eine elektromagnetische Welle in der Nähe der Plasmaresonanz berechnen. Offenbar wird dieser Absorptionskoeffizient durch das Verhältnis der in der Nähe des Resonanzpunktes dissipierten Leistung zum Energiestrom in der einfallenden Welle, der seinerseits durch den Poynting-Vektor bestimmt wird und durch cB^2/μ_0 gegeben ist. Den wesentlichen Beitrag zur Dissipation leistet offensichtlich die z-Komponente des elektrischen Feldes. Die Verlustleistung ist deshalb durch

$$P = \frac{\nu\varepsilon_0}{2}\int |E_z|^2\, dz$$

gegeben. Wir setzen in dieses Integral das elektrische Feld in der Umgebung der Plasmaresonanz entsprechend Formel (1.53) ein und erhalten die folgende Gleichung für die (spezifische) Verlustleistung:

$$P = (B_x^2(0)/2\mu_0)\sin^2\theta \int \nu/(z^2/L^2 + \nu^2/\omega^2)\cdot dz$$

$$= (B_x^2(0)/2\mu_0)\sin^2\theta . \omega^2\int \nu\, dz/((\omega-\omega_p(z))^2+\nu^2). \qquad (1.57)$$

Für kleine ν ist der Ausdruck unter dem Integral eine der bekannten Darstellungen der δ-Funktion, nämlich

$$\lim_{\nu\to 0}\left\{\nu/((\omega-\omega_p(z))^2+\nu^2)\right\} = \pi\delta(\omega-\omega_p(z))$$

Das Auftreten der δ-Funktion kennzeichnet den resonanten Charakter der Absorption. Dissipation elektromagnetischer Energie findet nur in der dünnen Schicht des Plasmas statt, in der die Plasmafrequenz mit der Frequenz der einfallenden Welle übereinstimmt. Hierbei bestimmt die Stoßfrequenz lediglich die Dicke Δz der resonanten Schicht (vgl. (1.55)) - die Geschwindigkeit der Absorption hängt von ν nicht ab. Dies läßt sich auch auf anderem Wege zeigen: $P\sim \nu E_{max}^2\,\Delta z$, $E_{max}\sim 1/\nu$ (s. (1.54)) und $\Delta z\sim\nu$, so daß P von ν nicht abhängt. Anders ausgedrückt - ν spielt sozusagen eine nur symbolische Rolle.

Wir bemerken, daß wir bei der weiteren Betrachtung von Plasmaeigenschaften resonanten Erscheinungen dieser Art noch öfter begegnen werden (Tscherenkow-Resonanz von Wellen und Teilchen für $\omega = kv$ (vgl. (1.12)), Resonanz bei der Plasmafrequenz im Spektrum der Polarisationsverluste eines geladenen Teilchens (s. Abschnitt 1.8)). Alle diese Resonanzen sind der Resonanz (1.57) weitgehend analog. Um eine endliche Resonanzbreite zu erhalten, werden wir im folgenden oft Stöße einführen.

Wir wenden uns wieder Formel (1.57) zu. Nach Integration über z erhalten wir

$$P = (\pi B_x^2(0)/2\mu_0)L\omega.\sin^2\theta \qquad (1.58)$$

Der Absorptionskoeffizient einer elektromagnetischen Welle wird durch das Verhältnis der in der Umgebung der Resonanz absorbierten Leistung zum Energiestrom der einfallenden Welle bestimmt:

$$K = \mu_0 P/B^2 c$$

Für K -> 0 wird fast der gesamte Energiestrom am Plasmarand reflektiert und es bildet sich eine stehende elektromagnetische Welle aus. Für K -> 1 wird die Energie der einfallenden elektromagnetischen Welle in der Umgebung der Plasmaresonanz praktisch vollständig absorbiert.

Indem wir den oben hergeleiteten Ausdruck für P und Gleichung (1.56), die die Amplitude des Magnetfeldes in der Nähe der Resonanz mit der Feldamplitude in der einfallenden Welle verknüpft, benützen, erhalten wir den folgenden Ausdruck für den Absorptionskoeffizienten der elektromagnetischen Welle

$$K = \Phi^2(\tau)/4 \tag{1.59}$$

Aus der Darstellung der Funktion $\Phi(\tau)$ ist zu sehen, daß der Maximalwert des Absorptionskoeffizienten bei sehr kleinen Winkeln zwischen der Ausbreitungsrichtung der Welle und dem Dichtegradienten des Plasmas erreicht wird:

$$\theta_o \sim \tfrac{1}{2}(c/\omega L)^{1/3}$$

(für θ ergeben sich einige Grad). Für den Maximalwert des Absorptionskoeffizienten ergibt sich

$$K_{max} \approx 0.4 \tag{1.60}$$

Ein anderer Effekt der Begrenzung des elektrischen Feldes in der Umgebung der Resonanz hängt mit der Mitführung von Energie durch die Plasmawellen zusammen. Die Gleichung, die die Umwandlung der elektromagnetischen Welle in eine Plasmawelle beschreibt, stimmt mit Gleichung (1.51) - wobei die räumliche Dispersion der Dielektrizitätskonstanten zu berücksichtigen ist überein. Nach (1.3') ist dann

$$\varepsilon(\omega,k) = 1 - (\omega_p^2/\omega^2)(1+3k^2 r_D^2).$$

Dies gilt für eine ebene Welle $E \sim \exp(ikz)$. Im allgemeinen ist die Wellenzahl durch den Differentialoperator $\hat{k} = i\partial/\partial z$ zu ersetzen, die Dielektrizitätskonstante ist also als Operator aufzufassen:

$$\hat{\varepsilon} = 1 - (\omega_p^2/\omega^2)(1-3r_D^2\, \partial^2/\partial z^2).$$

Wir bekommen dann anstelle von (1.51) die folgende Differentialgleichung für das Feld:

$$3r_D^2 \frac{\partial^2 E_z}{\partial z^2} - \frac{z}{L} E_z = cB_x(0)\sin\theta \tag{1.61}$$

Die Lösung dieser Gleichung läßt sich ebenfalls mit Hilfe der Airyschen Funktion ausdrücken, hier bestimmt sie die Struktur der aus dem Resonanzgebiet kommenden Wellen. Für qualitative Abschätzungen ist eine exakte Lösung der Gleichung (1.61) nicht notwendig. Ersetzen wir in dieser Gleichung $\partial^2/\partial z^2$ durch $1/(\Delta z)^2$, dann finden wir eine charakteristische Änderungslänge für die Amplitude der Plasmaschwingungen

$$\Delta z \sim (Lr_D^2)^{1/3} \qquad (1.62)$$

und einen Maximalwert für das elektrische Feld

$$E_{max} \simeq cB_x(0)\sin\theta(L/r_D)^{2/3} \qquad (1.63)$$

Wir wollen die beiden miteinander konkurrierenden Mechanismen vergleichen. Die Umwandlung in Plasmawellen wird dann über Stoßabsorption dominieren, wenn die charakteristische Änderungslänge für die Plasmaschwingungen (1.62) größer ist als die durch Stöße mit der Frequenz $\nu < \omega(r_D/L)^{2/3}$ bedingte endliche Breite des Resonanzgebietes. Im umgekekehrten Falle ergibt sich eine Begrenzung des longitudinalen elektrischen Feldes in der Umgebung des Punktes $z = 0$ aus der durch Stöße bedingten Dissipation.

Der Energiefluß in der Plasmawelle ist durch $\varepsilon_0 v_g E_z^2$ gegeben, wobei $v_g = d\omega/dk$ die Gruppengeschwindigkeit der Plasmaschwingungen ist, für die nach Formel (1.3') $v_g = 3k_z r_D^2 \omega_p$ gilt. Größenordnungsmäßig gilt $k_z \sim 1/\Delta z$, deshalb ist der mit der Plasmawelle mitgeführte Energiestrom näherungsweise durch

$$\varepsilon_0 E_z^2 v_g \approx \varepsilon_0 c^2 (B_x(0)\sin\theta)^2 \omega_p L$$

gegeben. Indem wir in diese Beziehung den Wert des Magnetfeldes im Resonanzpunkt nach Gleichung (1.56) einsetzen, erhalten wir für den Energiefluß in der Plasmawelle schließlich den Ausdruck

$$\varepsilon_0 E_z^2 v_g = c(B^2/\mu_0)\,\Phi^2(\tau)/2\pi$$

Führt man für die Umwandlung einer elektromagnetischen Welle in eine Plasmawelle einen Koeffizienten ein, der gleich dem Verhältnis der entsprechenden Energieströme ist, dann ist leicht zu sehen, daß bei Winkeln $\theta_0 \sim (\omega L/c)^{-1/3}$ dieser Koeffizient ungefähr gleich 1 ist. Eine genauere Betrachtung, die von der Lösung der Airyschen Gleichung für das longitudinale Feld ausgeht, zeigt, daß der exakte Wert dieses Koeffizienten mit dem durch Stöße bedingten Absorptionskoeffizienten der elektromagnetischen Welle übereinstimmt (s. Gleichung (1.59)). Anders ausgedrückt bedeutet dies, daß in beiden Füllen der gleiche Anteil des in das Plasma strömenden elektromagnetischen Energieflusses verloren geht.

1.8 Plasmastrahlung

In einen Plasma ohne Magnetfeld entsteht elektromagnetische Strahlung gewöhnlich bei inelastischer Teilchenwechselwirkung. Dazu gehört die inelastische Streuung von Elektronen im elektrischen Feld eines Ions, wobei die dabei verloren gehende Energie in elektromagnetische Strahlung verwandelt wird. Dies ist die sogenannte Elektronen-Bremsstrahlung, die bei sehr hoher Elektronentemperatur die Hauptquelle der Plasmastrahlung ist. Sie zeigt ein kompliziertes Spektrum: die Photonenenergie, die während des Streuvorganges ausgestrahlt wird, liegt innerhalb der Grenzen $\hbar\omega_p$ (diese Energie entspricht der niedrigsten möglichen Frequenz elektromagnetischer Wellen im Plasma) und w_e, wobei w_e die kinetische Energie des Elektrons vor dem Stoß ist. In der Regel entfällt der Hauptteil der ausgestrahlten Energie auf Frequenzen $\omega >> \omega_p$. Tatsächlich läßt sich diese Bedingung im Falle von Quanten einer Energie der Größenordnung der mittleren thermischen Elektronenenergie $\hbar\omega \sim kT_e$ in der Form

$$m_e^{1/2} e^2 / \varepsilon_0 (kT_e)^{1/2} \hbar >> 1/nr_D^3 \tag{1.64}$$

schreiben. Auf der rechten Seite dieser Ungleichung steht eine Größe, die die Nichtidealität des Plasmas als Gas charakterisiert und gewöhnlich außerordentlich klein ist. Die linke Seite schreibt man zweckmäßigerweise in der Form des Verhältnisses $(E_B/kT_e)^{1/2}$, wobei $E_B = e^4 m_e/(\varepsilon_0 \hbar)^2$ bis auf einen numerischen Faktor von der Ordnung 1 mit der Bohrschen Energie des Elektrons im Wasserstoffatom übereinstimmt. Unter den Bedingungen einer normalen Gasentladung ist die Größe $(E_B/kT_e)^{1/2}$ von der Ordnung 1. Für Hochtemperaturplasmen wird sie kleiner als 1, gewöhnlich wird dies jedoch durch noch stärkere Verkleinerung der rechten Seite der Ungleichung (1.64) mehr als ausgeglichen.

Das Frequenzspektrum der Bremsstrahlung nichtrelativistischer Elektronen gegebener Energie w_e läßt sich näherungsweise im Rahmen der klassischen Elektrodynamik erhalten. Wir benützen die bekannte Formel für die Intensität der klassischen Dipolstrahlung einer beschleunigt bewegten Ladung:

$$\frac{dW}{dt} = \frac{1}{4\pi\varepsilon_0} \frac{2e^2}{3c^3} \dot{v}^2 \tag{1.65}$$

Die Gesamtenergie, die beim Vorbeiflug eines Elektrons am Streuzentrum (Ion) ausgestrahlt wird, läßt sich als Integral über alle Frequenzen darstellen:

$$\frac{1}{4\pi\varepsilon_0}\frac{2e^2}{3c^3}\int_{-\infty}^{\infty}\dot{v}^2 dt = \frac{2e^2}{3\varepsilon_0 c^3}\int_0^{\infty}|\dot{v}_\omega|^2 d\omega \tag{1.66}$$

Hier ist

$$\dot{v}_\omega = (1/2\pi)\int_{-\infty}^{+\infty}\dot{v}(t)\exp(-i\omega t)dt$$

die Fourier-Darstellung der Beschleunigung. Wir wollen die Bremsstrahlung für Stöße mit großen Werten des Stoßparameters, d.h. bei kleinen Streuwinkeln ($\theta \ll 1$) betrachten. In diesem Falle ist die Beschleunigung, die ein Elektron erfährt, fast senkrecht zur ursprünglichen Richtung der Geschwindigkeit gerichtet und näherungsweise gegeben durch

$$\dot{v}_\perp \approx \frac{Ze^2}{4\pi\varepsilon_0 m_e}\frac{b}{(b^2+v^2t^2)^{3/2}} \tag{1.67}$$

Wir erinnern daran, daß in Abschnitt 1.4 elastische Stöße in der gleichen Näherung betrachtet wurden. Wir berechnen jetzt die Fourierkomponente der durch (1.67) bestimmten Beschleunigung:

$$\dot{v}_{\perp\omega} = \frac{1}{2\pi}\int_{-\infty}^{+\infty}\dot{v}_\perp(t)\exp(-i\omega t)dt = \frac{Ze^2 b}{4\pi^2\varepsilon_0 m_e}\int_0^{\infty}\cos\omega t(b^2+v^2t^2)^{-3/2}dt$$

Dieses Integral läßt sich durch eine Besselfunktion imaginären Argumentes ausdrücken. Um uns Einzelheiten der Theorie spezieller Funktionen zu ersparen, begnügen wir uns für das Integral

$$A = \int_0^{\infty}\cos\omega t.(b^2+v^2t^2)^{-3/2}\,dt$$

mit einer Interpolation, die auf den folgenden Überlegungen beruht. Für hinreichend kleine Frequenzen $\omega \ll v/b$ ist im wesentlichen Teil des Integrationsbereiches $t \lesssim b/v$ (d.h. für solche t, für die der Nenner des Integranden noch hinreichend klein ist) $\cos\omega t \approx 1$. Dann erhält man für das Integral

$$A(\omega \ll v/b) \approx 1/b^2v$$

Im entgegengesetzten Grenzfall hoher Frequenzen $\omega \gg v/b$ oszilliert im gleichen Bereich $t \lesssim b/v$ der Zähler $\cos\omega t$ stark, so daß das Integral einen sehr kleinen Wert annimmt (aus der Theorie der Besselfunktionen ergibt sich eine exponentieller Abfall). Hiervon kann man sich auch durch direkte Auswertung, z.B. mit Hilfe der Sattelpunktsmethode, überzeugen.

Insgesamt ergibt sich für eine Abschätzung der Bremsstrahlungsintensität eine einfache Interpolationsformel, die beide Grenzfälle in sich vereint:

$$A(\omega) \approx \begin{cases} 1/b^2 v & \text{für } \omega < v/b \\ 0 & \text{für } \omega > v/b \end{cases}$$

Entsprechend läßt sich die Energie, die bei einem Stoß mit dem Stoßparameter b im Frequenzbereich von ω bis $\omega+d\omega$ ausgestrahlt wird, näherungsweise durch

$$W(\omega)d\omega \approx \frac{2}{3\,\varepsilon_o \pi^2} \frac{Z^2 e^2 c}{b^2 v^2} r_o^2 \, d\omega$$

darstellen. Hier ist $r_o^2 = e^2/4\pi\varepsilon_o m_e c^2$ der klassische Elektronenradius. Die dimensionslose Größe $W(\omega)d\omega/h$ gibt die Wahrscheinlichkeit an, mit der ein Quant aus dem Frequenzbereich $(\omega, \omega+d\omega)$ ausgestrahlt wird. Jetzt ist es leicht, durch Integration über alle Werte des Stoßparameters den effektiven Strahlungsquerschnitt eines solchen Quants zu erhalten:

$$d\sigma(\omega) = \int_{b_{min}}^{b_{max}} (W(\omega)/h\omega) d\omega 2\pi b db \approx \frac{8}{3\varepsilon_o} \frac{Z^2 e^2}{hcv^2} r_o^2 \frac{d\omega}{\omega} \ln(b_{max}/b_{min})$$

Im Unterschied zur Formel für den Coulomb-Logarithmus hat in diesem Ausdruck b_{max} eigentlich schon nicht mehr die Bedeutung des Debye-Radius r_D. In der Tat, da $W(\omega)$ für $\omega > v/b$ verschwindet, ist in jedem Falle b_{max} stets kleiner als v/ω. Auf diese Weise ist der Logarithmus für $v/\omega < r_D$ bei $b_{max} = v/\omega$ abzubrechen. Das gilt für alle praktisch interessierenden Fälle mit $\omega >> \omega_p$. Berücksichtigt man bei dieser im wesentlichen rein klassischen Herleitung mögliche Quanteneffekte in einfachster Weise und setzt b_{min} gleich der de-Broglie-Wellenlänge $\hbar/mv$, dann erhält man für den Bremsstrahlungsquerschnitt schließlich den Ausdruck

$$d\sigma(\omega) \approx \frac{8}{3\varepsilon_o} \frac{Z^2 e^2}{hc} \frac{c^2}{v^2} \frac{r_o^2}{\omega} \cdot \ln(m_e v^2/\hbar\omega) d\omega \tag{1.68}$$

der fast genau mit dem quantenmechanischen Ergebnis in der Bohrschen Näherung übereinstimmt. Wenn man allerdings an feineren Einzelheiten interessiert ist, dann muß man auf die sehr komplizierte Formel zurückgreifen, die von Sommerfeld durch exakte Berechnung erhalten wurde. Auf jeden Fall beschreibt die Beziehung (1.68) die Abhängigkeit von Z, von e^2 und von der Geschwindigkeit der Elektronen richtig. Aus ihr folgt, daß ein Elektron bei seiner Bewegung durch das Plasma pro Sekunde durch Strahlung die Energie

$$\frac{dW_e}{dt} = \int_0^{\hbar\omega = m_e v^2/2} \hbar\omega \cdot n_i v \cdot d\sigma(\omega) = B n_i Z^2 w_e^{1/2} \tag{1.69}$$

verliert, wobei der sich aus der Sommerfeldschen Theorie ergebende numerische Faktor B, wenn man die kinetische Energie w_e des Elektrons in eV nimmt, den Wert $1.5 \cdot 10^{-31}$ besitzt. Die Intensität der Plasmabremsstrahlung ergibt sich, indem man den Ausdruck (1.69) über die Energieverteilung der Elektronen integriert. Im Falle einer Maxwellverteilung beträgt die von einem cm^3 des Plasmas pro Sekunde ausgestrahlte Energie

$$q_s = 1.6 . 10^{-44} n_e n_i Z^2 (kT_e/e)^{1/2} \qquad (1.70)$$

In einem Plasma mit mehreren Ionensorten wird q_s durch eine Summe über Ausdrücke der Form (1.70) dargestellt, wobei n_i und Z den einzelnen Komponenten entsprechen. Aus der Formel (1.70) folgt, daß bereits geringste Verunreinigungen eines Plasmas im wesentlichen leichter Ionen durch schwere Ionen zu einem starken Anwachsen der Bremsstrahlungsintensität führen.

Für nicht zu hohe Werte von T_e, so daß die Elektronen als nichtrelativistisch angesehen werden können, ist der Ausdruck (1.70) für die Bremsstrahlungsintensität ausreichend genau. Beim Übergang zu relativistischen Elektronentemperaturen ($T_e \sim 10^9$K und höher) bedarf er allerdings einer Korrektur. In diesem Temperaturbereich wächst die Intensität der durch die Wechselwirkung der Elektronen mit dem Coulomb-Feld der Kerne hervorgerufenen Strahlung mit T_e schneller, als durch (1.70) beschrieben wird. Außerdem führen bei relativistischen Geschwindigkeiten auch Elektronen-Elektronen-Stöße zu einer Erhöhung der Bremsstrahlung. Da die zweite Ableitung des Dipolmoments des Elektronensystems nach der Zeit identisch verschwindet, sind solche Stöße bei der obigen Betrachtung der Bremsstrahlungsintensität unberücksichtigt geblieben.

Strahlung mit kontinuierlichem Spektrum entsteht im Plasma auch durch Rekombinationsprozesse von Elektronen und Ionen. Beim Rekombinationsprozeß wird ein freies Elektron durch Wechselwirkung mit dem elektrischen Feld des Ions in eines der diskreten Energieniveaus eingefangen. Dabei wird ein Photon der Energie $w_e + w_s$ abgegeben, wobei w_s die Bindungsenergie des Elektrons auf dem von ihm besetzten Quantenniveau ist. Bei diesem Rekombinationsvorgang wird die Ionenladung um 1 erniedrigt (insbesondere führt die Rekombination eines einfach geladenen Ions zur Bildung eines neutralen Atoms). Der Einfang eines Elektrons braucht nicht auf das niedrigstmögliche Energieniveau zu erfolgen, es können auch Niveaus besetzt werden, die den verschiedenen Anregungszuständen eines Atoms mit der Ladung $(Z_i - 1)e$ entsprechen. Deshalb kann nach Rekombinationsakten Strahlung angeregter Ionen (oder Atome) auftreten, wobei Photonen abgegeben werden, die dem linearen Strahlungsspektrum der Plasmamaterie angehören. Mit Zunahme der kinetischen Energie des Elektrons nimmt die Intensität der Rekombinationsstrahlung ab und ist sehr stark von der Ionenladung abhängig. Für eine grobe Abschätzung der im kontinuierlichen Spektrum durch Rekombinationsprozesse pro cm^3 und s ausgestrahlten Energie kann man die Formel

$$q_R \approx 4.6.10^{-43} n_i n_e Z_i^4 (kT_e/e)^{-1/2} \qquad (1.71)$$

benützen. Im allgemeinen hat man auf der rechten Seite von (1.71) $n_i Z_i^4$ durch $\Sigma n_i Z_i^4$ zu ersetzen, wobei sich die Summierung über alle im Plasma vorhandenen Ionensorten erstreckt. Wir bemerken, daß für eine hinreichend große Teilcheneinschlußzeit der Ionen im Plasma durch die miteinander konkurrierenden Prozesse Ionisation und Rekombination der Mittelwert der Ladung eines Ions gegebener Sorte sich einem gewissen stationären Wert nähert, der umso näher bei Z_α liegt, je höher die Elektronentemperatur ist. Wie aus einem Vergleich der Beziehungen (1.70) und (1.71) folgt, ist in einem Plasma mit relativ niedriger Elektronentemperatur die Rekombinationsstrahlung intensiver als die Bremsstrahlung, während es bei hoher Elektronentemperatur gerade umgekehrt ist.

In einem Plasma niedriger Temperatur und niedrigen Ionisationsgrades werden angeregte Atome und Moleküle zur Hauptquelle quantenhafter elektromagnetischer Strahlung. Aus diesem Grunde ist die Strahlung eines kalten Plasmas im wesentlichen Linienstrahlung. Bei niedriger Elektronentemperatur kann die Intensität des Linienspektrums um einige Größenordnungen höher sein, als die Intensität des zu Rekombinations- und zu Bremsstrahlung gehörenden kontinuierlichen Spektrums. Da die Zusammensetzung des Linienspektrums und die Intensität der in ihm enthaltenen Spektrallinien ganz wesentlich von den individuellen Eigenschaften der Atome und Ionen im Plasma abhängen, ist es schwer, allgemeine quantitative Gesetzmäßigkeiten für die Abhängigkeit der Linienstrahlung von der Elektronentemperatur anzugeben (insbesondere für ein Plasma, das Atome verschiedener Elemente enthält). Eine allgemeine Gesetzmäßigkeit qualitativer Art läßt sich jedoch feststellen: Bei hinreichend hoher Elektronentemperatur sind unter stationären Bedingungen die Atome im Plasma von den äußeren Elektronenhüllen befreit, was zu einer Verarmung des Spektrums und zu einer schnellen Abnahme der Intensität der Linienstrahlung führt.

Hierfür gibt es zwei Gründe: erstens nimmt die Zahl der sich in einem gebundenen Zustande befindenden und leicht anzuregenden Elektronen ab, und zweitens nimmt bei hohen Elektronenenergien die Anregungswahrscheinlichkeit ab. Infolgedessen ist im Bereich großer Werte von T_e die Intensität der Linienstrahlung eine stark fallende Funktion der Elektronentemperatur. Zur Illustration kann die auf Abb.1.10 dargestellte, theoretisch berechnete Intensität des Linienspektrums von Kohlenstoffionen im Plasma dienen. Wenn die Plasmadichte und das Plasmavolumen nicht groß sind, dann gelangt alle im Plasma erzeugte Strahlung nach außen. Wir wollen annehmen, daß das Plasmavolumen bei konstanter Dichte und Temperatur zunimmt. In diesem Fall ist die Strahlung proportional zum Plasma-

volumen.
Der gesamte Strahlungsfluß aus dem Plasma kann jedoch nicht größer werden, als der Strahlungsfluß eines schwarzen Strahlers gleicher Oberfläche s und gleicher Temperatur T_e. Infolgedessen werden bei hinreichend großem Plasmavolumen Absorptionsprozesse einsetzen, die die Zunahme des Strahlungsflusses verlangsamen und zur Ausbildung eines thermodynamischen Gleichgewichtes zwischen Elektronen und Strahlung führen. Es gibt eine ganze Reihe von Mechanismen der Strahlungsabsorption und jeder dieser Mechanismen kann als Umkehrung eines Prozesses der Photonenemission betrachtet werden. Dem Strahlungsübergang zwischen zwei diskreten Niveaus in einem Atom oder Ion entspricht die selektive Absorption von

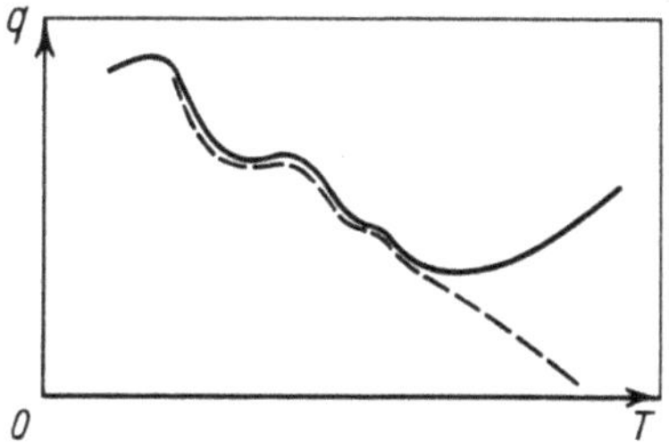

Abb.1.10
Die Intensität der Linienstrahlung in Abhängigkeit von der Temperatur für ein Kohlenstoffplasma (gestrichelt) und die Gesamtstrahlung (durchgezogene Kurve)

Spektrallinien, die zu einem umgekehrten Elektronenübergang führt. Dem Prozeß der Rekombination entspricht der Prozeß der Photoionisation eines Atoms oder Ions. Der Bremsstrahlung entspricht der entgegengesetzte Prozeß der Absorption eines Photons durch ein freies Elektron im inneratomaren elektrischen Feld. Die Wahrscheinlichkeit der verschiedenen Absorptionsprozesse ist mit den Wahrscheinlichkeiten der entsprechenden Strahlungsübergänge nach dem Prinzip des detaillierten Gleichgewichts verknüpft.

Für eine Bestimmung der sich im thermodynamischen Gleichgewicht von Bremsstrahlung und Absorption einstellenden freien Weglängen gehen wir von den folgenden Überlegungen aus. In der Gleichung, die die Änderung der Strahlungsenergie berücksichtigt, haben wir den Absorptionsterm $-W(\omega)/\tau_{ph}$ hinzuzufügen. Hier hat τ_{ph} die Bedeutung der freien Flugzeit eines Photons mit der Frequenz . Mit der freien Weglänge des Photons besteht offenbar der Zusammenhang $l_{ph} = c\tau_{ph}$. Aus Gleichung (1.69) erhalten wir für ein Elektron

$$dW(\omega)/dt = v\hbar\omega n_i d\sigma(\omega)$$

Berücksichtigen wir hier neben der Strahlung (1.68), (1.69) auch Absorption, dann erhalten wir

$$\frac{dW(\omega)}{dt} = \langle n_e n_i \frac{4}{3\varepsilon_0 \pi} \frac{Z^2 e^2}{c} \frac{c^2}{v^2} r_o^2 v \ln \frac{m_e v^2}{\hbar\omega} \rangle - \frac{W(\omega)}{\tau_{ph}}$$

(Die spitzen Klammern bezeichnen Mittelung über eine Maxwellverteilung der Elektronen.)

In der experimentellen Plasmaphysik liegen gewöhnlich Bedingungen vor, unter denen die freien Weglängen der Photonen um ein Vielfaches größer sind, als die linearen Abmessungen des Plasmas (in besonderen Fällen, in denen ein sehr dichtes Plasma untersucht wird, ist der Spektralbereich in der Umgebung der Absorptionslinie auszunehmen). In solchen optisch dünnen Plasmen werden die Photonen nicht eingeschlossen und die Energiedichte der Strahlung ist wesentlich niedriger als im Gleichgewicht, d.h. wesentlich niedriger als die Energiedichte der schwarzen Strahlung. Mit Zunahme des Plasmavolumens wird sich, wie Gleichung (1.68) zeigt, ein Gleichgewicht zuerst für niedrige Frequenzen einstellen.

Die schwarze Strahlung kann sich nur in räumlich hinreichend ausgedehnten oder in genügend dichten Plasmen einstellen, z.B. in Sternen. In solchen Plasmen kann die schwarze Strahlung bei sehr hohen Temperaturen den wesentlichen Beitrag zur Energiedichte (und das heißt auch zum Druck) liefern. So wird in Sternen bei einer Teilchendichte von der Ordnung 10^{24} cm^{-3} die Energiedichte aT^4 der Strahlung größer als nkT, wenn die Temperatur 10 keV übersteigt. Diese Bedingung ist in der Sonne, deren Temperatur im Zentrum etwa 1.5 keV beträgt, nicht erfüllt. Jedoch spielt auch im Plasma der Sonne die schwarze Strahlung eine wichtige Rolle. Insbesondere wird der Wärmetransport im Inneren der Sonne ganz wesentlich von der schwarzen Strahlung bestimmt. Dieser Wärmetransport durch Quanten der schwarzen Strahlung wird als Strahlungswärmeleitung bezeichnet. Die Strahlungswärmeleitfähigkeit läßt sich leicht abschätzen, wenn die mittlere freie Weglänge der Photonen in der Nähe des Maximums der Planck-Verteilung bei $\hbar\omega \sim 5kT$ bekannt ist. Der Diffusionskoeffizient solcher Photonen beträgt $D \sim l_{ph} \cdot c/3$. Der Photonenfluß ist dann gegeben durch $-D.\mathrm{grad} n_{ph}$. Der durch die Photonen übertragene Energiefluß ist somit

$$q_{ph} \approx - D.\mathrm{grad}(\overline{\hbar\omega n_{ph}})$$

wobei $\overline{\hbar\omega n_{ph}}$ gleich der Energiedichte aT^4 der schwarzen Strahlung ist. Auf diese Weise wird $q_{ph} \approx -4DaT^3 \mathrm{grad} T$. Dies bedeutet, daß die Strahlungswärmeleitfähigkeit durch $\chi \sim (4/3) l_{ph} \cdot caT^3$ gegeben ist. Die freie Weglänge der Photonen wird in einem Plasma von der Art des Plasmas in der Sonne im wesentlichen durch den der Bremsstrahlung entgegengesetzten Mechanismus der Absorption bestimmt. Mit der mittleren freien Flugzeit τ_{ph} läßt sie sich durch $l_{ph} = c\tau_{ph}$ in Beziehung setzen.

Die uns interessierende Größe τ_{ph} finden wir aus der Bedingung, daß sich im Gleichgewicht zwischen Elektronen und Strahlung $W(\omega)$ eine Planckverteilung ergeben muß. Folglich ist

$$\tau_{ph} \approx W_{\Pi}/\langle n_e n_i (4/3\epsilon_o \pi)(Z^2e^2/c)(c^2/v^2)r_o^2 v.\ln\{m_e v^2/\hbar\omega\}\rangle \qquad (1.72)$$

Für die von den Elektronen der Maxwellverteilung ausgestrahlten weichen Photonen ($\hbar\omega < kT_e$) läßt sich Gleichung (1.72) auf eine besonders einfache Form bringen. Statt des Planckschen gilt das Rayleigh-Jeanssche Strahlungsgesetz $W(\omega) = 2\omega^2 kT/\pi c^3$, und die die Mittelung über die Maxwellverteilung der Elektronen bezeichnenden spitzen Klammern kann man weglassen, wenn man v_e in der Bedeutung der mittleren thermischen Geschwindigkeit entsprechend $(3/2)kT_e = mv_e^2/2$ versteht. Auf diese Weise finden wir, daß

$$l_{ph} = c\,\tau_{ph} \sim c(\omega^2/\omega_p^2)\tau^*_{ei} \qquad (1.72')$$

gilt. Die Größe τ^*_{ei} unterscheidet sich von der mittleren Elektronen-Ionen-Stoßzeit nur dadurch, daß der Coulomb-Logarithmus L_K durch eine etwas kleinere Größe ersetzt wird. Zu diesem Ergebnis kann man auf recht einfache Weise gelangen, indem man vom Imaginärteil der Dielektrizitätskonstanten

$$\epsilon = 1 - \omega_p^2/\omega(\omega + i\nu_e)$$

ausgeht.

Bisher haben wir elektromagnetische Strahlung im Plasma betrachtet. Wir wissen jedoch bereits, daß es im Plasma außer elektromagnetischen Schwingungen auch Schwingungen der Ladungsdichte - Plasmawellen - gibt, und natürlich erwarten wir, daß ein Teil der Energieverluste eines geladenen Teilchens im Plasma mit der Anregung von longitudinalen Schwingungen und daher mit Polarisationsverlusten verbunden ist. Eine wichtige Besonderheit der Polarisationsverluste besteht darin, daß der größte Teil der dabei von einem geladenen Teilchen abgegebenen Energie im Plasma in Form von Ladungsdichteschwingungen verbleibt und schließlich vom Plasma durch Stoßabsorption oder durch Landaudämpfung der Plasmaschwingungen absorbiert wird. Man darf dabei allerdings nicht vergessen, daß es in einem inhomogenen Plasma noch einen weiteren Mechanismus gibt den der Transformation von Ladungsdichteschwingungen in elektromagnetische Schwingungen (s. Abschnitt 1.7).

Polarisationsverluste lassen sich auch als Energieverluste bei Coulombstößen mit großen Stoßparametern interpretieren; wegen des Fernwirkungscharakters der Coulombkräfte kann an der Wechselwirkung mit dem anfliegenden Teilchen gleichzeitig eine große Zahl von Plasmateilchen beteiligt sein. Makroskopisch äußert sich dies darin, daß das Plasma beim Durchtritt eines geladenen Teilchens wie ein kontinuierliches Medium polarisiert wird, d.h. in der Anregung der uns schon bekannten Plasmaschwingungen.

Zur Illustrierung des Mechanismus der Polarisationsverluste beschränken wir uns der Einfachheit halber auf den Fall nichtrelativistischer Teilchengeschwindigkeiten. Betrachten wir die Fourierdarstellung des elektrischen Potentials der von einem solchen geladenen Teilchen hervorgerufenen Schwingungen:

$$\varphi(t,\underline{r}) = (1/2\pi)^4 \int d^3k d\omega \exp\{i\underline{k}\underline{r} - i\omega t\} \varphi_{\underline{k}\omega} \tag{1.73}$$

Die Ladungsdichte einer sich mit der Geschwindigkeit $\underline{v}$ bewegenden Punktladung ist gegeben durch $\rho_e = -e\delta(\underline{r}-\underline{v}t)$. Die δ-Funktion zerlegen wir in ebene Wellen:

$$\delta(\underline{r}-\underline{v}t) = (1/2\pi)^3 \int \delta(\omega - \underline{k}.\underline{v}) \exp\{i\underline{k}.\underline{r} - i\omega t\} \, d^3k d\omega$$

Eine einzelne Komponente $-e\delta(\underline{r}-\underline{v}t)$ ist dann

$$\rho^e_{\underline{k}\omega} = -2\pi e\delta(\omega - \underline{k}.\underline{v}) \tag{1.74}$$

Wir benützen die Poisson-Gleichung, die für eine einzelne Fourierkomponente die Form

$$\epsilon_o \epsilon(\omega,\underline{k}) k^2 \varphi_{\underline{k}\omega} = \rho^e_{\underline{k}\omega} \tag{1.75}$$

hat, wobei $\varepsilon(\omega) = 1 - \omega_p^2/\omega^2$ die übliche Dielektrizitätskonstante eines kalten Plasmas für eine Welle mit fester Frequenz ist (s. (1.35)). Wir erhalten dann für eine einzelne Fourierharmonische des Potentials die folgende Gleichung

$$\varphi_{\underline{k}\omega} = - 2\pi e\delta(\omega - \underline{k}.\underline{v})/\epsilon_o \epsilon(\omega) k^2 \tag{1.76}$$

Daraus folgt sofort, daß ein geladenes Teilchen nur die Harmonischen des Potentials anregt, die in Phasenresonanz mit diesem Teilchen sind, d.h. die Bewegungsgeschwindigkeit des Teilchens in Ausbreitungsrichtung der Welle muß mit der Phasengeschwindigkeit der Welle übereinstimmen: $\omega = kv.\cos\theta$. Die Strahlungsleistung wird durch die Gleichung

$$dW/dt = - \overline{\underline{j}.\underline{E}} \tag{1.77}$$

bestimmt, wobei $\underline{j} = -e\underline{v}\delta(\underline{r}-\underline{v}t)$ die von dem sich bewegenden Elektron erzeugte Stromdichte ist; $\underline{E} = -\underline{\nabla}\varphi$ ist das elektrische Feld der Plasmaschwingungen. Die räumliche Integration auf der rechten Seite von (1.77) ist über ein Gebiet auszuführen, in dem viele Wellenlängen Platz finden. Mit Hilfe von (1.76) erhalten wir

$$dW/dt = (1/2\pi)^3(ie^2/\epsilon_o)\int d^3k d\omega \underline{k}.\underline{v}\ \delta(\omega-\underline{k}.\underline{v})/k^2\epsilon(\omega) \qquad (1.78)$$

Der Integrand hat bei den Frequenzen $\omega = \pm\omega_p$ eine Singularität. Diese Singularität entspricht der in Abschnitt 1.7 betrachteten und ist von der Art einer Resonanz. Wenn jedoch bei der Ausbreitung einer elektromagnetischen Welle in einem inhomogenen Plasma die Resonanz (in der Schicht $\omega_p(z) = \omega$) von räumlicher Art ist, dann führen (bei der Integration) die Polarisationsverluste zu einer Resonanz im Frequenzspektrum. Um die Singularität des Integranden zu beseitigen, führen wir wie in Abschnitt 1.7 eine kleine Dämpfung ein. Dann erhalten wir unter Berücksichtigung des Imaginärteils von

$$1/\epsilon(\omega) = \omega_p^2/(\omega^2 - \omega_p^2 + i\nu\omega)$$

Für den Imaginärteil ergibt sich im Limes $\nu \to 0$

$$\lim\left\{\underset{\nu\to o}{\mathrm{Im}}\ 1/(\omega^2-\omega_p^2+i\nu\omega)\right\} = -\pi\,\delta(\omega^2-\omega_p^2)$$

Nach Formel (1.78) ist für das die Verlustleistung bestimmende Integral nur der Beitrag von der δ-Funktion wesentlich. Nach Integration erhalten wir den folgenden Ausdruck für die Verlustleistung:

$$dW/dt = e^2\omega_p^2/\epsilon_o(1/2\pi)^3\int d^3k\ \delta(\omega-\underline{k}.\underline{v})/k^2 \qquad (1.79)$$

Schließlich muß in (1.79) noch über $k_\parallel$ und $k_\perp$ integriert werden. Das Integral über $k_\perp$ divergiert für große $k_\perp$ logarithmisch und die Integration muß bei $k_{max} \sim 1/b$ abgebrochen werden. Hier ist b der Minimalwert des Stoßparameters (bei kollektiven Stößen), d.h. die Entfernung, in der die Beschreibung des Plasmas als eines kontinuierlichen Mediums nicht länger gültig ist. Offensichtlich ist b von der Größenordnung der Debye-Länge $r_D = (\epsilon_o kT/ne^2)^{1/2}$. Für die Verlustleistung erhalten wir schließlich

$$dW/dt = (e^2\ {}^{2}_{p}/4\epsilon_o\pi v)\ln(v/\omega_p b) \qquad (1.80)$$

Die in dieser Formel im Logarithmus stehende Größe stellt das Verhältnis der Teilchengeschwindigkeit zur thermischen Geschwindigkeit dar und nimmt Werte zwischen 10 und 100 an. Aus diesem Grunde ist $\ln(v/\omega_p b)$ von 1 nicht wesentlich verschieden. In diesem Zusammenhang erinnern wir daran, daß sich die Energieverluste durch Zweierstöße unter Berücksichtigung von Mehrfachstreuung von (1.80) um einen großen Faktor (20) - den sogenannten Coulomb-Logarithmus - unterscheiden. Ähnlich wie die Streuung an thermischen Fluktuationen um einen Faktor von der Größe des Coulomb-Logarithmus kleiner ist, als die Streuung durch Zweierstöße, so sind die Energieverluste durch Strahlung der Plasmawellen (Polarisationsverluste) um den gleichen Faktor kleiner als die Energieverluste bei Zweierstößen. Es ist zu beachten, daß sich die Polarisationsverluste beim Übergang von einzelnen Teilchen zu Teilchenstrahlen wesentlich vergrößern. In diesem Falle sind an den Strahlungsakten nicht einzelne Elektronen, sondern ganze Bündel (engl. bunches) kohärent strahlender Teilchen beteiligt, auf die der Teilchenstrahl durch Instabilität sich aufteilt. Dabei ist in Formel (1.80) für die Verlustleistung e durch N_{eff} e, wobei N_{eff} die Zahl der Teilchen in einem solchen Bündel ist, zu ersetzen. Daraus ergibt sich, daß die Verluste pro Teilchen proportional zu N_{eff} ($N_{eff} \gg 1$) wachsen. Das schwierigste Problem ist dabei die Bestimmung der effektiven Ladung eines Bündels. Dieses Problem läßt sich nur im Rahmen einer selbstkonsistenten kinetischen Stabilitätstheorie lösen.

1.9 Die kinetische Gleichung eines Plasmas

Wie ein gewöhnliches Gas von neutralen Teilchen, so läßt sich auch ein ideales Plasma mit Hilfe einer kinetischen Gleichung für die Verteilungsfunktion der Teilchen im Phasenraum beschreiben. Selbstverständlich muß hier für jede Ladungssorte eine eigene Verteilungsfunktion eingeführt werden. In der Form $f(x,y,z,v_x,v_y,v_z,t)$ bestimmt die Verteilungsfunktion die Teilchendichte im Phasenraum im Punkte mit den kartesischen Koordinaten x,y,z und den Geschwindigkeitskoordinaten v_x,v_y,v_z zum Zeitpunkt t. Wir benützen eine abgekürzte Schreibweise, indem wir die Verteilungsfunktion in der Form $f(\underline{r},\underline{v},t)$ als Funktion der Vektorkoordinaten $\underline{r}$ und $\underline{v}$ angeben. Das Integral der Verteilungsfunktion über den gesamten Geschwindigkeitsraum ergibt die räumliche Dichte

$$n(\underline{r},t) = \int f(\underline{r},\underline{v},t)\, d^3v$$

Wie oben gezeigt wurde, können zwei Arten von Kräften auf die Plasmateilchen wirken: (a) gewöhnliche Felder, die von äußeren Quellen oder von Überschußladungen in Raumbereichen, deren lineare Ausdehnung größer als die Debye-Länge ist (wie zum Beispiel im Falle von Plasmaschwingungen), erzeugt werden; (b) zufällige Mikrofelder einzelner Teilchen, die zu Streuprozessen (Stößen) führen. Die kinetische Gleichung beschreibt die Änderung der Verteilungsfunktion $f(\underline{r},\underline{v},t)$ unter der Wirkung solcher Felder. Wir wollen zunächst annehmen, daß Mikrofelder einen nur relativ schwachen Einfluß auf die Plasmaprozesse haben (dies ist gerechtfertigt für ein Plasma niedriger Dichte und sehr hoher Elektronen- und Ionentemperatur). In diesem Falle ändert sich f in einem gegebenen Volumenelement des Phasenraums dadurch, daß jeder ein einzelnes Teilchen repräsentierende Phasenraumpunkt sich im geometrischen Raum und im Geschwindigkeitsraum stetig bewegt. Der Grund für eine Bewegung im Geschwindigkeitsraum kann das Vorhandensein eines makroskopischen elektrischen Feldes $\underline{E}$ sein (im allgemeinen ist $\underline{E}$ eine Funktion der räumlichen Koordinaten). Nach Berechnung der Teilchenflüsse in ein Volumenelement des Phasenraumes hinein und aus ihm heraus ergibt sich leicht die folgende Gleichung für die Teilchenbilanz:

$$\partial f/\partial t = -(d\underline{r}/dt).(\partial f/\partial \underline{r}) - (d\underline{v}/dt).(\partial f/\partial \underline{v}) \qquad (1.81)$$

Da $d\underline{v}/dt = q\underline{E}/m$ gilt, wobei q und m Ladung und Masse eines Teilchens sind, ist Gleichung (1.81) der Beziehung

$$\partial f/\partial t = -\ \underline{v}.\partial f/\partial \underline{r} - (q\underline{E}/m).\partial f/\partial \underline{v} \qquad (1.82)$$

äquivalent. Dies ist auch die kinetische Gleichung für geladene Plasmateilchen (Elektronen oder Ionen). In Gleichung (1.82) bezeichnet $\partial f/\partial \underline{r}$ einen Vektor mit den Komponenten $\partial f/\partial x$, $\partial f/\partial y$, $\partial f/\partial z$, entsprechend ist $\partial f/\partial \underline{v}$ der Vektor mit den Komponenten $\partial f/\partial v_x$, $\partial f/\partial v_y$, $\partial f/\partial v_z$. Wir schaffen alle Glieder der Gleichung (1.82) auf die linke Seite und erhalten die kinetische Gleichung in der folgenden Form:

$$df/dt = \partial f/\partial t + \underline{v}.\partial f/\partial \underline{r} + (q\underline{E}/m).\partial f/\partial \underline{v} \qquad (1.83)$$

In dieser Form hat die kinetische Gleichung ihre anschaulichste Interpretation, da (1.83) die Erhaltung der Teilchendichte in einem sich zusammen mit den Teilchen bewegenden Volumenelement des Phasenraums ausdrückt. Gleichung (1.83) ist die direkte Folge der Erhaltung von Teilchenzahl und des von den Teilchen mitgeführten Phasenvolumens (da es sich um eine Bewegung in einem makroskopischen Potentialfeld handelt, bleibt nach dem Liouvilleschen Satz das Phasenvolumen erhalten).

Das elektrische Feld im Plasma wird nicht nur in äußeren Quellen erzeugt, sondern auch durch die von Elektronen und Ionen hervorgerufene Raumladung. Der Beitrag der Raumladung zum elektrischen Feld wird durch eine weitere Gleichung für $\underline{E}$ berücksichtigt:

$$\epsilon_o \mathrm{div}\underline{E} = \rho = e\int (f_i - f_e) d^3v \qquad (1.84)$$

Das Feld $\underline{E}$ in dieser Gleichung nennt man das selbstkonsistente Feld, weil die Rückwirkung von f auf $\underline{E}$ berücksichtigt wird. Die Vernachlässigung der von Einzelteilchen erzeugten Mikrofelder, (und d.h. von Coulombstößen), ist gerechtfertigt, wenn wir uns auf die Betrachtung von Vorgängen beschränken, die sich in Zeiten abspielen, die kleiner sind als die mittlere freie Flugzeit. Viele schnell ablaufende Vorgänge in einem Plasma niedriger Dichte, in dem Stöße selten sind, lassen sich in dieser Näherung betrachten: Schwingungen, die Entwicklung gewisser Instabilitäten u.a.m. Die Gleichungen (1.83) und (1.84), die das Verhalten eines stoßfreien Plasmas beschreiben, sind als Wlassow-Gleichungen bekannt.

Wenn nicht nur makroskopische Felder mit $\lambda > r_D$, sondern auch durch Coulombstreuung verursachte Mikrofelder einzelner Teilchen eine wesentliche Rolle für das Verhalten des Plasmas spielen, dann ist Gleichung (1.83) nicht mehr gültig. Der Geschwindigkeitsvektor eines Elektrons (oder Ions) erfährt bei einem Coulomb-Stoß eine endliche Änderung und das Teilchen wird aus einem Gebiet des Phasenraumes in ein anderes geworfen. Aus diesem Grunde kann in einem kleinen Element des Phasenraums, das sich zusammen mit den in ihm befindlichen Teilchen längs der durch die Wirkung des makroskopischen Feldes bestimmten Phasentrajektorie bewegt, die Gesamtzahl der Teilchen im allgemeinen nicht konstant bleiben. Die Wirkung der Coulombstöße berücksichtigen wir, indem wir Gleichung (1.83) durch die Beziehung

$$df/dt = St\{f\} \qquad (1.85)$$

ersetzen. Den auf der rechten Seite stehenden Ausdruck nennt man das Stoßintegral. Für eine Bestimmung dieses Integrals muß man die durch Coulombstreuung hervorgerufene Wanderung der Teilchen im Geschwindigkeitsraum bestimmen. Auf die Angabe eines expliziten Ausdrucks für das Stoßintegral verzichten wir nicht nur deshalb, weil die Durchführung der entsprechenden Rechnungen über den Rahmen dieses Buches hinausgehen würde, sondern auch, weil viele Eigenschaften des Plasmas sich mit Hilfe einfacherer Näherungen beschreiben lassen. Zu den größten Vereinfachungen führt die Ersetzung des Stoßintegrals durch den Näherungsausdruck

$$St\{f\} = (f_0 - f)/\tau \qquad (1.86)$$

Dies ist die sogenannte τ-Näherung der kinetischen Theorie. τ hat die Bedeutung einer mittleren freie Flugzeit. Auf der rechten Seite von (1.86) bezeichnet f_0 eine Maxwellverteilung. Die physikalische Bedeutung der rechten Seite von (1.86) besteht darin, daß sie die durch Stöße hervorgerufene Einstellung einer Maxwellverteilung über die Geschwindigkeiten beschreibt: f geht in der charakteristischen Zeit τ exponentiell in

f_o über. Eine Betrachtung der Stöße zwischen den Teilchen ergibt, daß die Interpretation von τ als einer mittleren freien Flugzeit mehrdeutig ist. Verschiedenen Prozessen im Plasma entsprechen verschiedene Werte von τ, wobei der Unterschied außerordentlich groß sein kann. So ist die Zeit für den Austausch von Energie zwischen Elektronen und Ionen ungefähr m_i/m_e-mal größer, als die Zeit, in der die Elektronen durch Stößen mit den Ionen ihren Impuls verlieren. Selbst für gleiche Teilchen hängt die Stoßzeit noch von der Geschwindigkeit ab. Das bedeutet, daß man bei der Benützung der kinetischen Gleichung in der τ-Näherung mit Bedacht vorgehen muß. Die Wahl von τ muß in Abhängigkeit von der konkreten Problemstellung getroffen werden. So muß z.B. bei der Betrachtung des Ohmschen Gesetzes für τ die mittlere Zeit für den Impulsverlust der Elektronen bei Stößen mit den Ionen eingesetzt werden.

Wir wollen jetzt zeigen, wie man mit Hilfe der kinetischen Gleichung für die Elektronen in der τ-Näherung eine Formel für die elektrische Leitfähigkeit erhalten kann. In diesem Fall hat die kinetische Gleichung die Form

$$(e\underline{E}/m_e)\partial f/\partial \underline{v} = (f_o - f)/\tau_{ei} \tag{1.87}$$

Wir setzen f in der Form $f = f_o + f_1$ an. Bei hinreichend schwachem elektrischen Feld stellt das zweite Glied eine nur kleine Korrektur von f_o dar, so daß man das Produkt $(e\underline{E}/m_e)\partial f_1/\partial \underline{v}$ zweier kleiner Größen vernachlässigen kann. Dann ist

$$(e\underline{E}/m_e)\partial f_o/\partial \underline{v} = -f_1/\tau_{ei} \tag{1.88}$$

Hieraus folgt

$$\underline{j} = -e\int \underline{v} f_1(v) d^3v = (e^2\underline{E}/m_e)\tau_{ei}\int f_o d^3v = (ne^2/m_e)\tau_{ei}\underline{E}$$

d.h. es ergibt sich die in Abschnitt 1.5 erhaltene Formel für die elektrische Leitfähigkeit.

Wir klären jetzt die Bedeutung der Näherung schwachen elektrischen Feldes. Die Bedingung $f_1 \ll f_o$ läßt sich anhand der Formel (1.88) interpretieren, wenn man berücksichtigt, daß größenordnungsmäßig $\partial f_o/\partial v \sim f_o/v_T$ gilt.
Wir erhalten dann $(eE/m_e)(\tau_{ei}/v_T) \ll 1$ oder $(eE/kT_e)\tau_{ei} \ll 1$. Das bedeutet, daß die Energie, die ein Elektron im elektrischen Feld auf einer freien Weglänge gewinnt, viel kleiner als seine thermische Energie ist. Für die Bestimmung des Koeffizienten der Elektronenwärmeleitfähigkeit müssen Stöße der Elektronen untereinander und Elektronen-Ionenstöße berücksich-

tigt werden. Umgekehrt ist beim Problem der Bestimmung der Ionenwärmeleitfähigkeit eines vollständig ionisierten Plasmas τ die mittlere Ionen Ionen-Stoßzeit; Stöße von Ionen mit Elektronen jedoch können dabei vernachlässigt werden, da die Ionen an den Elektronen praktisch ungestreut bleiben. In Fällen, in denen Stöße geladener Teilchen mit neutralen Atomen und Molekülen eine Rolle spielen, werden andere charakteristische Zeiten τ eingeführt. Wir möchten noch einmal betonen, daß die mit der Wahl von τ scheinbar verbundene Willkür bei richtiger Interpretation des gegebenen Problems verschwindet.

Zur Bestimmung des Koeffizienten der Wärmeleitfähigkeit benützen wir nun die kinetische Gleichung. Wenn sich das Plasma in einem stationären Zustand befindet und ein äußeres elektrisches Feld nicht vorhanden ist, dann gilt

$$v\partial f/\partial x = (f_o - f)/\tau \qquad (1.89)$$

Hier ist x die Koordinate in Richtung des Temperaturgradienten. Für ein hinreichend dichtes Plasma, in dem die freie Weglänge $l \sim v\tau$ klein ist gegen eine charakteristische Länge, läßt sich die Verteilungsfunktion nach dem kleinen Parameter τ in eine Reihe entwickeln: $f = f_o + f_1 + ..$, wobei f_o eine Maxwellverteilung ist *). Sie ist gegeben durch

$$f_o = n.(m/2\pi kT)^{1/2} \exp(-mv^2/2kT(x))$$

In der nächsten Ordnung erhalten wir

$$f_1 = -\tau v\partial f_o/\partial x$$

$$= -n\tau v(m/2\pi)^{1/2}\{(mv^2/(2(kT)^{5/2})-1/(2(kT)^{3/2})).\exp -mv^2/kT\}\partial kT/\partial x$$

Der von jeder Plasmakomponente übertragene Wärmefluß beträgt

$$q = \int(v/2)mv^2 f(v)dv = \int(v/2)mv^2 f_o dv - \int(v/2)mv^2 f_1 dv$$

Das erste dieser Integrale verschwindet. Die Auswertung des zweiten ergibt

$$q = 3n\pi\tau(kT/m)\cdot\partial kT/\partial x \qquad (1.90)$$

*) Dieser vereinfachten Rechnung legen wir ein eindimensionales Plasmamodell zugrunde.

Den gesamten Wärmefluß erhält man, indem man die für Elektronen und Ionen einzeln erhaltenen Wärmeflüsse zueinander addiert. Allerdings folgt aus (1.90), daß der Wärmefluß der Ionen im Vergleich zu dem der Elektronen (wegen $m_e/m_i << 1$) verschwindend klein ist. Der Wärmeleitungskoeffizient des Plasmas ist deshalb durch

$$\varkappa = 3\pi n\tau kT_e/m_e \tag{1.91}$$

gegeben, wobei τ die freie Flugzeit der Elektronen ist. Dabei sind alle Stöße der Elektronen zu berücksichtigen (Stöße untereinander und mit den Ionen). Da jedoch $\tau_{ee} \simeq \tau_{ei}$ gilt, haben wir

$$\varkappa \approx 1.5\pi n\tau_{ei}kT_e/m_e \tag{1.92}$$

Der korrekte Wert des numerischen Faktors in diesem Ausdruck ergibt sich aus der kinetischen Theorie bei Verwendung des exakten Stoßintegrals. Wir führen hier nur das Ergebnis an:

$$\varkappa = 3.203\ (nkT_e\tau_{ei}/m), \tag{1.93}$$

wobei $\tau_{ei} = (9.4.10^{11}/L_K)(kTe/e)^{3/2}/n$ gilt.

Auf diese Weise sind in einem Plasma die Elektronen die Überträger sowohl von Wärme, als auch von elektrischem Strom (zumindest in einem Plasma ohne Magnetfeld).

In diesem Sinne sind die Eigenschaften eines Plasmas denen eines Metalls sehr ähnlich. Es ist klar, daß auch für ein Plasma ein Analogon des Wiedemann-Franzschen Gesetzes gilt, wonach das Verhältnis der Koeffizienten für Wärmeleitung und Leitung des elektrischen Stroms proportional zur Temperatur ist. Dies folgt aus (1.22) und (1.93).

Obwohl die vereinfachte Form des Stoßintegrals in der τ-Näherung die Einstellung einer Maxwellverteilung beschreibt, findet in ihr eine wesentliche Besonderheit der Coulombstreuung - die langsame ("diffusionsartige") Änderung des Geschwindigkeitsvektors durch Mehrfachstreuung um kleine Winkel - keinen Ausdruck. Landau hat das Stoßintegral für geladene Teilchen in eine spezielle (an das Fokker-Planck-Stoßglied erinnernde) Form gebracht, indem er nur Streuung um sehr kleine Winkel berücksichtigt hat. Aber selbst diese Ableitung nimmt ziemlich viel Raum ein. Um die Idee der Diffusionsnäherung für das Stoßintegral zu illustrieren, wollen wir einige zusätzliche Vereinfachungen einführen. Wir betrachten eine Verteilungsfunktion f, die nur von einer Geschwindigkeitskomponente abhängt (was bedeutet, daß über die beiden anderen Komponenten integriert wurde), und wir werden annehmen, daß die streuenden geladenen Teilchen sich bei einer gewissen Temperatur T im Zustande thermischen Gleichgewichts befinden.

In der Diffusionsnäherung führt der Einfluß mehrfacher Stöße einerseits zum Auftreten einer Reibungskraft $F_r = -mv\nu$, andererseits, infolge der von der thermischen Bewegung der streuenden Ladungen verursachten Stöße, zu einer diffusionsartigen Wanderung des gestreuten Teilchens im Geschwindigkeitsraum. Dementsprechend ergeben sich im Stoßintegral zwei Terme. Der eine Term beschreibt die normale Geschwindigkeitsänderung $dv/dt = -v\nu$ durch Reibung und trägt zur linken Seite der kinetischen Gleichung mit dem Glied $\partial(\partial v/\partial t)f/\partial v$, und das heißt mit $-\partial(v\nu f)/\partial v$ bei. Er entspricht dem Term $\mathrm{div}((d\underline{r}/dt)n)$, d.h. dem Term $\mathrm{div}(n\underline{v})$ der gewöhnlichen Kontinuitätsgleichung und bedarf deshalb keiner weiteren Erklärung. Der andere Term beschreibt die Diffusion $\partial(D(v)\partial f/\partial v)/\partial v$ mit einem gewissen Koeffizienten $D(v)$, der sich nach Einführung einer effektiven Schrittweite $\overline{\Delta v^2}$ für die Wanderung im Geschwindigkeitsraum in der Form $D(v) = \overline{\Delta v^2}\nu$ schreiben läßt, wobei ν die Stoßfrequenz ist. Die Größe $\overline{\Delta v^2}$ erhält man aus einer Betrachtung der Mehrfachstreuung. Unter der oben gemachten vereinfachenden Annahme allerdings, daß die streuenden Teilchen eine bestimmte Temperatur haben, ergibt sie sich auf einfachere Weise. Unter der Wirkung der Stöße mit den (die Rolle eines Thermostaten spielenden) Streuladungen muß die Verteilungsfunktion $f(v)$ der gestreuten Teilchen in eine Maxwellverteilung mit der Thermostattemperatur T übergehen, so daß das Stoßintegral

$$St\{f\} = (\partial/\partial v)(-\nu v f + D(v)\partial f/\partial v) \qquad (1.94)$$

dann verschwindet, wenn die Verteilungsfunktion f in die Maxwellverteilung

$$f_o = \mathrm{const.}\exp(-mv^2/2kT)$$

übergeht. Daraus finden wir

$$D(v) = -(kT/m)\nu \qquad (1.95)$$

und für das Diffusions-Stoßglied

$$St\{f\} = -\,(\partial/\partial v)(\nu(vf + (kT/m)\partial f/\partial v))$$

Dieses Ergebnis läßt sich sehr einfach auf den dreidimensionalen Fall verallgemeinern. Hier ist der Tensor der Diffusionskoeffizienten

$$D_{\alpha\beta} = \langle \Delta v_\alpha \Delta v_\beta \rangle/\Delta t \qquad (1.96)$$

einzuführen. Seine Form läßt sich ebenfalls dadurch bestimmen, daß man die Bedingung des Verschwindens des Stoßintegrals für eine Maxwellverteilung mit Thermostattemperatur benützt:

$$D_{\alpha\beta} = -(kT/m_e)\nu v_{\alpha} v_{\beta} / v^2 \tag{1.96}$$

Berücksichtigen wir noch die Möglichkeit, daß die Elektronen an mehreren Streuzentren gestreut werden, dann können wir das Stoßintegral in der Form

$$St\{f\} = \sum_{j,\alpha,\beta} \frac{\partial}{\partial v_{\alpha}}(\nu_j (v_{\alpha} f + (kT_j/m_e)(v_{\alpha} v_{\beta}/v^2)\partial f/\partial v_{\beta})) \tag{1.97}$$

schreiben. In gewissen Fällen - dann nämlich, wenn unter der Wirkung äußerer Einflüsse (z.B. durch eine Plasmawelle) sich in einem bestimmten Gebiet des Geschwindigkeitsraums größe Gradienten der Verteilungsfunktion der gestreuten Teilchen ergeben - genügt in diesem Geschwindigkeitsbereich die Berücksichtigung nur der zweiten Ableitungen im Stoßintegral. In diesem Falle ergibt sich die folgende vereinfachte Form des Stoßgliedes:

$$St\{f\} = -v^2\nu(\partial^2(f-f_o)/\partial v^2) \tag{1.98}$$

Sie beschreibt ebenfalls die Einstellung einer Maxwellverteilung f_o.

Eine genaue Analyse der mit Stößen verbundenen Plasmaeigenschaften, die eine strenge Betrachtung der kinetischen Gleichungen erfordert, würde weit über den Rahmen dieses Buches hinausgehen. Wie wir schon bemerkt haben, ist für viele Probleme der Plasmaphysik (z.B. für die mit Schwingungen und Wellen verbundenen Vorgänge) die rechte Seite der kinetischen Gleichung dann vernachlässigbar, wenn wir das Verhalten des Plasmas für Zeiten untersuchen, die wesentlich kleiner als die freie Flugzeit sind.

1.10 Hydrodynamische Beschreibung des Plasmas

Für das Verständnis vieler Plasmaprozesse erweist sich die hydrodynamische Beschreibung als sehr nützlich, in der das Plasma als Mischung aus einer Ionen- und einer Elektronenflüssigkeit aufgefaßt wird. Dieses Modell ist auf ein Plasma anwendbar, in dem eine charakteristische Länge L viel größer ist, als die freie Weglänge l, und eine charakteristische Zeit t_p für die betrachteten Vorgänge groß gegen die freie Flugzeit τ. Die Größen L und t_p sind umgekehrt proportional zu den räumlichen und zeitlichen Ableitungen der Verteilungsfunktion der Teilchen: $1/L \sim$

$(1/f)(\partial f/\partial x)$ und $1/t_p \sim (1/f)(\partial f/\partial t)$. Wie wir oben gezeigt haben, läßt sich in diesem Falle die Verteilungsfunktion f jeder Plasmakomponente nach einem der kleinen Parameter l oder τ entwickeln. In nullter Näherung ist

$$f = f_o = m/(2\pi kT)^{1/2}\, n.\exp((-m(v-u)^2/2kT))$$

wobei $n = n(x,t)$, $T = T(x,t)$ und $u = u(x,t)$ gilt (der Einfachheit halber beschränken wir uns auf den eindimensionalen Fall). Im hydrodynamischen Modell sind alle Informationen über lokale Eigenschaften einer Komponente in den folgenden drei Größen enthalten: in der Dichte n, der Temperatur T und in der mittleren Geschwindigkeit u, die zunächst unbestimmte Funktionen von x und t sind. Setzen wir in der kinetischen Gleichung f in entwickelter Form ein ($f = f_o+f_1+\ldots$), dann erhalten wir in nullter Näherung

$$\partial f_o/\partial t + v\partial f_o/\partial x + (qE/m)\partial f_o/\partial v = St\{f\} \qquad (1.99)$$

Hier ist auf der rechten Seite das Stoßintegral für die Gesamtverteilungsfunktion f verblieben, da $St\{f_o\} = 0$ ist und $St\{f\}$ bezüglich des Kleinheitsparameters τ/t_p *) von nullter Ordnung ist. Im betrachteten Fall ist in Gleichung (1.99) der exakte Ausdruck für das Stoßintegral gemeint und nicht die vereinfachte Form der τ-Näherung. Dabei soll uns nicht stören, daß das vollständige Stoßintegral ein sehr komplizierter Ausdruck ist. Wie aus dem weiteren klar werden wird, ist die Kenntnis seiner expliziten Form nicht notwendig, es genügt das Wissen um einige seiner allgemeinen Eigenschaften - seiner Erhaltungssätze. Wir beschränken uns zunächst auf eine Untersuchung des Verhaltens der Elektronen- und der Ionenkomponente des Plasmas. Dabei werden wir Prozesse der Ionisation und Rekombination, die das Verschwinden oder das Erscheinen neuer geladener Teilchen verursachen, nicht berücksichtigen.

Für die Aufstellung der hydrodynamischen Gleichungen integrieren wir (1.99) für die betrachtete Plasmakomponente über den gesamten Geschwindigkeitsraum. Die Integrale der ersten beiden Glieder in Gleichung (1.99) stellen wir in der folgenden Form dar:

$$\int(\partial f_o/\partial t)dv = \partial(\int f_o dv)/\partial t = \partial n/\partial t$$

$$\int v(\partial f_o/\partial x)dv = \partial(\int vf_o dv)/\partial x = \partial(nu)/\partial x$$

*) $St\{f\}$ ist nicht additiv in seinem Argument und deshalb gilt nicht $St\{f\} = St\{f_o\} + St\{f_1\} + \ldots$

Hier haben wir die Reihenfolge der Differentiationen nach t bzw. nach x und der Integration über v vertauscht, da in der kinetischen Theorie t, x und v die unabhängigen Veränderlichen sind. Bei partieller Integration des dritten Gliedes in (1.99) ergibt sich identisch Null:

$$\int(\partial f_o/\partial v)dv \equiv 0$$

Auch ohne Spezifizierung des Stoßintegrals ist klar, daß bei Abwesenheit von Ionisation und Rekombination die Gesamtteilchenzahl erhalten bleibt. Auf diese Weise finden wir die Kontinuitätsgleichung

$$\partial n/\partial t + \partial(nu)/\partial x = 0 \qquad (1.100)$$

Wir multiplizieren nun (1.99) mit v und integrieren noch einmal. Indem wir genauso verfahren wie bei der Herleitung von (1.100), erhalten wir

$$\partial(nu)/\partial t + \partial(\int v^2 f_o dv)/\partial x - (qE/m)n = \int vSt\{f\}dv \qquad (1.101)$$

Wenn für beide Plasmakomponenten (Ionen und Elektronen) die Geschwindigkeit u gleich groß ist, dann muß das Integral $\int vSt\{f\}dv$ verschwinden, da keine Impulsübertragung von einer Komponente auf die andere stattfindet. Unter dieser Bedingung kann Gleichung (1.101) mit Hilfe von (1.100) in die Form

$$nm(\partial u/\partial t + u\partial u/\partial x) = -\partial(nkT)/\partial x + qEn \qquad (1.102)$$

überführt werden. Das ist die Eulersche Gleichung einer Flüssigkeit von Ladungsträgern. Wir bemerken, daß bei Vorhandensein eines elektrischen Feldes im allgemeinen $u_i \neq u_e$ gilt, so daß zwischen den Plasmakomponenten eine Reibung auftritt. Die entsprechenden Kraftdichten für die Elektronen- bzw. für die Ionenkomponente

$$F_{ei} = m_e \int vSt\{f_e\}dv$$

$$F_{ie} = -F_{ei} = m_i \int vSt\{f_i\}dv$$

müssen der rechten Seite von (1.102) hinzugefügt werden. Indem wir schließlich (1.99) mit v^2 multiplizieren und noch einmal integrieren, erhalten wir nach leichter Zwischenrechnung und Zuhilfenahme von (1.100) und (1.102)

$$\partial T/\partial t + u\partial T/\partial x + 2T\partial u/\partial x = 0 \qquad (1.103)$$

Diese Beziehung haben wir unter der Voraussetzung erhalten, daß die Integrale $\int v St\{f\} dv$ und $\int v^2 St\{f\} dv$ Null ergeben. Für das erste Integral ist dies der Fall, wenn $u_i = u_e$ gilt, für das zweite falls $T_e = T_i$ ist. Wenn T_e ungleich T_i ist, dann findet ein Wärmeaustausch zwischen den Plasmakomponenten statt und $\int v^2 St\{f\} dv$ verschwindet für keine dieser Komponenten.

Offensichtlich ist Gleichung (1.103) nichts anderes als die eindimensionale Adiabatengleichung ($\gamma = 3$). In der Tat ist

$$n^2 d(p/n^3)/dt \equiv \partial kT/\partial t + u\partial kT/\partial x + 2kT\partial u/\partial x = 0$$

da $p = nkT$ gilt und aus (1.100) $dn/dt = -n\partial u/\partial x$ folgt. Für den dreidimensionalen Fall erhält man in analoger Weise in Vektorform das folgende Gleichungssystem der "Zweiflüssigkeits"-Hydrodynamik mit Reibungskräften:

$$\begin{aligned} &\partial n_i/\partial t + \operatorname{div} n_i \underline{u}_i = 0 \\ &\partial n_e/\partial t + \operatorname{div} n_e \underline{u}_e = 0 \end{aligned} \qquad (1.104)$$

$$\begin{aligned} &n_i m_i d\underline{u}_i/dt = -\operatorname{grad} n_i kT_i + n_i e\underline{E} + \underline{F}_{ie} \\ &n_e m_e d\underline{u}_e/dt = -\operatorname{grad} n_e kT_e - n_e e\underline{E} + \underline{F}_{ei} \end{aligned} \qquad (1.105)$$

In den Gleichungen (1.105) bedeutet $d\underline{u}/dt = \partial\underline{u}/\partial t + (\underline{u}.\operatorname{grad})\underline{u}$. Der Vektor $(\underline{u}.\operatorname{grad})\underline{u}$ hat die Komponenten

$$\begin{aligned} &(u_x\partial u_x/\partial x + u_y\partial u_x/\partial y + u_z\partial u_x/\partial z) \\ &(u_x\partial u_y/\partial x + u_y\partial u_y/\partial y + u_z\partial u_y/\partial z) \\ &(u_x\partial u_z/\partial x + u_y\partial u_z/\partial y + u_z\partial u_z/\partial z) \end{aligned}$$

Die Kraftdichte $\underline{F}$ der Reibung ist gleich der Dichte des Impulses, der pro Sekunde von den Teilchen der einen Sorte auf die der anderen übertragen wird. In der τ-Näherung läßt sie sich in der folgenden Form schreiben

$$\underline{F}_{ei} = -nm_e(\underline{u}_e - \underline{u}_i)\nu_{ei}$$

wobei ν_{ei} die Frequenz für Stöße zwischen Teilchen verschiedener Sorte ist.

Im dreidimensionalen Fall hat die Gleichung (1.103) die Form

$$\partial T/\partial t + \underline{u}.\operatorname{grad} T + (2/3)T.\operatorname{div}\underline{u} = 0 \qquad (1.106)$$

(Ihr entspricht der Adiabatenindex $\gamma = 5/3$.) Wir bemerken, daß bei der Herleitung dieser Gleichungen der hydrodynamischen Näherung aus der kinetischen Gleichung die explizite Form des Stoßgliedes nicht bekannt zu sein brauchte. Auch ist die explizite Kenntnis der Korrektur f_1 nicht notwendig. Diese würde uns in den Gleichungen (1.102) und (1.103) und deren dreidimensionalen Verallgemeinerungen die Bestimmung der die Effekte von Dissipation (Viskosität, Wärmeleitung usw.) beschreibenden Terme gestatten, jedoch müßte man sich dann auf eine bestimmte Form des Stoßgliedes festlegen. Bei strenger Betrachtung ist das ein ziemlich schwieriges Problem. Es vereinfacht sich, wenn man das Stoßintegral bei diesem Stand der Betrachtungen in der τ-Näherung benützt. Gerade auf diese Weise haben wir oben den Wärmeleitungskoeffizienten bestimmt.

Es ist zu beachten, daß die Gleichungen (1.104) und (1.105), die die Grundlage der hydrodynamischen Näherung in der Plasmatheorie bilden und die wir aus einer allgemeineren kinetischen Gleichung abgeleitet haben, auch auf weitaus einfachere Weise durch Betrachtung der makroskopischen Eigenschaften eines Plasmas erhalten werden können. Gleichung (1.104) hat die Bedeutung des Erhaltungssatzes für die Teilchenzahl jeder Sorte, während die Gleichungen (1.105) das zweite Newtonsche Gesetz für die Bewegung eines Volumenelementes der Ionen- bzw. Elektronenkomponente des Plasmas unter der Wirkung von Druckgradienten, elektrischem Feld und der Kräfte gegenseitiger Reibung ausdrücken.

Auf diese Weise beschrieben stellt das Plasma eine Mischung zweier Flüssigkeiten dar, die miteinander über das selbstkonsistente elektrische Feld und über die von Zweierstößen hervorgerufene Reibung in Wechselwirkung stehen. Für viele Probleme eines quasineutralen Plasmas ($n_e = n_i = n$) verwendet man zweckmäßigerweise das noch einfachere Modell der Einflüssigkeitshydrodynamik. Indem wir die Gleichungen (1.105) für Ionen und Elektronen zueinander addieren und beachten, daß sich dabei die durch die Reibung zwischen der Ionen- und der Elektronenkomponente bedingten Terme gegeneinander aufheben, erhalten wir

$$m_i n(\partial \underline{u}/\partial t+(\underline{u}.\mathrm{grad})\underline{u}) = -\mathrm{grad}(p_i+p_e) \qquad (1.107)$$

wobei

$$u = \underline{u}_i + (m_e/m_i)\underline{u}_e \approx \underline{u}_i$$

In dieser Grundgleichung der Einflüssigkeitshydrodynamik des Plasmas tritt das elektrische Feld nicht mehr in Erscheinung. Es ist zu beachten, daß in der Regel auch ohne äußere Quellen im Plasma ein elektrisches Feld vorhanden ist. Seine Entstehung läßt sich wie folgt erklären. Wegen der Erhaltung der Quasineutralität müßten eigentlich die Flüsse von Elektronen und Ionen durch eine beliebige geschlossene Fläche einander gleich sein. Da die Elektronen jedoch beweglicher als die Ionen sind, ist beim Vorhandensein eines Druckgradienten der Fluß von Elektronen aus dem Gebiet höheren in das Gebiet niedrigeren Druckes zunächst größer als der Fluß von Ionen. Dies führt zu einer elektrischen Polarisierung des Plasmas. Das damit verbundene elektrische Feld bremst die Elektronen und beschleunigt die Ionen.

Bis jetzt haben wir den Fall eines vollständig ionisierten Plasmas betrachtet. In einem schwach ionisierten Medium können wegen der Abbremsung durch häufige Stöße mit Neutralen die (eine schwache Plasmalösung darstellenden) geladenen Teilchen unter der Wirkung ihrer eigenen Druckgradienten nicht getrennt werden. Der wesentliche Beitrag zur Reibungskraft kommt von den Stößen der Ionen mit neutralen Atomen und Molekülen:

$$\underline{F}_r = -m_i \underline{u} n \nu_{io} \qquad (1.108)$$

Wenn sich der Gradient des Plasmagesamtdruckes $(p_e + p_i)$ mit der Reibungskraft im Gleichgewicht steht, dann hat die Bewegung des Plasmas den Charakter einer Diffusion. In der Tat erhalten wir aus der Bedingung der Gleichheit von Reibungskraft und Druckgradient

$$-\mathrm{grad}p - m_i \underline{u} n \nu_{io} = 0$$
$$\underline{u} = -(n m_i \nu_{io})^{-1}\, \mathrm{grad}p \qquad (1.109)$$

Im Falle homogener Temperaturverteilung $T(r) = \mathrm{const.}$ ist folglich

$$\underline{u} = -(kT/n m_i \nu_{io})\mathrm{grad}n$$

Indem wir diesen Ausdruck für die Geschwindigkeit in die Kontinuitätsgleichung

$$\partial n/\partial t + \mathrm{div} n\underline{u} = 0$$

einsetzen, erhalten wir

$$\partial n/\partial t = (kT/m_i \nu_{io})\mathrm{divgrad}n \qquad (1.110)$$

Diese Gleichung beschreibt einen Diffusionsvorgang mit dem Diffusionskoeffizienten

$$D = kT/m_i \nu_{io} \qquad (1.111)$$

Zur hydrodynamischen Beschreibung des Plasmas möchten wir abschließend betonen, daß eine Einteilung der Plasmen in hydrodynamische und in kinetische grundsätzlich falsch wäre. Ein- und dasselbe Plasma kann gleichzeitig sowohl hydrodynamische, als auch kinetische (stoßfreie) Eigenschaften besitzen. So wird z.B. das Plasma einer Gasentladung in makroskopischen Maßstäben durch das hydrodynamische Modell (auch bei Berücksichtigung von Transportprozessen wie Diffusion, Ohmscher Heizung usw.) hinreichend gut beschrieben. Gleichzeitig zeigt das gleiche Plasma mikroskopisch, in Gebieten, deren Abmessungen viel kleiner sind, als die mittlere freie Weglänge, auch stoßfreien Charakter. Hier kann von gewöhnlichen Stößen überhaupt abgesehen werden. Zu den Prozessen, die auf einer mikroskopischen Skala betrachtet werden müssen, gehören die Plasmaschwingungen, die Ausbreitung elektromagnetischer Schwingungen und auch die Landaudämpfung. Auf diese Weise ist die Trennungslinie zwischen den verschiedenen Beschreibungen nicht durch die verschiedenen Arten von Plasma, sondern durch die in ihnen sich abspielenden Vorgänge bestimmt. So wie Erscheinungen über Entfernungen, die viel größer als die freie Weglänge sind, Gegenstand der hydrodynamischen Beschreibung des Plasmas sind, so sind mikroskopische Prozesse in Bereichen, deren Abmessungen viel kleiner als die freie Weglänge sind, Gegenstand eines anderen selbständigen Zweiges der Plasmaphysik: der Physik des stoßfreien Plasmas, das durch ein System stoßfreier kinetischer Gleichungen beschrieben wird. Es ist zu beachten, daß die kinetische Beschreibung des Plasmas wesentlich aufwendiger als die Beschreibung durch hydrodynamische Gleichungen ist, und daß die Behandlung aller stoßfreien Vorgänge im Rahmen der kinetischen Theorie ein außerordentlich schwieriges Unterfangen wäre. In einigen Fällen allerdings ergibt sich durch Übergang zu den Gleichungen einer eigenartigen stoßfreien Hydrodynamik eine wesentliche Vereinfachung. Der physikalische Grund für diese Möglichkeit ist ein ganz anderer als im Falle der gewöhnlichen Hydrodynamik. Die Ursache hierfür ist, daß diese stoßfreie Hydrodynamik in der Regel dann zur Beschreibung von Wellen- und Schwingungsvorgängen herangezogen werden kann, wenn es neben der freien Flugzeit eine weitere charakteristische Zeit gibt, nämlich die Schwingungsdauer. Während im stoßdominierten Fall der Übergang zur Hydrodynamik (d.h. die Vernachlässigung der thermischen Bewegung der Teilchen) Kleinheit der freien Weglänge v_T/ν im Verhältnis zu einer charakteristischen räumlichen Länge L bedeutet, sind im stoßfreien Falle der Übergang zur Hydrodynamik und die Vernachlässigung der thermischen Bewegung möglich, wenn der Parameter v_T/ω klein gegen die Wellenlänge λ ist. Diese Bedingung besagt, daß die stoßfreie Hydrodynamik gilt, wenn die thermische Geschwindigkeit der Teilchen wesentlich kleiner als die charakteristische Geschwindigkeit der im Plasma entstehenden Wellenbewegungen ist. Das Gleichungssystem der stoßfreien Hydrodynamik besteht aus den Gleichungen (1.104) und (1.105) unter Vernachlässigung von Reibung.

1.11 Plasmaschall

Zu Beginn dieses Buches haben wir Langmuir-Schwingungen betrachtet. Wir haben festgestellt, daß es außer Elektronenschwingungen auch von der Ionenbewegung hervorgerufene Schallschwingungen gibt (die manchmal auch Ionenschallschwingungen genannt werden). Die Eigenschaften aller Arten von Schwingungen lassen sich einheitlich auf der Grundlage der kinetischen Gleichungen behandeln (s. Abschnitt 1.12). Hier geben wir eine anschauliche und einfachere Behandlung des Plasmaschalls im Rahmen der hydrodynamischen Beschreibung.

Wie in jedem anderen kontinuierlichen Medium, so spielen auch für die Schallschwingungen in einem Plasma die Kräfte des Gasdrucks die Rolle der quasielastischen, rücktreibenden Kraft. In der Einflüssigkeitshydrodynamik des Plasmas (s. Gleichung (1.107) setzt sich der Druck additiv aus Elektronen- und Ionendruck in der Form $p = p_e + p_i$ zusammen, entsprechend geht der bekannte Ausdruck $c_s = (\partial p/\partial \rho)^{1/2}$ in einem gewöhnlichen kontinuierlichen Medium in $(\partial(p_e+p_i)/\partial\rho)^{1/2}$ über. Wie gewöhnlich wird hier unter der partiellen Ableitung die sogenannte adiabatische Ableitung verstanden, die bei konstanter Entropie zu berechnen ist. Dann gilt für $\gamma = 5/3$ $c_s^2 = \gamma k(T_e + T_i)/m_i$.

Die Prozesse aufeinanderfolgender Kompression und Expansion des Plasmas in den Schallwellen kann man als adiabatisch betrachten, wenn die dabei entstehenden Temperaturgradienten nicht durch Wärmeleitung ausgeglichen werden. Vergleichen wir das Glied $\partial T/\partial t$, das in der Wärmebilanzgleichung die Temperaturschwingungen beschreibt, mit dem Glied $\chi \Delta T$, das dem Wärmeaustausch entspricht. In einer Schallwelle mit $T \sim \exp\{i(kx-\omega t)\}$ (mit k als der Wellenzahl) gilt $\partial T/\partial t = -i\omega T$, und das zweite Glied hat die Form $\chi\Delta T = -\chi k^2 T$. Die Bedingung $\partial T/\partial t \gg \chi k^2 T$ für einen adiabatischen Vorgang findet dann in der Ungleichung $\omega \gg k^2\chi$ ihren Ausdruck. Nun haben Ionen und Elektronen stark voneinander verschiedene Wärmeleitungskoeffizienten (s. Abschnitt 1.9). Dabei ist die Bedingung für einen adiabatischen Prozeß für Elektronen schwerer zu erfüllen. Die Ungleichung $\omega \gg k^2\chi$ läßt sich in der Form

$$\omega/k \approx (kT/m_i)^{1/2} \gg k\chi \approx 2\pi\chi/\lambda \tag{1.112}$$

schreiben, wobei λ die Wellenlänge ist. Setzen wir hier für χ die Wärmeleitfähigkeit der Elektronen $\chi_e \sim l_e v_{Te}/3$ ein, dann erhalten wir

$$\lambda \gg (2\pi l_e/3)(m_i/m_e)^{1/2} \tag{1.113}$$

Das bedeutet, daß vollkommen adiabatisch nur Schallschwingungen sind, deren Wellenlänge um mindestens zwei Größenordnungen größer als die freie Weglänge der Elektronen ist. Wenn umgekehrt

$$l_e(m_i/m_e)^{1/2} \gg \lambda \qquad (1.114)$$

jedoch $\lambda \gg l_i$ ist, dann ist der Schall für die Elektronenkomponente isotherm, während er für die Ionen adiabatisch ist. Der Ausdruck für die Schallgeschwindigkeit läßt sich in diesem Falle wie folgt schreiben

$$c_s = (kT_e/m_i + (5/3)kT_i/m_i)^{1/2} \qquad (1.115)$$

Auf diese Weise ist die Analogie mit dem Schall in einem gewöhnlichen kompressiblen Gas nicht vollständig, weil ein Plasma aus zwei Komponenten besteht. Die wirklich anomalen Eigenschaften des Plasmas zeigen sich jedoch erst bei noch kürzeren Wellenlängen. Gewöhnlicher Schall wird mit Annäherung der Wellenlänge an die freie Weglänge (durch Viskosität und Wärmeleitung) immer stärker gedämpft und kann für $\lambda \ll l$ überhaupt nicht existieren. Es ist klar, daß aufgrund der thermischen Bewegung der einzelnen Teilchen eine beliebige Störung der Dichte im freimolekularen Strom zerstreut wird. Im Plasma jedoch stehen die Teilchen über das selbstkonsistente elektrische Feld auch ohne Zweierstöße miteinander in Wechselwirkung. Ähnlich wie ein solches elektrische Feld zu den Langmuir-Schwingungen der Elektronen führt, so ergibt sich auch die Möglichkeit der Existenz von Schallschwingungen unter Beteiligung von Ionen, falls die Frequenz der Schwingungen so niedrig ist, daß die Ionen auf die Feldänderungen zu reagieren vermögen.

Auf diese Weise wird durch die Entstehung eines elektrischen Feldes im kurzwelligen Schall eine elastische Kopplung zwischen der Ionen- und der Elektronenkomponente realisiert, wobei Ionen- und Elektronentemperatur in einer solchen Schallwelle konstant bleiben.

Wir gestatten uns eine kleine Abschweifung und wollen auf einen für Wellenprozesse im Plasma äußerst wichtigen Umstand hinweisen. Wie in jedem beliebigen anderen physikalischen System, so sind auch im Plasma Schwingungsvorgänge eigentlich nichtlinear. Zweckmäßigerweise beginnt man bei der Betrachtung von Schwingungs- und Wellenprozessen im Plasma mit der linearen Theorie. In einer solchen linearen Theorie werden Plasmaschwingungen hinreichend kleiner Amplitude betrachtet, die kleinen Störungen des ursprünglichen Gleichgewichtszustandes des Plasmas, auf dessen Hintergrund sie sich entwickeln, entsprechen. In der kinetischen Theorie bedeutet Kleinheit der Schwingungsamplitude, daß die mit den Schwingungen und Wellen verbundene Störung der Verteilungsfunktion im physikalisch relevanten Geschwindigkeitsbereich überall klein gegen die ursprüngliche Gleichgewichtsverteilungsfunktion ist: $f = f_0 + \delta f$ und $\delta f \ll f_0$. Dementsprechend muß in der hydrodynamischen Theorie angenommen werden, daß alle mit Schwingungen und Wellen verbundenen physikalischen Größen ebenfalls hinreichend klein sind:

$$\delta n \ll n_0, \quad e\varphi \ll \max(kT, m\omega^2/k^2), \quad \delta u \ll \omega/k, \quad \xi \ll 1/k,$$

Hier ist δn die Dichtestörung durch die Schwingungen, φ das dazugehörige Potential und δu und ξ sind charakteristische Werte für die Geschwindigkeit und die Verschiebung der an den Schwingungen beteiligten Teilchen. Deshalb besteht das mathematische Verfahren, das die allgemeinen Schwingungsgleichungen, seien es nun kinetische Gleichungen oder hydrodynamische, in die Gleichungen der linearen Theorie überführt, in einer Linearisierungsprozedur. Linearisierung bedeutet, daß alle den Plasmazustand charakterisierenden Größen als Summe aus ihrem Gleichgewichtswert und der mit den Schwingungen und Wellen verbundenen Störung dargestellt und in den Ausgangsgleichungen Terme zweiter und höherer Ordnung in der Störungsamplitude vernachlässigt werden.

Wir kehren jetzt zur Betrachtung stoßfreien Schalls zurück, wobei wir uns hier mit der linearen Theorie begnügen. Es ist zu erwarten, daß (wie auch im stoßdominierten Fall) die Schallwelle hinreichend langsam ist, d.h. daß ihre Phasengeschwindigkeit viel kleiner als die thermische Geschwindigkeit der Elektronen ist. Praktisch bedeutet das, daß die von der Welle hervorgerufene Störung auf die Elektronen quasistatisch wirkt, so daß diese zu jedem Zeitpunkt einer Boltzmann-Verteilung genügen:

$$n_e = n_0 \exp\{e\varphi/kT\} \tag{1.116}$$

Wie wir bereits wissen, ist diese Formel für Schwingungen kleiner Amplitude zu linearisieren. Dabei finden wir, daß die Änderung der Elektronendichte in Abhängigkeit vom Potential der Welle gegeben ist durch

$$\delta n_e = n_0 e\varphi/kT_e \tag{1.116'}$$

Umgekehrt sehen wir für die Ionen die Bedingung $\omega/k \gg v_{Ti}$ als erfüllt an. Oben haben wir gesehen, daß gerade dies die Bedingung für die Gültigkeit der stoßfreien Hydrodynamik ist. Deshalb werden wir die Bewegung der Ionen in einer stoßfreien Welle mit Hilfe eines in der Störungsamplitude linearisierten hydrodynamischen Gleichungssystems ohne Reibungskraft betrachten:

$$\begin{aligned} m_i \partial\delta u_i/\partial t &= -e\partial\varphi/\partial x - (kT_i/n_0)\partial\delta n_i/\partial x \\ \partial\delta n_i/\partial t + n_0\partial\delta u_i/\partial x &\equiv 0 \end{aligned} \tag{1.117}$$

Durch Vergleich der verschiedenen Terme in diesen Gleichungen läßt sich leicht zeigen, daß man unter der Bedingung $\omega \gg kv_{Ti}$ den Druckgradienten (das ist der letzte Term auf der rechten Seite von (1.117)) vernachlässigen kann.

Wir machen eine weitere Voraussetzung und nehmen an, daß die Wellenlänge der hier betrachteten Ionenschallschwingungen immer noch groß gegen die Debye-Länge ist. Dann lassen sich, da die Ionenschallwelle auf die Elektronen quasistatisch wirkt, die in Abschnitt 1.2 zur Quasineutralität angestellten Überlegungen auf sie anwenden. Vermöge ihrer Wechselwirkungsenergie in der Welle können sich die Elektronen von den Ionen nur auf eine Entfernung von der Größenordnung der Debye-Länge entfernen. Ionenschallschwingungen mit Wellenlängen, die viel größer sind als die Debye-Länge, sind quasineutral: $\delta n_e = \delta n_i = \delta n$. In diesem Falle läßt sich mit Berücksichtigung von Gleichung (1.116') das Gleichungssystem (1.117) in die Form

$$\begin{aligned} \partial\delta n/\partial t + n_o \partial\delta u_i/\partial x &= 0 \\ m_i \partial\delta u_i/\partial t &= -(kT_e/n_o)\partial\delta n/\partial x \end{aligned} \qquad (1.118)$$

bringen, das mit der Form der linearisierten Gleichungen der gewöhnlichen Gasdynamik eines isothermen Gases ($\gamma=1$) übereinstimmt. Die Phasengeschwindigkeit der Schallwelle in einem solchen Gas ist gegeben durch

$$\omega/k = (kT_e/m_i)^{1/2} \qquad 1.119)$$

Im hier betrachteten Falle eines Plasmas jedoch ist der Schall mit einem solchen Dispersionsgesetz stoßfrei. Ähnlich wie die Langmuir- tritt auch für Schallschwingungen stoßfreie Dämpfung durch resonante Wechselwirkung mit thermischen Plasmateilchen ein. Der physikalische Mechanismus dieser Dämpfung wurde in Abschnitt 1.2 am Beispiel der Langmuir-Schwingungen erläutert. Eine Schallwelle kann durch Wechselwirkung sowohl mit den Ionen, als auch mit den Elektronen gedämpft werden. Da jedoch $\omega/kv_{Ti} = (T_e/T_i)^{1/2}$ gilt, kommt für $T_e \gg T_i$ (heiße Elektronen, kalte Ionen) nur eine kleine Zahl von Ionen aus dem "Schwanz" der Maxwellverteilung in Resonanz mit der Schallwelle, und die Dämpfung durch die Ionen erweist sich als exponentiell klein. Mit Zunahme der Ionentemperatur geraten mehr und mehr Ionen in Resonanz. Für $T_i \sim T_e$ trägt bereits der größte Teil der Ionen zur Landaudämpfung der Ionenschallschwingungen bei und das Dämpfungsdekrement wird vergleichbar mit der Schwingungsfrequenz, d.h. die Ausbreitung von Ionenschall wird unmöglich. Aus diesem Grunde ist für die Existenz schwach gedämpfter freier Ionenschallschwingungen ein Plasma mit $T_e \gg T_i$ erforderlich. Was jedoch die stoßfreie Dämpfung des Schalls durch die Elektronen angeht, so das Dämpfungsdekrement etwa um den Faktor $(m_e/m_i)^{1/2}$ kleiner als die Frequenz. Qualitativ läßt sich dies auf die folgende Weise erklären. Die Phasengeschwindigkeit der Welle ist wesentlich kleiner als die thermische Geschwindigkeit der Elektronen $\omega/kv_{Te} \sim (m_e/m_i)^{1/2}$ und resonante Dämpfung durch die Elektronen tritt in dem und resonante Dämpfung durch die Elektronen tritt in dem Bereich der Verteilungsfunktion der Elektronen ein, in dem df/dv und, wie sich aus Gleichung (1.5) (s. Abschnitt 1.2) ergibt, damit auch die stoßfreie Dämpfung klein ist. Das Problem der stoßfreien Dämpfung einer Ionenschallwelle wird ausführlich in Abschnitt 1.12 betrachtet werden.

Wie wir bereits oben festgestellt haben, wird beim Ionenschall bei sehr kleinen Wellenlängen von der Größenordnung der Debye-Länge die Abweichung von der Quasineutralität wesentlich. In einer so kurzwelligen Ionenschallwelle bleibt die Verteilung der Elektronen jedoch eine Boltzmannverteilung und δn_e wird durch Formel (1.117) bestimmt.

Das System von Gleichungen (1.118) für die Ionen ist durch eine Poisson-Gleichung für das Potential der Ionenschallwelle zu ergänzen. Damit erhalten wir für kurzwelligen Schall das System

$$\begin{aligned} \partial\delta n_i/\partial t + n_o \partial\delta u_i/\partial x &= 0 \\ m_i \partial\delta u_i/\partial t &= -(kT_e/n_o)\partial\delta n_e/\partial x \\ \varepsilon_0 \partial^2 \delta n_e/\partial x^2 &= (e^2 n_o/(kT_e))(\delta n_i - \delta n_e) \end{aligned} \tag{1.120}$$

Setzen wir in diesen Gleichungen alle Wellengrößen in der Form $\exp\{i(kx-\omega t)\}$ an, dann finden wir die folgende Dispersionsbeziehung:

$$\omega^2 = \omega_{pi}^2 k^2 r_D^2 /(k^2 r_D^2 + 1) \tag{1.121}$$

wobei $\omega_{pi}^2 = e^2 n/(\varepsilon_o m_i)$ das Quadrat der Ionen-Plasmafrequenz ist. Für sehr lange Wellen $\lambda >> r_D$ ergibt sich aus (1.120) die früher erhaltenen Dispersionsbeziehung (1.119). Mit Abnahme der Wellenlänge wird die Dispersion der Phasengeschwindigkeit wesentlich - die Phasengeschwindigkeit nimmt mit der Wellenlänge ab und geht an der Grenze $k \to \infty$ gegen Null und die Frequenz des Ionenschalls strebt gegen die Ionen-Plasmafrequenz ω_{pi}.

Dieses Ergebnis findet eine sehr einfache Erklärung. Wegen der thermischen Bewegung der Teilchen zeigt die Frequenz des auf die Elektronen wirkenden elektrischen Feldes eine Dopplerverschiebung: $\omega \to |\omega - kv_{Te}|$. Für sehr kurze Wellenlängen ($\lambda << r_D$) gilt $kv_{Te} >> \omega_{pe}$, d.h. die effektive Frequenz des auf ein "mittleres" Elektron wirkenden Feldes ist wesentlich größer als die Elektronen-Plasmafrequenz, und die Elektronen nehmen an den Schwingungen nicht teil. Dadurch bleibt für solche kurzen Wellenlängen die Dichte der Elektronen praktisch ungestört und wir erhalten wieder die Langmuir-Schwingungen von Ladungen eines Vorzeichens bezüglich solcher anderen Vorzeichens, genauso wie bei den hochfrequenten Langmuirschwingungen (s. Abschnitt 1.2). Der einzige Unterschied besteht darin, daß beim kurzwelligen Ionenschall die Ionenladung auf einem Hintergrund von Elektronen schwingt und dementsprechend die Frequenz dieser Schwingungen mit der Ionenplasmafrequenz übereinstimmt, während bei den Hochfrequenzschwingungen Schwingungen der Elektronenladung relativ zu den unbeweglichen Ionen stattfinden.

Die Ergebnisse unserer Betrachtung der Schwingungen eines isotropen Plasmas sind auf Abb.1.11 graphisch dargestellt. Neben elektromagnetischen Wellen $\omega^t = (\omega_{pe}^2 + k^2c^2)^{1/2}$ gibt es in einem solchen Plasma zwei weitere Zweige rein longitudinaler Schwingungen. Dabei handelt es sich um die hochfrequenten Langmuir-Schwingungen $\omega^l = (\omega_{pe}^2 + 3k^2 v_{Te}^2)^{1/2}$ und um die niederfrequenten Ionenschallschwingungen mit der durch Gleichung (1.121) beschriebenen Dispersion $\omega^s(k)$. In diesen Formeln bezieht sich der Index t (transversal) auf die elektromagnetische Welle und der Index l (longitudinal) auf die longitudinale Plasmawelle, während der Index s (sound) sich auf die Ionenschallwelle bezieht.

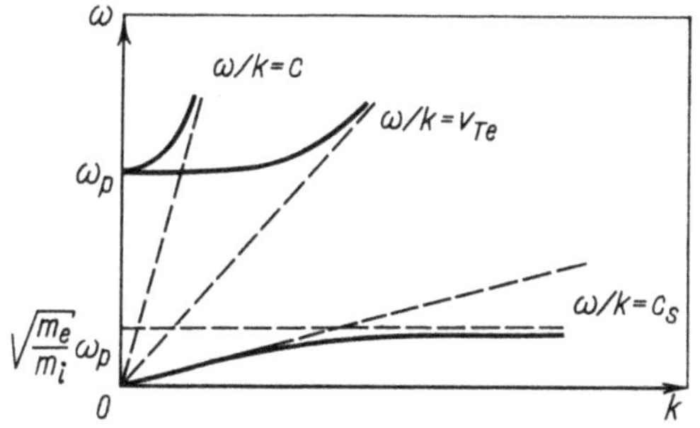

Abb.1.11
Schwingungszweige in einem homogenen isotropen Plasma

Wir wollen auf eine ziemlich weitgehende Analogie zwischen longitudinalen Schwingungen im Plasma und elastischen Schwingungen von Atomen und Ionen in den Knoten von Kristallgittern hinweisen. Die Rolle der bei den Ladungsschwingungen im Plasma entstehenden elektrischen Kräfte spielen im Kristallgitter eines Festkörpers diejenigen elastischen Kräfte, die die Atome (Ionen) in die Gleichgewichtslage zurücktreiben. Dabei gibt es, z.B. in einem zweiatomigen Gitter, zwei Schwingungszweige: Einen optischen Zweig, in dem sich Atome (oder Ionen) verschiedener Art bei den Schwingungen aufeinander zu bewegen und der den Ladungsdichteschwingungen, den Langmuir-Schwingungen im Plasma entspricht, und einen akustischen Zweig, in dem die Atome (Ionen) in einer Richtung verschoben werden und der im Plasma den Ionenschallschwingungen entspricht.

Bis jetzt haben wir bei der Betrachtung der Plasmaschwingungen ein System hydrodynamischer Gleichungen benützt. Im nächsten Abschnitt wird die kinetische Theorie der Schwingungs- und Wellenprozesse im Plasma betrachtet. Diese Art der Behandlung gestattet nicht nur die Herleitung der uns schon bekannten Schwingungszweige von einem einheitlichen Standpunkt aus, sondern auch eine quantitative Betrachtung des Effektes der resonanten Wechselwirkung von Schwingungen und Teilchen. Aus diesem Grunde ist die kinetische Theorie für die Theorie kollektiver Wechselwirkungen in einem Plasma von großer Bedeutung.

1.12 Kinetische Theorie der Wellen im Plasma

Die wichtigste Demonstration der Methode des selbstkonsistenten Feldes in der kinetischen Theorie des Plasmas ist die Herleitung der Dispersionsbeziehung für die verschiedenen Typen von Plasmaschwingungen mit Hilfe der stoßfreien kinetischen Gleichung. Wir wollen annehmen, daß die Ausbreitung einer ebenen monochromatischen Welle mit der Frequenz ω und der Wellenzahl k (wegen der Polarisation des Plasmas) von der Entstehung eines selbstkonsistenten elektrischen Feldes mit dem Potential

$$\varphi = \tilde{\varphi}\exp(ikx-i\omega t)$$

begleitet ist. Ebenso wie bei der hydrodynamischen Behandlung kleiner Schwingungen, macht man auch in der kinetischen Theorie von der Methode der Linearisierung Gebrauch. Wir setzen die Verteilungsfunktion der Ionen (Elektronen) in der Form

$$f_i = f_{oi}(v) + \delta f_i(x,v,t)$$

an. Hier ist f_{oi} die (ungestörte) Verteilungsfunktion im Gleichgewichtszustand. Die durch die Schallwelle hervorgerufene Störung δf_i sehen wir als klein an. Wir erhalten für sie eine kinetische Gleichung der Form

$$\partial\delta f_i/\partial t + v\partial\delta f_i/\partial x - (e/m_i)(\partial\varphi/\partial x)\partial f_{oi}/\partial v = 0 \qquad (1.122)$$

(im letzten Term auf der linken Seite haben wir das nichtlineare Glied $(e/m_i)(\partial\varphi/\partial x)\partial\delta f_i/\partial v$ vernachlässigt, da es von zweiter Ordnung ist). Aus Gleichung (1.122) ist zu sehen, daß ∂f_i proportional zu φ ist und sich deshalb wie $\exp(i(kx-\omega t))$ verhält.
Indem wir in (1.122) $\delta f_i = \widetilde{\delta f}_i\exp(i(kx-\omega t))$ einsetzen, erhalten wir

$$-i(\omega-kv)\widetilde{\delta f}_i - (e/m_i)ik\tilde{\varphi}\,\partial f_{oi}/\partial v = 0 \qquad (1.123)$$

Auf diese Weise ergibt sich für die Störung der Ionendichte

$$\delta n_i = \int\widetilde{\delta f}_i dv = -(e/m_i)k\tilde{\varphi}\int\frac{\partial f_{oe}/\partial v}{\omega - kv}\,dv \qquad (1.124)$$

Indem wir die gleichen Überlegungen für die Elektronen anstellen, erhalten wir

$$\delta n_e = (e/m_e)k\tilde{\varphi}\int\frac{\partial f_{oe}/\partial v}{\omega - kv}dv \qquad (1.125)$$

Der Unterschied zu Formel (1.124) besteht in der Ersetzung von Ladung und Masse des Ions durch die einem Elektron entsprechenden Werte. Jetzt benützen wir, daß das elektrische Potential und die Raumladung $e(\widetilde{\delta n}_i-\widetilde{\delta n}_e)$ durch die Poisson-Gleichung

$$\epsilon_o k^2\tilde{\varphi} = e(\widetilde{\delta n}_i-\widetilde{\delta n}_e) \qquad (1.126)$$

miteinander verknüpft sind. Nach Einsetzung der Ladungsdichten entsprechend (1.124) und (1.125) erhalten wir die folgende Gleichung

$$\epsilon_o k^2 = -(e^2/m_i)k\left\{\int\frac{\partial f_{oi}/\partial v}{\omega - kv}dv + (m_i/m_e)\int\frac{\partial f_{oe}/\partial v}{\omega - kv}dv\right\} \qquad (1.127)$$

die dem Verschwinden der Dielektrizitätskonstanten des Plasmas entspricht:

$$\epsilon(\omega) = \epsilon_i + \epsilon_e + 1 = 1 + e^2/(\epsilon_o m_i k^2)\left\{\int\frac{\partial f_{oi}/\partial v}{\omega - kv}dv + (m_i/m_e)\int\frac{\partial f_{oe}/\partial v}{\omega - kv}dv\right\} \qquad (1.128)$$

wobei ϵ_e und ϵ_i die Beiträge von Elektronen und Ionen zur Dielektrizitätskonstanten sind. Die explizite Form von ϵ_e und ϵ_i kann man der Beziehung (1.128) entnehmen.

Die Gleichung (1.127), die in impliziter Form die Funktion $\omega = \omega(k)$, die Dispersionsbeziehung, enthält, ist die allgemeine Dispersionsgleichung für Schwingungen in einem Plasmas ohne Magnetfeld. Aus Gleichung (1.127) lassen sich alle früher betrachteten Arten von longitudinalen Plasmaschwingungen herleiten.

Betrachten wir zunächst Schallschwingungen. Zuerst bringen wir die auf der rechten Seite von (1.128) in den geschweiften Klammern stehenden beiden Terme in eine einfachere Form. Wir beginnen mit dem zweiten Term, der dem Beitrag der Elektronen entspricht. Im vorangehenden Abschnitt haben wir gezeigt, daß die mittlere thermische Geschwindigkeit der Elektronen viel größer als die Phasengeschwindigkeit der Schallwellen $\omega/k \ll v_{Te}$ (oder $\omega \ll kv_{Te}$) ist. Aus diesem Grunde läßt sich im wesentlichen Teil des Integrationsgebietes im Nenner des Integranden ω gegenüber kv vernachlässigen. Das vereinfachte Integral $\int(\partial f_{oe}/\partial v)dv/v$ ergibt für eine Maxwellverteilung $f_{oe} = n_o(m_e/2\, kT_e)^{1/2}\exp(-m_e v^2/2kT_e)$ das Resultat

$-n_o m_e/kT_e$, d.h. $\epsilon_e = 1/k^2 r_D^2$.

Bei der Berechnung des Integrals für die Ionen (der erste Term in den geschweiften Klammern) muß man voraussetzen, daß die Phasengeschwindigkeit der Wellen wesentlich größer ist, als die mittlere thermische Geschwindigkeit der Ionen $\omega >> kv_{Ti}$. Nach Abschnitt 1.11 ist diese Bedingung in einem Plasma mit kalten Ionen $T_i << T_e$ erfüllt. Vernachlässigt man im Nenner des Gliedes für die Ionen in Formel (1.12') kv gegenüber ω, dann verschwindet dieses Integral identisch. Daraus ergibt sich, daß man in der Entwicklung

$$1/\omega - kv = 1/\omega + kv/\omega^2 + \dots$$

auch das zweite Glied mitnehmen muß. Das ergibt

$$\int (\partial f_{oi}/\partial v)(kv/\omega^2)dv = -(k/\omega^2)\int f_{oi}dv = -kn/\omega^2$$

Dies führt auf die Beziehung $\epsilon_i = -\omega_{pi}^2/\omega^2$. Nach Einsetzung der für die Integrale erhaltenen Ausdrücke in (1.127) können wir die Dispersionsbeziehung in der Form

$$\epsilon_o k^2 = (e^2 n/m_i)(k^2/\omega^2 - m_i/kT_e) \qquad (1.129)$$

schreiben. Man kann sich leicht davon überzeugen, daß das Ergebnis völlig mit der Dispersionsbeziehung für stoßfreie Schallschwingungen übereinstimmt, wie wir sie oben als Gleichung (1.121) in hydrodynamischer Betrachtungsweise erhalten haben.

Die physikalische Bedeutung der stoßfreien Dämpfung von Wellen im Plasma wurde ausführlich in Abschnitt 1.2 am Beispiel der Langmuir-Schwingungen untersucht. Ihrer Entstehung nach ist die stoßfreie Dämpfung durch die Absorption von Wellenenergie durch solche Teilchen bedingt, die sich mit Phasengeschwindigkeit bewegen und sich daher für eine gewisse Zeit in Phasenresonanz mit der Welle befinden. Daher bietet sich für eine quantitative Behandlung des Effektes die Benützung des Energieerhaltungssatzes im System Welle - resonantes Teilchen an. Für seine Herleitung benützen wir die Dispersionsbeziehung (1.127). Wir berücksichtigen, daß die durch Integrale über die (in die rechte Seite von (1.127) eingehenden) Geschwindigkeiten bestimmte Dielektrizitätskonstante des Plasmas in Wirklichkeit einen Imaginärteil besitzt, der mathematisch durch Singularitäten (Pole) des Integranden im Punkte $v = \omega/k$ bedingt ist. Gerade das Auftreten eines Imaginärteils der Dielektrizitätskonstanten ist für die stoßfreie Dämpfung der Welle verantwortlich. Wir schreiben die Dielektrizitätskonstante als Real- und Imaginärteil:

$$\epsilon(\omega,k) = \epsilon'(\omega,k) + i\epsilon''(\omega,k)$$

Dann ist der Realteil ω' der Frequenz ($\omega = \omega' + i\gamma$) Lösung des Realteils der Dispersionsgleichung:

$$\epsilon'(\omega',k) = 0$$

Der Imaginärteil der Dispersionsgleichung bestimmt γ. Für $\gamma \ll \omega'$, d.h. für $\epsilon'' \ll \epsilon'$ läßt sich die Gleichung

$$\mathrm{Im}\,\epsilon'(\omega) + \epsilon''(\omega) = 0$$

in die Form

$$\gamma\, \partial\epsilon'/\partial\omega' = -\epsilon''(\omega') \tag{1.130}$$

bringen, indem man $\epsilon'(\omega+i\gamma)$ bis zum linearen Gliede in $i\gamma/\omega$ in eine Reihe entwickelt. Wir multiplizieren beide Seiten von (1.130) mit $\epsilon_0 \omega |E|^2$. Berücksichtigen wir, daß

$$d|E|^2/dt = 2\gamma|E|^2$$

ist und daß die Dielektrizitätskonstante mit der Leitfähigkeit σ durch $\epsilon_0\epsilon = i\sigma/\omega$ verknüpft ist, dann können wir die Gleichung für γ wie folgt schreiben:

$$d/dt\,\omega\partial\epsilon/\partial\omega . \epsilon_0 \langle E^2\rangle/2 = -\mathrm{Re}\{\sigma\langle E^2\rangle\} \tag{1.131}$$

Hier bezeichnen die spitzen Klammern Mittelung über die Wellenlänge der Schwingungen. Diese Gleichung drückt den Energieerhaltungssatz im System Welle - resonantes Teilchen aus. Die Größe

$$w = \omega\,\partial\epsilon/\partial\omega . \epsilon_0 \langle E^2\rangle/2 \tag{1.132}$$

stellt die Energie einer monochromatischen longitudinalen Welle dar und setzt sich aus der potentiellen Energie der Welle (der Energie ihres elektrischen Feldes) $w_{pot} = \epsilon_0\langle E^2\rangle/2$ und der Schwingungsenergie w_S der Teilchen zusammen. Indem wir die früher abgeleiteten Ausdrücke für ϵ_e und ϵ_i benützen, erhalten wir für die Energie einer Ionenschallwelle

$$w = \epsilon_0(\omega_{pi}^2/\omega^2)\langle E^2\rangle \tag{1.133}$$

Zu dieser Energie trägt die kinetische Energie der Ionenschwingungen

$$\langle n_0 m_i \delta u_i^2/2\rangle = \omega_{pi}^2/\omega^2 . \epsilon_0\langle E^2\rangle/2$$

die Schwingungsenergie der Elektronen

$$\langle \delta n e \varphi \rangle = (1/(\kappa^2 r_D^2)) . \epsilon_0 \langle E^2 \rangle /2$$

(es wurde angenommen, daß nur in der Wellenamplitude quadratische Größen einen von Null verschiedenen Mittelwert haben, so daß nach Mittelung nur der zu δn proportionale Term verbleibt) und schließlich die potentielle Energie der Welle $\epsilon_0 \langle E^2 \rangle /2$ bei. Die Energie langwelliger Ionenschallschwingungen besteht hauptsächlich aus der Schwingungsenergie der Teilchen, was auch ganz natürlich ist: Bei langwelligem Schall und kleiner Ladungstrennung ist auch das elektrische Feld klein, anders ausgedrückt, das Plasma ist nahezu quasineutral.

Die zeitliche Änderung der Wellenenergie wird durch die mit der Wechselwirkung zwischen Welle und resonantem Teilchen verbundene Dissipation bestimmt.

Die dissipierte Leistung ist proportional zu $\mathrm{Re}\{\sigma\}$ und läßt sich deuten als die Arbeit des Feldes E der Welle an den resonanten Teilchen: $\mathrm{Re}\{\sigma . E^2\} = \langle j^{res} . E \rangle$.

Wir wenden uns wieder der Amplitude φ_k des Potentials der elektrostatischen Welle zu und schreiben den Erhaltungssatz der Energie im System Welle - resonantes Teilchen in der folgenden Form:

$$\epsilon_0 d/dt |\varphi_k|^2 = - (4/(k^2 \omega \partial\epsilon/\partial\omega)) \langle j^{res} . E \rangle \qquad (1.134)$$

Die mit den resonanten Teilchen verbundene Energiedissipation der Welle findet, wie dies aus der obigen Herleitung folgt, ihren Ausdruck im Imaginärteil von $\epsilon(\omega,k)$ und läßt sich aus der für $\epsilon(\omega,k)$ (s. (1.128)) gegebenen Gleichung leicht bestimmen. Wir wollen hier allerdings eine davon unabhängige Ableitung der Formel für die dissipierte Leistung $\langle j^{res} . E \rangle$ geben, weil dabei die physikalische Bedeutung der stoßfreien Landau-Dämpfung klar werden wird.

Der Strom j^{res} läßt sich sehr einfach durch die Störung der Gleichgewichtsverteilungsfunktion der resonanten Teilchen ausdrücken:

$$j^{res} = \sum e \int v \delta f^{res} dv$$

wobei sich die Summierung über beide Teilchensorten, Ionen und Elektronen, erstreckt. Setzen wir hier die Verteilungsfunktion δf gemäß Gleichung (1.123) ein, dann läßt sich die auf der rechten Seite der Gleichung (1.134) stehende Mittelung leicht ausführen. Betrachten wir z.B.

den Beitrag der Ionen

$$\langle j^{res}E\rangle = \langle\Big\{(e^2/2m_i)\int\frac{\varphi_k k v\partial f_0/\partial v}{kv-\omega}\exp(i(kx-\omega t)) + K.K.)\times$$

$$\times(-(ik/2)\varphi_k\exp(i(kx-\omega t)) + K.K.)dv\Big\}\rangle$$

$$= (e^2/(4m_i))\,\varphi_k^2 k^2\int[v\partial f_0/\partial v](i/(kv-\omega) - K.K.)dv \qquad (1.135)$$

Hier wurde über die Zeit gemittelt und berücksichtigt, daß die Größen δf und φ reell sind. Die früher benützte komplexe Darstellung dieser Größen ist nur in der linearen Theorie gültig, bei der Berechnung quadratischer Kombinationen, wie z.B. von $\langle j.E\rangle$, sind in den oben für δf und φ angegebenen Formeln komplex-konjugierte Terme sowie ein Faktor 1/2 einzuführen.

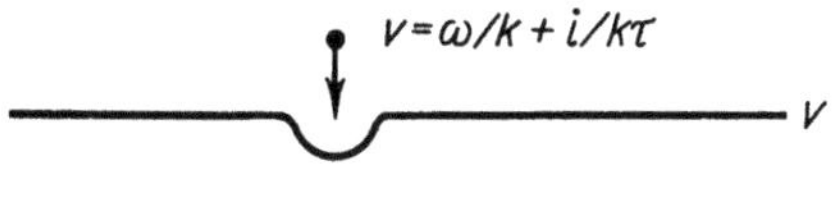

Abb.1.12
Die Umlaufung der in der kinetischen Theorie wegen der Landau-Dämpfung auftretenden Singularität

Aus (1.135) folgt, daß die Änderung der Wellenamplitude mit der Resonanz für $v\approx\omega/k$ zusammenhängt, für die sich eine Singularität des Integranden ergibt. Wieder begegnen wir einem der bereits in Abschnitt 1.7 erwähnten resonanten Phänomene des Plasmas. Hier handelt es sich um die Resonanz eines Teilchens mit einer Welle, deren Phasengeschwindigkeit mit der Geschwindigkeit $v = w/k$ des Teilchens übereinstimmt (Landau-Resonanz). Wie bereits früher, führen wir wir zur Behebung der Singularität eine unendlich kleine, durch Stöße verursachte Dämpfung der Welle ein. Dann folgt aus der kinetischen Gleichung mit einem Stoßglied der Form (1.86), daß die Berücksichtigung von Stößen für ω der Ersetzung $\omega \to \omega + i/\tau$ entspricht. Die Lage des Pols von $v = \omega/k + i/k\tau$ verschiebt sich von der reellen Achse in die obere Halbebene.
Daraus folgt, daß in Formel (1.135) bei der Integration über v die Singularität des Integranden im Punkte $v = \omega/k$ von unten her zu umlaufen ist (s. Abb.1.12), so daß wir

$$\lim_{1/\tau\to 0} 1/(kv-\omega-i/\tau) = \mathcal{P}\{1/(kv-\omega)\} + i\pi\delta(kv-\omega) \qquad (1.136)$$

erhalten. Hier bezeichnet das Symbol $\mathcal{P}$ den Hauptwert und $\delta(x)$ ist die δ-Funktion. Eine solche Umgehung der Singularität nennt man die Landausche Umlaufsregel.

Indem wir $1/(kv-\omega)$ aus (1.136) in (1.135) einsetzen, unter Berücksichtigung der δ-Funktion die Integration über v ausführen und die Beiträge von Ionen und Elektronen summieren, erhalten wir die folgende Gleichung für die Wellenamplitude:

$$\partial\varphi_k^2/\partial t = (2\pi e^2/(\epsilon_o m_i k^2(\partial\epsilon/\partial\omega))\varphi_k^2.(\partial f_{oi}/\partial v + (m_i/m_e)\partial f_{oe}/\partial v) \quad (1.137)$$

wobei $v = \omega/k$ zu setzen ist. Für eine Schallwelle mit der Dispersionsbeziehung $\omega = k(kT_e/m_i)^{1/2}$ und einer Maxwellverteilung der Elektronen und Ionen erhalten wir

$$\gamma \approx -(\pi/8)^{1/2}\omega\{(m_e/m_i)^{1/2} + (T_e/T_i)^{3/2}\exp(-T_e/(2T_i)\} \quad (1.138)$$

was die Möglichkeit der Existenz einer schwach gedämpften ($\gamma \ll \omega$) Schallwelle in einem Plasma stark voneinander verschiedener Elektronen- und Ionentemperatur ($T_i \ll T_e$) bestätigt.

Ionenschallschwingungen eines Plasmas erinnern sehr an Phononen in Metallen. Anstelle der Ungleichung $T_i \ll T_e$ gilt in Metallen $kT \ll E_F$, wobei E_F die Fermi-Energie der Elektronen ist. Auf diese Weise spielt E_F die Rolle von kT_e. Die Schallgeschwindigkeit in Metallen ist von der Ordnung $(E_F/m_i)^{1/2}$ und die Dispersionskurven sind von der Art, wie sie auf Abb. 1.11 zu sehen sind.

Im thermodynamischen Gleichgewicht ergibt sich im Plasma für Ionenschallschwingungen ein Rayleigh-Jeans-Verteilung. Die Wechselwirkung der Elektronen mit dem thermischen Rauschen der Schallwellen liefert wie im Falle von Langmuir-Schwingungen einen Beitrag der für Zweierstöße berechneten freien Weglänge. Man kann sich leicht vorstellen, daß bei instabilen Ionenschallschwingungen, die mit einem hohen Rauschpegel verbunden sind, die freie Weglänge hauptsächlich durch kollektive Wechselwirkung von Elektronen mit dem Ionenschall bestimmt wird.

Die wichtigste für den Ionenschall spezifische Instabilität ist diejenige, die im Plasma bei hinreichend großem Strom angeregt wird. In der Tat haben in einem stromführenden Plasma die Elektronen relativ zu den Ionen eine Geschwindigkeit u_{oe}, die mit der Stromdichte durch die Beziehung $j = enu_{oe}$ verknüpft ist. Die Verteilungsfunktion der Elektronen hat dann die Form

$$f_{oe} = C.\exp(-m_e(v-u_{oe})^2/(2kT))$$

Indem wir diese Verteilungsfunktion benützen und voraussetzen, daß die Ionen ihre Maxwellverteilung behalten (ihre gerichtete Geschwindigkeit ist um den Faktor m_i/m_e kleiner, als die der Elektronen), erhalten wir aus (1.137) die folgende Formel für die Anwachsrate

$$\gamma = -(\pi/8)^{1/2}\omega\left\{(\omega-ku_{oe})/k(kT_e/m_i)^{1/2} + (T_e/T_i)^{3/2}\exp(-T_e/(2T_i)\right\} \quad (1.139)$$

Es ist zu sehen, daß für $u_{oe} > \omega/k \sim (kT_e/m_i)^{1/2}$ der Beitrag der Elektronen zur Anwachsrate sein Vorzeichen wechselt, d.h. daß die Elektronen anstelle von Absorption eine Anregung von Ionenschallschwingungen hervorrufen. Wenn die Ionentemperatur genügend klein ist, dann kann dieser Effekt die Ionendämpfung übertreffen und es ergibt sich eine eigenartige kohärente Anregung von Ionenschall durch die Elektronen.

Die Entwicklung einer solchen Instabilität kann zu einem starken Anwachsen des elektrischen Widerstandes führen. Allerdings befindet sich ein Plasma mit stark angeregten stochastischen Ionenschallschwingungen in einem besonderen turbulenten Zustande, der einer theoretischen Interpretation schwer zugänglich ist. Die von den Theoretikern hauptsächlich verwendete Methode geht von der Vorstellung aus, daß es sich hierbei um die Turbulenz eines gewissen Gases von den Wellen (hier den Ionenschallwellen) zuzuordnenden Quasiteilchen handelt. In einer solchen Theorie, die wir weiter unten betrachten werden, werden nichtlineare Effekte bei großen Wellenamplituden als Stöße solcher Quasiteilchen interpretiert.

Die Ionenschallinstabilität tritt nur dann auf, wenn die gerichtete Geschwindigkeit der Elektronen kleiner ist als die thermische Geschwindigkeit. Bei großen Elektronengeschwindigkeiten (großen elektrischen Strömen) tritt die sogenannte Buneman-Instabilität auf, die in der Anregung gekoppelter Schwingungen der Ladungsdichte der Ionen- und der Elektronenkomponente des Plasmas besteht.

Es ist bekannt, daß es im Plasma zwei Typen von Ladungsdichteschwingungen geben kann: schnelle Schwingungen der Elektronen- ($\omega \gtrsim \omega_{pe}$) und langsame der Ionenladungsdichte ($\omega < \omega_{pi}$). Wenn die gerichtete Geschwindigkeit der Elektronen hinreichend groß ist, dann ergibt sich durch Dopplerverschiebung eine eigenartige Überschneidung dieser beiden Schwingungsbereiche. Dabei geraten langsame Ionenschwingungen der Frequenz $\omega \sim \omega_{pi}$ in einem mit den Elektronen bewegten Bezugssystem mit schnellen Schwingungen der Elektronendichte in Resonanz, wobei $|\omega - ku_{oe}| \sim \omega_{pe}$ gilt. Unter diesen Bedingungen tritt auch die Buneman-Instabilität auf. Wie gewöhnlich im Falle longitudinaler Schwingungen, entspricht die Dispersionsbeziehung dem Verschwinden der Dielektrizitätskonstanten. Für eine Illustration des Charakters dieser Instabilität anhand der Dielekrizitätskonstanten genügt es, nur den den ersten Gliedern der Entwicklung des Integrals (1.127) entsprechenden Beitrag von Ionen und Elektronen zu berücksichtigen. Wir erhalten dann

$$\epsilon = 1 - \omega_{pi}^2/\omega^2 - \omega_{pe}^2/(\omega - ku_{oe})^2 \tag{1.140}$$

Für $\omega \ll ku_{oe}$ läßt sich der letzte Term entwickeln:

$$\omega_{pe}^2/(\omega - ku_{oe})^2 \approx \omega_{pe}^2/k^2u_{oe}^2 + 2\omega\omega_{pe}^2/k^3u_{oe}^3$$

Setzen wir diese Entwicklung in Gleichung (1.140) ein und treffen für die Wellenzahl k die spezielle Wahl $k = \omega_{pe}/u_{oe}$, dann erhalten wir aus (1.140)

$$\omega^3 = -\omega_{pe}\omega_{pi}^2/2 \tag{1.141}$$

Diese kubische Gleichung hat eine komplexe Wurzel $\omega = \omega' + i\gamma$ mit positivem Imaginärteil, was einem zeitlich exponentiellen Anwachsen der Amplitude $E \sim \exp(\gamma t)$ entspricht. Die Anwachsrate der Wellenamplitude, die sich aus Gleichung (1.141) bestimmt, ist

$$\gamma = (3^{1/2}/2^{4/3})\,\omega_{pi}^{2/3}\omega_{pe}^{1/3} \tag{1.142}$$

Eine strengere Analyse der Ausgangsgleichung (1.140) würde ergeben, daß dies auch das Maximum ist, das gerade für $k = \omega_{pe}/u_{oe}$ angenommen wird. Mit der Entwicklung dieser Instabilität wird eine starke Abbremsung der Elektronen und damit das Auftreten eines sogenannten anomalen Widerstandes des Plasmas (s. Abschnitt 2.19) in Verbindung gebracht, der bei hinreichend hohen Stromdichten $j = enu_{oe} > env_{Te}$ beobachtet wird. Unter Ausnützung dieser Instabilität läßt sich ein origineller linearer Beschleuniger von Ionen in einem Elektronenstrom konstruieren.
Dabei wird (in einem Bündel einander durchdringender Elektronen- und Ionenstrahlen) eine Ladungsdichtewelle, die gleichzeitig in Tscherenkow-Resonanz ($\omega \approx ku_{oi}$) mit dem Ionenstrahl ist, für $\omega - ku_{oe} \approx -\omega_{pe}$ im Elektronenstrahl instabil. Die Anwachsrate dieser Instabilität ergibt sich aus (1.142), während sich ihre Frequenz aus (1.141) bestimmt, wobei die sich aus der gerichteten Bewegung der Ionen ergebende Dopplerverschiebung berücksichtigt werden muß:

$$\omega = ku_{oi} + (1/2^{4/3})\omega_{pi}^{2/3}\omega_{pe}^{1/3} \tag{1.143}$$

Wie aus Gleichung (1.143) folgt, bewegt sich die instabile Welle schneller als der Ionenstrahl. Das Feld einer solchen Welle steht im Hochfrequenzfeld eines linearen Beschleunigers zur Verfügung. In ihm erfahren resonante Teilchen (im betrachteten Falle in Form eines Ionenstrahls) eine Beschleunigung. Hierbei muß, wie gewöhnlich in linearen Beschleunigern, zur Aufrechterhaltung eines kontinuierlichen Beschleunigungsvorgangs für eine Synchronisierung zwischen der Welle und den zu beschleunigenden Teilchen gesorgt werden: $u_i(z) = \omega/k(z)$.

Zusammen mit der oben angegebenen Bedingung für die Resonanz der instabilen Welle mit einem Elektronenstrahl und dem Umstand, daß $\omega \ll \omega_{pe}$ gilt, läßt sich die Bedingung für die Synchronisierung in der Form

$$u(z) = u_{oe}\omega/\omega_{pe}(z) \qquad (1.144)$$

schreiben. Wenn die vom Elektronenstrahl absorbierte Leistung hinreichend klein ist, dann bleibt der Strahlstrom konstant ($n_e u_{oe}$= const.). Da außerdem die Frequenz ω der beschleunigenden Welle konstant ist (ω = const.) und für nichtrelativistische Energien die Geschwindigkeit u der zu beschleunigenden Ionen, wie gewöhnlich in linearen Beschleunigern, proportional zu $z^{1/2}$ wächst, ergibt sich, daß eine Synchronisierung von Ionen und beschleunigender Welle leicht durch ein geeignetes Dichteprofil im Elektronenstrahl erreicht werden kann:

$$n_e \sim 1/z^{1/3} \qquad (1.144')$$

Überhaupt zeigt das oben betrachtete Verfahren weitgehende Analogie mit der linearen Beschleunigung. Der wesentliche Unterschied ergibt sich daraus, daß die für die Beschleunigung benötigte Leistung dem Beschleuniger nicht von außen zugeführt, sondern wegen der Instabilität dem Elektronenstrahl während des Beschleunigungsprozesses entnommen werden kann (dies ist das sogenannte kollektive Verfahren der Beschleunigung).

Der Mechanismus der Buneman-Instabilität läßt noch eine weitere wichtige Interpretation zu. Für eine Ladungsdichtewelle in einem Elektronenstrahl mit $\omega - ku_{oe} \approx -\omega_{pe}$ gilt $\partial\epsilon/\partial\omega \approx -2/\omega_{pe}$, d.h. die Ableitung von ϵ ist negativ. Aus Gleichung (1.132) ergibt sich damit eine negative Energie der Welle. Das bedeutet, daß bei ihrer Ausbreitung die Energie des Mediums (hier des Elektronenstrahls) abnimmt. Dann muß jegliche Dissipation (im betrachteten Falle ist dies die Beschleunigung der Ionen) zu weiterer Abnahme der Energie des umgebenden Mediums und damit zu einem Anwachsen der Amplitude der Welle negativer Energie, d.h. zu Instabilität führen. Dieses Ergebnis ergibt sich auch aus Gleichung (1.134) für die Wellenamplitude: Dissipation ($\mathrm{Re}\{\sigma\} > 0$) führt im Falle einer Welle "negativer" Energie $\partial\epsilon/\partial\omega < 0$ zu Instabilität ($(d/dt)E^2 > 0$).

In diesem Sinne ist die betrachtete Instabilität Beispiel für eine ziemlich große Klasse von Instabilitäten von Wellen negativer Energie. Wellen negativer Energie sind möglich in sich nicht im Gleichgewicht befindenden Medien mit einem Vorrat an freier Energie, z.B. in Elektronenstrahlen. Die Energiedissipation solcher Wellen (und im Plasma kann diese Dissipation nicht nur durch Zweierstöße, sondern auch durch Landaudämpfung hervorgerufen werden) ist der Grund für die Instabilität. Instabilitäten von Wellen negativer Energie sind auch in der Radiophysik bekannt (resistive Generatoren und Verstärker von Absorption). Hier ist der Dissipationsmechanismus mit der Absorption von elektromagnetischer Energie in den Wänden des Resonators oder des Wellenleiters verbunden.

1.13 Kinetische Theorie der Wellen im Plasma (Langmuir-Schwingungen)

Mit Hilfe der Dispersionsbeziehung (1.127) wollen wir die Eigenschaften hochfrequenter Elektronen- (Langmuir-) Schwingungen betrachten. Hierbei handelt es sich um schnelle Wellen mit einer Phasengeschwindigkeit, die wesentlich größer als die thermische Geschwindigkeit der Elektronen ist; was die Ionen angeht, so nehmen sie wegen ihrer großen Masse an diesen Schwingungen nicht teil. Deshalb kann man sich für Langmuir-Schwingungen in Gleichung (1.127) auf eine Betrachtung des Beitrages der Elektronen beschränken. Im Nenner des entsprechenden Integrals in (1.127) ist $\omega \gg kv$ - zumindest für Geschwindigkeiten der Elektronen in der Nähe der thermischen Geschwindigkeit und damit im wesentlichen Teil des Integrationsgebietes. Dann kann zur Berechnung des Integrals die Entwicklung

$$1/(\omega-kv) = 1/\omega + kv/\omega^2 + (kv)^2/\omega^3 + (kv)^3/\omega^4 \tag{1.145}$$

dienen. Setzen wir dies in das Integral für die Elektronen ein, dann erhalten wir nach partieller Integration

$$(1/\omega)\int \partial f_{oe}/\partial v dv \equiv 0$$

(f_o verschwindet an den Grenzen $v \to \pm\infty$ des Integrationsgebietes);

$$(k/\omega^2)\int v \partial f_{oe}/\partial v dv = -(k/\omega^2)n$$

$$(k^2/\omega^3)\int v^2 \partial f_{oe}/\partial v dv \equiv 0$$

($\partial f_{oe}/\partial v$ ist, als Ableitung einer Maxwell-Verteilung, eine ungerade Funktion);

$$(k^3/\omega^4)\int v^3 \partial f_{oe}/\partial v \, dv = -3(k^3 \omega^4)(kT_e/m_e)n$$

Die Entwicklung (1.145) ließe sich auch für das erste Integral auf der rechten Seite der Dispersionsbeziehung (1.127) benützen. Dieser Term jedoch berücksichtigt die Bewegung der Ionen und ist um den Faktor m_i/m_e kleiner. Er kann deshalb vernachlässigt werden.

Insgesamt ergibt sich zusammen mit (1.127)

$$k^2 \approx k^2(\omega_p^2/\omega^2 + 3\omega_p^2 k^2 (kT_e/m_e)/\omega^4) \qquad (1.146)$$

und für $\omega >> kv_{Te}$ erhalten wir die uns schon bekannte Dispersionsbeziehung für Elektronenschwingungen des Plasmas: $\omega^2 = \omega_p^2 + 3k^2 kT_e/m_e$. Offensichtlich entspricht diese Dispersionsbeziehung der Dielektrizitätskonstanten

$$\epsilon = 1 - \omega_p^2/\omega^2(1+3k^2(kT_e/m_e)/\omega^2)$$

Mit Hilfe der allgemeinen Gleichung (1.132) ist es nicht schwer, einen Ausdruck für die Wellenenergie zu erhalten. Im Falle einer Langmuir-Welle mit $kr_D << 1$, für die die thermischen Korrekturen klein sind, hat er die einfache Form

$$W = \epsilon_o \langle E^2 \rangle \qquad (1.147)$$

Es ist interessant zu bemerken, daß für eine solche Langmuir-Welle, genauso wie für harmonische Schwingungen in der analytischen Mechanik, der Virialsatz gilt: Der Mittelwert der kinetischen Energie der Teilchenschwingungen

$$W_s = \langle n_o m \delta u_e^2/2 \rangle = \epsilon_o \langle E^2 \rangle/2$$

ist gleich dem Mittelwert der potentiellen Energie der Welle

$$W_p = \epsilon_o \langle E^2 \rangle/2$$

Auch dieses Ergebnis ist ganz natürlich, denn schon von der im Abschnitt 1.2 durchgeführten qualitativen Betrachtung her ist bekannt, daß hochfrequente Langmuir-Schwingungen als harmonische Schwingungen der Elektronen relativ zu den unbeweglichen Ionen betrachtet werden können.

Das Dämpfungsdekrement der Langmuir-Schwingungen wird durch Formel (1.137) bestimmt, wobei hier nur der Beitrag der Elektronen wesentlich ist. Es ergibt sich ein Ausdruck, der sich von der Näherungsformel im Abschnitt 1.2 nur um den numerischen Faktor $\pi/2$ unterscheidet:

$$\gamma = (\pi e^2 \omega / 2\epsilon_o m_e k^2)\partial f_o^e/\partial v \qquad (1.148)$$

wobei $v = \omega/k$ zu setzen ist (dabei haben wir berücksichtigt, daß für Langmuir-Schwingungen $\partial\epsilon/\partial\omega = 2\omega_p^2/\omega^3 \approx 2/\omega$ gilt). Für ein Plasma mit einer Maxwell-Verteilung der Geschwindigkeiten erhalten wir aus (1.148) eine Formel für das Dämpfungsdekrement, die zuerst von L.D. Landau abgeleitet wurde:

$$\gamma = -(\pi/8)^{1/2}(\omega_p/k^3 r_D^3).\exp(-3/2-1/2k^2 r_D^2) \qquad (1.149)$$

Wir weisen auf eine interessante Besonderheit der Landau-Dämpfung hin. Wie jeder Vorgang, der durch die kinetische Gleichung (1.122) ohne Stöße beschrieben wird und daher (entsprechend dem Boltzmannschen H-Theorem) entropieerhaltend ist, muß diese Dämpfung reversibel sein. Um dies zu erläutern, bedienen wir uns noch einmal des in Abschnitt 1.2 benützten qualitativen Bildes. Dort hatten wir zur Vereinfachung angenommen, daß das Potential der Welle Kastenprofil besitzt (s. Abb.1.2). Für ein solches idealisiertes Profil ändern Teilchen, die in der Potentialmulde der Welle gefangen sind, d.h. sich relativ zur Welle hinreichend langsam bewegen

$$|v - \omega/k| \lesssim (e\varphi/m)^{1/2}$$

ihre Geschwindigkeit nur dann, wenn sie an die Potentialwände stoßen. Für diesen Fall hatten wir die Teilchen in zwei Gruppen eingeteilt: in Teilchen, die die Welle überholen und demzufolge bei einem solchen Stoß Energie verlieren, und Teilchen, die hinter der Welle zurückbleiben, d.h. Energie gewinnen. In einem Plasma mit einer Maxwell-Verteilung der Geschwindigkeiten sind die Teilchen der zweiten Gruppe (d.h. langsamere Teilchen) in der Überzahl, deshalb wird die Welle gedämpft. Man muß allerdings beachten, daß nach einem Stoß diese zwei Gruppen von Teilchen

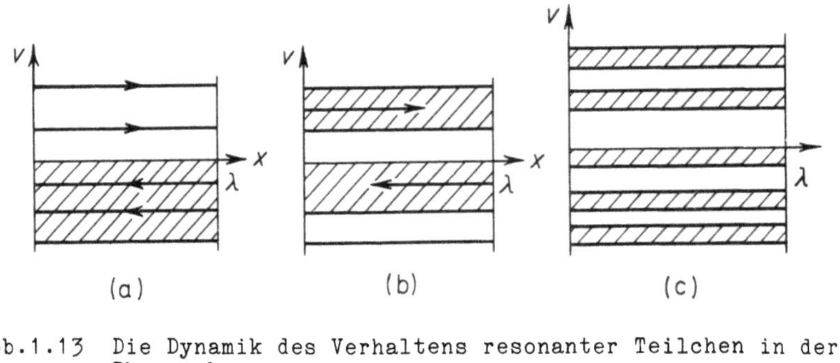

Abb.1.13 Die Dynamik des Verhaltens resonanter Teilchen in der Phasenebene

ihre Rollen vertauschen: diejenigen, die hinter der Welle zurückgeblieben und in der Mehrzahl waren, überholen jetzt die Welle und übertragen bei einem nachfolgenden Stoß an der Potentialwand der Welle Energie. Deshalb ändert die "Dämpfung" ihr Vorzeichen und ist oszillatorisch mit einer Periode, die gleich der Schwingungszeit eines Teilchens in der Potentialmulde ist:

$$\tau_b \sim 1/k(e\varphi/m)^{1/2} \qquad (1.150)$$

Strenggenommen ist dieses Bild nur bei synchronem Ablauf der Teilchenbewegung in der Potentialmulde richtig. In Wirklichkeit hängt die Schwingungszeit der Teilchen in der Mulde jedoch von der Energie ab: $\tau \sim 1/(k|v-\omega/k|)$.

Um zu untersuchen, wie sich dies auf die Landau-Dämpfung auswirkt, betrachten wir das Verhalten der Teilchenbahn in der Phasenebene (x,v). Das Phasenportrait von Teilchen in einer kastenförmigen Welle zeigt Abb.1.13. Die Teilchen bewegen sich zwischen den Potentialwänden mit konstanter Geschwindigkeit und ändern an ihnen sprungartig ihre Geschwindigkeit, wobei sie aus dem unteren Teil der Phasenebene in den oberen gelangen und umgekehrt. Wir wollen annehmen, daß es zu Beginn mehr Teilchen gab, die sich langsamer als die Welle bewegten, d.h. sich in der unteren Halbebene aufhielten (vgl. den auf Abb.1.13a schraffierten Teil der Phasenebene). Aus der stoßfreien kinetischen Gleichung folgt, daß die Verteilungsfunktion bei der Bewegung der Teilchen erhalten bleibt (Liouville-Theorem) und daß deshalb bei der Reflexion an den Potentialwänden die schraffierten Bereiche in die obere Phasenhalbebene übergehen. Am schnellsten oszillieren Teilchen hoher Energie, und sie gehen früher in die obere Halbebene über, als andere niedrigerer Energie. Diese bleiben im unteren Teil der Phasenebene (s. Abb.1.13b) und nach einigen Schwingungsperioden ergibt sich ein außerordentlich kompliziertes Bild (s. Abb.1.13c), wobei schraffierte und unschraffierte Bereiche einander abwechseln. Stellt man sich zwei Teilchen unterschiedlicher Energien ϵ_1 und ϵ_2 vor, so entsprechen ihnen unterschiedliche Schwingungszeiten in der Potentialmulde ($\Delta\tau = (d\tau/d\epsilon)\Delta\epsilon$). Sogar wenn diese Teilchen sich auf ihren Trajektorien mit gleicher Anfangsphase $\Theta = kx$ in Bewegung setzen, so haben sie doch nach der Zeit $t \sim \tau^2/\Delta\tau$ eine Phasendifferenz von $\Delta\Theta \sim 1$ und können sich in verschiedenen Teilen der Phasenebene befinden. Insgesamt ergibt sich eine eigenartige Vermischung der Teilchen über die ganze Phasenebene.

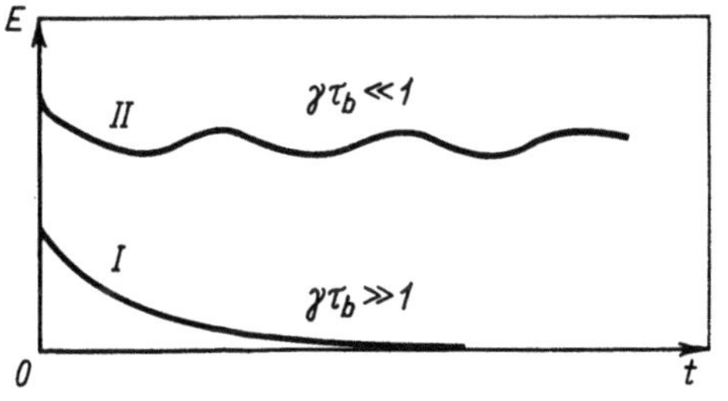

Abb.1.14
Die Abhängigkeit der Amplitude einer monochromatischen Welle von der Zeit.
I - Welle kleiner Amplitude (Landau-Dämpfung); II - Welle großer Amplitude, für die die Dämpfung durch die Phasenoszillationen resonanter Teilchen schnell verschwindet

Die Zahl der sich schneller und langsamer als die Welle bewegenden Teilchen gleicht sich nach einer gewissen Zeit ungefähr aus, und die Welle wird nicht mehr gedämpft. Abb.1.14 zeigt den zeitlichen Verlauf der Wellenamplitude einer exakten Lösung des Problems im Falle einer sinusförmigen Welle, das qualitativ dem hier betrachteten vereinfachten Bild entspricht. Im Prinzip ist eine Situation vorstellbar, in der alle Teilchen sich vermöge ihrer Bewegung längs Phasenbahnen plötzlich wieder z.B. im unteren Teil der Phasenebene befinden und erneut Dämpfung eintritt. Für ein System sehr vieler Teilchen jedoch ist die Wahrscheinlichkeit eines solchen Ereignisses äußerst klein (mit anderen Worten: die "Wiederkehrzeit" ist außerordentlich groß) und mit einem hohen Grad an Sicherheit kann man annehmen, daß sich durch die Vermischung im Phasenraum im Plasma eine Welle konstanter Amplitude einstellt. Die Phasenmischung (s. Abb.1.13) führt zu mikroskopischen Oszillationen der Verteilungsfunktion, was auf Abb.1.13 in dem ständigen Wechsel von schraffierten und unschraffierten Bereichen der Phasenebene seinen Ausdruck findet. Früher oder später geht diese Zerfaserung so weit, daß man die im Stoßintegral in der Form $\partial(\nu(T/m)\partial f/\partial v)/\partial v$ (s. Abschnitt 1.9) berück-

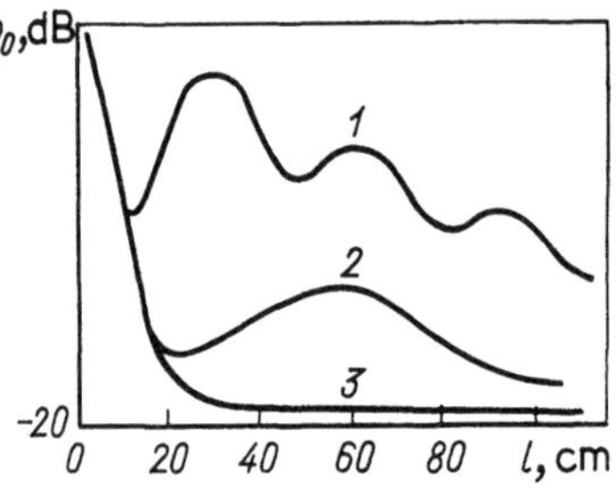

Abb.1.15
Experimentelle Beobachtung der Landau-Dämpfung an einer monochromatischen Plasmawelle (Wharton C.B., Malmberg J.H., O'Neil T.M., "Phys.Fluids", 1968, 2, 1754)

Die Abbildung zeigt die räumliche Verteilung der Potentialamplitude der Welle in dB als Funktion des Abstandes von der Quelle und für verschiedene Werte der Amplitude des ins Plasma gegebenen Signals. Die Signalamplitude ist am kleinsten für Kurve 3 und nimmt beim Übergang zu den Kurven 2 und 1 zu. Für kleine Amplituden (Kurve 3) findet eine monotone Dämpfung des Signals mit dem linearen Dämpfungskoeffizienten γ/v_G statt, wobei γ durch Formel (1.148) bestimmt wird und $v_G = 3.kr_D^2/\omega_P$ die Gruppengeschwindigkeit der Welle ist. Für große Signalamplituden ergeben sich Oszillationen der Wellenamplitude, deren Periodendauer sehr genau durch Formel (1.150) beschrieben wird.

sichtigte Diffusion im Geschwindigkeitsraum durch Stöße nicht mehr vernachlässigen kann. Auf diese Weise werden selbst in einem stoßfreien Plasma faserige Verteilungsfunktionen letzten Endes durch Stöße geglättet. Bei dieser Glättung ist die Entropie bereits nicht mehr konstant und der Prozeß damit irreversibel. Es ist interessant, daß die Zeit, in der sich dieser Vorgang abspielt, wesentlich kleiner als die mittlere Stoßzeit ist.

Diese Überlegungen zeigen, daß die früher betrachtete lineare Landau-

Dämpfung nur für eine Welle hinreichend kleiner Amplitude eine Rolle spielt, wenn $\gamma\tau_b \gg 1$, d.h. $\gamma/k \gg (e\varphi_o/m_e)^{1/2}$ gilt - die Welle wird gedämpft noch bevor das Dekrement zu oszillieren beginnt. Im entgegengesetzten Grenzfall gilt für die relative Änderung der Amplitude $\Delta E/E \sim \gamma\tau \ll 1$, und nach einigen Schwingungsperioden stellt sich durch Phasenmischung eine stationäre nichtlineare Welle im Plasma ein. Abb.1.15 zeigt experimentelle Ergebnisse zur Untersuchung der Dämpfung einer Welle endlicher Amplitude.

Das Phasengedächtnis, das so lange erhalten bleibt, wie das Plasma durch die stoßfreie kinetische Gleichung beschrieben wird, läßt sich anschaulich anhand des Effektes des sogenannten "Plasmaechos" illustrieren. Wir wollen diesen Effekt analysieren. Zum Zeitpunkt t=0 werde im Plasma eine Langmuir-Welle $\exp(i(k_1x-\omega_1t))$ angeregt und unterliege danach der Landau-Dämpfung.

Eine solche Welle führt in der Form $f_1(v)\exp\{i(k_1x-\omega_1t)\}$ zu einer ungedämpften Modulation der Verteilungsfunktion. Bei der Ableitung der Dispersionsbeziehung (1.127) hatten wir uns mit einer speziellen Lösung begnügt, die zusammen mit der Welle gedämpft wird. Die allgemeine Lösung der kinetischen Gleichung jedoch, etwa mit der Anfangsbedingung $\delta f(t=0)=0$, hat die Form

$$\widetilde{\delta f} = -(e/m_e)ik\left\{\tilde{\varphi}(t)\frac{\exp i(kx-\omega t)}{i(kv-\omega)} - \tilde{\varphi}(0)\frac{\exp i(kx-\omega t)}{i(kv-\omega)}\right\}\cdot\frac{df_o}{dv} \qquad (1.151)$$

(s. (1.123)). Der letzte Term beschreibt die ungedämpfte Modulationswelle, die zu mikroskopischen Oszillationen der Verteilung als Funktion der Geschwindigkeit führt. Die Schwingungsbreite dieser Oszillationen ist von der Ordnung $\sim 1/kt$ und nimmt mit der Zeit unbeschränkt ab. Physikalisch entsprechen diese Oszillationen ganz der mikroskopischen Struktur der Verteilungsfunktion gefangener Teilchen, wie wir sie oben beschrieben haben. Ihnen entspricht keine Dichtestörung und kein elektrisches Feld, weil das Integral von δf über die Geschwindigkeit für große Zeiten wegen der Phasenmischung gegen Null strebt. Wenn jedoch im Plasma in genügend großem Zeitabstand t_o von der ersten Welle eine weitere Welle $\exp\{i(k_2x-\omega_2t)\}$ erzeugt und anschließend ebenfalls gedämpft wird, dann führt dies zu einer Modulation der Verteilungsfunktion in der Form $f_2(v)\exp\{ik_2x-ik_2v(t-t_o)\}$. Hierbei wird auch der gestörte Teil der Verteilungsfunktion moduliert, so daß auf diesem die Schwebung

$$f_1(v)f_2(v).\exp(i(k_2\pm k_1)x).\exp(ik_2vt_o - i(k_2\pm k_1)vt) \qquad (1.152)$$

entsteht. Der Echoeffekt tritt bei einer Schwebung mit einer Differenz k_2-k_1 in den Wellenzahlen auf und besteht in folgendem. Zum Zeitpunkt

$$t = t_o k_2/(k_2-k_1) > t_o \tag{1.153}$$

ergibt sich eine eigenartige Phasenbeziehung: die Phasen der einzelnen Zähler in (1.152) kompensieren sich und die Phase der Schwebung wird unabhängig von der Geschwindigkeit v. Infolgedessen führt die Modulation der Verteilungsfunktion in der Form (1.152) zu diesem Zeitpunkt zu einer Störung makroskopischer Größen - der Ladungsdichte der Elektronen nämlich und damit auch des elektrischen Feldes. Typische Kurven bei der Beobachtung des Plasmaechos zeigt die Abb.1.16. Die ersten zwei Impulse des elektrischen Feldes bei t=0 und $t=t_o$ werden in einer äußeren Quelle erzeugt. Der dritte Impuls ist die Reaktion des Plasmas, die mit der oben beschriebenen Erfüllung der Phasenbedingung für die Modulationswellen auf der Verteilungsfunktion zusammenhängt. Der Effekt des Plasmaechos zeigt weitgehende Analogie mit Echophänomenen in nicht plasmaartigen Medien (Spin-, Zyklotronecho). Bei jeder dieser Erscheinungen tritt durch entsprechende Einwirkung auf die Richtung der Phasenevolution eine zeitliche Umkehr der mit der Phasenmischung schnell oszillierender mi-

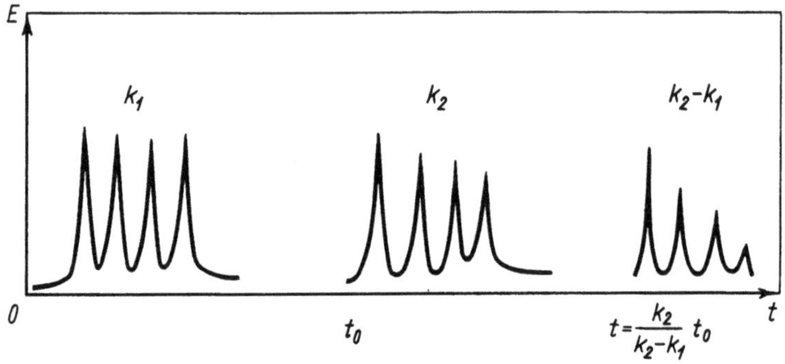

Abb.1.16 Typische Kurven bei der Beobachtung des Plasmaechos

kroskopischer Elemente (mikroskopischer Oszillationen der Verteilungsfunktion beim Plasmaecho, präzessierender magnetischer Kernmomente beim Spinecho, der Larmorrotation der Elektronen beim Zyklotronecho) verbundenen Dämpfung einer makroskopisch beobachtbaren physikalischen Größe ein. Wie wir gesehen haben, wird diese Umkehr durch den zweiten, zu einer Phasierung der mikroskopischen Elemente führenden Impuls der Plasmaschwingungen oder der Hochfrequenzstrahlung hervorgerufen.

1.14 Strahlinstabilität

Wir wollen eine sich aus Formel (1.114) ergebende wichtige Folgerung für das Dekrement der Landaudämpfung von Plasmaschwingungen analysieren. Aus dieser Formel folgt, daß Dämpfung, die durch den Energieaustausch mit resonanten Teilchen bedingt ist, nur dann eintritt, wenn die Verteilungsfunktion der resonanten Teilchen eine monoton abnehmende Funktion der Geschwindigkeit ist. Dies ist z.B. der Fall bei einer Maxwell-Verteilung der Plasmateilchen, die ihr einziges Maximum bei der Geschwindigkeit $v_e = 0$ annimmt.

Wenn im Plasma ein hinreichend starker Elektronenstrahl vorhanden ist, dann kann die Verteilungsfunktion ein weiteres Maximum bei der von Null verschiedenen Geschwindigkeit v_e besitzen. Diesen Fall zeigt Abb.1.17. Der Elektronenstrahl regt eine Welle an, deren Phasengeschwindigkeit beim zweiten Maximum der Verteilungsfunktion zwischen den Punkten 1 und 2 liegt. Der Anregungsmechanismus ist der gleiche resonante Austausch von Energie zwischen Welle und Teilchen, nur daß er im vorliegenden Falle wegen Erfüllung der Bedingung $df/dv(v=\omega/k)>0$, d.h. wegen der im Ausgangszustand vorhandenen Überzahl von die Welle überholenden Teilchen, zu einem Anwachsen der Amplitude der Welle führt. Auf diese Weise sondert der Elektronenstrahl aus dem gesamten Spektrum aller (wegen der Fluktuationen auch stets vorhandenen) Wellen den schmalen Spektralbereich der sich mit ihm in Phasenresonanz befindenden Wellen aus und pumpt in diesen intensiv Energie.

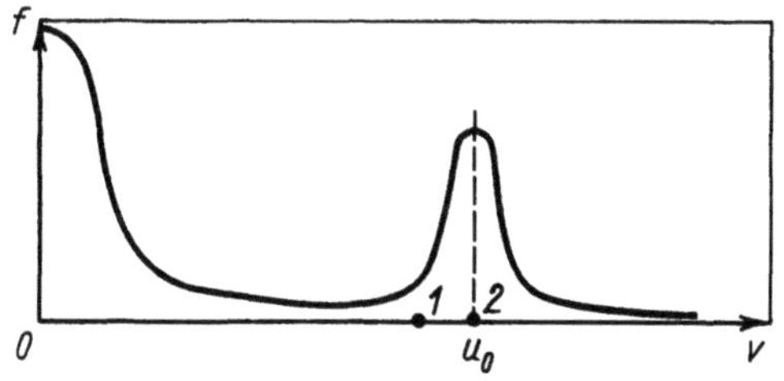

Abb.1.17
Die Geschwindigkeitsverteilung von Elektronen in einem Plasma-Strahl-System

In einem gewissen Sinne läßt sich ein Elektronenstrahl im Plasma als klassischer Maser von Longitudinalschwingungen betrachten, da der Instabilitätsmechanismus de facto mit einer Inversion der Niveaubesetzung von Teilchen mit Geschwindigkeiten in der Nähe der Phasengeschwindigkeit der Welle (der Bedingung $(df_0/dv)|_{v=\omega/k}>0$) zusammenhängt.

Die Anwachsrate der Amplitude der von einem Elektronenstrahl angeregten Plasmawellen wird durch Formel (1.148) bestimmt. Aus ihr folgt insbesondere, daß es für die Entstehung der Instabilität notwendig ist, daß die Strahlintensität einen gewissen Minimalwert überschreitet oder der Strahl suprathermisch ist, d.h. dem weit außen liegenden "Schwanz" der Maxwell-Verteilung der thermischen Plasmateilchen angehört. Offensichtlich kann ein sehr schwacher Strahl die Verteilungsfunktion der Elektronen nicht in der Weise verändern, daß ihre Ableitung das Vorzeichen wechselt. Wenn man jedoch im (mit instabilen Wellen) resonanten Geschwindigkeitsbereich den Beitrag der Plasmateilchen vernachlässigen kann, dann läßt sich die Verteilungsfunktion dort offenbar in der Form $f_e \sim n_1/\Delta v$ darstellen, wobei n_1 die Strahldichte und Δv die thermische Streuung im Strahl (die Breite seiner Verteilungsfunktion) ist. Die Ableitung dieser Verteilungsfunktion ist durch $df_e/dv \sim n_1/(\Delta v)^2$ gegeben und wir erhalten aus (1.148) die Anwachsrate

$$\gamma \sim \omega_p (n_1/n_o)(v^2/(\Delta v)^2) \qquad (1.154)$$

die für Abschätzungen häufig verwendet wird.

Die Formeln (1.148) und (1.154) beschreiben Strahlinstabilitäten mit großer thermischer Streuung. Das liegt daran, daß wegen der Instationarität des Vorgangs - im vorliegenden Falle das zeitliche Anwachsen der Wellenamplitude bei Instabilität - die Resonanz von Welle und Teilchen den endlichen Geschwindigkeitsbereich $|v-\omega/k| \sim \gamma/k$ überdeckt. Über eben diesen minimalen Bereich von Phasengeschwindigkeiten ist wegen des Imaginärteils der Frequenz das Wellenpaket verschmiert. Die Formel (1.154), bei deren Herleitung die endliche Breite der Welle-Teilchen-Resonanz vernachlässigt wurde, bezieht sich auf den Fall stark verwaschener Strahlen mit einer thermischen Streuung, die wesentlich größer ist, als der resonante Geschwindigkeitsbereich. Hier entspricht jeder instabilen Wellung der Verteilungsfunktion eine eigene kleine Gruppe resonanter Teilchen.

Im umgekehrten Grenzfall $\Delta v << \gamma/k$ befindet sich der Strahl als Ganzes in Resonanz mit der instabilen Welle. Insbesondere in diesem Falle ist die Entwicklung stärkster Strahlinstabilität zu erwarten. Die Dispersionsbeziehung für diese Instabilität kann man aus der allgemeinen Gleichung (1.127) erhalten. Bei der Berechnung des Integrals über die Geschwindigkeiten ist dabei der Bereich thermischer Geschwindigkeiten, für den das Integral über v in der üblichen Weise (durch Entwicklung nach dem Parameter kv/ω) berechnet wird, vom Bereich der Strahlgeschwindigkeiten, für den man den Strahl als deltafunktionsartig über die Geschwindigkeiten verteilt annehmen kann ($f_{oe} = n_1 \delta(v-u_o)$), zu trennen. Anschaulicher jedoch ist die Ableitung der gesuchten Gleichung aus einer Analogie mit der Dispersionsbeziehung der Buneman-Instabilität, indem man die Strahlelektronen als eine eigene Teilchensorte mit der Plasmafrequenz ω_b betrachtet:

$$1 = \omega_p^2/\omega^2 + \omega_b^2/(\omega - ku_o)^2 \qquad (1.155)$$

wobei $\omega_b^2 = e^2 n_1/\epsilon_o m_e$ das Quadrat der Langmuir-Frequenz im Strahl ist. Für die Untersuchung der Wurzeln dieser Gleichung benützen wir eine graphische Methode. Abb.1.18 zeigt eine Darstellung der rechten Seite $F(\omega,k)$ dieser Gleichung für einen festen Wert von k, d.h. für Störungen gegebener Wellenlänge. Es ist zu sehen, daß bei einem Minimalwert von F, der kleiner als 1 ist, alle vier Wurzeln der Gleichung (1.155) reell sind, was einer periodischen Änderung der Störungen mit der Zeit entspricht. Wenn das Minimum von F jedoch größer als 1 ist, dann besitzt die Gleichung (1.155) nur zwei reelle Wurzeln, während die beiden anderen komplex und konjugiert zueinander sind $\omega = \omega' \pm i\gamma$.

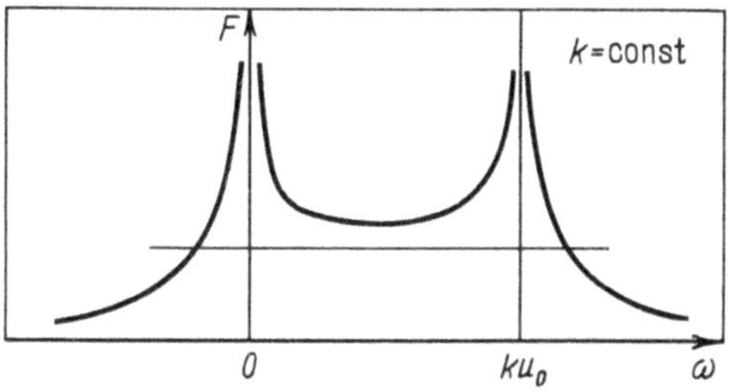

Abb.1.18
Darstellung der in der Dispersionsrelation (1.155) auftretenden Funktion $F(\omega,k)$

Diese Wurzeln entsprechen offensichtlich einer Amplitudenänderung von der Form $\exp\{\pm\gamma t - i\omega' t\}$, so daß eine dieser Wurzeln zu einem zeitlichen Anwachsen der Amplitude und d.h. zu Instabilität führt. Aus (1.155) erhalten wir, daß $\min F = (\omega_p^2/k^2 u_o^2)(1+(\omega_b^2/\omega_p^2)^{2/3})^3$ ist. Daraus ergibt sich, daß hinreichend langwellige Störungen mit

$$k < k_g = (\omega_p/u_o)(1+(\omega_b^2/\omega_p^2)^{2/3})^{3/2} \qquad (1.156)$$

instabil sind. Kurzwellige Schwingungen mit $k > k_g$ sind stabil. Eine Vorstellung von der Funktion $\gamma(k)$ kann man auf die folgende Weise erhalten. Instabil sind nur diejenigen Wellen, die sich in Phasenresonanz mit dem Strahl befinden: $\omega = ku_o$. Für kleine k ($k < \omega_p/u_o$) nimmt γ mit der Wellenzahl zu

$$\gamma = ku_o(n_1/n_o)^{1/2}(k^2u_o^2/\omega_p^2 - 1)^{-1/2} \qquad (1.157)$$

Die maximale Anwachsrate ergibt sich bei Erfüllung der Resonanzbedingung $ku_o = \omega_p$ (Resonanz zwischen den Eigenschwingungen der Plasmaelektronen $\omega = \omega_p$ und der Welle im Strahl $\omega = ku_o$). Die Anwachsrate dieser instabilsten Harmonischen ist

$$\gamma_{max} = \omega_p(3^{1/2}/2^{4/3})(n_1/n_o)^{1/3} \qquad (1.158)$$

Aus dieser Formel folgt insbesondere, daß sich die Bedingung für die Vernachlässigbarkeit der thermischen Streuung im Strahl (für einen monoenergetischen Strahl) in der Form

$$\Delta v/u_0 \ll (n_1/n_0)^{1/3} \qquad (1.159)$$

schreiben läßt. Im entgegengesetzten Grenzfall eines "verwaschenen" Strahls $\Delta v/u_0 \gg (n_1/n_0)^{1/3}$ kann man für das Inkrement die Formel (1.148) benützen. Wie auch zu erwarten war, ist die Anwachsrate der Instabilität in diesem Falle wesentlich kleiner.

Wir geben jetzt eine Erklärung für den Mechanismus des betrachteten Vorgangs. Obgleich der Strahlinstabilität physikalisch Polarisationsverluste geladener Teilchen, d.h. Energieverluste der Strahlung longitudinaler Schwingungen zugrunde liegen, gibt es zu diesen einen wesentlichen Unterschied. Wenn wir die Analogie mit einem strahlenden quantenmechanischen System verwenden, dann läßt sich dieser Unterschied auf die folgende Weise beschreiben: Polarisationsverluste eines einzelnen geladenen

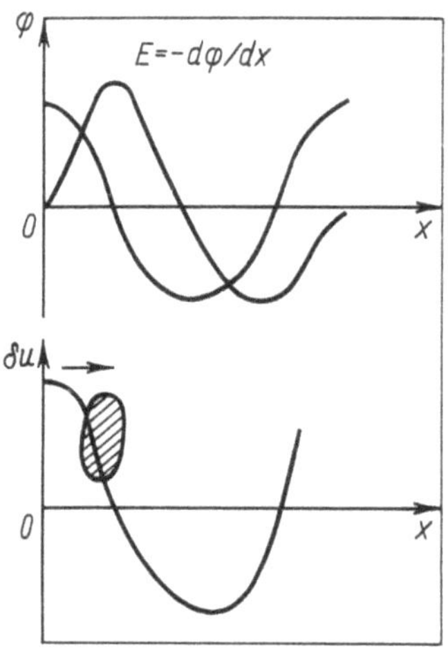

Abb.1.19
Selbstmodulation (Paketierung) eines Elektronenstrahls bei Strahlinstabilität (Darstellung im Bezugssystem der Welle: x-(ω/k)t -> x)

Teilchens sind ein spontaner Vorgang, bei Polarisationsverlusten, die zu Strahlinstabilität führen, handelt es sich um einen induzierten Prozess. Im Gleichgewichtszustand liegt ein Strahl homogener Dichte und kompensierter Ladung vor, und Polarisationsverluste treten nicht auf. Die Verluste entstehen erst dadurch, daß Ladungsdichtewellen auf thermischem Hintergrund zu einer Vormodulation des Strahls führen. Unter bestimmten Bedingungen, die wir weiter unten angeben, sammeln sich Strahlelektronen vorzugsweise in Gebieten abbremsender Feldphase an und verstärken dadurch die sie modulierende Welle. Je größer die Amplitude des modulierenden Feldes ist, desto tiefer wird die Modulation des Strahls und desto größer werden dessen Verluste, so daß die Anregung der Welle durch den Strahl immer effektiver wird. Schließlich ergibt sich Strahlinstabilität - die Anregung von Plasmaschwingungen auf thermischem Hintergrund begleitet von einer Selbstmodulation des Strahls.

Instabile Plasmawellen befinden sich in Phasenresonanz mit dem Strahl, ihre Phasengeschwindigkeit liegt in der Nähe der Strahlgeschwindigkeit. Allerdings ist die Bedingung der Phasenresonanz für die Entstehung einer Instabilität von Plasmawellen lediglich notwendig, hinreichend dafür ist erst eine Konzentrierung von Strahlteilchen in Gebieten verzögernder Feldphasen, d.h. das Überwiegen von Prozessen induzierter Strahlung der Wellen über Prozesse der Absorption.

Wir wollen die Bedingungen klären, unter denen sich eine solche Bündelung des Strahls ergibt. Abb.1.19 zeigt das Potentialprofil $\varphi(x)$ und die in der Welle auf die Strahlelektronen wirkende Kraft $ed\varphi/dx$. Zur Vereinfachung wollen wir annehmen, daß der Strahl monoenergetisch ist und alle seine Teilchen die Anfangsgeschwindigkeit u_0 haben. Wenn man voraussetzt, daß sich die Amplitude der Welle mit der Zeit hinreichend langsam

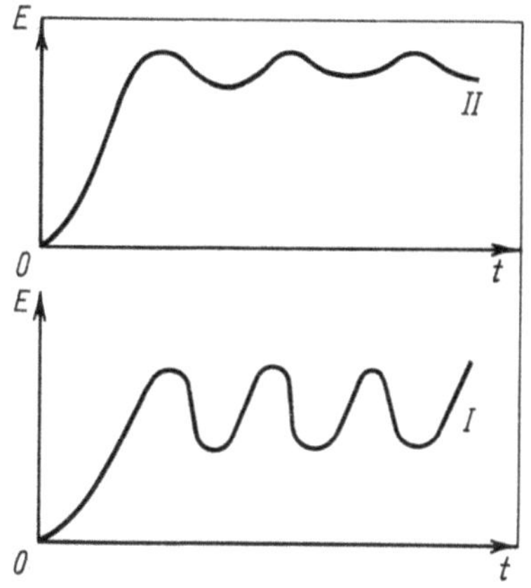

Abb.1.20
Nichtlineare Entwicklung der Amplitude einer durch Strahlinstabilität angeregten monochromatischen Welle

I - Instabilität eines "monoenergetischen" Strahls. Im nichtlinearen Bereich zeigt die Amplitude starke Oszillation ($\Delta E/E_{max} \approx 2/3$), die den synchronen Schwingungen der Strahlteilchen in der Potentialmulde entsprechen.

II - Instabilität eines "verwaschenen" Strahls. Durch Phasenmischung der resonanten Teilchen erreicht die Amplitude der Welle ziemlich schnell einen stationären Wert.

ändert, dann kann man die Störung der Geschwindigkeit der Strahlteilchen aus der Energieerhaltung bestimmen:

$$(m_e/2)(u-\omega/k)^2 - e\varphi = \text{const.} \tag{1.160}$$

d.h. $\delta u = (e\varphi/m_e)/(u_0-\omega/k)$. Im Verlauf der Zeit wird das ursprünglich sinusförmige Profil der Geschwindigkeitswelle im Strahl verzerrt, Teilchen mit $u > u_0$ eilen voraus, Teilchen mit $u < u_0$ bleiben zurück. Dabei sammeln sich Strahlteilchen in Gebieten steileren Geschwindigkeitsprofils u(x) (im Bezugssystem der Welle eine Bewegung nach rechts) an. Bei Erfüllung der Bedingung $u_0 > \omega/k$ ergibt sich eine Konzentration in Gebieten abbremsender Feldphasen $0 < \xi \equiv (kx/2\pi) < 1/2$. Entsprechend ergibt sich für $u_0 < \omega/k$ eine Ansammlung von Teilchen in Phasenbereichen mit $1/2 < \xi < 1$, wo sie vom elektrischen Feld der Welle beschleunigt werden, und eine Instabilität kann nicht eintreten.

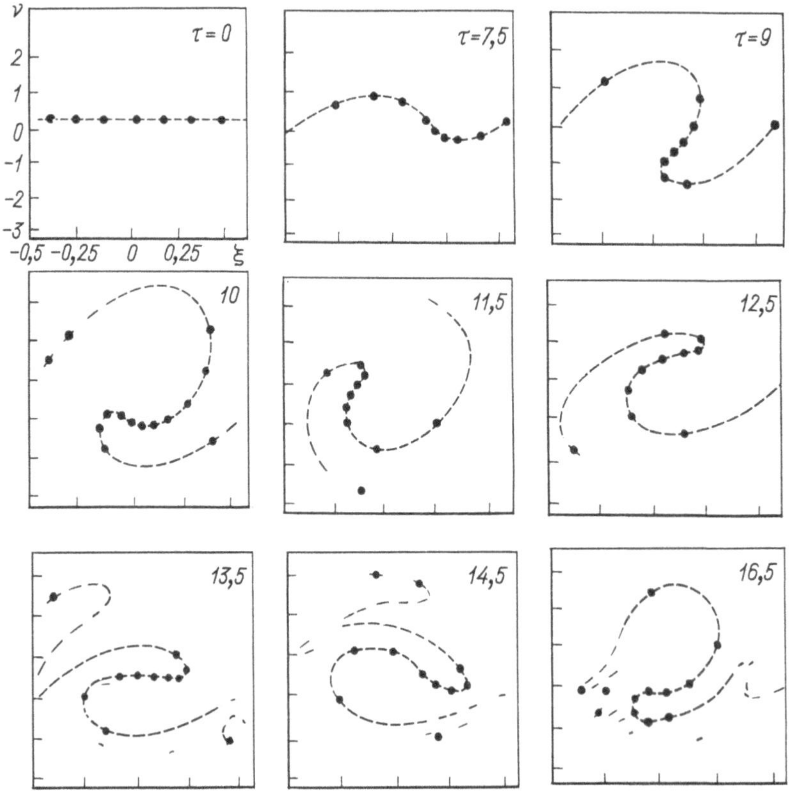

Abb.1.21 Das Phasenportrait (die Abhängigkeit der Geschwindigkeit der Strahlteilchen im Bezugssystem der Welle $v \sim u-\omega/k$ von der Koordinate $\xi = kx/2\pi$) eines monoenergetischen Elektronenstrahls im Plasma zu verschiedenen Zeitpunkten (nach den Ergebnissen eines numerischen Experimentes von N.G. Maziborko et al. "ZHETF", 1972, Vol.63, S. 874).

Die Abbildung zeigt die Paketierung der Elektronen im Feld der Welle und die sich anschließenden Oszillationen der Pakete, denen Oszillationen der Feldamplitude entsprechen (s. Abb.1.20). Die Zeit wurde in Einheiten des Reziproken der Anwachsrate der Strahlinstabilität gemessen.

Die Betrachtung zeigt, daß bei der Wechselwirkung des Elektronenstrahls mit dem Plasma nur die Wellen instabil sind, für die die Bedingung

$$\omega \lesssim k u_0 \qquad (1.161)$$

erfüllt wird. Dabei wird der Elektronenstrahl in kleine Pakete aufgeteilt ("paketiert"), die in Gebieten abbremsender Phasen des elektrischen Feldes lokalisiert sind, und die Amplitude der Welle wächst mit der Zeit. Das ist so lange der Fall, bis diese Pakete von der von ihnen angefachten Plasmawelle picht länger eingefangen werden. Wie aus der im Abschnitt 1.13 angestellten Betrachtung folgt, pendeln die von der Welle eingefangenen Teilchen zwischen bremsender und beschleunigender Feldphase hin und her und tauschen im Mittel während einer Periode mit der Welle keine Energie aus. Infolgedessen sollte der Einfang von Strahlteilchen durch die Welle zu einer Stabilisierung der Strahlinstabilität führen. Da die Breite der Resonanz Plasmawelle-Strahl durch $|v-\omega/k| \sim \gamma/k$ gegeben ist, hat die Bedingung für das Gefangensein der Strahlteilchen die Form

$$e\varphi/m_e \sim \gamma^2/k^2 \qquad (1.162)$$

Benützen wir, daß für das elektrische Feld der Plasmawelle $E \sim k\varphi$ gilt, daß die Wellenzahl im Bereich der Instabilität durch $k \approx \omega_p/u_0$ gegeben ist und daß die Anwachsrate für die Instabilität eines "monoenergetischen" Strahls durch die Beziehung (1.158) bestimmt wird, dann erhalten wir aus (1.162), daß die Energie der Plasmawelle auf den Wert

$$\epsilon_0 E \sim n_1 m_e u_0^2 (n_1/n_0)^{1/3} \qquad (1.163)$$

anwächst. Diese Abschätzung, die auf anschaulichen physikalischen Betrachtungen beruht, wird durch die Kurven für die Abhängigkeit der Wellenamplitude von der Zeit, die durch numerische Lösung des nichtlinearen Problems erhalten wurden (Abb.1.20), bestätigt. Zunächst wird, beginnend auf thermischem Niveau, ein exponentielles Zunehmen der Amplitude beobachtet, das von der Paketierung des Strahls begleitet ist. Danach führt der Einfang des Strahls durch die Welle zu einer Stabilisierung, die Oszillationen der Feldamplitude im nichtlinearen Bereich entsprechen den Phasenschwingungen der zwischen abbremsenden und beschleunigenden Feldphasen hin- und herpendelnden und in den Potentialmulden der Welle gefangenen Pakete. Ungefähr die gleiche Form hat die Amplitude der von einem "verwaschenen" Elektronenstrahl angeregten Welle als Funktion der Zeit (s. Abb.1.20). Die wesentlichen Unterschiede zum Fall eines monoenergetischen Strahls sind:

(1) Wegen der kleinen Zahl (mit der Welle) resonanter Teilchen ist die

Wellenamplitude wesentlich kleiner;

(2) Die Energiestreuung im Strahl führt zu einer Phasenmischung in der Potentialmulde, zu einer Dämpfung der Oszillationen und zur Ausbildung einer Welle konstanter Amplitude.

Der Vorgang der Paketierung des Strahls wie er im numerischen Experiment beobachtet wird, ist auf Abb.1.21 dargestellt. Abb.1.22 gibt die Ergebnisse eines Laboratoriumsexperiments zur Anregung einer monochromatischen Welle durch einen Elektronenstrahl wieder.

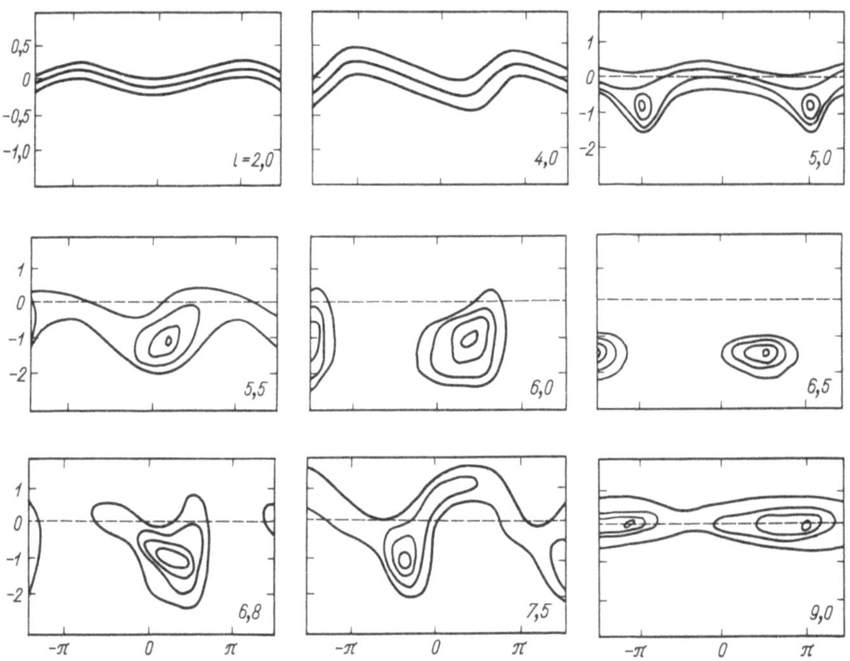

Abb.1.22 Phasenportrait von Strahlelektronen in einem Experiment zur Wechselwirkung eines monoenergetischen Elektronenstrahls niedriger Dichte mit einem Plasma (Gentle K.W., Lohr J., "Phys.Fluids", 1973, Vol.16, S. 1465)

Das Phasenportrait wurde in verschiedenen Abständen l vom Ort der Injektion des Elektronenstrahls ins Plasma aufgenommen, wobei die Entfernung in Einheiten des Reziproken der räumlichen Inkremente gemessen wurde. Für $l \lesssim 4.0$ ergibt sich eine nur geringe Strahlmodulation; die mittlere Kurve entspricht dem Maximum der Verteilungsfunktion, obere und untere Kurve markieren die Halbwertsbreite . Für größere Werte von l entspricht die innerste Kurve dem Maximum, die anderen Konturen entsprechen Werten $f = (0.8,\ 0.5,\ 0.2) \cdot f_{max}$. Es tritt eine Paketierung und gleichzeitig eine Abbremsung des Strahls ein, bis für l = 6.5 eine minimale Phasenbreite der Pakete erreicht wird. Danach wandern die Pakete in Gebiete beschleunigender Feldphase, der Strahl wird beschleunigt und für l = 9 besitzt er wieder seine ursprüngliche Geschwindigkeit.

1.15 Parametrische Instabilität

Die Autoren hoffen, daß sich der Leser schon an den Gedanken gewöhnt hat, daß ein Plasma nicht nur eine große Zahl von geladenen Teilchen, sondern auch ein Ensemble von sehr vielen Oszillatoren, von elementaren Schwingungsmoden darstellt, deren jede durch einen bestimmten Wert von Wellenzahl und Frequenz gekennzeichnet ist. In einem Gleichgewichtsplasma gehen alle diese Schwingungen auf einem nur von thermischen Fluktuationen gekennzeichneten ungestörten Hintergrund vor sich. Bei Abweichung vom Gleichgewicht (durch elektrischen Strom im Plasma, durch einen Strahl schneller Teilchen usw.) können einige Schwingungszweige (Ionenschall, Plasmaschwingungen) infolge einer der in den vorangegangenen Paragraphen beschriebenen Mechanismen linearer Instabilität sehr stark angeregt werden. Solange die Schwingungsamplituden klein sind, können alle elektromagnetischen Moden als harmonisch und voneinander unabhängig angesehen werden. Da jedoch das Plasma ein nichtlineares Medium darstellt, ergibt sich bei hinreichend großen Amplituden eine Kopplung zwischen den Moden. Eine der Formen dieser Kopplung, die in diesem Abschnitt betrachtet wird, erinnert an die wohlbekannte Erscheinung parametrischer Resonanz, die in der Mechanik im einfachsten Falle durch eine Mathieu-Gleichung beschrieben wird.

Eine Situation dieser Art liegt vor, wenn im Plasma eine Schwingung mit einer gewissen endlichen Amplitude angeregt wird. Die Nichtlinearität des Plasmas führt dazu, daß sich kleine wellenartige Störungen (Testwellen) auf dem Hintergrund einer gegebenen Schwingung (wir werden sie Pumpwelle nennen) als miteinander parametrisch gekoppelt erweisen können, ähnlich wie dies in einem System parametrisch gekoppelter Oszillatoren der Fall ist. Wie beim Problem des parametrischen Mathieu-Oszillators läßt sich auch hier die Frage nach der Stabilität stellen, mit anderen Worten danach, ob das Vorhandensein einer Pumpwelle nicht zum Anwachsen der Amplitude der Testwellen führen kann. Zunächst einmal ist klar, daß die Bedingung der Mathieu-Resonanz $n\omega_0 = 2\omega$ durch die Wellenzahlbedingung $nk_0 = 2k$ ergänzt werden muß, da in einem Plasma jeder Elementaroszillator nicht nur durch eine Frequenz, sondern auch durch eine Wellenzahl gekennzeichnet ist. Die gleichzeitige Erfüllung beider Bedingungen wäre jedoch eine zu weitgehende Forderung, da außer den Bedingungen parametrischer Resonanz ω und k in jedem Schwingungszweig noch durch die Dispersionsbeziehungen $\omega_0 = \omega_0(k_0)$ und $\omega = \omega(k)$ miteinander verknüpft sind.

Realistischer ist die Möglichkeit gleichzeitiger parametrischer Anregung zumindest eines Wellenpaars. Die sich dabei entwickelnde parametrische - und d.h. nichtlineare - Instabilität des Plasmas wird oft "Zerfallsinstabilität" genannt. Sie besteht darin, daß beim Vorhandensein einer Pumpwelle mit der Frequenz ω_0 und dem Wellenvektor k_0 gleichzeitig das Wellenpaar ω_1, $\underline{k}_1$ und ω_2, $\underline{k}_2$ entsteht, das die Bedingungen

$$\omega_o = \omega_1 + \omega_2$$

$$\underline{k}_o = \underline{k}_1 + \underline{k}_2 \qquad (1.164)$$

befriedigt. Die Beziehung (1.164) läßt eine sehr anschauliche Interpretation zu, wenn man Begriffe der Quantenphysik verwendet. In dieser Interpretation wird die Gesamtheit der Elementarmoden im Plasma als ein Gas von "Quasiteilchen" betrachtet, denen die Energie $\varepsilon = \hbar\omega$ und der Impuls $\underline{p} = \hbar\underline{k}$ zugeordnet wird (im Falle von elektromagnetischen Schwingungen spricht man von Photonen, im Falle von Ionenschall von Phononen usw.). Dann stellt die Beziehung (1.164) nichts anderes dar, als die Erhaltung von Energie und Impuls beim Zerfall des Ausgangsquants (ω_0, k_0) in zwei andere $(\omega_1, \underline{k}_1)$ und $(\omega_2, \underline{k}_2)$. Die erste theoretisch vorausgesagte und bereits 1962 ausführlich untersuchte parametrische Zerfallsinstabilität ist die Instabilität einer Langmuirschen Pumpwelle der Elektronen. Die Wellen mit den Indizes 1 und 2 in den Bedingungen (1.164) sind in diesem Falle eine weitere Plasmawelle und eine Ionenschallwelle, weshalb hierfür ein Plasma mit $T_e \gg T_i$ vorausgesetzt wird. Diese Instabilität wird oft - obwohl es sich hier gar nicht um ein Quantenphänomen handelt - mit dem Zerfall "Plasmon -> Plasmon + Phonon" beschrieben. Später wurde die parametrische Instabilität für die verschiedensten Zweige von Schwingungen und Wellen untersucht. Trotz der Vielfalt von Wellentypen im Plasma und der sich daraus ergebenden großen Zahl möglicher parametischer Kopplungen, sind alle parametrischen Instabilitäten einheitlicher Natur. Aus diesem Grunde versucht man sie zweckmäßigerweise in irgendeinem einfachen Modell zu beschreiben. Als Verallgemeinerung der Mathieu-Gleichung auf den Fall eines Wellenmediums könnte z.B. die folgende Gleichung dienen:

$$\partial^2 u/\partial t^2 - s^2\left\{1+\alpha\cos(\omega_o t - k_o x)\right\}\partial^2 u/\partial x^2 + \hat{L}u = 0 \qquad (1.165)$$

Ähnlich wie in der Mathieu-Gleichung die Eigenfrequenz des Oszillators, so wird hier die Ausbreitungsgeschwindigkeit der Welle moduliert. Der Term $\hat{L}u$ (wobei $\hat{L}$ ein linearer Operator ist) wurde hinzugefügt, um gegebenenfalls eine Abweichung von linearer Dispersion $\omega = ks$ berücksichtigen zu können. Die Koeffizienten dieses Gliedes lassen sich im Prinzip ebenfalls modulieren.

Wir wollen die Bedingungen für die parametrische Anregung von gleichzeitig zwei Elementarwellen in Gleichung (1.165) ermitteln. Dazu bringen wir sie in eine Form, die an die Gleichung eines harmonischen Oszillators mit rechter Seite (äußerer Kraft) erinnert. Es ist zweckmäßig, zu den Fourierkomponenten $u_k = \int u.\exp(ikx)dx$ überzugehen und den Term, der den Einfluß der Pumpwelle berücksichtigt, auf die rechte Seite zu schaffen:

$$d^2u_k/dt^2 + \omega^2(k)u_k = -\frac{1}{2}\, s^2(k_o-k)^2\alpha\exp(-i\omega_o t)u^*_{k_0-k} - -\frac{1}{2}\, s^2(k_o+k)^2\alpha\exp(i\omega_o t)u_{k_0+k} \qquad (1.166)$$

wobei $\omega^2(k) = s^2k^2 + L(k)$ die Dispersionsbeziehung darstellt. Zur Vereinfachung nehmen wir an, daß nur die Ausbreitungsgeschwindigkeit der Wellen moduliert wird. Die äußere Kraft ist in Resonanz mit der Eigenfrequenz des Oszillators ω_k, wenn die Bedingung

$$\omega_o \pm \omega_{k_0-k} = \omega_k \qquad (1.167)$$

erfüllt ist. Wählen wir hier das Minuszeichen, dann sehen wir, daß diese Beziehung mit der Zerfallsbedingung (1.164) für die Frequenz identisch ist. Dabei ist auf der rechten Seite von Gleichung (1.166) nur der erste Term wesentlich. Die Welle u_{k_o-k} wird durch eine entsprechende Gleichung beschrieben:

$$d^2u^*_{k_0-k}/dt^2 + \omega^2_{k_0-k}u^*_{k_0-k} = -\frac{1}{2}\, s^2k^2\exp(i\omega_o t)u_k - \frac{1}{2}\alpha(2k_o-k)^2 s^2\exp(-i\omega_o t)u^*_{2k_0-k} \qquad (1.168)$$

Bei Erfüllung der Resonanzbedingung für die Frequenz $\omega_o - \omega_{k_o-k} = \omega_k$ ist auf der rechten Seite von (1.168) ebenfalls nur der erste Term wesentlich.

Auf diese Weise unterscheidet sich die hier betrachtete parametrische Wechselwirkung von Wellen in einem nichtlinearen Medium überhaupt nicht von parametrischer Resonanz in einem System zweier gekoppelter Oszillatoren u_k und u_{k_o-k}. Allerdings sind wir zu dieser vollständigen Analogie nur unter einer bestimmten Voraussetzung gelangt: Wir haben den Term $\sim u_{k_o+k}$ auf der rechten Seite von Gleichung (1.166) und das ihm entsprechende Glied in (1.168) weggelassen. Es ist so, daß für die gleichzeitige Anregung der Oszillatoren u_{k_o-k} und u_{k_o+k} zwei Zerfallsbedingungen für die Frequenz erfüllt werden müssen:

$$\omega_o - \omega_{k_0-k} = \omega_k \quad , \quad \omega_{k_0+k} - \omega_o = \omega_k$$

Tatsächlich ist ihre gleichzeitige Erfüllung sehr unwahrscheinlich. Obgleich es in der Literatur Versuche gab, auch diesen Fall zu untersuchen, sind sie im allgemeinen nicht wirklich von Interesse und werden hier nicht betrachtet.

Die parametrische Kopplung zwischen den Oszillatoren führt zu einer Frequenzverschiebung. Wir interessieren uns für den Fall, in dem die zugehörige Frequenzänderung imaginär wird und deshalb einer Instabilität entspricht. Eine Lösung des Gleichungssystem (1.166) und (1.168) suchen wir in der Form

$$u_k = \tilde{u}_k \exp(-i\omega t) \;, \quad u^*_{k_o-k} = \tilde{u}^*_{k_o-k} \exp\{-i(\omega-\omega_o)t\}$$

Setzen wir dies in (1.166) und (1.168) ein, dann erhalten wir

$$(\omega^2 - \omega_k^2)\tilde{u}_k = (\alpha s^2/2)(k_o-k)^2 \tilde{u}^*_{k_o-k}$$

$$\left\{(\omega-\omega_o)^2 - \omega^2_{k_o-k}\right\} \tilde{u}^*_{k_o-k} = (\alpha s^2/2)k^2 \tilde{u}_k \qquad (1.169)$$

Bei kleiner parametrischer Kopplung unterscheidet sich die Frequenz der Oszillatoren wenig von der im linearen Fall: $\omega = \omega_k + i\gamma$, wobei $|\gamma/\omega_k|$ << 1 gilt. Indem wir die Zerfallsbedingung $\omega_k = \omega_o - \omega_{k_o-k}$ benützen, erhalten wir aus der Lösbarkeitsbedingung des Systems (1.169) die folgende Gleichung für γ:

$$\gamma^2 = \alpha^2 s^4 k^2 (k_o-k)^2/16\omega_k \omega_{k_o-k} \qquad (1.170)$$

Instabilität ergibt sich für $\gamma^2 > 0$, d.h. $\omega_k \omega_{k_o-k} > 0$. Zusammen mit der Zerfallsbedingung für die Frequenz bedeutet dies, daß für die Entstehung parametrischer Instabilität

$$\omega_o > \omega_k \,, \omega_{k_o-k} \qquad (1.171)$$

notwendig ist. In der "Quantensprache" ist dieses Ergebnis leicht zu verstehen: das Quant der Pumpwelle (ω_0, k_0) hat eine höhere Frequenz und folglich eine größere Energie, als irgendein Quant der beim Zerfall entstehenden neuen Wellen, da beim Zerfall ein Teil der Energie vom zweiten Quant aufgenommen wird.

Nach der Betrachtung dieses symbolischen Modells wenden wir uns dem schon oben erwähnten Zerfall einer Plasmawelle in eine weitere Plasmawelle und eine Schallwelle zu.

Der wesentliche nichtlineare Effekt, der zur Kopplung von Plasma- und Schallwellen führt, ist die Dichtemodulation des Plasmas durch den niederfrequenten Schall. Wir wollen betrachten, wie sich unter Berücksichtigung dieses Effektes die Gleichungen für die Plasma- und für die

Schallschwingungen ändern. Die die hochfrequenten Langmuir-Schwingungen mit großer Ladungstrennung charakterisierende natürliche physikalische Größe ist das elektrische Schwingungsfeld E(t,x). In der linearen Theorie führt die Gleichung für das elektrische Feld einer monochromatischen Langmuirwelle auf die bekannte Dispersionsbeziehung (1.146):

$$\left\{\omega^2 - \omega_p^2 - 3k^2(kT_e/m\right\} E(\omega,k) = 0 \qquad (1.172)$$

In Anwesenheit einer Schallwelle ergibt sich eine Modulation der Plasmadichte, wodurch im Term $\omega_p^2 E$ ein nichtlineares Glied entsteht, das proportional ist zu δnE. Durch seine Berücksichtigung ist die Plasmawelle nicht mehr monochromatisch, aus ihr entstehen durch Schwebung der Langmuir- und der Schallwelle neue Harmonische. Es ist nicht schwer, Gleichung (1.172) für den Fall einer nichtmonochromatischen Langmuirwelle zu verallgemeinern. Offenbar muß dabei die Frequenz durch einen Differentialoperator nach der Zeit ($\omega \rightarrow i\partial/\partial t$) und entsprechend die Wellenzahl k durch einen solchen nach der Koordinate ($k \rightarrow (1/i)(\partial/\partial x)$) ersetzt werden. Auf diese Weise erhalten wir anstelle von (1.172) die folgende Differentialgleichung für das elektrische Feld der Langmuirwelle

$$\left\{\frac{\partial^2}{\partial t^2} - 3r_D^2\omega_p^2 \frac{\partial^2}{\partial x^2} - \omega_p^2\right\} E = \omega_p^2 E\delta n/n_0 \qquad (1.173)$$

wobei ω_p^2 das Quadrat der Langmuir-Frequenz ist, berechnet mit der ungestörten Dichte n_0 (das nichtlineare Glied, das sich wegen der Dichtemodulation des Plasmas durch die Schallwelle ergibt, wurde auf die rechte Seite der Gleichung gebracht).

Andererseits ist für niederfrequente quasineutrale Schwingungen das elektrische Feld sehr klein und die Schallschwingungen werden am natürlichsten durch Größen wie die Ionengeschwindigkeit in der Welle oder die Dichtestörung beschrieben. Die Gleichung für die Dichtestörung in einer monochromatischen Schallwelle kann ebenfalls durch einfache Verallgemeinerung der linearen Dispersionsbeziehung erhalten werden. Indem wir die Welle als genügend langsam ($\omega/k \ll v_{Te}$) und als quasineutral annehmen, können wir unter Berücksichtigung der Ergebnisse von Abschnitt 1.11 für δn die folgende Gleichung aufschreiben:

$$\left\{(1/k^2 r_D^2) + \epsilon_i(\omega,k)\right\} \delta n(\omega,k) = 0 \qquad (1.174)$$

Im Prinzip berücksichtigt diese Gleichung auch kinetische Effekte, die mit den Ionen zusammenhängen, was im Falle $\omega/k \sim v_{Ti}$ wesentlich sein kann. Wenn jedoch Frequenz und Wellenzahl der niederfrequenten Mode der Bedingung $\omega/k \gg v_{Ti}$ genügen, dann lassen sich die Ionen hydrodynamisch beschreiben. In diesem Falle gilt, wie wir wissen, $\epsilon_i = -\omega_{pi}^2/\omega^2$ und

Gleichung (1.174) geht über in

$$\left\{\omega^2 - k^2(kT_e/m_i)\right\}\,\delta n(\omega,k) = 0 \qquad (1.175)$$

Die Kopplung von Ionenschall und hochfrequenten Langmuirschwingungen wird durch den Hochfrequenzdruck hervorgerufen (s. Abschnitt 1.7). Dort haben wir gezeigt, daß im Falle von hochfrequenten Schwingungen außer dem gaskinetischen Druck der Elektronen auch noch der Hochfrequenzdruck

$$p_{HF} = \epsilon_o\langle E^2\rangle/4$$

erzeugt wird (auch hier bedeuten die spitzen Klammern Mittelung über die Hochfrequenz). Einerseits führt die Schallwelle zu einer Dichtemodulation des Plasmas und daher auch zu einem kinetischen Druck $\sim\delta nkT_e$, andererseits führt sie wegen der Entstehung einer Schwebung der Langmuirwellen zu einer Modulation des Hochfrequenzdruckes $\sim\epsilon_o\langle E^2\rangle/4$. Aus diesem Grunde muß in Gleichung (1.175) für δn wie folgt ersetzt werden:

$$\delta nkT_e \;\rightarrow\; \delta nkT_e + \epsilon_o\langle E^2\rangle/4$$

Außerdem ersetzen wir, wie schon in der Gleichung für die Langmuirwelle, auch in (1.175) ω und k durch die Differentialoperatoren $i\partial/\partial t$ und $(1/i)\,\partial/\partial x$. Damit ergibt sich für die Dichtemodulation des Plasmas die folgende Gleichung:

$$\left\{\frac{\partial^2}{\partial t^2} - (kT_e/m_i)\frac{\partial^2}{\partial x^2}\right\}\delta n = \epsilon_o\frac{\partial^2}{\partial x^2}\langle E_e^2\rangle/(4m_i) \qquad (1.176)$$

Die Lösung der Gleichungen (1.173) und (1.176) suchen wir in der Form von Schwingungen, die die Zerfallsbedingungen (1.164) befriedigen:

$$\begin{aligned}\delta n &= \frac{1}{2}\,\delta\tilde{n}\,\exp\left\{i(kx-\omega t)\right\} + \text{K.K.}\\ E &= E_o\exp\left\{i(k_ox-\omega t)\right\} + E_1\exp\left\{i(k_o-k)x - i(\omega_o-\omega)t\right\} + \text{K.K.}\end{aligned} \qquad (1.177)$$

Wir erhalten dann für die Amplituden des bei der parametrischen Instabilität angeregten Plasmons und Phonons das folgende System von Gleichungen

$$\begin{aligned}2(\omega^2-\omega_s^2(k))\delta n &= (k^2e^2n_o/m_im_e\omega_p^2)E_oE_1^*\\ \left\{(\omega_o-\omega)^2 - \omega^2_{1,k_0-k_1}\right\}E_1^* &= (\omega_p^2/2n_o)\delta nE_o^*\end{aligned} \qquad (1.178)$$

wobei $\omega_1(k) = (\omega_p^2 + 3k^2(kT_e)/m_e)^{1/2}$ die Frequenz des Plasmons mit der Wellenzahl k und $\omega_s(k) = k(kT_e/m_i)^{1/2}$ die Schallfrequenz ist. Seiner Struktur nach ist dieses Gleichungssystem den Gleichungen (1.169) äquivalent, und in Analogie zu (1.169) erhalten wir hier die folgende Beziehung für die Anwachsrate parametrischer Instabilität:

$$\gamma_d^2 = \omega_1\omega_s\epsilon_o E_o^2/(16n_o kT) \tag{1.179}$$

Wie wir schon oben erwähnt haben, muß das bei parametrischer Instabilität angeregte Plasmon eine Frequenz haben, die kleiner ist, als die Frequenz der Pumpwelle. Unter Berücksichtigung des Dispersiongesetzes für Plasmaschwingungen bedeutet dies, daß bei parametrischer Instabilität Schwingungsenergie in Richtung größerer Wellenlängen übertragen wird. Wenn wir die Zerfallsbedingung benützen, die man hier in der Form

$$\frac{3}{2}k_o^2 r_D^2 - \frac{3}{2}k_1^2 r_D^2 = kr_D(m_e/m_i)^{1/2} \tag{1.180}$$

erhält, wobei $k_1 = k_o - k$ die Wellenzahl des Testplasmons ist, dann erhalten wir, daß parametrische Instabilität nur für nicht zu langwellige Plasmonen möglich ist: $k_o r_D > (1/3)(m_e/m_i)^{1/2}$. Wenn $k_o r_D >> (m_e/m_i)^{1/2}$ dann folgt aus (1.180), daß nur sich aufeinander zu bewegende Plasmawellen parametrisch gekoppelt sind ($k_1 \approx -k_o$), wobei bei einem einzelnen Zerfallsakt sich eine Umpumpung des Plasmons um die endliche Wellenzahldifferenz $\Delta k = k_o + k_1 \approx r_D^{-1} (m_e/m_i)^{1/2} << k_o$ ergibt.

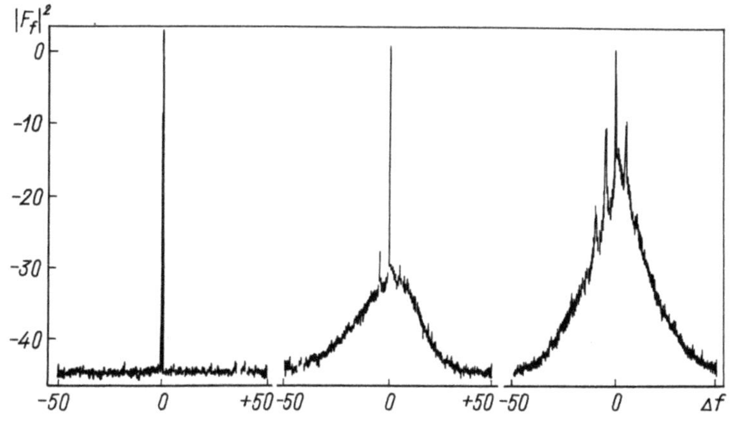

Abb.1.23 Experimentelle Beobachtung parametrischer Zerfallsinstabilität einer monochromatischen Plasmawelle (Franklin R.N., Hamberger S.M., Smith G.J. "Plasma Physics", 1973, 15, S. 935).

Mit Hilfe einer Sonde wurde eine monochromatische Welle mit einer Frequenz in der Nähe der Plasmafrequenz und kleiner resonanter Dämpfung angeregt. Es werden die Spektren der in verschiedener Entfernung von der anregenden Sonde anwachsenden Plasmaschwingungen gezeigt.

Die Abbildungen 1.23 und 1.24 zeigen experimentelle Ergebnisse und Ergebnisse numerischer Experimente, die den parametrischen Zerfall einer Plasmawelle illustrieren. Als parametrisch gekoppelt können sich die verschiedensten Schwingungszweige des Plasmas erweisen - elektromagnetische t-Wellen, Plasma-l-Wellen, Ionenschall-s-Wellen. Notwendige Bedingung für parametrische Instabilität ist jedoch, daß die Frequenz der Pumpwelle größer als die Frequenz aller durch die Instabilität angeregten Wellen sein muß. Wir gehen hier nicht auf die Einzelheiten solcher

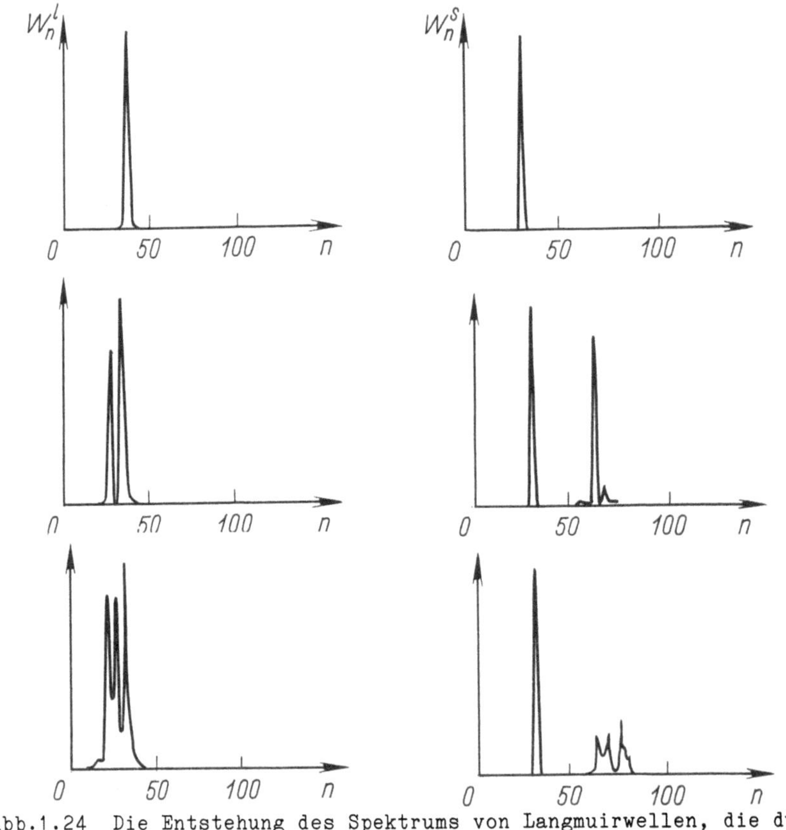

Abb.1.24 Die Entstehung des Spektrums von Langmuirwellen, die durch Zerfall einer elektromagnetischen Pumpwelle mit einer Frequenz ω_0 in der Nähe der Plasmafrequenz angeregt werden (numerisches Experiment):

(a) - Anregung einer monochromatischen Langmuirwelle aus einer Pumpwelle, $k_\ell = \{(2/3)(\omega_0 - \omega_P)/\omega_P\}^{1/2}$. Hierbei erscheint im Spektrum der Ionenschallschwingungen auch eine Welle mit der Wellenzahl k_ℓ; (b) - Anregung von Satelliten im Spektrum der Langmuirwellen durch Zerfallsinstabilität entsprechend dem Zerfall l->l'+s. Beim Zerfall der Langmuirwelle werden Ionenschallschwingungen mit einer Wellenzahl der Ordnung $2k_\ell$ angeregt (Gorbuschina T.A., Degtyarev L.M. u.a. Bericht des Instituts für Angewandte Mathematik d. Akademie der Wissenschaften der UdSSR, 1978, Nr.17)

Berechnungen ein (sie lassen sich in der oben beschriebenen Weise leicht durchführen) und geben nur die Bedingungen für die Entstehung der verschiedenen Typen parametrischer Instabilität eines isotropen Plasmas sowie die dazugehörigen Anwachsraten für die Amplituden in Form einer Tabelle an (Tab.1.1). Einige der in der Tabelle angegebenen Instabilitäten entsprechen der Erscheinung erzwungener Kombinationsstreuung, wie wir sie aus anderen Zweigen der Physik kennen. So entspricht etwa der Zerfall t -> t'+s dem in der Festkörperphysik wohlbekannten Effekt der Mandelstamm-Brillouin-Streuung des Lichts an intensiven Schallschwingungen des Gitters. Der Zerfall t -> t'+l entspricht der Raman-Streuung von Licht an optischen Schwingungen des Gitters.

Tab.1.1 Zerfallsbedingungen parametrischer Instabilitäten von Wellen im Plasma

Am Zerfall beteiligte Wellen	Zerfallsbedingung	Anwachsrate
l -> l'+ s	$k_o > r_D^{-1}(1/3)(m_e/m_i)^{1/2}$	$(eE_o/m_e\omega_l v_{Te})(\omega_l \omega_s)^{1/2}$
t -> l + s	$k_o > (\omega_p/c)(m_i/m_e)^{1/2}$	$(eE_o/m_e\omega_t v_{Te})(\omega_t \omega_s)^{1/2}$
t -> l + l'	$\omega_t \approx 2\omega_p$	$(eE_o/\omega_t m_e c)\omega_p$
t -> t'+ l	$\omega_p \geqslant \omega_t (v_{Te}/c)$	$(eE_o/m_e\omega_t c)(\omega_t\omega_p)^{1/2}$
t -> t'+ s	$\omega_p \geqslant \omega_t (v_{Te}/c)$	$\{(eE_o/(m_e\omega_t v_{Te})\}(\omega_t\omega_s)^{1/2}(\omega_p/\omega)$

Der Schwellwert für die Anregung parametrischer Instabilität wird in einem homogenen Plasma durch die Energiedissipation der Testwellen bestimmt. Dabei führt die Dämpfung nur einer von zwei angeregten Störungen nicht zu einer vollständigen Unterdrückung der Instabilität, es ergibt sich lediglich eine kleinere Anwachsrate. Betrachten wir noch einmal den Zerfall einer Plasmawelle und ziehen zunächst die Dämpfung der niederfrequenten Mode in Betracht. Wenn ν_s das Dämpfungsdekrement des dieser Mode entsprechenden Oszillators ist, dann ist die linke Seite der ersten der Gleichungen (1.178) durch Hinzufügung des Terms $2i\nu_s\omega\delta n$ abzuändern. Die Dispersionsbeziehung erhalten wir in der üblichen Weise. Unter der Voraussetzung $\gamma = \mathrm{Im}\,\omega \ll \nu_s$ erhält man, daß sich eine dissipative parametrische Instabilität mit der Anwachsrate

$$\gamma = \gamma_d^2/\nu_s \qquad (1.181)$$

entwickelt. Erst wenn man die Dämpfung der Plasmawelle berücksichtigt (was durch Einführung des Terms $2i\nu_e(\omega_0-\omega)$ (mit ν_e als der Plasmonendämpfung) auf der linken Seite der zweiten Gleichung (1.178) leicht geschehen kann) und Gleichung (1.181) in

$$\gamma = \gamma_d^2/\nu_s - \nu_e$$

übergeht, tritt eine Stabilisierung der parametrischen Instabilität ein. Der Schwellwert für die Amplitude, für den diese Stabilisierung eintritt, wird durch die Bedingung

$$\gamma_d^2 = \nu_e \nu_s$$

bestimmt. Diese Betrachtung bezieht sich auf das Anfangsstadium parametrischer Instabilität, in dem man die Amplitude der Pumpwellle als konstant ansehen kann, während die Amplituden der entstehenden Wellen exponentiell mit der Zeit anwachsen. Bei hinreichend großen Amplituden der Testwellen werden nichtlineare Effekte wirksam, die mit der Änderung der Amplitude der Pumpwelle zusammenhängen. Betrachten wir etwa das Problem parametrischer Instabilität einer Plasmawelle. Eine Gleichung für die Änderung von E_0 läßt sich leicht aus (1.173) erhalten, wobei offensichtlich $\partial E_0/\partial t \sim \delta n E_1$ gilt. Auf diese Weise wird bei großen Amplituden der Zerfall der Testwellen durch ein System von drei miteinander gekoppelten nichtlinearen Gleichungen für E_0, E_1 und δn beschrieben. Dieses System läßt sich analytisch lösen. Die Durchführung würde hier jedoch zu weit führen. Wir beschränken uns darauf, auf Abb.1.25 die durch Integration (der die Wechselwirkung dreier Wellen beschreibenden Gleichungen) erhal-

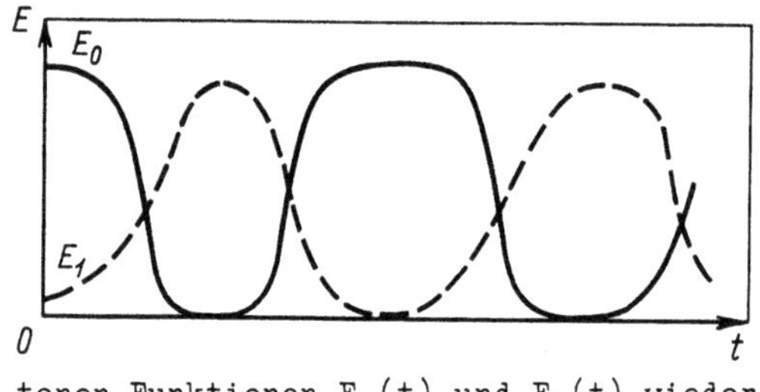

Abb.1.25
Der zeitliche Verlauf der Amplituden bei der Wechselwirkung dreier Wellen bei Zerfallsinstabilität

tenen Funktionen $E_0(t)$ und $E_1(t)$ wiederzugeben. Wie zu sehen ist, erreicht die Amplitude E_1 der Testwelle einen Maximalwert, der gleich dem Anfangswert $E_0(0)$ der Pumpwelle ist (die zu diesem Zeitpunkt ein Minimum annimmt). Danach geht Energie von der Testwelle auf die Pumpwelle über usw. Die Periodendauer der Oszillationen ist von der Ordnung des Reziproken der Anwachsrate der Instabilität. Die in Ionenschall übergehende Energie ist ω_s/ω_p mal kleiner als die Energie der Plasmawelle - das ist gerade die Energie, die beim Zerfall Plasmon -> Plasmon + Phonon auf das Phonon entfällt.

1.16 Resonante Wechselwirkung von Teilchen und Wellen (Quasilineare Theorie)

Ein Plasma, in dem schließlich eine große Zahl von Moden angeregt wird (zum Beispiel durch die früher betrachteten Instabilitäten), kann man turbulent nennen, wenn die Wellenamplituden den Pegel thermischer Fluktuationen wesentlich übersteigen und wenn ihre Phasen zufällig sind. Auf diese Weise können bei sehr hohem Schwingungspegel die oben beschriebenen charakteristischen Züge einzelner Moden überhaupt verschwinden. Deshalb erfährt der einfachere Fall nicht sehr großer Amplituden, die sogenannte Näherung schwacher Turbulenz, eine gesonderte Betrachtung. Die Nichtlinearität des Plasmas führt zu einer Wechselwirkung zwischen Moden vom Typ der im vorangehenden Abschnitt betrachteten Zerfallsinstabilität, so daß die Koeffizienten einer Entwicklung nach den Eigenschwingungen (in der Zeitskala einer Schwingungsperiode) zu langsam veränderlichen Funktionen der Zeit werden.

Eine wichtige Besonderheit der Plasmaturbulenz, die sie von der Turbulenz einer Flüssigkeit unterscheidet, hängt damit zusammen, daß im Plasma die uns aus den vorangehenden Abschnitten bekannte Wechselwirkung von Wellen und Teilchen eine wesentliche und manchmal dominierende Rolle spielt. In höherer Ordnung der Feldamplitude entspricht sie induzierter Strahlung und Absorption von Wellen durch solche Teilchen, deren Geschwindigkeiten mit den Frequenzen und Wellenvektoren durch die Tscherenkow-Bedingung (Landau-Resonanz)

$$\omega = kv \tag{1.182}$$

verknüpft sind. Dabei ergibt sich die Frage, wie sich durch diese Vorgänge die Verteilungsfunktion der resonanten Teilchen ändert. Sie wurde bereits in Abschnitt 1.13 im Zusammenhang mit einer einzelnen monochromatischen Welle betrachtet. Dort bestand der wesentliche Effekt der Rückwirkung der Welle auf die Teilchen im Einfang resonanter Teilchen und in deren Phasenschwingungen in der Potentialmulde. Die Abhängigkeit der Periodendauer der Phasenschwingungen von der Teilchenenergie führte zu einer Phasenmischung, so daß der Verteilungsfunktion in einem kleinen Geschwindigkeitsintervall $|v-\omega/k| \sim (e\varphi_0/m)^{1/2}$ mikroskopische Oszillationen aufgeprägt wurden; die über diese Oszillationen geglättete Verteilungsfunktion war konstant längs Phasenbahnen. Die Phasenbahnen resonanter Teilchen unterschieden sich wesentlich von denen ungestörter Teilchen, und eine Lösung des Problems war nur dadurch möglich, daß die Bewegungsgleichungen der Teilchen bei hinreichend langsamer Änderung der Wellenamplitude erste Integrale besaßen. Schon beim Vorhandensein zweier oder dreier Wellen wird jedoch eine genaue Analyse der Bewegung resonanter

Teilchen hoffnungslos kompliziert und eine analytische Lösung ist für einen solchen Fall bis heute nicht gefunden worden. Die Situation vereinfacht sich jedoch wesentlich im Grenzfall einer sehr großen Zahl von Wellen, so daß im Falle einer Zufallsverteilung der Phasen eine statistische Behandlung möglich wird.

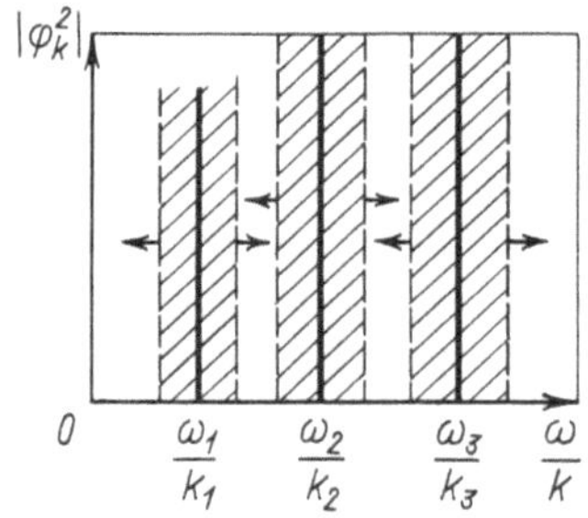

Abb.1.26
Die Überlappung der Bereiche von Landauresonanz für Wellen benachbarter Phasengeschwindigkeiten und die "Kollektivierung" resonanter Teilchen

In der Tat wollen wir voraussetzen, daß im Plasma ein breites Wellenpaket angeregt wurde und daß die Phasengeschwindigkeiten in einem gewissen Intervall $(\omega/k)_{max} > v > (\omega/k)_{min}$ hinreichend dicht liegen, so daß Einfangbereiche benachbarter Wellen sich überlappen. Offensichtlich muß dafür die Bedingung

$$\delta(\omega/k) < \left\{(e/mk)(E_k^2\delta_k)^{1/2}\right\}^{1/2} \tag{1.183}$$

erfüllt sein, wobei $\delta(\omega/k)$ und δ_k die Abstände zwischen benachbarten Harmonischen in der Phasengeschwindigkeit bzw. in der Wellenzahl sind; E_k^2 ist die spektrale Energiedichte des vom Plasmarauschen erzeugten elektrischen Feldes. Dann ist die Energie des Plasmarauschens im Inter-

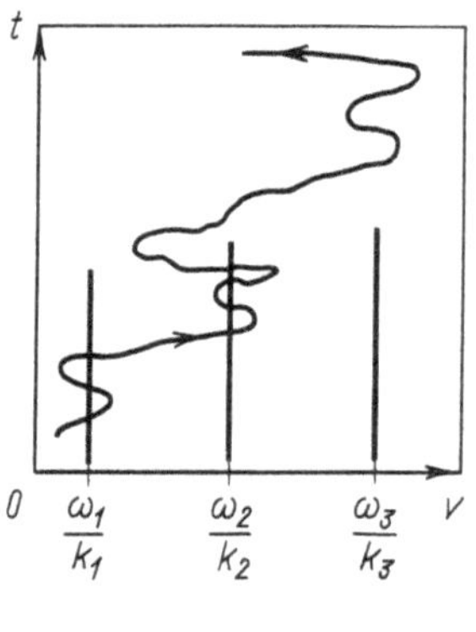

Abb.1.27
Brownsche Bewegung resonanter Teilchen im Geschwindigkeitsraum

vall δ_k durch $E_k^2\delta_k$ und der mittlere quadratische Wert des Potentials durch $(E_k^2\delta_k)^{1/2}/k$ gegeben, und die Bedingung (1.183) entspricht tatsächlich einer Überlappung der Potentialmulden benachbarter Wellen (Abb. 1.26). Bei Erfüllung dieser Bedingung findet eine eigenartige "Kollektivierung" resonanter Teilchen zwischen benachbarten Wellen statt. Bei einer Zufallsverteilung der Wellenphasen nimmt wegen der Impulsübertragung von seiten vieler Wellen die Teilchengeschwindigkeit sozusagen an der Brownschen Bewegung teil. Diese Brownsche Bewegung überlagert sich im Phasenraum der freien Bewegung der Teilchen, so daß sich die auf Abb.1.27 dargestellte Situation ergibt. Im Laufe der Zeit nimmt die Brownsche Bewegung im Geschwindigkeitsraum stochastischen Charakter an, erfüllt jedoch den Bereich resonanter Phasengeschwindigkeiten $(\omega/k)_{max} > v > (\omega/k)_{min}$ hinreichend dicht. Vom Wellenpaket nehmen wir an, daß es wesentlich breiter als die Potentialmulde ist:

$$\Delta(\omega/k) = (\omega/k)_{max} - (\omega/k)_{min} \gg (e\varphi_0/m)^{1/2} \qquad (1.184)$$

wobei $\varphi_0 = (\int dkE_k^2/k^2)^{1/2}$, im quadratischen Mittel, der Wert des Potentials im Wellenpaket ist. Natürlich weist die sich unter diesen Bedingungen einstellende Verteilungsfunktion hochgradig oszillatorische Feinstruktur auf und erhält (bei Abwesenheit von Stößen) die Entropie, von physikalischer Bedeutung ist jedoch nur ihre geglättete Form, die einer Zunahme der Entropie entspricht und die die Diffusion resonanter Teilchen im Felde der Welle beschreibt. Diese Diffusion führt zu einer im Intervall $(\omega/k)_{max} > v > (\omega/k)_{min}$ dicht liegender Teilchengeschwindigkeiten abgeflachten, d.h. konstanten geglätteten Verteilungsfunktion (auch im Falle einer monochromatischen Welle war die geglättete Verteilungsfunktion längs Phasenbahnen konstant).

Der Diffusionsprozeß der resonanten Teilchen läßt sich in der sogenannten quasilinearen Näherung beschreiben. Bei der Ableitung der Gleichungen dieser Näherung wird vorausgesetzt, daß die Amplituden der im Plasma angeregten Wellen nicht zu groß sind, so daß die nichtlineare Wechselwirkung der Schwingungen vernachlässigt werden kann. Der einzige nichtlineare Effekt, der berücksichtigt wird, ist die Rückwirkung der Schwingungen auf die Geschwindigkeitsverteilung der resonanten Teilchen, so daß die Anregung und die Absorption von Schwingungen auf einem unter der Wirkung der Schwingungen selbst sich langsam ändernden "Hintergrund" vor sich geht.

Wir wollen die Gleichungen der quasilinearen Theorie hier nicht im einzelnen begründen (obgleich eine solche Begründung schon längst gegeben wurde) und beschränken uns auf ihre einfachste Herleitung für den Fall der Wechselwirkung von Langmuirschwingungen mit einem Plasma. Das Plasma betrachten wir als homogen, die Schwingungen als eindimensional.

Entsprechend unseren obigen Bemerkungen stellen wir die Verteilungsfunktion der resonanten Teilchen über die Geschwindigkeiten in der Form

$$f = f_0(t,v) + \delta f(t,v,x) \tag{1.185}$$

dar. Hier ist $f_0(t,v)$ die sich langsam ändernde Verteilungsfunktion, die den Hintergrund beschreibt, auf dem sich die Schwingungen entwickeln; $\delta f(t,v,x)$ ist der diese Schwingungen charakterisierende räumlich und zeitlich oszillierende Teil. Offensichtlich ist

$$\langle \delta f \rangle = 0, \quad \text{d.h. } \langle f \rangle = f_0 \tag{1.186}$$

Hier bezeichnen die Klammern Mittelung über ein Zeitintervall, das groß gegen die Periodendauer der Schwingungen ist und über einen räumlichen Bereich, dessen Ausdehnung groß gegen die Wellenlänge ist.

Die Gleichung für f_0 erhält man dann durch eine einfache Mittelung der ursprünglichen kinetischen Gleichung. Sie hat die Form

$$\partial f_0/\partial t = \frac{e}{m} \langle E \partial \delta f/\partial v \rangle \tag{1.187}$$

Hier wurde außer den Beziehungen (1.185) und (1.186) berücksichtigt, daß das elektrische Feld im Plasma im Mittel verschwindet: $\langle E \rangle = 0$. Die rechte Seite der Gleichung (1.187) bestimmt die Änderung von f_0, die durch den mittleren quadratischen Effekt der schnellen Oszillationen hervorgerufen wird (sie stellt das sogenannte quasilineare Stoßintegral dar). Für ihre explizite Bestimmung berücksichtigen wir, daß im Plasma ein hinreichend breites Wellenpaket angeregt ist, d.h.

$$\begin{aligned} E &= \sum_k E_k(t) \exp\{i(kx - \omega_k t)\} \\ \delta f &= \sum_k \delta f_k(t,v) \exp\{i(kx - \omega_k t)\} \end{aligned} \tag{1.188}$$

In diesen Formeln sind die ω_k die Frequenzen der linearen Plasmamoden, die durch die Beziehungen (1.3b) bestimmt werden. $E_k(t)$ sind die Amplituden dieser Moden, die sich wegen der Wechselwirkung mit den resonanten Teilchen mit der Zeit langsam ändern. Da δf und E als physikalische Größen reell sein müssen, ist klar, daß in den Entwicklungen (1.188) die Harmonischen E_{k^*} und E_{-k^*} zueinander komplex konjugiert sein müssen, d.h. die Bedingungen

$$E_{-k} = E_k^*, \quad f_{-k} = f_k^*, \quad \omega_{-k} = -\omega_k \tag{1.189}$$

werden befriedigt. Indem wir diese Bedingungen benützen, können wir die Gleichungen (1.187) in die Form

$$\partial f_0/\partial t = \frac{e}{m} \sum E_k \partial f_k/\partial v \tag{1.190}$$

überführen (die Harmonischen mit $k' \neq -k$ fallen bei der Mittelung aus dieser Summe heraus).

Oben wurde bemerkt, daß in der quasilinearen Theorie der Effekt nichtlinearer Wechselwirkung von Harmonischen vernachlässigt wird. Entsprechend benützen wir für den Zusammenhang zwischen f_k und $E_k = -ik\varphi_k$ die Formel (1.123) der linearen Theorie, jedoch mit dem Unterschied, daß unter f_0 die sich zeitlich langsam ändernde Phononenverteilungsfunktion zu verstehen ist. Formel (1.123) ist anwendbar, wenn sich der "Hintergrund" während einer Schwingungsperiode nur wenig ändert ($|(1/f_0)\partial f_0/\partial t| << \omega_k$).

Berücksichtigen wir weiter, daß nach den in Abschnitt 1.2 angestellten Überlegungen der resonante Nenner $kv-\omega_k$ in dieser Formel im Sinne von (1.136) zu verstehen ist, dann erhalten wir schließlich den folgenden Ausdruck für f_k:

$$f_k = (e/m)E_k(\partial f_0/\partial v)\left\{\mathcal{P}/(kv-\omega_k)+i\pi\delta(kv-\omega_k)\right\} \qquad (1.191)$$

Wir setzen dies in (1.190) ein, berücksichtigen, daß $\mathcal{P}(1/x)$ eine ungerade, $\delta(x)$ jedoch eine gerade Funktion ihres Argumentes ist und erhalten die folgende Gleichung für f_0:

$$\frac{\partial f_0}{\partial t} = \frac{\pi e^2}{m}\frac{\partial}{\partial v}\left\{\sum_k |E_k|^2\,\delta(kv-\omega)\frac{\partial f_0}{\partial v}\right\} \qquad (1.192)$$

Hier kann man auf der rechten Seite von der Summierung zur Integration über die Wellenzahlen übergehen, indem man benützt, daß

$$\sum_k = \frac{1}{2\pi}\int dk = \frac{1}{\pi}\int_{k>0} dk$$

gilt. In dieser Formel wurde berücksichtigt, daß das einer einzelnen Schwingung entsprechende Elementarintervall der k-Variablen durch $\delta k = L/2\pi$ gegeben ist (L ist die lineare Ausdehnung des Plasmas, zur Vereinfachung wurde überall $L = 1$ gesetzt). Formeln für den Fall $L \neq 1$ erhält man offensichtlich durch die Ersetzungen $|E_k|^2 \to L|E_k|^2$. Indem wir in (1.192) mit Hilfe der δ-Funktion die Integration über k ausführen, erhalten wir eine quasilineare Gleichung, die eine Diffusion in der Geschwindigkeit beschreibt.

$$\frac{\partial f_0}{\partial t} = \frac{\partial}{\partial v}\left\{\frac{D\partial f_0}{\partial v}\right\} \qquad (1.193)$$

wobei der Diffusionskoeffizient durch die spektrale Dichte des Plasmarauschens $|E_k|^2$ im Resonanzpunkt des Spektrums $kv = \omega_k$ bestimmt wird:

$$D = (e^2/m^2)|E_k|^2(kv=\omega_k)/|v-d\omega/dk| \quad (1.194)$$

Es versteht sich, daß diese Diffusionsgleichung durch eine Gleichung für die Wellenamplituden und damit für die zeitliche Änderung des Diffusionskoeffizienten zu ergänzen ist. In der quasilinearen Näherung ergibt sich die gleiche Anwachsrate einer einzelnen Harmonischen wie in der linearen Theorie entsprechend Gleichung (1.148), jedoch ist hier unter f_0 der sich langsam ändernde "Hintergrund" zu verstehen. Daher erhalten wir

$$(\partial/\partial t)|E_k|^2 = 2\gamma_k|E_k|^2$$
$$\gamma_k = (\pi/2n_0)(\omega_k v^2)(\partial f_0/\partial v)(v=\omega_k/k) \quad (1.195)$$

Die Gleichungen (1.193) bis (1.195) bilden das geschlossene System der Gleichungen der quasilinearen Theorie. Auf der Grundlage dieser Gleichungen wollen wir zwei einfache Probleme betrachten - das der Relaxation eines Elektronenstrahls im Plasma und das der Absorption eines Paketes von Plasmaschwingungen.

Beginnen wir mit dem Problem der Relaxation eines Elektronenstrahls. Hier hat die ursprüngliche Verteilungsfunktion die auf Abb.1.28 dargestellte Form. Ihrem Maximum bei $v = 0$ entsprechen thermische Plasmateilchen, die z.B. eine Maxwellverteilung besitzen können. Das zweite Maximum beschreibt einen Strahl schneller (suprathermischer) Teilchen. Wenn die Geschwindigkeitsstreuung im Strahl hinreichend groß ist $\Delta v \gg (n_1/n_0)^{1/3} v$, dann wird die Anwachsrate instabiler Plasmawellen durch Gleichung (1.148) bestimmt, und die Relaxation eines solchen Strahls kann im Rahmen der quasilinearen Gleichungen betrachtet werden.

Wenn jedoch der Elektronenstrahl ursprünglich monoenergetisch war ($\Delta v \ll (n_1/n_0)^{1/3} v$), dann wird im Anfangsstadium seiner Relaxation eine monochromatische Welle angeregt. Die nichtlineare Theorie der Anregung einer monochromatischen Welle wurde in Abschnitt 1.13 betrachtet. Eine solche Welle wächst auf $e\varphi_0/m \sim \gamma^2/k^2 \sim v_0^2(n_1/n_0)^{2/3}$ an und wird dann stabilisiert. Bei genauerer Betrachtung zeigt sich allerdings, daß die monochromatische Welle selbst instabil ist. Früher oder später verteilt sie sich über das Wellenpaket. Diesen Prozeß betrachten wir hier nicht. Wichtig ist nur, daß man letzten Endes die weitere Relaxation des Paketes wieder in der quasilinearen Näherung betrachten kann.

Wir werden also annehmen, daß die Geschwindigkeitsstreuung im Strahl genügend groß ist, so daß wir die quasilinearen Gleichungen benützen können. Es zeigt sich dann, daß Wellen mit einer Phasengeschwindigkeit im

Bereich mit $df_0/dv > 0$ instabil sind. Die Anregung der Wellen ist von einer Diffusion der Strahlteilchen im Geschwindigkeitsraum begleitet und im ursprünglichen instabilen Bereich bildet sich auf der Verteilungs-

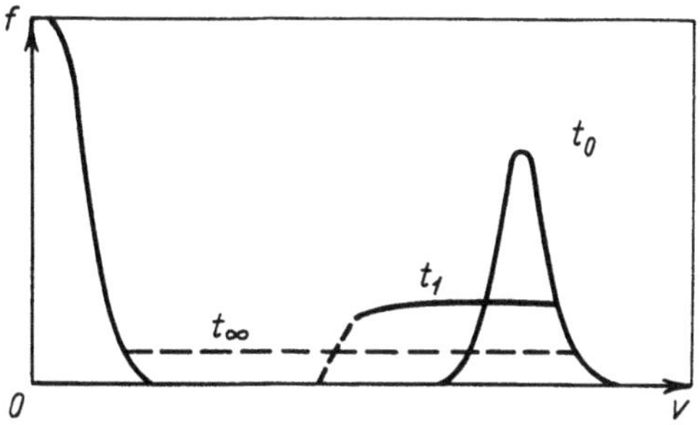

Abb.1.28
Evolution der Verteilungsfunktion eines Elektronenstrahls im Plasma bei Strahlinstabilität

funktion ein "Plateau" heraus (s. Abb.1.28). Eine solche Verteilungsfunktion aber ist instabil, an ihrer Vorderseite ist $\partial f_0/\partial v$ positiv und es werden Wellen angeregt. Der Instabilitätsbereich und entsprechend auch der Bereich der Strahldiffusion verschiebt sich ständig in Richtung kleinerer Geschwindigkeiten. Infolgedessen wird auf der Verteilungsfunktion gleichsam eine Relaxationswelle angeregt, die sich mit steiler Front in Richtung abnehmender Geschwindigkeit ausbreitet. Vor der Front bleibt das Rauschen thermisch, hinter der Front entsteht intensives Plasmarauschen begleitet von Plateaubildung der Verteilungsfunktion. Dieser Relaxationsprozeß wird erst dann beendet, wenn die Strahlteilchen durch Diffusion im Geschwindigkeitsraum Geschwindigkeiten annehmen, die mit der thermischen Geschwindigkeit im Plasma vergleichbar sind. Die Plateaugrenzen bestimmen sich aus den folgenden Beziehungen

$$f_o^\infty = f_M(v_{min}), \quad f_o^\infty = f^o{}_o(v_{max}) \tag{1.196}$$

Hier ist f_o^∞ die sich im resonanten Bereich schließlich einstellende plateauförmige ($\partial f_o^\infty/\partial v = 0$) Verteilungsfunktion, $f_M(v)$ ist die Maxwellverteilung der thermischen Plasmateilchen und $f^o{}_o(v)$ ist die ursprüngliche Verteilungsfunktion im Strahl. Offensichtlich gilt

$$v_{min} \approx v_T \,, \quad v_{max} \approx u_o \tag{1.196'}$$

Die Plateauhöhe läßt sich ermitteln, indem man die Bilanzgleichung für die Teilchenzahl im resonanten Bereich heranzieht:

$$f_o^\infty (v_{max}-v_{min}) = \int f^o{}_o dv \approx n_1 \tag{1.196"}$$

Daraus erhalten wir näherungsweise

$$f_o^\infty \approx n_1/u_o$$

Die spektrale Dichte des Plasmarauschens im resonanten Bereich $v_{min} < \omega/k < v_{max}$ finden wir mit Hilfe des sogenannten Energieintegrals der quasilinearen Gleichungen.
Für seine Herleitung ersetzen wir auf der rechten Seite der quasilinearen Diffusionsgleichung im Ausdruck $|E_k|^2(\partial f/\partial v)(kv=\omega)$ für $|E_k(t)|^2$, indem wir (1.195) benützen. Dies führt auf

$$\pi \omega_p \partial f_o/\partial t = (e^2 n_o/m_e^2)(\partial/\partial v)\{(1/v^3)(\partial E_k^2/\partial t\}$$

Wir integrieren diese Gleichung über die Zeit und vernachlässigen hierbei den Beitrag des thermischen Rauschens $|E_k|^2(t=0)$. Indem wir die sich ergebende Beziehung über die Geschwindigkeit von v_{min} bis v integrieren und die Randbedingung benützen, daß die spektrale Dichte des Rauschens am Rande des resonanten Bereiches verschwindet ($|E_k|^2(v=v_{min}) = 0$), dann erhalten wir das gesuchte Energieintegral - eine Gleichung, die eine Beziehung zwischen der spektralen Dichte des Plasmarauschens und der Änderung der Verteilungsfunktion der resonanten Teilchen herstellt.

$$|E_k|^2(v) = \pi(m_e^2/n_o e^2)\omega_p v^3 \cdot \int_{v_{min}}^{v} (f_o(t,v) - f^o{}_o(v))\, dv \qquad (1.197)$$

Hieraus folgt, daß die spektrale Dichte des Plasmarauschens zunächst mit der Phasengeschwindigkeit zunimmt, bei $v \approx u_o$ ein Maximum erreicht, für große Geschwindigkeiten schnell abnimmt und bei $v = v_{max}$ verschwindet (Abb.1.29). In dem Geschwindigkeitsbereich, in dem es ursprünglich kei-

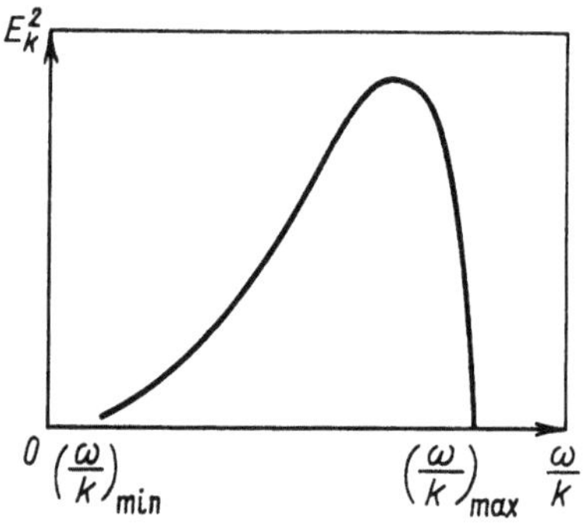

Abb.1.29
Das Spektrum von Plasmaschwingungen, das bei der quasilinearen Relaxation eines Elektronenstrahls im Plasma angeregt wird

nen Strahl gab ($v < u_o$ und $f^o_o(v) = 0$) (das ist gerade der Bereich, dem hauptsächlich die Energien des Wellenspektrums angehören), erhalten wir aus Gleichung (1.197) die folgende Beziehung für die dem Plateau auf der Verteilung f_o^∞ entsprechende asymptotische Form des Plasmarauschspektrums:

$$\epsilon_o |E_k|^2 = \pi n_1 m_e (v^3/\omega_p)(v - v_{min})|_{v=\omega/k} \qquad (1.198)$$

Die Gesamtenergie für ein solches Spektrum beträgt

$$W = \epsilon_0 \sum_k |E_k|^2 = (\epsilon_0/\pi) \int dv |E_k|^2 / |dv/dk| = \frac{1}{3} n_1 m u_0^2 \qquad (1.199)$$

Gerade diese Energie verliert der Strahl bei quasilinearer Relaxation in den Zustand mit plateauförmiger Verteilungsfunktion:

$$\Delta w_e = \frac{1}{2} n_1 m u_0^2 - \int_{v_{min}}^{v_{max}} f_0^\infty (mv^2/2)\, dv = \frac{1}{3} n_1 m u_0^2 \qquad (1.200)$$

Wir bemerken, daß das Spektrum (1.197) im System Plasma-Strahl ein Spektrum ist, das seine endgültige Form noch nicht angenommen hat. Es kann sich durch nichtlineare Wechselwirkung zwischen den Wellen noch ändern. Allerdings ist für einen nicht zu energiereichen Strahl, für den die Energie der Plasmaschwingungen ebenfalls hinreichend klein ist, der Prozeß weiterer nichtlinearer Evolution des Spektrums (1.197) wesentlich langsamer als der Prozeß, in dem es sich im Rahmen der quasilinearen Gleichungen formiert. Die Abbildungen 1.30 und 1.31 zeigen Ergebnisse einer numerischen Simulation und eines Laboratoriumsexperimentes, die

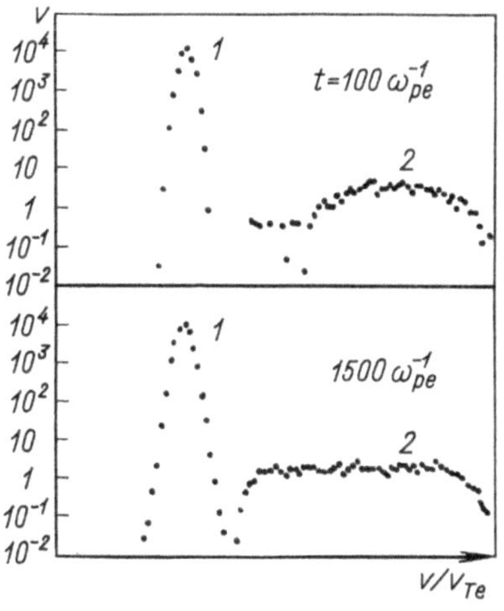

Abb.1.30
Relaxation eines Elektronenstrahls kleiner Dichte in einem Plasma im numerischen Experiment (Rowland H.L., Papadopoulos "Phys.Rev.Lett.", 1977, 29, S. 1276)

1 - Verteilungsfunktion des Plasmas; 2 - Verteilungsfunktion des Strahls Anfangsparameter von Plasma und Strahl: Dichteverhältnis $n_1/n_2 = 2.10^{-3}$, Verhältnis von mittlerer Strahlgeschwindigkeit zu thermischer Geschwindigkeit des Plasmas $u_0/v_{T_e} = 40$, Geschwindigkeitsstreuung im Strahl $\Delta v_1 = 8.3 v_{T_e}$. Aufgetragen sind die Verteilungsfunktionen von Plasma und Strahl zu verschiedenen Zeitpunkten t. Durch die Relaxation entsteht auf der Verteilungsfunktion des Strahls ein Plateau

die Plateaubildung auf der Verteilungsfunktion illustrieren. Die Absorption eines ursprünglich vorhandenen Pakets von Plasmaschwingungen stellt die Umkehrung des oben betrachteten Problems dar.

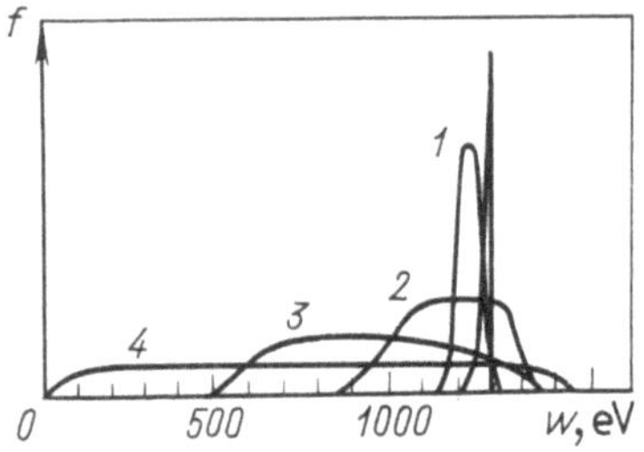

Abb.1.31
Experimentelle Untersuchung der Relaxation eines Elektronenstrahls im Plasma (Lewitsky S.L., Schaschurin N.M., "ZHETF", 1967, 52, S. 350)

Es wird die Geschwindigkeitsverteilung f = dJ/dω in Abhängigkeit vom Verzögerungspotential am Kollektor gezeigt; J ist der Kollektorstrom. Die Verteilungsfunktion des Strahls wurde bei festem Abstand zwischen Kathode und Elektronenkollektor, jedoch bei verschiedenen Werten des Strahlstroms (Kurven 1-4) gemessen. Bei kleinem Strom ist der Strahl fast monoenergetisch, mit Steigerung des Stroms tritt eine "Verwaschung" der Verteilungsfunktion ein. Bei noch größeren Strömen kommt es zu der für die quasilinearen Gleichung charakteristischen Herausbildung einer "Relaxationswelle" auf der Verteilungsfunktion, die sich in Richtung kleiner Energien ausbreitet. Bei maximalen Strömen (Kurve 4) entsteht auf der Verteilungsfunktion ein Plateau.

Die Absorption wird von der Diffusion resonanter Teilchen auf große Geschwindigkeiten und von der Bildung eines Plateaus auf der Verteilungsfunktion begleitet (Abb.1.32). Das Schwingungsspektrum, das sich als Ergebnis eines solchen Prozesses einstellt, kann man aus einem quasilinearen Energieintegral erhalten, bei dessen Ableitung die anfänglichen Schwingungen natürlich schon nicht mehr vernachlässigt werden dürfen, so daß man in Gleichung (1.197) $|E_k|^2 \rightarrow |E_k|^2 - |E_k|^2(t=0)$ ersetzen muß.

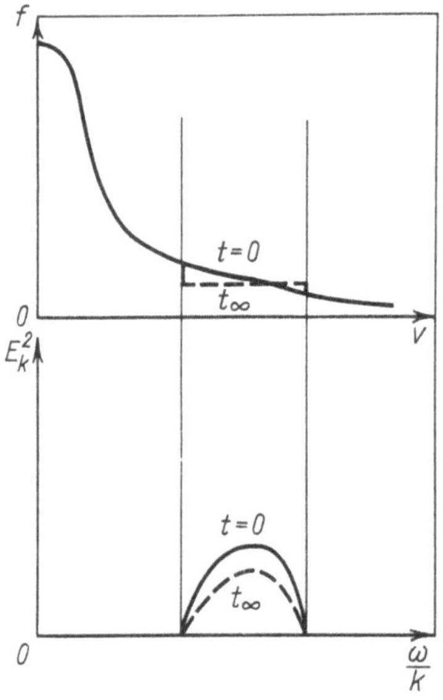

Abb.1.32

Die Absorption eines Pakets von Langmuirwellen

Der Teil der Energie des Plasmarauschens, der im Plasma absorbiert wird, läßt sich mit Hilfe des Energieerhaltungssatzes leicht abschätzen:

$$W(t=0) - W(t=\infty) \approx - \int (f^{0}-f^{\infty})(mv^{2}/2)\, dv \approx n^{res} mu\, \Delta u \qquad (1.201)$$

Bei kleiner Zahl n^{res} von resonanten Teilchen wird nur ein kleiner Teil der Energie des Wellenpaketes im Plasma absorbiert, nach Einstellung des Plateaus auf der Verteilungsfunktion der resonanten Teilchen hört die Absorption praktisch auf. Unter diesen Bedingungen ist eine weitere Absorption von Plasmaschwingungen nur durch Einführung gewöhnlicher Stoßdiffusion, die in Abschnitt 1.9 betrachtet wurde, möglich. Während die quasilineare Diffusion zu einer Plateaubildung der Verteilungsfunktion führt ($\partial f_0/\partial v \approx 0$), trachtet Stoßdiffusion den Anstieg der Gleichgewichtsverteilungsfunktion wiederherzustellen. Dadurch entsteht eine Konkurrenz zwischen den Einflüssen von Wellen und Stößen; bei hinreichend vielen Stößen ist die Verteilungsfunktion von einer Plateauform weit entfernt und die Landaudämpfung bleibt erhalten.

Um dies zu demonstrieren, führen wir in die quasilineare Diffusionsgleichung ein Zweierstößen entsprechendes Diffusionsglied ein. Für das betrachtete Problem, in dem sich die Verteilungsfunktion nur in einem engen Resonanzbereich ändert, genügt es, sich unter Vernachlässigung dynamischer Reibung auf das Glied mit der höchsten Ableitung $(\partial/\partial v)\nu (kT/m)(\partial f/\partial v)$ zu beschränken.

Als Folge der Konkurrenz zwischen quasilinearer Einwirkung der Welle auf die Teilchen und dem Effekt von Stößen im resonanten Bereich muß sich eine gewisse quasistationäre Verteilung ($\partial f_0/\partial t = 0$) einstellen, die der Gleichung

$$\partial/\partial v\{D(v)\partial f_0/\partial v\} \approx -\nu(\omega^2/k^2)(\partial^2/\partial v^2)f_0 \qquad (1.202)$$

genügt. Indem wir diese Gleichung einmal integrieren, erhalten wir *)

$$\partial f_0/\partial v \approx (\partial f_M/\partial v)/\{1+D(v)/\nu(\omega/k)^2\} \qquad (1.203)$$

$D(v) \approx (e^2/m^2)(|E_k|^2/v)(kv=\omega)$ ist der Diffusionskoeffizient im resonanten Bereich. Den so erhaltenen Anstieg der Verteilungsfunktion setzen wir in die Formel $\gamma = (\pi/2)(\omega^3/k^2)(\partial f/\partial v)$ für das Dämpfungsdekrement ein und erhalten

$$\gamma \approx \gamma_L/\{1+e^2\langle E^2\rangle/m^2\nu(\omega/k)^3\Delta k\} \qquad (1.204)$$

*) Bei der Integration berücksichtigen wir, daß außerhalb des resonanten Geschwindigkeitsbereiches der Anstieg der Verteilungsfunktion der einer Maxwellverteilung ist: $\partial f/\partial v = \partial f_M/\partial v$.

In dieser Formel ist γ_L das Dekrement der Landaudämpfung, das für eine Maxwellverteilung berechnet wurde. Für ein hinreichend schmales Paket kann man $E_k^2 \Delta k \approx \langle E^2 \rangle$ schreiben, was wir bei der Ableitung von (1.204) benützt haben.

Die Gleichung (1.204) läßt sich wie folgt interpretieren. Wir schreiben sie in der Form

$$\gamma \approx \gamma_L/(1+\tau_1/\tau_2) \qquad (1.205)$$

wobei τ_1 eine charakteristische Zeit für die Einstellung einer lokalen Maxwellverteilung im resonanten Bereich Δv ist $(\tau_1 \sim (1/\nu)(v/\Delta v)^2)$; τ_2 ist eine charakteristische Zeit für die quasilineare Diffusion unter der Wirkung des Wellenpaketes. Für $\tau_1 \ll \tau_2$ stellt sich durch Stöße eine Maxwellverteilung ein, und wir erhalten die gewöhnliche Landaudämpfung. Im Falle $\tau_1 \gg \tau_2$ hat die Verteilungsfunktion ein Plateau und die Dämpfung

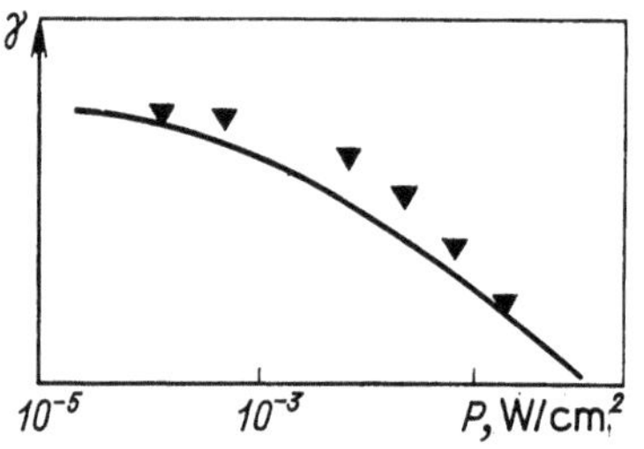

Abb.1.33
Abhängigkeit der Elektronen-Schallverstärkung von der in den Kristall eingeführten Schallflussleistung

In einem hinreichend starken elektrischen Feld, so daß die Driftgeschwindigkeit der Elektronen "ultraschallartig" ist, führt die resonante Wechselwirkung der Schallwelle mit den Leitfähigkeitselektronen zur Verstärkung des Schalls. Die durchgezogene Kurve wurde ausgehend von den in diesem Abschnitt durchgeführten Überlegungen (s. Gleichung (1.204)) theoretisch berechnet (Gal'perin Yu.M., Kagan V.D., "ZHETF", 1970, 59, S. 1057); V - Experiment (Ivanov S.N., Koteljansky I.M., Mansfeld G.D., Khasanov E.I., "Pis'ma v ZHETF", 1971, 13, S. 283)

verschwindet. Abb.1.33 gibt Ergebnisse bei der Untersuchung des analogen Effektes einer Abhängigkeit des Schallverstärkungsfaktors im Kristallgitter von der Wellenamplitude wieder. Wir bemerken, daß die Formel (1.205) auch auf den Fall der Absorption einer monochromatischen Welle angewendet werden kann. Hier (s. Abschnitt 1.2) wird für $\gamma_L \tau_b \ll 1$ die Phasenmischung der in der Potentialmulde gefangenen Teilchen die Absorption schnell "abgeschaltet". Wie auch im Falle eines Wellenpakets stellen die Stöße die Maxwellverteilung der resonanten Teilchen wieder her und die Plasmawelle wird gedämpft. Gleichzeitige Berücksichtigung beider Effekte führt wieder auf Formel (1.205), wobei hier $\tau_2 = 1/k(e\varphi_0/m)^{1/2}$ die die Dauer der Phasenmischung bestimmende Periodendauer der Phasenschwingungen gefangener Teilchen ist und $\tau_1 = (1/\nu)(\omega/k)^2\{1/(e\varphi_0/m)\}^{1/2}$ eine charakteristische Zeit für die Einstellung einer Maxwellverteilung im Einfangbereich $\Delta v \sim (e\varphi_0/m)^{1/2}$.

1.17 Resonante Wechselwirkung von Wellen und Teilchen (induzierte Streuung)

In den quasilinearen Gleichungen wird nur die gewöhnliche resonante Wechselwirkung von Wellen und Teilchen (die Landauresonanz $\omega - \underline{k}\cdot\underline{v} = 0$) berücksichtigt. In der großen Zahl von (in der Wellenamplitude) eigentlich schwächer nichtlinearen Effekten höherer Ordnung kann das Auftreten einer Schwebung zweier beliebiger Wellenpaare im Spektrum schwacher Turbulenz eine wichtige Rolle spielen. Betrachtet man solche Schwebungen als neue Wellen, dann hat die Bedingung für ihre Landauresonanz mit Teilchen die Form

$$\omega_{\underline{k}_0} - \omega_{\underline{k}_1} = (\underline{k}_0 - \underline{k}_1)\cdot v \qquad (1.206)$$

Wegen der Bedingung $\omega_k/k \gg v_T$ liegt gewöhnliche Landauresonanz $\omega - \underline{k}\cdot\underline{v} = 0$ sehr oft nur für suprathermische Teilchen vor, und wegen der sehr kleinen Zahl resonanter Teilchen sind die gewöhnlichen quasilinearen Effekte der Strahlung und Absorption von Wellen zu klein. Unter diesen Bedingungen kann die Resonanz mit Schwebungen eine wichtige Rolle spielen, da die Bedingung (1.206) für die meisten thermischen Teilchen erfüllt sein kann.

So ist zum Beispiel für Langmuirschwingungen die für das Auftreten einer Schwebung notwendige Geschwindigkeit $(\omega_{k_0} - \omega_{k_1})/(k_0 - k_1) = 3(k_0 + k_1) r_D v_{Te}/2$ stets wesentlich kleiner als die thermische Geschwindigkeit der Elektronen. Deshalb kann sich die Resonanz (1.206), obwohl sie in höherer Ordnung der Feldamplitude auftritt, für die Dynamik des Wellenspektrums als ganz wesentlich erweisen, weil an ihr eine große Zahl von Teilchen beteiligt ist.

Genauso wie die Zerfallsbedingungen (1.164), so gestatten auch die Resonanzbedingungen (1.182) und (1.206) eine anschauliche Quanteninterpretation. Wir wissen, daß im Plasma angeregte Schwingungen sich als ein Gas von "Quasiteilchen", von elementaren Schwingungs"quanten" mit der Energie $\hbar\omega_k$ und dem Impuls $\hbar\underline{k}$, auffassen lassen. In Abschnitt 1.15 wurde gezeigt, daß die Zerfallsbedingungen (1.164) Erhaltungssätzen für Energie und Impuls beim Zerfall (bzw. der Vereinigung) von Quanten entsprechen. Die Erhaltung von Energie und Impuls bei der Ausstrahlung (der Absorption) eines Quants durch ein resonantes Teilchen entspricht den Gleichungen

$$\hbar\omega_{\underline{k}} = \Delta w_e \,, \qquad \hbar\underline{k} = \Delta \underline{p}$$

wobei Δw_e und $\Delta \underline{p}$ die Änderungen von Energie und Impuls bei der Ausstrahlung (Absorption) eines Quants bezeichnen. Indem wir $\Delta \underline{p}$ aus der zweiten Bedingung in die erste einsetzen und die Plancksche Konstante herauskürzen (schließlich handelt es sich um ein rein klassisches Problem!), erhalten wir die Resonanzbedingung (1.182). Entsprechend ergibt sich die Resonanzbedingung (1.206) aus der Erhaltung von Energie und Impuls bei inelastischer Streuung des Quants $(\omega_{\underline{k}_0}, \underline{k}_0)$ an einem Teilchen, wobei das Ausgangsquant in das Quant $(\omega_{\underline{k}_1}, \underline{k}_1)$ übergeht.

In einem turbulenten Plasma gibt es sehr viele "Besetzungszahlen" für Schwingungsquanten, deshalb kommt es in der gleichen Weise zu Prozessen induzierter Streuung, wie es bei der gewöhnlichen Landauresonanz (1.182) zu induzierter Strahlung und Absorption von Wellen kommt.

Betrachten wir den Vorgang der induzierten Streuung etwas genauer für den Fall von Plasmaschwingungen. Es zeigt sich, daß er als parametrische Instabilität von Plasma- und von Ionenschallschwingungen in einem Plasma gleicher Ionen- und Elektronentemperatur ($T_e = T_i$) interpretiert werden kann. Dabei kann die durch resonante Wechselwirkung mit den Ionen bedingte Dämpfung der niederfrequenten Mode (der Schwebung) so groß werden, daß das Dämpfungsdekrement sich als von der Größenordnung der Frequenz erweist. Dann hat es aber keinen Sinn, von Ionenschall überhaupt zu sprechen. Während also bei gewöhnlicher parametrischer Instabilität das Anwachsen der Amplituden von Plasma- und Ionenschallwelle durch parametrische Kopplung auf dem "Hintergrund" der Anregung des Plasmas hervorgerufen wird, ist bei der induzierten Streuung das Anwachsen der Plasmatestwelle aus der Pumpwelle durch Strahlung und Absorption von Schwebungs"quanten" durch resonante Teilchen (hier von Ionen) bedingt. Um diesen Effekt zu beschreiben, muß man die Bewegung der Ionen in der niederfrequenten Schwebungsmode in der kinetischen Näherung betrachten. In dieser Näherung stimmt die lineare Gleichung für die Störung der Plasmadichte mit Gleichung (1.174) überein. Für die Berechnung des Zusammenhanges zwischen den niederfrequenten und den hochfrequenten Langmuirschen Bewegungen muß in diese Gleichung ein Term eingeführt werden, der der Berücksichtigung des Hochfrequenz"druckes" entspricht. Wie in Abschnitt 1.15 gezeigt wurde, bedeutet dies die Ersetzung

$$k^2 r_D^2 \delta n \;\text{->}\; k^2 r_D^2 \delta n + \epsilon_0 (k^2/(4 m_e \omega_p^2)).\langle E^2\rangle$$

Indem wir im Hochfrequenzdruck die Schwebung zweier Langmuirwellen auszeichnen - die einer Grund- (oder Pump-) Welle E_0 und einer Testwelle E_1 - erhalten wir für die Störung der Plasmadichte durch die Schwebung die folgende Gleichung:

$$\delta n\left\{\epsilon_i^{-1}(\omega,k)+k^2 r_D^2\right\} = -\epsilon_o(k^2/(2m_e\omega_p^2)\; E_o E_1^* \qquad (1.207)$$

Hier haben wir die Bezeichnungen $\omega = \omega_o - \omega_1$, $k = k_o - k_1$ benützt; ω_o und ω_1 bzw. k_o und k_1 sind hierbei die Frequenzen und die Wellenzahlen der beiden Langmuirwellen (der Grund- und der Testwelle).

(1.207) ist durch eine Gleichung für E_1 zu ergänzen. Diese Gleichung (vgl. (1.178) in Abschnitt 1.15) lautet:

$$\left\{(\omega_o - \omega)^2 - \omega_{l,k_1}^2\right\} E_1^* = (\omega_p^2/(2n_o))\cdot \delta n \cdot E_o^* \qquad (1.208)$$

Die in der Schwebung realisierte Kopplung zwischen der Langmuir-Testwelle E_1 und der Pumpwelle E_o führt natürlich zu einer Verschiebung der Frequenz ω_1 gegenüber der Langmuirfrequenz: $\omega_1 = \omega_1(k_1)+\delta\omega$ ($\delta\omega << \omega_1$) und der Imaginärteil von $\delta\omega$ bestimmt bei Instabilität induzierter Streuung die Anwachsrate der Amplitude der Testwelle E_1.
Die Gleichung für $\delta\omega$ erhält man in bekannter Weise aus der Lösbarkeitsbedingung für die Gleichungen (1.207) und (1.208). Wir bestimmen E_1 aus (1.208) zu $E_1^* \approx \omega_p \delta n . E_o^*/4n_o\delta\omega^*$ und setzen dies in (1.207) ein. Die erhaltene Gleichung formen wir um. Wir zerlegen die Dielektrizitätskonstante der Ionen in Real- und Imaginärteil (s. Abschnitt 1.12): $\epsilon_i = \epsilon' + i\epsilon''$. Zur Vereinfachung nehmen wir an, daß $\epsilon_i'' << \epsilon_i'$ ist und bestimmen ϵ_i' aus der Quasineutralitätsbedingung: $\epsilon_i' = \epsilon_e' = 1/k^2 r_D^2$. Dann erhalten wir aus (1.207) die folgende Formel für die Anwachsrate der Testwelle bei induzierter Streuung:

$$\mathrm{Im}\{\delta\omega\} = \omega_p\, \epsilon_o k^2 E_o^2 r_D^2 \epsilon_i''(\omega,k)/(32 n_o kT) \qquad (1.209)$$

Wie wir bereits wissen, hängt der Imaginärteil der Dielektrizitätskonstanten mit der Singularität des Integranden in Formel (1.128) für $v = \omega/k$, d.h. für die Geschwindigkeit, die der Landauresonanz von Teilchen und Schwebung entspricht, zusammen. Wir werden annehmen, daß die Geschwindigkeit der resonanten Ionen wesentlich kleiner als die thermische Geschwindigkeit der Ionen ist und daß diese eine Maxwellverteilung besitzen. Indem wir unter diesen Voraussetzungen ϵ_i'' berechnen und das Ergebnis in (1.209) einsetzen, erhalten wir schließlich die folgende Formel für das Inkrement induzierter Streuung:

$$\mathrm{Im}\{\delta\omega\} = \epsilon_o(\pi/8)^{1/2}\, \omega_p E_o^2 . 3(k_o^2 - k_1^2) r_D (m_i/m_e)^{1/2} / (32 n_o kT |k_o - k_1|) \qquad (1.210)$$

Instabilität durch induzierte Streuung liegt vor, wenn die Testwelle eine größere Wellenlänge hat, als die Pumpwelle: $k_o > k_1$.

Offensichtlich kann man dann, wenn die Plasmawelle nicht aus einer monochromatischen Pumpwelle entstanden ist, sondern einem Paket von Plasmawellen entstammt, die Anwachsrate der Instabilität auch aus Gleichung (1.210) durch die Substitution $|E_0|^2/4 \to \sum_{k_0} |E_{k_0}|^2$ erhalten (der Faktor 1/4 ergibt sich aus der hier verwendeten Normierung, s. (1.135)). Dann erhalten wir anstelle von (1.210)

$$\begin{aligned} \mathrm{Im}\{\delta\omega(k)\} &= 3\omega_p r_D (\pi m_i/8m_e)^{1/2} \epsilon_0 \sum_{k_0} |E_{k_0}|^2 (k_0^2-k_1^2)/|k_0-k_1| 8n_0 kT \\ d|E_{k_1}|^2/dt &= 2.\mathrm{Im}\omega(k)|E_{k_1}|^2 \end{aligned} \qquad (1.211)$$

Wir wollen einige interessante Schlußfolgerungen aus dieser Gleichung ziehen. Zunächst ist zu sehen, daß bei induzierter Streuung ein Umpumpen von Energie in den langwelligen Spektralbereich stattfindet (das Inkrement in (1.211) ist für $k_0 > k_1$ positiv). Dieses Ergebnis ist leicht zu verstehen - bei der Streuung in einem Plasma mit Maxwellscher Geschwindigkeitsverteilung überwiegen Absorptionsprozesse virtueller Quanten, deshalb wird ein Teil der Energie des gestreuten Plasmons vom Teilchen absorbiert und das gestreute Plasmon hat eine niedrigere Frequenz und damit eine kleinere Wellenzahl. Natürlich bleibt bei der Streuung die Plasmonenzahl N_k erhalten. Da außerdem die Energie der Plasmawellen in der Form $N_k \hbar\omega_k = N_k \hbar\omega_p(1+3k^2 r_D^2/2)$ dargestellt werden kann und sich bei der Streuung nur eine kleine Änderung des thermischen Beitrags zur Frequenz ergibt, bleibt die Energie der Plasmawellen beim Streuprozeß ebenfalls näherungsweise konstant. In der Tat läßt sich mit Hilfe von (1.211) leicht zeigen, daß

$$\frac{d}{dt} \sum_{\underline{k}_1} |E_{\underline{k}_1}|^2 = 0$$

gilt. Der Maximalwert der die induzierte Streuung kennzeichnenden Anwachsrate läßt sich leicht aus (1.210) bestimmen, insbesondere ergibt sich für $(\omega_0-\omega_1)/|k_0-k_1| \approx v_{Ti}$

$$\gamma_{max} \approx \epsilon_0 \omega_p (E_0^2/(16 n_0 kT) \qquad (1.212)$$

Die Änderung Δk der Wellenzahl eines Plasmons beim Streuvorgang wird durch die Beziehung $\omega_0-\omega_1 \approx 3k\Delta k r_D^2 \omega_p \sim k v_{Ti}$ bestimmt. Hieraus finden wir für $\Delta k \sim (m_e/m_i)^{1/2}/3r_D$. Auf diese Weise hat die Umpumpung von Energie im Spektrum im Bereich nicht zu kleiner Wellenzahlen $(kr_D > (m_e/m_i)^{1/2})$ differentiellen Charakter. Wie auch bei der parametrischen Instabilität mit der Entstehung von Ionenschallwellen, so erweisen sich auch hier beim Vorgang induzierter Streuung zwei aufeinander zu laufende Plasmawellen $k_0 \approx -k_1$ als miteinander gekoppelt. Die Änderung der Wellenzahl bei der Streuung $k_0+k_1 \approx \Delta k$ ist im Vergleich zur Breite des Spektrums klein. Mit Gleichung (1.211) läßt sich hier leicht zeigen, daß das die Geschwindigkeit nichtlinearer Änderung des gesamten Spektrums kennzeichnende Inkrement $(k/\Delta k)^2$-mal kleiner als (1.212) ist:

$$\gamma_{nlin} = \gamma_{max}(\Delta k/k)^2 \approx \epsilon_o\omega_p \sum_{k_o} |E_{k_o}|^2\, m_e/(4n_o kTm_i k^2 r_D^2) \qquad (1.213)$$

Ein experimentelles Ergebnis, das die Erscheinung induzierter Streuung von Plasmaschwingungen illustriert, haben wir auf Abb.1.34 dargestellt.

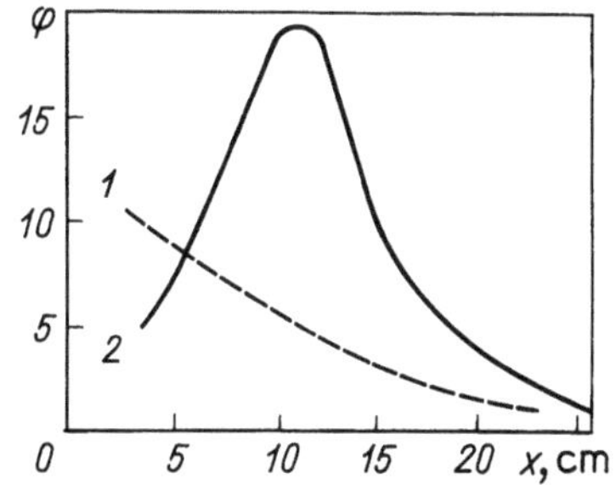

Abb.1.34
Experimentelle Untersuchung der Instabilität einer monochromatischen Welle, die durch induzierte Streuung an Plasmateilchen entsteht (Izmailov A.N. u.a. in "Pis'ma v ZHETF", 1970, 12, S. 73)

Das Experiment wude in einem Cäsiumplasma einer Temperatur von $\sim$ 2000K durchgeführt. Es wurden zwei Langmuirwellen angeregt - eine Grundwelle und eine Testwelle, deren Frequenzen die Bedingung $|\omega_1 - \omega_0| \sim kv_{Te}$ befriedigen. Aufgetragen ist die Verteilung der Amplitude der Testwelle über der Länge des Plasmazylinders - ohne (Kurve 1) und mit Grundwelle (2), deren Frequenz größer als die Frequenz der Testwelle ist. Das Anwachsen der Amplitude hängt mit der Instabilität induzierter Streuung zusammen: die Abnahme der Amplitude für große x ist verbunden mit einer Dämpfung der Grundwelle auf Werte, für die das Inkrement induzierter Streuung kleiner als das Dekrement der Landaudämpfung ist.

Insbesondere bestimmt das Inkrement die Geschwindigkeit der Umpumpung von Energie im Spektrum der bei der Relaxation eines Elektronenstrahls im Plasma angeregten Schwingungen (1.197) in Richtung größerer Wellenlängen. Deshalb ist die im ersten Teil dieses Abschnittes entwickelte Theorie anwendbar, wenn bei der durch (1.199) bestimmten maximalen Schwingungsenergie W das Inkrement für die nichtlineare Umpumpung von Energie kleiner ist, als die Anwachsrate der Strahlinstabilität. In diesem Falle tritt zunächst eine quasilineare Relaxation des Strahls ein, danach wird das vom Strahl angeregte Schwingungsspektrum allmählich durch induzierte Streuung transformiert. Für einen stark verwaschenen Strahl $\Delta v \sim v$ ergibt sich aus (1.154) für die Strahlinstabilität die Anwachsrate $\gamma_{lin} \sim \omega_p n_1/n_o$. Die Wellenzahl der instabilen Schwingungen ist durch $k \sim \omega_p/u_o$ gegeben, deshalb gilt $k^2 r_D^2 \sim kT/mu_o^2$ und die oben angegebene Bedingung für die Anwendbarkeit der quasilinearen Theorie läßt sich in der Form

$$\epsilon = \gamma_{lin}/\gamma_{nlin} \sim (n_1/n_o)/(n_1 m_e u_o^2/(n_o kT))(m_e/m_i)(m_e u_o^2/kT) \sim m_i (kT/(m_e u_o^2))^2 m_e >> 1 \qquad (1.214)$$

schreiben. Für energiereiche Strahlen ($\epsilon \ll 1$) tritt nichtlineare Stabilisierung der Strahlinstabilität ein. Die Energie der vom Strahl angeregten Plasmaschwingungen wächst auf den Wert ϵW an. Danach tritt durch die mit der induzierten Streuung verbundene Abpumpung von Schwingungen aus dem für den Strahl resonanten Teil des Spektrums Stabilisierung der Strahlinstabilität ein und die Schwingungen bleiben auf dem Niveau ϵW. Da der Diffusionskoeffizient der Strahlteilchen im Geschwindigkeitsraum proportional zur Energiedichte der Schwingungen im resonanten Bereich ist, wächst die Diffusionszeit, d.h. die Relaxationszeit des Strahls, $1/\epsilon$-mal schneller als im quasilinearen Fall. Das Plasma wird für den Elektronenstrahl sozusagen durchlässig.

Diese Erscheinung beobachtet man oft in kosmischen Plasmen (im Plasma des Sonnenwindes und der Magnetosphäre). Der Strahl legt dabei große Entfernungen zurück, ohne wesentliche Energieverluste zu erleiden.

1.18 Nichtlineare Wechselwirkung von Wellen bei schwacher Turbulenz

Bis jetzt haben wir die Wechselwirkung eines Gases von Teilchen - Elektronen oder Ionen - und eines Gases von Quasiteilchen, von elementaren Wellenbewegungen, in einem schwach turbulenten Plasma untersucht. In diesem Abschnitt betrachten wir schwache Turbulenz und analysieren die Wechselwirkung von Wellen, d.h. die Wechselwirkung in einem Gas von Quasiteilchen. Der dieser Wechselwirkung zugrunde liegende physikalische Mechanismus hängt mit der in Abschnitt 1.14 betrachteten parametrischen Instabilität zusammen und tritt bei Prozessen des Zerfalls und der Vereinigung von elementaren Wellenquanten in Erscheinung. Einem Gas von elementaren Wellenbewegungen läßt sich - ähnlich wie Ionen und Elektronen eines Plasmas eine Verteilungsfunktion $f_\alpha(t,v)$ über die Geschwindigkeiten - eine Verteilungsfunktion eines bestimmten Typs von Quanten (Langmuir-, Schallquanten) über Wellenzahlen $N_\alpha(t,k)$ zuordnen. Oben haben wir die spektrale Verteilung der Schwingungsenergie $W_k = \epsilon_0 |E_k|^2/2$ (oder $\epsilon_k = (\epsilon_0|E_k|^2 + |B_k|^2/\mu_0)/2$ im Falle elektromagnetischer Schwingungen) eingeführt. Da die Energie eines einzelnen Quants durch $\hbar\omega_k$ gegeben ist, gilt offensichtlich die Beziehung

$$N_k = W_k/\omega_k \qquad (1.215)$$

(Die Betrachtung führt man zweckmäßigerweise in Einheiten mit $\hbar = 1$ durch. Da rein klassische Effekte betrachtet werden, muß die Plancksche Konstante aus allen Endergebnissen herausfallen.)

In den vorangegangenen Abschnitten haben wir kinetische Gleichungen für die Teilchenverteilungsfunktion abgeleitet, die Stöße von Teilchen mit Teilchen und von Teilchen mit Wellen berücksichtigen. Jetzt können wir eine kinetische Gleichung für die Quantenzahl einführen. Eine solche Gleichung hat die Form

$$\partial N_k/\partial t = St\{N_k\} + 2\gamma_k N_k \tag{1.216}$$

Der erste Term auf der rechten Seite stellt das "Stoß"integral der Wellen-Wellen-Wechselwirkung dar. Unter "Stößen" versteht man hier die nichtlineare Wechselwirkung der Wellen untereinander. Außerdem ist für die Behandlung des nichtlinearen Problems das Vorhandensein von Quellen und Senken der Energie erforderlich, das z.B. in der Überführung von Wellenenergie in Turbulenz durch irgendeinen Instabilitätsmechanismus und in der Absorption von Wellen durch Teilchen seinen Ausdruck findet. Diese Vorgänge werden pauschal durch den zweiten Term auf der rechten Seite von (1.216) beschrieben. Es ist klar, daß die explizite Form des Stoßintegrals von der Art der Wellenwechselwirkung abhängt. Im einfachsten Falle, in dem die Dispersionsrelation $\omega(\underline{k})$ der wechselwirkenden Wellen eine Wechselwirkung dreier Wellen zuläßt, die durch die Zerfallsbedingungen (1.164) beschrieben werden, ist das Stoßintegral in der Quantenzahl quadratisch:

$$St\{N_k\} \to \int d^3k_1 d^3k_2 V(\underline{k}_1,\underline{k}_2,\underline{k}) N_{\underline{k}_1} N_{\underline{k}_2} \tag{1.217}$$

Mit dieser symbolischen Schreibweise für das Stoßintegral wollen wir uns begnügen. Um seine genaue Form zu erhalten, müßte man die dynamischen Gleichungen der parametrischen Instabilität in einer zu (1.178) analogen Form benützen und in ihnen, unter entsprechenden Voraussetzungen über den Zufallscharakter der Wellenphasen und die langsame Veränderlichkeit der Wellenamplituden ($\mathrm{Im}\,\omega_k/\omega_k \ll 1$), zu Besetzungszahlen N_k übergehen. Diese Prozedur ist ziemlich umständlich und eine detaillierte Beschreibung geht über den Rahmen dieses Buches hinaus. Wir merken nur an, daß die im Stoßintegral auftretenden Wellenvektoren $\underline{k}$, $\underline{k}_1$ und $\underline{k}_2$ und die ihnen entsprechenden Frequenzen $\omega_{\underline{k}}$, $\omega_{\underline{k}_1}$ und $\omega_{\underline{k}_2}$ durch die Zerfallsbedingungen $\omega_{\underline{k}} = \omega_{\underline{k}_1} + \omega_{\underline{k}_2}$ und $\underline{k} = \underline{k}_1 + \underline{k}_2$ miteinander verknüpft sein müssen.

Natürlich werden diese Beziehungen nicht für jedes Wellenspektrum erfüllt. Abb.1.35 zeigt verschiedene Formen möglicher Wellenspektren. Mit Hilfe der Dreiecksungleichung $|\underline{k}_1+\underline{k}_2| < |\underline{k}_1| + |\underline{k}_2|$ läßt sich leicht zeigen, daß die angegebenen Zerfallsbedingungen für Wellen mit den Spektren II erfüllt sein können und daß umgekehrt dies für Wellenspektren des Typs I und III (s. Abb.1.35) nicht möglich ist (unverzweigte Spektren). Bei verzweigter Dispersionsbeziehung können die Zerfallsbedingungen für verschiedenen Zweigen angehörende Wellen erfüllt sein. So können für Langmuirschwingungen (deren Spektrum kein Zerfallsspektrum ist) die Zerfallsbedingungen bei einem Zerfall in Schwingungen des Langmuir- und des Ionenschallzweiges erfüllt sein. Im allgemeinen lassen sich die Zerfallsbedingungen dann befriedigen, wenn man durch die drei den Schwingungen $(\omega,\underline{k})$, $(\omega_1,\underline{k}_1)$ und $(\omega_2,\underline{k}_2)$ entsprechenden Punkte (die verschiedenen Zweigen angehören können) eine der Kurve II entsprechende Linie ziehen kann.

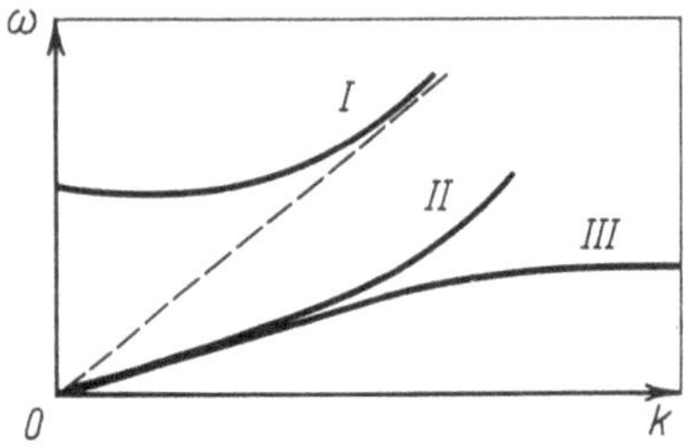

Abb.1.35
Verzweigte und unverzweigte Spektren von Plasmaschwingungen

In den Fällen, in denen die Zerfallsbedingungen für 3 Wellen nicht erfüllt sind, sind an der Wechselwirkung entsprechend $\omega = \omega_1+\omega_2+\omega_3$ und $\underline{k} = \underline{k}_1+\underline{k}_2+\underline{k}_3$ vier Wellen beteiligt, so daß das Stoßintegral kubisch in der Quantenzahl wird:

$$St\{N_k\} \to \int d^3k_1 d^3k_2 d^3k_3 V(\underline{k},\underline{k}_1,\underline{k}_2,\underline{k}_3) N_{\underline{k}_1} N_{\underline{k}_2} N_{\underline{k}_3}$$

Wir wollen jetzt die Beziehung zwischen der Theorie schwacher Plasmaturbulenz und der Kolmogorowschen Theorie einer inkompressiblen Flüssigkeit untersuchen. Eine analytische Beschreibung hydrodynamischer Turbulenz ist außerordentlich schwierig, da sich die turbulente Bewegung nicht mehr in Form einer Ensembles von Eigenmoden darstellen läßt (stattdessen haben wir es mit einem Ensemble kontinuierlich zerfallender Wirbel zu tun). Deshalb gibt es bei hydrodynamischer Turbulenz kein Äquivalent jener statistischen Beschreibung, die im Falle schwacher Plasmaturbulenz die oben angegebene kinetische Gleichung liefert. Die zuverlässigsten Abschätzungen erhält man noch aus Dimensionsbetrachtungen. Wir stellen uns eine Situation vor, in der die Quelle großmaßstäblich (k klein) turbulenter Bewegung (Abb.1.36, Quellgebiet I) vom Gebiet, in dem die turbulente Bewegung durch die Zunahme kleinmaßstäblich viskoser Dissipation (Absorptionsgebiet III) schnell gedämpft wird, räumlich getrennt ist.
Dann wird Energie turbulenter Wirbelbewegung durch den Vorgang nichtlinearen Wirbelzerfalls über den Kolmogorow-Bereich II von links nach rechts transportiert. Für das Turbulenzspektrum in diesem Bereich ergibt sich die folgende Abschätzung:

$$W_k \sim 1/k^{5/3} \qquad (1.218)$$

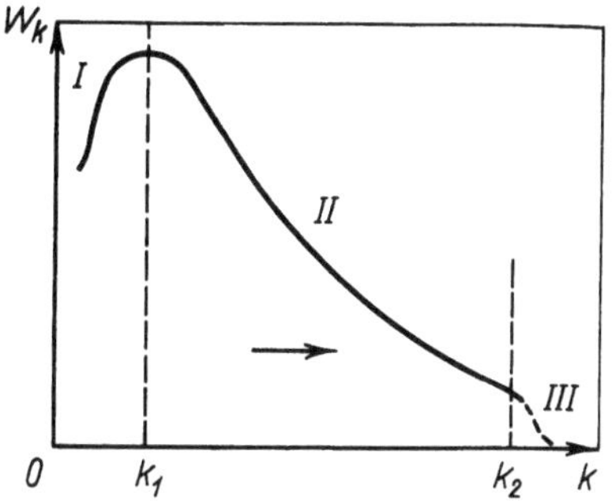

Abb.1.36
Turbulenzspektren im Falle konstanten Energieflusses im Kolmogorow-Bereich (II) zwischen Quell- (I) und Absorptionsbereich (III)

(Kolmogorow-Obuchow-Gesetz). Dabei geht man von der Annahme aus, daß der Energiefluß im Kolmogorow-Intervall konstant ist, d.h.

$$W_k k/\tau_k = \text{const.} \tag{1.219}$$

Hier ist W_k die spektrale Dichte der turbulenten Bewegungen, τ_k ist eine charakteristische Zeit für den Energietransport, die von k abhängt; k/τ hat die Bedeutung einer Transportgeschwindigkeit im k-Raum. Da dieser Prozeß in der Eulerschen Gleichung (1.102) durch den nichtlinearen Term $(v\nabla)v \sim kv^2$ hervorgerufen wird, erhalten wir größenordnungsmäßig

$$1/\tau_k \sim kv \tag{1.220}$$

Hier ist v die Geschwindigkeit in turbulenten Pulsationen über Entfernungen der Ordnung k^{-1}. Offensichtlich läßt sich die Energie kW_k dieser Pulsationen in der Form $n_o M v^2$ schreiben, und wir erhalten die Abschätzung

$$1/\tau_k \sim k(kW_k)^{1/2} \tag{1.220'}$$

die zusammen mit der Bedingung (1.219) das Gesetz von Kolmogorow-Obuchow ergeben. Es ist interessant, das Kolmogorow-Spektrum schwacher Plasmaturbulenz einmal nicht nur über Abschätzungen zu bestimmen, sondern aus einer exakten Lösung der kinetischen Gleichung abzuleiten. Allerdings gibt es hier die Schwierigkeit, daß sogar in einem isotropen Plasma verschiedene sich gegenseitig beeinflussende Schwingungszweige existieren: Es gibt Plasmaschwingungen, Schallschwingungen und elektromagnetische Schwingungen, so daß irgendein universelles Spektrum mit einfacher Potenzabhängigkeit nicht existiert. Daher hat der Versuch, ein solches Spektrum zu bestimmen, nur dann einen Sinn, wenn ein bestimmter Wellentyp angeregt worden ist. Am einfachsten ist das Problem für das Spektrum der Ionenschall-Turbulenz zu lösen.

Die Quelle dieser Turbulenz möge in einem Gebiet hinreichend kleiner Werte von k liegen. Das Spektrum von Ionenschallschwingungen im Bereich großer Wellenlängen, in dem die Dispersion der Phasengeschwindigkeit vernachlässigbar ist, ist ein Zerfallsspektrum, und an der Wechselwirkung sind Schwingungen mit kollinearen (oder, genauer, fast kollinearen) Wellenvektoren beteiligt. Der Transport von Energie in den kurzwelligen Bereich ist dann mit der Vereinigung von Ionenschallquanten verknüpft, die durch die Gleichung (1.217) beschrieben wird. Aus dieser Gleichung erhalten wir über Größenordnungsabschätzungen für τ_k

$$1/\tau_k \sim \omega_k k W_k / n_o k T_e \qquad (1.221)$$

Wegen des Zerfallscharakters des Ionenschallspektrums geht die Energie turbulenter Pulsation kW_k in den Ausdruck für τ_k^{-1} linear ein.
Diese Energie setzt sich ins Verhältnis zur thermischen Plasmaenergie $n_o m_i \omega^2/k^2 = n_o k T_e$. Die einzige Größe von der Dimension einer Frequenz ist in diesem Problem $\omega_k = k(kT_e/m_i)^{1/2}$. Indem wir die Bedingung (1.219) für die Konstanz des Energieflusses im Kolmogorow-Intervall und die Abschätzung (1.221) für τ_k benützen, erhalten wir für den Ionenschall das folgende Turbulenzspektrum:

$$W_k \sim 1/k^{3/2} \qquad (1.222)$$

Diese Formel bestimmt das Turbulenzspektrum in Maßstäben des Kolmogorow-Bereiches, der den Quellbereich vom kurzwelligen Bereich der Absorption von Schall- durch Plasmaschwingungen trennt. Das gleiche Potenzspektrum für Ionenschallturbulenz wurde aus einer strengen Lösung der kinetischen Wellengleichung erhalten.

Wesentlich schwieriger ist das Problem der Turbulenz von Langmuirschwingungen zu lösen. Das liegt daran, daß das Spektrum dieser Schwingungen kein Zerfallsspektrum ist und bei schwacher Langmuirturbulenz der mit der Entstehung von Ionenschall verbundene Zerfall und - in einem Plasma mit $T_e = T_i$ - die induzierte Streuung an den Plasmaionen die wesentlichen nichtlinearen Prozesse sind. Bei den jedem von diesen Prozessen entsprechenden Elementarakten wird ein Teil der Energie des Langmuirquants einem Ionenschallquant oder einem streuenden Teilchen übertragen. Deshalb ist die nichtlineare Wechselwirkung bei Langmuirturbulenz von einer "Rötung" der Langmuirquanten begleitet, d.h. von einem Transport von Langmuirenergie in den langwelligeren Bereich großer Phasengeschwindigkeiten, wo eine resonante Absorption von Wellenenergie durch die Teilchen überhaupt unmöglich ist. Auf diese Weise entsteht bei Langmuirturbulenz bei $k \to 0$ das Problem der Akkumulation von Energie und der Bildung eines "Kondensates" von Plasmonen (ähnlich dem "Bose-Kondensat"). Die Tendenz zur Kondensatbildung bei der nichtlinearen Wechselwirkung von Plasmonen läßt sich im numerischen Experiment (Abb.1.37) gut verfolgen. Die Erklärung des Paradoxons einer "Kondensation" von Plasmaschwingungen hat für die Physik nichtlinearer Schwingungen und der Plasmaturbulenz wichtige Bedeutung. Wir betrachten dieses Problem ausführlich im nächsten Abschnitt.

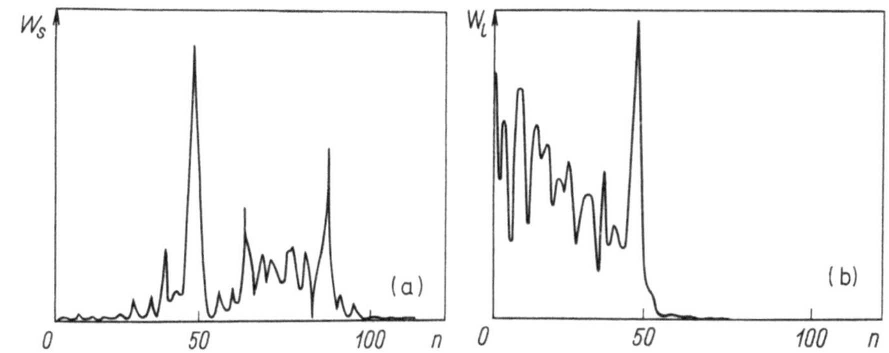

Abb.1.37 Spektren elektromagnetisch angeregter Langmuir- und Ionenschallwellen im numerischen Experiment. (Gorbuschina T.A. u.a. Bericht des Instituts für Angewandte Mathematik der Akademie der Wissenschaften der UdSSR, 1978, Nr. 17)

Es wurde die spektrale Energiedichte der Ionenschall- (a) und der Langmuirschwingungen (b) in Abhängigkeit von der Ordnungszahl n der Harmonischen aufgetragen. Der Zerfall der elektromagnetischen Grundwelle führt zur Anregung einer Harmonischen der Plasmawelle mit $n = n_0$. Die über mehrere Stufen erfolgende Umpumpung von Energie (des Zerfalls $l \to l' + s$) in den langwelligen Spektralbereich der Langmuirwellen führt zur Einstellung der auf der Abbildung gezeigten spektralen Verteilungen

1.19 Modulationsinstabilität und der Kollaps von Langmuirwellen

Es stellt sich heraus, daß das "Kondensat" - ein Gas von langwelligen energiereichen Plasmonen - bezüglich der Modulation seiner Dichte und der Bildung von Hohlräumen - Gebieten erhöhter Energiedichte der Wellen, aus denen unter der Wirkung des Hochfrequenzdruckes Plasma verdrängt wurde - instabil ist. Die physikalische Bedeutung dieser Instabilität läßt sich sehr anschaulich verstehen. Wir stellen uns vor, daß auf einem ursprünglich homogenen Hintergrund von Langmuirwellen (z.B. durch Fluktuationen) ein Gebiet entstanden ist, in dem die Schwingungsamplitude des elektrischen Feldes den mittleren Pegel etwas übersteigt. Daraus ergibt sich eine Erhöhung des Hochfrequenzdruckes, so daß Elektronen aus diesem Gebiet verdrängt werden. Das bei der Polarisierung des Plasmas sich bildende elektrische Feld bewirkt, daß den Elektronen Ionen folgen, was insgesamt zu einem quasineutralen Profil erniedrigter Dichte führt. Wie bewegen sich die Plasmonen in einem solchen Dichteprofil?

Wir wissen, daß jedes Plasmon ein Quasiteilchen mit der Energie $\omega_k(\underline{r}) \approx \omega_{po}(1+\delta n(\underline{r})/2n_o)+(3/2)k^2 r_D^2 \omega_{po}$ und dem Impuls $\underline{k}$ (wobei $n = n_o+\delta n$ die Plasmadichte und ω_{po} die der ungestörten Dichte entsprechende Plasmafrequenz ist) repräsentiert. Deshalb haben die Hamiltonschen Bewegungsgleichungen eines Plasmons die Form

$$\begin{aligned} d\underline{k}/dt &= -\,\partial\omega/\partial\underline{r} = -\omega_{po}\partial\delta n/\partial\underline{r} \\ d\underline{r}/dt &= \partial\omega/\partial\underline{k} = 3\underline{k}r_D^2\,\omega_{po} \end{aligned} \qquad (1.223)$$

Aus diesen Gleichungen ist zu sehen, daß das Profil erniedrigter Dichte für das Plasmon die Rolle einer Potentialmulde spielt. In der Tat beschleunigt hier die Kraft $\underline{F}\sim\partial\underline{k}/\partial t$ die sich in Talrichtung der Mulde bewegenden Plasmonen, während die sich in umgekehrter Richtung bewegenden verzögert werden. Hierdurch werden hinreichend langsame Plasmonen in der Potentialmulde eingeschlossen, der Hochfrequenzdruck wächst, eine weitere Deformation des Dichteprofils und eine Vertiefung der Potentialmulde tritt ein, wodurch sich wiederum die lokale Intensität der Langmuirwellen und der Plasmadruck erhöhen. Auf diese Weise entwickelt sich eine Selbstmodulationsinstabilität der räumlichen Verteilung der Plasmonen - ihre Paketierung in Hohlräumen ("Kavernen").

Aus dieser Betrachtung ergibt sich, daß sich bei dieser Instabilität der Charakter der Plasmonenbewegung ändern wird. Während sich die Plasmonen bei fehlender Wechselwirkung mit der konstanten Geschwindigkeit $\partial\omega/\partial\underline{k}$ bewegen, sind sie bei entwickelter Modulationsinstabilität in Kavernen - ähnlich, wie resonante Plasmateilchen in der Potentialmulde einer hinreichend starken Welle - eingeschlossen. Genauso wie der Effekt des Einfangs resonanter Teilchen durch eine resonante Welle nicht durch eine quasilineare Gleichung beschrieben wird, so läßt sich auch der Einfang von Plasmonen und die Entwicklung der Modulationsinstabilität nicht im Rahmen der Theorie schwacher Turbulenz erklären. Die durch Modulationsinstabilität entstehende Turbulenz von Langmuirwellen erweist sich als stark. Die Wellenbewegungen, aus denen sie sich zusammensetzt, unterscheiden sich von den linearen Schwingungsmoden ganz wesentlich. Im folgenden geben wir eine qualitative Behandlung dieses Problems.

Wir beginnen mit einer einfachen heuristischen Betrachtung der Modulationsinstabilität, indem wir die Analogie zwischen einer Plasmonenverteilung in einem inhomogenen Plasma $\delta n(\underline{r})$ und einer Boltzmannverteilung geladener Teilchen in einem Potentialfeld $\varphi(\underline{r})$ benützen. Bekanntlich hat die Verteilungsfunktion der Elektronen in einem solchen Feld die Form

$$f(\underline{v}) = n_o(m/2\pi kT)^{3/2}\exp\{-mv^2/2kT + e\varphi/kT\} \qquad (1.224)$$

Nach Integration über die Geschwindigkeiten erhält man die Boltzmannverteilung der Elektronendichte im Potentialfeld.

In Analogie zur Maxwellverteilung stellen wir die Gleichgewichtsverteilungsfunktion der Plasmonen im Zustand undeformierter Dichte symbolisch in der Form

$$N_{\underline{k}} = N_o\exp\{-k^2/\overline{k}^2\}/\pi^{3/2}\overline{k}^3 \qquad (1.225)$$

dar. Aus dem Dispersionsgesetz für Langmuirwellen erhalten wir $k^2/\overline{k}^2 = 2(\omega-\omega_{po})/3\omega_{po}\overline{k}^2 r_D^2$, deshalb läßt sich die Gleichgewichtsverteilung in der folgenden Form darstellen:

$$N_{\underline{k}} = N_o\exp\{-2(\omega-\omega_{po})/3\omega_{po}\overline{k}^2 r_D^2\}/\pi^{3/2}\overline{k}^3$$

Im Falle deformierten Plasmaprofils $\delta n(\underline{r})$ stellt die Größe $\omega-\omega_{po} = (\overline{k}^2 r_D^2/2+\delta n/2n_o)\omega_{po}$ (der erste Term stellt die kinetische , der zweite die potentielle Energie des Plasmons dar). Hierbei wird die Gleichgewichtsverteilung der Plasmonen (1.225) in

$$N_{\underline{k}} = N_o\exp\{-k^2/\overline{k}^2 - \delta n/3\overline{k}^2 r_D^2 n_o\}/\pi^{3/2}\overline{k}^3 \qquad (1.226)$$

transformiert. So wie die Gleichgewichtsverteilung (1.225) das Analogon einer Maxwellverteilung von Teilchen darstellt, so stellt (1.226) das Analogon einer Boltzmannverteilung im Potentialfeld $\varphi(\underline{r})$ dar. Indem wir über $\underline{k}$ integrieren, finden wir für die Plasmonengesamtdichte

$$\int d^3k N_{\underline{k}} = N_o\exp\{-\delta n/3\overline{k}^2 r_D^2 n_o\} \qquad (1.227)$$

Aus dieser Formel folgt, daß die Plasmonen in der Tat die Tendenz haben, sich an Stellen verschwindender Plasmadichte anzusammeln. Die Störung der Plasmonendichte wird durch

$$\delta N = -N_o\delta n/3\overline{k}^2 r_D^2 n_o$$

bestimmt - ganz in Analogie zur Störung der Elektronendichte $\delta n = n_o e\varphi/kT_e$. Die entsprechende Störung des Hochfrequenzdruckes

$$\delta p_{HF} = -p_o\delta n/3\overline{k}^2 r_D^2 n_o \qquad (1.228)$$

($p_o=\epsilon_o\langle E^2\rangle/2$ ist der Gleichgewichtsdruck der Plasmonen) hat das entgegengesetzte Vorzeichen der Dichtestörung, was der eigentliche Grund für die Instabilität ist.

Für die Ableitung einer quantitativen Formel erinnern wir daran, daß die linearisierten Gleichungen langsamer quasineutraler Bewegungen des Plasmas die Form (vgl. (1.118))

$$-n_o m_i i\omega v = -i\bar{k}\delta p \ , \ -i\omega\delta n + i\bar{k}n_o v = 0 \qquad (1.229)$$

haben, wobei δp die totale Änderung des Plasmadrucks beschreibt, die sich aus der Änderung des Hochfrequenzdruckes und des gaskinetischen Druckes zusammensetzt:

$$\delta p = kT\delta n + \delta p_{HF}$$

Indem wir δp_{HF} aus Formel (1.228) in diese Gleichung einsetzen, erhalten wir die folgende Dispersionsbeziehung:

$$\omega^2 = \bar{k}^2(kT)\left\{1 - \epsilon_o\langle E^2\rangle/k^2 r_D^2 4n_o(kT)\right\}/m_i \qquad (1.230)$$

Die Bedingung für Instabilität ist durch $\omega^2<0$, d.h. durch

$$\epsilon_o\langle E^2\rangle/4n_o kT > \bar{k}^2 r_D^2 \qquad (1.230')$$

gegeben, so daß sich beim Vorgang der Ansammlung langwelliger (k->0) Plasmonen über die Kanäle schwacher Turbulenz Modulationsinstabilität ergeben muß. Für ihre Anwachsrate erhalten wir für $\epsilon_o\langle E^2\rangle/4n_o kT \gg \bar{k}^2 r_D^2$ aus (1.230) die folgende Abschätzung:

$$\mathrm{Im}\,\omega \approx (\epsilon_o\langle E^2\rangle/4n_o m_i r_D^2)^{1/2} \approx \omega_p \epsilon_o(m_e\langle E^2\rangle/m_i 4n_o kT)^{1/2} \qquad (1.231)$$

Sehr wichtig ist die weitere Dynamik der durch Modulationsinstabilität entstandenen Kavernen. Die kinetische Energie der in ihnen eingeschlossenen Plasmonen ist von der Größenordnung der potentiellen, d.h. es gilt

$$k^2 r_D^2 \sim |\delta n|/n_o \qquad (1.232)$$

Die Wellenlänge eines eingeschlossenen Plasmons bestimmt über $l\sim 1/k$ auch den ungefähren Kavernendurchmesser. Aus ihr wird unter der Wirkung des Hochfrequenzdruckes Plasma verdrängt. Die Zunahme von $|\delta n|$ ist wegen $l\sim 1/(\delta n)^{1/2}$ von einer Verkleinerung (einem "Kollaps") der Kaverne begleitet. Die Energiedichte der Schwingungen wächst und es ergibt sich eine Beschleunigung der Verdrängung von Plasma und des Kollabierungsprozesses, der auf diese Weise explosionartigen Charakter annimmt. Natürlich erhebt sich die Frage, was den Kollaps schließlich aufhält. Wir begnügen uns mit einer qualitativen Betrachtung dieser Frage und gehen von der Beziehung (1.232) zwischen der Wellenlänge der eingeschlossenen Plasmonen und dem Modulationsgrad der Dichte und von der Erhaltung der Plasmonenzahl in der Kaverne aus. Da der Modulationsgrad der Dichte in der Kaverne gewöhnlich niedrig ist ($|\delta n|/n_0 < 1$) und damit die Frequenzänderung des Plasmons entsprechend klein ($\delta\omega \ll \omega$), bedeutet die letztere Bedingung, daß

$$\int d^3r|E|^2 = \text{const.} \tag{1.233}$$

Auf diese Weise wächst der Hochfrequenzdruck in der Kaverne beim Kollaps umgekehrt proportional zum Volumen: $|E|^2 \sim 1/l^s$, wobei in Abhängigkeit von der Dimension s die Werte 1, 2 oder 3 annimmt. Gleichzeitig muß für das Eintreten eines Kollapses der Druck des zu verdrängenden Plasmas δnkT übertroffen werden, der nach (1.232) wie l^{-2} wächst. Daraus ergibt sich, daß die Dynamik der Kaverne wesentlich von der Dimensionszahl s abhängt. In einer eindimensionalen Kaverne (einer linienhaften Realisierung von Langmuirenergie) wächst der gaskinetische Druck beim Kollaps schneller als der Hochfrequenzdruck. Dadurch stellt sich für ein gewisses l Druckgleichgewicht ein und es wird ein Soliton gebildet - ein endlich ausgedehntes Paket von Langmuirwellen, das allerdings bezüglich der verbleibenden zwei Raumdimensionen modulationsinstabil ist.

Im zweidimensionalen Falle (s=2) bewirkt das Überwiegen des Hochfreqenzdruckes in der Kaverne über den kinetischen Druck, daß der Kollaps nicht aufzuhalten ist. Im Falle dreier Dimensionen schließlich wächst der Hochfrequenzdruck während des Kollapses schneller als der gaskinetische Druck, so daß sich eine Beschleunigung des Kollabierungsvorgangs ergibt. In jedem der beiden Fälle schrumpft die Kaverne mit den in ihr eingeschlossenen Plasmonen auf so kleine Abmessungen, daß die Plasmonwellenlänge mit der Debye-Länge (und die Phasengeschwindigkeit mit der thermischen Geschwindigkeit) vergleichbar wird. Dies führt zu resonanter Absorption von Plasmonen durch Plasmateilchen - zu Landaudämpfung. Bei dieser Erscheinung der Implosion von sich infolge von Modulationsinstabilität bildenden Plasmonenkavernen, die erst durch Landaudämpfung beendet wird, spricht man vom Kollaps von Langmuirwellen. Er wird durch die im Abschnitt über parametrische Instabilität erhaltenen Gleichungen (1.173) und (1.176), die das elektrische Feld und die Dichteänderung bestimmen, beschrieben. Eine Besonderheit des hier betrachteten Falles besteht darin, daß sich wegen der starken Wechselwirkung die durch die Gleichungen (1.230) und (1.231) beschriebenen Schwingungsmoden von linearen Moden ganz wesentlich unterscheiden.

Der Zusammenhang zwischen den Dichteänderungen in der Kaverne und dem Hochfrequenzdruck wird durch Gleichung (1.176) bestimmt, in der im mehrdimensionalen Falle der Differentialoperator $\partial^2/\partial x^2$ durch den Laplace-Operator Δ zu ersetzen ist.

Aus dieser Gleichung folgt, daß sich der Kollaps der Plasmonenkaverne tatsächlich explosionsartig vollzieht, da in einer endlichen Zeit beliebig kleine Abmessungen der Kaverne und beliebig große Werte der Energiedichte erreicht werden. In der Tat, wenn wir annehmen, daß eine solche Kaverne schneller als mit Schallgeschwindigkeit kollabiert, dann behalten wir auf der linken Seite von Gleichung (1.176) nur den ersten Term übrig. Außerdem folgt aus der Einschlußbedingung (1.232) für die Plasmonen, daß

$$\delta n/n_0 \sim r_D^2/l^2 \sim r_D^2 \Delta \tag{1.234}$$

Auf diese Weise erhalten wir anstelle von (1.176) die folgende Abschätzung

$$\partial^2 \delta n/\partial t^2 \approx \delta n\, \epsilon_0 |E|^2/(4 n_0 m_i r_D^2) \tag{1.235}$$

Das bedeutet, daß δn und $|E|^2$ schneller als exponentiell wachsen, d.h. explosionsartig in der Form $1/(t_0-t)^{\alpha}$ mit $\alpha > 0$, wobei t_0 der Zeitpunkt der "Explosion", d.h. die Zeit ist, zu der die Singularität erreicht wird. Aus (1.235) folgt, daß

$$|E|^2 \sim 1/(t_0-t)^2 \tag{1.236}$$

δn und l erhalten wir als Funktionen der Zeit, indem wir die Erhaltung der Plasmonenzahl in der Kaverne, d.h. Gleichung (1.233) benützen. Für eine dreidimensionale Kaverne erhalten wir

$$\begin{aligned} l &\sim |E|^{2/3} \sim (t_0-t)^{2/3} \\ \delta n &\sim 1/l^2 \sim 1/(t_0-t)^{4/3} \end{aligned} \tag{1.237}$$

Numerische Rechnungen, die die Dynamik des Langmuir-Kollapses genauer berücksichtigen (s. Abb.1.38), bestätigen den explosionsartigen Verlauf des durch die Gleichungen (1.236) und (1.237) beschriebenen Kollapses.

Wir betrachten jetzt, welches Bild sich sich von der Langmuirturbulenz in Gegenwart kollabierender Kavernen ergibt. Zunächst wird Energie der Langmuirwellen über die Kanäle schwacher Turbulenz in den langwelligen Bereich der Modulationsinstabilität transportiert. Wegen dieser Instabilität wird die Energie der Langmuirwellen auf eine große Zahl von statistisch verteilten Kavernen aufgeteilt und im Verlauf des Kollapses werden die in den Kavernen eingeschlossenen Langmuirschwingungen in den kurzwelligen Bereich umgepumpt.

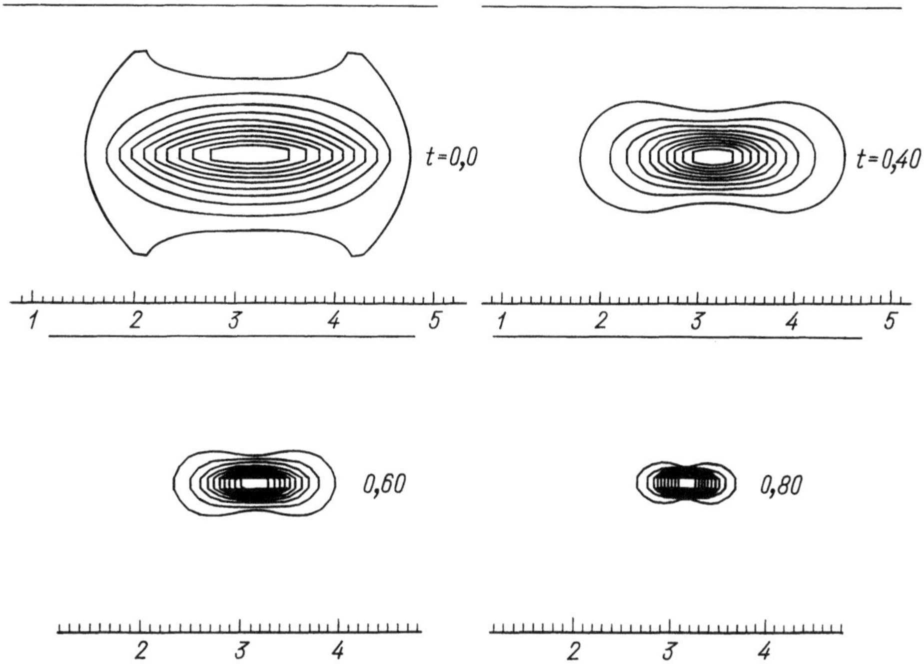

Abb.1.38 Ein numerisches Experiment, das die Dynamik der Kompression einer Kaverne beim Kollaps von Langmuir-Wellen illustriert (Degtjarev L.M., Sacharow V.E., Rudakow L.I., "Fisika Plasmy", 1976, 2, S. 438)

Aufgetragen sind die Niveaulinien der Amplitude des elektrischen Feldes in einer zweidimensionalen Kaverne zu verschiedenen Zeitpunkten t. Die Zunahme des elektrischen Feldes im Zentrum der Kaverne und deren Kontraktion werden durch die für den zweidimensionalen Fall geltenden Ähnlichkeitsgesetze sehr genau beschrieben.

Zwischen dem langwelligen Bereich der Modulationsinstabilität mit $l_0 \sim 2\pi r_D(4n_0 kT/\epsilon_0 \langle E^2 \rangle)^{1/2}$ (s. Abb.1.36, Bereich I) und dem kurzwelligen Absorptionsbereich mit $l_* \sim 2\pi r_D$ (Bereich III) liegt der Kolmogorow-Bereich. Durch diesen Bereich gelangt die Langmuirenergie durch die kollabierenden Kavernen. Dort läßt sich das Turbulenzspektrum wie gewöhnlich dadurch bestimmen, daß man die Bedingung für die Konstanz des Energieflusses, d.h. Bedingung (1.219) benützt. Im betrachteten Falle hat diese Bedingung die Form

$$|E_k|^2 \sim W_k \sim dt(k)/dk \qquad (1.238)$$

Hier ist dt(k) die Zeit, die die Kavernen zum Passieren des Intervalls (k,k+dk) benötigen. Der Kollaps selbst, die Größe $k \sim 1/l$ in Abhängigkeit von der Zeit t, wird durch Formel (1.237) bestimmt, aus der wir zusammen mit der Bedingung (1.238) die folgende Gleichung für das Spektrum der Langmuir-Turbulenz im Kolmogorow-Gebiet erhalten:

$$W_k \sim 1/k^{5/2} \qquad (1.239)$$

Für große k wird der Kollaps durch Landaudämpfung aufgehalten. Für eine Bestimmung der Grenzen des Kolmogorow-Bereiches vergleichen wir das Dämpfungsdekrement mit der Anwachsrate der Kollabierungsgeschwindigkeit. In den Anfangsstadien des Kollapses stimmt diese mit der Anwachsrate (1.231) der Modulationsinstabilität überein. Später geht der Kollaps, wie wir wissen, mit zunehmender Geschwindigkeit vor sich und gegen Ende des Kollabierungsprozesses, wenn Absorption wirksam werden kann, wächst die Anwachsrate auf das $t_o/t_o-t \sim (k_*/k_o)^{3/2}$-fache an, hierbei sind k_* und k_o die Wellenzahlen im Absorptions- bzw. im Quellbereich, in dem die Kavernen entstehen. Somit erhalten wir aus der Bedingung

$$\gamma_L/\omega_p \sim (k_*/k_o)^{3/2}\left\{(m_e/m_i)\varepsilon_o\langle E^2\rangle/(4n_o(kT))\right\}^{1/2}$$

daß Landaudämpfung bei Wellenzahlen wesentlich wird, die durch

$$k_* \approx (\tfrac{1}{3} \div \tfrac{1}{4})/r_D \qquad (1.240)$$

gegeben sind. Dies ist gerade der Kehrwert der Wellenlänge im Absorptionsbereich der Langmuirturbulenz.

1.20 Stationäre nichtlineare Wellen

Es ist nicht so, daß nichtlineare Wellen im Plasma nur durch Instabilitäten zustande kommen. Ein großer Zweig der Plasmaphysik ist dem Studium regulärer nichtlinearer Wellen gewidmet, die durch irgendeinen geordneten Mechanismus entstehen, z.B. durch den der Erzeugung von Stoßwellen in der gewöhnlichen Gasdynamik durch einen beweglichen Kolben. Schließlich gibt es wie auch in der Gasdynamik für Wellen mit linearer Dispersion den bekannten Vorgang der Aufsteilung und des Überschlages einer Wellenfront. Diese nichtlineare Deformation des Profils einer Wellenfront (Abb.1.39) besteht darin, daß Gebiete des Profils, denen große Geschwindigkeiten entsprechen, Gebiete mit niedrigerer Geschwindigkeit zu überholen versuchen, so daß es schließlich zu einem Abreißen kommt. Während in der Gasdynamik die Aufsteilung einer Wellenfront durch dissipative Effekte begrenzt wird, können im Plasma Dispersionseffekte (d.h. die Tatsache, daß die Phasengeschwindigkeit von der Wellenlänge abhängt) eine wesentliche Rolle spielen. Die begrenzende Wirkung der Dispersion bei der Aufsteilung des Profils läßt sich wie folgt erklären.

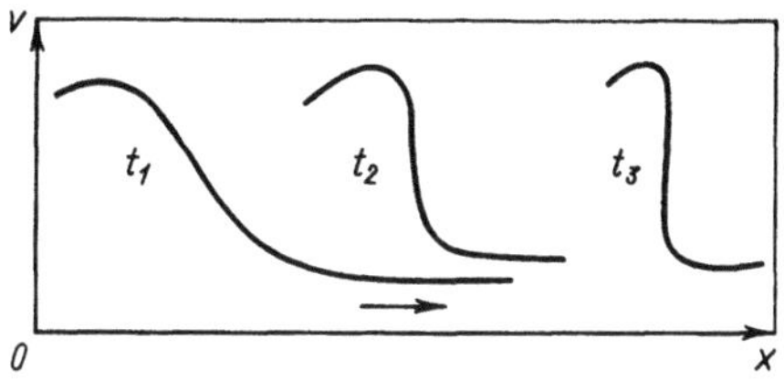

Abb.1.39
Die nichtlineare Aufsteilung einer Wellenfront

Aufsteilung der Wellenfront ist gleichbedeutend mit einer durch Nichtlinearitäten bedingten Entstehung höherer Harmonischen in der Welle. In erster (linearer) Näherung in der Amplitude bleibt jede Welle in der Form $\exp(ikx-i\omega t)$ harmonisch. In zweiter Näherung führt der gleiche Mechanismus, den wir in Abschnitt 1.14 beschrieben haben und der dort zu parametrischer Kopplung der verschiedenen Wellentypen führte, im Falle einer monochromatischen Welle zur Entstehung einer zweiten Harmonischen. Indem wir die Welle nach der Amplitude entwickeln, erhalten wir die folgende Gleichung für die Korrektur zweiter Ordnung:

$$\left\{\frac{\partial^2}{\partial t^2} - v_{ph}^2 \frac{\partial^2}{\partial x^2}\right\} E_2 + \hat{L}E_2 = A.E_1^2 \exp\{2i(kx-\omega t)\} \tag{1.241}$$

Hier ist E das elektrische Feld der Welle, die Indizes 1 und 2 entsprechen den Amplituden der ersten und der zweiten Harmonischen, und der Operator $\hat{L}$ beschreibt die Abweichung von linearer Dispersion ($\omega = v_{ph}k$). (1.241) hat die Form der Bewegungsgleichung eines "Oszillators" mit einer äußeren Kraft, die proportional zu E_1 ist. Es ist klar, daß die zweite Harmonische nur dann effektiv angeregt werden kann, wenn diese Kraft sich mit der Eigenfrequenz des Oszillators in Resonanz befindet, d.h. wenn dem Doppelten der Grundfrequenz 2ω (im Dispersionsgesetz) die Wellenzahl $2k$ entspricht. Diese Resonanz kann nur bei linearer Dispersion $\omega = v_{ph}k$ auftreten; Dispersion der Phasengeschwindigkeit bedeutet, daß die äußere Kraft aus der Resonanz kommt und die Anregung der zweiten Harmonischen weniger effektiv wird.

Um erkennen zu können, wie die Dispersion den Prozeß nichtlinearer Aufsteilung des Profils begrenzt, betrachten wir den Fall, in dem die Phasengeschwindigkeit mit Zunahme der Wellenzahl abnimmt. Dann haben die nichtlineare Korrektur zur Phasengeschwindigkeit und die sich bei der Aufsteilung des Profils ergebende zusätzliche Dispersion entgegengesetztes Vorzeichen und können deshalb einander kompensieren. Eine solche Dispersion haben Langmuir- und kurzwellige Ionenschallschwingungen, und in diesen Fällen muß man erwarten, daß nichtlineare stationäre Wellen erzeugt werden. Für solche Wellen hängen alle physikalischen Größen von den Veränderlichen in der Kombination $x-v_{ph}t$ ab (wobei v_{ph} die Ausbreitungsgeschwindigkeit der Welle ist). Diese Wellen lassen sich als der asymptotische Zustand des Ausgangswellenpaketes nach hinreichend langer Zeit interpretieren, in dem sich die Effekte nichtlinearer Aufsteilung und Dispersion gegenseitig stabilisiert haben.

Wir betrachten zunächst eine nichtlineare Langmuirwelle. Wir erinnern daran, daß für eine Welle hinreichend großer Amplitude, für die die Bedingung $\gamma_L \tau_b < 1$ erfüllt ist (hier ist γ_L das lineare Inkrement und τ_b die Periodendauer der Schwingungen gefangener Teilchen), die Phasenmischung den kinetischen Effekt der Wechselwirkung der resonanten Teilchen mit der Welle völlig aufhebt. Deshalb läßt sich die nichtlineare Welle mit Hilfe der einfacheren hydrodynamischen Gleichungen (1.100) und (1.102) und der Poisson-Gleichung beschreiben:

$$\partial v/\partial t + v\partial v/\partial x = (e/m)(\partial \varphi/\partial x)$$

$$\partial n/\partial t + \partial(nv)/\partial x = 0 \qquad (1.242)$$

$$\epsilon_o \partial^2 \varphi/\partial x^2 = e(n-n_o)$$

Indem wir annehmen, daß $n = n(\xi)$, $v = v(\xi)$, $\varphi = \varphi(\xi)$ mit $\xi = x-v_{ph}t$ gilt, können wir die ersten beiden Gleichungen integrieren:

$$v = v_{ph} - (v_{ph}^2+2e\varphi/m)^{1/2}$$
$$n = -n_o v_{ph}/(v-v_{ph}) \qquad (1.243)$$

Die Integrationskonstanten in diesen Gleichungen erhalten wir aus der Bedingung, daß im ungestörten Zustande, d.h. für $\varphi = 0$, $v = 0$ und $n = n_o$ gilt. Mit Hilfe dieser Beziehungen läßt sich die Poisson-Gleichung in Form der folgenden Gleichung für $\varphi(\xi)$ schreiben:

$$d^2\varphi/d\xi^2 = -\partial U/\partial \varphi \qquad (1.244)$$

wobei $\epsilon_o U(\varphi) = -en_o\{mv_{ph}(v_{ph}^2+2e\varphi/m)^{1/2}/e - \varphi - mv_{ph}^2/e\}$.

Für die Lösung der Gleichung (1.244) benützt man zweckmäßigerweise ihre formale Analogie zu einer Gleichung der analytischen Mechanik - (1.244) stimmt mit der Bewegungsgleichung eines Teilchens in der nichtlinearen Potentialmulde $U(\varphi)$ (Abb.1.40) überein (diese Analogie zeigt sich nach den Ersetzungen $\xi \to t$ und $\varphi \to x$).

Das erste Integral der Gleichung (1.244) stimmt mit dem Energieintegral eines Teilchens von der Masse 1 und der Gesamtenergie $\mathcal{E}$ überein:

$$(1/2)(d\varphi/d\xi)^2 = \mathcal{E} - U(\varphi) \qquad (1.245)$$

Diese Gleichung ist leicht zu integrieren und die Lösung $\varphi(\xi)$ läßt sich durch elliptische Funktionen ausdrücken. Da die Formeln sehr kompliziert sind, hat es wenig Sinn, sie hier wiederzugeben. Qualitativ läßt sich die Lösung sehr leicht anhand einer Betrachtung des effektiven - "Potentials" $U(\varphi)$ bestimmen. Für kleine Amplituden ist $\varphi(\xi)$ eine harmonische Funktion, für große Amplituden bleibt $\varphi(\xi)$ innerhalb der Grenzen φ_{min} und φ_{max} periodisch, jedoch wird das Profil der Welle in der auf Abb. 1.41 dargestellten Weise deformiert. Für $\varphi < 0$ ist die in

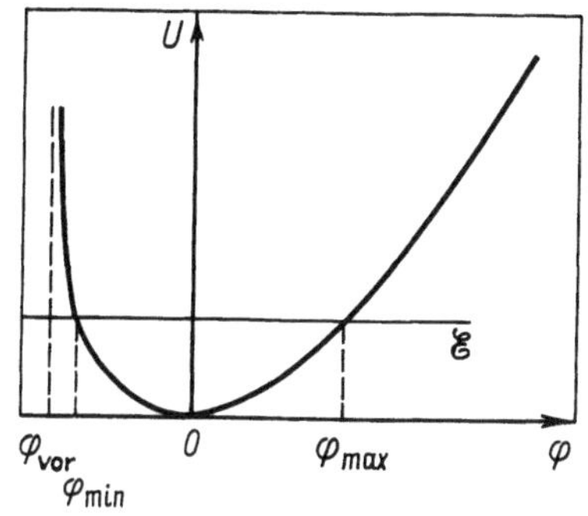

Abb.1.40 Die effektive potentielle Energie $U(\varphi)$ im Falle einer nichtlinearen Langmuir-Welle

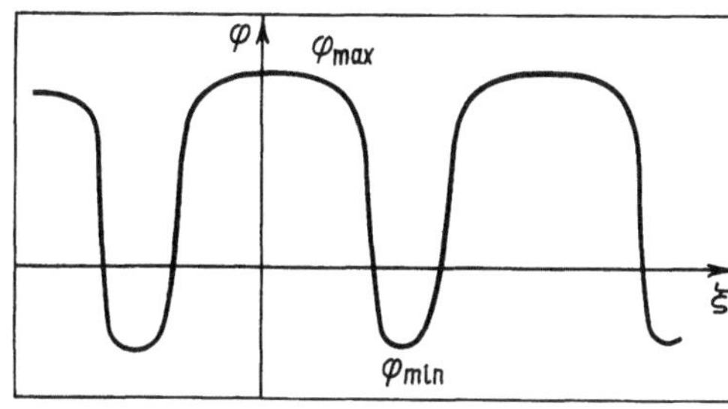

Abb.1.41 Das Potential des elektrischen Feldes einer nichtlinearen Langmuir-Welle

der Potentialmulde auf den "Oszillator" wirkende Kraft $-U'(\varphi)$ groß, so daß dieser Wertebereich von φ ziemlich schnell durchlaufen wird, wesentlich schneller als der Bereich positiver Werte von φ. Dadurch ergibt sich eine cn^2-förmige Potentialwelle (s. Abb.1.41), die einer Welle des elektrischen Feldes $E(\xi)$ mit steiler Front entspricht. Die nichtlineare Aufsteilung des Wellenprofils wird hier durch Dispersion begrenzt, während ein Energieaustausch mit resonanten Teilchen wegen deren Phasenmischung nicht stattfindet. Der Grenzwert für die Potentialamplitude in dieser Welle ist, wie aus der Form der Potentialmulde $U(\varphi)$ folgt, durch $\varphi_{gr} \approx -mv_{ph}^2/2e$ gegeben. Die Potentialbegrenzung läßt sich auf die folgende Weise verstehen. Im Bereich negativer Werte von φ (s. Abb.1.40) ergibt sich für die Elektronen ein Potentialberg. Wenn dieser genügend hoch ist ($\varphi_{min} = \varphi_{gr}$), dann kann er von thermischen Plasmateilchen nicht überwunden werden, so daß diese im Bezugssystem der Welle verbleiben. Bei noch größeren Amplituden kommt es zur Reflexion von Elektronen, es ergeben sich einander entgegengerichtete Teilchenströme, die schließlich zum Überschlag des Wellenprofils führen. Auf diese Weise unterbrechen Dispersionseffekte in einer Plasmawelle den Prozeß nichtlinearer Aufsteilung und des Überschlags der Wellenfront nur dann, wenn die Amplitude nicht zu groß ist:

$$|\varphi_{min}| \leqslant mv_{ph}^2/2e$$

Wir betrachten jetzt den anderen Extremfall einer nichtlinearen Ionenschallwelle. Ihre Phasengeschwindigkeit ist wesentlich größer als die thermische Geschwindigkeit der Ionen, deshalb kann man die Bewegung der Ionen in der Welle hydrodynamisch behandeln. Die Geschwindigkeit und Dichte der Ionen wird dann nach Ersetzung von Ladung und Masse eines geladenen Teilchens entsprechend e -> -e, $m_e \rightarrow m_i$ durch die Gleichungen (1.243) beschrieben. Was jedoch die Elektronen angeht, so ist, wie wir schon früher bemerkt haben (s. Abschnitt 1.10), ihre thermische Geschwindigkeit wesentlich größer als die Phasengeschwindigkeit der Welle, weshalb für sie das Feld der Welle praktisch quasistationär erscheint. Das einfachste Modell für die Elektronen ist in diesem Falle die Boltzmann-Verteilung (1.116). Dann wird die Poisson-Gleichung für das Potential der Ionenschallwelle wieder zur Bewegungsgleichung eines nichtlinearen Oszillators (s. Gleichung (1.244)). Die effektive "Potentialmulde" $U(\varphi)$ hat dabei die Form

$$\epsilon_o U(\varphi) = -en_o\left\{m_i v_{ph}(v_{ph}^2 - 2e\varphi/m_i)^{1/2} + kT_e \exp(e\varphi/kT_e) - mv_{ph}^2 - kT_e\right\} \quad (1.246)$$

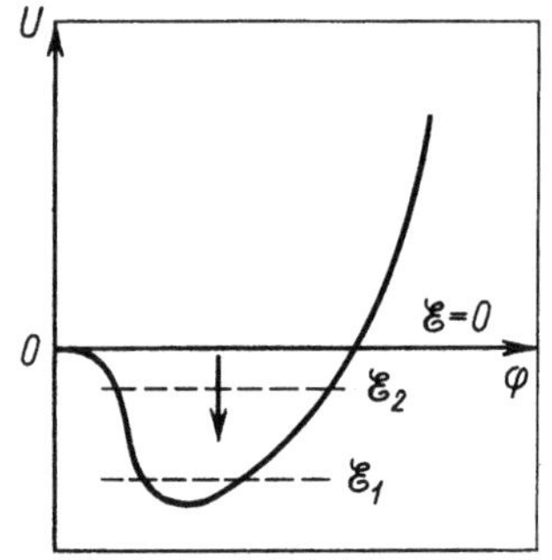

Abb.1.42
Das Potential $U(\varphi)$ für eine nichtlineare Ionenschallwelle

Abb.1.42 zeigt den Verlauf des Potentials $U(\varphi)$. Wie auch im Falle einer Langmuirwelle beschränken wir uns auf eine qualitative Betrachtung, indem wir vor "Energieintegral" (1.245) ausgehen. Aus der Form von $U(\varphi)$ ergibt sich, daß im Falle einer Überschallwelle $v_{ph} > (kT_e/m_i)^{1/2}$ den Werten $\mathcal{E}$ aus dem Intervall $\mathcal{E}_{min} < \mathcal{E} < 0$ periodische Lösungen mit $\varphi > 0$ entsprechen, d.h. solche, die für die Ionen einen Potentialberg bedeuten. Für $\mathcal{E} = \mathcal{E}_{min}$ (d.h. in der Talsohle der Mulde) erhalten wir harmonische Schwingungen mit relativ zum Mittelwert φ^* kleiner Amplitude (Abb.1.43). Mit Zunahme von $\mathcal{E}$ ergibt sich eine nichtlineare Verzerrung des Wellenprofils. Seine Maxima rücken immer weiter auseinander, da in der Nähe des Umkehrpunktes $\varphi = \varphi_{min}$ die auf den nichtlinearen "Oszillator" wirkende und zu $\partial U(\varphi)/\partial\varphi$ proportionale Kraft klein ist. Es ergibt sich eine cn^2-förmige Welle (s. Abb.1.43). Für $\mathcal{E} \rightarrow 0$ schließlich rücken die Maxima von $\varphi(\xi)$ ins Unendliche und wir erhalten einen einzelnen Wellenberg - ein Soliton. In einer solchen Welle gilt für $\xi \rightarrow \pm\infty$ $\varphi \rightarrow 0$ und

$d\varphi/d\xi \rightarrow 0$ (s. Abb.1.43).

Indem wir im "Energieintegral" $\varepsilon = 0$ und $d\varphi/d\xi(\varphi=\varphi_{max}) = 0$ annehmen, was der Bedingung $U(\varphi_{max}) = 0$ entspricht, erhalten wir für das Soliton eine Dispersionsrelation, die eine Beziehung zwischen Ausbreitungsgeschwindigkeit und Potentialamplitude herstellt:

$$v^2 = (kT_e/2m_i)\left\{\exp(e\varphi_{max}/kT_e - 1\right\}^2 / \left[\exp\left\{e\varphi_{max}/kT_e\right\} - 1 - e\varphi_{max}/kT_e\right] \qquad (1.247)$$

Genauso wie in einer Langmuirwelle existiert auch in einer nichtlinearen Schallwelle ein Grenzwert für die Potentialamplitude, bei dessen Überschreitung Reflexion der Ionen vom Potentialberg eintritt, die zu einer Gegenströmung in der Ionenbewegung und einem Überschlag des Wellenprofils führt. Aus der Funktion $U(\varphi)$ (s. (1.246)) folgt im betrachteten Falle, daß in einer Ionenschallwelle dieser Grenzwert der Amplitude durch

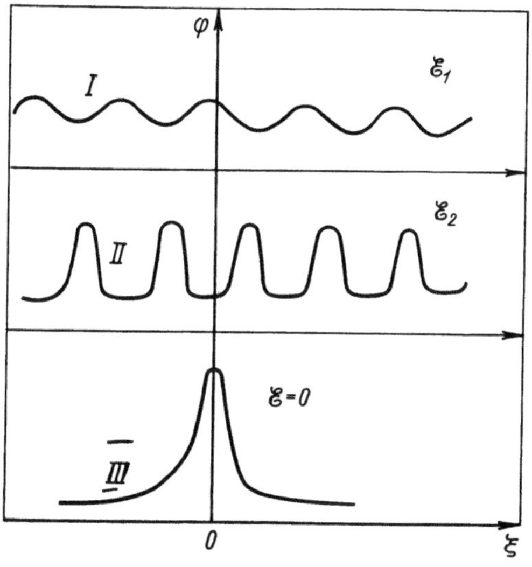

Abb.1.43
Das Potentialprofil einer nichtlinearen Ionenschallwelle für verschiedene Werte der Oszillatorenergie in der Potentialmulde (s. Abb.1.42): I - sinusförmige Welle kleiner Amplitude; II - nichtlineare Flachwasserwelle; III - III - Einzelwelle (Soliton)

$$e\varphi_{gr} \approx Mv_{ph}^2/2 \qquad (1.248)$$

gegeben ist. Mit Hilfe der Dispersionsbeziehung (1.247) läßt sich leicht zeigen, daß diese Amplitude einer kritischen Mach-Zahl $M_g = v_{ph}/(kT_e/m_i)^{1/2} \approx 1.6$ für das Solitons entspricht. Ein stationäres Ionenschall-Soliton ist nur für Machzahlen $M < M_g$ möglich. Für größere Machzahlen wird die nichtlineare Aufsteilung und der Überschlag durch Dispersion nicht aufgehalten.

Die hier betrachtete Einzelwelle, das Soliton, hat die Form eines symmetrischen Potentialberges. Eine solche Welle ist nur bei Abwesenheit von Dissipation möglich, wenn vor und hinter der Wellenfront die gleichen Bedingungen herrschen, d.h. die Lösung vollständig umkehrbar ist. Dissipation zerstört diese Symmetrie und es ergibt sich eine eigenartige Stoßwelle, die zwei verschiedene Zustände des Plasmas miteinander verbindet: den ungestörten Zustand vor der Wellenfront und den von intensiven Schwingungen modulierten Zustand dahinter. Die Struktur dieser Stoßwelle hängt wesentlich vom gegebenen Dissipationsmechanismus ab. Neben reiner Stoßdämpfung der Schwingungen sind auch kollektive dissipative Effekte möglich und in diesem Falle spricht man von einer stoßfreien Stoßwelle.

Wir wollen betrachten, wie sich eine stoßfreie Stoßwelle formiert. Wir beschränken uns auf den Fall hinreichend kleiner Wellenamplituden, für die sich eine laminare Theorie entwickeln läßt. Wir werden annehmen, daß normale Stoßdiffusion nicht auftritt und richten unser Augenmerk auf die Reflexion von Ionen an der vorderen Flanke der Wellenfront, an der die stoßfreie Dissipation stattfindet. In der oben dargelegten hydrodynamischen Theorie gab es eine solche Reflexion gar nicht, wenn nur die Amplituden klein genug waren, so daß $\varphi < \varphi_{gr}$ ($M < 1.6$) galt. In Wirklichkeit jedoch haben die Ionen eine Geschwindigkeitsverteilung und für eine kleine Gruppe von mit der Welle resonanten Ionen ist Reflexion auch bei kleiner Wellenamplitude möglich. Wenn die Zahl der reflektierten Ionen nicht groß ist, dann läßt sich das unter diesen Bedingungen sich einstellende Profil der Stoßwelle bestimmen.

Bei Berücksichtigung reflektierter Ionen wird Gleichung (1.246) für das Potential so modifiziert, daß

$$n_i \rightarrow n_i - n_o f(\varphi_{max}) v_{ph}/(v_{ph}^2 - 2e\varphi/m_i)^{1/2} + 2n_o f(\varphi) \tag{1.249}$$

gilt. In dieser Gleichung ist n_i die Dichte der den Potentialberg überwindenden Ionen, die durch die früher erhaltene hydrodynamische Formel bestimmt wird. Von den hinzugefügten Korrekturtermen entspricht der erste dem Abzug der reflektierten Ionen von der Gesamtzahl n_o und der zweite deren Beitrag zur Dichte der reflektierten Ionen. Die Größe $n_o f(\varphi)$ stellt die Gesamtdichte reflektierter Ionen im Punkte mit dem Potential φ dar. Der Faktor 2 im vorletzten Term von (1.249) tritt wegen der Existenz zweier Gruppen sich einander entgegen bewegender Teilchen auf. Bei Kenntnis der ungestörten Geschwindigkeitsverteilung $f_{oi}(v)$ der Ionen läßt sich $f(\varphi)$ leicht explizit bestimmen:

$$n_o f(\varphi) = \int_{v_{ph}-(2e\varphi/m_i)^{1/2}}^{v_{ph}+(2e\varphi/m_i)^{1/2}} f_{oi}\, dv \tag{1.250}$$

Durch die Hinzufügung des zu $f(\varphi)$ proportionalen Terms zur Potentialgleichung ist die Größe $\mathcal{E}$ (die "Energie" des Oszillators in der Potentialmulde $U(\varphi)$) bereits nicht mehr ein Integral der Bewegung. Das Auftreten reflektierter Ionen führt zu einer Abnahme der Oszillator"energie" in der effektiven Mulde, die proportional zur Zahl der reflektierten Teilchen ist:

$$\epsilon_0 \mathcal{E} = -2en_0 \int_0^{\varphi} f(\varphi)d\varphi \tag{1.251}$$

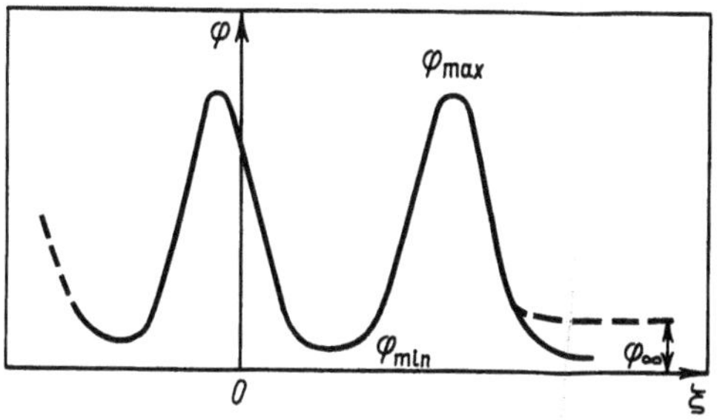

Abb.1.44
Formierung einer stoßfreien Stoßwelle

Nun läßt sich leicht verstehen, wie sich eine Lösung mit einem Potentialprofil, wie es auf Abb.1.44 dargestellt ist, konstruieren läßt. Vor der Front gilt $\mathcal{E} = 0$, d.h. wir erhalten das gleiche Potentialprofil wie im Falle eines Solitons. Durch die Reflexion nimmt $\mathcal{E}$ ab (die Verschiebung von $\mathcal{E}$ in der Potentialmulde in Abb.1.42 durch Pfeile angedeutet). Aus diesem Grunde ergeben sich hinter der Wellenfront intensive geordnete Schwingungen. Eine Lösung von der Art, daß das Plasma aus einem (bis zum Eintreffen des Solitons) ungestörten Zustand in einen von intensiven Schwingungen modulierten Zustand übergeht, stellt gerade eine stoßfreie Stoßwelle dar. Im Unterschied zur gewöhnlichen Gasdynamik ist der (hinter der Stoßwelle) gestörte Zustand kein thermodynamischer Gleichgewichtszustand, da es keine wirklichen Stöße gibt, die ihn herstellen könnten. Jedoch lassen sich auf stoßfreie Stoßwellen entsprechende Erhaltungssätze (und in der Front Hugoniot-Relationen) anwenden, indem man den Beitrag der Schwingungsstruktur hinter der Front berücksichtigt.

Der Maximalwert des Potentials φ_{max} hinter der Front (s. Abb.1.44) unterscheidet sich von dem einer Einzelwelle gleicher Machzahl entsprechenden Wert nur wenig. Der Minimalwert φ_{min} (auf Abb.1.42 der "linke" Umkehrpunkt des Oszillators) wird durch die Bedingung $\mathcal{E} - U(\varphi_{min}) = 0$ bestimmt, und da für kleine φ die potentielle Energie $U(\varphi)$ in φ quadra-

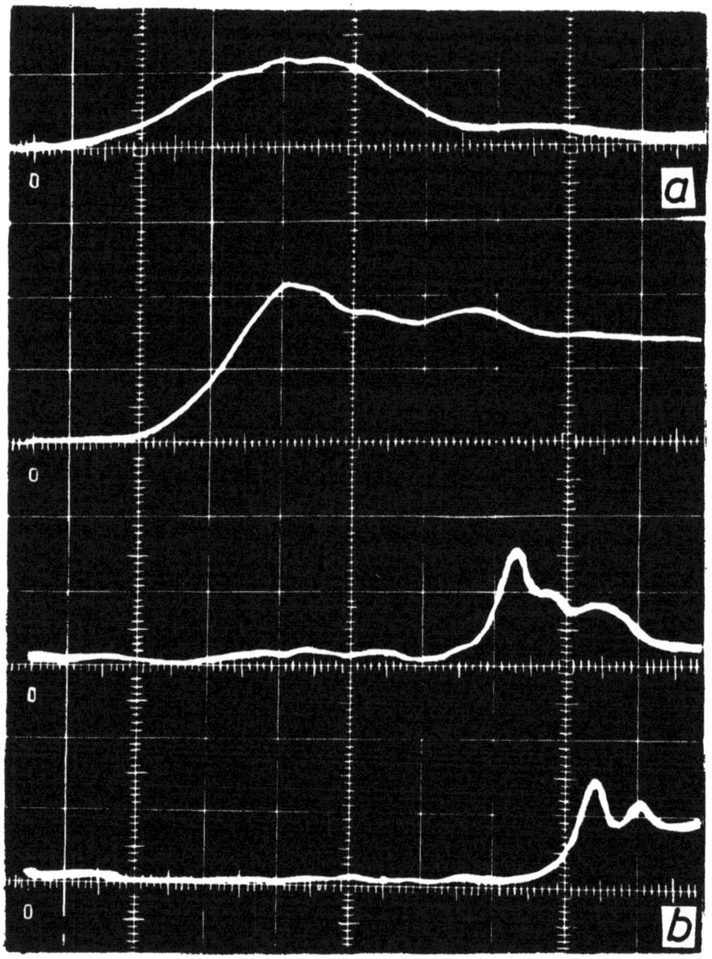

Abb.1.45 Experimentelle Beobachtung der Aufsteilung einer nichtlinearen Ionenschallwelle (Alichanow S.G, Belan W.G., Sagdeew R.S., "Pisma ZHETF", 1968, 7, S. 405): eine ursprüngliche Störung der Dichte (Amplitude $\Delta n/n \sim 1/5$) (a) und die Herausbildung einer oszillatorischen Struktur in Abhängigkeit von der Entfernung von der Quelle (b)

tisch ist, ist φ_{min} proportional zur Quadratwurzel aus $-\varepsilon$ hinter der Front, d.h. proportional zur Gesamtzahl reflektierter Teilchen:

$$\varphi_{min} \sim (-\varepsilon)^{1/2} \sim \left\{ \int_0^{\varphi_{max}} f(\varphi)d\varphi \right\}^{1/2} \qquad (1.252)$$

Die Periodendauer der Schwingungen $\varphi(\xi)$ hinter der Front wird durch das Integral

$$\lambda \sim \int_{\varphi_{min}}^{\varphi_{max}} d\varphi(-U(\varphi)+\varepsilon)^{-1/2}$$

bestimmt. Es ist zu sehen, daß die Periodendauer endlich ist und logarithmisch von der Energie abhängt:

$$\lambda \sim \ln(1-\varepsilon) \sim \ln(1/\varphi_{min}) \qquad (1.253)$$

Schließlich führt das Vorhandensein von ins Unendliche laufenden Ionen zum Potentialsprung φ_∞. Er ist proportional zu f und bei kleiner Zahl von reflektierten Ionen gilt $\varphi_\infty << \varphi_{min}$.

Für große Machzahlen, für die sich eine Bewegung der Ionen aufeinander zu und ein Überschlag der Wellenfront ergeben, ist die oben beschriebene laminare Theorie stoßfreier Stoßwellen nicht anwendbar. Im Prinzip kann sich hier eine Instabilität von der Art der in Abschnitt 1.14 beschriebenen Strahlinstabilität von Elektronen ergeben. Bekanntlich überführt eine solche Instabilität Energie geordneter Bewegung in Energie chaotischer, turbulenter Pulsationen. Die mit der Instabilität verbundene anomale Dissipation kann unter bestimmten Bedingungen zur Bildung einer gewissen turbulenten Schicht endlicher Dicke führen, die die Rolle der Stoßfront einer turbulenten stoßfreien Stoßwelle spielt.

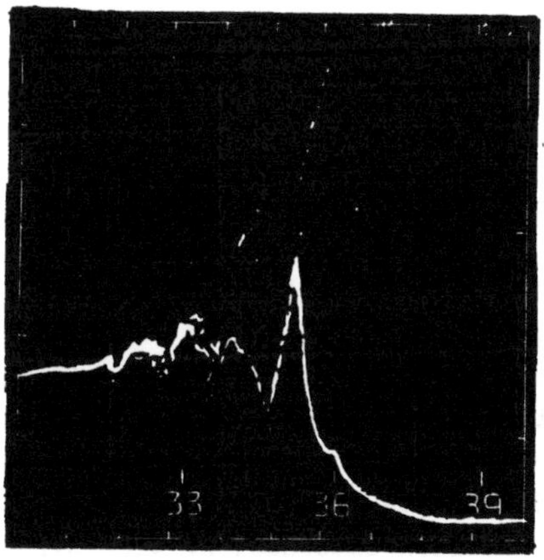

Abb.1.46
Der Überschlag einer nichtlinearen Ionenschallwelle bei großen Machzahlen im numerischen Experiment (Alichanow S.G., Sagdeew R.S., Tschebotajew P.S., "ZHETF", 1969, 57, S. 1565)
Zu sehen ist die Phasenebene (v,x) der Ionen nach dem Überschlag der Wellenfront. Vor der Wellenfront sind Ionen zu beobachten, die sich mit der Geschwindigkeit $\sim$2u entfernen. Das Vorhandensein solcher Ionen führt zur Bildung eines stufenförmigen Profils des Potentials (und der Dichte) in der Welle.

Beispiele, die die Erzeugung nichtlinearer Ionenschallwellen illustrieren, sind auf Abb.1.45 (Laboratoriumsexperiment mit einem Plasma niedriger Dichte) und auf Abb.1.46 (eindimensionales numerisches Experiment) dargestellt.

2.1 Die Bewegung geladener Teilchen im Magnetfeld

Die interessantesten und für die verschiedenen Anwendungen wichtigsten Eigenschaften des Plasmas stellt man bei der Untersuchung seines Verhaltens im Magnetfeld fest. Unter der Wirkung eines Magnetfeldes verliert das Plasma seine Isotropie und viele seiner Eigenschaften ändern sich grundlegend. In einem Magnetfeld lassen sich Plasmakonfigurationen verwirklichen, die räumlich begrenzt sind und gleichsam im Vakuum "hängen". Bereits dies ist eine für ein übliches Gas ganz ungewöhnliche Vorstellung. Im Magnetfeld zeigt das Plasma einige neue Eigenschaften, die es von jedem anderen Zustande der Materie unterscheiden.

Da letzten Endes alle Vorgänge im Plasma von den Gesetzen der Teilchenbewegung bestimmt werden, steht vor der Beschäftigung mit den magnetischen Eigenschaften des Plasmas als einer makroskopischen Substanz eine Analyse des Einflusses des magnetischen Feldes auf die Einzelteilchenbewegung von Elektronen und Ionen.

Bekanntlich bewegt sich ein geladenes Teilchen im homogenen Magnetfeld auf einer Bahn von der Form einer Helix. Die Projektion der Teilchenbahn auf eine zum Magnetfelde $\underline{B}$ senkrechte Ebene stellt einen Kreis vom Radius $r_B = mv_\perp/eB$ dar, wobei $v_\perp$ die zum Felde senkrechte Komponente der Teilchengeschwindigkeit ist. Dies ist der sogenannte Larmorkreis. Auf ihm rotiert, oder wie man auch sagt, gyriert ein geladenes Teilchen mit der Frequenz $\omega_B = eB/m$. Längs Feldlinien bewegt sich das Teilchen mit der konstanten Geschwindigkeit $v_\parallel$.

Betrachten wir jetzt die Bewegung eines geladenen Teilchens im inhomogenen Magnetfeld. In der Plasmaphysik hat man es im allgemeinen mit einem Grad an Inhomogenität zu tun, für den über Entfernungen von der Größenordnung des Larmorradius der Vektor $\underline{B}$ nach Betrag und Richtung nahezu konstant ist, mit anderen Worten, im Maßstabe des Larmorradius gemessen ändert sich das Magnetfeld sehr wenig. Wir wollen untersuchen, wie sich der Charakter der Teilchenbewegung durch eine schwache Feldinhomogenität ändert. Zunächst nehmen wir an, daß sich längs einer Feldlinie der Betrag des Magnetfeldes ändert.

Wenn wir die Bewegung eines Teilchens um diese Feldlinie verfolgen, dann stellen wir fest, daß sich die Form der Bahn über Entfernungen wesentlich ändert, über die auch eine wesentliche Zu- oder Abnahme des Magnetfeldes B zu beobachten ist. Bei der Bewegung in Richtung anwachsenden Feldes nimmt die Steigung der Bahn ab und nimmt die Form einer zusammengedrückten Spirale an. Wenn sich das Teilchen hingegen in Richtung schwächer werdenden Feldes bewegt, dann ergibt sich eine weniger steil gewundene Trajektorie.

Der Grund für diesen Effekt ist leicht zu finden. Ein geladenes Teilchen, das sich auf seinem Larmorkreis bewegt, stellt einen Ringstrom dar und entspricht daher einem elementaren Diamagneten mit dem magnetischen Moment $\mu = w_\perp/B$, wobei $w_\perp$ die kinetische Energie der zum Magnetfeld senkrechten Bewegung ist. In der Tat ist nach dem Oerstedschen Gesetz das magnetische Moment eines Ringstroms I durch $\mu = I \cdot \pi r_B^2$ gegeben, wobei wir für I den der Larmorrotation entsprechenden Strom $I = e\omega_B/2\pi$ einzusetzen haben. Benützen wir jetzt die oben angegebenen Ausdrücke für ω_B und r_B, dann erhalten wir

$$\mu = mv_\perp^2/2B = w_\perp/B \tag{2.1}$$

Auf einen Diamagneten wirkt im inhomogenen Magnetfeld die Kraft $\underline{F} = -\mu \text{grad} B$. Insbesondere gilt in dem Falle, in dem gradB in Richtung der Feldlinie zeigt,

$$F = -\mu \frac{dB}{dl} \tag{2.2}$$

wobei die Differentiation in Feldrichtung auszuführen ist. Unter der Einwirkung dieser Kraft ändert sich die Geschwindigkeit der Bewegung parallel zum Feld nach der Gleichung

$$m \frac{dv_\parallel}{dt} = -\frac{w_\perp}{B}\frac{dB}{dl} \tag{2.3}$$

Indem wir beide Seiten dieser Gleichung mit $v_\parallel$ multiplizieren, erhalten wir

$$dw_\parallel/dt = -(w_\perp/B)(dB/dl)(dl/dt) = -(w_\perp/B)(dB/dt) \tag{2.4}$$

Bei einer Bewegung im konstanten Magnetfeld gilt $w_\perp + w_\parallel = \text{const}$. Deshalb läßt sich (2.4) in

$$dw_\perp/dt = (w_\perp/B)\frac{dB}{dt} \tag{2.5}$$

überführen. Daraus folgt, daß

$$dw_\perp/w_\perp = dB/B, \quad w_\perp/B = \text{const}. \tag{2.6}$$

Auf diese Weise ändert sich bei der Bewegung eines geladenen Teilchens in einem Magnetfeld, dessen Stärke sich längs Feldlinien hinreichend wenig ändert, das Verhältnis $w_\perp/B$ nicht, so daß also das mit der Gyrationsbewegung verbundene magnetische Moment konstant bleibt. Der Erhaltung der Größe $w_\perp/B$ kommt eine viel allgemeinere und tiefere Bedeutung zu, in ihr drückt sich das Prinzip der sogenannten adiabatischen Invarianz bei quasiperiodischer Bewegung aus. Den Zusammenhang mit diesem Prinzip führen wir näher in Abschnitt 2.3 aus.

Wir betrachten jetzt die Bewegung von Teilchen in einem Magnetfeld, dessen Stärke sich senkrecht zu den Feldlinien ändert. Wir beschränken uns zunächst auf den einfachsten Fall, in dem sich ein Teilchen senkrecht zum Magnetfeld bewegt. Die sich ergebende Teilchenbahn haben wir auf Abb.2.1 dargestellt.

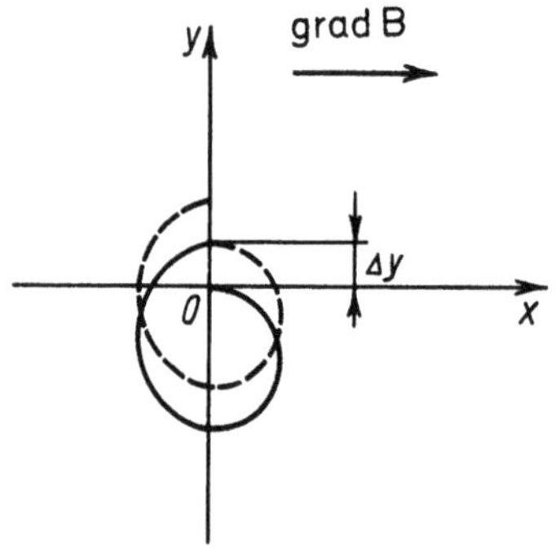

Abb.2.1
Teilchendrift im inhomogenen Magnetfeld

Das Magnetfeld zeigt senkrecht zur Zeichenebene. Die Feldstärke nimmt in x-Richtung zu. Unter diesen Bedingungen ist die Bewegung des Teilchens in der x-y-Ebene bereits nicht mehr kreisförmig, weil der Wert des Gyrationsradius auf der linken Seite größer als auf der rechten ist. Offensichtlich schließt sich die Bahn nach einem vollen Umlauf nicht mehr. Es ergibt sich eine schleifenförmige Bewegung, bei der sich das Teilchen nach jedem Umlauf um eine gewisse Entfernung Δy in y-Richtung, d.h. senkrecht zum Gradienten des Magnetfeldbetrages, verschiebt. Nach einigen Umläufen zeichnet sich ein deutliches Bild der Teilchenbahn ab: Es erscheint als ein von Schleifen erzeugter Streifen, auf dem sich das Teilchen parallel zur y-Achse bewegt. Eine solche Bewegung nennt man magnetische Drift. Die Geschwindigkeit der Driftbewegung auf diesem Streifen ist im Verhältnis zur Geschwindigkeit der Larmorrotation klein (voraussetzungsgemäß ändert sich ja die Feldstärke über eine Entfernung von der Größenordnung des Gyrationsradius nur wenig).

Wir weisen auf eine Besonderheit der Driftbewegung im inhomogenen Magnetfeld hin. Bei dieser Drift gelangt das Teilchen weder in Bereiche größeren, noch kleineren Magnetfeldes, sondern bewegt sich auf einem schmalen Streifen gerade so, daß sich im Bahnbereich die Stärke des Magnetfeldes nicht ändert. Das bedeutet, daß wir bei der magnetischen Drift auch adiabatische Invarianz von B beobachten. Im inhomogenen Magnetfeld kann eine Driftbewegung auch durch eine Parallelkomponente $v_\parallel$ der Teilchengeschwindigkeit hervorgerufen werden. Den Mechanismus der Entstehung einer solchen Drift erläutern wir anhand von Abb.2.2.

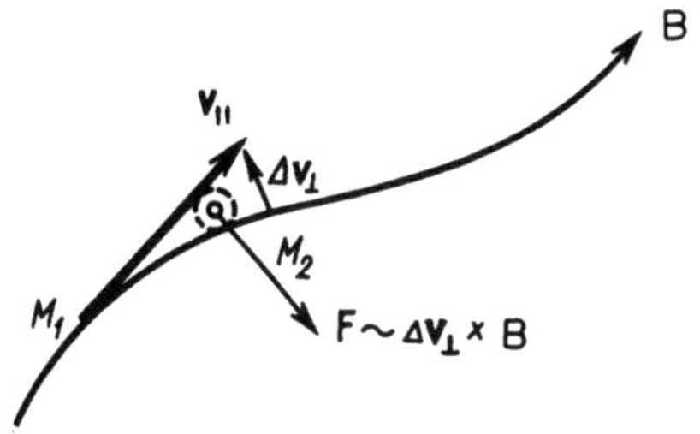

Abb.2.2
Zur Entstehung der Zentrifugaldrift

Auf dieser Abbildung sind die Feldlinien des inhomogenen Magnetfeldes als durchgezogene Linien gezeichnet, die im allgemeinen krummlinig sind. Im Punkte M_1, in dem sich das Teilchen auf einer Feldlinie, also parallel zu $\underline{B}$ bewegt, verschwindet die Lorentzkraft. Im Verlaufe der weiteren Bewegung verläßt jedoch das Teilchen infolge seiner Trägheit diese Feldlinie, was dazu führt, daß es im Punkte M_2 eine kleine Geschwindigkeitskomponente senkrecht zum Magnetfeld gewonnen hat. Mit ihr ist automatisch das Auftreten einer Lorentzkraft verbunden, unter deren Wirkung das Teilchen senkrecht zur Zeichenebene wegzudriften beginnt.

Durch Betrachtung von Spezialfällen (z.B. der Teilchenbewegung in einem von einem geraden, stromführenden Leiter erzeugten Magnetfeld) kann man sich leicht davon überzeugen, daß die mit $v_\parallel$ verbundene Teilchendrift in der gleichen Richtung erfolgt wie auch die von einer Senkrechtkomponente $v_\perp$ verursachte Driftbewegung.

Eine Driftbewegung ergibt sich nicht nur bei einer Inhomogenität des Magnetfeldes, sie kann auch dadurch hervorgerufen werden, daß in einem homogenen Magnefeld auf das Teilchen eine zusätzliche Kraft nichtmagnetischen Ursprungs (z.B. ein elektrisches Feld oder ein Gravitationsfeld) wirkt, die eine zum Magnetfeld senkrechte Komponente besitzt.

Die grundlegenden Gesetzmäßigkeiten der Driftbewegung erläutern wir am Beispiel des folgenden Problems. Ein Teilchen mit der Ladung e und der Masse m möge sich in einem homogenen Magnetfeld in z-Richtung unter der Wirkung einer in y-Richtung weisenden Zusatzkraft F bewegen. Die Größe F sehen wir als eine sich zeitlich nur langsam ändernde Größe an (sie läßt sich genauso gut auch als Funktion von z auffassen, da $v_{\parallel}$ konstant ist und deshalb $z = v_{\parallel} t$ gilt). Diese Annahme bedeutet, daß F während eines Larmorumlaufs des Teilchens nahezu konstant bleibt, d.h. es gilt $(2\pi/\omega_B) |\dot{F}/F| << 1$.

Die Bewegungsgleichungen des Teilchens schreiben wir in der Form:

$$\ddot{x} = \omega_B \dot{y} \tag{2.7}$$

$$\ddot{y} = -\omega_B \dot{x} + F(t)/m \tag{2.8}$$

Als Anfangsbedingungen wählen wir: $x(0) = 0$, $y(0) = 0$, $\dot{x}(0) = 0$, $\dot{y}(0) = v_o$. Unter diesen Bedingungen gilt

$$\dot{x} = \omega_B y \tag{2.9}$$

$$\ddot{y} = -\omega_B^2 y + F(t)/m \tag{2.10}$$

Die allgemeine Lösung der Gleichung (2.10) hat die Form

$$y = a\sin\omega_B t + b\cos\omega_B t + \frac{1}{\omega_B}\int_0^t (\dot{F}(u)/m)\sin(\omega_B(t-u))du \tag{2.11}$$

wobei a und b Integrationskonstanten sind. Da $y(0) = 0$ gilt, müssen wir $b = 0$ setzen. Durch Umformung des Integrals erhalten wir

$$y = a\sin\omega_B t + \frac{1}{m\omega_B^2}\left\{F(t)-F(0)\cos\omega_B t\right\} - \frac{1}{m\omega_B^2}\int_0^t \dot{F}(u)\cos\omega_B(t-u)du \tag{2.12}$$

Durch Differentiation von (2.12) ergibt sich

$$y = a\omega_B\cos\omega_B t + (F(0)/m\omega_B)\sin\omega_B t + (1/m\omega_B)\int_0^t \dot{F}(u)\sin\omega_B(t-u)du \tag{2.13}$$

Wegen der angenommenen langsamen Zeitveränderlichkeit von F ist das letzte Glied in (2.12) im Vergleich zum zweiten vernachlässigbar klein. In der Tat gilt

$$\left|\int_0^t \dot{F}(u)\cos(\omega_B(t-u)du\right| \sim (1/\omega_B)|\dot{F}|$$

so daß das Verhältnis des dritten Gliedes zum zweiten von der Ordnung $(1/\omega_B)|\dot{F}/F|$ ist. Auf dem gleichen Grunde ist auch der letzte Term im Ausdruck für y vernachlässigbar. Unter Berücksichtigung der Anfangsbedingungen erhalten wir aus (2.9) und (2.12) die folgenden Beziehungen

$$x = \omega_B\int_0^t ydt = \frac{v_o}{\omega_B}(1-\cos\omega_B t) - (F(0)/m\omega_B^2)\sin\omega_B t + (1/m\omega_B)\int_0^t F(t)dt \tag{2.14}$$

$$y = (v_o/\omega_B)\sin\omega_B t - (F(0)/m\omega_B^2)\cos\omega_B t + F(t)/m\omega_B \qquad (2.15)$$

Für die Geschwindigkeitskomponenten des Teilchens ergibt sich

$$\dot{x} = v_o\sin\omega_B t - (F(0)/m\omega_B)\cos\omega_B t + F(t)/m\omega_B \qquad (2.16)$$

$$\dot{y} = v_o\cos\omega_B t + (F(0)/m\omega_B)\sin\omega_B t \qquad (2.17)$$

In den Gleichungen (2.14) bis (2.17) haben wir Terme, die nur sehr kleine Beiträge liefern, weggelassen.

Die erhaltenen Beziehungen lassen sich leicht interpretieren. Wir sehen, daß sich die Bewegung eines Teilchens im homogenen Magnetfeld unter der Wirkung einer sich langsam ändernden Zusatzkraft $\underline{F}\perp\underline{B}$ aus einer gleichförmigen Gyration mit der Winkelgeschwindigkeit ω_B und aus einer Drift mit der Geschwindigkeit

$$u_d = F(t)/m\omega_B = F(t)/eB \qquad (2.18)$$

in Richtung $\underline{F}x\underline{B}$ zusammensetzt. Die lineare Geschwindigkeit $v_\perp$ der Gyrationsbewegung ändert sich hierbei nicht. Für die gewählten Anfangsbedingungen ergibt sich

$$v_\perp = \left\{v_o^2 + F^2(0)/m^2\omega_B^2\right\}^{1/2} \qquad (2.19)$$

Die Konstanz von $v_\perp$ hängt mit der adiabatischen Invarianz von $v_\perp^2/B$ zusammen. Das Gyrationszentrum bewegt sich längs der x-Achse mit der Driftgeschwindigkeit (2.18), wobei sich seine y-Koordinate langsam ändert:

$$y_c = F(t)/m\omega_B^2 \qquad (2.20)$$

Wir wollen einige Beispiele für die Driftbewegung unter der Wirkung einer Zusatzkraft betrachten. Wenn sich das Teilchen senkrecht zu den Feldlinien eines inhomogenen Magnetfeldes bewegt, dann läßt sich der Einfluß der Inhomogenität durch die Wirkung der Zusatzkraft

$$\underline{F} = -\mu\ \mathrm{grad}B = (-w_\perp/B)\ \mathrm{grad}B \qquad (2.21)$$

beschreiben. Eine Drift wird von der Komponente von $\underline{F}$ verursacht, die senkrecht zu $\underline{B}$ ist. Aus (2.18) und (2.21) finden wir für den betrachteten Fall die folgende Driftgeschwindigkeit:

$$u_d = (mv_\perp^2/eB^2)\ \mathrm{grad}_\perp B/2 \qquad (2.22)$$

wobei $grad_\perp B$ die zu $\underline{B}$ senkrechte Komponente von gradB bezeichnet. Die Driftgeschwindigkeit hat die Richtung von $\underline{B}$xgradB. Wenn die Bewegung in einem Gebiet stattfindet, in dem rot$\underline{B}$ = 0 gilt, dann läßt sich Formel (2.22) vereinfachen. Wenn $grad_\perp B$ von Null verschieden ist, dann müssen die Feldlinien eines wirbelfreien Magnetfeldes gekrümmt sein. Um $grad_\perp B$ mit der Geometrie der Magnetfeldlinien in Zusammenhang zu bringen, beziehen wir uns auf Abb.2.3, auf der wir in der Krümmungsebene zwei kurze Feldlinienabschnitte betrachten wollen (der Einfachheit halber setzen wir eine Schar ebener Kurven voraus).

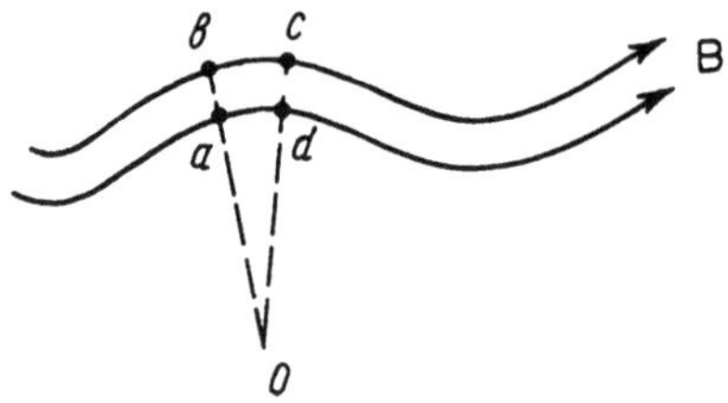

Abb.2.3
Der Zusammenhang zwischen der Krümmung der Feldlinien und der Inhomogenität des Magnetfeldes

Der Punkt 0 bezeichnet das Krümmungszentrum der Feldlinie 1. Das Integral von B über die Kontur abcd hat den Wert $B_2 dl_2 - B_1 dl_1$, wobei dl_1 und dl_2 die Längen der Feldlinienabschnitte sind. Da wir von einem wirbelfreien Feld ausgehen, verschwindet dieses Integral. Folglich gilt

$$B_2 dl_2 = B_1 dl_1 \tag{2.23}$$

$$dl_2 = dl_1\left(\frac{R+\delta n}{R}\right) = dl_1(1+(\delta n/R)) \tag{2.24}$$

$$B_2 = B_1 + (dB/dn)\delta n \tag{2.25}$$

Indem wir die Ausdrücke für dl_2 und B_2 in (2.22) einsetzen, erhalten wir eine Beziehung, die die Projektion des Gradienten von B in Richtung der Feldliniennormalen mit R verknüpft:

$$-(1/B)(dB/dn) = 1/R \tag{2.26}$$

Im betrachteten Spezialfall ebener Feldlinien gilt offensichtlich $grad_\perp B$ = dB/dn. Deshalb läßt sich (2.26) auch in der Form

$$(1/B)\, grad_\perp B = 1/R \tag{2.27}$$

Jetzt können wir für u_d die Formel

$$u_d = v_\perp^2 / 2\omega_B R \tag{2.28}$$

benützen. Die strenge Rechnung zeigt, daß diese ganz allgemein gilt, wenn nur die Inhomogenität des Feldes (im früher angegebenen Sinne) hinreichend schwach ist. Wie wir bereits oben bemerkt haben, entsteht bei der Bewegung längs einer gekrümmten Feldlinie eine Drift, die durch die Trägheit des Teilchens hervorgerufen wird. Wenn man von krummliniger Bewegung zu einer Bewegung in dem Koordinatensystem übergeht, in dem $v_{\parallel}$ verschwindet, dann muß die Wirkung der Zentrifugalkraft

$$F = mv_{\parallel}^2/R \tag{2.29}$$

senkrecht zur Feldlinie berücksichtigt werden. Nach (2.18) ruft diese Kraft eine Driftbewegung mit der Geschwindigkeit

$$u_d = v_{\parallel}^2 / \omega_B R \tag{2.30}$$

hervor, deren Richtung durch $\underline{B}$xgradB gegeben ist. Im allgemeinen ergibt sich also für die Driftgeschwindigkeit eines Teilchens im inhomogenen Magnetfeld ein Ausdruck, der aus der Summe von (2.28) und (2.30) gebildet wird:

$$u_d = \frac{1}{\omega_B R} (v_{\perp}^2/2 + v_{\parallel}^2) \tag{2.31}$$

Wir bemerken, daß positiv und negativ geladene Teilchen in zueinander entgegengesetzten Richtungen driften.

Allgemein läßt sich die Bewegung eines geladenen Teilchens im inhomogenen Magnetfeld als aus den folgenden Bewegungen zusammengesetzt vorstellen:

(1) Einer Gyration mit der Geschwindigkeit $v_{\perp} \sim \sqrt{B}$ auf der Larmorkreis;
(2) Einer Bewegung des zugehörigen Gyrationszentrums längs Feldlinien mit der Geschwindigkeit $v_{\parallel}$, wobei $v_{\parallel}^2 + v_{\perp}^2$ = const. gilt;
(3) Einer Bewegung des Gyrationszentrums mit der Geschwindigkeit u_d nach Formel (2.31).

Indem wir die sich im Zeitablauf ergebenden verschiedenen Orte der Gyrationszentren miteinander verbinden, erhalten wir eine Kurve, die wir als die mittlere Bahn des Teilchens ansehen können.

Wir untersuchen jetzt, wie eine Drift beim Vorhandensein eines elektrischen Feldes entsteht. Wenn auf ein Teilchen, das sich in einem homogenen Magnetfeld befindet, auch ein elektrisches Feld mit der Komponente $\underline{E}$ senkrecht zu $\underline{B}$ wirkt, dann gilt $\underline{F} = e\underline{E}$, so daß wir $u_d = E/B$ erhalten. Die Driftgeschwindigkeit hängt hierbei also weder von der Ladung, noch von der Masse des Teilchens ab. Die Richtung der Drift ist durch $\underline{E}$x$\underline{B}$ gegeben. Das Gyrationszentrum wird dabei in Richtung des elektrischen Feldes verschoben. Im Zeitintervall von $t=t_1$ bis $t=t_2$ ergibt sich für diese Verschiebung nach Formel (2.20)

$$\Delta y = (e/m\omega_B^2)(E(t_2)-E(t_1))$$

Diese Formel benötigen wir im weiteren für die Untersuchung der dielektrischen Eigenschaften des Plasmas im Magnetfeld.

Am Beispiel der Bewegung eines Teilchens in gekreuzten Feldern läßt sich der Unterschied im Bewegungsablauf bei schneller und langsamer Änderung der die Drift verursachenden Kraft anschaulich illustrieren. Zum Zeitpunkt $t = 0$ möge das Teilchen im Koordinatenursprung ruhen (die x- und die y-Achse wählen wir wie im vorangehenden Beispiel, s. Abb.2.4).

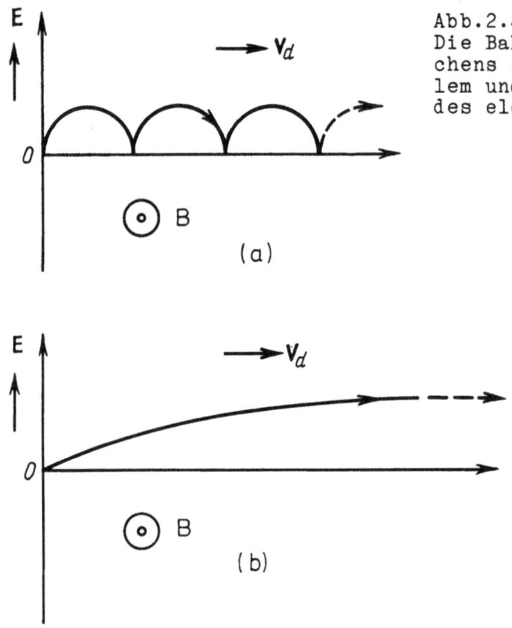

Abb.2.4
Die Bahn eines geladenen Teilchens im ExB-Feld bei (a) schnellem und (b) langsamem Einschalten des elektrischen Feldes

Wir nehmen an, daß $E(0) = 0$ gilt und die Stärke des elektrischen Feldes sehr langsam bis zu einem gewissen Grenzwert E zunimmt. Für $v_0 = 0$ und $F(0) = eE(0) = 0$ ergibt sich für die Teilchenbahn eine glatte Kurve (Abb.2.4 (b)) *). y wächst monoton von 0 auf den Wert $eE/m\omega_B^2$ an. Wenn jedoch bei $t = 0$ das elektrische Feld seinen Wert sprungartig ($\omega_B t \ll 1$) von 0 auf E anwächst, dann läßt sich anhand der allgemeinen Beziehungen

*) Das gilt, wenn wir von sehr kleinen Oszillationen im Anfangsteil der Kurve absehen. Sie werden von den in den Formeln (2.12) und (2.13) vernachlässigten kleinen Termen verursacht.

(2.14) und (2.15) leicht zeigen, daß sich für die Teilchenbahn eine Zykloide (Abb.2.4 (a)) ergibt. Für große Zeiten t erweisen sich die Driftgeschwindigkeiten in beiden Fällen als gleich groß, jedoch führt das Teilchen im zweiten Falle noch eine Gyrationsbewegung aus, deren lineare Geschwindigkeit mit der Driftgeschwindigkeit übereinstimmt.

Wenn sich die Senkrechtkomponente des elektrischen Feldes mit der Frequenz $\omega = \omega_B$ ändert, dann erhalten wir die sogenannte Zyklotronresonanz. Für die oben benützten Anfangsbedingungen (Anfangskoordinaten und Anfangsgeschwindigkeiten gleich Null) und für $F = eE_0 \sin\omega_B t$ erhalten wir aus (2.11) und (2.14)

$$\begin{aligned} y &= (E_0/B)\int_0^t \sin\omega_B t \sin\omega_B(t-u)du = (E_0/2\omega_B B).\sin\omega_B t.\cos\omega_B t \\ x &= \omega_B \int_0^t y dt = (E_0/2\omega_B B)\{2(1-\cos\omega_B t) - \omega_B t \sin\omega_B t\} \end{aligned} \tag{2.32}$$

Für $\omega_B t >> 1$ ergibt sich näherungsweise

$$\begin{aligned} x &\approx -(E_0/2B)t.\sin\omega_B t \\ y &\approx -(E_0/2B)t.\cos\omega_B t \end{aligned} \tag{2.33}$$

d.h. die Trajektorie ist eine Spirale, deren Radius mit der Zeit linear zunimmt. Die Energie des Teilchens erhöht sich dabei proportional zu t^2.

2.2 Beispiele der Teilchenbewegung im Magnetfeld

Die allgemeinen Gesetzmäßigkeiten der Bewegung geladener Teilchen in starken Magnetfeldern lassen sich am besten anhand von Beispielen illustrieren. Wir beschäftigen uns zunächst mit einer wichtigen Schlußfolgerung, die sich aus der Erhaltung des Größe $w_\perp/B$ ergibt. Die mit der Gyrationsbewegung verbundene Energie ist durch $w_\perp = w_0 \sin^2\alpha$ gegeben, wobei w_0 die kinetische Energie des Teilchens und α der Winkel zwischen den Vektoren $\underline{v}$ und $\underline{B}$ ist. Bei einer Bewegung im zeitlich konstanten Magnetfeld ändert sich w_0 nicht. Deshalb hat die Konstanz von $w_\perp/B$ auch die von $\sin^2\alpha/B$ zur Folge.

In einem gewissen Punkte der Teilchenbahn sei $\alpha = \alpha_1$ und $B = B_1$. Für diese Anfangsbedingungen läßt sich der Winkel α in einem beliebigen Punkt der Bahn aus der Beziehung $\sin^2\alpha/B = \sin^2\alpha_1/B_1$ zu

$$\sin\alpha = \sin\alpha_1\sqrt{B/B_1} \tag{2.34}$$

bestimmen. Wenn sich das Teilchen längs einer Feldlinie in Richtung zunehmenden Feldes bewegt und den Punkt erreicht, in dem $w_\perp = w_0$ gilt, dann nimmt der Winkel α den Wert $\pi/2$ an, so daß $v_\parallel$ dort verschwindet.

Das bedeutet, daß das Teilchen in diesem Punkte seine Bewegungsrichtung umkehrt - nach Reflexion vom Gebiet stärkeren Magnetfeldes bewegt es sich in Richtung abnehmenden Feldes. Auf diese Weise haben unter bestimmten Bedingungen Gebiete starken Magnetfeldes auf geladene Teilchen die Wirkung von magnetischen Spiegeln. Solche Spiegel können nur Teilchen passieren, deren Anfangsneigungswinkel der Bahn mit den Feldlinien hinreichend klein ist. Der physikalische Mechanismus, der die Reflexion von Gebieten höheren Magnetfeldes verursacht, besteht in nichts anderem, als in der Wirkung der diamagnetischen Kraft μ gradB in Richtung abnehmenden Feldes.

Unter bestimmten Bedingungen kann sich die Bewegung geladener Teilchen im Magnetfeld als finit erweisen, d.h. innerhalb räumlich begrenzter Gebiete stattfinden. Insbesondere kann sich eine solche Situation durch das Vorhandensein magnetischer Spiegel ergeben.

Wir stellen uns etwa vor, daß die Feldstärke längs Feldlinien ausgehend von einem gewissen mittleren Bereich, in dem $B \approx B_1$ gilt, in beiden Richtungen zunimmt (Abb.2.5).

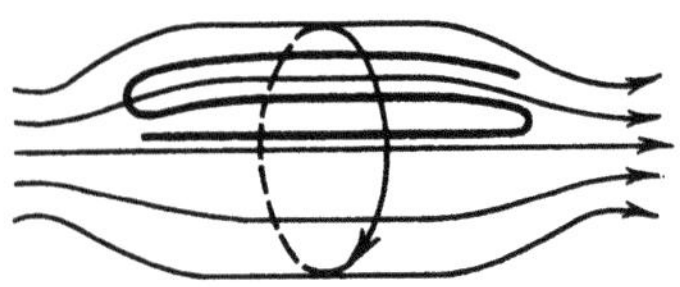

Abb.2.5
Die Bewegung eines Teilchens in einem Feld mit magnetischen Spiegeln

Ein Teilchen, das sich in diesem Bereich aufhält und dessen Anfangsneigungswinkel α_1 der Bahn mit den Feldlinien einen gewissen Wert überschreitet, ist im Raum zwischen den magnetischen Spiegeln (die Gebieten höherer Feldstärke entsprechen) eingeschlossen und pendelt auf begrenzten Feldlinienabschnitten hin- und her. Ein Magnetfeld, in dem unter Ausnützung dieses Effektes der Reflexion von magnetischen Spiegeln eine Einschließung geladener Teilchen realisiert werden kann, läßt sich z.B. mit Hilfe einer langen, geraden Spule mit an den Enden erhöhter Wicklungsdichte herstellen. In der Natur spielt das Magnetfeld der Erde, das geladene Teilchen im Bereich der sogenannten Strahlungsgürtel einschließt, die Rolle eines gigantischen Käfigs dieser Art.

Teilchen, die in Anordnungen mit magnetischen Spiegeln eingeschlossen sind, führen nicht nur Pendelbewegungen längs Feldlinien aus, in Feldern mit gekrümmten Feldlinien driften sie auch senkrecht zu $\underline{B}$ (s. Abb.2.5). Jedoch führt diese Drift nicht zum Verlust der Teilchen, da die Invarianz von $\sin^2\alpha$ vom Vorhandensein dieser Drift nicht berührt wird. Wenn kein elektrisches Feld vorhanden ist, dann kann in einem zeitlich konstanten Magnetfeld ein Teilchen den Einfangbereich nur durch einen geeigneten Stoß mit einem anderen verlassen.

Als ein weiteres Beispiel betrachten wir die Bewegung geladener Teilchen in einem helikalen, toroidalen Magnetfeld. Ein solches Feld wird bei Experimenten zur kontrollierten Kernfusion in Anordnungen zur Erzeugung von Hochtemperaturplasmen verwendet. Es entsteht durch Superposition zweier Felder: eines poloidalen Feldes B_Θ, das von einem im Plasma in toroidaler Richtung fließenden Strom erzeugt wird, und eines toroidalen Magnetfeldes B_φ, das von Strömen in äußeren Leitern erzeugt wird und dessen geschlossene Feldlinien parallel zu den Stromlinien verlaufen (Abb.2.6). Hierbei gilt $B_\varphi >> B_\Theta$, außerdem ist der Radius des Querschnittes des von Plasma erfüllten Bereiches klein gegen den sogenannten großen Radius R. Es wird angenommen, daß bezüglich des Winkels um die Hauptachse des toroidalen Systems Symmetrie herrscht.

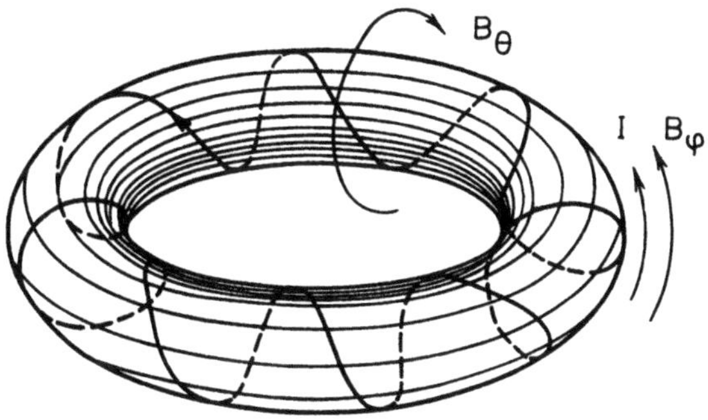

Abb.2.6
Toroidal-helikales Magnetfeld

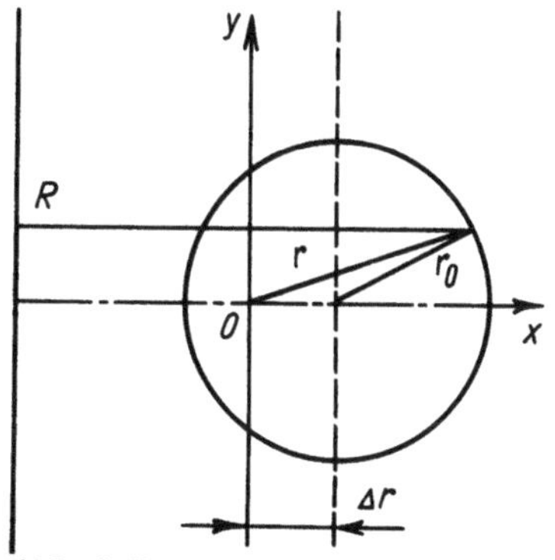

Abb.2.7
Projektion der Teilchenbahn im toroidalen Magnetfeld auf die x-y-Ebene

Zur Beschreibung der Teilchenbewegung in einem solchen toroidal-helikalen Magnetfeld führen wir die Koordinaten x, y und φ ein (Abb.2.7). Den Mittelpunkt des Plasmaquerschnitts in der Zeichenebene legen wir in den Punkt $x = y = 0$. Mit φ bezeichnen wir den Winkel um die Symmetrieachse. Weiter nehmen wir an, daß B_Θ nur von $r = (x^2+y^2)^{1/2}$ abhängt. Die Stärke des Toroidalfeldes B_φ ist umgekehrt proportional zum Abstand R von der Symmetrieachse und wird für $r/R << 1$ durch die Gleichung

$$B_\varphi = B_0 R_0/(R_0+x) \approx B_0(1-(x/R_0)) \tag{2.35}$$

bestimmt, wobei B_0 der Wert auf der Achse (im Punkte 0) ist.

In einer solchen Magnetfeldkonfiguration besteht die Bewegung des Gyrationszentrums eines geladenen Teilchens in einer Translation parallel zu den Feldlinien mit der Geschwindigkeit $v_\parallel$ und in einer Drift mit der Geschwindigkeit u_d. Man kann leicht zeigen, daß für $B_\Theta/B_\varphi \ll r/R$ der Einfluß von B_Θ auf die Driftkomponente der Geschwindigkeit vernachlässigbar klein ist. Die Drift ist dann parallel zur y-Achse statt und es gilt

$$u_d \approx (v_\parallel^2+v_\perp^2/2)/\omega_B R_0 \approx (v_0^2-v_\perp^2/2)/\omega_B R_0 \qquad (2.36)$$

wobei v_0 der konstante Betrag des Geschwindigkeitsvektors des Teilchens ist. Da $B \approx B_\varphi$ und sich B_φ nach (2.35) längs Feldlinien nur wenig ändert, ändert sich während der Bewegung des Teilchens auch $v_\perp^2$ nur wenig, so daß u_d in erster Näherung eine Konstante ist. Die Komponenten der daraus resultierenden Geschwindigkeit in x- und y-Richtung sind durch

$$\begin{aligned} dx/dt &= -v_\parallel (B_\Theta/B)(y/r) \\ dy/dt &= v_\parallel (B_\Theta/B)(x/r) + u_d \end{aligned} \qquad (2.37)$$

gegeben, wobei $B = (B_\Theta^2+B_\varphi^2)^{1/2} \approx B_\varphi$ gilt. Die Bahngleichung in der x-y-Ebene hat dann die Form

$$(B_\Theta/B_\varphi r)(xdx + ydy) = (B_\Theta/B_\varphi)dr = -(u_d/v_\parallel)dx \qquad (2.38)$$

oder

$$dr/dx = -(u_d/v_\parallel)(B_\varphi/B_\Theta) \qquad (2.39)$$

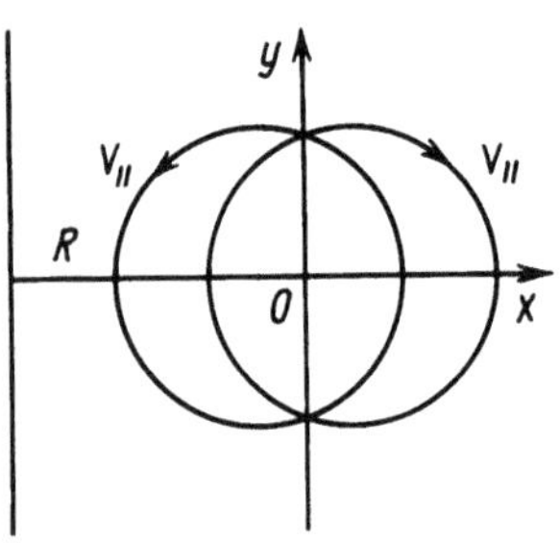

Abb.2.8 Trajektorien freier Teilchen

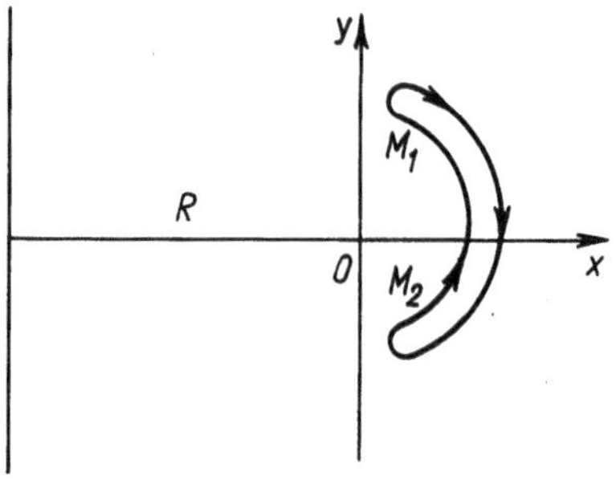

Abb.2.9 Trajektorien gefangener Teilchen

Es sind zwei verschiedene Klassen von Teilchenbahnen zu unterscheiden. Zur ersten Klasse gehören die Bahnen sogenannter freier Teilchen, deren Geschwindigkeitsvektor mit $\underline{B}$ einen genügend kleinen Winkel bildet, so daß sie sich längs Magnetfeldlinien frei bewegen können. Zur zweiten Klasse gehören die Bahnen sogenannter gefangener Teilchen. Für sie ist der Winkel zwischen Geschwindigkeitsvektor und Magnetfeldrichtung verhältnismäßig groß, so daß sie längs Feldlinien im Bereich zwischen Gebieten stärkeren Magnetfeldes hin- und herpendeln. Da sich die Feldstärke längs Feldlinien relativ wenig ändert, ist wegen der adiabatischen Invarianz von $v_\perp^2/B$ die Gyrationsgeschwindigkeit $v_\perp$ irgendeines Teilchens nur kleinen Schwankungen unterworfen. Insbesondere ist für gefangene Teilchen in einem beliebigen Bahnpunkt der Wert von $v_\perp$ von der Gesamtgeschwindigkeit v_0 nur wenig verschieden. Wir wollen mit Hilfe der Gleichung (2.39) die Bahnformen für gefangene und freie Teilchen bestimmen.

Um uns die Berechnungen nicht zu erschweren, betrachten wir die Bahnen solcher freien Teilchen, deren Parallelgeschwindigkeit $v_\parallel$ im Verhältnis zur Gesamtgeschwindigkeit v_0 nicht zu klein ist, das bedeutet, daß die Bewegung des Teilchens in Gebieten mit maximalen Werten von B_φ (bei Werten von x in der Nähe von r) nicht sehr stark abgebremst wird. Da $v_\perp$ praktisch konstant ist, ändert sich unter dieser Bedingung $v_\parallel$ bei der Bewegung des Teilchens nur wenig. Deshalb kann man in erster Näherung die rechte Seite der Gleichung (2.39) als konstant ansehen. Wenn wir ihren Wert mit C bezeichnen, dann finden wir leicht, daß $|C| \ll 1$ gilt. In der Tat ist

$$|C| = (u_d/v_\parallel)(B_\varphi/B_\Theta) \sim (v^2/(\omega R v))(B_\varphi/B_\Theta) \sim mv/(eB_\Theta R) \sim r_\Theta/R$$

wobei r_Θ der Gyrationsradius des Teilchens im Magnetfeld des Stroms ist, eine im allgemeinen recht kleine Größe. Wir sehen, daß $C \sim 1/B_\Theta$ ist und von B_φ praktisch nicht abhängt. Aus (2.39) folgt $r = r_0 - Cx$. Vernachlässigt man Größen zweiter Ordung gegen C, dann läßt sich (2.39) auf die Form $(x-Cr_0)^2 + y^2 = r_0^2$ bringen. Das ist die Gleichung eines Kreises, dessen Zentrum relativ zur Achse des helikalen Magnetfeldes um die Entfernung Cr_0 verschoben ist (Abb.2.8). Bei seiner Bewegung entfernt sich das Teilchen um die Strecke

$$Cr_0 \sim r_\varphi(B_\varphi/B_\Theta)(r/R)$$

von der Feldlinie, wobei r_φ der Gyrationsradius im Gesamtfeld ist. Beachten wir, daß $B_\Theta/B_\varphi \ll r/R$ gilt, dann kann diese Entfernung einige Gyrationsradien betragen, im Verhältnis zu r_0 bleibt sie jedoch klein. Folglich werden freie Teilchen mit nicht zu kleinen Werten von $v_\parallel$ im helikalen Feld gut eingeschlossen. Eine genauere Untersuchung zeigt, daß dies für freie Teilchen ganz allgemein gilt.

Wir betrachten jetzt das Verhalten der gefangenen Teilchen. Für sie gilt $v_\parallel < v_\perp$ und $v_\parallel$ ändert sich längs einer Feldlinie stark und verschwindet in den Reflexionspunkten (Abb.2.9), zwischen denen die Teilchen hin- und herpendeln. (In der x-y-Ebene bewegt sich das Teilchen zwischen den

Punkten M_1 und M_2.) Die rechte Seite von (2.39) ist nun nicht mehr konstant. Aus der adiabatischen Invarianz von $v_\perp^2/B$ folgt, daß

$$v_\parallel = \pm v_0((x-x_m)/R_0)^{1/2}$$

wobei x_m die Abszisse des Reflexionspunktes ist*). Die Driftgeschwindigkeit u_d kann man auch hier als praktisch konstant ansehen. Wenn wir (2.39) unter Berücksichtigung der für $v_\parallel$ angegebenen Ortsabhängigkeit integrieren, dann erhalten wir

$$\Delta r = r-r_0 = (2u_d/v_0)(B_\varphi/B_\theta)(rR_0(1-\cos\theta_m))^{1/2}$$

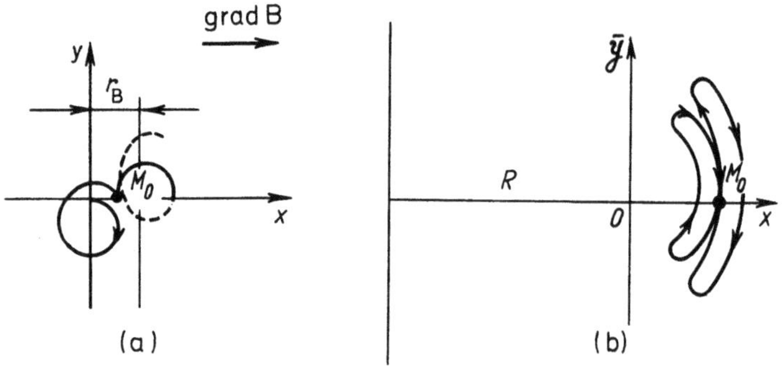

Abb.2.10 Die Änderung der Teilchenbahn bei einem Stoß im (a) homogenen und (b) toroidalen Magnetfeld

wobei θ_m der Wert des Winkels θ im Reflexionspunkt ist. Abb.2.9 zeigt die an die Form einer Banane erinnernde Projektion der Teilchenbahn in die Zeichenebene. Wie man sich leicht überzeugen kann, ergibt sich für die Verschiebung Δr_m für gefangene Teilchen ein wesentlich größerer Wert, als für freie Teilchen (im Extremfall ergibt sich ein Faktor, der proportional zu $\sqrt{2R/r}$ ist). Wir bemerken, daß sich aus der bezüglich der Äquatorialebene symmetrischen Lage der Umkehrpunkte M_1 und M_2 eine Kompensation der Drift gefangener Teilchen ergibt. Eine solche Lage der Umkehrpunkte ergibt sich nur im Falle axialer Symmetrie bezüglich des Winkels φ. Wenn diese Symmetrie verletzt ist, dann kann sich die Driftbahn als nicht geschlossen erweisen, was die Einschließung von Teilchen in einem solchen Magnetfeld, das man als einfachstes Beispiel einer sogenannte geschlossenen Magnetfeldkonfiguration ansehen kann, verschlech-

*) Strenggenommen gilt dies nur in Gebieten mit $|v_\parallel| < v_\perp$. Aus diesem Grunde gelten die sich anschließenden Überlegungen nur für nicht zu kleine Werte des Winkels θ.

tert. Im Idealfall jedoch können geladene Teilchen eine solche Konfiguration nur durch Stöße untereinander verlassen.

Die Frage des Einflusses von Coulombstößen auf die Einschlußzeiten von Teilchen und Energie in geschlossenen Konfigurationen werden wir später betrachten (s. Abschnitt 2.17). Hier beschränken wir uns auf die Bemerkung, daß gefangene Teilchen wegen der größeren Abweichung ihrer Bahn von einer Feldlinie durch Coulombstöße auch schneller aus dem Einschlußbereich herausgeworfen werden. Zur Illustration ziehen wir die Abbildungen 2.10(a) und (b) heran. Abb.2.10 (a) zeigt die Projektion der Teilchenbahn in einem homogenen Magnetfeld vor und nach dem Stoß mit einem anderen Teilchen, der von einer relativ kleinen Änderung des Geschwindigkeitsvektors $\underline{v}$ begleitet ist. Die damit verbundene Versetzung des Teilchens ist von der Größenordnung von Bruchteilen des Gyrationsradius. Abb.2.10(b) zeigt, wie sich die Bahn eines gefangenen Teilchens bei einem Stoß im Punkte M_0 ändert. Dieser Stoß ist mit einer kleinen Drehung des Geschwindigkeitsvektors und einer Vorzeichenänderung von $v_\parallel$ ($v_\parallel << v_\perp$) verbunden. Hierbei ergibt sich eine Versetzung der Teilchenbahn um die Entfernung

$$\sim 2\Delta r_m \sim 2r_B(B_\varphi/B_\Theta)(r/R)\sqrt{R/r}$$

Da $B_\varphi/B_\Theta >> R/r >> 1$ gilt, ist die Versetzung eines gefangenen Teilchens bei einem Stoß im helikalen Feld für gegebene Werte von Impuls und Magnetfeldstärke viel größer, als im homogenen Feld.

2.3 Die adiabatischen Invarianten der Teilchenbewegung im Magnetfeld

Wir kehren noch einmal zur Erhaltung des magnetischen Momentes μ eines geladenen Teilchens bei der Bewegung in einem schwach inhomogenen Magnetfeld zurück. Dieses Problem läßt sich von einem allgemeineren Standpunkt aus betrachten. In der klassischen Mechanik begegnen uns bei der Beschreibung einer nahezu periodischen (quasiperiodischen) Bewegung eines konservativen Systems gewisse Größen, die näherungsweise Konstanten der Bewegung sind - die adiabatischen Invarianten. Wenn zum Beispiel beim Problem des Pendels mit zeitlich variabler Pendellänge L (dem einfachsten Fall einer quasiperiodischen Bewegung) sich L während einer Schwingungsperiode nur wenig ändert, dann ist die Größe

$$I = \int_{x_1}^{x_2} v\,dx \qquad (2.40)$$

eine adiabatische Invariante. Hierbei ist v die Geschwindigkeit des Pendels und x die Koordinate, die die Entfernung aus der Gleichgewichtslage beschreibt. Das Integral ist über das Intervall zwischen den beiden Umkehrpunkten zu nehmen.

Im allgemeinen Falle irgendeines konservativen Systems, das durch N verallgemeinerte Koordinaten q_i und Impulse p_i beschrieben wird, hat der Ausdruck für eine adiabatische Invariante die Form

$$I_i = \oint p_i dq_i \tag{2.41}$$

wobei vorausgesetzt wird, daß die quasiperiodische Bewegung in der Koordinate q_i stattfindet. Wenn das System also N Freiheitsgrade besitzt und in jedem Freiheitsgrad eine quasiperiodische Bewegung (mit sich während einer Periode nur wenig ändernden Parametern) ausführt, dann existieren N adiabatische Invarianten.

Auch die Gyrationsbewegung eines geladenen Teilchens um Magnetfeldlinien läßt sich auf diese Weise behandeln. Hierzu muß man in der Definition (2.41) der adiabatischen Invarianten $p = mv_\perp$ und $dq = r_B d\varphi$ setzen, wobei r_B der Gyrationsradius und φ die Gyrationsphase ist. Dann erhalten wir

$$I_1 = m\int_0^{2\pi} v_\perp r_B d\varphi = 2\pi m^2 v_\perp^2/eB = (4\pi m/e)\mu \tag{2.42}$$

d.h. μ = const. Wir sehen also, daß die Erhaltung des magnetischen Momentes μ eines geladenen Teilchens Folge des allgemeinen Prinzips adiabatischer Invarianz ist.

Die (erste) adiabatische Invariante μ läßt sich auch in der Form

$$\mu = \pi r_B^2 B(e^2/2\pi m) = \text{const.} \tag{2.43}$$

darstellen, was bedeutet, daß der magnetische Fluß durch den vom Teilchen bei seiner Bewegung im Magnetfeld beschriebenen Gyrationskreis erhalten bleibt.

Im allgemeinen Falle der Bewegung eines geladenen Teilchens in einem Magnetfeld, das räumlich und zeitlich veränderlich ist, lauten die Bedingungen für die adiabatische Invarianz des magnetischen Momentes

$$|\dot{B}/B| \ll \omega_B, \quad |\text{grad} B|/B \ll 1/r_B \tag{2.44}$$

Wenn das Teilchen zwischen magnetischen Spiegeln eingeschlossen ist (also auf endlichen Feldlinienabschnittten hin- und herpendelt), dann läßt sich dieser Bewegung die adiabatische Invariante $I = \int mv_\parallel dl$ zuordnen. Hierbei erstreckt sich das Integral über eine Feldlinie, wobei die Integrationsgrenzen durch die Reflexionspunkten des Teilchens (in denen $v_{\parallel}$ verschwindet) gegeben sind und $v_{\parallel}$ sich mit Hilfe der Beziehungen

$$w_0 = mv_{\parallel}^2/2 + w_{\perp} \quad , \quad w_{\perp} = \mu B$$

ausdrücken läßt. Hieraus finden wir $v_{\parallel}$ und erhalten als Invariante

$$I_2 = \oint \sqrt{w_0 - \mu B}\, dl \qquad (2.45)$$

die wir (im Unterschied zu μ als der ersten) die zweite adiabatische Invariante nennen.

Für die Erhaltung dieser zweiten Invarianten ist erforderlich, daß sich während einer Bewegungsperiode zwischen den Spiegeln das Magnetfeld für das Teilchen nur wenig ändert. Eine solche Änderung kann sich aus zwei Gründen ergeben: einmal durch räumliche Feldinhomogenität, die zu einer Drift senkrecht zu den Feldlinien führt (wodurch das Teilchen von Feldlinie zu Feldlinie und damit in Gebiete veränderten Magnetfeldes gelangt), zum anderen durch eine Änderung der Feldlinientopologie wegen Instationarität des magnetischen Feldes. Letztenfalls ist die Energie des Teilchens bereits kein Integral der Bewegung mehr, während die adiabatische Invariante I_2 (im Sinne ihrer Definition) erhalten bleibt.

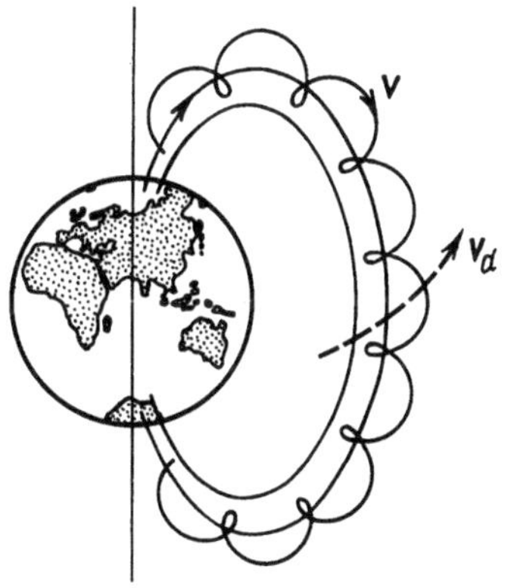

Abb.2.11
Die Bewegung eines geladenen Teilchens im Magnetfeld der Erde

Manchmal begegnet uns bei der Bewegung eines geladenen Teilchens im Magnetfeld noch eine dritte adiabatische Invariante. Das ist dann der Fall, wenn die Driftbewegung senkrecht zu den Feldlinien zyklischen Charakter trägt. So kann die Bewegung eines geladenen Teilchens in dem uns schon bekannten Magnetfeld der Abb.2.5 sich auch bezüglich der Drift als periodisch erweisen. Um eine Feldlinie gyrierend und zwischen Gebieten höheren Magnetfeldes hin- und herpendelnd driftet das Teilchen (mit der durch den Ausdruck (2.22) gegebenen Geschwindigkeit) in der auf Abb.2.5

angezeigten Weise langsam um eine gewisse von Feldlinien erzeugte Fläche.

Die dritte adiabatische Invariante wird in der Plasmaphysik viel seltener verwendet, als die erste und zweite, weshalb wir hier nicht auf Einzelheiten eingehen. Wir weisen nur darauf hin, daß es sich bei der dritten Invarianten um den von der Driftbahn des Teilchens umfaßten magnetischen Fluß handelt, der erhalten bleibt (Abb.2.5), wenn sich während einer Driftperiode das Magnetfeld nur wenig ändert. Von dem Auftreten aller drei Invarianten ist die Bewegung von Elektronen und Protonen in den Strahlungsgürteln der Erde (Abb.2.11) gekennzeichnet.

Bei der ersten adiabatischen Invariante handelt es sich hierbei natürlich wieder um das magnetische Moment. Die zweite adiabatische Invariante entspricht der Pendelbewegung der Teilchen zwischen den in der Umgebung der Pole lokalisierten magnetischen Spiegeln. Die dritte schließlich gehört zur Driftbewegung der Teilchen im inhomogenen Magnetfeld der Erde. Aus der Anwendung der Formel (2.36) auf das Magnetfeld der Erde ergibt sich, daß die Elektronen von West nach Ost und die Ionen in umgekehrter Richtung driften. Die Zeit für einen vollen Umlauf um die Erde bei einer solchen Drift von Teilchen längs Feldlinien, deren maximale Entfernung vom Erdzentrum durch den Radius R gegeben sei, ist von der Ordnung $2\pi eR^2/\mu$. Das bedeutet, daß die dritte adiabatische Invariante (der magnetische Fluß, der von der Driftbahn durch die Reflexionspunkte in den magnetischen Spiegeln umfaßt wird) erhalten bleibt, wenn sich das Magnetfeld während einer Zeit von der Größenordnung $2\pi eR^2/\mu$ nur wenig ändert.

Von großer prinzipieller Bedeutung für die Dynamik geladener Teilchen ist die Frage, mit welcher Genauigkeit die adiabatischen Invarianten erhalten bleiben. Wir erörtern diese Frage am Beispiel von μ. Hier bestimmt die Genauigkeit der Erhaltung auch die Dauer der Einschließung eines zwischen magnetischen Spiegeln gefangenen Teilchens. Wie wir bereits bemerkt haben, hat es dann einen Sinn, von μ als einer adiabatischen Invarianten zu sprechen, wenn die Bedingungen (2.44) erfüllt sind. Man würde erwarten, daß die Erhaltung von μ das Ergebnis einer Entwicklung nach dem kleinen Parameter $\epsilon \sim |\dot{B}|/\omega_B B$ (oder $\sim (r_B/B)/|\mathrm{grad} B|$) ist. Demnach wäre eine Verletzung der adiabatischen Invarianz in der nächsten Ordnung in ϵ zu erwarten. Genauere Überlegungen zeigen jedoch, daß diese Invariante eigentlich viel besser erhalten bleibt. Es zeigt sich, daß sie mit sogenannter exponentieller Genauigkeit $|\Delta\mu/\mu| \sim \exp(-1/\epsilon)$ Konstante der Bewegung ist. Das mathematische Verfahren, das für den Beweis dieser Behauptung verwendet wird, verlangt nur, daß die das Verhalten der Felder beschreibenden Funktionen sich bezüglich der Änderung ihrer

Argumente $\underline{r}$ und t hinreichend glatt verhalten.

Zur Illustration betrachten wir die in Abschnitt 2.2 behandelte Bewegung eines Teilchens in einem homogenen magnetischen und einem dazu senkrechten elektrischen Feld, das zum Zeitpunkt t = 0 eingeschaltet wird. Die Gyrationsgeschwindigkeit ist dann entsprechend den Gleichungen (2.9), (2.12) und (2.13) gegeben durch

$$\begin{aligned} v_x &= \omega_B a \sin\omega_B t - (1/m\omega_B)\int_0^t \dot{F}(u)\cos\omega_B(t-u)du \\ v_y &= \omega_B a \cos\omega_B t + (1/m\omega_B)\int_0^t \dot{F}(u)\sin\omega_B(t-u)du \end{aligned} \tag{2.46}$$

Wenn das elektrische Feld in der Form $E(t) = E_0(1-\exp(-\alpha t))$ zunimmt, dann ergibt sich nach dem Einschalten (für $t \gg 1/\alpha$) als Änderung des magnetischen Momentes $\Delta\mu \sim (eaE_0/B)(\alpha/\omega_B)$. Die geringe Genauigkeit (von der Ordnung α/ω_B), mit der die adiabatische Invariante erhalten bleibt, erklärt sich daraus, daß die Änderung des elektrischen Feldes sich nicht genügend glatt vollzieht. In der Tat hat die Zeitableitung $\dot{F}(t) = e\dot{E}(t)$ bei t = 0 einen Sprung. Bei einer nicht so abrupten Einschaltung des elektrischen Feldes ändert sich die Situation. Wenn etwa E entsprechend

$$E(t) = (\alpha E_0/\sqrt{\pi})\int_{-\infty}^t \exp(-\alpha^2\tau^2)d\tau$$

von der Zeit abhängt, dann bedeutet dies, daß zum Zeitpunkt $t = -\infty$ "eingeschaltet" wird und daß für $t \to \infty$ $E \to E_0$ geht. Indem wir die in (2.46) eingehenden Integrale auswerten, finden wir für $t \to \infty$

$$\begin{aligned} v_x &= v_0 \sin\omega_B t - \xi\cos\omega_B t \\ v_y &= v_0 \cos\omega_B t + \xi\sin\omega_B t \end{aligned}$$

wobei $\xi = (eE_0/(2m\omega_B)).\exp(-\omega_B^2\alpha^2)$ gilt. Hieraus finden wir $v^2 = v_0^2 + \xi^2$, so daß

$$\Delta\mu/\mu = \xi^2/v_0^2 = (e^2E_0^2/(4v_0^2m^2\omega_B^2)).\exp(-2\omega_B^2\alpha^2)$$

Auf diese Weise zeigt sich, daß im betrachteten Beispiel einer ideal langsamen Einschaltung des elektrischen Feldes die Änderung der adiabatischen Invarianten in der Tat exponentiell klein ist.

2.4 Kinetische Theorie des Plasmas im Magnetfeld

Das Verhalten eines Ensembles einer sehr großen Zahl von geladenen Teilchen im Magnetfeld läßt sich mit Hilfe einer Verteilungsfunktion

$f(\underline{r},\underline{v},t)$ (für jede Ladungssorte) beschreiben, die genauso bestimmt wird, wie auch im Falle eines Plasmas ohne Magnetfeld. Jedoch ist die kinetische Gleichung, der diese Verteilungsfunktion genügen muß, um einen Term zu ergänzen, der die Wirkung der Lorentzkraft $e(\underline{v}\times\underline{B})$ berücksichtigt. Dann hat diese Gleichung die Form

$$\partial f/\partial t + \underline{v}\,\mathrm{grad} f + (e/m)(\underline{E}+\underline{v}\times\underline{B})).\partial f/\partial \underline{v} = \mathrm{St}\{f\} \qquad (2.48)$$

Sie unterscheidet sich von der kinetischen Gleichung (1.83) um den Term $(e/m)\underline{v}\times\underline{B}(\partial f/\partial \underline{v})$.

Allerdings erhebt sich die Frage, ob sich durch das Vorhandensein des Magnetfeldes nicht auch der Charakter der Stöße zwischen den Teilchen ändert. Die Bahnen von Teilchen, die in Entfernungen von der Größenordnung des mittleren Gyrationsradius oder größer sich aneinander vorbeibewegen, erfahren bei der Streuung auch eine Krümmung durch das Magnetfeld. Tatsächlich braucht man wegen der Debyeschen Abschirmung des Feldes jeder einzelnen Ladung nur Paar-Wechselwirkungen von Teilchen für Abstände zu berücksichtigen, die kleiner als der Debye-Radius sind.

Daraus ergibt sich sofort eine erste Schlußfolgerung: Der Einfluß des Magnetfeldes auf den Streuprozeß ist unwesentlich, wenn der Debye-Radius kleiner als der mittlere Gyrationsradius $r_B = mv_T/eB$ ist, wobei v_T die mittlere thermische Geschwindigkeit ist. In Anwendung auf die Elektronen, deren Gyrationsradius $\sqrt{m_i/m_e}$-mal kleiner ist, als der von Ionen gleicher Energie, läßt sich die Ungleichung $r_D < r_B$ auf die Form

$$\omega_B < \omega_p \qquad (2.49)$$

oder

$$B^2/\mu_o < nm_e c^2 \qquad (2.50)$$

bringen. In realen Plasmaexperimenten ist diese Bedingung im Falle sehr hoher Magnetfelder nicht erfüllt. Eine genauere Betrachtung des Problems zeigt jedoch, daß eine Verletzung der Bedingung $\omega_B < \omega_p$ noch nicht gleichbedeutend mit einem starken Einfluß des Magnetfeldes auf die Stoßvorgänge ist. Das hängt damit zusammen, daß der Streuquerschnitt für Coulomb-Stöße (s. Formel (1.10)) den sogenannten Coulomb-Logarithmus L_K enthält, der, grob gesprochen, seine Existenz der Vernachlässigung von Stößen mit Stoßparametern größer als r_D verdankt. Die logarithmische Abhängigkeit des Streuquerschnitts von der Entfernung, in der diese Vernachlässigung einsetzt, ist eine schwache Abhängigkeit. Daraus ergibt sich, daß man den Einfluß des Magnetfeldes auf die Stoßvorgänge bis zu solchen Werten der Plasmaparameter vernachlässigen kann, für die die schwächere Bedingung

$$\ln(\omega_B/\omega_p) < L_K \qquad (2.51)$$

erfüllt wird. Sie ist nur auf exotische Plasmen (in außerordentlich hohen Magnetfeldern) nicht anwendbar.

Für die Plasmatheorie bedeutet die Erfüllung der Ungleichung (2.51), daß das Stoßintegral auf der rechten Seite der Boltzmann-Gleichung die gleiche Form hat, wie im Falle eines Plasmas ohne Magnetfeld. Natürlich bleiben auch die Formeln für die freien Weglängen und Flugzeiten sowie alle anderen Ergebnisse des Abschnitts 1.3 gültig.

Der Begriff des selbstkonsistenten Feldes muß im allgemeinen Falle auch das Magnetfeld mit einbeziehen. Das bedeutet, daß in der Maxwellgleichung für das magnetische Feld

$$\mathrm{rot}\underline{B} = \mu_0 \underline{j} + (1/c^2)\partial\underline{E}/\partial t$$

der von den Plasmaladungen übertragene Strom $\underline{j}$ in konsistenter Weise berücksichtigt werden muß. Da nach Definition für irgendeine Ladungssorte $n\underline{v} = \int \underline{v} f dv$ gilt, ist der Beitrag einer Teilchensorte durch $en\underline{v} = e\int \underline{v} f dv$ gegeben, so daß wir insgesamt $\underline{j} = \sum e_\kappa \int \underline{v} f_\kappa dv$ erhalten, wobei die Summierung über alle Teilchensorten auszuführen ist.

Für ein Plasma, das aus Elektronen und einfach geladenen Ionen einer Sorte besteht, lautet das vollständige Gleichungssystem der kinetischen Theorie mit selbstkonsistentem Feld.

$$\partial f_e/\partial t + \underline{v}\,\mathrm{grad} f_e - (e/m_e)(\underline{E}+\underline{v}\times\underline{B})\cdot(\partial f_e/\partial \underline{v}) = \mathrm{St}\{f_e\} ,$$

$$\partial f_i/\partial t + \underline{v}\,\mathrm{grad} f_i + (e/m_i)(\underline{E}+\underline{v}\times\underline{B})\cdot(\partial f_i/\partial \underline{v}) = \mathrm{St}\{f_i\} ,$$

$$\mathrm{rot}\underline{B} = \mu_0 \underline{j} + (1/c^2)(\partial\underline{E}/\partial t), \quad \mathrm{rot}\underline{E} = -\partial\underline{B}/\partial t , \quad \mathrm{div}\underline{B} = 0 . \qquad (2.52)$$

Wie die entsprechenden Gleichungen (1.84) und (1.85) für ein Plasma ohne Magnetfeld, so stellen nun die Gleichungen (2.52) die Grundlage für die Untersuchung der Dynamik und für die Aufstellung der hydrodynamischen Gleichungen eines Plasmas im Magnetfeld dar. Die hydrodynamische Näherung ist auf ein Plasma anwendbar, dessen räumliche Ausdehnung viel größer als die mittlere freie Weglänge l ist. Dabei wirkt sich in Abhängigkeit vom Wert des Verhältnisses von freier Weglänge l zu Gyrationsradius r_B das Vorhandensein eines Magnetfeldes in ganz unterschiedlicher Weise aus. Für $l \ll r_B$ (also für ein dichtes Plasma nicht sehr hoher Temperatur in einem relativ schwachen Magnetfeld) ist der Einfluß des Magnetfeldes weniger spürbar. Für $l \gg r_B$ hingegen werden die Einzelteilchenbahnen durch das Magnetfeld zu einer Helix verformt. In diesem Falle existiert eine approximative Theorie des Plasmas in der sogenannten Driftnäherung. Die zugehörige driftkinetische Gleichung beschreibt die Dichteverteilung der Gyrationszentren im Phasenraum. Hierbei besteht der Phasenraum aus dem gewöhnlichen dreidimensionalen Koordinatenraum mit $\underline{r}$ als dem Ortsvektor eines Gyrationszentrums und aus den Koordinaten $v_{\parallel}$ (der Geschwindigkeit des Gyrationszentrums parallel zu $\underline{B}$) und $\underline{\mu}$ (dem magnetischen Moment des Teilchens).

Anstelle von sechs Koordinaten $(\underline{r},\underline{v})$ wird dieser Phasenraum nur von fünf unabhängigen Veränderlichen beschrieben. Die linke Seite der driftkinetischen Gleichung stellt die Kontinuitätsgleichung für die Funktion $f(\underline{r},v_{\parallel},\mu)$ in diesem vereinfachten Raum dar:

$$\partial f/\partial t + \mathrm{div}_{\underline{r}}(\underline{u}_d f) + (F_{\parallel}/m)(\partial f/\partial v_{\parallel} = St\{f\} \qquad (2.53)$$

Hierbei hat $\underline{u}_d$ parellel zum Feld die Komponente $v_{\parallel}$, der zum Magnetfeld senkrechte Anteil von $\underline{u}$ wird durch die Gleichungen für aller Arten von Driftbewegung bestimmt. Die Parallelkomponente $F_{\parallel}$ der Kraft erhalten wir aus Gleichung (2.21).

Für eine Beschreibung des Plasmas in der Driftnäherung muß auch im Stoßintegral von den Variablen $\underline{v}$ auf $v_{\parallel}$ und μ übergegangen werden.

Bei der Berechnung der Stromdichte in einem solchen Plasma muß man behutsam vorgehen. Das hängt damit zusammen, daß der mit der Bewegung der Gyrationszentren verbundene Strom $\underline{j}_d = en\underline{u}_d$ nicht den gesamten Ladungstransport ausmacht. Selbst bei ruhenden Gyrationszentren existiert ein Zusatzstrom, der durch das magnetische Moment $\underline{\mu}$ der auf ihrem Larmorkreis rotierenden Teilchen bedingt ist. Bei homogener Verteilung der Gyrationszentren mit dem mittleren magnetischen Moment $\underline{\mu}$ und der Dichte n ergibt sich lediglich am Rand ein Strom, der zu einer Erniedrigung des Magnetfeldes um den Wert $\Delta\underline{B} = \mu_o n\underline{\mu}$ führt. Für eine räumlich inhomogene Verteilung ergibt sich auch ein Volumenstrom. Seine Dichte $\underline{j}_D$ ergibt sich aus der Gleichung

$$\mathrm{rot}\Delta\underline{B} = \mu_o \mathrm{rot} n\underline{\mu} = \mu_o \underline{j}_D \qquad (2.54)$$

$$\underline{j}_D = \mathrm{rot} n\underline{\mu}$$

Das ist der gesuchte Zusatzstrom. Über die Verteilungsfunktion läßt er sich in der Form

$$\underline{j}_D = \mathrm{rot} \int \underline{\mu} f dv, \quad \underline{\mu} = -\mu\underline{B}/B \qquad (2.54')$$

darstellen. Der Einheitsvektor $-\underline{B}/B$ zeigt an, daß die magnetischen Momente der Teilchen gegen die Feldrichtung orientiert sind.

Wir kehren zu der Bedingung $l \gg r_B$ zurück, die den Parameterbereich starker Einwirkung des Magnetfeldes auf die Teilchenbahnen und damit auf die Kinetik des Plasmas als Ganzem bestimmt. Berücksichtigen wir, daß $l = v_T\tau$ und $r_B = v_T/\omega_B$ gilt, wobei τ die freie Flugzeit ist, dann können wir die Bedingung $l \gg r_B$ auch als

$$\omega_B \tau \gg 1 \tag{2.55}$$

schreiben. Diese Ungleichung ist ein Kriterium für die magnetische Aktivität des Plasmas und bei ihrer Erfüllung spricht man von einem Magnetoplasma. Dabei müssen wir zwischen Elektronen und Ionen unterscheiden. Bei gleichen Temperaturen und freien Weglängen gilt die Beziehung

$$\omega_{Be}\tau_e = (m_i/m_e)^{1/2}\omega_{Bi}\tau_i$$

Aus diesem Grunde können sich in ein- und demselben Plasma die Elektronen als magnetisch aktiv erweisen, die Ionen jedoch nicht. Gerade dieser Situation begegnet man oft im kalten Plasma von MHD-Generatoren. In heißen oder hinreichend dünnen Plasmen sind sowohl Elektronen, als auch Ionen magnetisch aktiv. Beispiele dafür sind die Plasmen in Fusionsmaschinen mit magnetischem Einschluß, in den oberen Schichten der Ionosphäre und Magnetosphäre, in der Sonnenkorona und in Gasentladungen niedrigen Druckes.

In vielen Fällen von Interesse spielen sich die Vorgänge im Plasma in Zeiten ab, die kleiner als die freien Flugzeiten, jedoch viel größer als die Zeit für eine Larmorumdrehung der Teilchen im Magnetfeld sind. In diesem Falle kann man die Zweierstöße zwischen den Teilchen vernachlässigen und damit auch das Stoßintegral auf der rechten Seite der driftkinetischen Gleichung (2.53). Diese Gleichung beschreibt dann ein stoßfreies Plasma im Magnetfeld. Dieses Modell wird häufig für die Untersuchung von Schwingungen und Wellen im Plasma und für die Analyse einiger wichtiger Plasmainstabilitäten im Magnetfeld herangezogen.

2.5 Plasmahydrodynamik im Magnetfeld

Die hydrodynamische Beschreibung im Magnetfeld erhält man auf die gleiche Weise wie in Abschnitt 1.5 für das magnetfeldfreie Plasma. Bei der Betrachtung eines Plasmas, dessen Eigenschaften sich über Entfernungen L_p, die wesentlich größer als die freien Weglängen l, und in Zeiten τ_p, die ein Vielfaches der freien Flugzeit betragen, wenig ändern, ist die Verteilungsfunktion von Elektronen und Ionen als nahe einer Maxwell-Verteilung anzusehen. In einem solchen Plasma wird der Zustand jeder Ladungskomponente durch die Dichte $n(\underline{r},t)$, die Temperatur $T(\underline{r},t)$ und durch die mittlere makroskopische Geschwindigkeit $\underline{u}(\underline{r},t)$ vollständig beschrieben. Die Gleichungen für diese Größen erhält man wie in Abschnitt 1.5 aus Momenten der kinetischen Gleichung, hier der Gleichung (2.52). Die entsprechendenen Rechnungen sind denen, die wir in Abschnitt 1.10 durchgeführt haben, völlig analog, so daß wir sie hier nicht zu wiederholen brauchen. Es ist lediglich zu beachten, daß (2.52) auf der rechten Seite den die Lorentzkraft beschreibenden Zusatzterm

$$(e/m)\underline{v}\times\underline{B}(\partial f/\partial\underline{v}) \tag{2.56}$$

enthält. Seine Integration über d^3v (das nullte Moment) ergibt Null. Das ist nicht weiter erstaunlich, da die Lorentzkraft die Teilchenzahlbilanz, die durch die Kontinuitätsgleichung $\partial n/\partial t + \mathrm{div}\, n\underline{u} = 0$ ausgedrückt wird, nicht ändert.

In der Eulerschen Gleichung, die mit der Bildung der Momente erster Ordnung (durch Multiplikation mit den Komponenten von $\underline{v}$ und anschließende (partielle) Integration) verknüpft ist, liefert der Term mit der Lorentzkraft den Beitrag

$$(e/m)\int \underline{v}(\underline{v}\times\underline{B})(\partial f/\partial v)d^3v = -\,(e/m)\int(\underline{v}\times\underline{B})fd^3v = (e/m)n(\underline{u}\times\underline{B})$$

der nichts anderes darstellt, als die mittlere Lorentzkraft, die auf die Teilchen einer Sorte pro Volumeneinheit ausgeübt wird. Wir haben also der Eulerschen Gleichung für ein Plasma ohne Magnetfeld (1.102) auf der rechten Seite den Term $en(\underline{v}\times\underline{B})$ hinzuzufügen:

$$mnd\underline{u}/dt = -\mathrm{grad}p + en\underline{E} + en(\underline{u}\times\underline{B}) \tag{2.57}$$

Wenn man von einer möglicherweise vom Magnetfeld hervorgerufenen Änderung der Wärmeleitfähigkeit absieht, dann ändert sich die Gleichung für die Temperatur nicht. Jede der Ladungskomponenten des Plasmas wird also in der hydrodynamischen Näherung durch das Gleichungssystem (1.100), (1.106) und (2.57) beschrieben. Wir wollen jetzt Stöße zwischen Teilchen verschiedener Sorte berücksichtigen. Wie schon in Abschnitt 1.10 führt dies in der Eulerschen Gleichung zum Auftreten einer Kraft, die die zwischen den einzelnen Plasmakomponenten sich ergebende Reibung berücksichtigt. Dann lautet die für ein aus Elektronen und gleichviel einfach geladenen Ionen bestehendes quasineutrales ($n_e = n_i = n$) Plasma gültige Bewegungsgleichung der Zweiflüssigkeitshydrodynamik

$$nm_i d\underline{u}_i/dt = -\mathrm{grad}\,p_i + en\underline{E} + en(\underline{u}_i \times \underline{B}) - m_e(\underline{u}_i - \underline{u}_e)\nu_{ei} n \tag{2.58}$$

$$nm_e d\underline{u}_e/dt = -\mathrm{grad}\,p_e - en\underline{E} - en(\underline{u}_e \times \underline{B}) + m_e(\underline{u}_i - \underline{u}_e)\nu_{ei} n \tag{2.59}$$

Hier ist eine Bemerkung angebracht, die wir schon in Abschnitt 1.10 im Zusammenhang mit der Untersuchung der hydrodynamischen Näherung in der Plasmatheorie gemacht haben. Für eine vereinfachte Herleitung der Gleichungen der Plasmahydrodynamik mit oder ohne Magnetfeld ist die Benützung des Apparates der kinetischen Theorie eigentlich nicht erforderlich, da es sich um eine einfache Anwendung allgemeiner Gesetze der Dynamik auf die Bewegung kleiner Volumenelemente von Plasmamaterie beider Komponenten handelt.

Eine Beschreibung des Plasmas als eine einzige Flüssigkeit erhält man, indem man die beiden Gleichungen (2.58) und (2.59) zueinander addiert. Die Elektronenträgheit kann man hierbei im allgemeinen vernachlässigen, und die Summe der auf ein Plasmavolumenelement wirkenden elektrischen Kräfte verschwindet wegen der Quasineutralität des Plasmas. Ebenso verschwindet die Summe der einander entgegengerichteten und dem Betrage nach gleichen Reibungskräfte zwischen Elektronen und Ionen. Die Summe der Lorentzkraftdichten $en((\underline{u}_i - \underline{u}_e) \times \underline{B})$ führt auf die (Amperesche) Kraftdichte $\underline{j} \times \underline{B}$, da $en(\underline{u}_i - \underline{u}_e) = \underline{j}$ gilt.

Damit erhalten wir die Bewegungsgleichung der Einflüssigkeitshydrodynamik im Magnetfeld - der sogenannten Magnetohydrodynamik - als

$$nMd\underline{u}/dt = \underline{j} \times \underline{B} - \mathrm{grad}(p_i + p_e) \tag{2.60}$$

$$\underline{u} = (m_i \underline{u}_i + m_e \underline{u}_e)/(m_i + m_e), \qquad M = m_i + m_e$$

Die Stromdichte läßt sich mit Hilfe der Maxwellgleichung $\mathrm{rot}\underline{B} = \mu_o \underline{j}$ durch $\underline{B}$ ausdrücken. Nach Elimination von $\underline{j}$ erhalten wir für die mit der magnetischen Induktion $\underline{B}$ verbundene Kraftdichte

$$\underline{j} \times \underline{B} = \mathrm{rot}\underline{B} \times \underline{B}/\mu_o$$

Das Vektorprodukt zerlegt man zweckmäßigerweise mit Hilfe der bekannten Vektoridentität

$$\mathrm{grad}\,a^2/2 = \underline{a}.\mathrm{grad}\underline{a} + \underline{a} \times \mathrm{rot}\underline{a}$$

und erhält in Anwendung auf ein Magnetfeld

$$\mathrm{rot}\underline{B} \times \underline{B}/\mu_o = -\mathrm{grad}B^2/(2\mu_o) + \underline{B}.\mathrm{grad}\underline{B}/\mu_o \tag{2.61}$$

Der erste Term auf der rechten Seite läßt sich als Gradient des Magnetfelddruckes $B^2/(2\mu_o)$ interpretieren. Der zweite Term beschreibt die von der Krümmung der Magnetfeldlinien hervorgerufenen Spannungskräfte. Sie sind der Feldlinienkrümmung stets entgegengerichtet.

In der Magnetohydrodynamik sind die unbekannten Größen die Dichte n, die Geschwindigkeit $\underline{u}$, der Druck p und die magnetische Induktion $\underline{B}$. Die Zahl der Gleichungen, die uns für ihre Bestimmung zur Verfügung stehen, sollte mit der Zahl der unbekannten Funktionen übereinstimmen. Drei Gleichungen stehen uns zur Bestimmung von n, $\underline{u}$ und p zur Verfügung: die Kontinuitätsgleichung für n, die Bewegungsgleichung (2.60) für $\underline{u}$ und die Zustandsgleichung für den Druck p. Die fehlende Gleichung für das Magnetfeld verschaffen wir uns auf die folgende Weise. Wir benützen die Induktionsgleichung $\text{rot}\underline{E} = -\partial\underline{B}/\partial t$ und setzen in sie das elektrische Feld $\underline{E}$ ein, nachdem wir dieses über das Ohmsche Gesetz durch die Stromdichte ausgedrückt haben. Im Magnetfeld besteht jedoch ein anderer Zusammenhang zwischen $\underline{j}$ und $\underline{E}$ und damit ein anderes Ohmsches Gesetz als wir es in Teil 1 erhalten haben.

Zur Ableitung dieses verallgemeinerten Ohmschen Gesetzes wenden wir uns wieder den Gleichungen zu, die das Verhalten der beiden Plasmakomponenten einzeln beschreiben. Indem wir Gleichung (2.58) mit m_e und Gleichung (2.59) mit m_i multiplizieren und die Ergebnisse voneinander subtrahieren, erhalten wir

$$-en(\underline{u}_i-\underline{u}_e)x\underline{B} + \text{grad}p_e - (en/\sigma)\underline{j} + en\underline{E} - en\underline{u}x\underline{B} = 0 \qquad (2.62)$$

Hier haben wir auf der rechten Seite Glieder der Ordnung m_e/m_i und auf der linken die Trägheitsterme weggelassen, da wir voraussetzen, daß sich eine merkliche Änderung der Stromdichte nur in Zeiten $\tau_p >> \tau_{ei}$ und über Entfernungen $L_p >> l$ ergibt. Zweckmäßigerweise schreibt man (2.62) in der folgenden Form:

$$\underline{j} = \sigma(\underline{E} + \underline{u}x\underline{B}) - (\sigma/en)\underline{j}x\underline{B} + (\sigma/en)\text{grad}p_e \qquad (2.63)$$

Das ist das verallgemeinerte Ohmsche Gesetz für ein Plasma im Magnetfeld. Insbesondere stimmt es in dem Fall mit dem in Teil 1 abgeleiteten Ohmschen Gesetz (1.21) überein, wenn der Strom parallel zum Magnetfeld fließt und das Plasma homogen ist (d.h. kein Druckgradient vorhanden ist) und wir das elektrische Feld $\underline{E}$ durch $\underline{E}' = \underline{E}+\underline{u}x\underline{B}$ ersetzen. Im allgemeinen jedoch treten auf der rechten Seite von (2.63) zwei Zusatzterme auf, der eine ist proportional zum Vektorprodukt $\underline{j}x\underline{B}$, der andere zum Elektronendruckgradienten. Sie besitzen eine einfache physikalische Bedeutung. Im Ausdruck für den Strom erscheint die Größe $(e/m_e\nu_{ei})\text{grad}p_e$, weil in einem ionisierten Gas ein Strom nicht nur durch ein elektrisches Feld, sondern auch durch einen Unterschied der Elektronendrücke in verschiedenen Punkten des Raums hervorgerufen werden kann. Der $\underline{j}x\underline{B}$ enthaltende Term beschreibt den Einfluß des Magnetfeldes auf die Bewegung der Plasmaelektronen.

Wegen des Auftretens dieser Zusatzterme besteht zwischen der Stromdichte und dem elektrischen Feld kein einfacher Zusammenhang mehr. Für gegebene Werte von $\underline{E}'$ können sich für die Stromdichte ganz unterschiedliche Werte ergeben. Diese Unbestimmtheit wird ganz wesentlich in dem Falle reduziert, in dem sich das Plasma in einem quasistationären Zustande befindet, d.h. dann, wenn $d\underline{u}/dt = 0$ gilt. Dann vereinfachen sich die Gleichungen (2.60) und (2.63) zu

$$\underline{j}x\underline{B} = \text{grad}p \tag{2.64}$$

$$\underline{j} = \sigma(\underline{E} + \underline{u}x\underline{B} - (1/ne)\text{grad}p_i) \tag{2.65}$$

Wenn wir die natürliche Annahme machen, daß $\text{grad}p_e$ und $\text{grad}p_i$ zueinander parallel sind, dann finden wir aus (2.64), daß $\text{grad}p_i$ senkrecht zu $\underline{j}$ ist. Aus einer Betrachtung von (2.65) finden wir, daß der Vektor $\underline{E}'$ die zwei zueinander senkrechten Komponenten $\underline{E}'_{\parallel}$ und $\underline{E}'_{\perp}$ besitzt, wobei $\underline{E}'_{\parallel}$ parallel zu $\underline{j}$ und $\underline{E}'_{\perp}$ parallel zu $\text{grad}p_i$ ist.

Aus (2.65) ergibt sich, daß $\underline{j}_{\parallel} = \sigma\underline{E}'_{\parallel}$ gilt. Folglich gilt für $j_{\parallel}$ das (übliche) Ohmsche Gesetz. Die Komponente $\underline{E}'_{\perp}$ erzeugt keinen Strom. Ihr wird durch den Ionendruckgradienten das Gleichgewicht gehalten:

$$\underline{E}'_{\perp} = (1/ne)\text{grad}p_i \tag{2.66}$$

Die Nichtkollinearität von $\underline{E}'$ und $\underline{j}$ führt zum Hall-Effekt - dem Auftreten einer Stromkomponente senkrecht zum elektrischen Feld.

Die physikalische Bedeutung dieser Ergebnisse läßt sich anhand einfacher Überlegungen herausfinden. Da der elektrische Strom im Plasma von den Elektronen getragen wird, wirkt die vom Magnetfeld ausgeübte Kraft $\underline{j}x\underline{B}$ auf ein Elektronengas. Diese Kraft sorgt insbesondere für einen Überschuß an Elektronendruck p_e. Wegen der Aufrechterhaltung der Quasineutralität hat eine Änderung von p_e eine gleichgroße Änderung des Ionendruckes p_i zur Folge. Ein Gradient des Ionendruckes kann jedoch nur dann aufrechterhalten bleiben, wenn eine Kraft existiert, die einen Ausgleich der Ionendrücke verhindert. Sie muß in der Richtung von $\text{grad}p_i$ wirken, d.h. senkrecht zu $\underline{j}$ und $\underline{B}$ gerichtet sein. Eine solche Kraft stellt gerade die Komponente $\underline{E}'_{\perp}$ des elektrischen Feldes dar, die senkrecht zur Stromdichte $\underline{j}$ ist. Sie sorgt für die Aufrechterhaltung der Quasineutralität des Plasmas, indem sie eine Ladungstrennung von Elektronen und Ionen verhindert. Offensichtlich steht dafür im Ohmschen Gesetz keine Kraftkomponente zur Verfügung. Wenn (im statischen Fall) das Plasma ruht, dann gilt für die zum Strom parallele Komponente des elektrischen Feldes das Ohmsche Gesetz in der üblichen Form $\underline{j} = \sigma\underline{E}_{\parallel}$.

Um das elektrische Feld aus den Gleichungen der Magnetohydrodynamik zu eliminieren, bilden wir von beiden Seiten der Gleichung (2.63) die Rotation

$$(1/\sigma)\mathrm{rot}\underline{j} = \mathrm{rot}\underline{E} + \mathrm{rot}(\underline{u}\times\underline{B}) - \mathrm{rot}(\underline{j}\times\underline{B}/en) + \mathrm{rot}((\mathrm{grad}p_e)/en) \qquad (2.67)$$

Benützen wir weiter $\mathrm{rot}\underline{E} = -\partial\underline{B}/\partial t$ und $\mathrm{rot}\underline{B} = \mu_o\underline{j}$, dann erhalten wir die noch fehlende Gleichung für das Magnetfeld

$$\partial\underline{B}/\partial t = \qquad (2.68)$$
$$= \mathrm{rot}(\underline{u}\times\underline{B}) - (1/\mu_o e)\mathrm{rot}(\mathrm{rot}\underline{B}\times\underline{B}/n) - \mathrm{grad}n\times\mathrm{grad}(kT_e)/en + (1/\mu_o\sigma)\,\Delta\underline{B}$$

Diese Gleichung läßt sich in eine symmetrischere Form bringen, indem wir mit Hilfe der Bewegungsgleichung den zweiten Term auf der rechten Seite eliminieren und Gebrauch von der Beziehung $\mathrm{rot}d\underline{u}/dt = \partial(\mathrm{rot}\underline{u})/\partial t - \mathrm{rot}(\underline{u}\times\mathrm{rot}\underline{u})$ machen. Auf diese Weise erhalten wir

$$(\partial/\partial t)(\underline{B}+(M/e)\mathrm{rot}\underline{u}) = \qquad (2.69)$$
$$= \mathrm{rot}(\underline{u}\times(\underline{B}+(M/e)\mathrm{rot}\underline{u})) + \mathrm{grad}n\times\mathrm{grad}(kT_i)/en + \Delta\underline{B}/(\mu_o\sigma)$$

Mit Ausnahme der Fälle, in denen Dichte und Temperatur völlig verschiedene Funktionen der Raumkoordinaten sind, spielt der $\mathrm{grad}n\times\mathrm{grad}T_i$ enthaltende Term keine wichtige Rolle. Zur Vereinfachung wollen wir ihn nicht berücksichtigen. Der letzte Term auf der rechten Seite beschreibt den Vorgang der Magnetfelddiffusion. Im Moment wollen wir von diesem Diffusionsvorgang absehen, indem wir annehmen, daß die Leitfähigkeit des Plasmas so groß ist, daß der mit ihm verbundene Term vernachlässigt werden kann. Dann stellt (2.69) die Verallgemeinerung einer aus der Hydrodynamik bekannten Transportgleichung für rot$\underline{u}$ dar, die besagt, daß sich Wirbellinien zusammen mit der Materie bewegen. In einem hinreichend starken Magnetfeld mit $eB/M >> u/L_p$ vereinfacht sich (2.69) zu

$$\partial\underline{B}/\partial t = \mathrm{rot}(\underline{u}\times\underline{B}) + (1/\mu_o\sigma)\Delta\underline{B} \qquad (2.70)$$

Gerade diese Gleichung ist es, die in der Magnetohydrodynamik häufig anstelle der fehlenden vierten Gleichung für das Magnetfeld benützt wird. Im Spezialfall ebener Bewegung, in dem das Magnetfeld nur eine Komponente (etwa B_z) besitzt, die von den zwei Koordinaten x und y abhängt und von der Geschwindigkeit $\underline{u}$ nur die Komponenten u_x und u_y von Null verschieden sind, nimmt (2.70) die Form

$$\partial B_z/\partial t + \partial(u_x B_z)/\partial x + \partial(u_y B_z)/\partial y = (1/\mu_o\sigma)(\partial^2/\partial x^2+\partial^2/\partial y^2)B_z \quad (2.71)$$

an, die, wenn wir von der rechten Seite absehen, an eine Kontinuitätsgleichung bei ebener Bewegung erinnert.

Gleichung (2.70) beschreibt, in welchem Maße das Magnetfeld ins Plasma "eingefroren" ist. Wir wollen diesen Vorgang etwas ausführlicher betrachten. Das Plasma ist ein guter Leiter des elektrischen Stroms. Aus diesem Grunde werden bei seiner schnellen Bewegung im Magnetfeld Ströme induziert, die die Verteilung der Magnetfeldstärke ändern. Im allgemeinen ist diese Änderung so, als ob das Plasma bei seiner Bewegung die Feldlinien mit sich führe - die Feldlinien verhalten sich so, als wären sie ins Plasma "eingefroren".

Um diese Erscheinung besser verstehen zu können, betrachten wir einen Spezialfall der Plasmabewegung. Das Plasma erfülle ein Gebiet mit zur z-Achse parallelem Magnetfeld. Die Magnetfeldstärke sei der zur z-Richtung senkrechten x-y-Ebene irgendeine Funktion des Ortes. Die Plasmadichte ist längs Feldlinien konstant, kann aber ebenfalls noch eine Funktion der Koordinaten x und y sein.

Wir wollen annehmen, daß sich das Plasma senkrecht zum Magnetfeld bewegt. In Gedanken grenzen wir im Raum einen schlanken Plasmazylinder parallel zu $\underline{B}$ ab. Seine Querschnittsfläche mit der x-y-Ebene sei dS. Bei seiner Bewegung erfährt dieser Plasmazylinder eine Kompression oder Expansion, durch die sich seine Querschnittsfläche ändert. Da die in ihm enthaltene Anzahl von Teilchen erhalten bleibt, gilt $ndS = \text{const}$. Aber auch der Magnetfeldfluß durch die Querschnittsfläche dS bleibt konstant. In einem Plasma hinreichend hoher elektrischer Leitfähigkeit führt nämlich auch eine sehr kleine Flußänderung, wenn sie nur genügend schnell erfolgt, zur Entstehung eines sehr großen Induktionsstromes, der die Flußänderung sofort kompensiert. Diese Erhaltung des magnetischen Flusses drückt sich in der Beziehung $BdS = \text{const}$. aus.

Aus diesen Überlegungen ergibt sich, daß im betrachteten Falle bei der Bewegung des Plasmas die Größe B/n konstant bleibt. Wenn das Plasma komprimiert wird, steigt die Feldstärke, und seine Expansion hat die Abnahme von B zur Folge. Die Umverteilung der Dichte durch schnelle Deformationen führt zu einer wesentlichen Änderung der räumlichen Magnetfeldverteilung. Gerade in diesem Zusammenhang zwischen den Deformationen von Plasma und Feld, der sich aus der Erhaltung des Magnetfeldflusses in einem materiellen Volumenelement ergibt, drückt sich das "Eingefrorensein" der Feldlinien aus.

Allerdings ist zu bemerken, daß die Konstanz von B/n keine Regel ist. Sie ist nur im betrachteten konkreten Falle gegeben. Unter anderen geometrischen Bedingungen kann die Beziehung zwischen Feldstärke und Dichte bei schneller Bewegung des Plasmas im Magnetfeld eine andere Form annehmen. So bleibt z.B. in einer axialsymmetrischen Plasmaströmung, die unter der Wirkung der vom Plasmastrom erzeugten elektromagnetischen Kräfte steht, während der Bewegung in jedem materiellen Volumenelement das Verhältnis B/nr konstant, wobei r der Abstand des betrachteten Volumenelementes von der Symmetrieachse des Systems ist.

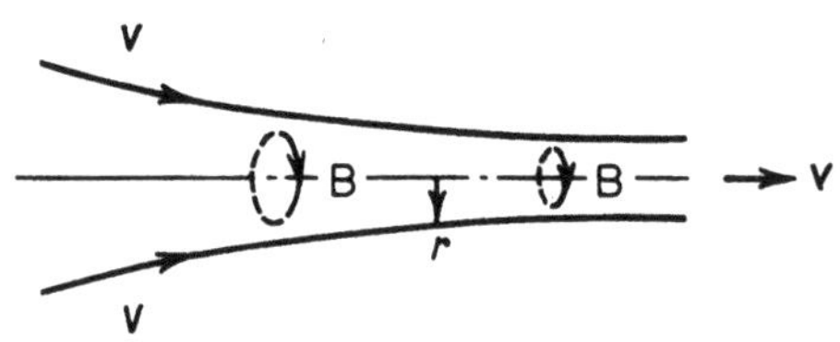

Abb.2.12
"Eingefrorenes" magnetisches Feld im Plasma einer axialsymmetrischen Strömung

Noch eine andere Bemerkung mag angebracht sein. Das Einfrieren von Feldlinien ist keine Erscheinung, die in spezifischer Weise an Eigenschaften des Plasmas gebunden ist. Ein entsprechender Effekt wird bei hinreichend schneller Bewegung im Magnetfeld in jedem anderen guten Leiter beobachtet. Durch die Gleichungen der Magnetohydrodynamik wird nicht nur die Bewegung eines Plasmas, sondern auch das Verhalten irgendeines anderen gasförmigen oder flüssigen Mediums im Magnetfeld beschrieben, das die Fähigkeit besitzt, den elektrischen Strom zu leiten. Als Beispiele solcher Medien können geschmolzene Metalle dienen. Die klassischen Versuche Alfvens zur Magnetohydrodynamik wurden mit flüssigem Quecksilber durchgeführt.

Wir kehren jetzt zur Ausgangsgleichung (2.70) zurück und wollen versuchen den Vorgang der Magnetfelddiffusion zu verstehen wie er von der rechten Seite dieser Gleichung beschrieben wird. Wie wir schon bemerkt haben, hängt das Einfrieren der Magnetfeldlinien mit der Entstehung von Induktionsströmen zusammen, die die Bewegung des Plasmas begleitet. So groß auch die Leitfähigkeit des Plasmas sein mag, nach einer hinreichend langen Zeit tritt durch den endlichen Widerstand des Plasmas Dissipation und damit eine Dämpfung dieser Ströme ein. Dies muß natürlich auch zu einer Änderung des Magnetfeldes führen. Wenn z.B. durch Kompression innerhalb des Plasmas eine erhöhte Feldliniendichte erzeugt worden war, dann wird diese letzten Endes wegen des Abklingens der Induktionsströme wieder rückgängig gemacht. Ein Teil der Magnetfeldlinien wird sozusagen nach außen gedrängt. Wie aus Gleichung (2.70) folgt, hat dieser Vorgang den Charakter einer Diffusion. Der entsprechende Diffusionskoeffizient ist proportional zum spezifischen elektrischen Widerstand des Plasmas: $D_M = 1/\mu_0\sigma$ *). Oft spricht man bei diesem Diffusionskoeffizienten auch vom Koeffizienten der magnetischen Viskosität und bezeichnet ihn dann mit dem Symbol ν_m. Die Entstehung dieses Begriffs erklärt sich aus der Analogie von Magnetfelddiffusion und viskoser Ausbreitung von $\mathrm{rot}\underline{u}$ in der Hydrodynamik durch gewöhnliche Viskosität.

Wir wollen eine Bilanz unserer Untersuchung der Rolle des Magnetfeldes in der Plasmahydrodynamik ziehen. In der Bewegungsgleichung verursacht das Magnetfeld das Auftreten zusätzlicher Kräfte (s. Gleichung (2.57)). Das Ohmsche Gesetz ändert seine Form: die Leitfähigkeit des Plasmas bleibt nur im Falle magnetfeldparalleler Ströme erhalten, senkrecht zum Magnetfeld kann sich (insbesondere wegen des Hall-Effekts), wenn die Bedingung $\omega_{Be}\tau_e \gg 1$ erfüllt ist, d.h. das Plasma magnetoaktiv ist, ein wesentlich veränderter Stromfluß ergeben.

Die Abhängigkeit der elektrischen Leitfähigkeit vom Magnetfeld ist nur ein Beispiel für den Einfluß der magnetischen Induktion auf die Transportkoeffizienten. Wenn der mittlere Gyrationsradius der Plasmateilchen kleiner als die freie Weglänge ist, dann sind alle Transportvorgänge senkrecht zum Magnetfeld stark behindert. Das gilt z.B. auch für die Wärmeleitung. Aneinandergrenzende Gebiete unterschiedlicher Temperatur können nebeneinander existieren, da die Teilchen um die Magnetfeldlinien gyrieren und bei einem der seltenen Stöße in Richtung des Temperaturgradienten nur um eine Entfernung von der Größenordnung des Gyrationsradius r_B versetzt werden (diese Eigenschaft des Plasmas im Magnetfeld wird zur sogenannten magnetischen Thermoisolation ausgenützt).

Unter gewissen Bedingungen erweist sich der Einfluß des Magnetfeldes als noch fundamentaler. Bis jetzt haben wir angenommen, daß die hydrodynamische Näherung (wie im Falle ohne Magnetfeld) nur auf ein Plasma anwendbar ist, in dem eine charakteristische Änderungslänge L_p wesentlich größer als die freie Weglänge ist ($L_p \gg l$). Nehmen wir an, es handle sich um

*) Der Zusammenhang zwischen dem Diffusionskoeffizienten des Magnetfeldes und der bekannten Formel für die Tiefe der Skin-Schicht läßt sich leicht herstellen. Nehmen wir an, daß an der Grenze des leitenden Mediums ein magnetisches Wechselfeld der Frequenz ω vorhanden ist. Dann diffundiert während einer Schwingungsperiode das Feld über die Strecke $\delta \sim (D_M/\omega)^{1/2} = (1/\mu_0\sigma\omega)^{1/2}$, d.h. über die Tiefe der Skin-Schicht.

ein Plasma sehr großer freier Weglänge ($l \gg L_p$). Die Anwendung der hydrodynamischen Beschreibung im üblichen Sinne kann sich als unzulässig erweisen. In der Tat ergibt sich hier ein freier Austausch von Teilchen zwischen Gebieten verschiedener Anfangswerte für Dichte und Temperatur. Dadurch wird sich ein Zustand mit einer Verteilungsfunktion einstellen, die ein sozusagen zufällig entstandenes Gemisch verschiedener Maxwell-Verteilungen darstellt, und von lokalen Temperaturen kann keine Rede sein. Erst bei hinreichend vielen Stößen, die wir bei der Herleitung der hydrodynamischen Gleichungen auch vorausgesetzt haben, wird die freie Bewegung der Teilchen gehemmt und eine lokale Maxwellverteilung kann sich einstellen. Eine Hemmung der freien Bewegung kann, auch wenn gar keine Stöße vorhanden sind, offensichtlich auch durch ein hinreichend starkes Magnetfeld bewirkt werden. Natürlich besitzt das Magnetfeld diese Wirkung nur bezüglich der Bewegung der Teilchen senkrecht zu den Feldlinien.

Auf diese Weise ergibt sich im Magnetfeld auch bei Abwesenheit von Stößen die Möglichkeit, die Bewegung des Plasmas senkrecht zum Magnet in einer Art hydrodynamischen Näherung zu beschreiben. Wie man in Analogie zur stoßdominierten Magnetohydrodynamik erwartet, ist die Bedingung für ihre Anwendbarkeit durch die Ungleichung

$$L_p \gg r_B \tag{2.72}$$

gegeben (die Rolle der mittleren freien Weglänge wird hier vom Gyrationsradius gespielt). Dieses physikalische Bild von den hydrodynamischen Eigenschaften des Plasmas bezieht sich nicht auf die Bewegung parallel zum Magnetfeld, da sich die Teilchen längs $\underline{B}$ frei bewegen können. Deshalb hat für $L_p \gg r_B$ die - sogenannte stoßfreie - Magnetohydrodynamik nur dann einen Sinn, wenn es um sich um Plasmabewegung senkrecht zum Magnetfeld handelt. Wie in der gewöhnlichen Magnetohydrodynamik so bewegen sich auch in einem stoßfreien Plasma die Magnetfeldlinien zusammen mit der Materie, d.h., für $\underline{B}$ gilt die Flußerhaltung. Für die Adiabatengleichung, die eine Beziehung zwischen Druck p und Dichte ρ herstellt, ergibt sich eine Änderung. Sie läßt sich aus den folgenden einfachen Überlegungen erhalten. Betrachten wir das Plasma in einer von Feldlinien erzeugten, schlanken Flußröhre. Zu Beginn seien der Plasmadruck, die Temperatur, die Dichte und das Magnetfeld innerhalb dieser Röhre durch die Größen p, T, n und B gegeben. Wenn im Verlauf der zeitlichen Entwicklung des Plasmazustandes das Plasma in einer Zeit komprimiert (expandiert) wird, die wesentlich größer als die Gyrationszeit der Ionen ist, dann bleibt (als Folge adiabatischer Invarianz) das magnetische Moment $\mu = w_\perp/B$ jedes Teilchens erhalten. Daraus ergibt sich automatisch auch die Konstanz des mittleren magnetischen Moments $\bar{\mu} = kT_\perp/B$ (pro

Teilchen), mit anderen Worten: die Temperatur ändert sich proportional zu B. Aus der Flußerhaltung ergibt sich $B \sim n$, so daß wir für den Plasmadruck $nkT_\perp \sim n^2$ erhalten, was einem Adiabatenindex $\gamma_\perp = 2$ entspricht, falls während der Änderung des Plasmazustandes Stöße keine Rolle spielen. Bei sehr langsamen Zustandsänderungen wird der Temperaturunterschied parallel und senkrecht zu $\underline{B}$ durch Stöße ausgeglichen, so daß sich sogar für sehr dünne und heiße Plasmen ein Adiabatenindex von 5/3 ergibt.

Mit einer solchen Hydrodynamik (für $l \gg L_p$) hat man es in der Physik des Hochtemperaturplasmas, in der Magnetosphäre der Erde und auch anderswo häufig zu tun.

2.6 Schwingungen und Wellen in einem Plasma mit Magnetfeld

Durch das Vorhandensein eines Magnetfeldes ändern sich im allgemeinen die elastischen Eigenschaften den Plasmas ganz wesentlich. Das kann nur damit zusammenhängen, daß sich der Charakter der Teilchenbewegung im Felde der Welle, oder anders ausgedrückt die Reaktion des Teilchens auf das Feld der Welle ändert. Von diesem Standpunkt aus ist es zweckmäßig, alle Typen von Schwingungen und Wellen im Plasma in zwei Klassen einzuteilen: 1.) Wellen, für die die Teilchen in einem Magnetfeld konstanter Richtung Schwingungen im wesentlichen parallel zu $\underline{B}$ ausführen, d.h. Wellen mit $\underline{j} \parallel \underline{B}_o$ und 2.) Wellen, für die die senkrecht zu einem äußeren Magnetfeld fließenden Ströme die Hauptrolle spielen ($\underline{j} \perp \underline{B}_o$). Bereits aus dieser Einteilung ergibt sich eine Anisotropie der Welleneigenschaften des Plasmas im Magnetfeld.

Wir erwarten also, daß in einem Plasma mit Magnetfeld eine elektromagnetische Welle mit dem elektrischen Vektor parallel zu $\underline{B}_o$, d.h. mit $\underline{k} \perp \underline{B}_o$ existiert, die der Dispersionsbeziehung (1.45) genügt, und darüberhinaus eine elektrostatische Welle mit $\underline{E}$ und $\underline{k}$ parallel zu $\underline{B}_o$ mit der Dispersionsrelation (1.3").

Für eine Welle, deren Fortpflanzungsrichtung mit dem Magnetfeld einen Winkel bildet, ist die im ersten Teil des Buches getroffene Einteilung der Wellen in elektrostatische und elektromagnetische bereits nicht mehr gültig. Weiter unten werden wir sehen, daß elektrostatische Wellen nur im Grenzfall sehr großer Brechungsindizes $N = kc/\omega \gg 1$ existieren. Die Dispersionseigenschaften elektrostatischer Wellen ändern sich durch die Anwesenheit eines konstanten Magnetfeldes eigentlich am allerwenigsten.

Wenn die Frequenz dieser Schwingungen wesentlich größer als die Elektronengyrofrequenz $\omega_{Be} = eB_o/m_e$ ist, dann hat das Magnetfeld keinen großen Einfluß auf die schnelle Schwingungsbewegung der Elektronen. Das Kriterium hierfür ist offensichtlich $\omega_{pe} >> \omega_{Be}$. Für die meisten praktischen Anwendungen ist es tatsächlich erfüllt. In Anwendung auf Ionenschallschwingungen müßte dann $\omega >> \omega_{Be}, \omega_{Bi}$ gelten. Daraus würde sich eine sehr starke Begrenzung der Magnetfeldstärke ergeben. Jedoch muß man in der Bedingung $\omega >> \omega_{Be}$ unter ω die wahre Frequenz $(\omega - kv)$ der Ionenschallschwingungen in dem Bezugssystem verstehen, das sich zusammen mit einem "mittleren" Elektron bewegt. Hierbei ist der zweite Term wesentlich größer als der erste, da die thermische Geschwindigkeit der Elektronen viel größer als die Phasengeschwindigkeit der Ionenschallwellen ist. Daraus läßt sich der Schluß ziehen, daß für $kv_{Te} >> \omega_{Be}$ sogar bei zum Felde senkrechter Ausbreitung das Magnetfeld keinen wesentlichen Einfluß auf die Ionenschallschwingungen ausübt. Im entgegengesetzten Grenzfall können Ionenschallschwingungen im Magnetfeld ihren Charakter ganz wesentlich ändern. Wenn sich z.B. niederfrequenter Schall senkrecht zu $\underline{B}$ ausbreitet, dann führt jede Kompression und Expansion des Plasmas zu einer Erhöhung bzw. Erniedrigung der Feldliniendichte. Das Magnetfeld verleiht dem Plasma zusätzliche Elastizität, was zu einer Erhöhung der Schallgeschwindigkeit führt. Für Frequenzen, die wesentlich niedriger als die Ionengyrofrequenz sind, läßt sich die Ausbreitungsgeschwindigkeit dieser sogenannten Magnetschallwellen aus der Beziehung $c_s = \sqrt{\partial p/\partial \rho}$ berechnen, wobei für p die Summe aus dem Plasma- und aus dem Magnetfelddruck $p_m = B^2/2\mu_o$ einzusetzen ist. Bei der Differentiation ist zu berücksichtigen, daß wegen der Flußerhaltung B proportional zu ρ ist. Folglich gilt $\partial B/\partial \rho = B/\rho$ und

$$\partial p_m/\partial \rho = B^2/\mu_o \rho \qquad (2.73)$$

Bei der Bestimmung des Plasmadrucks ist zu berücksichtigen, daß bei langsamen Schallschwingungen ($\omega << \omega_{Bi}$) in einem stoßfreien Plasma das Verhältnis $w_\perp/B$ konstant bleibt. Folglich ändert sich die "Temperatur" $T_\perp$, die ein Maß für die kinetische Energie der Bewegung senkrecht zu den Feldlinien ist, proportional zu B. p sei der Plasmadruck. Er ist gegeben durch $nk(T_e+T_i)$. Diese Größe ist proportional zu ρB, da aber $B \sim \rho$ gilt, wird der Druck proportional zu ρ^2. Also gilt

$$\partial p/\partial \rho = 2p/\rho = 2k(T_i+T_e)/m_i \qquad (2.73')$$

Indem wir die Beziehungen (2.73) und (2.73') benützen, erhalten wir für die Geschwindigkeit des Magnetschalls den Ausdruck

$$c_m^2 = 2k(T_i+T_e)/m_i + B^2/\mu_o \rho \; . \qquad (2.74)$$

In den Fällen, in denen der gaskinetische Druck des Plasmas wesentlich niedriger als der Magnetfelddruck ist (man spricht dann manchmal von einem "kalten" Plasma), kann im Ausdruck (2.74) der erste Term weggelassen werden und die Geschwindigkeit der Schallwellen stimmt dann mit der sogenannten Alfvengeschwindigkeit $v_A = B/\sqrt{\mu_o \rho}$ überein.

Es ist klar, daß wir die aus anschaulichen Überlegungen erhaltenen Eigenschaften niederfrequenter Magnetschallschwingungen auch in direkter Rechnung durch Linearisierung der Gleichungen der Magnetohydrodynamik hätten herleiten können, ähnlich wie wir dies bei der Betrachtung der Plasmaschwingungen im Rahmen der hydrodynamischen Beschreibung getan haben. Dies erweist sich als notwendig, wenn wir uns für die Eigenschaften des Magnetschalls bei Frequenzen interessieren, die vergleichbar oder größer als die Ionengyrofrequenz ω_{Bi} sind. In der Näherung eines kalten Plasmas, in dem die thermische Bewegung der Ionen und Elektronen in der Welle senkrecht zum Magnetfeld vernachlässigt wird, ist das nicht schwierig. Zunächst schreiben wir uns die linearisierten Bewegungsgleichungen von Ionen und Elektronen im Felde der Kompressionswelle auf:

$$\begin{aligned} B_z &= B_o + B_z \exp(-i\omega t + ikx) \\ \underline{E} &= (E_x, E_y, 0)\exp(-i\omega t + ikx) \\ -m_i i\omega u_{xi} &= eE_x + eu_{yi}B_o \\ u_{ye} &= -E_x/B_o + i(\omega/\omega_{Be})E_y/B_o \\ m_i i\omega u_{yi} &= eE_y - eu_{xi}B_o \\ u_{xe} &= E_y/B_o + (i\omega/\omega_{Be})E_x/B_o \end{aligned} \qquad (2.75)$$

Außerdem berücksichtigen wir die Maxwellgleichungen für die Komponenten des Wellenfeldes:

$$\begin{aligned} ikE_y &= i\omega B_z \\ -ikB_z &= \mu_o n_o e(u_{yi} - u_{ye}) \end{aligned} \qquad (2.76)$$

Unter Berücksichtigung der Quasineutralität des Plasmas ($n_i = n_e = n$) finden wir, daß $u_{xi} = u_{xe} = u_x$ gilt, und für die Kontinuitätsgleichung ergibt sich

$$-i\omega n + iku_x n_o = 0 \qquad (2.77)$$

Die Dispersionsbeziehung hat (bis auf Glieder der Ordnung m_e/m_i) die Form

$$\omega^2/k^2 = (B_o^2/\mu_o\rho_o)(\omega_{pe}^2/c^2)/(k^2 + \omega_{pe}^2/c^2)$$

Die Phasengeschwindigkeit nimmt vom Wert $B/\sqrt{\mu_o\rho_o}$ für kleine Frequenzen mit Zunahme von ω bis zum Wert Null für die Frequenz $(\omega_{Be}\omega_{Bi})^{1/2}$ ab. Zur Veranschaulichung zeigt Abb.2.13 die Dispersionskurve für diesen Schwingungstyp.

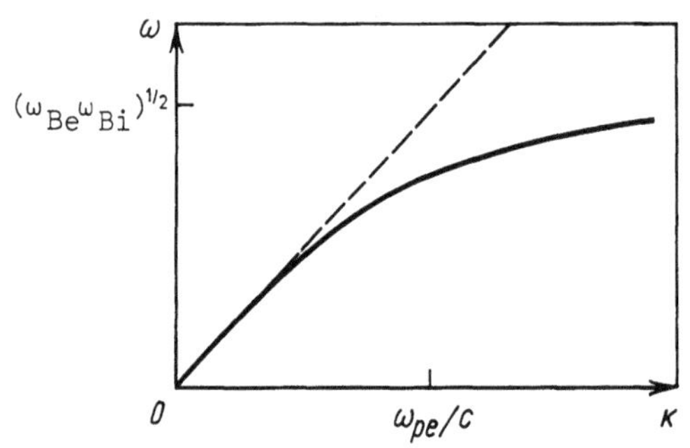

Abb.2.13
Dispersionskurve von Magnetschallwellen $\underline{k} \perp \underline{B}_0$

Die Abweichung von linearer Dispersion beginnt sich für $k \to \omega_{pe}/c$ deutlich abzuzeichnen. Die Dispersionskurve für den Magnetschall erinnert an die des Ionenschalls. An die Stelle des Debye-Radius tritt hier jedoch die charakteristische Länge c/ω_{pe}; die obere Grenzfrequenz ist durch $(\omega_{Be}\omega_{Bi})^{1/2}$ gegeben. Überhaupt spielen Wellenvorgänge in der Nähe der Hybridfrequenz in der Plasmaphysik eine wichtige Rolle. Insbesondere wird für eine Magnetschallwelle für $\omega \to (\omega_{Bi}\omega_{Be})^{1/2}$ die kinetische Energie der Schwingungsbewegung der Ionen (longitudinal, d.h. in Richtung der Schallausbreitung) vergleichbar mit der kinetischen Energie der Elektronen, die diese infolge ihrer elektrischen Drift (längs der y-Achse!) $v_y = -E_x/B_o$ gewinnen.

Dies alles gilt für ein Plasma in einem nicht zu starken Magnetfeld $(B^2/2\mu_o \ll n_o m_e c^2)$. In einer Magnetschallwelle herrscht dann Quasineutralität. In einem sehr starken Magnetfeld hingegen,

$$B_o^2/2\mu_o \gg n_o m_e c^2 \tag{2.78}$$

ergibt sich für hohe Frequenzen eine deutliche Verletzung der Quasineutralität. Die Dispersionsbeziehung für solche Schwingungen (wieder unter Vernachlässigung der thermischen Bewegung) hat die Form

$$\omega^2/k^2 = (B_o^2/\mu_o\rho_o)((\mu_o\rho_o/B_o^2)\omega_{pi}^2/(k^2+(\mu_o\rho_o/B_o^2)\omega_{pi}^2)) \tag{2.79}$$

Bei der Ionen-Langmuirfrequenz (für $\omega \to \omega_{pi}$) geht die Phasengeschwindigkeit gegen Null. Die charakteristische Länge, für die die Abweichung von linearer Dispersion wesentlich wird, ist durch $B_o m_i/(\sqrt{\mu_o\rho_o}\, e)$ gegeben.

Die Berücksichtigung der bisher in die Betrachtung nicht einbezogenen thermischen Bewegung der Teilchen würde die Herleitungen nicht unbeträchtlich komplizieren, da wir hierzu die kinetische Theorie heranziehen müßten. Sie führt manchmal nicht nur zu quantitativen Korrekturen, sondern auch zu qualitativ neuen Ergebnissen. Zum Beispiel ist dies im Falle derjenigen typischen Plasmawellen so, die sich fast senkrecht zum Magnetfeld ausbreiten und deren Frequenzen ungefähr ganzzahlige Vielfache der Elektronen- und Ionenzyklotronfrequenzen sind. Bei diesen Schwingungstypen spricht man von Bernstein-Moden.

Neue Schwingungsarten des Plasmas können sich auch bei der Wellenausbreitung parallel zum Magnetfeld ergeben. Unter ihnen sind die magnetohydrodynamischen Alfven-Wellen die wichtigsten. Die Herleitung der Eigenschaften dieser Wellen mit Hilfe der Gleichungen der Magnetohydrodynamik bereitet keine Schwierigkeiten.

Die Richtung der z-Achse möge mit der Richtung des konstanten Magnetfeldes $\underline{B}_o$ zusammenfallen. Die Alfvenschen Wellen breiten sich längs $\underline{B}_o$ aus und sind transversal, d.h. die ihnen entsprechenden Geschwindigkeitskomponenten des Plasmas und der Schwingungen des Magnetfeldes sind senkrecht zu $\underline{B}_o$ und damit auch zur Ausbreitungsrichtung der Welle. Bei solchen transversalen Verschiebungen des ursprünglich homogenen Plasmas ergeben sich weder Kompressionen, noch Expansionen, d.h. die Dichte und auch der Druck des Plasmas bleiben während der Ausbreitung der Alfvenschen Wellen konstant. Für sie hat die Eulersche Gleichung der Magnetohydrodynamik (2.62) unter Berücksichtigung von (2.61) die folgende Form

$$\mu_o \rho_o \partial \underline{u}/\partial t = -\mathrm{grad} B^2/2 + \underline{B}.\mathrm{grad}\ \underline{B} \tag{2.80}$$

Linearisierung bedeutet, daß das den magnetischen Druck beschreibende Glied (als quadratisch klein) weggelassen wird. Der zweite Term auf der rechten Seite liefert $B_o(\partial/\partial z)\underline{B}$, so daß die linearisierte Bewegungsgleichung

$$\mu_o \rho_o \partial \underline{u}/\partial t = (B_o \partial/\partial z)\underline{B} \tag{2.81}$$

lautet. Als Gleichung für das Magnetfeld der Welle nehmen wir (2.70), wobei sich das Glied $\mathrm{rot}(\underline{u}\mathrm{x}\underline{B})$ im Falle der Alfvenschen Wellen zu

$$\mathrm{rot}(\underline{u}\mathrm{x}\underline{B}_o) = B_o \partial \underline{u}/\partial z$$

vereinfacht und diese Gleichung selbst die Form

$$\partial \underline{B}/\partial t = B_o \partial \underline{u}/\partial z + (1/\mu_o \sigma)\partial^2 \underline{B}/\partial z^2 \tag{2.82}$$

annimmt. Unter Vernachlässigung der magnetischen Viskosität lassen sich die Gleichungen (2.81) und (2.82) zu einer Gleichung vereinigen, indem man entweder $\underline{u}$ oder $\underline{B}$ eliminiert. Auf diese Weise ergibt sich die Wellengleichung

$$(1/v_A^2)\partial^2\underline{u}/\partial t^2 = \partial^2\underline{u}/\partial z^2 \qquad (2.83)$$

mit der linearen Dispersionsbeziehung $\omega = kv_A$. Wie man leicht sehen kann, führt die Berücksichtigung der magnetischen Viskosität zu einer Dämpfung der Welle. Die Rolle der elastischen rücktreibenden Kraft spielen bei den hydromagnetischen Wellen die in den Feldlinien lokalisierten magnetischen Spannungskräfte. Deshalb stellt man sich die Alfven-Wellen zweckmäßigerweise als Schwingungen plasmabehafteter elastischer Fäden (Magnetfeldlinien) vor.

Das Quadrat des Brechungsindexes $N^2 = k^2c^2/\omega^2$ für eine Alfven-Welle ist durch $\mu_o nm_i c^2/B^2$ gegeben. Ihm läßt sich in der Sprache der Driftbewegung geladener Teilchen in gekreuzten magnetischen und elektrischen Feldern eine anschauliche Deutung geben (s. Abschnitt 2.1). Die Bewegung mit der Geschwindigkeit $\underline{E}\mathrm{x}\underline{B}/B^2$ führt zu keinem elektrischen Strom, da sie für Elektronen und Ionen gleichermaßen gilt. In nächster Ordnung führt die Driftbewegung zu einer Ladungsverschiebung in Richtung des elektrischen Feldes (s. Formel (2.31)): $x = (e/m\omega_B^2)E_x$.

Die Dielektrizitätskonstante läßt sich nun vermittels der Dipoldichte P durch $\epsilon = 1 + P/\epsilon_o E$ ausdrücken, wobei für P die Beziehung $P = -enx$ gilt. Indem wir die (um den Faktor m_e/m_i kleinere) Verschiebung der Elektronen vernachlässigen, erhalten wir für die Dielektrizitätskonstante im Bereich niedriger Frequenzen den Wert $\mu_o nm_i c^2/B^2$. Der dazugehörige Brechungsindex $\sqrt{\epsilon}$ ist für die meisten Plasmen außerordentlich groß. Hydromagnetische Wellen stellen also nichts weiter als verzögerte transversale elektromagnetische Schwingungen dar. In einem sehr dünnen Plasma gehen sie kontinuierlich in gewöhnliche elektromagnetische Wellen im Vakuum über. Da wir jedoch in unserem magnetohydrodynamischen Modell den Verschiebungsstrom vernachlässigt haben, ist ein solcher Grenzübergang nicht möglich.

Im Ausdruck für die Alfven-Geschwindigkeit findet die thermische Bewegung des Plasmas keinen Niederschlag. Mit diesem Umstand hängt eine charakteristische Besonderheit der hydromagnetischen Wellen zusammen: ihre Eigenschaften sind in dem Sinne universell, daß sie unabhängig sind von dem Medium, in dem sie sich ausbreiten, sei es nun eine leitende Flüssigkeit im Magnetfeld (S. Lundquist erzeugte in seinen klassischen Versuchen Wellen in flüssigem Quecksilber) oder ein stoßfreies Plasma. Natürlich verliert im stoßfreien Plasma der Begriff der magnetischen Viskosität seinen Sinn und Dämpfung kann durch Effekte stoßfreier Welle-Teilchen-Wechselwirkung hervorgerufen werden, für die im magnetfeldfreien Plasma die Landau-Resonanz ein Beispiel ist.

Wenn wir mit Erhöhung der Frequenz in der Welle in den Bereich der Ionengyrofrequenz kommen, dann beobachten wir im stoßfreien Plasma die Effekte der anomalen Dispersion und der Strahl-Doppelbrechung.

Die allgemeinste Beschreibung von Wellen in einem so anisotropen Medium wie einem Plasma im Magnetfeld erhält man durch Einführung des Dielektrizitätstensors. Aus den Maxwellgleichungen leitet man leicht den folgenden Zusammenhang zwischen Dielektrizitäts- und Leitfähigkeitstensor ab:

$$\epsilon_{ik} = \delta_{ik} + i\sigma_{ik}/\epsilon_o\omega \tag{2.84}$$

Diese Beziehung stellt die tensorielle Verallgemeinerung der im ersten Teil des Buches erhaltenen Relation zwischen der Dielektrizitätskonstanten und der Leitfähigkeit des Plasmas dar. Die Komponenten des Leitfähigkeitstensors σ_{ik} sind die Koeffizienten in der tensoriellen Verallgemeinerung des Ohmschen Gesetzes:

$$j_i = \sigma_{ik}E_k \tag{2.85}$$

Die Gleichung (2.84) ergibt sich für eine ebene Welle mit einer Amplitude, die proportional zu $\exp(-i\omega t+i\underline{k}\underline{r})$ ist.

In der Näherung des kalten Plasmas hängen die Komponenten des Dielektrizitätstensors nur von der Frequenz ab (zeitliche Dispersion). Zu ihrer expliziten Bestimmung müssen wir mit Hilfe der Gleichungen der Zweiflüssigkeitshydrodynamik (2.58) und (2.59) die vom Schwingungsfeld im Plasma erzeugten Ströme berechnen.

Das Plasma möge sich in einem homogenen Magnetfeld parallel zur z-Richtung befinden, andere äußere Felder mögen nicht vorhanden sein. Wir betrachten das Plasma als homogen und vernachlässigen Stöße und thermische Bewegung. Das letztere bedeutet, daß wir in den Gleichungen (2.58) und (2.59) die die Komponenten des Drucktensors enthaltenden Terme weglassen können. Schließlich nehmen wir an, daß es im Gleichgewichtszustand des Plasmas keine Strömung gibt ($\underline{u}_o = 0$). In dieser Näherung haben die Gleichungen der Zweiflüssigkeitshydrodynamik für Elektronen und Ionen (α = e,i) die Form

$$-i\omega \underline{u}_\alpha = (e_\alpha/m_\alpha)\underline{E} + (e_\alpha/m_\alpha)\underline{u}_\alpha x \underline{B}_o \qquad (2.86)$$

Ihre Lösungen sind

$$\begin{aligned} u_{x\alpha} &= (e_\alpha/m_\alpha)(\omega^2-\omega_{B\alpha}^2)^{-1}\,(i\omega E_x - \omega_{B\alpha}E_y) \\ u_{y\alpha} &= (e_\alpha/m_\alpha)(\omega^2-\omega_{B\alpha}^2)^{-1}\,(i\omega E_y + \omega_{B\alpha}E_x) \\ u_{z\alpha} &= -(e_\alpha/i\omega m_\alpha)E_z \\ \omega_{B\alpha} &= e_\alpha B_o/m_\alpha \end{aligned} \qquad (2.87)$$

Indem wir mit Hilfe dieser Beziehungen den Strom

$$\underline{j} = \sum_\alpha e_\alpha n_o \underline{u}_\alpha$$

im Plasma bestimmen, erhalten wir unter Berücksichtigung von (2.84) und (2.85) den folgenden Dielektrizitätstensor:

$$\underline{\underline{\epsilon}} = \begin{pmatrix} \epsilon_{11} & \epsilon_{12} & 0 \\ \epsilon_{21} & \epsilon_{22} & 0 \\ 0 & 0 & \epsilon_{33} \end{pmatrix} \qquad (2.88)$$

wobei

$$\epsilon_{11} = 1 - \sum_\alpha \frac{\omega_{P\alpha}^2}{\omega^2-\omega_{B\alpha}^2}\,, \quad \epsilon_{12} = -\epsilon_{21} = -i\sum_\alpha \frac{\omega_{P\alpha}^2\,\omega_{B\alpha}}{\omega(\omega^2-\omega_{B\alpha}^2)}\,, \quad \epsilon_{13} = 1 - \sum_\alpha \frac{\omega_{P\alpha}^2}{\omega^2}\,.$$

Das Magnetfeld hat also einen wesentlichen Einfluß auf die dielektrischen Eigenschaften des Plasmas, indem es zum einen zu Anisotropie bezüglich der Richtungen parallel und senkrecht zum Feld führt ($\epsilon_{11} \neq \epsilon_{33}$), und zum anderen das Auftreten von Nichtdiagonalelementen des Dielektrizitätstensors verursacht, das einer Rotation des elektrischen Feldvektors der Welle in der Ebene senkrecht zum Magnetfeld entspricht (Faraday-Effekt).

Der Leser weiß bereits, daß es in einem Plasma ohne Magnetfeld drei Schwingungszweige gibt: hochfrequente Ladungsdichteschwingungen (Langmuir-Wellen), elektromagnetische Wellen und die Ionenschallschwingungen. Eine sehr wichtige Eigenschaft des Plasmas im Magnetfeld besteht darin, daß es im Grunde voneinander unabhängige longitudinale und transversale Wellen nicht mehr gibt: Die Ladungsdichteschwingungen erregen im Plasma ein Magnetfeld und ein elektrisches Wirbelfeld.

In der Tat möge sich im Plasma eine longitudinale Welle schräg zum Magnetfeld ausbreiten. Im Unterschied zum isotropen Fall führt die Anisotropie des Dielektrizitätstensors dazu, daß der Stromdichtevektor nicht mehr parallel zum elektrischen Feld ist. Das Vorhandensein einer zum Magnetfeld senkrechten Stromkomponente j^t führt gemäß der Maxwellgleichung

$$\mathrm{rot}\underline{B} = (1/c^2)(\partial\underline{E}^t/\partial t + \mu_o\underline{j}^t \qquad (2.89)$$

zur Erregung magnetischer und elektrischer Wirbelfelder und damit zu einer Kopplung von longitudinalen und elektromagnetischen Schwingungen. Gerade dieser Umstand macht die Untersuchung von Hochfrequenzschwingungen und von Welleneigenschaften des Plasmas im Magnetfeld so schwierig. Allerdings kann man sich für sehr große Brechungsindizes $N >> 1$ näherungsweise auf die Betrachtung rein longitudinaler Schwingungen beschränken, da die mit ihnen verbundenen elektrischen Wirbelfelder vernachlässigbar klein sind. Tatsächlich ergibt sich aus der Maxwellgleichung

$$\mathrm{rot}\underline{E} = -\partial\underline{B}/\partial t \qquad (2.90)$$

für das elektrische Wirbelfeld die folgende Abschätzung:

$$E^t \sim (\omega/k)B \qquad (2.91)$$

oder, nach Berücksichtigung der Gleichung $\mathrm{rot}\underline{B} = \mu_o\underline{j}^t$,

$$E^t \sim (\mu_o\omega/k^2)j^t \qquad (2.92)$$

Benützen wir außerdem die Poisson-Gleichung

$$\mathrm{div}\underline{E}^l = \rho/\epsilon_o \qquad (2.93)$$

dann ergibt sich zusammen mit der Kontinuitätsgleichung für E die Beziehung

$$E^l \sim (1/\epsilon_o\omega)j^l \sim (j^l/j^t)(k^2c^2/\omega^2)E^t \qquad (2.94)$$

Auf diese Weise gilt sogar bei ausgeprägter Anisotropie $j^t \sim j^l$ für ein Plasma mit hohem Brechungsindex ($N \equiv kc/\omega >>1$) $E^t << E^l$.

Wir wollen $N >> 1$ annehmen und rein longitudinale (elektrostatische) Plasmaschwingungen im Magnetfeld betrachten. Indem wir wie gewöhnlich das elektrostatische Potential der Schwingungen entsprechend $\underline{E} = -\mathrm{grad}\varphi$ einführen, können wir für die Poisson-Gleichung

$$(\partial^2\varphi/\partial x_i\partial x_j)\epsilon_{ij} = 0 \qquad (2.95)$$

schreiben. Für eine ebene Welle ergibt sich dann unter Berücksichtigung der expliziten Form des Tensors ϵ_{ij} die folgende Dispersionsgleichung

$$1 - \frac{\omega_{pe}^2}{\omega^2}\cos^2\theta - \frac{\omega_{pe}^2}{\omega^2-\omega_{Be}^2}\sin^2\theta - \frac{\omega_{pi}^2}{\omega^2}\cos^2\theta - \frac{\omega_{pi}^2}{\omega^2-\omega_{Bi}^2}\sin^2\theta = 0 \qquad (2.96)$$

Hier ist θ der Winkel zwischen den Richtungen von Wellenvektor und magnetischem Feld. Im isotropen Plasma ging in die Dispersion der Frequenz elektrostatischer Schwingungen lediglich die thermische Bewegung ein. Bereits ein sehr kleines Magnetfeld $\omega_{Be}^2/\omega_{pe}^2 \gtrsim 3k^2 r_D^2$ ändert sie und führt damit zu einer Abhängigkeit der Frequenz dieser Wellen vom Winkel θ. Um uns lange Worte über den Charakter der Dispersionsbeziehung zu ersparen, geben wir auf Abb.2.14 eine graphische Darstellung der Lösung der alge-

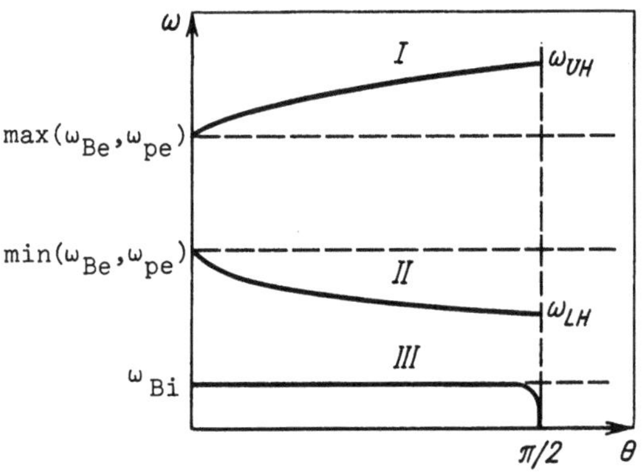

Abb.2.14
Verzweigte Dispersion von elektrostatischen Plasmaschwingungen im Magnetfeld

braischen Gleichung (2.96) $\omega = \omega(\theta)$.

In einem Plasma mit Magnetfeld existieren drei Zweige elektrostatischer Schwingungen. Der Zweig mit höchsten Frequenz ($\omega_{pe} > \omega_{Be}$) entspricht den Langmuir-Schwingungen, deren Frequenz für $\theta \to 0$ in die Elektronen-Plasmafrequenz ω_{pe} und mit Zunahme von θ in die sogenannte obere Hybridfrequenz

$$\omega_{UH} = (\omega_{pe}^2 + \omega_{Be}^2)^{1/2} \qquad (2.97)$$

übergeht. Die Frequenz des mittleren Zweiges nimmt mit Zunahme von θ von ω_{Be} bei $\theta = 0$ bis zur Frequenz

$$\omega_{LH} = \omega_{pi}/(1+\omega_{pe}^2/\omega_{Be}^2)^{1/2} \qquad (2.98)$$

der unteren Hybridresonanz bei $\theta = \pi/2$ ab. Schließlich stimmt mit Ausnahme von Winkeln θ ganz in der Nähe von $\pi/2$ ($\pi/2-\theta \gtrsim (m_e/m_i)^{1/2}$) die Frequenz des dritten Zweiges mit der Ionenzyklotronfrequenz überein.

Die Untersuchung der Dispersionseigenschaften von Wellen in einem Plasma mit Magnetfeld bei beliebigen Werten des Brechungsindexes ist eine ziemlich komplizierte Aufgabe, die über den Rahmen dieses Buches hinausgeht. Wir beschränken uns auf die Betrachtung der Dispersionseigenschaften von Wellen, die sich entweder parallel oder senkrecht zum Magnetfeld ausbreiten.

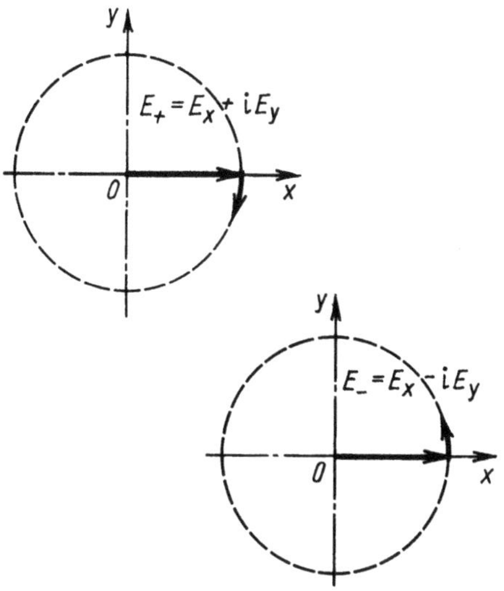

Abb.2.15
Die Drehung des elektrischen Feldvektors in einer ordentlichen und in einer außerordentlichen zirkular-polarisierten Welle

Bei der Ausbreitung parallel zum Feld ($k_\perp=0$) bieten sich als Elementarmoden zirkular polarisierte Wellen an. Das hängt damit zusammen, daß in einer Welle in einem solchen Plasma bei praktisch allen Frequenzen ein Hall-Strom existiert, der zu einer Drehung des elektrischen Feldvektors führt. Als linear unabhängige Schwingungsmoden mit zirkularer Polarisation sind Wellen anzusehen, deren elektrischer Vektor in Gyrationsrichtung der Elektronen bzw. Ionen rotiert. Für jede dieser Wellen führt man zweckmäßigerweise die Kombinationen $E_\pm = E_x \pm iE_y$ der Feldkomponenten E_x und E_y ein. (Auch andere physikalische Größen stellen wir in dieser Form dar: $B_\pm$, $j_\pm$ usw.) Da $E_\pm \sim \exp(ikz-i\omega t)$ ist, gilt in der Welle E_+ offensichtlich $E_x \sim \cos(kz-\omega t)$, $E_y \sim \sin(kz-\omega t)$, so daß sich der elektrische Vektor im Uhrzeigersinn, d.h. in Gyrationsrichtung der Ionen dreht (Abb. 2.15). Entsprechend gilt für die Welle E_-: $E_x \sim \cos(kz-\omega t)$, $E_y \sim -\sin(kz-\omega t)$ und der elektrische Vektor rotiert in Richtung der Elektronenlarmorrotation.

Für zirkular polarisierte Wellen hat die Maxwellgleichung $\mathrm{rot}\underline{E} = -\partial \underline{B}/\partial t$ die Form

$$B_\pm = \mp i(k/\omega)E_\pm \qquad (2.99)$$

In entsprechender Weise erhalten wir für die Maxwellgleichung rot$\underline{B}$ = $\partial\underline{D}/\partial t$ mit Hilfe des Dielektrizitätstensors aus (2.88)

$$B_{\pm} = \pm\epsilon_0 (\omega/k)\epsilon_{\pm} E_{\pm} \qquad (2.100)$$

wobei die Kombinationen $\epsilon_+ = \epsilon_{11} - i\epsilon_{12}$ und $\epsilon_- = \epsilon_{11} + i\epsilon_{12}$ die Rolle der Dielektrizitätskonstanten für elektromagnetische Wellen mit verschiedener Drehrichtung des Polarisationsvektors spielen.

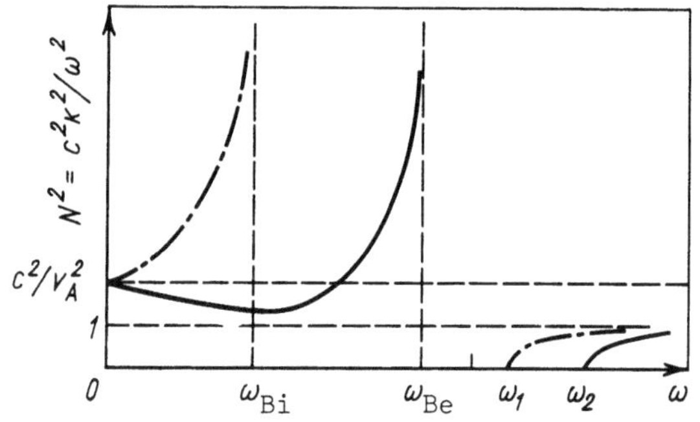

Abb.2.16
Quadrat des Brechungsindexes $N^2 = c^2k^2/\omega^2$ als Funtion der Frequenz für elektromagnetische Wellen, die sich parallel zum Magnetfeld ausbreiten

Durchgezogene Kurve: außerordentliche Welle (der elektrische Vektor ist in Richtung der Elektronenrotation polarisiert) Strich-punktierte Kurve: ordentliche Welle (der elektrische Vektor ist in Richtung der Ionenrotation orientiert)

Indem wir Formel (2.88) für die Komponenten des Dielektrizitätstensors benützen, können wir die folgende Dispersionsbeziehung für zirkular polarisierte Wellen aufstellen:

$$k^2c^2/\omega^2 = 1 - \omega_{pe}^2/\omega(\omega \pm \omega_{Be}) - \omega_{pi}^2/\omega(\omega \mp \omega_{Bi}) \qquad (2.101)$$

Abb.2.16 zeigt die Frequenzabhängigkeit des Brechungsindexes $N(\omega)$ für die beiden zirkular polarisierten Wellen (der Index α bezieht sich auf die ordentliche Welle E_+ und der Index β auf die außerordentliche E_-). Im Bereich kleiner Frequenzen gehen beide Kurven ineinander über, was dem Übergang in die schon oben betrachteten hydromagnetischen Wellen (Alfven- und Ionenschallwelle) mit der Phasengeschwindigkeit v_A entspricht. Ihnen entspricht der Brechungsindex

$$N = ck/\omega = c/v_A = (\mu_o n_o m_i c^2/B_o^2)^{1/2}$$

Mit Annäherung von ω an ω_{Bi} ändert sich der Charakter der Wellen. Wir gehen nicht auf Einzelheiten ein, sondern geben nur eine qualitative Beschreibung der Vorgänge, die die grundlegenden Eigenschaften elektromagnetischer Wellen im Plasma bei $\omega \sim \omega_{Bi}$ bestimmen. Die einfachste linear polarisierte Welle, die sich parallel zu einem konstanten Magnetfeld ausbreitet, läßt sich als Superposition zweier in entgegengesetzter Richtung zirkular polarisierter Wellen darstellen. Wenn $\omega \ll \omega_{Bi}$ gilt, dann bewegen sich diese beiden Wellen mit gleicher Geschwindigkeit. Mit Annäherung an die Ionengyrofrequenz ändert sich jedoch die Situation. Tatsächlich tritt für diejenige der Wellen, deren elektrischer Feldvektor gleichsinnig mit der Ionengyration rotiert, für $\omega \approx \omega_{Bi}$ anomale Dispersion ein, die durch Zyklotronresonanz der Ionen hervorgerufen wird. In der Nähe von ω_{Bi} nimmt die Phasengeschwindigkeit dieser Welle (deren Analogon in der Optik man die ordentliche nennt) stark ab. Umgekehrt nimmt die Phasengeschwindigkeit der sogenannten außerordentlichen Welle, deren elektrischer Feldvektor in der entgegengesetzten Richtung rotiert, im Frequenzbereich um ω_{Bi} mit Zunahme von ω zu. Deshalb beobachten wir hier die Erscheinung der Strahl-Doppelbrechung. Wellen dieser Art spielen in der Physik des terrestrischen Plasmas eine wichtige Rolle. Sie werden unter natürlichen Bedingungen sehr leicht erzeugt und breiten sich in der Magnetosphäre der Erde längs Feldlinien des geomagnetischen Feldes über sehr große Entfernungen aus. Man spricht bei ihnen von Ionen- (oder Elektronen-) Whistler-Moden (vom Englischen to whistle - pfeifen).

Bei sehr hohen Frequenzen in der Nähe der Elektronengyrofrequenz ω_{Be} muß für die außerordentliche Welle anomale Dispersion eintreten. Ihr elektrischer Feldvektor rotiert in der gleichen Richtung um das Magnetfeld wie die gyrierenden Elektronen. Für $\omega \gg \omega_{Bi}$ nehmen die Ionen an der Wellenbewegung praktisch nicht mehr teil, d.h. wir haben es dann mit einer reinen Elektronenwelle zu tun. In Metallen und Halbleitern mit Magnetfeld nennt man diese Wellen Helikonen.

Wenn die Frequenz dieser Wellen im Verhältnis zu ω_{Be} klein ist, dann hat ihre Dispersionsbeziehung die Form

$$\omega = (c^2 k^2/\omega_{pe}^2)\,\omega_{Be} \qquad (2.102)$$

In einer solchen Welle besteht die Bewegung der Elektronen im wesentlichen in der $\underline{E}\times\underline{B}_o$-Drift, die zur Entstehung eines Hall-Stroms senkrecht zum elektrischen Feld führt. Die Dämpfung eines Helikons in Metallen und Halbleitern wird durch Stöße hervorgerufen. Stöße führen zum Auftreten einer Stromkomponente parallel zum elektrischen Feld, die im Verhältnis zum Hall-Strom klein ist wie ν/ω_{Be}. Entsprechend klein ist die Dämpfung des Helikons: $\gamma/\omega \sim \nu/\omega_{Be}$. Gerade dieser Umstand ist es, durch den in starken Magnetfeldern $B \sim (1\text{-}2)$ T in einem dichten metallischen Plasma hoher Stoßfrequenz $\nu \sim (10^9\text{-}10^{10})/\mathrm{s}$ die Ausbreitung von Helikonen möglich wird.

Anomale Dispersion bei Resonanzfrequenzen ist stets von anomaler Absorption (d.h. starker Zunahme der Wellendämpfung) begleitet. Diese Absorption ist dadurch bedingt, daß mit Annäherung der Frequenz der ordentlichen Welle an ω_{Bi} die Ionen sich in Resonanz mit dem elektrischen Feld der Welle befinden, von ihm beschleunigt werden und ihm dadurch ständig Energie entziehen. Diesen Vorgang nützt man bei der sogenannten Zyklotronheizung des Plasmas aus. Bei $\omega \approx \omega_{Be}$ geschieht das gleiche mit der außerordentlichen Welle. Oberhalb der Resonanzfrequenzen bis hin zu den sogenannten "Abschneidefrequenzen" ω_1 für die ordentliche und ω_2 für die außerordentliche Welle ergeben sich Undurchlässigkeitsbereiche, in denen eine Ausbreitung elektromagnetischer Wellen nicht möglich ist. Bei den Abschneidefrequenzen verschwindet k, sie haben die Bedeutung von Schwellfrequenzen, bei deren Überschreitung die Ausbreitung elektromagnetischer Wellen wieder möglich ist. In einem isotropen Plasma fällt die Schwellfrequenz mit der Elektronenplasmafrequenz ω_{pe} zusammen. Aus der Dispersionsbeziehung (2.102) findet man leicht die folgenden Formeln für ω_1 und ω_2:

$$\begin{aligned} \omega_1 &= -\omega_{Be}/2 + (\omega_{Be}^2/4 + \omega_{pe}^2)^{1/2} \\ \omega_2 &= \omega_{Be}/2 + (\omega_{Be}^2/4 + \omega_{pe}^2)^{1/2} \end{aligned} \tag{2.103}$$

Zwei linear unabhängige Wellen - eine ordentliche und eine außerordentliche - lassen sich auch im Falle der Ausbreitung senkrecht zum Feld ($k_\perp = 0$) einführen. Allerdings haben diese Wellen bereits eine andere Bedeutung. In der ordentlichen Welle ist der elektrische Vektor parallel zum äußeren Magnetfeld, während der magnetische Feldvektor der Welle senkrecht zu der von den Vektoren $\underline{k}$ und $\underline{B}_o$ aufgespannten Ebene zeigt. Die geladenen Teilchen in einer solchen Welle schwingen in Feldrichtung, so daß ihre Dispersion von der Feldstärke nicht abhängt und durch die Beziehung (1.35) bestimmt wird.

Umgekehrt liegt in der außerordentlichen Welle der Vektor des elektrischen Feldes in einer zum äußeren Magnetfeld senkrechten Ebene, während das Magnetfeld der Welle parallel zu $\underline{B}_o$ ist. Wenn wir annehmen, daß $\underline{k}$ parallel zur x- und $\underline{B}_o$ parallel zur z-Achse ist, dann finden wir mit Hilfe der Maxwellgleichungen die folgenden Relationen für die Komponenten E_x und E_y:

$$\begin{aligned} \epsilon_{11} \cdot E_x + i\epsilon_{12} \cdot E_y &= 0 \\ (c^2k^2/\omega^2)E_y &= \epsilon_{11} \cdot E_y - i\epsilon_{12} \cdot E_x \end{aligned} \tag{2.104}$$

Daraus finden wir als Dispersionsbeziehung für die außerordentliche elektromagnetische Welle

$$c^2k^2/\omega^2 = (\epsilon_{11}^2 - \epsilon_{12}^2)/\epsilon_{11} \tag{2.105}$$

Die bei der Lösung der Dispersionsbeziehungen für die ordentliche und die außerordentliche Welle bei zum Magnetfeld senkrechter Ausbreitung erhaltenen Ergebnisse haben wir auf Abb.2.17 dargestellt. Die ordentliche Welle breitet sich im Plasma für Frequenzen oberhalb von ω_{pe} aus.

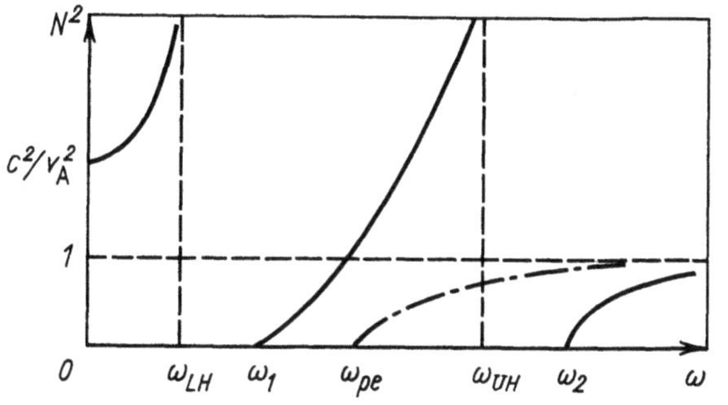

Abb.2.17
Quadrat des Brechungsindexes $N^2 = c^2k^2/\omega^2$ als Funktion der Frequenz bei transversaler Ausbreitung elektromagnetischer Wellen: durchgezogene Kurve - außerordentliche Welle (elektrischer Vektor senkrecht zu der die Vektoren $\underline{k}$ und $\underline{B}_0$ enthaltenden Ebene); strichpunktiert: gewöhnliche Welle (elektrischer Vektor parallel zu $\underline{B}_0$)

Für die außerordentliche Welle gibt es zwei Resonanzfrequenzen mit $N \to \infty$. Dabei handelt es sich um die schon früher in elektrostatischer Näherung erhaltenen Frequenzen der oberen (2.97) und unteren (2.98) Hybridresonanz, d.h. um die Eigenfrequenzen der elektrostatischen Schwingungen für $\theta = \pi/2$. Darüberhinaus gibt es für die außerordentliche Welle noch zwei "Abschneidefrequenzen" ($N \to 0$). Natürlich handelt es sich bei ihnen um die gleichen Frequenzen ω_1 und ω_2, die wir bei zum Felde paralleler Ausbreitung gefunden haben.

2.7 Kinetische Theorie der Wellen im Plasma

Eine strenge Theorie der Wellen im stoßfreien Plasma muß - ähnlich wie wir dies im ersten Teil des Buches im einfacheren Falle eines magnetfeldfreien Plasmas getan haben - von der gemeinsamen Lösung der linearisierten kinetischen Gleichungen für Ionen und Elektronen und der Maxwellgleichungen ausgehen. Wie dem Leser bereits bekannt ist, gestattet die kinetische Theorie nicht nur die Herleitung der Dispersionseigenschaften von Schwingungen und Wellen im Plasma, sondern auch die Untersuchung der Wechselwirkung von Wellen mit resonanten Teilchen, d.h. von Prozessen der stoßfreien Dämpfung und Verstärkung von Wellen. Obwohl die Einbeziehung des Magnetfeldes eine umständlichere Darstellung erforderlich macht, wollen wir die kinetische Theorie der Alfven-Wellen im einfachsten Falle ihrer Ausbreitung parallel zum Feld ($\underline{k} = (0,0,k)$) darlegen.

Wir beschränken unsere Untersuchung auf Schwingungen hinreichend hoher Frequenz, an denen nur die Elektronen teilnehmen. Wir betrachten also eine außerordentliche elektromagnetische Welle, deren elektrischer Feldvektor sich in Richtung der Elektronen-Larmorrotation dreht. Eine elementare Betrachtung ergibt für das elektrische Feld der Welle die Beziehung

$$(c^2k^2/\omega^2 - 1)E_- = ij_-/(\epsilon_0\omega) \tag{2.106}$$

Im vorigen Abschnitt haben wir mit Hilfe des hydrodynamischen Dielektrizitätstensors gezeigt, wie das Plasma auf eine Welle reagiert. In Gleichung (2.106) steht anstelle des Dielektrizitätstensors der von der Welle im Plasma angeregte Strom j_-, zu dessen Berechnung wir die kinetische Gleichung heranziehen. Offensichtlich gilt

$$j_- = -e\int v_\perp \exp(-i\varphi) f_1 \, d^3v \tag{2.107}$$

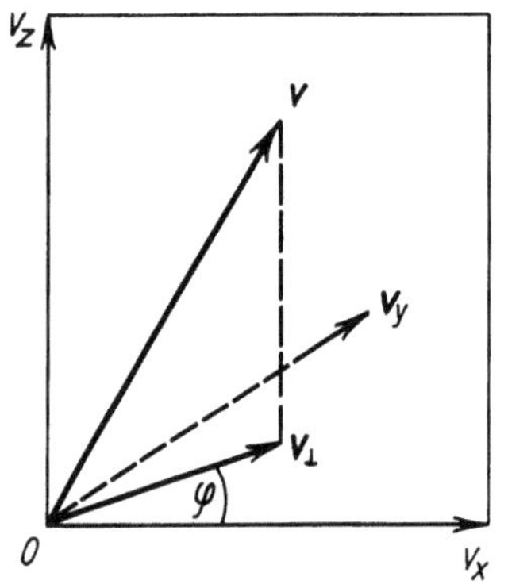

Abb.2.18
Zylinderkoordinaten im Geschwindigkeitsraum, die für die kinetische Gleichung (2.108) benützt werden

wobei f_1 die von der Welle hervorgerufene Störung der Gleichgewichtsverteilungsfunktion ist. φ ist der Azimutwinkel im Phasenraum (Abb.2.18). Wir gehen jetzt an die Lösung der kinetischen Gleichung (2.48). Hierzu stellen wir die Verteilungsfunktion in der Form $f = f_0 + f_1$ dar. Für die Größe f_1, die proportional zu $\exp(ikz - i\omega t)$ ist, hat die linearisierte kinetische Gleichung die Form

$$-i(\omega - kv_z)f_1 - (e/m_e)(\underline{v}x\underline{B}_0)\partial f_1/\partial \underline{v} - (e/m_e)(\underline{E} + \underline{v}x\underline{B})\cdot(\partial f_0/\partial \underline{v} = 0 \tag{2.108}$$

Indem man im Geschwindigkeitsraum um eine zum konstanten Magnetfeld parallele Achse die Polarkoordinaten $v_x = v_\perp \cos\varphi$, $v_y = v_\perp \sin\varphi$ einführt, läßt sich leicht zeigen, daß der Term

$$-(e/m_e)\underline{v}x\underline{B}(\partial f_1/\partial \underline{v}) = eB_0/m_e(v_x \partial f_1/\partial v_y - v_y \partial f_1/\partial v_x)$$

in $\omega_B \partial f_1/\partial\varphi$ übergeht. Was die beiden letzten Terme angeht, so lassen sie sich mit Hilfe der Maxwellgleichung $\underline{B} = \underline{k}x\underline{E}/\omega$ in der folgenden Form schreiben:

$$-(e/m_e)(E_x\cos\varphi+E_y\sin\varphi)((1-kv_z/\omega)\partial f_0/\partial v_\perp+(kv_\perp/\omega)\partial f_0/\partial v_z)$$

Hierbei wurde berücksichtigt, daß im stationären Gleichgewichtszustand die Verteilungsfunktion nur von $v_\perp$ und v_z abhängt. Indem wir E_x und E_y in der Form $E_x=(E_++E_-)/2$ und $E_y=(E_+-E_-)/2i$ einsetzen, erhalten wir als kinetische Gleichung

$$-i(\omega-kv_z)f_1+\omega_B\partial f_1/\partial\varphi = \quad (2.109)$$
$$= (e/2m_e)E_-\exp(i\varphi)((1-kv_z/\omega)\partial f_0/\partial v_\perp+(kv_\perp/\omega)\partial f_0/\partial v_z)$$

Wir bemerken, daß als äußere Kraft nur der zu $E_-\exp(i\varphi)$ proportionale Term verbleibt, der mit einem Beitrag nullter Ordnung zum Strom (2.107) verknüpft ist.

Die Lösung der kinetischen Gleichung (2.109) lautet

$$f_1 = -i(e/2m_e)E_-\exp(i\varphi)\ \times$$
$$\times\ ((1-kv_z/\omega)\partial f_0/\partial v_\perp+(kv_\perp/\omega)\partial f_0/\partial v_z)/(kv_z-\omega+\omega_{Be}) \quad (2.110)$$

Indem wir mit Hilfe von f_1 den Strom (2.107) berechnen, erhalten wir die folgende Dispersionsbeziehung:

$$c^2k^2/\omega^2-1 = -(2\pi e^2/m_e\omega)\int d^3v v_\perp((1-kv_z/\omega)\partial f_0/\partial v_\perp$$
$$+(kv_\perp/\omega)\partial f_0/\partial v_z)/(kv_z-\omega+\omega_{Be}) \quad (2.111)$$

Um die Dispersionseigenschaften und das Dämpfungsdekrement einer elektromagnetischen Welle im kalten Plasma zu erhalten, zerlegen wir die Gleichgewichtsverteilungsfunktion in zwei Teile - in die Verteilungsfunktion der großen Mehrzahl (thermischer) Plasmateilchen, die die Dispersion der Welle bestimmen, und in die einer kleinen Gruppe von resonanten Teilchen, deren Wechselwirkung mit der Welle zur Dämpfung führt.

Für eine zirkular polarisierte Welle, deren elektrischer Feldvektor in Richtung der Elektronengyration rotiert, lautet die Bedingung für resonante Wechselwirkung mit den Elektronen

$$\omega-k_zv_z=\omega_{Be} \quad (2.112)$$

d.h. unter Berücksichtigung der Dopplerverschiebung stimmt die Frequenz der Welle mit der Elektronenzyklotronfrequenz überein. Dabei befinden sich die Teilchen lange Zeit in ein- und derselben Feldphase und können auf effektive Weise mit der Welle Energie austauschen. Die Resonanzbedingung (2.112) gilt für die außerordentliche Welle. Für die ordentliche Welle findet eine entsprechende Resonanz mit den Ionen statt:

$$\omega - k_z v_z = \omega_{Bi} \qquad (2.113)$$

Wenn sich die elektromagnetische Welle unter einem Winkel zum Magnetfeld ausbreitet, dann sind auch andere Resonanzen möglich. Wir werden diese Frage ausführlich im nächsten Abschnitt erörtern.

Indem man den Beitrag der thermischen Bewegung zur Dispersion der Welle vernachlässigt, läßt sich das Integral auf der rechten Seite von (2.111) durch den Grenzübergang $v_z \to 0$, $v_\perp \to 0$ auswerten. Wir erhalten dabei

$$\int v_\perp/(kv_z-\omega+\omega_{Be})((1-\frac{kv_z}{\omega})(\partial f_0/\partial v_\perp) + (kv_\perp/\omega)\partial f_0/\partial v_z)d^3v =$$

$$= -\frac{1}{\omega-\omega_{Be}}\int v_\perp \partial f_0/\partial v_\perp d^3v = 2n_0/(\omega-\omega_{Be})$$

Wir berücksichtigen jetzt den Beitrag der resonanten Teilchen, indem wir uns der symbolischen Schreibweise

$$1/(kv_z-\omega+\omega_B) = \mathcal{P}/(kv_z-\omega+\omega_B) + i\pi\delta(kv_z-\omega+\omega_B)$$

bedienen, deren Bedeutung wir schon früher erklärt haben. Der Term mit dem Hauptwert ist reell und liefert daher nur einen (zur Dichte der resonanten Teilchen proportionalen) kleinen Beitrag zur Frequenz. Wenn wir ihn vernachlässigen, dann bleibt im Integral nur der Beitrag der δ-Funktion übrig. Nachdem wir das Integral über v_z für die resonanten Teilchen ausgeführt haben, erhalten wir die folgende Dispersionsbeziehung

$$c^2k^2-\omega^2+\omega_0^2\omega/(\omega-\omega_{Be}) =$$

$$= -i\pi(2\pi e^2\omega^3/(m_e|k|)\int d^3v_\perp v_\perp((1-kv_z/\omega)\partial f_0/\partial v_\perp + (kv_\perp/\omega)\partial f_0/\partial v_z)) \qquad (2.114)$$

wobei v_z an der Stelle $v_z = (\omega-\omega_{Be})/k$ zu nehmen ist. Wenn wir die rechte Seite vernachlässigen, dann stimmt diese Gleichung natürlich mit der Dispersionsbeziehung für die E_--Welle überein, die wir in Abschnitt 2.6 aus den hydrodynamischen Gleichungen erhalten haben. (Wir erinnern daran, daß wir den hochfrequenten Zweig betrachten und die Ionenbewegung vernachlässigen.) Diese kinetische Betrachtung liefert uns aber außer der Frequenz auch noch das Dämpfungsdekrement der Welle. Dafür ergibt sich aus Gleichung (2.114) die folgende Formel:

$$\gamma = (2\pi^2e^2\omega)/(m_e|k|(d/d\omega)(\omega^2N(\omega))) \times$$
$$\times \int d^3v_\perp v_\perp((1-kv_\perp/\omega)\partial f_0/\partial v_\perp + (kv_\perp/\omega)\partial f_0/\partial v_z)) \qquad (2.115)$$

Hierbei ist im Integranden v_z an der Stelle $v_z = (\omega - \omega_{Be})/k$ auszuwerten. Für ein Plasma mit Maxwellscher Geschwindigkeitsverteilung der resonanten Teilchen ist das Integral über $v_\perp$ in (2.115) leicht zu berechnen, so daß wir für das Dekrement der Zyklotrondämpfung der außerordentlichen Welle durch resonante Wechselwirkung mit resonanten Elektronen

$$\gamma = (\pi/2)^{1/2} \omega_{pe}^2 \omega/(|k| (d/d\omega)(\omega^2 N^2(\omega)))(m_e/(kT))^{1/2} \times \\ \times \exp(-(m_e/(2kT)) (\omega - \omega_{Be})^2 / k^2) \tag{2.116}$$

erhalten. Wie wir bereits oben bemerkt haben, liegt der Bereich anomaler Dämpfung in der Nähe der Zyklotronfrequenz

$$|\omega - \omega_{Be}| \sim kv_{Te}$$

In diesem Bereich gerät die überwiegende Mehrzahl der Teilchen in Resonanz mit der Welle. Mit Zunahme von $|\omega - \omega_{Be}|$ nimmt die Zahl der resonanten Teilchen exponentiell ab.

Uns ist schon bekannt, daß bei Abweichung der Verteilungsfunktion der resonanten Teilchen von einer Maxwellverteilung (z.B. bei Strahlbildung) die Wechselwirkung mit der Welle zu einem Anwachsen der Wellenamplitude, d.h. zu Instabilität führen kann. Wie bereits im Falle der Langmuir-Welle kann auch die Strahlinstabilität der Zyklotronwelle in zweierlei Form auftreten - als hydrodynamische und als kinetische Instabilität.

Wir betrachten die hydrodynamische Instabilität der Zyklotronwelle, die sich bei der Wechselwirkung des Plasmas mit einem monoenergetischen Elektronenstrahl ergibt, dessen Teilchen alle den gleichen Längs- bzw. Querimpuls und die Verteilungsfunktion

$$f_0^b = \frac{n_1}{2\pi p_{\perp 0}} \delta(p_z - p_{z0}) \delta(p_\perp - p_{\perp 0}) \tag{2.117}$$

besitzen. Sie läßt sich auffassen als Verteilungsfunktion von Larmoroszillatoren mit ein- und derselben Geschwindigkeit parallel zum Magnetfeld, die im Gleichgewichtszustand gleichmäßig über alle Gyrationsphasen verteilt sind.

Bei der Betrachtung der Strahlinstabilität ist die Berücksichtigung der relativistischen Abhängigkeit der Zyklotronfrequenz von der Elektronenenergie wichtig. Dabei geht die Formel für die Zyklotronfrequenz $\omega_{Be} = eB_0/m_e$ in

$$\omega_{Be} = eB_0 c^2 / w \tag{2.118}$$

über, wobei $w = m_e c^2(1+p^2/m_e^2c^2)^{1/2}$ die Teilchenenergie ist. Der Übergang zum relativistischen Fall ist nun sehr einfach: wir müssen $1/m_e\partial/\partial\underline{v}$ durch $\partial/\partial\underline{p}$ ersetzen. Anstelle von (2.111) erhalten wir dann die folgende Dispersionsbeziehung

$$c^2k^2/\omega^2 - 1 = \\ -(2\pi e^2/\omega)\int v_\perp\left\{(1-kv_z/\omega)\partial f_0/\partial p_\perp+(kv_\perp/\omega)\partial f_0/\partial p_z\right\}/(kv_z-\omega+\omega_{Be})d^3v \tag{2.119}$$

Wir teilen nun die Verteilungsfunktion f_0 auf: in eine für die thermischen, nichtrelativistischen Plasmateilchen und in eine für den relativistischen Strahl (2.117). Für die Strahlteilchen läßt sich das Integral über die Parallel- und die Senkrechtimpulse durch partielle Integration leicht auswerten. Es ergibt sich dabei die folgende Dispersionsrelation:

$$c^2k^2-\omega^2+\omega_p^2\omega/(\omega-\omega_{Be}) = \\ (\omega^2(k^2c^2-\omega^2)/(\omega-kv_0-\omega_{Be})^2)(v_{\perp 0}^2/(2c^2)) \tag{2.120}$$

Hier wurde berücksichtigt, daß für eine instabile Welle näherungsweise die Bedingung der Zyklotronresonanz (2.112) erfüllt sein muß, so daß auf der rechten Seite der Dispersionsbeziehung nur die Terme mit der höchsten (zweiten) Potenz des Resonanznenners mitgenommen wurden. Wir betonen, daß bei nichtrelativistischer Betrachtung der Strahlteilchen nur der erste, zu k^2c^2 proportionale Term in Erscheinung tritt. Die nichtrelativistische Behandlung ist also nur für langsame Wellen mit großem Brechungsindex N>>1 gerechtfertigt, im allgemeinen muß die relativistische Abhängigkeit der Masse und der Zyklotronfrequenz der Strahlteilchen von der Energie berücksichtigt werden.

Bei der Lösung der Dispersionsgleichung können wir genauso verfahren wie bei der Strahlinstabilität ohne Magnetfeld. Die Frequenz der instabilsten Welle bestimmt sich aus der Beziehung

$$(ck/\omega^{(0)})^2 = \epsilon_- \tag{2.121}$$

d.h. die Dispersionseigenschaften dieser Welle stimmen mit der oben betrachteten außerordentlichen Welle überein. Das Vorhandensein eines Strahls niedriger Dichte führt zu einer Störung der Frequenz.

Wenn wir annehmen, daß sich diese Welle in Zyklotronresonanz mit dem Elektronenstrahl befindet

$$\omega^{(0)} = kv_0+\omega_{Be} \tag{2.122}$$

dann erhalten wir aus der Dispersionsrelation für den Imaginärteil der Frequenzkorrektur, d.h. für die Anwachsrate die Beziehung

$$\gamma = \sqrt{3}\, 2^{-4/3}\left[\omega_b^2 (c^2 k^2 - \omega^2) \frac{v_{\perp o}^2}{c^2} / ((\partial/\partial\omega)(\omega^2 N(\omega)))\right]^{1/3} \qquad (2.123)$$

Sie enthält die Beiträge zweier möglicher Instabilitätsmechanismen eines Elektronenstrahls im Magnetfeld - des Zyklotron- und des Maser-Effektes. Wir wollen dieses Problem etwas ausführlicher betrachten.

Wie im Falle ohne Magnetfeld so muß auch hier für das Auftreten einer Instabilität neben der Resonanzbedingung (2.122) noch eine Bedingung für die Bündelung der Teilchen des Strahls in verzögernden Feldphasen der Welle erfüllt werden. Für einen Elektronenstrahl im Magnetfeld gibt es zwei potentielle Bündelungsmechanismen. Der eine hängt wesentlich mit der longitudinalen Inhomogenität des Wellenfeldes zusammen - einer Bündelung des Elektronenstrahls über die Längsphasen kz, wobei Strahlteilchen in Gebieten verzögernder Feldphase akkumuliert werden. Dieser Mechanismus entspricht der Bündelung eines Elektronenstrahls im magnetfeldfreien Falle, jedoch mit dem Unterschied, daß hier im Falle einer elektromagnetischen Welle die Bündelung durch die (vom Magnetfeld der Welle hervorgerufenen) z-Komponente der Lorentzkraft $e\underline{v}\times\underline{B}$ geschieht.

Wir können auch hier die Bedingung (1.161) benützen, wenn wir unter ω die Frequenz der Welle in dem Bezugssystem verstehen, das sich gemeinsam mit den Elektronen bewegt. Auf diese Weise erhält die Bedingung für die Bündelung in Längsphasen die Form

$$\omega - \omega_B < kv_z \qquad (2.124)$$

Wie im Falle ohne Magnetfeld tritt auch hier eine Stabilisierung durch Einfang von Strahlelektronen in effektiven Potentialmulden ein. Bei den Schwingungen der Elektronen in diesen Mulden ändern sich die Längsphasen. Ihre Periodendauer wird durch Formel (1.150) bestimmt, wenn wir E durch $v_\perp B$ ersetzen. Dann ergibt sich

$$\tau_b \approx (kv_\perp eB/m_e)^{-1/2} \qquad (2.125)$$

Die Feldamplitude, für die Stabilisierung eintritt, bestimmt sich wie auch beim isotropen Plasma aus der Bedingung $\gamma\tau_b \sim 1$. Bei diesem Bündelungsmechanismus spricht man von Zyklotroninstabilität. In einem Plasma mit Magnetfeld gibt es jedoch noch einen weiteren - den der Ansammlung von Strahlteilchen in Gyrationsphasen des Magnetfeldes. Im Unterschied zum ersten Mechanismus handelt es sich hierbei um einen rein relativistischen Effekt. Wir wollen erklären, wie diese Ansammlung von Elektro-

nen in Gyrationsphasen vor sich geht (Abb.2.19).
Im Bezugssystem, das sich zusammen mit den Elektronen bewegt, ist die Frequenz des auf ein Elektron wirkenden elektrischen Feldes durch $\omega' - \omega_B$ gegeben, wobei ω' die Feldfrequenz unter Berücksichtigung des Dopplereffektes $\omega' = \omega - k_z v_z$ ist. Wenn die Zyklotronfrequenz nicht von der Energie abhängt, dann wird die Beschleunigung des Elektrons in der ersten Halbperiode der Feldänderung von der Verzögerung in der zweiten Halbperiode kompensiert und insgesamt ergibt sich keine Änderung der Energie. Da jedoch wegen des relativistischen Effektes $d\omega_B/dw < 0$ ist, nimmt die Zyklotronfrequenz in Gebieten verzögernder Feldphase zu. Für $\omega' > \omega_B$ bedeutet diese Zunahme, daß der Bereich verzögernder Feldphasen langsamer durchlaufen wird ($\tau \sim 1/(\omega' - \omega_B)$), hier sammeln sich Elektronen an und es wird Energie von den Elektronen auf die Welle übertragen. Für $d\omega_B/dw < 0$ lautet also die Bedingung für die Ansammlung von Elektronen in Gebieten verzögernder Feldphasen und damit für die Entstehung von Instabilität:

$$\omega - kv_z > \omega_B \tag{2.126}$$

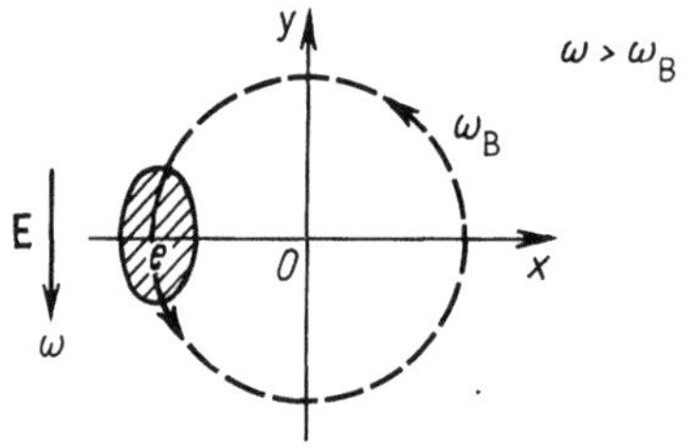

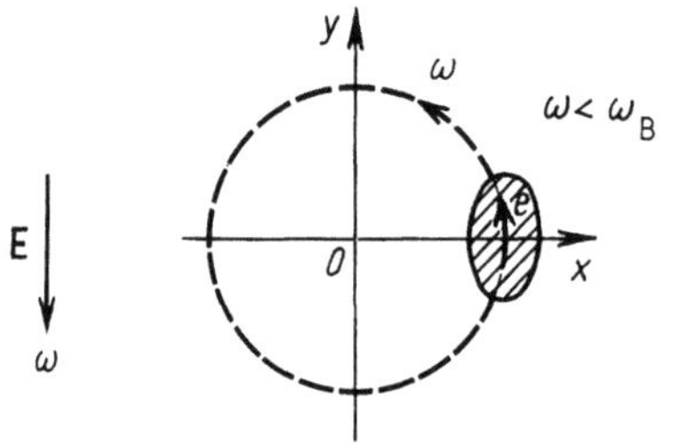

Abb.2.19
Die Gruppierung von Teilchen nach den Phasen der Gyrationsbewegung

Die nichtrelativistische Bündelung über die Längsphasen ist nur für hinreichend langsame elektromagnetische Wellen ($\omega \ll kc$, d.h. $N(\omega) \gg 1$) ein wesentlicher Effekt. In diesem Falle dominiert im Ausdruck für die Anwachsrate der erste Term und wir haben es mit einer nichtrelativistischen Zyklotroninstabilität zu tun. Bei der Anregung einer schnellen elektromagnetischen Welle mit $\omega > kc$ wird die relativistische Abhängigkeit der Zyklotronfrequenz von der Energie wesentlich. Bei diesem Instabilitätstyp spricht man von Maser-Instabilität.

Wie auch zu erwarten war, haben die Beiträge der beiden Instabilitätsmechanismen (im Ausdruck (2.123) die Terme in den eckigen Klammern) entgegengesetztes Vorzeichen. Das erklärt sich daraus, daß die Bündelungsbedingungen (2.124) und (2.126) einander entgegengesetzt sind. Es ist interessant zu bemerken, daß sich für $\omega = kc$, d.h. für ein Medium mit dem Brechungsindex $N(\omega) \approx 1$, die Beiträge kompensieren und Instabilität nicht eintritt.

Die Bezeichnung "Maser-Instabilität" hängt mit einer quantenmechanischen Interpretation des Effektes zusammen. Hierbei wird der Elektronenstrahl als ein Gas von Oszillatoren mit den Energieniveaus $w_n = n\omega_{Be}$ ($n = 0,1, 2,\ldots$) betrachtet. Wie auch in einem normalen Maser ist für die Instabilität eine Nichtäquidistanz der Energieniveaus erforderlich, im gegebenen Falle heißt das, daß ω_{Be} von der Energie abhängt. Dann kann ein Feldquant, das beim Übergang des Oszillators auf ein niedrigeres Energieniveau $n \to n-1$ ausgestrahlt wird, beim Übergang $n \to n+1$ nicht absorbiert werden, so daß sich eine Verstärkung des Strahlungsfeldes ergibt.

Die Höhe der Feldamplitude, die bei Maser-Instabilität angeregt wird, wird durch die Bedingung

$$\Delta\omega_B = (d\omega_B/dw)\Delta w \sim \gamma \qquad (2.127)$$

bestimmt (die Differenzfrequenz $\omega' - \omega_B$ ist von der Ordnung der Anwachsrate γ). Für solche Amplituden ergeben sich eine effektive Bündelung und ein Teilcheneinfang bei einer Bewegung in der Phase φ. Die Energieänderung eines Teilchens nach der charakteristischen Zeit $t \sim 1/\gamma$ für die Entwicklung der Instabilität beträgt

$$\Delta w = eEv_\perp/\gamma \qquad (2.127')$$

Aus (2.127) und (2.127') ergibt sich die folgende Abschätzung für die maximale Amplitude des elektrischen Feldes der Welle

$$(eE_{max}/m)v_\perp \sim (\gamma^2/\omega_B)c^2 \qquad (2.128)$$

Die Maser-Instabilität gestattet die Erzeugung großer Amplituden elektromagnetischer Wellen in Hochleistungsgeneratoren elektromagnetischer Strahlung, deren Prinzip auf der Benützung intensiver Elektronenstrahlen beruht (Zyklotron-Maser von A.V. Gaponov-Grechow).

Außer der resonanten Wechselwirkung von Teilchen und Wellen gibt es noch eine weitere Klasse von Wechselwirkungen, für die sich die für Dämpfung oder für Instabilität verantwortlichen Teilchengruppen nicht klar trennen lassen. Es handelt sich dabei um die sogenannte nichtresonante oder adiabatische Wechselwirkung. Als eines der anschaulichsten Beispiele kann eine Instabilität des Plasmas dienen, die für ihre Anregung in der Regel einen noch höheren Grad von Anisotropie der Verteilungsfunktion $f_0(v_\perp, v_\parallel)$ erfordert.

Von dieser Instabilität können Wellen betroffen sein, die sich unter irgendeinem Winkel zum Magnetfeld ausbreiten. Der Einfachheit halber betrachten wir wieder den Grenzfall einer Welle parallel zum Magnetfeld, d.h. eine Alfven-Welle.

In der Realität ergibt sich bei Erfüllung des weiter unten angegebenen Instabilitätskriteriums für die Störung nicht eigentlich eine Welle (was sich formal darin ausdrückt, daß ω^2 negativ wird). Trotzdem werden wir kurz von der "Instabilität einer Alfven-Welle" sprechen und meinen damit, daß bei reduzierter Anisotropie der betrachtete Störungstyp in eine Alfven-Welle übergeht.

Wie die früher betrachtete hydrodynamischen Instabiltät resonanten Typs läßt sich auch die nichtresonante Instabilität aus der allgemeinen Dispersionsbeziehung der kinetischen Theorie ableiten. Für Störungen vom Alfvenschen Typ muß in der Dispersionsrelation auch der Beitrag der Ionen berücksichtigt werden.

Gleichung (2.111) läßt sich unschwer verallgemeinern

$$\begin{aligned} c^2k^2 - \omega^2 &= \\ -(2\pi e^2\omega/m_e) &\int d^3v\{v_\perp((1-kv_z/\omega)\partial f_0^e/\partial v_\perp + (kv_\perp/\omega)\partial f_0^e/\partial v_z)/(kv_z-\omega+\omega_{Be})\} \\ &-(2\pi e^2\omega/m_i)\int d^3v\{v_\perp((1-kv_z/\omega)\partial f_0^i/\partial v_\perp + (kv_\perp/\omega)\partial f_0^i/\partial v_z)/(kv_z-\omega-\omega_{Bi})\} \end{aligned} \tag{2.129}$$

Wir betrachten Störungen mit einer Wellenlänge, die wesentlich größer als der mittlere Elektronen- oder Ionengyrationsradius ist (und charakteristische Änderungszeiten für die Amplitude, die wesentlich größer sind, als die Periodendauer der Teilchengyration im Magnetfeld). Durch Entwicklung nach den Parametern

$$\omega/\omega_{Bi} \ll 1, \qquad kv_z/\omega_{Bi} \ll 1 \tag{2.130}$$

läßt sich dann das Integral für die Ionen leicht berechnen. Für die Elektronen genügt es, sich auf das Glied niedrigster Ordnung in $1/\omega_{Be}$ zu beschränken. Es ergibt sich dann die folgende Gleichung

$$c^2k^2 - \omega^2 = -(2\pi e^2\omega/(m_e\omega_{Be}))\int d^3v v_\perp(\partial f_0^e/\partial v_\perp) +$$

$$+(2\pi e^2\omega/(m_i\,\omega_{Bi}))\int d^3v\,v_\perp((\partial f_0^i/\partial v_\perp)(1-\omega/\omega_{Bi}) - (\partial f_0^i/\partial v_\perp)(k^2v_z^2/(\omega\omega_{Bi}) + (\partial f_0^i/\partial v_z)(k^2v_\perp v_z)/(\omega\omega_{Bi}))$$

Für ein Plasma mit isotroper Verteilung der Teilchengeschwindigkeiten ergibt sich hieraus die Dispersionsbeziehung einer Alfven-Welle $\omega = kv_A$. Bei hinreichend großer Anisotropie, so daß

$$kT_\parallel > kT_\perp + B_0^2/(\mu_0 n_0) \tag{2.131}$$

gilt, wird die betrachtete Schwingungsmode zu einer aperiodischen Instabilität:

$$\omega^2 = -k^2(kT_\parallel - kT_\perp - B_0^2/(\mu_0 n_0))/m_i \tag{2.132}$$

Sie läßt eine anschauliche physikalische Interpretation zu. Dabei wollen wir ausnützen, daß sich Alfven-Wellen als Schwingungen "elastischer Fäden" (von Magnetfeldlinien) auffassen lassen. Betrachten wir die Kräfte, die durch eine kleine Krümmung der Magnetfeldlinien in einem anisotropen Plasma entstehen (Abb.2.20).

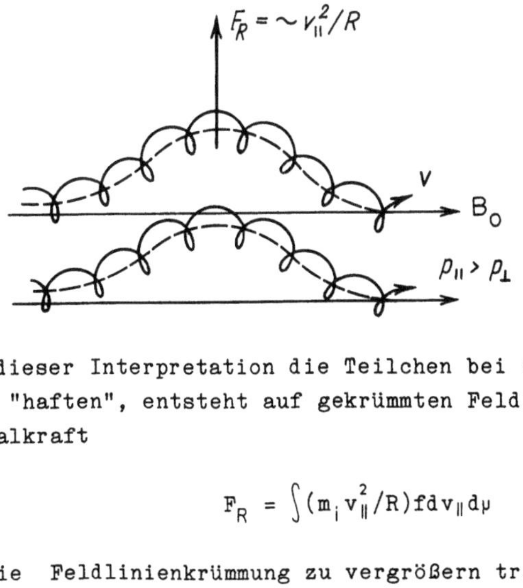

Abb.2.20
"Schlauch"-Instabilität

Da in dieser Interpretation die Teilchen bei ihrer Bewegung an den Feldlinien "haften", entsteht auf gekrümmten Feldlinienabschnitten die Zentrifugalkraft

$$F_R = \int (m_i v_\parallel^2/R) f\, dv_\parallel d\mu$$

die die Feldlinienkrümmung zu vergrößern trachtet. Dabei wurde berücksichtigt, daß bei Erfüllung der Bedingung (2.130) die Driftnäherung herangezogen werden kann, in der das Plasma als eine Gesamtheit von Quasiteilchen betrachtet wird - von Gyrationszentren, für die das magnetische Moment $\mu = w_\perp/B$ erhalten bleibt. Die Verteilung der Teilchen beschreibt man dann zweckmäßigerweise durch eine Funktion $f(\mu, v_\parallel)$, wobei $v_\parallel$ die Geschwindigkeit parallel zum konstanten Magnetfeld und $w_\perp$ die Energie der zu ihm senkrechten Rotation ist. Da außerdem jedes Quasiteilchen das zu $\underline{B}$ antiparallele magnetische Moment $-\mu\underline{B}/B$ besitzt, unterliegt es in einem inhomogenen Magnetfeld der Wirkung einer Kraft, die mit dem Magnetisierungsstrom

$$\underline{j}_\mu = \mathrm{rot}\int \underline{\mu} f dv_\parallel d\mu, \quad \underline{F}_\mu = \underline{j}_\mu x\underline{B} = \mathrm{rot}\int \underline{\mu} f(\mu, v_\parallel) dv_\parallel d\mu x\, \underline{B}$$

verbunden ist. Zusammen mit der von den Feldlinien ausgeübten Spannungskraft

$$\underline{F}_B = \underline{j} x \underline{B} = (1/\mu_0)\mathrm{rot}\underline{B} x \underline{B}$$

sucht sie die Feldlinie in ihre Gleichgewichtslage zurückzudrängen. Wenn $F_R > F_\mu + F_B$ gilt, dann entfernt sich das System aus der Gleichgewichtslage, d.h. es ergibt sich Instabilität. Für die betrachtete Störung ist nur die Komponente $k_\parallel$ des Wellenvektors von Null verschieden. Nach einfacher Zwischenrechnung ergibt sich das folgende Kriterium für Instabilität:

$$p_\parallel - p_\perp > B_0^2/\mu_0, \quad \text{wobei } p_\parallel = \int m v_\parallel^2 f dv_\parallel d\mu, \quad p_\perp = \int \mu B f dv_\parallel d\mu$$

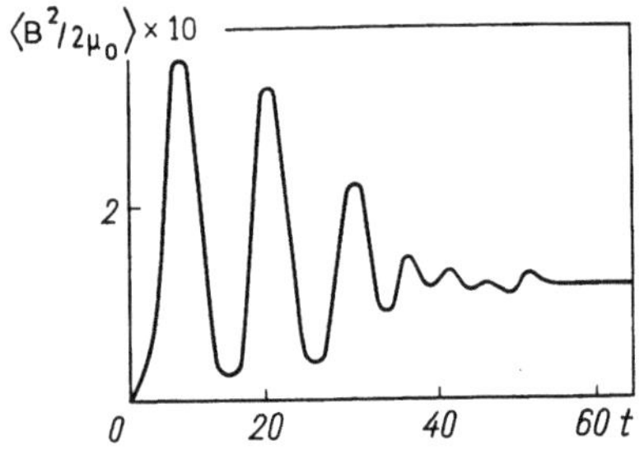

Abb.2.21
Zunahme der Fluktuationen des Magfeldes $\langle B^2/2\mu_0\rangle$ bei Schlauchinstabilität (nach numerischen Rechnungen von Yu.A. Beresin und R.S. Sagdejew ("Dokl. AN SSSR",1969, Bd. 187, S. 570)

Das fluktuierende Magnetfeld $B_\perp$ wurde in Einheiten von B_0 gemessen, die Zeit in Einheiten des Inversen der Anwachsrate der Schlauchinstabilität aufgetragen. Die Mittelung wurde über eine Wellenlänge durchgeführt. Im Anfangszustand gilt $p_\parallel = 30 \times B_0^2/2\mu_0$, $p_\perp = 6.6 \times B_0^2/2\mu_0$. Die Störung des Magnetfeldes wurde in der Form eine monochromatischen, zirkular polarisierten Welle gewählt. Dem exponentiellen Anwachsen der Feldamplitude schließen sich Oszillationen an, die dem Single-Mode-Regime (monochromatische Welle) entsprechen. Der Übergang in das turbulente Multi-Mode-Regime mit stochastischer räumlicher Feldverteilung führt zur Dämpfung der Oszillationen und zur Einstellung eines quasistationären Zustandes

gilt. Da bei Erfüllung dieser Bedingung die resultierende Kraft das System ständig aus der Gleichgewichtslage treibt, hat die Instabilität aperiodischen Charakter. Die Anwachsrate γ läßt sich leicht bestimmen, indem man die Summe der Kräfte $F_R - F_\mu - F_B$ dem Produkt aus der Masse eines Plasmavolumenelementes und der Beschleunigung $\dot{v} = d(E/B_0)/dt$ gleichsetzt. Wegen der Maxwellgleichung $E = B\gamma/k$ gilt $\dot{v} = \gamma^2 B/kB_0$. Indem wir für F ersetzen (vgl. (2.132)), erhalten wir

$$\gamma^2 = k^2(p_\parallel - p_\perp - B_0^2/\mu_0)/\rho \qquad (2.133)$$

In unseren Überlegungen ließe sich schwerlich eine bestimmte Gruppe von resonanten Teilchen identifizieren, die für die Instabilität verantwortlich hätte sein können. Bei dieser Erscheinungsform der adiabatischen Instabilität spricht man von Schlauch- oder Zentrifugalinstabilität (wegen der offensichtlichen Analogie mit dem eigenwilligen Verhalten eines Gartenschlauches, durch den ein starker Wasserstrahl geschickt wird). Die quasilineare Theorie, die zur Beschreibung des Plasmaverhaltens bei der Entwicklung adiabatischer Instabilitäten verwendet wird, berücksichtigt das Nichtvorhandensein resonanter Teilchen; von der ihr entsprechenden quasilinearen Diffusion sind praktisch alle Plasmateilchen betroffen.

Abb.2.21 illustriert die Ergebnisse numerischer Rechnungen zur Schlauchinstabilität im stoßfreien hydrodynamischen Modell mit zwei Temperaturen $(T_\parallel, T_\perp)$.

2.8 Die Wechselwirkung von Wellen mit Plasmateilchen im Magnetfeld und quasilineare Diffusion

In diesem Abschnitt setzen wir die Untersuchung der resonanten Wechselwirkung von Wellen und Teilchen im Magnetfeld fort. Neben den Resonanzen (2.112) und (2.113), die sich bei der Ausbreitung einer elektromagnetischen Welle parallel zum Magnetfeld ergeben, gibt es noch andere. In erster Linie ist dies die Landauresonanz von Längsbewegung der Teilchen und Welle:

$$\omega = k_z v_z \qquad (2.134)$$

Gewöhnlich spielt sie eine Rolle, wenn das elektrische Feld der Welle eine Komponente in Richtung des Magnetfeldes besitzt und die Teilchen, deren Parallelgeschwindigkeit v_z in der Nähe der zugehörigen Phasengeschwindigkeit ω/k_z der Welle liegt, auf diese Weise mit dem elektrischen Feld der Welle auf effektive Weise Energie austauschen können. Die Resonanz (2.134) ist der Landauresonanz im isotropen Plasma, die wir ausführlich im ersten Teil des Buches behandelt haben, völlig analog.

Eine neue Eigenschaft von Wellen im Magnetfeld ist die Möglichkeit der Bildung von Magnetfeldmulden, die sich zusammen mit den Wellen bewegen. Als Beispiel betrachten wir eine sich schräg zu $\underline{B}_0$ ausbreitende Magnetschallwelle. Die Parallelkomponente ihres elektrischen Feldvektors ist vernachlässigbar klein, und Landauresonanz ist mit der Existenz einer

Magnetfeldmulde für die Teilchen verbunden.

Für $\omega << \omega_{Bi}$ bleiben die magnetischen Momente von Elektronen und Ionen erhalten. Im inhomogenen Felde der Welle wirkt auf diese Momente die Kraft $-\mu\underline{\nabla}B$. Für eine Welle mit gegebenem ω und k ergibt sich ein periodisches Muster von abwechselnd dichter und weiter voneinander entfernt liegenden Magnetfeldlinien, das sich mit der Phasengeschwindigkeit der Welle ω/k bewegt. Unter der Wirkung der Kraft $-\mu\underline{\nabla}B$ werden die resonanten Teilchen, deren Geschwindigkeit die Bedingung (2.134) erfüllt, von Gebieten höherer Feldliniendichte reflektiert und in einer Magnetfeldmulde eingeschlossen.

Überlegungen, die denen, die wir im ersten Teil des Buches dazu angestellt haben, analog sind, führen zu dem Schluß, daß das durch den betrachteten Mechanismus bedingte Dämpfungsdekrement der Welle von der Ableitung der Verteilungsfunktion im Resonanzpunkt abhängen muß:

$$\gamma \sim \int \mu\, \partial f/\partial v_z \big|_{v_z = \omega/k_z} d\mu \qquad (2.135)$$

Die Phasengeschwindigkeit der Magnetschallwellen ist größenordnungsmäßig durch $B_0/\sqrt{\mu_0 \rho}$ gegeben; in einem hinreichend starken Magnetfeld ist diese Geschwindigkeit wesentlich größer als die thermische Geschwindigkeit, so daß sich eigentlich auch hier die Dämpfung als exponentiell klein erweist. Die Periodendauer der Phasenschwingungen im Magnetfeld ergibt sich aus Formel (1.150) durch die Ersetzung $eE = ek_z\varphi \rightarrow \mu k_z B$, so daß

$$\tau_b \sim (\mu k_z^2 B/m_0)^{-1/2} \qquad (2.135')$$

gilt. Es ist klar, daß wir lineare Dämpfung der Magnetschallwelle nur für hinreichend kleine Amplituden des Wellenfeldes beobachten, so daß die Frequenz $1/\tau_b$ wesentlich kleiner als das Dämpfungsdekrement ist. Wie wir bereits wissen, wird bei größeren Amplituden durch den Einfang von resonanten Teilchen in die von der Welle erzeugte Potentialmulde und durch die Phasenoszillationen der Teilchen in dieser Mulde die Landaudämpfung beseitigt und eine zeitliche Modulation der Amplitude des Wellenfeldes hervorgerufen. Bei Vorzeichenumkehr der Ableitung der Verteilungsfunktion in Formel (2.135) ist für Magnetschallwellen auch Strahlinstabilität möglich.

Für eine Herleitung der allgemeinen Kriterien für das Auftreten einer Resonanz von Wellen und Teilchen im Magnetfeld betrachten wir die Teilchenbewegung im elektrischen Feld der Welle bei beliebigem Neigungswinkel zwischen Fortpflanzungsrichtung der Welle und Magnetfeld $\underline{k} = (0, k_\perp, k_z)$. Zur Vereinfachung nehmen wir an, daß nur die zum äußeren Magnetfeld $\underline{B}_0$ senkrechten Komponenten des elektrischen Feldes wesentlich von Null verschieden sind. Dann haben die (nichtrelativistischen) Bewegungsgleichungen eines geladenen Teilchens (eines Elektrons oder Ions) die Form

$$m(dv_x/dt) = eE_x\exp(-i\omega t+ik_\perp x+ik_z z) + ev_y B_o$$
$$m(dv_y/dt) = eE_y\exp(-i\omega t+ik_\perp x+ik_z z) - ev_x B_o \tag{2.136}$$

Daraus erhalten wir für $v = v_x+iv_y$

$$m(dv/dt) + ieB_0 v = eE_+\exp(-i\omega t+ik_\perp x+ik_z z) \tag{2.136'}$$

mit $E_+ = E_x+iE_y$. Die Ersetzung $v = \tilde{v}\exp(-i\omega_B t)$ in Gleichung (2.136') liefert

$$d\tilde{v}/dt = (eE_+/m)\exp(-i\omega t+i\omega_B t+i\ k_\perp x+ik_z z) \tag{2.137}$$

Jetzt benützen wir, daß wir wie gewöhnlich eine Welle kleiner Amplitude betrachten. Das bedeutet, daß die Welle die Teilchenbahn nicht merklich stört, anders ausgedrückt, daß wir im Exponenten auf der rechten Seite von (2.136') unter x und z die ungestörten Werte verstehen können, die einer freien Bewegung der Teilchen im Magnetfeld entsprechen:

$$dx/dt = v_x\cos\omega_B t - v_y\sin\omega_B t$$
$$dy/dt = v_x\sin\omega_B t + v_y\cos\omega_B t$$
$$dz/dt = v_z$$

Der Exponentialfaktor nimmt dann die Form

$$\mathcal{F}(t) = \exp(i(\omega_B-\omega-k_z v_z)t+i(k_\perp v_y/\omega_B)(1-\cos\omega_B t)-i(k_\perp v_x/\omega_B)\sin\omega_B t)$$

an. Letzten Endes wird die gestörte Teilchenbewegung durch die Zeitabhängigkeit des Exponentialfaktors $\mathcal{F}(t)$ bestimmt. Die Funktion

$$\mathcal{F}_B(t) = \exp((-ik_\perp v_x/\omega_B)\sin\omega_B t+i(k_\perp v_y/\omega_B)(1-\cos\omega_B t)) \tag{2.138}$$

ist (mit der Periode $2\pi/\omega_B$) periodisch in t und kann in eine Reihe in $\exp(in\omega_B t)$ entwickelt werden. Die Koeffizienten dieser Entwicklung führen für eine Funktion der Form (2.138) auf Besselfunktionen (gerade auf diese Weise kommen in der Theorie der Schwingungen eines magnetoaktiven Plasmas Zylinderfunktionen ins Spiel). Auf weitere Einzelheiten ihrer Berechnung wollen wir hier nicht eingehen. Wir weisen nur auf den folgenden wichtigen Umstand hin. Nach unseren Bemerkungen läßt sich die resultierende äußere Kraft (die rechte Seite von Gleichung (2.137)), die

die Wirkung des Feldes der Welle auf das Teilchen beschreibt, als Summe harmonischer Kräfte der Form

$$\mathcal{F}_n \exp(-i\omega t + in\omega_B t + ik_z v_z t)$$

auffassen. Entsprechend stellt sich die Reaktion des Teilchens als Superposition der Wirkungen der Einzelkräfte $v_n \sim \mathcal{F}_n/(n\omega_B + k_z v_z - \omega)$ dar. Maximaler Effekt tritt bei Resonanz ein:

$$\omega - k_z v_z = n\omega_B \tag{2.139}$$

Hierbei nimmt n alle ganzzahligen Werte $n = \pm 1, \pm 2, \ldots$ an. Die Resonanz $n = 1$ ist uns schon früher bei der Wechselwirkung von Elektronen mit einer außerordentlichen elektromagnetischen Welle, die sich parallel zum äußeren Magnetfeld ausbreitet, begegnet. Dabei handelte es sich um die Zyklotronresonanz von Elektronen und elektrischem Feld der Welle, deren Vektor den gleichen Drehsinn hatte wie die Gyrationsbewegung der Elektronen. In der Resonanzbedingung ist die Dopplerverschiebung der Frequenz $\omega' = \omega - k_z v_z$ berücksichtigt worden (in der Radiophysik nennt man die Resonanzbedingung für $n = 1$ oft Resonanz bei normalem Dopplereffekt). Wenn im vorangegangenen Abschnitt in der außerordentlichen Welle die Bewegung der Ionen berücksichtigt worden wäre, dann hätte die Bedingung für Teilchen-Welle-Resonanz

$$\omega - k_z v_z = -\omega_{Bi} \tag{2.140}$$

gelautet. (Da die Gyrationsbewegung der Ionen der Drehung des elektrischen Vektors entgegengerichtet ist, ist eine Resonanz nur für eine hinreichend große Dopplerverschiebung möglich, wenn wegen dieser Verschiebung die Frequenz ihr Vorzeichen wechselt.)

Entsprechend haben die Bedingungen für die resonante Wechselwirkung der ordentlichen elektromagnetischen Welle mit Ionen und Elektronen die Form

$$\begin{aligned} \omega - k_z v_z &= \omega_{Bi} \\ \omega - k_z v_z &= -\omega_{Be} \end{aligned} \tag{2.140'}$$

Neben der Zyklotronresonanz mit $n = +1$ gibt es also auch eine mit $n = -1$. Das ist die sogenannte Zyklotronresonanz bei anomalem Dopplereffekt. Wir bemerken, daß sie nur für hinreichend große Parallelgeschwindigkeit v_z der Teilchen in Erscheinung tritt, wenn v_z größer als die Phasengeschwindigkeit ω/k_z der Welle wird.

Resonanzen unter den Bedingungen des normalen und des anomalen Dopplereffektes werden im Zusammenhang mit der Strahlung geladener Teilchen im Magnetfeld schon lange untersucht. Es hat sich gezeigt, daß den beiden Resonanzen eine ganz unterschiedliche physikalische Interpretation zukommt. Beim normalen Dopplereffekt entsteht die Strahlung auf Kosten der Senkrechtenergie der Teilchen, hier der Energie eines Larmoroszillators, der dabei auf ein niedrigeres Energieniveau übergeht. Diese Resonanz ist auch ohne eine Bewegung der Teilchen parallel zum Magnetfeld möglich ($v_z \to 0$). Beim anomalen Dopplereffekt hingegen entspricht die Resonanz einer Wellenstrahlung vermöge der Parallelenergie der Teilchen. Diese Strahlung ist mit einer Erhöhung der Senkrechtenergie, also einer Anregung des Larmorószillators verbunden.

Genauso wie die Strahlung eines einzelnen geladenen Teilchens, so entsteht auch die Strahlinstabilität beim anomalen Dopplereffekt vermöge des Vorhandenseins einer Parallelkomponente der Energie, was bedeutet, daß durch einen magnetfeldparallelen Strahl eine ordentliche elektromagnetische Welle angeregt werden kann. Beim normalen Dopplereffekt entwickelt sich Strahlinstabilität aus einem Vorrat an Senkrechtenergie eines Strahls von Larmoroszillatoren. In der Tat geht die Anwachsrate der im vorangegangenen Abschnitt betrachteten außerordentlichen Welle für $v_\perp \to 0$ gegen Null.

Wir betrachten jetzt die Zyklotroninstabilität elektromagnetischer Wellen. Für viele physikalischen Anwendungen, insbesondere für die Physik der Magnetosphäre, ist die Zyklotroninstabilität von Ionen- und Elektronen-Whistler-Moden, d.h. von ordentlichen Wellen für $\omega \lesssim \omega_{Bi}$ und außerordentlichen für $\omega \lesssim \omega_{Be}$, sehr wichtig. Der Brechungsindex dieser Wellen ist ziemlich groß ($ck/\omega \gg 1$), weshalb man bei der Betrachtung ihrer Instabilitäten relativistische Effekte bei der Bewegung der resonanten Teilchen vernachlässigen kann.

Neben hydrodynamischer Zyklotroninstabilität, die im vorangegangenen Abschnitt untersucht wurde, ist auch kinetische Instabilität möglich. Da die resonanten Teilchen keine Gleichgewichtsverteilung besitzen (Strahl, anisotrope Geschwindigkeitsverteilung), kann sich das Vorzeichen des Zyklotrondämpfungsdekrementes in Formel (2.115) umkehren. Diese Formel beschreibt die Wechselwirkung resonanter Elektronen mit einer außerordentlichen Welle, sie läßt sich jedoch leicht auf den Fall resonanter Ionen verallgemeinern

$$\gamma_i = 2\pi e^2\omega/(m_i\,|k|\,(d/d\omega)(\omega^2 N(\omega)))\ \mathrm{x}$$
$$\mathrm{x}\ \int d^3v_\perp\, v_\perp \left\{(1-kv_z/\omega)(\partial f_o^i/\partial v_\perp) + (kv_\perp/\omega)(\partial f_o^i/\partial v_z)\right\} \qquad (2.141)$$

Wir bemerken, daß man - wie schon im ersten Teil des Buches - die Formeln für das Dekrement (Inkrement) der Wellenamplitude nicht nur durch formale Lösung der Dispersionsbeziehung, sondern auch aus einer einfachen Energiebetrachtung erhalten kann, die von der Energiebilanz im System Welle - resonante Teilchen ausgeht.

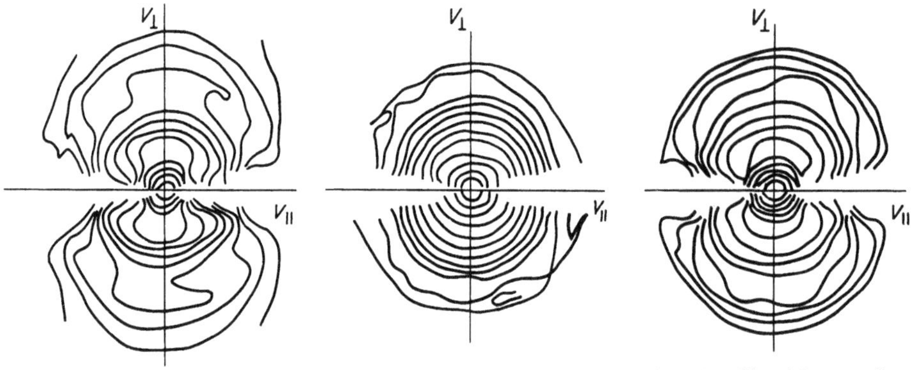

Abb.2.22 Niveaulinien der Protonenverteilungsfunktion im Strahlungsgürtel der Erde

Die Darstellung erfaßt Geschwindigkeiten bis zu 10 m/s. Die drei gezeigten Verteilungen entsprechen drei aufeinanderfolgenden Raumbereichen auf der Bahn des Satelliten, in dem die Verteilungsfunktion der Protonen aufgenommen wurde. Wegen des entleerten Verlustkegels werden die Bedingungen für das Auftreten der Ionen-Zyklotron-Instabilität erfüllt (Williams D.J. "Physics of Hot Plasma in the Magnetosphere". Herausgegeben von B. Hultgvist, L. Stenflo, London, Plenum Press, 1975).

Aus der Formel für das Zyklotron-Dekrement (-Inkrement) der außerordentlichen Welle folgt, daß die Bedingung für das Auftreten von Zyklotroninstabilität die Form

$$\int d^3v_\perp\, v_\perp \left\{(1-kv_z/\omega)(\partial f_0/\partial v_\perp) + (kv_\perp/\omega)\,\partial f_0/\partial v_z\right\} > 0 \qquad (2.142)$$

hat, wobei für v_z der Wert $(\omega-\omega_B)/k$ einzusetzen ist. Wir wollen zeigen, wie diese Bedingung in einem Plasma mit anisotroper Maxwellverteilung der Geschwindigkeiten (d.h. verschiedenen Temperaturen parallel und senkrecht zum Feld) befriedigt werden kann:

$$f_0 \sim \exp(-mv_\perp^2/2kT_\perp - mv_z^2/2kT_\parallel)$$

Indem wir die Integration über $v_\perp$ ausführen, finden wir, daß das Kriterium für Instabilität die Form

$$T_\perp/T_\parallel + (\omega_{Be}/\omega)(1-T_\perp/T_\parallel) < 0 \quad \text{(für Elektronen)} \qquad (2.143\ )$$

$$T_\perp/T_\parallel - (\omega_{Bi}/\omega)(1-T_\perp/T_\parallel) < 0 \quad \text{(für Ionen)} \qquad (2.143')$$

hat. Hierbei entsteht für die außerordentliche Welle Zyklotroninstabilität an den Elektronen für $T_\perp > T_\parallel$ (normaler Dopplereffekt) und an den Ionen für $T_\parallel > T_\perp$ (anomaler Dopplereffekt). Für die ordentliche Welle ergeben sich die entsprechenden Instabilitäten bei umgekehrten Ungleichungen für die Temperaturen.

Die Zyklotroninstabilität von Whistler-Moden (oder von Helikonen) spielt in der Dynamik der Strahlungsgürtel der Erde eine fundamentale Rolle. Von der Existenz dieser Instabilität kann man sich überzeugen, indem man bestimmte Verteilungsfunktionen für die Teilchen in den Strahlungsgürteln (hochenergetische Protonen und Elektronen) in das Kriterium (2.142) einsetzt.

Abb.2.22 zeigt Beispiele von Verteilungsfunktionen energiereicher Teilchen in der Magnetosphäre der Erde nach Ergebnissen von Satellitenmessungen.

Zur Veranschaulichung benützen wir für die weiteren Berechnungen das Modell einer Maxwellverteilung mit anisotropen Temperaturen. Es ist klar, daß es sich dabei um eine Idealisierung handelt, weil resonante Teilchen, die in der Magnetosphäre der Erde Instabilität hervorrufen, durch eine Maxwellverteilung nicht beschrieben werden können.

Aus (2.143) folgt, daß die Instabilität bereits bei sehr kleiner Temperaturanisotropie $|T_\perp - T_\parallel|/T_\perp \ll 1$ auftritt, wobei allerdings die Anwachsrate γ exponentiell klein ist. In der Tat ist γ proportional zu

$$f_o(v_z = (\omega - \omega_B)/k_z)) \sim \exp(-(m/2)((\omega-\omega_B)^2/kT_\parallel k^2))$$

Für $\omega \ll \omega_{Bi}$ gilt $k^2 = \omega^2/v_A^2$, und da nach (2.143) die Instabilität für $\omega \lesssim \omega_{Bi}|T_\parallel - T_\perp|/T_\parallel$ auftritt, ergibt sich für die "gefährlichsten" Wellen eine Anwachsrate γ, die proportional ist zu

$$\exp(-(m_i/2)(v_A^2/kT)(T/(T_\parallel - T_\perp))^2)$$

Dazu ist zu bemerken, daß es unter realen Bedingungen so sein kann, daß die betrachtete Instabilität bei kleiner Anisotropie auch nicht auftritt, etwa wenn in einer "abgeschnittenen" Maxwellverteilung Teilchen mit hohen Parallelgeschwindigkeiten

$$v_z \sim \sqrt{kT/m_i}\; T/|T_\parallel - T_\perp| ,$$

die für die Anregung der Schwingungen verantwortlich sind, nicht vorhanden sind. Praktisch bedeutet dies, daß ein Anwachsen der Wellenamplituden dann nur bei hinreichend stark ausgebildeter Anisotropie beobachtet wird, und zwar bei um so stärker ausgebildeter, je größer das Verhältnis von Magnetfeld- zu Plasmadruck ist.

Es sei z.B. $T_\perp > T_\parallel$. Wir gehen nicht von vornherein von kleiner Anisotropie aus, d.h. wir werden nicht voraussetzen, daß $\omega \ll \omega_{Bi}$ ist.
Wir wollen abschätzen, bei welchem Grad von Anisotropie der Exponent von $\exp(-(m_i/2)((\omega-\omega_{Bi})^2/kT_\parallel k^2))$, der in die Anwachsrate eingeht, von der Ordnung 1 wird:

$$m_i(\omega-\omega_{Bi})^2/kT_\parallel k^2 \sim 1 \qquad (2.144)$$

Das Quadrat des Wellenvektors k^2 läßt sich mit Hilfe der Dispersionsbeziehung für ein kaltes Plasma, die wir früher (s. Abschnitt 2.6) abgeleitet haben, durch ω ausdrücken:

$$k^2c^2/\omega^2 = \omega_{oi}^2/(\omega_{Bi}(\omega_{Bi}-\omega))$$

(das gilt für eine Welle, deren Polarisationsvektor in Richtung der Ionengyration im Magnetfeld rotiert). Setzen wir jetzt

$$k^2 = \omega_{oi}^2\omega^2/(c^2\omega_{Bi}(\omega_{Bi}-\omega))$$

in (2.144) ein und berücksichtigen, daß für die Instabilität die Erfüllung der Ungleichung $\omega < \omega_{Bi}(1-T_{\parallel i}/T_{\perp i})$ notwendig ist, dann erhalten wir

$$T_{\perp i}/T_{\parallel i} \gtrsim (B^2/2\mu_o nkT_{\perp i})^{1/2} \qquad (2.145)$$

Das ist die Bedingung für einen spürbaren Wert der Anwachsrate. Eine entsprechende Bedingung gibt es auch für eine in Richtung der Elektronenlarmorrotation polarisierte Welle. Es ist klar, daß sich unter sonst gleichen Bedingungen für diese Welle die größere Anwachsrate ergibt.

Indem wir die Analogie zu Längsschwingungen konsequent fortführen, können wir für die betrachtete Teilchen-Wellen-Wechselwirkung bei Zyklotronresonanz auch das quasilineare Stadium behandeln, in dem Rückwirkung der Wellen auf die Geschwindigkeitsverteilung (hier über v_z und $v_\perp$) zu berücksichtigen ist. Zur Vereinfachung beschränken wir uns auch hier auf Elektronen-Zyklotronwellen (Whistler-Moden), die sich parallel zu $\underline{B}_0$ ausbreiten. Diese Beschränkung vereinfacht die Algebra, indem sie die Betrachtung nur der Grundharmonischen der Zyklotronresonanz gestattet und uns von der Notwendigkeit befreit, komplizierte Ausdrücke mit Besselfunktionen anzugeben. Gleichzeitig jedoch ändert sich dadurch das physikalische Bild nicht wesentlich.

Wir gehen von der kinetischen Gleichung

$$\partial f/\partial t + v_z(\partial f/\partial z) - \omega_B(\partial f/\partial\varphi) + (e/m)(\underline{E}_\perp + \underline{v}\times\underline{B}_\perp))\cdot(\partial f/\partial\underline{v}) = 0$$

und den Maxwellgleichungen für $\underline{E}_\perp$ und $\underline{B}_\perp$ aus. Indem wir die Verteilungsfunktion in einen langsam und in einen schnell veränderlichen Teil zerlegen ($f = f_0(t,v_\perp,v_z)+f_1$) und Gebrauch von der Formel für f_1 machen, nimmt die Gleichung für den langsam veränderlichen Teil die Form (s. (1.192))

$$\frac{\partial f_0}{\partial t} = (e/m)^2\sum_K\left\{(1-kv_z/\omega_K)\ \frac{1}{v_\perp}\frac{\partial}{\partial v_\perp}\ v_\perp + (kv_\perp/\omega_K)\frac{\partial}{\partial v_z}\right\}\ \times$$
$$\times\quad \frac{|E_K|^2}{i(kv_z - \omega_k \mp \omega_B)}\ \left\{(1 - (kv_z/\omega_k)\frac{\partial f_0}{\partial v_\perp} + (kv_\perp/\omega_k)\frac{\partial f_0}{\partial v_z})\right\} \quad (2.146)$$

an. Die Zeichen $\mp$ in den Resonanznennern beziehen sich auf rechts- bzw. linkspolarisierte (ordentliche und außerordentliche) Wellen. Im resonanten Bereich läßt sich diese Gleichung zu

$$\frac{\partial f_0}{\partial t} = \pi(e/m)^2\sum_K\ (1-kv_z/\omega_k)\ \frac{1}{v_\perp}\frac{\partial}{\partial v_\perp}\ v_\perp + (kv_\perp/\omega_k))|E_k|^2\ \delta(\omega_k - kv_t \pm \omega_B)\ \times$$
$$\times\ \left\{(1-kv_z/\omega_k)\frac{\partial}{\partial v_\perp} + (kv_\perp/\omega_k)\frac{\partial}{\partial v}\right\} f_0 \quad (2.147)$$

vereinfachen. Als Anwendungsbeispiel für diese Gleichung betrachten wir das Problem der Absorption eines eindimensionalen Wellenpaketes durch Teilchen. Der resonante Bereich für die Geschwindigkeit v_z, der einem solchen Wellenpaket entspricht, ist auf Abb.2.23 angegeben.

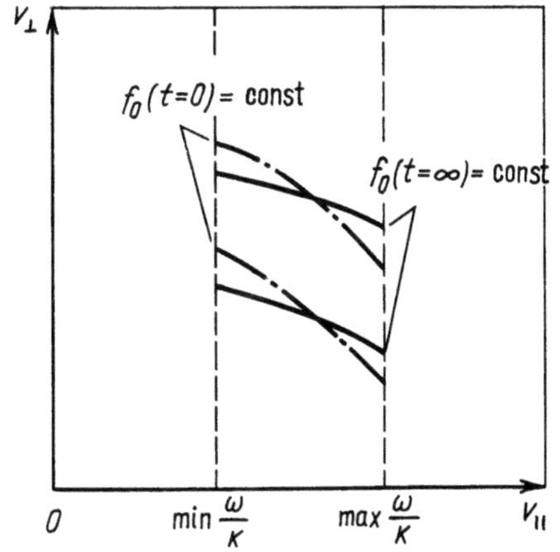

Abb.2.23
Niveaulinien in der $v_\perp$-v_z-Ebene infolge quasilinearer Relaxation eines Wellenpaketes von Whistler-Moden im Plasma

Er liegt in der linken Halbebene, da $v_z = (\omega-\omega_B)/k$ für Whistler-Moden ($\omega < \omega_B$) negativ ist. Die Niveaulinien der ursprünglich isotropen Geschwindigkeitsverteilung haben die Form von Kreisen. Wie in der quasilinearen Theorie der Langmuirwellen diffundieren die resonanten Teilchen so lange, bis ein gewisser stationärer Zustand erreicht wird. Für ein hinreichend schmales Wellenpaket ($\Delta(\omega/k) \ll \omega/k$) ist dieser Zustand dadurch gekennzeichnet, daß

$$((1-(kv_z/\omega))(\partial f_0/\partial v_\perp) + (kv_\perp/\omega)(\partial f_0/\partial v_z)) = 0 \qquad (2.148)$$

gilt. Wie ein Vergleich der Gleichungen (2.147) und (2.148) zeigt, hört mit seiner Erreichung die Diffusion auf. (2.148) ist das Analogon der Plateaubedingung $df_0/dv = 0$ in der quasilinearen Theorie der Langmuir-Wellen. Die Niveaulinien der sich einstellenden Geschwindigkeitsverteilung (das sind die Linien gleichen Wertes der Verteilungsfunktion), die die Gleichung (2.148) befriedigt, werden durch die Gleichung

$$(v_\perp^2+v_z^2)/2 - \omega v_z/k = \text{const.} \qquad (2.149)$$

bestimmt. Davon kann man sich überzeugen, indem man eine Verteilungsfunktion der Form $f((v_\perp^2+v_z^2)/2-\omega v_z/k)$ in Gleichung (2.147) einsetzt. Diese Niveaulinien haben ebenfalls die Form von Kreisen, jedoch sind ihre Zentren um die Entfernung ω/k nach rechts verschoben (s. Abb.2.23). Indem wir das Analogon der Plateaubedingung (2.148) mit dem Ausdruck (2.115) für das Dämpfungsdekrement vergleichen, sehen wir, daß das Dämpfungsdekrement der Whistler-Moden in dem durch (2.148) gekennzeichneten stationären Zustand verschwindet.

Quasilineare Diffusion dieses Typs - sofern sie infolge von Anisotropie-Instabilität einer Plasmakonfiguration mit magnetischen Spiegeln auftritt - führt zu einer Diffusion des Geschwindigkeitsvektors aus Gebieten, die einer Einschließung der Teilchen entsprechen, in einen sogenannten Verlustkegel. Es zeigt sich, daß dies unter den Bedingungen der Magnetosphäre der Erde ein äußerst wichtiger Effekt ist, der die Dauer der Einschließung geladener Teilchen in den Strahlungsgürteln bestimmt.

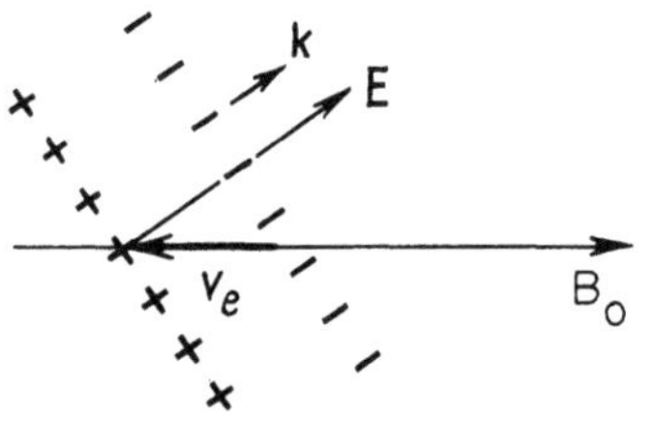

Abb.2.24
Elektronen-Langmuirschwingungen im starken Magnetfeld

Diese quasilineare Diffusion hängt mit der Anregung von elektromagnetischen Wellen vom Typ der Whistler-Moden zusammen. Allerdings kann auch ein anderer Mechanismus, der mit der Anregung elektrostatischer Schwingungen verbunden ist, zu einer Diffusion in den Verlustkegel führen. Bei magnetischer Einschließung unter Laboratoriumsbedingungen befindet sich das Plasma in einem starken Magnetfeld, so daß in der Regel die Elektronenzyklotronfrequenz größer als die Plasmafrequenz ist. In einem solchen Plasma haben wir es mit magnetoaktiven Elektronen zu tun. Wir wollen Schwingungen betrachten, deren elektrischer Vektor fast senkrecht zum Magnetfeld ist. Wegen des starken Magnetfeldes findet die Schwingungsbewegung der Elektronen nicht wie im isotropen Plasma in Richtung des elektrischen, sondern in Richtung des magnetischen Feldes statt (Abb. 2.24).

Dadurch tritt eine beträchtliche Erniedrigung der Schwingungsfrequenz gegenüber der Elektronenplasmafrequenz ω_{pe} ein, so daß sich für diese niederfrequenten Schwingungen Resonanz mit den eingeschlossenen Ionen ergeben kann. In der Tat folgt aus der Dispersionsbeziehung (2.96) für Plasmaschwingungen parallel zum Feld, daß für $\omega_{pe} \ll \omega_{Be}$ die Frequenz von Elektronen-Langmuirschwingungen in einem magnetoaktiven Plasma durch

$$\omega = \omega_{pe} \cos\theta \qquad (2.150)$$

gegeben ist (vgl. Abb.2.14, linker Schwingungszweig).

Wir wollen zeigen, daß die Wechselwirkung dieser Schwingungen mit den eingeschlossenen Ionen zu Instabilität führt. Für nicht zu kleine Werte des Verhältnisses k_z/k ist die Frequenz ω immer noch groß gegen die Ionenzyklotronfrequenz. Dann hat das Magnetfeld keinen Einfluß auf die Wechselwirkung zwischen Ionen und Welle und eine effektive Wechselwirkung findet nur bei Erfüllung der Bedingung für die Landaudämpfung statt. Der Einfluß des Magnetfeldes auf die Ionen beschränkt sich dann darauf, daß es deren Verteilungsfunktion über die Gyrationsphasen "verschmiert". Aus diesem Grunde hat die Ionenverteilungsfunktion dann die Form

$$f_0(\underline{v}) = f_0(v_x^2+v_y^2, v_z) \qquad (2.151)$$

Ionen genügend kleiner Senkrechtgeschwindigkeit $v_\perp \leqslant v_z(B_m/B_0-1)^{1/2}$ (B_m/B_0 ist das sogenannte Spiegelverhältnis) geraten in den Verlustkegel und verlassen das Plasma. Aus diesem Grunde hat die Ionenverteilungsfunktion die in Abb.2.25 dargestellte Form.

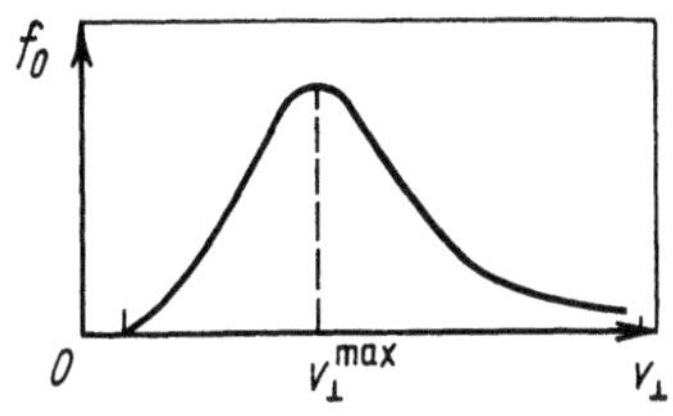

Abb.2.25
Verteilungsfunktion mit Verlustkegel

Wir wollen zeigen, daß es unter diesen Bedingungen stets sich fast senkrecht zum Magnetfeld ausbreitende elektrostatische Wellen gibt und wollen deren Phasengeschwindigkeit bestimmen.

Die Welle möge sich etwa in y-Richtung ausbreiten. Die Anwachsrate ist $\gamma \sim \partial g/\partial v_y$, wobei g die über die bezüglich der Welle senkrechten Geschwindigkeiten v_x und v_z integrierte Verteilungsfunktion bezeichnet. Notwendig für Instabilität ist dann, daß

$$(\partial/\partial v_y) \int f(v_\perp^2, v_z) dv_x dv_z > 0 \tag{2.152}$$

gilt, wobei v_y an der Stelle ω/k zu nehmen ist. Die linke Seite dieser Ungleichung schreiben wir um, indem wir zu Polarkoordinaten $(v_\perp, v_z, \varphi)$ übergehen:

$$\int dv_x dv_y dv_z (\partial/\partial v_y) f(v_\perp^2, v_z) \delta(v_y - \omega/k) =$$

$$= (2\omega/k) \int v_\perp dv_\perp d\varphi dv_z (\partial/\partial v_\perp^2) f(v_\perp^2, v_z) \delta(v_\perp \sin\varphi - \omega/k)$$

Das Integral über φ ist leicht auszuführen, so daß sich schließlich als Kriterium für Instabilität

$$(\partial f/\partial v_\perp^2) dv_\perp^2 dv_z / (v_\perp^2 - \omega^2/k^2)^{1/2} > 0 \tag{2.153}$$

ergibt. Ohne den Faktor $(v_\perp^2 - \omega^2/k^2)^{-1/2}$ im Integranden würde das Integral Null ergeben. Es ist positiv, wenn

$$\omega/k < v_\perp^{max} \tag{2.154}$$

gilt, da in diesem Falle bei der Integration über $v_\perp$ der Bereich, in dem $\partial f_0/\partial v_\perp^2 > 0$ ist, den wesentlichen Beitrag liefert. Auf diese Weise sind alle Wellen mit Phasengeschwindigkeiten, die die Ungleichung (2.154) befriedigen, instabil.

Die Bedingung für das Auftreten der Instabilität und die Anwachsrate lassen sich aus der im ersten Teil des Buches angegebenen Dispersionsbeziehung für Langmuir-Wellen erhalten. Wir müssen dabei berücksichtigen, daß die Elektronen magnetoaktiv sind und nur die Ionen resonant werden. Ihre Verteilungsfunktion bestimmt Formel (2.151). Die unter Beachtung dieser Bemerkungen sich ergebende Dispersionsbeziehung hat die Form:

$$(1 - (\omega_{pe}^2/\omega^2)\cos^2\theta - (4\pi e^2/m_i k^2) \int k(\partial f_0^i/\partial \underline{v})(\underline{k}\underline{v} - \omega)^{-1} d^3v = 0 \tag{2.155}$$

Wir wollen annehmen, daß die Ionen nur den Imaginärteil der Frequenz bestimmen und berücksichtigen dementsprechend im letzten Term nur den Imaginärteil des Resonanznenners:

$$\mathrm{Im}(1/(\underline{k}\underline{v} - \omega)) = \delta(\underline{k}\underline{v} - \omega)$$

Das Integral über die Geschwindigkeiten formen wir um, indem wir zu Polarkoordinaten $(v_\perp, \varphi, v_z)$ übergehen und über φ integrieren:

$$\int k(\partial f_0/\partial v_\perp)\sin\varphi \cdot \delta(kv_\perp \sin\varphi - \omega) v_\perp dv_\perp d\varphi dv_z =$$

$$= \omega \int (1/v_\perp)(\partial f_0/\partial v_\perp)(k^2 v_\perp^2 - \omega^2)^{-1/2} v_\perp dv_\perp dv_z \Big|_{v_\perp \geq \omega/k}$$

Schließlich erhalten wir die folgende Dispersionsbeziehung

$$1-(\omega_{pe}^2/\omega^2)\cos^2\theta - (4\pi^2 e^2\omega/(m_i k^2))\int(\partial f_0/\partial v_\perp^2)(k^2 v_\perp^2 - \omega^2)^{-1/2} dv_\perp^2 dv_z = 0 \quad (2.156)$$

Aus ihr folgt, daß die Schwingungsfrequenz durch Formel (2.150) und die Anwachsrate durch

$$\gamma = (2\pi^2 e^2 \omega^2)/(m_i k^2) \cdot \int_{v_\perp \geq \omega/k} (\partial f_0/\partial v_\perp^2)(k^2 v_\perp^2 - \omega^2)^{-1/2} dv_\perp^2 dv_z \quad (2.157)$$

bestimmt wird (vgl. (2.153)). Die bei Erfüllung der Bedingung (2.153) auftretende Instabilität ist in der Plasmaphysik wohlbekannt. Es handelt sich um die Verlustkegel-Instabilität, die von großem Einfluß auf die Teilchendynamik in Anordnungen mit starkem Magnetfeld ist. Wegen der Instabilität wird die auf Abb.2.23 gezeigte Verteilungsfunktion plateauförmig in dem Geschwindigkeitsbereich, in dem ursprünglich $\partial f_0/\partial v_\perp^2 > 0$ galt. In diesem Fall ergibt sich eine Diffusion von Teilchen im Geschwindigkeitsraum in Richtung abnehmenden $v_\perp$, d.h. ein Weggang von Teilchen in den Verlustkegel. Auf diese Weise erweist sich die Verlustkegel-Instabilität als ein Grund für die schlechte Einschließung des Plasmas in Anordnungen mit magnetischen Spiegeln.

2.9 Plasmagleichgewicht im Magnetfeld

Ähnlich wie in der Mechanik der Flüssigkeiten und Gase die Hydro- bzw. Aerostatik, d.h. der Teil der Hydrodynamik, der sich mit dem Gleichgewicht fluider Medien beschäftigt, den einfachsten Fall darstellt, so gibt es ein Teilgebiet der Magnetohydrodynamik, das sich mit dem Gleichgewicht eines Plasmas im Magnetfeld befaßt. Voraussetzungsgemäß verschwindet in diesem Zustand in der magnetohydrodynamischen Bewegungsgleichung die die Trägheit des Plasmas beschreibende linke Seite, so daß sich die Beziehung

$$\underline{j}\times\underline{B} = \mathrm{grad}\,p \tag{2.158}$$

ergibt. Sie sagt aus, daß die Summe der auf ein beliebiges Volumenelement des Plasmas wirkenden Kräfte verschwindet.

Eine erste Folge der Gleichgewichtsbedingung (2.158) des Plasmas ist die Konstanz des Druckes längs Magnetfeldlinien, da $\underline{j}\times\underline{B}$ ein Vektor senkrecht zu $\underline{B}$ ist. Im allgemeinen kann sich das Magnetfeld als von ziemlich komplizierter Struktur erweisen und die Eigenschaften des Gleichgewichtszustandes als nicht einfach. Probleme dieser Art spielen bei den Forschungen zur kontrollierten Kernfusion eine wichtige Rolle. Hier wollen wir den einfachsten Fall eines Plasmagleichgewichts in einem Magnetfeld mit geraden und zueinander parallelen Feldlinien, mit anderen Worten ein Gleichgewicht im longitudinalen Magnetfeld betrachten. Seine einzige Komponente B_z ist in der zu $\underline{B}$ senkrechten Ebene eine Funktion der Koordinaten x und y. Die Gleichgewichtsbedingungen nehmen dann die Form

$$2\mu_o \partial p/\partial x = -\partial B_z^2/\partial x \tag{2.159}$$
$$2\mu_o \partial p/\partial y = -\partial B_z^2/\partial y$$

an, folglich gilt

$$p + B_z^2/2\mu_o = \mathrm{const.} \tag{2.160}$$

Diese Beziehung zeigt, daß der magnetische Druck $B^2/2\mu_o$ außerhalb des mit Plasma erfüllten Bereiches um den Wert p_{max} größer ist, als innen. Der maximale Druck, unter dem das Plasma bei gegebener Magnetfeldstärke B_0 eingeschlossen werden kann, bestimmt sich aus der Beziehung

$$p_{max} = B_0^2/2\mu_o \tag{2.161}$$

Offensichtlich ist das Magnetfeld innerhalb des Plasmas schwächer als außerhalb, was eine Folge des Diamagnetismus des Plasmas ist. Im betrachteten Falle verdrängt das Plasma das Magnetfeld aus seinem Inneren vollständig.

Bis jetzt haben wir nur eine Gleichung der Magnetohydrodynamik verwendet - die Bewegungsgleichung, in der wir $d\underline{u}/dt = 0$ gesetzt haben. Wir wollen untersuchen, ob diese Annahme mit den anderen magnetohydrodynamischen Gleichungen verträglich ist. Wenn wir von der Gleichung

$$\partial B_z/\partial t + \partial(u_x B_z)/\partial x + \partial(u_y B_z)/\partial y = (1/\mu_o\sigma)(\partial^2/\partial x^2 + \partial^2/\partial y^2)B_z \tag{2.162}$$

ausgehen, dann kommen wir zu dem Schluß, daß eine Diffusion von Magnetfeld ins Plasmainnere und damit in das Gebiet schwächeren Magnetfeldes unvermeidlich ist. Das bedeutet, daß das Magnetfeld eigentlich eine Funktion der Zeit ist. Dann aber ändert sich der Druck, der mit dem Magnetfeld durch die Gleichgewichtsbedingung (2.160) in einer festen Beziehung steht, ebenfalls, d.h. es ergibt sich eine Änderung der räumlichen Druckverteilung. Offensichtlich ist für vergleichbare Drücke von Magnetfeld und Plasma ($p \approx B^2/2\mu_0$) der Diffusionskoeffizient des Plasmas von der gleichen Größenordnung wie der des Magnetfeldes $D_M = 1/\mu_0\sigma$.

Die Gleichung, die den Vorgang der Plasmadiffusion im Magnetfeld für $p \ll B^2/2\mu_0$ beschreibt, läßt sich auf die folgende Weise ableiten. Im Gleichgewichtszustand des Plasmas ist die Stromdichte durch

$$j = |\mathrm{grad}\,p|/B \qquad (2.163)$$

gegeben. Der mit ihr verbundene elektrische Strom entspricht einer Relativbewegung von Elektronen und Ionen mit der Geschwindigkeit j/en. Der elektrische Widerstand ist eine Folge der Reibungskräfte zwischen Elektronen und Ionen:

$$F = m_e(j/en)\nu_{ei} \qquad (2.164)$$

wobei $\tau_{ei} = 1/\nu_{ei}$ die freie Flugzeit für Elektronen-Ionenstöße ist. Genauso wie wir die Drift geladener Teilchen unter der Wirkung irgendeiner Kraft F betrachtet haben, so können wir auch von der Drift von Elektronen und Ionen unter der Wirkung der Reibungskraft sprechen. Die zugehörige Driftgeschwindigkeit ist durch

$$\underline{u}_d = (m_e/e^2B^2n)\nu_{ei}\underline{j}\times\underline{B} \qquad (2.165)$$

gegeben. Sie ist für Ionen und Elektronen gleich groß, weil das unterschiedliche Vorzeichen der Ladung von den entgegengesetzten Richtungen der Reibungskräfte kompensiert wird. Aus diesem Grunde bleibt bei dieser Drift die elektrische Neutralität des Plasmas gewahrt. Wir setzen jetzt die gefundene Geschwindigkeit $\underline{u}_d$ in die Kontinuitätsgleichung ein und erhalten die Diffusionsgleichung

$$\partial n/\partial t = -\mathrm{div}\,n\underline{u}_d \approx (p/\sigma B^2)\Delta n \qquad (2.166)$$

Aus diesen Überlegungen können wir den Schluß ziehen, daß bei endlicher elektrischer Leitfähigkeit ein Plasmagleichgewicht in Wirklichkeit nicht existiert, weil die Geschwindigkeit des Plasmas von Null verschieden ist. Das bedeutet, daß das Trägheitsglied in der Bewegungsgleichung eigentlich nicht verschwindet, so daß die Gleichgewichtsbedingungen nur näherungsweise befriedigt werden, und zwar mit um so größerer Genauigkeit, je kleiner der relative Beitrag der Trägheitsterme ist.

Es sei τ_p eine charakteristische Zeit für die Änderung des Dichteprofils. Dann ist die Näherung der Magnetohydrostatik gültig, wenn die Ungleichung

$$|nm_i \underline{u}/\tau_p| \ll |\underline{j}x\underline{B}|$$

erfüllt ist. Wenn wir $\underline{u}$ aus (2.165) einsetzen, erhalten wir

$$1/\omega_{Bi}\tau_p \ll \omega_{Be}\tau_{ei} \tag{2.167}$$

Je magnetoaktiver also das Plasma ist, desto eher kann man von seinem Gleichgewicht sprechen.

Aus unserer Betrachtung ergibt sich außerdem, daß die Plasmadiffusion im Magnetfeld von Stößen zwischen Teilchen verschiedener Sorte, nämlich von Elektronen-Ionenstößen verursacht wird (Stöße zwischen Teilchen gleicher Sorte führen in der betrachteten Näherung nicht zu Diffusion, da mit ihnen keine Reibungskräfte verbunden sind). Mit Hilfe der Diffusionsgleichung läßt sich die Diffusionszeit (d.h. die Zeit für eine wesentliche Änderung des Plasmadichteprofils) leicht abschätzen:

$$\tau_p \sim L_p^2/D_\perp \sim L_p^2 B^2 \sigma/p \tag{2.168}$$

Das betrachtete Plasmagleichgewicht bleibt also für eine Zeit von der Größenordnung τ_p aufrechterhalten.

Es ist nützlich, noch eine andere Ableitung des Diffusionskoeffizienten des Plasmas senkrecht zum Magnetfeld zu betrachten, indem man von den zufälligen Versetzungen eines Teilchens durch Stöße ausgeht. Nach einer freien Flugzeit τ_{ei} führt ein Elektron im Mittel einen Coulombstoß aus, durch den es in der Ebene senkrecht zu $\underline{B}$ um eine Strecke von der Größenordung seines Gyrationsradius r_{Be} versetzt wird. Nach den Gesetzen der Statistik addieren sich bei vielen solcher Stöße die Quadrate der Einzelversetzungen, so daß das Teilchen in der Zeit t senkrecht zu $\underline{B}$ die Entfernung

$$\Delta x \sim r_{Be}(t/\tau_{ei})^{1/2} \tag{2.169}$$

zurücklegt. Andererseits muß die mittlere Versetzung bei einem solchen Diffusionsprozeß von der Größenordnung $(D_\perp t)^{1/2}$ sein. Deshalb gilt

$$D_\perp \sim r_{Be}^2/\tau_{ei} \tag{2.170}$$

Wegen der Quasineutralität stimmt die Diffusionsgeschwindigkeit des Plasmas senkrecht zum Feld praktisch mit der Diffusionsgeschwindigkeit der Elektronen überein, da bei vergleichbaren Werten der Temperaturen die Elektronen wegen ihres kleineren Gyrationsradius senkrecht zum Feld wesentlich langsamer diffundieren, als die Ionen. Deshalb stellt (2.170) eine Abschätzung des Diffusionskoeffizienten des Plasmas als Ganzem dar. Zwischen zwei Stößen vergeht im Mittel die Zeit $\tau = m\sigma/ne^2$, so daß

$$D_\perp \sim r_B^2/\tau \sim (v_T^2 m_e^2/eB)^2 (ne^2/m_e\sigma) \sim p/(\sigma B^2) \qquad (2.171)$$

Größenordnungsmäßig stimmt dieses Ergebnis mit dem oben gefundenen Diffusionskoeffizienten (2.166) überein.

Zur Diffusion des betrachteten Typs tragen nur die Stöße der Elektronen mit den Ionen, nicht aber die der Elektronen untereinander bei. Dieser Umstand wird leicht verdeckt, wenn man von einem nur groben Modell zufälliger Versetzungen ausgeht. Insbesondere deshalb ist die makroskopische Behandlung auf der Grundlage der Reibungskraft zwischen den Komponenten so nützlich. Sie berücksichtigt automatisch, daß Elektronen-Elektronenstöße im Mittel keine Reibung und damit auch keine Diffusionsdrift erzeugen.

Es ist klar, daß sich mit Erhöhung der Magnetfeldstärke auch die Wärmeleitfähigkeit des Plasmas senkrecht zum Feld stark erniedrigen muß. Im Gegensatz zur Diffusion, die durch Elektronen-Ionenstöße bedingt ist, wird die Wärmeübertragung im Plasma senkrecht zum Feld (wenn T_i nicht sehr klein ist gegen T_e) im wesentlichen von Ionen-Ionenstößen bestimmt. Das erklärt sich daraus, daß die Intensität der Wärmeübertragung von der Breite des Gebietes abhängt, in dem beim Vorhandensein eines Temperaturgradienten eine Vermischung der zu verschiedenen thermischen Energien gehörigen Teilchenbahnen vor sich geht. Der Wärmeleitfähigkeitskoeffizient senkrecht zu $\underline{B}$ ist proportional zum Quadrat der Breite dieses Gebietes, die ihrerseits größenordnungsmäßig durch den Wert eines Gyrationsradius gegeben ist. Aus diesem Grunde findet die Wärmeübertragung im wesentlichen über die Ionenkomponente statt und es gilt $\chi_\perp \approx r_{Bi}^2/\tau_{ii}$.

Daraus ist zu sehen, daß die Senkrechtwärmeleitfähigkeit der Ionen im Magnetfeld $(\omega_{Bi}\tau_{ii})^2$-mal kleiner ist, als ohne Magnetfeld. Für ein Wasserstoffplasma findet man

$$\chi_\perp \sim .10 \quad n/(B^2\sqrt{T_i}) \qquad (2.172)$$

Bei den verschiedenen Anwendungen der Plasmaphysik werden ziemlich komplizierte Realisierungen von Plasmagleichgewichten (sogenannte magnetohydrodynamische Gleichgewichtskonfigurationen) betrachtet. Aber auch für sie bleibt die Schlußfolgerung gültig, die wir hier am Beispiel eines longitudinalen Magnetfeldes gezogen haben: Von der Existenz eines Gleichgewichtszustandes kann nur bedingt die Rede sein, weil der als Gleichgewicht bezeichnete Plasmazustand im Lauf der Zeit durch Diffusion und Wärmeleitung zerstört wird. In komplizierten Gleichgewichtskonfigurationen können die Diffusions- und Wärmeleitfähigkeitskoeffizienten des Plasmas senkrecht zum Magnetfeld von (2.171) bzw. (2.172) wesentlich verschieden sein. Das ist verständlich, wenn man bedenkt, wie kompliziert in beliebigen Magnetfeldkonfigurationen die Driftbahnen der Teilchen sein können. Dabei kann für die statistische Elementarversetzung beim Stoß ein Wert eingehen, der viel größer als der Gyrationsradius des Teilchens ist. Einige Effekte dieser Art, die für die gesteuerte Kernfusion wichtig sind, werden wir im Abschnitt über den Tokamak betrachten.

2.10 Beispiele von Plasmagleichgewichten im Magnetfeld. Der Tokamak

Als einfachstes konkretes Beispiel für die Anwendung der magnetohydrostatischen Grundgleichungen (2.60) und (2.63) kann ein räumlich isoliertes Plasma zylindrischer Form dienen, das vom Magnetfeld eines im Plasma fließenden Längsstroms I erzeugt wird (Abb.2.26). Im Gleichgewicht ist

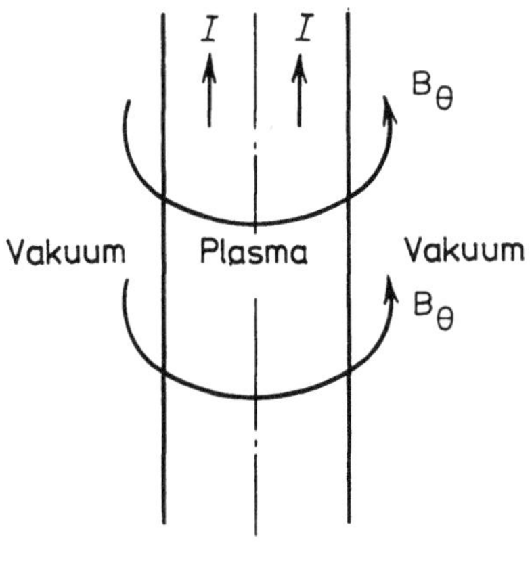

Abb.2.26
Das Gleichgewicht eines Plasmas, das vom Magnetfeld seines axialen Stroms eingeschlossen wird (Pinch)

der radiale Druckgradient im Plasma gleich der elektromagnetischen Kraftdichte $j_z B_\theta$, wobei j_z die Dichte des Stroms I und B_θ ihre magnetische Induktion ist. Die Feldlinien dieses Magnetfeldes sind kreisförmig. Die Größen j_z und B_θ hängen im Falle zylindrischer Symmetrie über die Beziehung

$$\mu_o j_z = (1/r)d(rB_\theta)/dr$$

miteinander zusammen, so daß wir für den Druckgradienten

$$-\mu_o dp/dr = (B_\theta/r)d(rB_\theta)/dr \qquad (2.173)$$

erhalten. Hieraus ergibt sich

$$-\int_0^a (dp/dr)r^2 dr = a^2 B_\theta^2(a)/2\mu_o \qquad (2.174)$$

Als obere Integrationsgrenze wurde der Radius a des Plasmazylinders gewählt. Am Plasmarand gilt p = 0. Deshalb ergibt sich

$$-\int_0^a (dp/dr)r^2 dr = 2\int_0^a prdr = \bar{p}a^2 \qquad (2.174')$$

wobei $\bar{p}$ der räumliche Mittelwert des Plasmadrucks ist. Aus den letzten beiden Gleichungen ergibt sich, daß $\bar{p}$ proportional zum Quadrat der magnetischen Induktion am Plasmarand ist:

$$\bar{p} = B_\theta^2(a)/2\mu_o$$

Bei dieser Plasmakonfiguration, in der das Plasma durch den Druck des vom Strom erzeugten Magnetfeldes zusammengehalten wird, spricht man vom linearen Pinch. Zu Beginn des Stromflusses durch ein gerades, mit Gas gefülltes Entladungsrohr muß zunächst (durch Ionisation) das Plasma erzeugt werden; danach wird es durch die Wirkung der elektromagnetischen Kräfte zusammengedrückt, so daß sich schließlich ein in der Nähe der Achse konzentrierter Plasmazylinder herausbildet. Der Strom übernimmt dabei gleich drei Funktionen: er sorgt für die Erzeugung des Plasmas, er heizt es durch die entstehende Joulesche Wärme und er hält mit Hilfe des von ihm erzeugten Magnetfeldes über den Magnetfelddruck dem Plasmadruck das Gleichgewicht. In der Anfangsphase physikalischer Untersuchungen des Hochtemperaturplasmas schien diese Methode zur Erzielung hoher Temperaturen wegen ihrer offensichtlichen Einfachheit sehr aussichtsreich zu sein. Es schien so, als würde es genügen, durch ein Gas niedrigen Drucks einen hinreichend starken Stromimpuls zu schicken, um in phantastisch kurzer Zeit ein heißes Plasma von sehr hoher Temperatur erhalten zu können.

Praktisch gelang es in Experimenten dieser Geometrie jedoch nicht, über Temperaturen von ungefähr 10^6K hinauszukommen - und auch die Werte, die erreicht wurden, konnten nur für Mikrosekunden aufrechterhalten werden. Wie die Experimente gezeigt haben, führt die zeitliche Entwicklung einer kurzdauernden Hochstromentladung nicht zur Ausbildung eines quasistationären Zustandes, wie er durch die Gleichgewichtsbedingung (2.173) beschrieben wird. Im Nachhinein kann man feststellen, daß dies mit einem gewissen Scharfblick auch hätte vorausgesehen werden können. Als nicht berücksichtigt stellte sich ein sehr wichtiger physikalischer Umstand heraus, nämlich daß ein so "flexibler" Leiter wie ein stromführendes Plasma instabil ist. Innerhalb sehr kurzer Zeit (unter normalen experimentellen Bedingungen im Verlauf einiger Mikrosekunden) entwickeln sich Plasmaverformungen in Gestalt von Einschnürungen und Biegungen (Abb. 2.27). Sie stören die richtige geometrische Form der Plasmakonfiguration, so daß das Plasma in starke Wechselwirkung mit den Wänden gerät und schnell erkaltet.

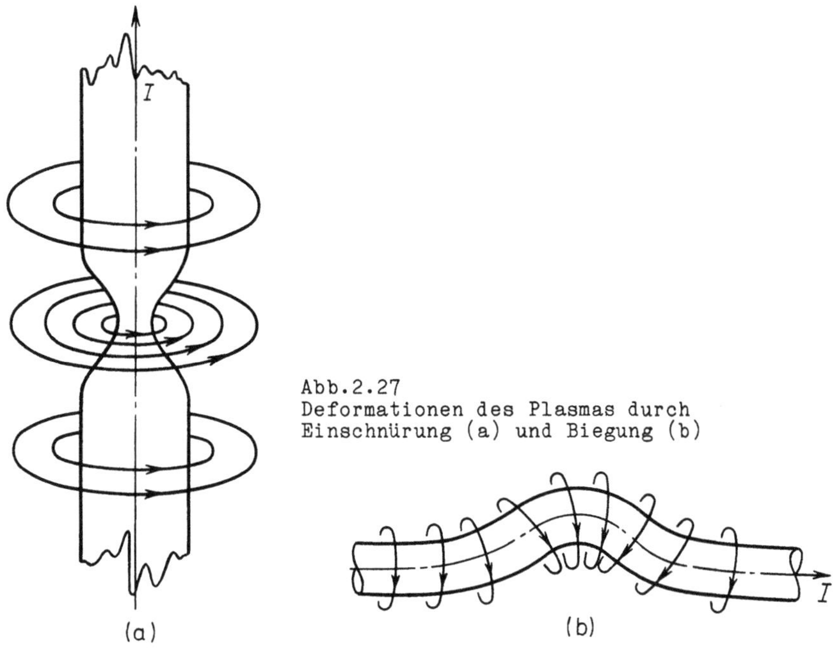

Abb.2.27
Deformationen des Plasmas durch Einschnürung (a) und Biegung (b)

In diesem konkreten Beispiel begegnen wir zum ersten Male einem der wichtigsten Probleme der Plasmaphysik - dem Problem der Stabilität einer Plasmakonfiguration. Einige der nächsten Abschnitte des Buches sind der allgemeinen Untersuchung dieses breiten Fragenkomplexes gewidmet.

Obwohl der erste Versuch, ein Hochtemperaturplasma in der Form eines linearen Pinches ins Gleichgewicht zu bringen, sich als ein Fehlschlag erwies, war die weitere Entwicklung der Grundidee letzten Endes von Erfolg gekrönt. Die zwei wesentlichen Elemente, die im Verlauf der Entwicklung der ursprünglichen Idee hinzugefügt wurden, bestanden einmal in einer Stabilisierung des "weichen" stromführenden Plasmaleiters durch ein starkes äußeres Längsmagnetfeld (dessen Magnetfeldlinien sozusagen die feste Karkasse bilden, die die Entstehung makroskopischer Verformungen des Plasmas verhindert), und zum anderen in einem Schließen des Plasmazylinders zu einem Ring, um die Energieverluste an den Enden zu beseitigen (beim Vorhandensein von Enden, an denen sich Elektroden befinden, läßt sich ein Plasma genügend hoher Temperatur nicht in einen quasistationären Gleichgewichtszustand bringen).

Auf diese Weise sind wir bei einem System angelangt, das die Bezeichnung "Tokamak" erhalten hat. Abb.2.28 zeigt eine schematische Darstellung. Das ringförmige Plasma wird von der magnetischen Induktion B_Θ des Stromes im Gleichgewicht gehalten und durch ein Längsmagnetfeld (B_φ) stabilisiert. Der Plasmastrom kann induktiv erzeugt werden (z.B. nachdem man das Gefäß, in dem das Plasma erzeugt werden soll, auf den Kern eines Transformators aufgebracht hat). Wie leicht zu sehen ist, muß allerdings zur Herstellung eines Gleichgewichtes neben den Feldern B_Θ und B_φ noch ein Vertikalfeld $B_\perp$, das parallel zur Torushauptachse (senkrecht zum Plasmaring) gerichtet ist, vorhanden sein. Dieses Feld ist zur Kompensation einer elektromagnetischen Kraft notwendig, die das Plasma von der Torushauptachse radial nach außen zu drängen versucht. Bei der Wechselwirkung des Vertikalfeldes $B_\perp$ mit dem Strom I entsteht (pro Längeneinheit des Plasmarings) die Kraft $IB_\perp$. Für die auf Abb.2.28 angegebene Richtung dieses Feldes wirkt diese Kraft in Richtung der Torushauptachse.

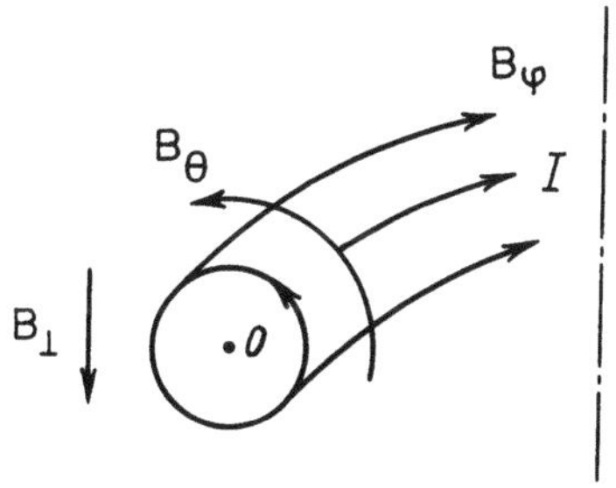

Abb.2.28 Magnetfeld und Strom im Tokamak

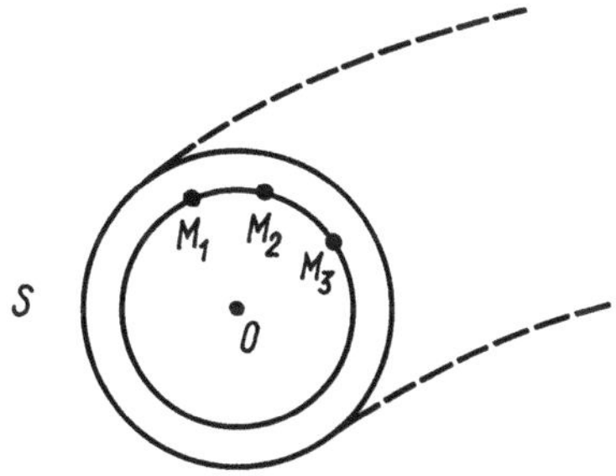

Abb.2.29 Toroidale magnetische Flächen

Normalerweise gilt $B_\perp << B_\Theta(a)$, so daß die Feldlinientopologie durch das Vorhandensein dieses Vertikalfeldes im allgemeinen nicht wesentlich verändert wird. Die Feldlinien des resultierenden Gesamtmagnetfeldes haben die Form von Helizes, die sich um eine im Inneren des Plasmas gelegene toroidale Kreislinie winden. Wie wir in Abschnitt 2.2 gesehen haben, zerfallen die Bahnen geladener Teilchen in einem solchen Magnetfeld in zwei Klassen: es gibt freie und gefangene Teilchen. Als ein einheitliches Ganzes betrachtet breitet sich das Plasma längs der helikalen Magnetfeldlinien jedoch frei aus.

Bevor wir uns mit der Untersuchung der Gleichgewichtsbedingungen in einem solchen toroidalen System beschäftigen, wollen wir einer topologischen Besonderheit des Magnetfeldes Aufmerksamkeit schenken. Es sei S eine (die Torushauptachse enthaltende) Querschnittsebene des Systems. Eine durch den Punkt M_1 in dieser Ebene verlaufende Feldlinie treffe nach einem toroidalen Umlauf im Punkte M_2 erneut auf S, danach auf M_3, M_4 usw. (Abb.2.29). Die Punkte M_1, M_2, M_3, ... bilden eine im allgemeinen unendliche Menge. Für bestimmte Feldlinien jedoch kann sie sich als endlich herausstellen, was bedeutet, daß wir es mit einer geschlossenen Feldlinie zu tun haben. Man spricht dann von entarteten Feldlinien. Zu diesen gehört insbesondere diejenige axiale Linie der Plasmaschleife, auf der das poloidale Magnetfeld verschwindet. Man nennt sie die magnetische Achse. Ihren gemeinsamen Punkt mit der Ebene S (s. Abb.2.28) haben wir mit dem Buchstaben O bezeichnet.

Das Verhalten einer Feldlinie bei mehrfachem toroidalen Umlauf wird durch die Lage der Bildpunkte M_1, M_2, ... bestimmt. Nach einigen Umläufen möge sich der Punkt M_n dem Anfangspunkt M_1 genähert haben, so daß der Drehwinkel um O nach dem darauffolgenden Umlauf bereits größer als 2π wird. Wo wird der zugehörige Bildpunkt liegen? Man wird natürlich vermuten, daß M_{n+1} zwischen M_1 und M_2, dann M_{n+2} zwischen M_2 und M_3, usw., liegt, so daß die Bildpunkte vieler Umläufe schließlich eine glatte geschlossene Kurve ergeben. In diesem Falle kann man von der Existenz einer Familie von sogenannten magnetischen Flächen sprechen. Anschaulich ausgedrückt besteht eine jede dieser Flächen aus einer einzigen unendlich langen Feldlinie. Die Feldlinie, die die magnetische Fläche erzeugt, füllt diese dicht aus.

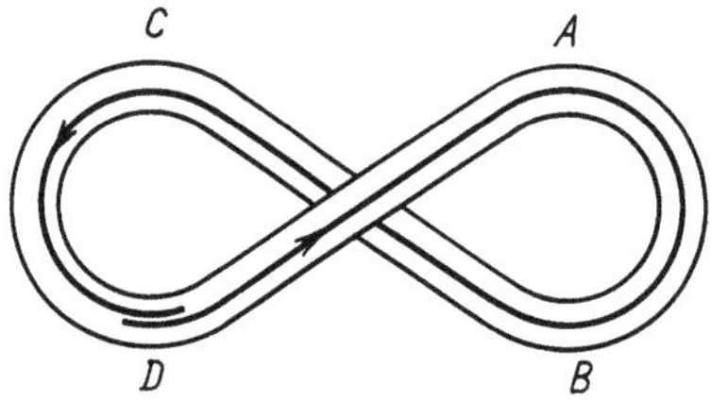

Abb.2.30
Der Stellarator in der Form einer Acht. Pfeile zeigen den Verlauf einer Feldlinie an

Die magnetischen Flächen des Tokamaks bestehen aus einer Familie von ineinandergeschachtelten toroidal geschlossenen Flächen. Jede aus dieser kontinuierlichen Menge willkürlich herausgegriffene Fläche wird von einer Feldlinie erzeugt. Dabei gibt es jedoch eine abzählbare Teilmenge "entarteter" Flächen, die von geschlossenen Feldlinien erzeugt werden. Auf diesen entarteten Flächen existiert ein Kontinuum von solchen Feldlinien, die auseinander durch Verschiebung hervorgehen. L. Spitzer hat die Vermutung ausgesprochen, daß magnetische Flächen auch für solche toroidalen Felder existieren, deren helikale Magnetfeldlinien im Inneren der Konfiguration von äußeren Feldern (Feldern von Strömen in speziellen externen helikal gewundenen Leitern) oder durch eine geometrische Änderung des gesamten Magnetfeldsystems (z.B. durch Verformung der toroidalen Ringspule zu einer Acht (s. Abb.2.30)) erzeugt werden. Eine theoretische Analyse ergibt jedoch, daß man im Falle solcher unsymmetrischen Felder nur in einem Näherungssinne von einem System ineinandergeschachtelter magnetischer Flächen sprechen kann. Die Struktur des Magnetfeldes stellt sich im allgemeinen Falle als ziemlich kompliziert heraus. Einzelne magnetische Flächen wechseln ab mit räumlich ausgedehnten Gebieten, in denen sich die Feldlinien völlig chaotisch verhalten. Es ist klar, daß die Frage der Existenz magnetischer Flächen für die erfolgreiche Einschließung eines heißen Plasmas in solchen Magnetfeldkonfigurationen von großer Bedeutung ist. Da das Plasma sich längs Magnetfeldlinien frei ausbreitet, hat sein Druck p im Gleichgewichtszustand in den verschiedenen Punkten ein- und derselben magnetischen Fläche den gleichen Wert. Die magnetischen Flächen stellen also eine Familie von Plasmaisobaren dar. Wenn die Bildpunkte M_1, M_2, ... (statt eine glatte Kurve einzubeschreiben) einen gewissen endlichen Bereich des Plasmaquerschnitts ausfüllen, dann kann sich dieser Bereich nur dann im Gleichgewichtszustand befinden, wenn dort $\mathrm{grad}\,p = 0$ gilt. Es ist klar, daß das Verschwinden des Druckgradienten in einem Bereich des Plasmaquerschnitts gleichbedeutend mit einem anomal großen Verlust von Plasma in der zu B senkrechten Richtung ist.

Es ist von nicht geringem Interesse, zumindest kurz auf die Frage der Topologie der magnetischen Flächen einzugehen. Wenn die Quellen des Magnetfeldes - und das heißt die elektrischen Ströme - gegeben sind, dann kann man im Prinzip auch das Vektorfeld $\underline{B}(\underline{r})$ (das nach der Formel von Biot-Savart berechnet werden kann) als gegeben ansehen. Dies gestattet es uns, die Gleichungen für seine Feldlinien aufzustellen, indem wir von der Definition ausgehen, daß die Feldlinientangenten in jedem Punkte parallel zu $\underline{B}$ sind. Es zeigt sich, daß die Bestimmung der Lösung des sich auf diese Weise ergebenden und wie man meinen könnte einfachen Gleichungssystems im allgemeinen gar nicht so einfach ist.

Die Grundidee für eine Behandlung dieses Problems geht von einer auf den ersten Blick überraschenden Analogie zu den Hamiltonschen Bewegungsgleichungen der Einzelteilchendynamik aus. Dabei spielt die Koordinate längs einer Feldlinie die Rolle der Zeit, so daß eine gewisse "Hamilton-Funktion", die die Kraftfelder beschreibt, in denen sich der betrachtete materielle Punkt "bewegt", eine periodische Funktion dieser Zeit werden muß. Nun wird auch verständlich, warum das Problem so schwierig ist: führt doch in der klassischen Mechanik die Untersuchung der Stabilität der Bewegung im Falle solcher Hamilton-Funktionen auf das bekannte Problem der sogenannten kleinen resonanten Nenner. In der formalen Fourierzerlegung einer nichtlinearen periodischen Funktion tritt eine unendlich große Zahl von Gliedern auf, und für jedes dieser Glieder können unendlich viele Resonanzen auftreten.

Das sehr ähnliche Problem der Himmelsmechanik der Planetenbewegung unter Berücksichtigung resonanter Wechselwirkung der Himmelskörper untereinander führt bekanntlich auf die Instabilität einer ganzen Klasse von möglichen Bahnen und zur Auszeichnung gewisser stabiler Zustände.

"Resonante" Störungen, die die toroidale Symmetrie des Magnetfeldes im Tokamak verletzen, entstehen nicht nur durch die nichtideale Geometrie der äußeren stromführenden Leiter, sondern auch durch Inhomogenitäten des Plasmastroms. Solche Inhomogenitäten können z.B. Folge von Mikroinstabilitäten des Plasmas sein. Im Grenzfalle sehr starker Mikroinhomogenitäten erinnert das Verhalten der Magnetfeldlinien an das stochastische Bild bei der Brownschen Bewegung eines Teilchens. Eine solche stochastische Zerstörung der Struktur magnetischer Flächen kann zu einem Hindernis für die Möglichkeit langdauernder Einschließung eines Plasmas in Fusionsanordnungen werden.

Diese qualitativen Betrachtungen lassen sich am Beispiel der Zerstörung ebener magnetischer Flächen durch mikroskopische Feldstörungen illustrieren. Wir betrachten etwa gerade Feldlinien in einer y-z-Ebene. Die magnetische Induktion sei konstant und habe den Wert B_0. Der Winkel zwischen $\underline{B}_0$ und der z-Achse hänge von der Koordinate x ab. Wenn bei $x = 0$ $\underline{B}_0$ parallel zur z-Achse ist, dann kann in der Umgebung von $x = 0$ als einfachste Form einer solchen Abhängigkeit die Beziehung $B_y = (x/L_s)B_0$ dienen. Physikalisch ist für die Feldumkehr ein elektrischer Strom erforderlich, der parallel zu den Feldlinien fließt.

Wir legen das Störmagnetfeld $B_x = B_\perp \cos(k_z z + k_y y)$ an. Die "Bewegungsgleichung" der Feldlinien unter Berücksichtigung der Störung hat dann die Form $dx/dl = (B_\perp/B_0)\cos(k_z z + k_y y)$, $dy/dl = x/L_s$, wobei l die Koordinate längs der Feldlinien von $\underline{B}_0$ ist. Durch Integration der zweiten Gleichung erhalten wir

$$y = x_0 l/L_s + (1/L_s)\int_{x_0}^{x} x\,dl$$

Wir wählen x_0 so, daß die Bedingung $k_z = -k_y(x_0/L_s)$ befriedigt wird. Das bedeutet, daß sich die Störung in der Ebene $x = x_0$ in "Resonanz" mit der ungestörten Feldlinie befindet, oder anders ausgedrückt, die Phase der Störung ist konstant in l. Unter dieser Bedingung gilt

$$dx/dl = (B_\perp/B_0)\cos\left\{k_y/L_s \int x dl\right\} \tag{2.175}$$

Jetzt können wir Gebrauch von einer Analogie zur Bewegungsgleichung eines Elektrons im Felde einer monochromatischen elektrostatischen Welle im Falle der Resonanz $\omega/k = v_o$ (wobei v_o die ungestörte Geschwindigkeit ist) machen:

$$dv/dt = (e/m)E\cos\left\{k \int v dt\right\}$$

Offensichtlich müssen wir hier wie folgt ersetzen

$$B_\perp/B_0 \leftrightarrow (e/m)E \qquad k_y/L_s \leftrightarrow k \qquad x \leftrightarrow v$$

Dann entspricht der Breite $\Delta v = (e\varphi/m)^{1/2} = (eE/km)^{1/2}$ für den Einfang des Elektrons durch das Feld der Welle die Dicke $\Delta x = (B_\perp/B_0)(L_s/k_y)^{1/2}$ des Gebietes resonanter Störung des Magnetfeldes. Die sich ergebende Aufspaltung der magnetischen Flächen in der x-y-Ebene entspricht ganz genau dem Verhalten der Phasenbahnen des Teilchens in der v-x-Ebene (Abb.2.31 (a)). Ein Analogon der Oszillationen gefangener Elektronen stellen in diesem Bilde die sogenannten magnetischen Inseln dar.

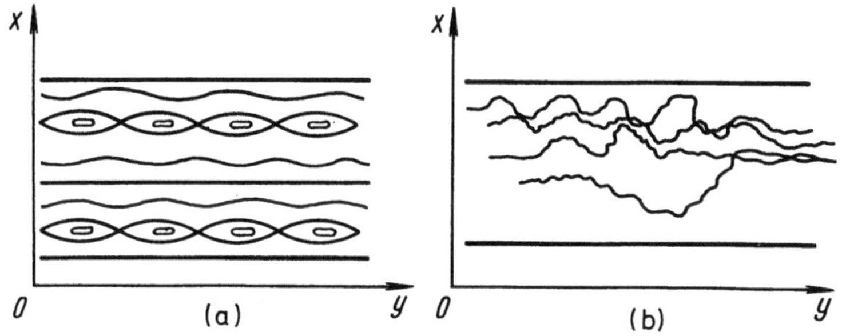

Abb.2.31 Die resonante Zerstörung magnetischer Flächen: regulär (a) stochastische Zerstörung (b), die zu einer Brownschen Bewegung der Feldlinien führt.

Für eine Störung, die durch Superposition einzelner Harmonischen in der Form

$$B_x = \sum_{k_z, k_y} B_{\perp k}\cos(k_z z + k_y y)$$

darstellbar ist, läßt sich leicht Analogie zur quasilinearen Theorie der Elektronen (s. Abschnitt 1.16) herstellen. Bedingung für die Anwendbarkeit der quasilinearen Theorie muß die Überdeckung resonanter Zonen benachbarter Harmonischen der Störung sein. Die quasilineare Gleichung, die das stochastische Verhalten der Magnetfeldlinien beschreibt (s. Abb. 2.31(b)), läßt sich als Analogon von (1.192) leicht aufstellen, indem man die oben eingeführten Entsprechungen benützt:

$$\partial f_B/\partial l = (\partial/\partial x)\left\{\sum_{k_z,k_y}(|B_{\perp k}|^2/B_0^2)\,\mathrm{Im}\left[(k_z+k_y x/L_s)^{-1}\right]\right\}(\partial f_B/\partial x)$$

In der betrachteten Näherung wird die "Diffusion" von Feldlinien durch die Wahrscheinlichkeitsdichte $f_B(l,\underline{r})$ beschrieben.

Nach dieser kleinen Abschweifung untersuchen wir jetzt mit Hilfe der Gleichungen der Magnetohydrodynamik das toroidale Gleichgewicht des Plasmas. In erster Näherung kann man annehmen, daß der Plasmaquerschnitt die Form eines Kreises vom Radius a besitzt. Außerhalb dieses Querschnittes sind p und j gleich Null. Die toroidale Fläche mit dem Querschnittsradius a stellt also die Randfläche des sich im Inneren des Vakuumgefäßes befindlichen Plasmas dar und ist gleichzeitig magnetische Fläche. Eine andere unabhängige Größe, die die Geometrie des Systems bestimmt, ist der große Radius R des Plasmas. Für das weitere wollen wir voraussetzen, daß a<<R gilt (was im Experiment praktisch immer erfüllt ist). Wir bemerken, daß bei kleinem Wert des Verhältnisses a/R sich die Plasmaeigenschaften denen eines geraden Plasmazylinders annähern müssen.

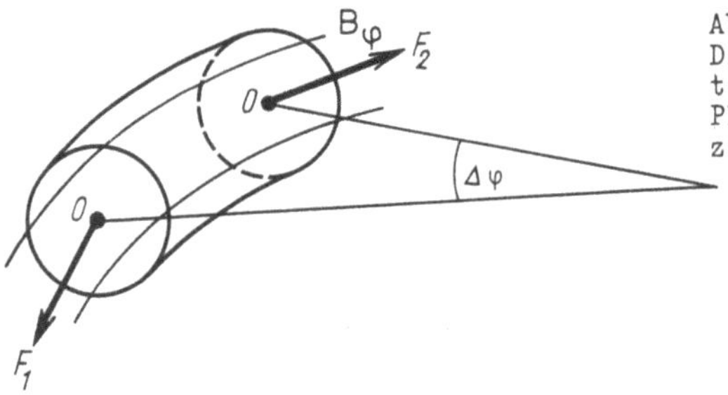

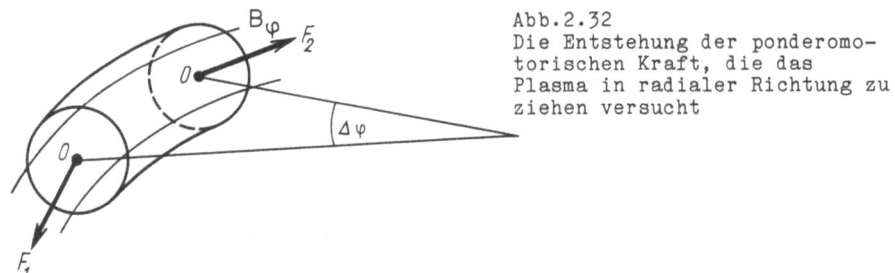

Abb.2.32
Die Entstehung der ponderomotorischen Kraft, die das Plasma in radialer Richtung zu ziehen versucht

Da in das Problem die zwei Freiheitsgraden entsprechenden Parameter a und R eingehen, müssen wir auch zwei Bedingungen für die Gleichgewichtslage des Plasmas finden - eine bezüglich des kleinen und eine bezüglich des großen Radius. Für die Ermittlung der ersten können wir den Einfluß der Toruskrümmung vernachlässigen und die Gleichgewichtsbedingung für ein gerades, zylindrisches Plasma verwenden. Dabei ist das Plasma der Wirkung der beiden Feldkomponenten B_Θ und B_φ ausgesetzt (den Einfluß des Vertikalfeldes kann man in erster Näherung vernachlässigen), so daß es sich bei der Gleichgewichtsbedingung um eine Verallgemeinerung der Beziehungen (2.173) und (2.174) handeln muß. Diese Verallgemeinerung läßt sich erhalten, wenn man annimmt, daß diese beiden Feldkomponenten und der Plasmadruck Funktionen nur von r (d.h. des Abstandes zwischen dem betrachteten Punkt und dem Punkte O des Querschnitts) sind. Nach einfachen Zwischenrechnungen ergibt sich, daß im Gleichgewicht die Bedingung

$$2\mu_0\bar{p} + \overline{B_\varphi^2}/2 = B^2(a)/2 + B_\varphi^2(a)/2 \qquad (2.176)$$

erfüllt sein muß, wobei $\overline{B_\varphi^2}$ der Mittelwert von B_φ^2 über den Plasmaquerschnitt ist. Diese Gleichung läßt sich auch in der Form

$$2\pi^2 a^2 \bar{p} = \mu_0 I^2/4 + (B_\varphi^2(a)-\overline{B_\varphi^2})\pi^2 a^2/\mu_0 \qquad (2.177)$$

schreiben. Bei genauerer Betrachtung ergibt sich, daß diese Beziehung nach einer kleinen Abänderung von B_φ auch in einem toroidalen System gültig bleibt. Hierbei ist für $B_\varphi(a)$ in (2.177) der Wert von B_φ für $\theta = \pi/2$ einzusetzen (s. Abb.2.32).

Wir wollen jetzt die Entstehung und die Größe der Kräfte bestimmen, die eine Änderung von R hervorrufen können. Für ihr Auftreten gibt es die folgenden Ursachen:

1. Nach den Gesetzen der Elektrodynamik tritt in einem ringförmigen stromführenden Leiter eine zum Quadrat des Stroms I proportionale radiale Zugkraft auf, die für $a \ll R$ durch $(1/2)I^2\,\partial L/\partial R$ gegeben ist, wobei L die Selbstinduktion des Leiters ist.
2. Unter der Wirkung seines inneren Druckes expandiert das Plasma. Die zur Expansion führende Kraft läßt sich bestimmen, indem man zunächst die Arbeit berechnet, die der Plasmadruck bei einer unendlich kleinen Änderung von R leistet und dann durch δR teilt. Auf diese Weise findet man leicht, daß diese Expansionskraft durch $2\pi^2 a^2 \bar{p}$ gegeben ist.
3. Es existiert eine ebenfalls radiale ponderomotive Kraft, die sich aus den unterschiedlichen Werten des Toroidalfeldes innerhalb und außerhalb des Plasmas ergibt. Die Entstehung dieser Kraft erläutern wir anhand von Abb.2.32, auf der ein kleiner Abschnitt des Plasmarings herausgezeichnet wurde. Die Feldlinien des Toroidalfeldes streben nach Verkürzung, wodurch an den Stirnseiten die Kräfte F_1 und F_2 entstehen. Ihre Resultierende zeigt (in Richtung der Torushauptachse) nach innen. Wie man leicht feststellt, ist sie dem Betrage nach durch den Ausdruck $\overline{B^2}a^2\Delta\varphi/2\mu_0$ gegeben, wobei $\Delta\varphi$ der Winkel zwischen den beiden die Stirnseiten enthaltenden Ebenen ist. Wenn die Feldstärke innerhalb und außserhalb des Plasmas den gleichen Wert hätte, dann müßte dieser Kraft durch den Feldliniendruck auf die Plasmaoberfläche das Gleichgewicht gehalten werden, so daß diesem die Resultierende $B^2(a)a^2\Delta\varphi/2\mu_0$ entspricht. Da im allgemeinen $B^2(a) \neq \overline{B^2}$ gilt, ergibt sich ein Differenzeffekt. Bezogen auf das ganze Länge des Plasmas ergibt sich für die radiale Zugkraft dann

$$(2\pi/\Delta\varphi)\pi a^2\Delta\varphi(B_\varphi^2(a)-\overline{B_\varphi^2})/2\mu_0 = \pi^2 a^2/(B_\varphi^2(a)-\overline{B_\varphi^2})/\mu_0 \qquad (2.178)$$

Für das Gleichgewicht des Plasmas ist notwendig, daß der Summe der drei radialen Zugkräfte durch die Kraft $F_\perp$ kompensiert wird, die sich aus der Wechselwirkung des Stromes I mit dem Vertikalfeld $B_\perp$ ergibt. Folglich hat die Bedingung für die Gleichgewichtslage bezüglich des großen Radius die Form

$$2\cdot a^2\pi^2\overline{p} + (I^2/2)\partial L/\partial R + \pi a^2(B_\varphi^2(a)-\overline{B_\varphi^2})/\mu_o = 2\pi RIB_\perp \qquad (2.179)$$

Wenn das Plasma in einem toroidalen Gefäß erzeugt wird, das über eine gute elektrische Leitfähigkeit verfügt, dann kann man für seine Selbstinduktion den Wert

$$L = (1/2)\mu_o R(2\ln(b/a)+l_i) \qquad (2.180)$$

annehmen, wobei b der Querschnittsradius und l_i die innere Induktivität des Plasmas pro Längeneinheit ist (bei homogener Stromverteilung über den Querschnitt gilt $l_i \approx 1/4$, bei starkem Skin-Effekt hingegen $l_i \approx 0$). Indem man (2.177) und (2.178) benützt, kann man aus (2.179) den $B^2(a)-\overline{B^2}$ enthaltenden Term eliminieren. Dadurch nimmt die Gleichgewichtsbedingung bezüglich des großen Radius R die Form

$$\mu_o(I^2/2)\left\{\ln(b/a) + 2\mu_o\overline{p}/B_\Theta^2(a) + (l_i-1)/2\right\} = 2\pi RIB_\perp \qquad (2.181)$$

an. In Anordnungen, die zur Erzeugung von Plasmen in Betriebsbereichen nicht sehr großer Entladungsdauer vorgesehen sind, ergibt sich eine Kompensation der Expansionskräfte ganz von selbst, weil bei einer radialen Verschiebung des Plasmas in den leitenden Gefäßwänden Foucaultsche Ströme induziert werden. Sie erzeugen das für die Kompensation erforderliche Vertikalfeld. Eine kleine Rechnung ergibt, daß $B_\perp$ proportional zum Strom I und zur Verschiebung δ ist: $B_\perp = \mu_o I\delta/(2\pi b^2)$. Auf diese Weise stellt sich Gleichgewicht für einen ganz bestimmten Wert der Verschiebung ein, der durch

$$\delta = (b^2/2R)\left\{\ln(b/a) + 2\mu_o\overline{p}/B_\Theta^2(a) + (l_i-1)/2\right\} \qquad (2.182)$$

gegeben ist. Im Experiment ist $b \ll R$, so daß sich das Gleichgewicht für verhältnismäßig kleine Verschiebungen des Plasmas relativ zum Zentrum des Gefäßquerschnitts einstellt.

Bei großer Entladungsdauer tritt eine nur unvollständige Kompensation der Zugkräfte durch die Foucaultschen Ströme ein und man benötigt zusätzliche Vertikalfelder, die mit Hilfe von Strömen in außerhalb des Gefäßes befindlichen stromführenden Ringleitern erzeugt werden. Mit Hilfe solcher Leiter läßt sich die Lage des Plasmas im Gefäß steuern, indem man die Verschiebung δ ändert.

2.11 Die Stabilität des Plasmarandes im Magnetfeld

Neben der Diffusion gibt es noch eine andere Ursache dafür, daß ein Plasmagleichgewicht im Magnetfeld über längere Zeit nicht aufrechterhalten bleibt. Ähnlich wie in der Mechanik der Gleichgewichtszustand eines Körpers oder eines materiellen Punktes im Kraftfeld nicht immer stabil ist, so kann sich auch ein Plasma, das über eine praktisch unendlich große Zahl von Freiheitsgraden verfügt, bezüglich kleiner Abweichungen vom Gleichgewichtszustand als instabil erweisen. Dabei hat es nur einen Sinn von solchen Instabilitäten zu sprechen, die das Gleichgewicht des Plasmas in einer Zeit zerstören, die kleiner als die Diffusionszeit ist.

Nehmen wir an, das Plasma befinde sich in einem Gleichgewichtszustand. Das bedeutet, daß alle Parameter, die die Eigenschaften des Plasmas beschreiben (Dichte, Temperatur, Geschwindigkeitsverteilung der Teilchen) zeitlich konstant bleiben müssen. Wird nun dieser Zustand über längere Zeit aufrechterhalten bleiben oder führen zufällige Fluktuationen dieser Parameter zu schnell anwachsenden Störungen des Plasmas und damit zu einer Aufhebung des ursprünglichen Gleichgewichtszustandes? In dieser Form stellt sich im allgemeinen das Problem der Stabilität.

Da ein Plasma ein mechanisches System mit unendlich vielen Freiheitsgraden darstellt, kann sich eine im strengen Sinne des Wortes vollständige theoretische Analyse seiner Stabilität bezüglich aller möglichen Arten von Störungen als praktisch undurchführbar herausstellen. Das heutzutage in der Physik der Stabilität des Plasmas allgemein übliche Verfahren besteht in einer systematischen Betrachtung der verschiedenen Instabilitäten in der Weise, daß man mit den allereinfachsten Instabilitätstypen - den magnetohydrodynamischen - beginnt und diese durch die Einführung von Effekten endlicher elektrischer Leitfähigkeit, von Mehrflüssigkeits- und von kinetischen Effekten dann schrittweise erweitert.

Dabei ist wesentlich, daß die verschiedenen Mechanismen, die zur Zerstörung des Gleichgewichts führen, eine Einteilung der mit ihnen verbundenen Störungen nach der Geschwindigkeit gestatten. Dies erlaubt es, die Theorie an einer systematischen Betrachtung der Instabilitäten und der Bedingungen für ihre Stabilisierung auszurichten, indem man mit den Instabilitäten beginnt, die die schnellsten Verschiebungen des Plasmas hervorrufen und deshalb die gefährlichsten sind. Die gefährlichsten Störungen des Gleichgewichts aber sind die magnetohydrodynamischen. Für sie können makroskopische Bereiche des Plasmas Geschwindigkeiten von der

Ordnung der thermischen Geschwindigkeit der Ionen erreichen. Unter ihrer Wirkung verhält sich das Plasma im Magnetfeld wie eine ideal leitende Flüssigkeit oder genauer gesagt wie ein idealer Leiter ohne Eigenfestigkeit.

Wegen der mit ihm verbundenen großen mathematischen Schwierigkeiten wird das Problem der Stabilität bezüglich kleiner Störungen gewöhnlich in vereinfachter Form gestellt. Das bei den theoretischen Untersuchungen benützte Verfahren besteht darin, daß ein Plasma gegebener Gleichgewichtsparameter wie Dichte, Temperatur und Magnetfeld einer kleinen virtuellen Deformation unterworfen wird, aus der sich Abweichungen dieser Parameter von ihren Gleichgewichtswerten ergeben. Die weitere Entwicklung des Plasmazustandes kann dann mit Hilfe der Gleichungen der Magnetohydrodynamik (falls die Voraussetzungen für deren Gültigkeit erfüllt sind) untersucht werden.

Die Voraussetzung kleiner Störungsamplituden erleichtert die mathematische Behandlung dieser Gleichungen, weil die Vernachlässigung von Größen zweiter und höherer Ordnung zu einer Linearisierung in den Unbekannten ρ, u und B führt. Allerdings erweist sich auch diese vereinfachte (lineare) Stabilitätstheorie im Falle allgemeiner Gleichgewichtskonfigurationen als ziemlich kompliziert.

Häufig greift man in der Stabilitätstheorie des Plasmas auf Methoden zurück, die in der gewöhnlichen Hydrodynamik entwickelt wurden.

Die einfachste, jedoch außerordentlich wichtige Form von Instabilität eines Plasmagleichgewichtes läßt sich am besten am Beispiel des bereits oben betrachteten Gleichgewichts eines Plasmas mit scharfer Grenze im longitudinalen Magnetfeld illustrieren. Wie sich aus den weiteren Betrachtungen ergeben wird, hängen fast alle magnetohydrodynamischen Instabilitäten der verschiedenen Gleichgewichtskonfigurationen "genetisch" mit diesem einfachsten Fall zusammen. Deshalb widmen wir der Instabilität eines Plasmas mit scharfem Rand einen besonderen Abschnitt.

Wir wollen annehmen, daß das Plasma den Halbraum $x > 0$ erfüllt. Das Innere des Plasmas sei zu Beginn magnetfeldfrei. Für $x < 0$ sei das Magnetfeld parallel zur z-Achse und seinem Druck $B_0^2/2\mu_0$ werde durch den Plasmadruck das Gleichgewicht gehalten. Wir ergänzen dieses Gleichgewichtsmodell durch die Einführung einer gewissen Schwerkraft ρg in Richtung der negativen x-Achse (womit wir natürlich eine Schwerkraft meinen, die durch die Wirkung des Magnetfeldes auf das Plasmas kompensiert wird). Wir nehmen an, daß das Magnetfeld sich bei $x = 0$ sprungartig von Null auf B_0 ändert, d.h. wir nehmen einen unendlich dünnen Plasmarand an. Wir wissen bereits, daß wegen der Diffusion von Magnetfeld ins Innere des Plasmas (und von Plasma in umgekehrter Richtung) der Plasmarand von endlicher Dicke sein muß. Die getroffene Annahme bedeutet deshalb, daß wir uns nur für Vorgänge interessieren werden, deren räumliche Erstreckung (d.h. im gegebenen Falle deren Instabilitätswellenlänge) wesentlich größer als die Dicke δ der Übergangsschicht ist. Insbesondere wollen wir eine Störung des Plasmagleichgewichts betrachten (s. Abb.2.31), die in einer Wellung der Trennfläche in Richtung der y-Koordinate mit einer Wellenlänge besteht, die wesentlich größer als die Dicke der Übergangsschicht ist.

Die Instabilität des betrachteten Plasmagleichgewichtes ergibt sich aus einer Analogie zu der aus der gewöhnlichen Hydrodynamik bekannten Instabilität einer im Schwerefeld über einer leichten geschichteten schweren Flüssigkeit. Eine kleine Deformation der Trennfläche führt zu einer zungenförmigen Ausbreitung von Gebieten leichter Flüssigkeit nach oben und von solchen schwerer Flüssigkeit nach unten. In dem von uns betrachteten Falle spielt das Plasma die Rolle der schweren und das Magnetfeld die der leichten (hier gewichtslosen) Flüssigkeit.

Eine quantitative Beschreibung dieser Instabilitätsart erhält man, indem man die kleinen Größen $\delta\rho$ und δp in die Gleichungen der Magnetohydrodynamik einsetzt. So wird die Dichteänderung durch die Gleichung

$$\partial\delta\rho/\partial t + \underline{u}.\mathrm{grad}\rho_0 + \rho_0 \mathrm{div}\underline{u} = 0 \qquad (2.183)$$

beschrieben, in der der Term, der das Produkt der zwei kleinen Größen $\underline{u}$ und $\delta\rho$ enthält, vernachlässigt wurde. Das Problem vereinfacht sich weiter, wenn man das Plasma näherungsweise als inkompressible Flüssigkeit behandelt. Im Falle von Geschwindigkeiten, die weit unter der Schallgeschwindigkeit liegen, ist diese Näherung gewöhnlich gerechtfertigt. Aus der Kontinuitätsgleichung ergibt sich dann die Inkompressibilitätsbedingung $\mathrm{div}\underline{u} = 0$, d.h. $\partial u_x/\partial x + \partial u_y/\partial y = 0$. Die Geschwindigkeit des Plasmas erhalten wir aus der Bewegungsgleichung $\rho_0 \partial\underline{u}/\partial t = -\mathrm{grad}\delta p$, in der wir ebenfalls Glieder weggelassen haben, die Produkte kleiner Größen enthalten. Anstelle der Geschwindigkeit $\underline{u}$ wird zweckmäßigerweise eine andere Variable eingeführt, die die Verschiebung des Plasmas aus der Gleichgewichtslage beschreibt und durch die Formel $\underline{u} = \partial\underline{\xi}/\partial t$ bestimmt wird. Die Bedingung für Inkompressibilität nimmt dann die Form

$$\partial\xi_x/\partial x + \partial\xi_y/\partial y = 0 \qquad (2.184)$$

an und für die Bewegungsgleichung erhalten wir:

$$\rho_0 \partial^2 \underline{\xi}/\partial t^2 = -\mathrm{grad}\,\delta p \qquad (2.185)$$

Diesen Gleichungen müssen nun eigentlich Randbedingungen auf der Trennfläche zwischen Plasma und Magnetfeld und Maxwellgleichungen für das magnetische Feld im Plasma hinzugefügt werden. In dem hier betrachteten Spezialfall jedoch ergibt sich ein einfacherer Zugang zu einer Lösung des Problems. Bei einer wellenförmigen Deformation mit der Wellenlänge λ ist die Verschiebung eine periodische Funktion der Koordinate y

$$\underline{\xi}(x,y,t) = \underline{\tilde{\xi}}(x)\exp(iky-i\omega t) \qquad (2.186)$$

wobei $k = 2\pi/\lambda$ gilt und λ die zur Wellenzahl k gehörige Eigenfrequenz ist. Indem wir $\underline{\xi}$ in der gesuchten Form (2.186) in (2.184) und (2.185) einsetzen, erhalten wir

$$d\tilde{\xi}_x/dx + ik\tilde{\xi}_y = 0 \qquad (2.187)$$

$$-\rho_0\omega^2\tilde{\xi}_x = -d\delta\tilde{p}/dx \qquad (2.188)$$

$$-\rho_0\omega^2\tilde{\xi} = ik\delta\tilde{p} \qquad (2.189)$$

Hier wurde berücksichtigt, daß $\delta p = \delta\tilde{p}(x)\exp(iky-i\omega t)$ gilt. $\delta\tilde{p}$ läßt sich aus den letzten beiden Gleichungen eliminieren, indem man die erste mit ik malnimmt, die zweite nach x differenziert und die Ergebnisse zueinander addiert:

$$ik\tilde{\xi}_x + d\tilde{\xi}_y/dx = 0 \qquad (2.190)$$

Indem wir hieraus $\tilde{\xi}_y$ berechnen und in (2.187) einsetzen, erhalten wir

$$d^2\tilde{\xi}_x/dx^2 - k^2\tilde{\xi}_x = 0 \qquad (2.191)$$

Die allgemeine Lösung dieser Gleichung hat die Form einer Linearkombination der beiden Exponentialfunktionen $\exp(\pm k_y x)$. Aus physikalischen Gründen ist klar, daß der Einfluß der sich ergebenden Wellung des ursprünglich ebenen Plasmarandes ins Plasmainnere hinein abnehmen muß. Aus diesem Grunde ist in dieser Linearkombination nur der Koeffizient des für $x \to \infty$ verschwindenden Gliedes von Null verschieden, so daß

$$\tilde{\xi}_x = \tilde{\xi}_{x0}\exp(-kx) \qquad (2.192)$$

wobei $\tilde{\xi}_{x0}$ eine Konstante ist. Die der Störung entsprechende Druckänderung finden wir aus der folgenden Überlegung. Im Gleichgewicht muß die Schwerkraft durch den Druckgradienten kompensiert werden, so daß

$$\rho_0 g - dp_0(x)/dx = 0 \qquad (2.193)$$

gilt. Auf diese Weise wird der Druck zu einer bestimmten Funktion p(x) der Koordinate x. Bei einer Verschiebung um die Strecke ξ_x ergibt sich

$p = p_0(x+\xi_x)$, so daß wir durch Entwicklung und Benützung von (2.193)

$$\delta p = (dp/dx)\xi_x = \rho_0 g \xi_x \tag{2.194}$$

erhalten. Nach Einsetzung in (2.189) ergibt sich die Beziehung $\omega^2 \tilde{\xi}_y = ik\tilde{\xi}_x\rho_0 g$. Indem wir hier mit Hilfe von (2.190) $\tilde{\xi}_x$ durch $\tilde{\xi}_y$ ersetzen, finden wir leicht $\omega^2\tilde{\xi}_y = -kg\tilde{\xi}_y$. Das bedeutet, daß die Dispersionsbeziehung durch

$$\omega^2 = -kg \tag{2.195}$$

gegeben ist.

Bis auf das Vorzeichen der rechten Seite stimmt (2.195) mit der bekannten Dispersionsbeziehung für die Schwerewellen des Ozeans überein. Diese Übereinstimmung kommt nicht zufällig zustande, da wir für das Problem der Stabilität der Einschließung des Plasmas durch das Magnetfeld schließlich die Flüssigkeit (das Plasma) "auf den Kopf" gestellt haben, d.h. in Gegenrichtung der Schwerkraft. Dieses Beispiel für die Instabilität eines Plasmagleichgewichtes - die sogenannte Kruskal-Schwarzschild-Instabilität - wurde historisch vor allen anderen Instabilitätsarten untersucht. Indem wir nun schrittweise von einfachen zu immer komplizierteren Arten von Gleichgewichten übergehen, wollen wir untersuchen, wie sich ihr Stabilitätsverhalten ändert.

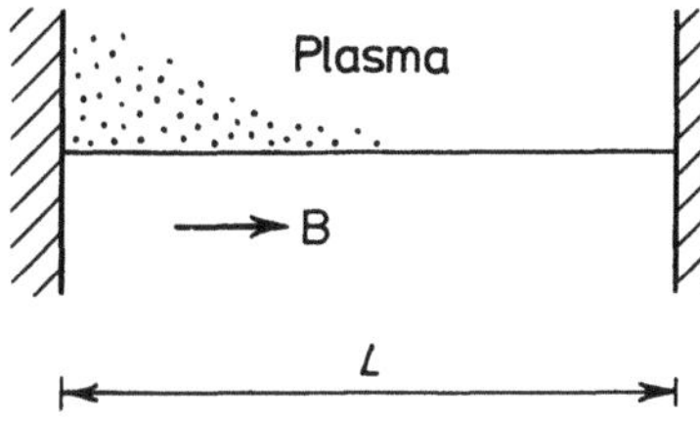

Abb.2.33 Instabilität des Plasmarandes bei Vorhandensein von ideal leitenden Wänden

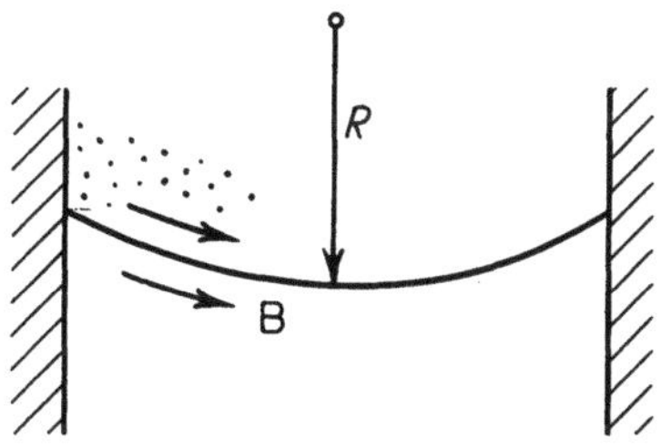

Abb.2.34 Die Entstehung stabilisierender Kräfte bei einer Krümmung des Plasmarandes

Eine erste Verallgemeinerung des Kruskal-Schwarzschildschen Modells besteht darin, daß auch in dem vom Plasma eingenommenen Gebiet (Halbraum) ein Magnetfeld vorhanden ist (das nach den Gleichgewichtsbedingungen schwächer als das Feld im Außenraum ist). Intuitiv ist uns sogleich klar, daß dieser Umstand allein eine Konfiguration, in der die schwere Flüssigkeit die obere Position einnimmt, nicht stabilisieren wird. Wir machen jedoch einen weiteren Schritt und begrenzen das von Plasma eingenommene Gebiet durch zwei zum Magnetfeld $\underline{B}_0$ senkrechte ideal leitende feste Wände im Abstand L (s. Abb.2.33). Die Felder inner- und außerhalb des Plasmas sind zueinander parallel. Senkrecht zu ihnen ist die Schwerkraft $F = \rho g$ gerichtet. Das Feld innerhalb des Plasmas bezeichnen wir mit B_i, das im Außenbereich mit B_0. Die weitere Betrachtung führen wir anhand von anschaulichen Überlegungen durch.

Wenn der Plasmarand vertikal um die Distanz δz verschoben wird, wobei die Störung senkrecht zum Feld die Länge $l \sim 2\pi/k$ und parallel dazu natürlich die Länge L hat, dann erhöht sich der Druck auf den am weitesten entfernten Teil des Randes um den Druck einer Plasmasäule von der Höhe δz (Archimedische Kraft)

$$\delta p = \rho g \delta z \tag{1.196}$$

Der wichtigste neue Effekt, der mit der Einführung der ideal leitenden Wände verbunden ist, ist die mit der Flußerhaltung verbundene Verzerrung des Magnetfeldes. Es muß nämlich die mit dieser Verzerrung verbundene quasielastische Kraft berücksichtigt werden, die dadurch entsteht, daß man sich die Feldlinienenden als mit den Wänden fest verbunden vorstellen muß. Wenn sich diese Kraft größer als die Druckänderung erweist, dann ist das Gleichgewicht stabil.

Bei der Verschiebung führt das Plasma wegen der Flußerhaltung die Feldlinie mit sich fort; da ihre Enden mit den Wänden fest verbunden bleiben, ergibt sich eine Zugkraft von der Größe $B_i^2/\mu_0 R$, wobei R der Krümmungsradius der Feldlinie ist. Da für R die Beziehung $R \sim L^2/(2\delta z)$ gilt (s. Abb.2.34), erhalten wir $2B_i^2 \delta z/\mu_0 L^2$. Bei der Verschiebung des Plasmas bleibt das Magnetfeld parallel zum Plasmarand, d.h. es ist ebenfalls einer Krümmung unterworfen:

$$\delta B_\perp \sim 2B_0 \delta z/L \tag{2.197}$$

Hieraus ergibt sich eine zusätzliche Vergrößerung der Zugkraft. Insgesamt erhalten wir, daß das Gleichgewicht stabil ist, wenn

$$2(B_i^2+B_0^2)/(\mu_0 L^2) > g\rho k/(2\pi) \tag{2.198}$$

Da es Verschiebungen mit beliebig kleinem $\lambda = 2\pi/k$ gibt, ist ein scharfer Plasmarand auch bei Berücksichtigung der stabilisierenden Wirkung der Zugkraft immer instabil. Dies führt uns darauf, daß wir bei leicht diffusem Plasmarand (wie er in der Realität immer gegeben ist) Formel (2.198) auf Störungen mit einer Wellenlänge, die kleiner als die Dicke δ der Randschicht ist, d.h. auf Störungen mit $k\delta > 1$, nicht anwenden dürfen. Tatsächlich bleibt die sich bei der Verschiebung eines inhomogenen

Plasmaelements ergebende quasielastische Kraft $2B^2\delta z/(\mu_0 L^2)$ die gleiche, während sich die Archimedische Kraft $g\delta\rho$ (wobei $\delta\rho$ der Dichteunterschied von verschobenem Element und umgebendem Plasma ist) ändert. In der Tat gilt

$$\delta\rho = \delta z d\rho_0/dz, \qquad (2.199)$$

so daß sich als Stabilitätskriterium

$$2B^2/\mu_0 L^2 > g d\rho_0/dz \sim g\rho/\delta \qquad (2.200)$$

ergibt, d.h., daß ein diffuser Plasmarand der Dicke δ tatsächlich stabil sein kann.

Die Behandlung des Problems durch Einführung einer hypothetischen Schwerkraft g mag als künstlich erscheinen. In jedem realen Plasmagleichgewicht im Magnetfeld jedoch wird die Rolle einer solchen effektiven Schwerkraft von jeder zum Magnetfeld senkrechten Kraft übernommen, deren Wirkung vom Ladungsvorzeichen nicht abhängt. Dies kann einmal die mit der Bewegung der Teilchen längs einer gekrümmten Feldlinie verbundene Zentrifugalkraft sein. Offensichtlich ist dabei g durch $\overline{v_{\parallel}^2}/R$ zu ersetzen, wobei R der Krümmmungsradius der Feldlinie und $\overline{v_{\parallel}^2}$ das mittlere Quadrat der Geschwindigkeit der Ionen (Elektronen) parallel zum Feld ist. Zum anderen kann es sich dabei um die Kraft handeln, die mit der Teilchendrift im inhomogenen Magnetfeld verbunden ist (s. Abschnitt 2.1). Wenn diese Inhomogenität der Krümmung der Feldlinien zuzuschreiben ist, dann ist die Ersetzung wie folgt vorzunehmen: $g \to \overline{v_{\perp}^2}/2R$. Indem wir beide Effekte zueinander addieren, erhalten wir

$$g \to (\overline{v_{\parallel}^2} + \overline{v_{\perp}^2}/2)/R \sim (1/R)(p_{\parallel}+p_{\perp})/\rho \qquad (2.201)$$

Hieraus ergibt sich, daß ein konvexer Plasmarand instabil sein muß. Für eine Stabilisierung durch die Feldlinienspannung ist nach (2.200) und (2.201) erforderlich, daß

$$2B_i^2/\mu_0 > (L^2\rho/\delta)(\overline{v_{\parallel}^2} + \overline{v_{\perp}^2}/2)/R \qquad (2.202)$$

gilt, wobei L die effektive Länge der Feldlinie, R ihr Krümmungsradius und δ die Dicke der Randschicht ist.

Zum Abschluß dieses Abschnittes wollen wir noch darauf hinweisen, daß bei einer beschleunigten Bewegung des Plasmas g durch die Beschleunigung a des Plasmarandes zu ersetzen ist. Die Anwachsrate der Störungen ist in diesem Falle durch $\mathrm{Im}\,\omega \sim (a/l)^{1/2}$ gegeben. Dieser Instabilitätstyp wird in thermonuklearen Experimenten zum sogenannten Trägheitseinschluß beobachtet. Dabei werden Methoden zur schnellen Kompression des Plasmas durch ein anwachsendes axiales Magnetfeld (der sogenannte Theta-Pinch) verwendet, wobei ein Kügelchen dichten Plasmas unter der Wirkung starker Laserstrahlung zusammengepreßt wird.

2.12 Austauschinstabilität und das Energieprinzip der Magnetohydrodynamik

Die Tendenz des Plasmas, in der Nähe konvexer Bereiche seines Randes Instabilität zu zeigen, läßt sich als Folge seines Diamagnetismus interpretieren. Als Diamagnet trachtet das Plasma danach, sich in Richtung schwächeren Magnetfeldes auszubreiten. Wenn sich deshalb die Plasmaoberfläche in einem Gebiet befindet, in dem das Magnetfeld vom Plasmarand nach außen abnimmt, dann kann sich die Lage des Randes als instabil erweisen.

Für geschlossene Magnetfeldkonfigurationen gilt das folgende Theorem: Es läßt sich kein Magnetfeld erzeugen, in dem von jedem Punkt der Oberfläche einer toroidalen Plasmakonfiguration aus die Feldstärke nach außen abnimmt. Die zur Plasmaoberfläche normale Komponente von gradB wechselt ihr Vorzeichen. Als einfache Illustration kann der Tokamak dienen. Hier nimmt B auf der der Symmetrieachse des Torus abgewandten Seite nach außen ab, auf der ihr zugewandten Seite jedoch zu. Diese Eigenschaft geschlossener Magnetfeldkonfigurationen ist geeignet, Zweifel an der Realisierbarkeit stabiler Einschließung des Plasmas in solchen Systemen zu wecken. Es erhebt sich die Frage, ob sich das Plasma durch die Ausbildung lokaler, zungenförmiger Störungen in Richtung schwächeren Magnetfeldes nicht einer Einschließung entzieht. Wie sie zu beantworten ist, hängt davon ab, ob wir es mit einem Plasma hohen Drucks mit $\beta = \mu_0 p/B^2 \sim 1$ zu tun haben, oder mit einem niedrigen Drucks mit $\beta \ll 1$. Für diese beiden Grenzfälle ergeben sich völlig unterschiedliche Bedingungen für Stabilität.

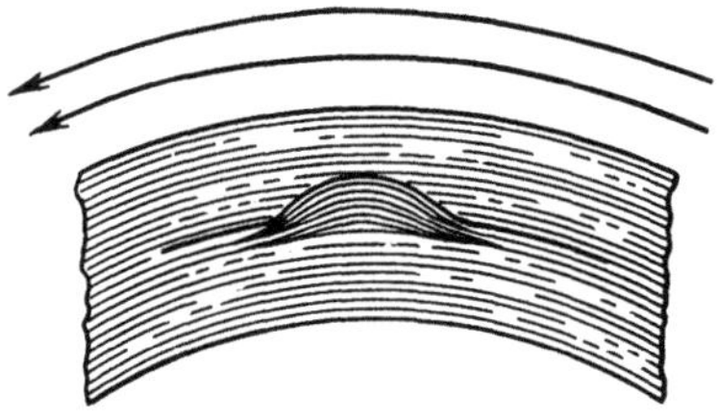

Abb.2.35
"Zungenbildung" an der Plasmaoberfläche

Für $\beta \sim 1$ können an der Plasmaoberfläche in der Tat lokale, zungenförmige Störungen entstehen und anwachsen (Abb.2.35).

Da infolge der Flußerhaltung das Plasma bei seiner Bewegung die Feldlinien mit sich führt, werden bei diesem Vorgang die Magnetfeldlinien gekrümmt, so daß die Magnetfeldenergie zunimmt. Die damit verbundene Arbeit bringt das expandierende Plasma auf Kosten seiner thermischen Energie auf. Wenn sich eine solche Störung in Richtung abnehmenden Feldes ausbreitet, dann setzt sich der Vorgang fort und der Plasmarand erweist sich als instabil. Im betrachteten Falle hat die Instabilität lokalen Charakter, d.h. sie hängt von der lokalen Geometrie des Feldes ab.

In geschlossenen Konfigurationen wird also an bestimmten Stellen der Oberfläche des Plasmas (nämlich in der Nähe konvexer Bereiche seines Randes) die Ausbildung lokaler zungenförmiger Störungen in Richtung schwächeren Feldes begünstigt. Aus diesem Grunde ist ein Plasma mit $\beta \sim 1$ in solchen Systemen auch instabiler. Dies darf bei der Beurteilung der Möglichkeiten zur Herstellung stabiler Hochtemperaturplasmen nicht außer acht gelassen werden.

Eine völlig andere Situation ergibt sich, wenn der Plasmadruck im Verhältnis zum Magnetfelddruck verschwindend klein ist. Mit ihr haben wir es bei praktisch allen bisher in Anordnungen vom Typ des Tokamaks durchgeführten Untersuchungen zu tun. Für $\beta \ll 1$ können Plasmastörungen zu keiner merklichen Deformation der Magnetfeldlinien führen, so daß lokale Störungen automatisch stabilisiert werden und alle Störungen im Plasma und an seiner Oberfläche Feldlinien als Ganzes betreffen müssen.

Das Plasma in einer von einem sehr schlanken Bündel von Feldlinien erzeugten Flußröhre ist bestrebt, sich auszudehnen. Es wird deshalb in der Richtung verschoben, in der das Volumen zunimmt. Dieses Volumen ist durch $\delta V = \int \delta S dl$ gegeben, wobei δS die Querschnittsfläche der Flußröhre und dl das Linienelement einer Feldlinie ist. Wegen der Konstanz des Magnetfeldflusses $\delta\Phi$ können wir schreiben

$$\delta V = \int \delta S B dl/B = \int \delta\Phi dl/B = \delta\Phi \int dl/B \tag{2.203}$$

Die Bedingung des Eingefrorenseins der Feldlinien, d.h. die Flußerhaltung, bedeutet, daß bei allen Verschiebungen einer mit einem Plasma niedrigen Drucks angefüllten Feldlinienröhre $\delta\Phi$ konstant bleibt. Aus diesem Grund ändert sich das Volumen der Röhre proportional zu $\int dl/B$. Da ein Plasma wie jedes andere Gas die natürliche Tendenz zur Volumenvergrößerung zeigt, spielt beim Verschiebungsvorgang die Größe $-\int dl/B$ die Rolle einer potentiellen Energie.

Die hier beschriebenen Verschiebungen einzelner Plasmaelemente, mit denen ein Austausch von (von schlanken Feldlinienbündeln erzeugten) Flußröhren verbunden ist, nennt man Austausch- oder konvektive Störungen. Ihr Auftreten an der Oberfläche führt zu einer Rillenstruktur des Plasmarandes (Abb.2.36), die sich an den Feldlinien orientiert.

Abb.2.36
Austauschstörung

Aus diesem Grunde spricht man auch von Rillendeformationen. Sie gehören zu den gefährlichsten Feinden von Plasmagleichgewichten.

Das Stabilitätskriterium für solche Störungen läßt sich einfach formulieren, wenn man der Größe $U \equiv -\int dl/B$ die Bedeutung einer potentiellen Energie gibt. Der Plasmarand ist dann stabil, wenn sich bei der Verschiebung einer Plasma enthaltenden Flußröhre nach außen eine Zunahme von U ergibt, d.h. wenn die Bedingung

$$\delta \int dl/B < 0 \tag{2.204}$$

erfüllt ist. Hierbei ist die Variation des Integrals zwischen zwei hinreichend nahe benachbarten Feldlinien in Normalenrichtung des Plasmarandes auszuführen. Die Verletzung der Ungleichung (2.204) ist dann gleichbedeutend mit Instabilität des Plasmarandes.

Physikalisch bedeutet dieses Stabilitätskriterium: Für Stabilität ist notwendig und hinreichend, daß die über eine Feldlinie gemittelte Magnetfeldstärke vom Plasmarand aus nach außen anwächst. Wir haben es hier mit einer speziellen Form des bekannten Minimum-B-Prinzips zu tun. Wir bemerken, daß nach (2.203) $\int dl/B = -\delta V/\delta\Phi$ gilt. Aus diesem Grunde kann man $\int dl/B$ als das spezifische Volumen der Flußröhre ansehen.

Für eine Bestimmung des Anwendungsbereiches des Stabilitätkriteriums (2.204) muß zunächst die Unbestimmtheit im Ausdruck für U beseitigt werden, die darin besteht, daß die Grenzen der Integration über eine Feldlinie nicht angegeben sind. Sie verschwindet, wenn die Feldlinien sich auf der Plasmaoberfläche schließen, weil dann klar ist, daß das Linienintegral über $1/B$ über die gesamte Länge der Feldlinie zu erstrecken ist. Die Definition der potentiellen Energie U auf einer solchen Fläche vervollständigen wir, indem wir

$$U = -(1/N) \oint dl/B \tag{2.205}$$

setzen. Hierbei ist N die Zahl der toroidalen Umläufe, nach denen sich die Feldlinie schließt.

Die potentielle Energie U charakterisiert eine magnetische Fläche eindeutig. Um uns davon zu überzeugen, betrachten wir zwei benachbarte magnetische Flächen und bestimmen den zwischen ihnen quer zu einer geschlossenen Feldlinie fließenden Strom (Abb.2.37).

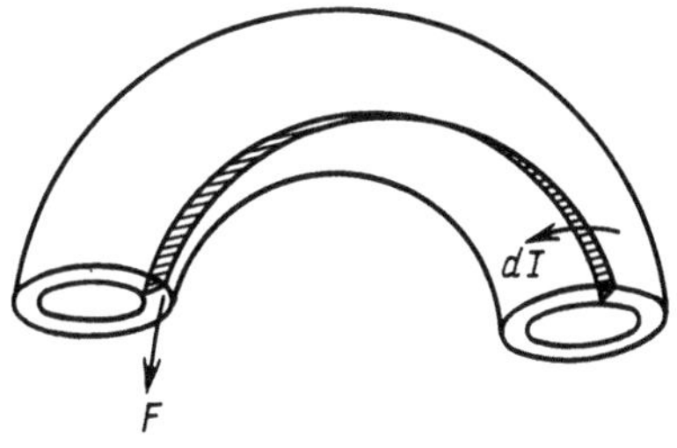

Abb.2.37
Illustration des Zusammenhanges zwischen potentieller Energie und Querstrom

Es ist klar, daß dieser Strom dI unabhängig von der gewählten Feldlinie sein muß:

$$dI = \oint j_{\perp} dndl = \text{const.} \qquad (2.206)$$

Hier ist dn das Linienelement in Richtung der Normalen zur magnetischen Fläche und $j_{\perp}$ die zu $\underline{B}$ senkrechte Komponente der Stromdichte. Das Integral ist längs einer Feldlinie auszuführen. Aus der Gleichgewichtsbedingung ergibt sich

$$j_{\perp} = (1/B)dp/dn \qquad (2.207)$$

Zusammen mit (2.206) erhalten wir daraus

$$dp\oint dl/B = \text{const.} \qquad (2.208)$$

Auf diese Weise müssen die Flächen konstanten Drucks p mit den Flächen übereinstimmen, auf denen die potentielle Energie U einen festen Wert hat.

Der Umstand, daß die untersuchten Instabilitäten von Gleichgewichtskonfigurationen im Magnetfeld mit Hilfe von Energiebetrachtungen interpretierbar sind, stellt eine wichtige Besonderheit der Theorie magnetohydrodynamischer Stabilität dar. In der genaueren mathematischen Sprache der magnetohydrodynamischen Theorie der Stabilität läßt sich sogar ein allgemeines sogenanntes Energieprinzip formulieren, das in folgendem besteht. Es sei $\underline{\xi}(\underline{r},t)$ eine unendlich kleine Verschiebung eines Plasmavolumenelementes aus der Gleichgewichtslage, wobei $\underline{u} = \partial\underline{\xi}/\partial t$ gelte. Es zeigt sich, daß die linearisierten Gleichungen der allgemeinen Stabilitätstheorie eines ideal leitenden Plasmas sich zu der Vektorgleichung

$$\partial^2\underline{\xi}/\partial t^2 = -\hat{K}\underline{\xi} \tag{2.209}$$

zusammenfassen lassen, in der $\hat{K}$ ein gewisser Differentialoperator ist, der auf $\underline{\xi}$ wie auf eine Funktion der Koordinaten wirkt. Formal entspricht (2.209) einer Gleichung, die die Schwingungen eines elastischen Mediums beschreibt, wobei $\hat{K}$ die Rolle des entsprechenden Elastizitätskoeffizienten spielt. Die Formulierung des Energieprinzips ist im Grunde nicht schwierig. Zunächst muß man in den linearisierten Gleichungen der Magnetohydrodynamik von $\underline{u}$ $(= \partial\underline{\xi}/\partial t)$ auf die Veränderliche $\underline{\xi}$ (die Verschiebung) übergehen. Danach müssen die Störungen der übrigen Größen durch $\underline{\xi}$ ausgedrückt werden.

Als Ausgangsgleichung wählen wir die Beziehung (2.60). Nach Linearisierung geht ihre linke Seite in $\rho_0\ddot{\underline{\xi}}$ über. Die linearisierte rechte Seite

$$-\mu_0 \mathrm{grad}\delta p + \mathrm{rot}(\delta\underline{B})\mathrm{x}\underline{B}_0 + \mathrm{rot}\underline{B}_0\mathrm{x}\delta\underline{B}$$

drücken wir durch $\underline{\xi}$ aus. Dabei ergibt sich für den ersten Term die folgende Umformung: $\delta p = (dp/d\rho)\delta\rho$. Berücksichtigen wir noch die Kontinuitätsgleichung

$$-\delta\rho = \mathrm{div}\rho_0\underline{\xi} = \rho_0\mathrm{div}\underline{\xi} + \underline{\xi}\cdot\mathrm{grad}\rho_0$$

dann erhalten wir schließlich $\delta p = -\gamma p\mathrm{div}\underline{\xi} + \underline{\xi}\cdot\mathrm{grad}p$. Auf die gleiche Weise gelingt es mit Hilfe der Gleichungen für die Flußerhaltung $\delta\underline{B}$ durch die Verschiebung $\underline{\xi}$ auszudrücken. Als linearisierte und durch $\underline{\xi}$ ausgedrückte Gleichung ergibt sich

$$\rho\ddot{\underline{\xi}} = \hat{F}\{\underline{\xi}\} \tag{2.210}$$

wobei

$$\hat{F}\{\underline{\xi}\} = \mathrm{grad}\{\gamma p\mathrm{div}\underline{\xi} + \underline{\xi}\cdot\mathrm{grad}p\} + \underline{j}\mathrm{xrot}(\underline{\xi}\mathrm{x}\underline{B}) - \underline{B}\mathrm{xrotrot}(\underline{\xi}\mathrm{x}\underline{B})/\mu_0 \quad (2.110')$$

Hier ist p der Druck, ρ die Dichte, $\underline{B}$ die magnetische Induktion und $\underline{j}$ die Stromdichte im Gleichgewicht. Diese Beziehungen sind den Gleichungen, die kleine Schwingungen eines elastischen Mediums beschreiben, mathematisch völlig äquivalent. Die Rolle des verallgemeinerten Elastizitätskoeffizienten spielt der Operator $\hat{K} = \hat{F}/\rho$. In Analogie zur Mechanik elastischer Medien führt man zweckmäßigerweise die potentielle Energie kleiner Schwingungen $\delta W = (1/2)\int\underline{\xi}\cdot\hat{K}\underline{\xi}d^3x$ ein.

Mit Hilfe der Beziehung (2.210') läßt sich leicht ein expliziter Ausdruck für δW gewinnen. Wenn für alle $\underline{\xi} \neq 0$ $\delta W > 0$ gilt, dann können Verschiebungen aus der Gleichgewichtslage zeitlich nicht anwachsen, so daß das Plasma magnetohydrodynamisch stabil ist. Im entgegengesetzten Fall, in dem δW negative Werte annehmen kann, ist der Elastizitätskoeffizient $\hat{K}$ bezüglich gewisser Deformationen negativ und das betrachtete System instabil. Die Grenze zwischen stabilen und instabilen Konfigurationen bilden Zustände, für die bezüglich eines bestimmten Typs von Verschiebungen die Elastizität verschwindet. In diesem Falle gibt es neben dem ursprünglichen Gleichgewichtszustand benachbarte Gleichgewichtszustände, die einer Verschiebung in Richtung verschwindender Elastizität entsprechen. Für die Bestimmung der Stabilitätsgrenze genügt es also zu untersuchen, unter welchen Bedingungen Nachbargleichgewichte existieren, d.h. es genügt eine Betrachtung der Gleichung $\hat{F}\underline{\xi} = 0$.

Gleichgewichtszustände, für die man Störungen finden kann, die verschwindenden Eigenfrequenzen entsprechen, sind ihrem Wesen nach marginal. In ihrer Bestimmung besteht im wesentlichen das allgemeine Programm der magnetohydrodynamischen Stabilitätstheorie. Im Ausdruck für die potentielle Energie treten zwei Terme auf (s. die beiden geschweiften Klammern in (2.210')). Der erste beschreibt die Änderung der thermischen inneren Energie des Plasmas und der zweite die der magnetischen Energie bei einer Störung. Austauschinstabilitäten hängen mit der Freisetzung von innerer Energie des Plasmas (bei Expansion) zusammen. Die zugehörigen Deformationen der Gleichgewichtskonfiguration haben die Form von längs Magnetfeldlinien verlaufenden Rillen. Bei solchen Störungen werden die Magnetfeldlinien nicht auseinandergezogen und auch nicht gekrümmt, da hierfür Energie aufgebracht werden müßte (die dem zweiten Term in (2.210') entspricht).

Da die Verschiebungen bei Austauschstörungen senkrecht zum Magnetfeld erfolgen ($\underline{\xi} \perp \underline{B}$), läßt sich eine weitere Verallgemeinerung vornehmen: Das Energieprinzip, das formal aus den Gleichungen der Magnetohydrodynamik abgeleitet wird, gilt auch für ein Plasma niedriger Dichte in der Driftnäherung, weil für die gefährlichsten Störungen mit $\underline{\xi} \perp \underline{B}$ die Bewegung senkrecht zu den Feldlinien stattfindet und wieder jene spezielle, von Stoßfreiheit und anisotropem Druck gekennzeichnete Hydrodynamik anwendbar ist, die uns schon früher begegnet ist. Es ist im übrigen keineswegs so, daß der magnetische Teil der potentiellen Energie immer eine stabilisierende Rolle spielt. Wenn man nicht Obacht gibt, dann kann man an ein Gleichgewicht geraten, für das die Freisetzung von überschüssiger Magnetfeldenergie bei der Umordnung der Konfiguration zur Ursache starker magnetohydrodynamischer Instabilität wird. Gerade die Tendenz des Magnetfeldes zur Verkürzung seiner Feldlinien ist es, die zu Instabilität führt. Als Beispiel kann die Pinch-Instabilität dienen. Die dabei freigesetzte Energie nennt man manchmal die Pinch-Energie.

2.13 Die Stabilisierung magnetohydrodynamischer Instabilitäten in Fusionsapparaturen

Die Stabilität des Plasmas beim Pinch-Effekt wurden zahlreiche Untersuchungen gewidmet. Die ersten photographischen Aufnahmen eines Plasmas, das vom eigenen Strom zusammengehalten wird, zeigen, daß ein Pinch gegen Deformationen in Form von Einschnürungen und Biegungen instabil ist. Aus allgemeinen Überlegungen ergibt sich die Instabilität eines Pinchs mit Oberflächenstrom daraus, daß das Magnetfeld außerhalb des Plasmas überall abnimmt.

Zur Stabilisierung solcher Pinche kam man bereits in den fünfziger Jahren auf den Gedanken, ein starkes axiales Magnetfeld anzulegen. Tatsächlich muß dann für die Erhöhung dieses Magnetfeldes vom Plasma Arbeit aufgebracht werden, so daß sich eine stabilisierende Wirkung ergibt. Dieser Effekt wirkt sich am stärksten für Störungen großer Wellenzahl (d.h. längs der Pinch-Achse kleiner Wellenlänge) aus. Langwellige Störungen hingegen führen zu einer nur kleinen Änderung des axialen Magnetfeldes, und für Wellenlängen, die wesentlich größer als der Pinch-Radius sind, geht die stabilisierende Wirkung verloren.

Das Kriterium für die Stabilität eines Pinches gegen Einschnürung und Biegung läßt sich anschaulich auf die folgende Weise gewinnen. Betrachten wir zunächst die Stabilität gegen Biegung. Wir wollen annehmen, daß innerhalb eines Pinches vom Radius a das axiale Magnetfeld B_i "eingefroren" ist und daß außerhalb das azimutale Feld B des auf der Plasmaoberfläche fließenden Stroms herrscht. Bei einer Biegung des Pinchs (über die Biegungslänge λ) werden die Feldlinien des azimutalen Feldes auf der Innenseite zusammengedrängt und auf der Außenseite auseinandergezogen. Deshalb wirkt auf das näher am Krümmungszentrum befindliche Plasma ein größerer magnetischer Druck. Außerdem entsteht durch die Krümmung der Feldlinien des Längsfeldes eine Kraft, die in der entgegengesetzten Richtung wirkt.

Die Kraft, die vom azimutalen Feld aufs Plasma ausgeübt wird, läßt sich auf die folgende Weise bestimmen. Wir grenzen um den Pinch herum ein zylindrisches Volumen vom Radius λ ab, dessen Querschnittsebenen durch das Krümmungszentrum gehen. Da die Feldlinien des azimutalen Feldes in diesen Ebenen liegen, setzt sich die Gesamtkraft, die pro Längeneinheit des Pinches in Verschiebungsrichtung wirkt, aus den magnetischen Druckkräften auf die Stirnseiten

$$2\alpha\int_0^\lambda B^2/(2\mu_0)2\pi r\,dr$$

($\alpha = \lambda/2R$ ist der Neigungswinkel und R der Krümmungsradius) und auf die Mantelfläche (die man vernachlässigen kann) zusammen. In der unmittelbaren Umgebung des deformierten Pinches läßt sich das Magnetfeld B genauso beschreiben, wie das eines unendlich langen stromführenden Leiters: $B = B_0 a/r$, wobei $B_0 = B(a)$ die magnetische Induktion auf der Plasmaoberfläche ist. Für Entfernungen $r \gtrsim \lambda$ verschwindet jedoch der Einfluß der Störungen, so daß die Integration bei $r \sim \lambda$ abzubrechen ist. Deshalb ist die pro Längeneinheit des Plasmas durch die Krümmung ausgeübte Kraft durch

$$(1/R)\int_0^\lambda B^2/(2\mu_0)2\pi r\,dr = \{B_0^2 a^2\pi/(\mu_0 R)\}\ln(\lambda/a)$$

gegeben. Die mit der Krümmung der Feldlinien des Längsfeldes verbundene Kraft ist durch $-B_i^2/(\mu_0 R)\cdot\pi a^2$ gegeben, so daß sich die Gesamtkraft auf

$$\delta F = \pi a^2(B_0^2\ln(\lambda/a)-B_i^2)/(\mu_0 R)$$

beläuft. Hieraus ergibt sich die bekannte Stabilitätsbedingung

$$B_i^2/B_0^2 > \ln(\lambda/a) \tag{2.211}$$

Da aus der Gleichgewichtsbedingung $2\mu_0 p+B_i^2 = B_0^2$ folgt, daß $B_0^2 > B_i^2$ ist, ist klar, daß ein Pinch durch ein starkes axiales Innenfeld gegen langwellige Störungen nicht vollständig stabilisiert werden kann. Wenn sowohl inner- als auch außerhalb eines Plasmas mit axialem Strom ein Längsmagnetfeld vorhanden ist, dann ist das Gesamtfeld von helikaler Natur. In ihm kann das helikal deformierte Plasma zwischen den Feldlinien hindurch nach außen gelangen, ohne diese zu krümmen. Diese Instabilität tritt auf, wenn die Plasmaoberfläche einer helikalen Störung ausgesetzt wird, deren Ganghöhe λ mit der durch $2\pi a(B_z/B_\theta)$ gegebenen Ganghöhe einer Feldlinie übereinstimmt oder größer ist. Infolgedessen ist ein Pinch gegen helikale Störungen der Wellenlänge

$$\lambda < 2\pi a B_z/B_\theta \text{ (Kruskal-Schafranow-Kriterium)} \tag{2.212}$$

stabil. Auf diese Weise existiert in beiden Fällen ein maximaler Wert der Wellenlänge, für den die Störung durch das Magnetfeld noch stabilisiert wird. Für einen Tokamak nimmt das Kruskal-Schafranow-Kriterium für Störungen der Wellenlänge $\lambda = 2\pi R$ die Form $R < aB_z/B_\theta$ an, d.h. das Plasma ist um so stabiler, je größer der dimensionslose Parameter $q = (a/R)(B_z/B_\theta)$ (der sogenannte Sicherheitsfaktor) ist.

Die Stabilitätsbedingung für Störungen vom Einschnürungstyp (Abb.2.27) läßt sich auf die folgende Weise finden.

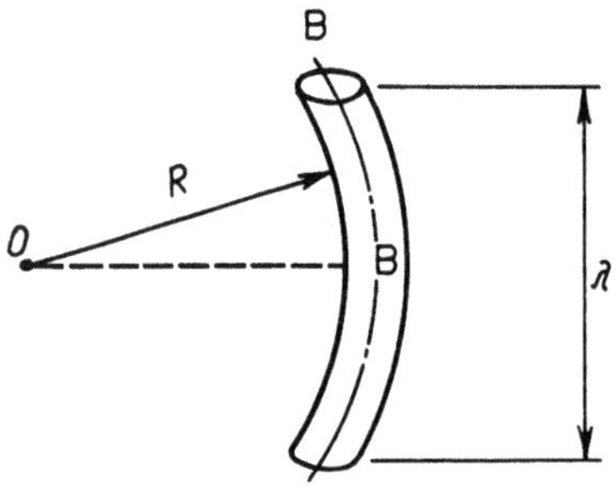

Abb.2.38
Pinchinstabilität durch Biegung

Der Plasmaradius a möge sich um den Wert δa geändert haben. Wegen der Flußerhaltung im Plasma ergibt sich daraus als Magnetfeldänderung $\delta B = -B_i 2\delta a/a$. Da für das poloidale Feld außerhalb des Plasmas $B = \mu_0 I/(2\pi a)$ gilt, erhalten wir $\delta B = -B_\theta \delta a/a$. Insgesamt ergibt sich für die Änderung der Magnetfelddrücke inner- und außerhalb des Plasmas

$$\delta p_m = -(B_i^2/\mu_0)(2\delta a/a) + (B^2/\mu_0)(\delta a/a)$$

so daß das Stabilitätskriterium die Form

$$B_i^2 > B^2/2 \qquad (2.213)$$

annimmt. Ein hinreichend starkes Längsfeld kann also Störungen vom Einschnürungstyp unterdrücken, stabilisiert jedoch den Pinch bezüglich langwelliger Biegungen nicht. Eine zusätzliche Maßnahme zur Stabilisierung besteht darin, daß man das Plasma mit einem koaxialen leitenden Gefäß umgibt. Verschiebungen des Plasmas im Inneren des Gefäßes erzeugen dann auf dessen Oberfläche Induktionsströme, deren Wirkung das Plasma in seine Ausgangslage zurückdrängt.

Eine Kombination dieser Maßnahmen zur Stabilisierung wurde früher bei der Erzeugung von Hochtemperaturplasmen häufig verwendet. Die Stabilisierung nach Kruskal-Schafranow beruht auf der Ausnützung der quasielastischen Spannungskräfte eines hinreichend starken Magnetfeldes. Die oben für die idealisierte Geometrie eines Plasmas mit Oberflächenstrom erhaltenen Kriterien lassen sich allerdings genaugenommen auf reale Gleichgewichte nicht anwenden. Der Strom ist immer auf irgendeine Weise über den Plasmaquerschnitt verteilt, so daß es im Plasma stets sowohl eine axiale, als auch eine azimutale Komponente des Magnetfeldes gibt und das Gesamtfeld stets helikal ist. In einem helikalen Feld aber kann die gewöhnliche Austauschinstabilität nicht auftreten, weil wegen der unterschiedlichen Steigung der Magnetfeldlinien auf verschiedenen magnetischen Flächen die Flußröhren bei radialer Verschiebung "durcheinandergeraten" und sich die gleiche quasielastische Spannungskraft ergibt. Je stärker sich im Gleichgewicht die Steigung einer Feldlinie beim Übergang von einer magnetischen Fläche zu einer anderen ändert, oder anders ausgedrückt, je stärker die Magnetfeldlinien gegeneinander verschert sind, desto stabiler muß das Gleichgewicht sein.

Das Vorhandensein von Verscherung in einer Magnetfeldkonfiguration mit Rotationstransformation bedeutet, daß der Drehwinkel ι der Feldlinien eine Funktion des Radius r ist, d.h. ι ändert sich im Bereich zwischen magnetischer Achse und Plasmaoberfläche. In stabilitätstheoretischen Arbeiten wird als Maß für die Verscherung meistens die Größe

$$\Theta_s = (r^2/L)(d\iota/dr) \qquad (2.214)$$

eingeführt, wobei L die Längsabmessung des Plasmas (die für toroidal geschlossene Systeme durch $L = 2\pi R$ gegeben ist) darstellt. Man nimmt heute allgemein an, daß Verscherung ein weitgehend universelles Mittel gegen eine große Klasse von Instabilitäten des Plasmas ist. Bevor wir uns genauer mit der Rolle der Verscherung bei der Unterdrückung magnetohydrodynamischer Instabilitäten befassen, wollen wir auf die Entstehung des Ausdruckes (2.214) eingehen.

Eine im Plasma entstehende Störung läßt sich als die folgende Funktion der Koordinaten darstellen:

$$\Psi \sim \exp(i(m\Theta - k_z z))$$

wobei z die Längskoordinate im Plasma und k_z die Komponente des Wellenvektors in z-Richtung ist, m ist eine ganze Zahl. Zur Vereinfachung betrachten wir hier das Plasma in zylindrischer Geometrie, was angesichts der nur kleinen toroidalen Krümmung des Systems ($a \ll R$) auch gerechtfertigt ist.

Wir wollen betrachten, wie sich eine solche Störung längs Feldlinien fortpflanzt. Wenn wir mit dl das Linienelement längs $\underline{B}$ bezeichnen, dann gilt

$$d/dl = (B_z/B)(\partial/\partial z) + (B_\Theta/Br)(\partial/\partial\Theta), \quad B = (B_z^2 + B_\Theta^2)^{1/2}$$

Differentiation der Funktion Ψ nach l ergibt

$$d\Psi/dl = ik_\parallel\Psi = (i/B)((m/r)B_\Theta - k_z B_z)\Psi$$

Hier ist $k_\parallel$ die Komponente des Wellenvektors parallel zu $\underline{B}$. Die Störung ist konstant längs einer Feldlinie, d.h. $k_\parallel = 0$, wenn

$$k_z = (m/r)(B_\theta/B_z) = k_\theta(B_\theta/B_z) \tag{2.215}$$

gilt. In diesem Ausdruck ist $k_\theta = m/r$ die azimutale Komponente des Wellenvektors.

Indem wir die Länge L des Plasmas einführen, können wir (2.215) in der Form $k_z L = m\Omega$ schreiben. Da $k_z = 2\pi n/L$ gilt, wobei n eine ganze Zahl ist, wird die genannte Bedingung nur von geschlossenen Feldlinien mit $\iota = 2\pi n/m$ erfüllt.

Wir wollen herausfinden, wie sich die Phase der Funktion Ψ beim Übergang von einer Feldlinie, die auf der magnetischen Fläche mit dem Radius r_0 liegt, für die die Bedingung (2.215) erfüllt ist, zu einer unendlich nahe benachbarten Feldlinie auf der magnetischen Fläche mit dem Radius r ändert (wie früher betrachten wir nur eine kleine Umgebung der magnetischen Achse). Indem wir $d\Psi/dl$ nach dem kleinen Parameter $\delta r = r - r_0$ entwickeln, erhalten wir

$$k_\parallel = B_z((m\iota/L)-k_z)/B = (B_z/B)(d/dr)(m\iota/L)\delta r = (B_z/B)(\delta r/r)k_\theta \theta_s \tag{2.216}$$

wobei θ_s durch den Ausdruck (2.214) bestimmt wird. Für Konfigurationen vom Typ des Tokamaks kann man in dieser Beziehung $B_z/B = 1$ setzen.

Aus (2.216) folgt, daß für gegebene Werte des Wellenvektors k_θ und der radialen Relativverschiebung $\delta r/r_0$ die Phase der Störung auf einer Feldlinie, die durch $k_\parallel l$ gegeben ist, sich um so weniger ändert, je kleiner die Verscherung θ_s ist. Die Bedeutung dieses Ergebnisses ist leicht zu verstehen. Wenn es sich um magnetohydrodynamische Störungen in einem Plasma niedrigen Drucks handelt, dann ist die Erhaltung der Phase beim Übergang von einer Feldlinie zu einer anderen gleichbedeutend mit minimaler Störung des Magnetfeldes. Deshalb können sich bei sehr kleinen Werten der Verscherung in einem System ohne Magnetfeldmulde Austauschstörungen in radialer Richtung ungehindert ausbreiten und Instabilität hervorrufen.

Mit zunehmender Verscherung werden solche Störungen stabilisiert, weil in diesem Fall mit einer radialen Verschiebung des Plasmas eine starke Verzerrung des Feldes verbunden ist. Für $\theta_s \neq 0$ muß sich eine Störung, die auf einer bestimmten magnetischen Fläche entlang einer Feldlinie ansetzt, beim Übergang zu einer benachbarten magnetischen Fläche in komplizierter Weise verformen. Während ihre Seitenflächen der inneren Feldlinie zu folgen bemüht sind, ist ihr in radialer Richtung am weitesten außen liegender Grat parallel zu äußeren Feldlinie (Abb.2.39).

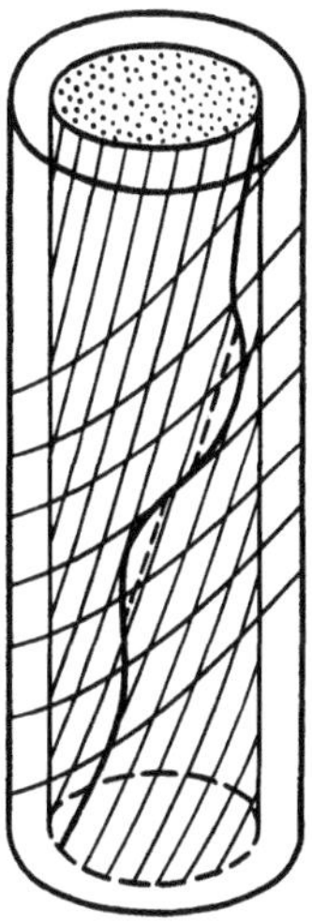

Abb.2.39
Austauschstörung beim Vorhandensein von Verscherung

Die zusätzliche magnetische Energie, die einer solchen Verzerrung des Magnetfeldes entspricht (wir erinnern daran, daß die Feldlinien ins Plasma "eingefroren" sind), kann nur durch die Arbeit von Kräften des Plasmadrucks aufgebracht werden. Die Bedingung für Stabilisierung besteht darin, daß sich eine Beschränkung für den maximal erreichbaren Wert von ß oder den Plasmadruckgradienten ergibt.

Wir wollen eine einfache Abschätzung für die Bilanz der beiden konkurrierenden Kräfte geben, die auf ein verschobenes Plasmaelement wirken. Die destabilisierende Kraft p/R_s hängt mit der Feldlinienkrümmung zusammen. Hierbei ist R_s der Krümmungsradius der Feldlinie in einem geraden Plasmazylinder, der durch $R_s = rB^2/B_\theta^2$ gegeben ist. Die Störung des Druckes bei der Verschiebung ξ ist durch $\delta p \sim \xi\, dp/dr$ gegeben. Auf diese Weise ergibt sich für die das Plasma aus dem Gleichgewicht treibende Kraft $F_1 = -(dp/dr)\xi/R_s$. Die stabilisierende Wirkung der Kraft $\underline{B}.\mathrm{grad}\underline{B}/\mu_0$ läßt sich wie folgt abschätzen: $F_2 \sim B_0 k_\parallel \delta B_\perp/\mu_0$, wobei $k_\parallel$ durch den Ausdruck (2.216) bestimmt wird. $\delta B_\perp$ läßt sich bestimmen, indem man die Krümmung der Feldlinie bei der Störung des Plasmas in der Entfernung ξ betrachtet: $\delta B_\perp \sim B_0 \xi k_\parallel$.

Die minimale charakteristische Entfernung δr, auf die die Störung lokalisiert ist, wird man natürlich als von der gleichen Größenordnung wie die Wellenlänge der Störung über θ ansehen, d.h. $k_\theta \delta r \sim 1$. Insgesamt erhalten wir aus der Bedingung $F_2 > F_1$ das bekannte Suydam-Kriterium für die Stabilisierung lokaler Störungen durch Verscherung:

$$-(2\mu_0/B_z^2)(dp/dr) < K(B^2/B_\theta^2)(1/r)\Theta_s^2 \qquad (2.217)$$

Mit dem hier speziell eingeführten $K \sim 1$ soll angezeigt werden, daß die durchgeführte Abschätzung auf größere Genauigkeit keinen Anspruch erheben kann. Den richtigen Wert für K muß die strenge Theorie liefern.

Die quantitative Herleitung des Suydamschen Kriteriums stellt sich als sehr lehrreich heraus. Wir halten den mathematischen Aufwand so gering wie möglich, indem wir das Problem weitgehend vereinfachen, wollen uns aber bemühen, dabei die wesentlichen Züge der Stabilisierung von Austauschstörungen durch Verscherung zu erhalten. Wir betrachten das Problem in der ebenen Geometrie, die wir oben beim Kruskal-Schwarzschild-Problem der Stabilität eines diffusen Plasmagleichgewichtes zugrundegelegt haben. In dieses Problem müssen wir Verscherung einführen, d.h. eine Drehung der Feldlinien des Gleichgewichtsmagnetfeldes.

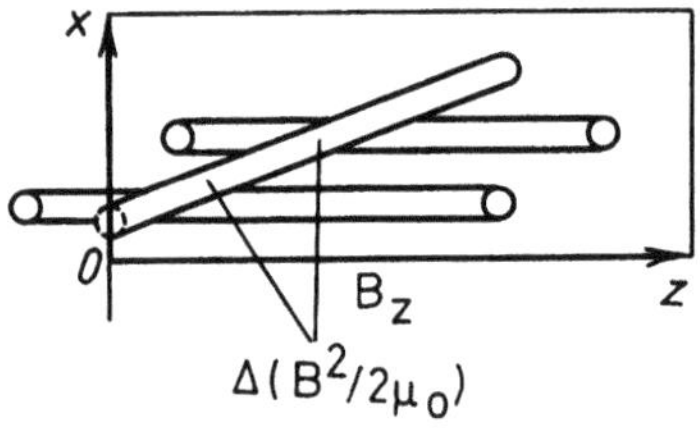

Abb.2.40
Die Stabilisierung einer Austauschstörung durch Verscherung

Auf Abb.2.40 haben wir eine solche Situation skizziert. Das Magnetfeld, von dem wir annehmen, daß es für x = 0 genau in z-Richtung (senkrecht zur Zeichenebene) zeigt, erhält mit Zunahme von x (ins Plasma hinein) auch eine Komponente in y-Richtung. Wir werden annehmen, daß in der Umgebung der Ebene x = 0 diese Magnetfeldkomponente durch $B_y = Bx/L_s$ gegeben ist. Um die Entsprechung zwischen dem ebenen Problem und zylindrischer Geometrie, für die die Definition der Verscherung θ_s gegeben wurde, herzustellen, bemerken wir, daß B_y der Komponente B_θ entspricht.

Die Zunahme von B_θ infolge einer Änderung des Rotationstransformationswinkels drückt sich durch $dB_\theta=(r/L)(d\iota/dr)Bdr$ aus. Indem wir dies mit der Änderung von B_y bei einer Änderung von x vergleichen, erhalten wir $\theta_s/r \rightarrow 1/L_s$. Man kann sich leicht davon überzeugen, daß die Störung eines solchen Gleichgewichtes, die wir wie bereits beim Kruskal-Schwarzschild-Problem in der Form $\exp(-i\omega t+iky)$ ansetzen, für $x \neq 0$ eine Komponente des Wellenvektors parallel zum Feld $k_\parallel=k\theta x$ besitzt. Gerade hieraus ergibt sich die stabilisierende Wirkung der Feldlinienspannung, wie wir sie in vereinfachter Form früher schon berücksichtigt haben. Strenggenommen muß jedoch auch die Störung des magnetischen Druckes

$$\delta(B_z^2+B_y^2)/2\mu_0 \approx (B_z\delta B_z+B_y\delta B_y)/\mu_0 \tag{2.218}$$

berücksichtigt werden. Die Stabilitätsgrenze bestimmen wir aus der Bedingung $\omega^2 = 0$, die verschwindender Elastizität entspricht (s. Abschnitt 2.12). Die y-Komponente der Bewegungsgleichung nimmt die Form der einfachen Kräftebilanz $ik\delta B_z B_z = B_y'\delta B_x$ an (wie meistens in Fällen einer Betrachtung von Austauschinstabilität sehen wir den gaskinetischen Druck des Plasmas als vernachlässigbar klein an). Aus dieser Bilanzgleichung ergibt sich für den gestörten Magnetfelddruck

$$B_y\delta B_y/\mu_0 \;-\; iB_y'\delta B_x/(\mu_0 k)$$

Die Komponente der Bewegungsgleichung in x-Richtung (in Richtung der Schwerkraft) nimmt jetzt die Form

$$i(kB_y)\delta B_x/\mu_0 - \delta\rho g - (B_y\delta B_y)'/\mu_0 + i(B_y'\delta B_x)'/(\mu_0 k) = 0 \qquad (2.219)$$

an. Weiter benützen wir noch die Gleichungen

$$\delta B_x = ikB_y\xi_x \qquad (2.220)$$
$$\delta\rho = \rho'\xi_x \qquad (2.221)$$
$$\delta B_x' + ik\delta B_y = 0 \qquad (2.222)$$

die sich aus den Gleichungen für die Flußerhaltung $\partial\underline{B}/\partial t = \mathrm{rot}(\underline{u}\mathrm{x}\underline{B})$, der Kontinuitätsbedingung und aus $\mathrm{div}\underline{B} = 0$ ergeben. Indem wir alle Veränderlichen bis auf δB_x eliminieren, können wir leicht die folgende Gleichung für die Störung des Magnetfeldes erhalten:

$$\delta B_x'' - k^2\delta B_x - (\mu_0\rho' g/B_y^2)\delta B_x = 0 \qquad (2.223)$$

Jetzt ist zu erkennen, worin der Mangel der einfachen Ableitung besteht, die von der Kräftebilanz ausging: Unberücksichtigt blieb der Term mit der zweiten Ableitung, der die Wirkung des gestörten Magnetfelddruckes beschreibt.

Bemerkenswert ist hierbei die schöne Analogie dieser Gleichung zur Schrödinger-Gleichung für das bekannte Problem der nichtrelativistischen Quantenmechanik des "Falles" eines Teilchens auf ein anziehendes Zentrum, das durch eine Potentialabhängigkeit der Form $1/x^2$ beschrieben wird. Es ist daher nicht erstaunlich, daß der Gang unserer weiteren Überlegungen sehr an die Betrachtungen erinnert, denen wir in Vorlesungen über Quantenmechanik begegnen.

In der Umgebung der Singularität $x = 0$ (gerade in diesem Punkte gilt $k_{\|} = 0$) werden wir eine Lösung der Gleichung (2.223) in der Form x^n suchen, indem wir das Glied $k^2\delta B_x$ vernachlässigen. Indem wir die gesuchte Lösung in die auf diese Weise vereinfachte Gleichung (2.223)

$$\delta B_x'' - (\mu_0\rho' g/B_y^2)\delta B_x = 0 \qquad (2.224)$$

einsetzen, erhalten wir für den Exponenten n die Beziehung $n = 0.5\pm\{0.25+\alpha\}^{1/2}$, wobei $\alpha = \mu_0\rho' g L_s^2/B^2$ ist. Es ist leicht zu sehen, daß sich für $\alpha < -0.25$ der Charakter der Lösung ändert. Sie läßt sich dann in der Form $\sim\exp(i\nu\ln x)$ darstellen, wobei für ν die Beziehung $\nu = (|\alpha| - 0.25)^{1/2}$ gilt.

Das bedeutet, daß die Lösung in der Umgebung von $x = 0$ unendlich viele Nullstellen besitzt, weshalb sich Lösungen, die im Unendlichen verschwinden, mit einer beliebigen Lösung in der Umgebung von $x = 0$ stetig verbinden lassen. Für $\nu^2 < 0$ ist dies nicht möglich. Aus diesem Grunde liegt der kritische Wert für $|\alpha|$ bei 0.25. Das bedeutet, daß in Formel (2.217) der numerische Koeffizient den Wert 0.25 besitzen muß. Wir bemerken übrigens, daß in dem erwähnten quantenmechanischen Problem des Falls eines Teilchens auf ein Zentrum die Bedingung für den Einfang in der Potentialmulde ebenfalls $\alpha \leqslant -0.25$ lautet.

Entsprechungen der Suydam-Instabilität lassen sich für Gleichgewichtskonfigurationen ganz anderer Art finden, insbesondere für solche, die zwar keine Verscherung besitzen, aber über eine Magnetfeldmulde "im Mittel", über ein "mittleres Minimum B" verfügen. Als Beispiel kann eine Magnetfeldkonfiguration dienen, in der $\int dl/B$ ein Minimum annimmt.

Wie bereits bemerkt wurde, ist es jedoch schwierig zu erreichen, daß das Magnetfeld überall nach außen zunimmt. Deshalb wird in Gebieten magnetischer Flächen, in denen dies nicht gelingt, die Entstehung lokaler Störungen, von sogenannten Ballooning-Moden begünstigt (Abb.2.41).

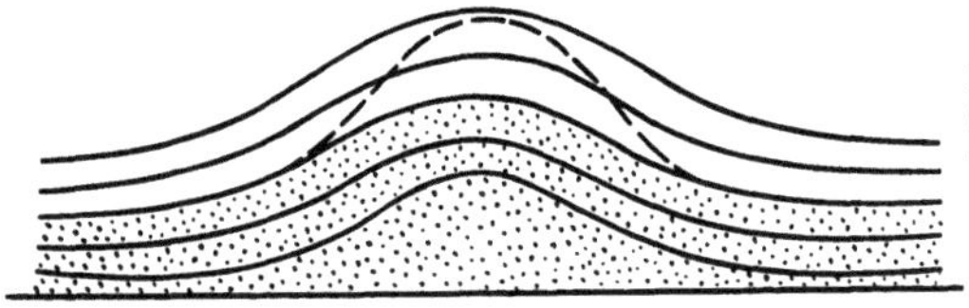

Abb.2.41
Die Instabilität der Ballooning-Mode

Wie die Suydam-Mode wird auch diese Instabilität durch einen endlichen Wert von ß hervorgerufen und durch einen hinreichend großen Wert der Feldlinienspannung stabilisiert. Wie wir bereits bemerkt haben, kann neben den Instabilitäten, deren Ursache in der Neigung des Plasmas besteht, sich senkrecht zum Magnetfeld auszubreiten, noch eine besondere Art auftreten, die der Magnetfeldkonfiguration selbst zuzuschreiben ist. Sie ist dadurch bedingt, daß längs Feldlinien des helikalen Magnetfeldes Maxwellsche Spannungen auftreten (Pinch-Instabilität). Die Feldlinien suchen sich durch Deformation zu verkürzen. Bei dem damit verbundenen Streckungsvorgang kann sich das Plasma schraubenförmig entwinden. Beschreibt man kleine helikale Deformationen wie üblich durch $\Psi \sim \exp(i(m\theta - kz))$, dann nennt man m die Modenzahl. Für $m = 1$ entspricht die Störung einer einfachen einwindigen Schraube, für $m = 2$ einer zweiwindigen usw. Die Stabilität des Plasmas gegen solche helikalen Störungen hängt vom Sicherheitsfaktor q ab.

Nach dem Kruskal-Schafranow-Kriterium wird für $q > 1$ die (gefährlichste) $m=1$-Mode stabilisiert. Wenn $q > m$ gilt, dann ergibt sich Stabilität gegen alle Moden < m. Die genauere Untersuchung zeigt, daß für sehr große Werte von q (q > 4) alle helikalen Störungen stabilisiert werden. Dies ist auch der Grund dafür, warum man q den Sicherheitsfaktor (gegen helikale Instabilität) nennt.

Wir ziehen eine Bilanz unserer Betrachtungen magnetohydrodynamischer Instabilität eines idealen Plasmas. Alle drei oben betrachteten Typen von Störungen - Austausch-, Ballooning- und helikale Störungen eines Plasmas mit Längsstrom - entwickeln sich bei Verletzung der entsprechenden Stabilitätsbedingungen sehr schnell und heben die thermische Isolierung des Plasmas durch das Magnetfeld praktisch vollständig auf. Die Anwachsrate für Austauschstörungen ist von der Ordnung v_i/a, wobei v_i die thermische Geschwindigkeit der Ionen ist, während sich für helikale Störungen v_A/a ergibt, d.h. Instabilität entwickelt sich in Zeiten, die durch die Trägheit des Plasmas bestimmt wird.

Jeder Versuch, ein magnetohydrodynamisch instabiles Plasma zu heizen, ist also ein müßiges Unterfangen. Allerdings haben wir gesehen, daß alle genannten Instabilitätstypen in einem Plasma niedrigen Drucks verhältnismäßig leicht unterdrückt werden können, indem man Magnetfeldkonfigurationen verwendet, für die das Verhältnis B_z/B_θ sehr groß ist, die eine Minimum-B-Bedingung erfüllen oder Verscherung besitzen.

2.14 Die magnetohydrodynamische Instabilität von Plasmagleichgewichten bei endlicher elektrischer Leitfähigkeit

Bis jetzt sind wir bei der magnetohydrodynamischen Betrachtung von Plasmainstabilität von der Vorstellung eines idealen Plasmas ausgegangen. Ein reales Plasma hat jedoch wegen des Auftretens von Reibungskräften zwischen Elektronen und Ionen eine endliche elektrische Leitfähigkeit. In vielen Fällen, in denen sich ein ideales unendlich gut leitfähiges Plasma als stabil erweist, führt die Einführung selbst eines sehr kleinen elektrischen Widerstandes dazu, daß die Feldlinien im Plasma "auftauen" und vom Plasma nicht länger gehalten werden können. Damit tritt eine neue Klasse von sogenannten dissipativen Instabilitäten auf den Plan, die in der Regel zur Folge haben, daß das Plasma in langsamerer Weise in das umgebende Magnetfeld eindringt. Dieses Eindringen geht um so langsamer vor sich, je kleiner der elektrische Widerstand ist. Bei den mit endlicher elektrischen Leitfähigkeit verbundenen Instabilitäten wollen wir bedingt zwischen Gravitations- und stromkonvektiven Instabilitäten unterscheiden. Diese Instabilitäten stellen Eigenschaften des Plasmas selbst dar, d.h. die Quelle ihrer Energie ist wie auch im Falle von Austauschinstabilität die thermische Expansion des Plasmas. Bei ihrer Entwicklung wird das Magnetfeld durch das Plasma praktisch nicht gestört, es bildet gleichsam eine feste Karkasse von unbeweglichen Feldlinien.

Offensichtlich muß hierzu das elektrische Feld ein (wirbelfreies) Potentialfeld $\underline{E} = -\mathrm{grad}\varphi$ sein. Die weitestgehende Ähnlichkeit mit der gewöhnlichen Austauschinstabilität eines ideal leitenden Plasmas zeigt die Gravitationsinstabilität. Der Unterschied besteht lediglich darin, daß bei im Plasma eingefrorenem Magnetfeld die Entwicklung solcher Störungen energetisch begünstigt ist, die genau parallel zum Magnetfeld gerichtet sind, während sie bei endlicher Leitfähigkeit auch einen von Null verschiedenen Winkel zur Magnetfeldrichtung besitzen können. In beiden Fällen ergibt sich Instabilität dann, wenn das Magnetfeld in Richtung abnehmender Plasmadichte schwächer wird. Sie wird durch einen diamagnetischen Effekt hervorgerufen: Das Plasma wird in Gebiete schwächeren Magnetfeldes gedrängt. Zur Vereinfachung der mathematischen Untersuchung der Entwicklung von Instabilität ist es zweckmäßig, diesen diamagnetischen Effekt, der von der Inhomogenität des Feldes hervorgerufen wird, durch die Wirkung einer gewissen konstanten Kraft (in gleicher Richtung) zu ersetzen und das Magnetfeld als homogen anzusehen. Als eine solche Kraft wählt man in einem vereinfachten Modell dieses Vorgangs zweckmäßigerweise wieder die Schwerkraft. Dies ist auch der Grund für die Bezeichnung Gravitationsinstabilität. In den Endformeln ist es dann leicht, von der Schwerkraft wieder auf den tatsächlichen diamagnetischen Effekt überzugehen.

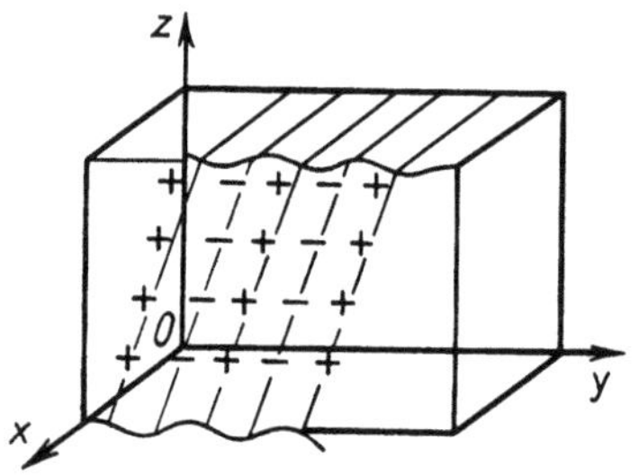

Abb.2.42 Schematische Darstellung der Entwicklung von Störungen bei Gravitionsinstabilität

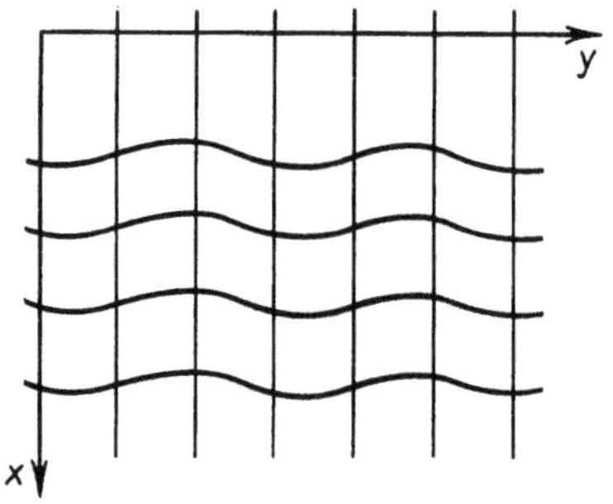

Abb.2.43 Niveaulinien der Plasmadichte bei Gravitastabilität

Um den Mechanismus der Entstehung und Entwicklung solcher Störungen in einem Plasma endlicher Leitfähigkeit zu untersuchen, benützen wir das folgende Modell. Eine ebene Plasmaschicht der Dichte n(x), die in x-Richtung abnehmen möge, befinde sich in einem starken, zur z-Achse parallelen Magnetfeld $\underline{B}$ (Abb.2.40). Die Schwerkraft, die die Wirkung der Inhomogenität des Magnetfeldes simuliert, zeige in x-Richtung. Wir wollen annehmen, daß sich im Plasma eine Dichtestörung der Form $n_1 \sim \exp(-i\omega t + ik_y y + ik_z z)$ eingestellt hat. Das hat zur Folge, daß die Niveaulinien der Plasmadichte in jeder horizontalen Querschnittsebene die auf Abb.2.43 gezeigte Wellenform besitzen. Dichtefluktuationen solcher Art entsprechen also einer Verschiebung von Plasmaschichten in x-Richtung.

Aus dem Vorhandensein einer Schwerkraft senkrecht zu $\underline{B}$ ergibt sich eine Driftbewegung der Teilchen in y-Richtung, die für Ionen und Elektronen entgegengesetztes Vorzeichen hat. In einem homogenen Plasma kann eine solche Bewegung keine Ladungstrennung hervorrufen. Durch Dichtestörungen jedoch, die von der y-Koordinate abhängen, können die Flüsse geladener Teilchen aus benachbarten Plasmavolumenelementen einander nicht kompensieren, so daß sich eine mit der Bildung von Raumladungen verbundene elektrische Polarisierung von Plasmaschichten ergibt (s. Abb.2.42). In einem ideal leitenden Plasma mit $k_z \neq 0$ kann längs Feldlinien ein Ladungsausgleich eintreten, so daß sich solche Störungen nicht entwickeln können. Bei endlicher Leitfähigkeit jedoch ist der Ladungsausgleich unvollständig und das entstehende elektrische Feld führt zu einer zeitlich anwachsenden Störung. Davon kann man sich anhand von Abb.2.42 leicht überzeugen. Durch die Drift entsteht links jeder aufwärts verschobenen Plasmaschicht eine negative und rechts davon eine positive Raumladung. Wie groß diese Raumladung ist, hängt von der Geschwindigkeit ab, mit der sie längs Feldlinien durch den Strom abgebaut wird. Das von ihr im Plasma erzeugte elektrische Feld ruft eine $\underline{E}x\underline{B}$-Drift hervor. Sie ist so gerichtet, daß aufwärts verschobene Plasmaschichten in x-Richtung und nach unten verschobene in der entgegengesetzten Richtung versetzt werden. Das bedeutet, daß die ursprüngliche Dichtestörung verstärkt wird und sich Instabilität ergibt.

Wir wollen diesen Vorgang formelmäßig beschreiben. Die linearisierte Bewegungsgleichung hat die Form

$$-i\omega n_0 m_i \underline{u} + \mathrm{grad}\, p_1 = \underline{j}_1 x \underline{B} + m_i n_1 \underline{g} \tag{2.225}$$

In einem Plasma hinreichend guter Leitfähigkeit wachsen die Störungen langsam an, deshalb ist der Trägheitsterm in dieser Gleichung für $k_z \neq 0$ relativ klein. Aus der Projektion dieser Vektorgleichung in die x-y-Ebene findet man die folgenden Beziehungen zwischen den Komponenten von Stromdichte und Druckgradienten:

$$j_{1y} B + m_i g n_1 = \partial p_1/\partial x \tag{2.226}$$

$$-j_{1x} B = \partial p_1/\partial y \tag{2.226'}$$

Aus der Quasineutralitätsbedingung für den betrachteten Vorgang erhalten wir

$$\mathrm{div}\underline{j}_1 = \mathrm{div}\underline{j}_\perp + ik_z j_{1z} = 0 \qquad (2.227)$$

Aus den Gleichungen (2.226) und (2.226') ergibt sich dann

$$\mathrm{div}\underline{j}_\perp = -ik_y m_i g n_1/B \qquad (2.228)$$

und nach Einsetzung in (2.227)

$$j_{1z} = (m_i g/B)(n_1 k_y/k_z) \qquad (2.229)$$

Die Kontinuitätsgleichung hat die Form

$$-i\omega n_1 + n_0 \mathrm{div}\underline{u}_\perp + in_0 k_z u_z + \underline{u}\cdot\mathrm{grad}n_0 = 0 \qquad (2.230)$$

Die zum Magnetfeld senkrechte Bewegung ist divergenzfrei, d.h. es gilt $\mathrm{div}\underline{u}_\perp = 0$. Da $\underline{u}_\perp$ durch

$$\underline{u}_\perp = -(1/B^2)\mathrm{grad}\varphi_1 x\underline{B} + (m_i/eB^2)\underline{g}x\underline{B}$$

gegeben ist, wobei φ_1 das von der Störung erzeugte elektrische Potential ist, erhalten wir in der Tat

$$\partial u_x/\partial x + \partial u_y/\partial y = -(1/B\ )(\partial^2\varphi_1/\partial x\partial y - \partial^2\varphi_1/\partial y\partial x) = 0 \qquad (2.231)$$

Auf diese Weise entfällt in (2.230) der zweite Term. Die zum Magnetfeld parallele Bewegung der Ionen kann ebenfalls vernachlässigt werden, da sie in (2.230) in einem Term erscheint, der den Faktor $n_0 k_z$ enthält, der im Vergleich zum Dichtegradienten gradn klein ist*). Wenn wir dies berücksichtigen, dann können wir die Kontinuitätsgleichung in der folgenden Form schreiben:

$$-i\omega n_1 - (1/B)ik_y\varphi_1(dn_0/dx) = 0 \qquad (2.232)$$

Weiter ergibt sich aus dem Ohmschen Gesetz

$$j_{1z} = ik_z\sigma\varphi_1 \qquad (2.233)$$

wobei σ die elektrische Leitfähigkeit des Plasmas ist. Diese Beziehung gilt dann, wenn im ungestörten Plasma kein Längsstrom fließt.

*) Im Plasma können sich nur solche schrägen Störungen entwickeln, die längs Feldlinien stark auseinandergezogen sind (k_z klein).

Indem wir das System von Gleichungen (2.229), (2.232) und (2.233) lösen, erhalten wir den folgenden Ausdruck für die Anwachsrate kleiner Störungen:

$$\gamma = -i\omega = \omega_g^2/\omega_s \tag{2.234}$$

wobei

$$\omega_g^2 = -g(1/n_o)(dn_o/dx) \qquad \omega_s = (k_z^2/k_y^2)\,\omega_{Bi}\omega_{Be}\tau_{ei} \tag{2.234'}$$

Hieraus ergibt sich, daß die Anwachsrate mit abnehmendem k_z zunimmt. Für sehr kleine Werte von k_z, so daß ω_s in die Grösenordnung von ω_g kommmt, muß in Gleichung (2.230) die Trägheit berücksichtigt werden. Das bedeutet, daß die betrachtete Instabilität mit der Anwachsrate $\gamma = \omega_g$ in eine Austauschinstabilität übergeht. Auf diese Weise stellt die dissipative Gravitationsinstabilität die Fortsetzung von Austauschinstabilität im Falle endlicher Leitfähigkeit dar.

Für den Übergang zum realen Fall eines Plasmas, das sich in einem inhomogenen Magnetfeld befindet, muß die fiktive Kraft ρg durch die wahre Kraft diamagnetischer Verdrängung ersetzt werden. Wenn R der Krümmungsradius einer Feldlinie des inhomogenen Magnetfeldes ist, dann ist diese Ersetzung nach dem uns schon bekannten Rezept

$$g = (1/R)(2p/\rho) \tag{2.235}$$

vorzunehmen. Offensichtlich wird in Systemen, die eine Minimum-B-Bedingung erfüllen, die Gravitationsinstabilität genauso wie die Austauschinstabilität unterdrückt. Allerdings lassen sich zum Magnetfeld schräge Störungen mit nicht zu kleinem Verhältnis k_z/k_y durch Verscherung nicht stabilisieren. Aus diesen Gründen kann in Systemen ohne Magnetfeldmulde die Gravitationsinstabilität zu anomalem Teilchenverlust führen. Wegen ihres dissipativen Charakters ist diese Instabilität um so ungefährlicher, je höher die Temperatur des Plasmas ist.

Wenn im Gleichgewichtszustand des Plasmas parallel zum Magnetfeld ein Strom fließt und gleichzeitig ein Temperaturgradient in der zu $\underline{B}$ senkrechten Richtung vorhanden ist, dann ist Ursache für die Entstehung der sogenannten stromkonvektiven Instabilität gegeben. Mit ihr ist ebenfalls die Anregung von Störungen quer zum Magnetfeld verbunden, wobei jedoch im Unterschied zur Gravitationsinstabilität die wesentliche Rolle nicht die Dichtestörungen, sondern Störungen der Temperatur und der elektrischen Leitfähigkeit spielen.

In einem Plasma mit der Anfangstemperatur $T_o(x)$ möge eine Störung der Temperatur T gegeben sein, wobei $T_1 = T-T_o$ von den Koordinaten und der

Zeit in der Form $\exp(-i\omega t+ik_y y+ik_z z)$ abhängen möge. Da die Leitfähigkeit eine Funktion der Plasmatemperatur ist, ergeben sich auch Störungen der Leitfähigkeit in der Form $\sigma_1 = (d\sigma/dT)T_1$. Durch den parallel zum Magnetfeld fließenden Strom ergibt sich eine elektrische Polarisation schräger Plasmaschichten, die von der gleichen Art wie im Falle der Gravitationsinstabilität ist.

Wir wollen die Anregungsbedingungen kleiner Störungen ermitteln. Aus dem Ohmschen Gesetz für die Parallelkomponente des Stroms ergibt sich, daß

$$j_{1z} = \sigma_1 E_0 + \sigma_0 E_1 \qquad (2.236)$$

wobei E_0 der Gleichgewichtswert des elektrischen Feldes und E_1 seine Störung ist. Aus den Kontinuitätsgleichungen für Ionen und Elektronen erhalten wir

$$\partial n_i/\partial t + \mathrm{div} n_i \underline{v}_i = \partial n_i/\partial t + (E_{1y}/B)(\partial n_0/\partial x) + n_0 ik_z v_{1zi} = 0 \qquad (2.237)$$

$$\partial n_e/\partial t + \mathrm{div} n_e \underline{v}_e = \partial n_e/\partial t + (E_{1y}/B)(\partial n_0/\partial x) + n_0 ik_z v_{1ze} = 0 \qquad (2.238)$$

Im Verhältnis zur Relaxationszeit der Raumladungen im Plasma ist die Zeit für das Anwachsen der Störungen sehr groß. Deshalb kann man annehmen, daß hierbei die Quasineutralität des Plasmas erhalten bleibt. Indem wir (2.237) von (2.238) abziehen, erhalten wir

$$v_{1zi} - v_{1ze} = 0 \qquad (2.239)$$

was der Bedingung $j_{1z} = 0$ äquivalent ist. Wir fügen jetzt die Gleichung für die Wärmebilanz hinzu. Wenn wir berücksichtigen, daß in einem Nichtgleichgewichtsplasma durch die Driftbewegung ein Transport von Energie mit einem Transport von Materie verbunden ist, dann erhalten wir

$$-i\omega T_1 + (E_{1y}/B)\partial T_0/\partial x = -\chi_\parallel k_z^2 kT_1 \qquad (2.240)$$

Hierbei ist $\chi_\parallel$ die Wärmeleitfähigkeit des Plasmas parallel zum Magnetfeld. Da das elektrische Feld ein Potentialfeld ist, gilt $E_{1y}/E_{1z} = k_y/k_z$. Aus den Gleichungen (2.236) und (2.240) und aus der Bedingung $j_{1z} = 0$ ergibt sich als Dispersionsbeziehung für stromkonvektive Instabilität:

$$-i\omega = \gamma = -\chi_\parallel k_z^2 + (E_0/B)(k_y/k_z)(1/\sigma_0)d\sigma_0/dx \qquad (2.241)$$

In einem Plasma niedriger Elektronentemperatur ist die Wärmeleitfähigkeit klein, so daß man das erste Glied in (2.241) vernachlässigen kann. In diesem Falle werden Störungen, für die das

Vorzeichen von k_y/k_z mit dem von $d\sigma_o/dx$ übereinstimmt, anwachsen, d.h. es ergibt sich stromkonvektive Instabilität.

Allerdings werden in einem Hochtemperaturplasma Temperaturstörungen im Falle nicht sehr kleiner Werte von k_z durch Wärmeleitung parallel zum Magnetfeld schnell ausgeglichen. Große positive Werte für die Anwachsrate γ ergeben sich nur im Falle $k_z \to 0$. In toroidaler Geometrie übernimmt die Parallelkomponente des Wellenvektors $k_\parallel$ die Rolle von k_z. Wie wir im vorigen Abschnitt gezeigt haben, kann im Falle von Verscherung die Größe $k_\parallel$ nur in der Nähe einer magnetischen Fläche mit geschlossenen Feldlinien sehr klein sein. Bei einer Verschiebung aus einer solchen Fläche heraus nimmt sie schnell zu. Das bedeutet, daß die stromkonvektive Instabilität durch Verscherung unterdrückt wird. Rechnungen haben gezeigt, daß die stromkonvektive Instabilität in der Energiebilanz eines Hochtemperaturplasmas keine große Rolle spielt und mit zunehmender Temperatur immer unbedeutender wird.

Wir bemerken, daß eine Variante dieser Instabilität in Gasentladungen niedriger Temperatur mit äußerem Magnetfeld oft beobachtet wird. Auch im Elektronen-Löcher-Plasma eines Festkörpers begegnen wir ihrem Analogon.

2.15 Die Instabilität der Tearing-Mode

Wesentlich komplizierter ist die Instabilität eines Plasmas endlicher elektrischer Leitfähigkeit, die mit einem "Abreißen" von Feldlinien des magnetischen Feldes verbunden ist. Man spricht dann von Tearing-Instabilität oder von der Instabilität der Tearing-Mode (vom englischen Verb to tear zerren, reißen). In einem gewissen Sinne handelt es sich um eine Erweiterung des Instabilitätsbereiches helikaler Störungen des Plasmas in Anordnungen mit Längsstrom. Innerhalb des von der Kruskal-Schafranow-Bedingung bestimmten Stabilitätsbereiches eines ideal leitenden Plasmas ergeben sich im Falle endlicher Leitfähigkeit Gebiete langsamer Instabilität, die von einer Änderung der Struktur des helikalen Magnetfeldes durch lokalen Pinch-Effekt begleitet ist. Dabei kommt es in der Nähe geschlossener Feldlinien zu einer Zerstörung magnetischer Flächen und zur Bildung von magnetischen Inseln um helikal ausgebildete Strompfade.

Diese Instabilität spielt im Tokamak eine wichtige Rolle. Man nimmt an, daß die im Tokamak in manchen Parameterbereichen zu beobachtenden Relaxationswellen darauf zurückzuführen sind, daß es im Plasma durch Tearing-Instabilität von Zeit zu Zeit zu einer Umordnung der Magnetfeldkonfiguration kommt, wobei überschüssige Magnetfeldenergie auf das Plasma übertragen wird. Eine Instabilität dieser Art kann sich auch in der

Astro- und in der Geophysik als wichtig herausstellen.

Die mathematischen Methoden zur Beschreibung der Tearing-Mode sind alles andere als einfach. Das hängt damit zusammen, daß der kleine elektrische Widerstand des Plasmas in den linearen Störungsgleichungen als Koeffizient der höchsten Ableitungen auftritt. Das ist die bekannte Situation, deren mathematische Behandlung behutsames Vorgehen erfordert. In gewisser Weise hat sich die frühe Theorie hydrodynamischer Instabilität am klassischen Problem der Poiseuilleschen Rohrströmung "die Zähne ausgebissen". Erst Heisenberg und Lin gelang schließlich die Lösung der bekannten Orr-Sommerfeldschen Störungsgleichung, in der, in ähnlicher Weise wie hier der elektrische Widerstand, die Viskosität als Koeffizient der höchsten Ableitungen auftritt.

Die physikalische Bedeutung der sich bei der Tearing-Mode ergebenden mathematischen Schwierigkeiten läßt sich auf die folgende Weise erklären. Tatsächlich kommt es infolge der endlichen elektrischen Leitfähigkeit des Plasmas in einer sehr dünnen Schicht zu einem Abreißen von Magnetfeldlinien, so daß der Name dieser Instabilität nicht von ungefähr kommt. Die sich dabei ergebenden freien Enden werden anschließend wieder miteinander verbunden, allerdings, bildlich ausgedrückt, mit vertauschten Partnern. Es ist nicht verwunderlich, daß eine derart radikale Änderung der Topologie des Feldlinienbildes eine adäquat komplizierte mathematische Beschreibung erfordert.

Wir wollen ein ebenes Modell der Tearing-Instabilität betrachten, wie sie bei einer Störung des Plasmagleichgewichtes in einer ebenen Schicht entsteht. Der Plasmadruck möge sein Maximum in der Ebene $x = 0$ annehmen, das Magnetfeld, von dem wir annehmen, daß es nur eine Komponente in z-Richtung habe, verschwinde dort und nehme beiderseits dieser magnetfeldfreien, sogenannten neutralen Ebene mit der charakteristischen Änderungslänge Δ dem Betrage nach zu. Hierbei zeige das Magnetfeld oberhalb der feldfreien Ebene $x = 0$ in positiver und darunter in negativer z-Richtung (Abb.2.44).

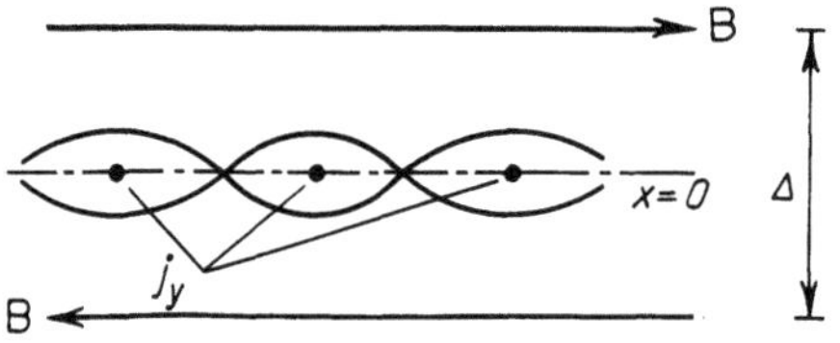

Abb.2.44
Tearing-Instabilität in der Umgebung einer magnetfeldfreien Plasmaschicht

Dieser Richtungswechsel des Magnetfeldes werde von dem in y-Richtung fließenden Strom j_0 erzeugt. Bereits von anschaulichen Überlegungen her ist klar, daß ein solches Gleichgewicht über einen großen Überschuß an freier Magnetfeldenergie verfügt. Dieser Überschuß würde frei werden, wenn es zu einer "Vernichtung" der antiparallelen Magnetfelder käme. Als physikalische Ursache dafür kommt eine Aufteilung der ursprünglich ebenen Stromschicht in einzelne Fäden durch lokalen Pinch-Effekt in Frage (Abb.2.44).

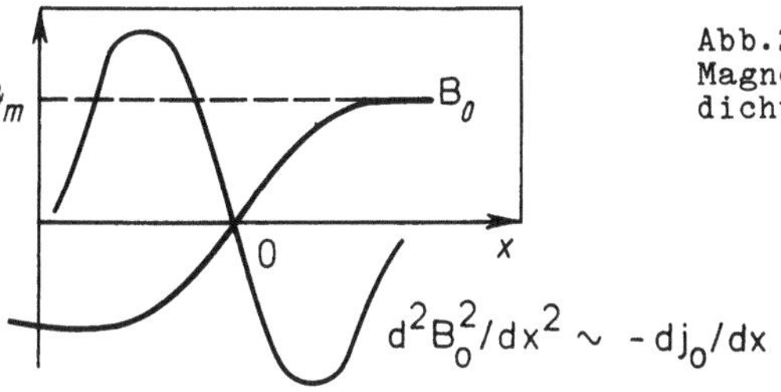

Abb.2.45
Magnetfeld und Ableitung der Stromdichte als Funktion der Koordinate x

Zur Beschreibung dieser Möglichkeit setzen wir die Störung in der Form $\sim \exp(-i\omega t+ikz)$ an. Störungen für die Geschwindigkeit und das Magnetfeld sind für die Komponenten u_x und u_z bzw. B_x und B_z zu berücksichtigen. Das elektrische Feld der Störung zeigt in y-Richtung. Aus der Bewegungsgleichung erhalten wir

$$-i\omega\rho u_x = -(dp/dx) + j_y B_0 + j_0 B_z \tag{2.242}$$

$$-i\omega\rho u_z = -ikp - j_0 B_x \tag{2.243}$$

Unter Benützung der Inkompressibilitätsbedingung $iku_z+du_x/dx = 0$ (wie wir sehen werden, ergeben sich sehr langsame Bewegungen) erhält man nach einfachen algebraischen Umformungen die folgende Gleichung für die x-Komponente der Geschwindigkeit:

$$-i\omega\rho u_x = j_y B_0 - (i/k)j_0' B_x - (i\omega/k^2)\rho u_x'' \tag{2.244}$$

In dieser Gleichung ist das Glied $-(i/k)j_0'B_x$ der destabilisierende Term. Mit Hilfe der Bedingung für die Flußerhaltung läßt er sich in der Form $j_0'B_0\xi_x$ schreiben. Sein Beitrag zur Elastizität ist negativ: $j_0'B_0 \geqslant 0$ (s. Abb.2.45). Im Energieprinzip in Ausdruck (2.210') entspricht er dem dritten Term (der Pinch-Energie). Allerdings erweist sich ein so leichter Zugang zu dieser Energiereserve als illusorisch. Die auf Abb.2.44 dargestellten und zur Instabilität der in der Umgebung der Ebene x = 0 lokalisierten Stromfäden führenden Störungen setzen das Zerreißen und eine sich anschließende Wiederverbindung von Feldlinien bereits stillschweigend voraus. Dies aber ist unmöglich, wenn das Plasma ein idealer Leiter ist. Tearing-Instabilität kann deshalb entstehen, weil in einer gewissen, sehr kleinen Umgebung der feldfreien Ebene der elektrische Widerstand, wenn auch sehr klein, so doch endlich groß ist. Seine Berücksichtigung führt zur Aufhebung der Flußerhaltung, so daß ein Zerreißen und Schließen von Feldlinien nicht länger ausgeschlossen ist.

Auf diese Weise ergibt sich ein Zugang zur Quelle freier Energie und damit die Möglichkeit einer Instabilität, die man als einen der Fälle von Instabilität von Wellen negativer Energie ansehen kann. Die allgemeinen Prinzipien dieser Instabilitätsart, die wir im ersten Teil dieses Buches betrachtet haben, zeigen, daß sie gerade dann auftritt, wenn für die Dissipation von Wellenenergie ein endlicher Wert bereitsteht.

Der durch die Störung hervorgerufene elektrische Strom fließt in y-Richtung und ist gegeben durch

$$j_y = \sigma(E_y - u_x B_o) \tag{2.245}$$

Außer in einer gewissen Umgebung der feldfreien Schicht kann man die elektrische Leitfähigkeit überall als unendlich groß ansehen. Für Gleichung (2.245) bedeutet dies ein Nullsetzen der linken Seite. Gleichzeitig existiert eine Umgebung der Ebene $x = 0$, in der das Magnetfeld so klein ist, daß man in (2.245) das zweite Glied auf der rechten Seite vernachlässigen muß. Eine solche Schicht nennt man singulär. Offensichtlich wird ihre Dicke δ auch davon abhängen, wie schnell u_x bei Annäherung an die feldfreie Ebene abnimmt. Der Abfall von u_x in der Umgebung von $x = 0$ wird ganz wesentlich von der Konkurrenz der verschiedenen Terme auf der rechten Seite von Gleichung (2.244) bestimmt. Das Glied auf der linken Seite ist vernachlässigbar klein, da sich die Tearing-Instabilität sehr langsam entwickelt (ω klein). Gleichzeitig muß auf der rechten Seite der Term mit der höchsten Ableitung mitgenommen werden, obwohl der vor ihm stehende Koeffizient aus den gleichen Gründen klein ist. Eine Abschätzung für δ läßt sich leicht erhalten, indem man das dritte Glied auf der rechten Seite von (2.244) näherungsweise in der Form

$$(\omega\rho/k^2)(d^2u_x/dx^2) \sim i(\omega\rho/k^2)u_x/\delta^2$$

ansetzt und als von der Ordnung des ersten Terms auf der rechten Seite ansieht (das zweite Glied wird für x->0 sehr klein, da hierbei j_0' gegen Null geht). Somit erhalten wir

$$(\omega\rho/k^2)(u_x/\delta^2) \sim j_y B_o \tag{2.246}$$

Für eine Abschätzung von j_y genügt ein Vergleich mit irgendeinem der beiden Glieder auf der rechten Seite von (2.245), z.B. mit $\sigma u_x B_0$. Diese Willkür hängt damit zusammen, daß an der Grenze zwischen dem Außenbereich, in dem in (2.245) der Term auf der linken Seite vernachlässigt wird, und dem singulären Bereich, in dem das zweite Glied rechts vernachlässigt wird, alle Glieder von gleicher Ordnung sind. Indem wir in (2.246) für j_y und für B_0 entsprechend $B_0 \approx B_m \delta/\Delta$ ersetzen, können wir für δ die folgende Abschätzung erhalten:

$$\delta \sim (\omega\rho/(\sigma B_m^2))^{1/4} (\Delta/k)^{1/2} \tag{2.247}$$

Betrachten wir jetzt den Außenbereich, in dem wir die elektrische Leitfähigkeit als unendlich groß ansehen können. Die Gleichung für die Störung des Magnetfeldes $\mathrm{rot}\underline{B} = \mu_0 \underline{j}$ läßt sich unter Berücksichtigung von $\mathrm{div}\underline{B} = 0$ in der Form

$$ik(B_x - (1/k^2)B_x'') = \mu_0 j_y \tag{2.248}$$

schreiben (in dieser Form gilt sie noch exakt und überall). Für den Außenbereich werden in (2.244) die Trägheitsterme vernachlässigt, da ω klein ist. Dann gilt $j_y = (i/kB_0)j_0' B_x$. Durch Einsetzen in (2.248) erhalten wir

$$(ik/\mu_0)(B_x - (1/k^2)B_x'' - (\mu_0 j'_0/k^2 B_0)B_x) = 0 \, . \tag{2.249}$$

Vor dem letzten Lösungsschritt fügen wir dieser Gleichung für das Magnetfeld im Außenbereich gleich noch die Gleichung für das Feld im Innenbereich hinzu:

$$(ik/\mu_0)(B_x - (1/k^2)B_x'') = \sigma E_y \quad , \tag{2.250}$$

wobei wir von der bereits begründeten Vernachlässigung des zweiten Terms auf der rechten Seite des Ohmschen Gesetzes (2.245) Gebrauch gemacht haben.

Die rechte Seite von (2.250) entspricht gerade jener endlichen (Ohmschen) Dissipation von Störungsenergie, die im Problem der Instabilität vom Typ negativer Energie die entscheidende Rolle spielt.

Wir wollen eine Bilanz der dissipierten Energie ziehen. Dazu ziehen wir (2.249) von (2.250) ab, nehmen mit E_y mal und integrieren über die gesamte Plasmaschicht. Die physikalische Bedeutung der rechten Seite des auf diese Weise erhaltenen Ausdrucks ist klar: Es ist die Joulesche Wärme $\int(\underline{j}.\underline{E})dx$. Die linke Seite stellt die Energieänderung des Magnetfeldes der Störung dar. Wie wir bereits festgestellt haben, spielt der die Größe j_0'/B_0 enthaltende Term die destabilisierende Rolle. Die Störung des Magnetfeldes im Außenbereich wollen wir hier nicht näher betrachten. Eine genauere Analyse zeigt jedenfalls, daß es Störungen gibt, für die der j_0'/B_0 enthaltende Term dominiert. Dann läßt sich die Energieänderung des gestörten Magnetfeldes größenordnungsmäßig durch $(i/k)\int(j_0'/B_0)B_xE_ydx \sim (i/k\Delta)E_y(B_x/\mu_0)$ abschätzen. Insgesamt ergibt sich für Magnetfeldstörung und Joulesche Dissipation die folgende Bilanz:

$$-iE_yB_x/(\mu_0 k\Delta) \sim \sigma E_y^2\delta \qquad (2.251)$$

Da sich das elektrische Feld mit Hilfe der Maxwell-Gleichung $\mathrm{rot}\underline{E} = -\partial\underline{B}/\partial t$ leicht durch das magnetische Feld ausdrücken läßt, können wir mit $E_y = -(\omega/k)B_x$ aus (2.251) eine Dispersionsbeziehung erhalten:

$$1/\Delta \sim -i\mu_0\sigma\omega\,\delta \qquad (2.252)$$

Die Größe δ haben wir mit dem Ausdruck (2.247) bereits abgeschätzt. Wir erhalten somit als Dispersionsgleichung

$$1/\Delta \sim (k^2\mu_0\,\sigma\omega)^{2/3}\,(\omega\rho/(\sigma B_m^2))^{1/6}\,(1/k) \qquad (2.253)$$

und als Anwachsrate

$$\mathrm{Im}(\omega) \sim (k^2\mu_0\sigma)^{-4/5}\,(\sigma B_m^2/\rho)^{1/5}\,k^{6/5} \qquad (2.254)$$

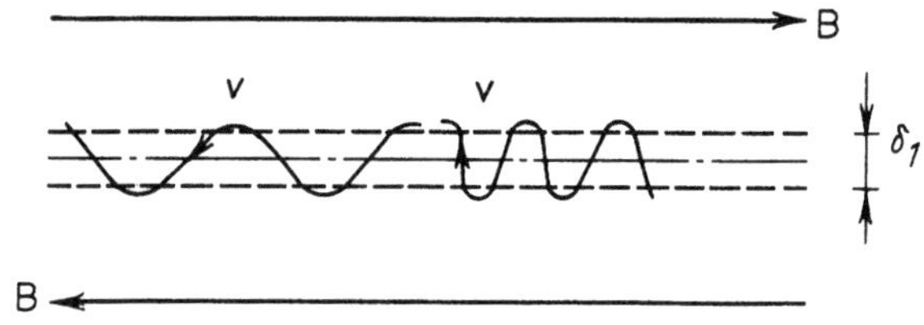

Abb.2.46
Teilchenbewegung in einer die magnetfeldfreie Ebene enthaltenden dünnen Plasmaschicht

Diese Abschätzung stimmt größenordnungsmäßig mit dem korrekten Ergebnis überein. Man kann zeigen, daß das hier betrachtete ebene Problem dem Stabilitätsproblem eines Plasmagleichgewichtes im helikalen Magnetfeld völlig analog ist. Die Rolle der singulären Schicht wird von der magnetischen Fläche gespielt, auf der $k_\parallel = 0$ ist, d.h. von der Fläche, auf der die Steigung der Magnetfeldlinien mit der Steigung der Störung übereinstimmt. Hierbei schließen sich die Projektionen der Feldlinien des azimutalen magnetischen Feldes in dem helikalen Koordinatensystem, das die gleiche Steigung hat wie die Magnetfeldlinien in der feldfreien Schicht. Die Anwachsrate der Instabilität ist von der gleichen Ordnung wie die durch (2.254) gegebene. Gerade diese Tearing-Mode wird zur Erklärung einiger Instabilitäten im Tokamak herangezogen.

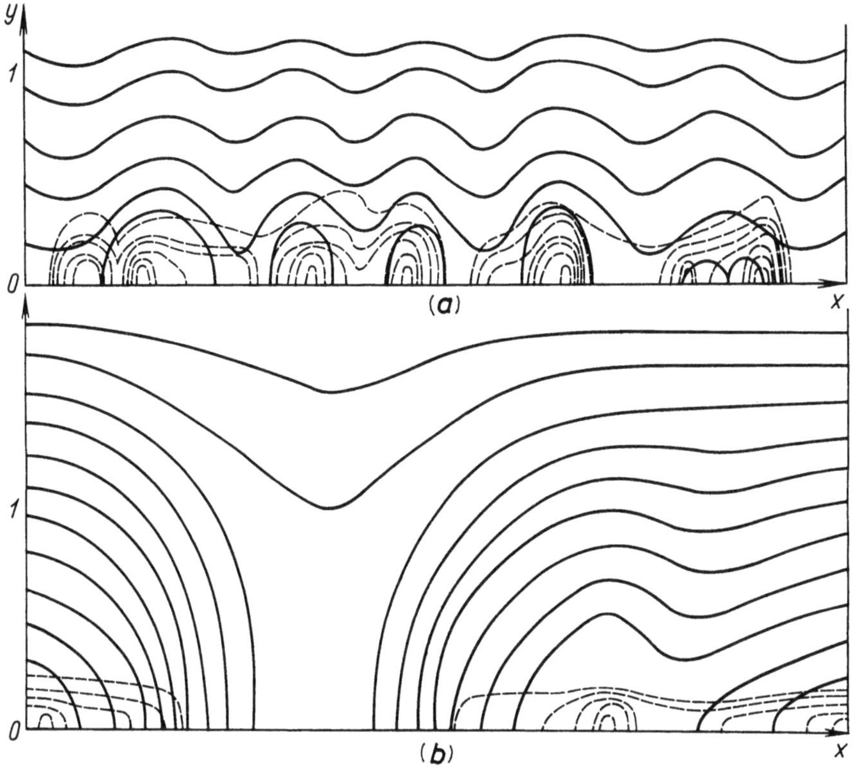

Abb.2.47 Magnetfeldlinien oberhalb der feldfreien Ebene im Anfangsstadium der Entwicklung einer Tearing-Instabilität (a) und im stark nichtlinearen Bereich (b) nach Ergebnissen numerischer Simulation:

---- Linien gleicher Plasmadichte. Im Anfangsstadium führt die Instabilität zur Bildung magnetischer Inseln. Im späteren Stadium kommt es zur Verschmelzung ganzer Inselgruppen (Seljony L.M., Lipatov A. S. "Fizika Plasmy", 1979, 5)

Dem Ausdruck (2.252), der hier als Nebenergebnis bei der Ableitung der Dispersionsgleichung erhalten wurde, kommt in Wirklichkeit eine über den Rahmen der hydrodynamischen Näherung hinausgehende Bedeutung zu. So läßt er sich bei geeigneter Interpretation sogar auf den Fall eines stoßfreien Plasmas anwenden. Ein Gleichgewicht mit einer feldfreien Schicht stoßfreien Plasmas hat physikalische Bedeutung im sogenannten geomagnetischen Schweif der Erde und darüber hinaus auch für einige astrophysikalische Anwendungen. Für ein Problem dieser Art hat man sich die Teilchenbewegung in einem Magnetfeld vorzustellen, das beim Durchgang durch die feldfreie Ebene sein Vorzeichen wechselt. Überall mit Ausnahme einer kleinen Umgebung von $x = 0$ wird die Teilchenbewegung vollständig vom Magnetfeld bestimmt, gerade hierin drückt sich der magnetohydrodynamische Charakter der Plasmabewegung aus. Es läßt sich jedoch stets eine dünne

Schicht der Dicke δ_1 finden, in der dies nicht so ist. In ihr bewegen sich die Teilchen gleichsam wie auf einem schmalen Korridor, von dessen Wänden sie reflektiert werden.

Abb.2.46 soll eine Vorstellung von den Teilchenbahnen vermitteln. Die Breite δ_1 des Korridors läßt sich auf die folgende Weise abschätzen. Offenbar können die Teilchen (bei anschließender Rückkehr) den Korridor bis auf eine Entfernung von der Ordnung des Larmorradius verlassen. Obgleich in einem so inhomogenen Magnetfeld der Begriff des Larmorradius nur größenordnungsmäßige Bedeutung zukommt, wollen wir ihn mit $\delta_1 \sim v_T m/eB$ abschätzen. Berücksichtigen wir noch, daß $B_0/\delta_1 \sim B_m/\Delta$ gilt, dann erhalten wir $\delta_1 \sim (\Delta r_B)^{1/2}$.

Man wird natürlich annehmen, daß in diesem stoßfreien Problem dieser Wert der Dicke der singulären Schicht entspricht. Wenn es keine Stöße gibt, liefert der Ausdruck für die elektrische Leitfähigkeit $\sigma = ne^2\tau/m_e$ formal den Wert Unendlich. Trotzdem kann man diesen Ausdruck benützen, wenn man τ in dem in der Theorie des Festkörpers und des Plasmas bei der Untersuchung des anomalen Skin-Effektes verstandenen Sinne interpretiert. Die freie Flugzeit τ geht im Ausdruck für σ auch dann nicht gegen Unendlich, wenn es keine Stöße gibt, da ein Teilchen im Mittel während einer Zeit von der Ordnung $\tau \sim 1/kv$ in der Schicht eine Entfernung von der Ordnung einer Wellenlänge zurücklegt und damit in ein Gebiet veränderter Phase des elektrischen Feldes E_y gelangt. Man führt deshalb eine gewisse effektive elektrische Leitfähigkeit ein, die durch

$$\sigma \sim (ne^2/m_e)(1/kv_{Te}) \qquad (2.255)$$

gegeben ist. Wir bemerken, daß der Beitrag der Elektronen zu dieser Leitfähigkeit $\sqrt{m_i/m_e}$ mal größer ist, als der der Ionen. Nach Einsetzung von (2.255) in (2.252) erhalten wir größenordnungsmäßig die folgende Anwachsrate:

$$\mathrm{Im}(\omega_e) \sim kv_{Te}(r_{Be}/\Delta)^{3/2} \qquad (2.256)$$

Bei der Ableitung dieser Formel haben wir benützt, daß in der feldfreien Schicht $n.kT = B_m^2/\mu_0$ gilt, so daß wir die Beziehung $r_{Be} = c/\omega_{pe}$ erhalten. Den genauen Wert für den numerischen Koeffizienten kann nur die kinetische Theorie liefern.

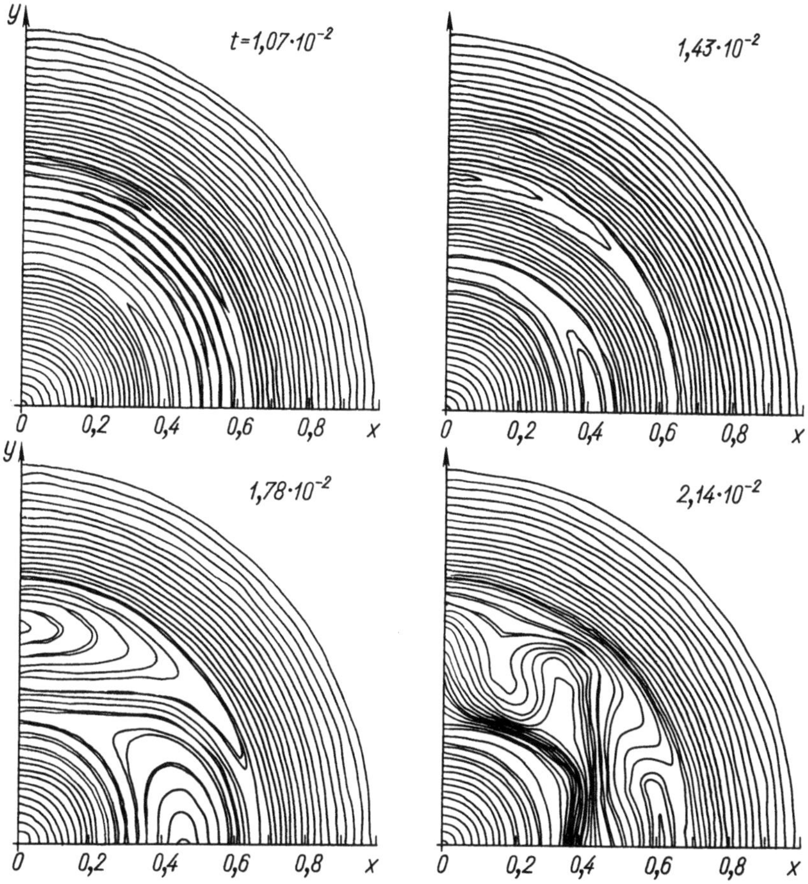

Abb.2.48 Die zeitliche Entwicklung zweier miteinander gekoppelter magnetischer Inseln, wie sie im Tokamak durch Tearing-Instabilität entstehen, wenn auf zwei verschiedenen magnetischen Flächen eine Tearing-Mode gleicher azimutaler Wellenzahl (m=3) angeregt wird. Im nichtlinearen Stadium tritt eine Verschmelzung zerstörter magnetischer Inseln ein (White R.M., Monticello D.A., Rosenbluth M.N., Waddel W.Y., Report PPL-1282, Princeton, 1976).

Man nimmt an, daß die Anwachsrate (2.256) zu klein ist, um in der feldfreien Schicht des geomagnetischen Schweifes nennenswerte Effekte zu bewirken. Wenn infolge irgendwelcher Umstände, z.B. durch das Vorhandensein einer kleinen Vertikalkomponente im Gleichgewichtsmagnetfeld, die Bewegung der Elektronen in der singulären Schicht vollständig vom Magnetfeld bestimmt wird, dann muß die Ionenbewegung berücksichtigt werden.

Indem wir nach dem schon erprobten Rezept verfahren und $\delta \sim (r_{Bi}\Delta)^{1/2}$ und $\sigma \sim (ne^2/m_i)(1/kv_{Ti})$ setzen, dann erhalten wir eine wesentlich größere Anwachsrate als (2.256):

$$Im(\omega_i) \sim (m_i/m_e)^{1/4}\, Im(\omega_e) \tag{2.257}$$

Dieser Instabilitätsbereich kann in der Geophysik eine wichtige Rolle spielen. Die im geomagnetischen Schweif durch Tearing-Instabilität frei werdende Energie betrachtet man als Ursache magnetosphärischer magnetischer Stürme. Dies sind Prozesse explosionsartigen Eindringens von Plasma in den geomagnetischen Schweif in der Magneto- und in der Ionosphäre der Erde.

Die Entwicklung einer stoßfreien Tearing-Mode in einer ebenen Neutralschicht illustriert die Abb.2.47, auf der Ergebnisse einer numerischen Simulation wiedergegeben sind. Zum Vergleich zeigt Abb.2.48 magnetische Flächen im Tokamak, wie sie bei der Untersuchung der hydrodynamischen Tearing-Mode mit numerischen Methoden erhalten wurden.

2.16 Driftinstabilität des Plasmas

Auch bei Berücksichtigung der endlichen elektrischen Leitfähigkeit bleibt die Magnetohydrodynamik nur ein Näherungsmodell zur Beschreibung des Plasmas. Einige wichtige Freiheitsgrade, z.B. die Relativbewegung zwischen Elektronen- und Ionenkomponente, berücksichtigt sie nur unvollständig. Instabilitäten, die solchen zusätzlichen Freiheitsgraden entsprechen, können in der Plasmaphysik eine große Rolle spielen. Es versteht sich, daß für ihr Auftreten ein Plasma genügend niedriger Dichte vorliegen muß. Unter ihnen spielt die sogenannte Driftinstabilität eine wesentliche Rolle. Die mit ihr verbundenen Bewegungen des Plasmas - die sogenannten Driftwellen - bestehen in einer praktisch freien Bewegung der Elektronen längs Magnetfeldlinien und in einer Bewegung der Ionen im wesentlichen senkrecht dazu.

Für die einfachste Form einer Betrachtung dieser Effekte muß im verallgemeinerten Ohmschen Gesetz der Elektronendruckgradient berücksichtigt werden. Eben dies führte zur Entdeckung der Driftinstabilitäten, für die heute eine ziemlich entwickelte Theorie vorliegt.

Wir wollen versuchen, in groben Zügen die grundsätzlichen Vorstellungen über den diesen Erscheinungen zugrundeliegenden physikalischen Mechanismus darzustellen. Vom rein mathematischen Standpunkt aus werden wir uns dabei nur an der Oberfläche der Theorie bewegen und damit eine weitgehend qualitative Behandlung des Problems geben. Dieses Vorgehen ist durchaus gerechtfertigt. Beim Übergang von der Betrachtung relativ einfacher Formen magnetohydrodynamischer Instabilität eines ideal leitenden Plasmas zur Untersuchung von Effekten, die mit dissipativen Kräften und mit Driftwellen zusammenhängen, werden wir immer komplizierteren theoretischen Modellen begegnen, die darüberhinaus von Seiten der experimentellen Befunde nur wenig Stützung erfahren.

Einen der Ausgangspunkte für die Untersuchung dieser neuen Klasse von Instabilitäten stellt die Bewegungsgleichung der Elektronenkomponente dar. Im allgemeinsten Fall läßt sie sich in der Form (s. (2.58))

$$m_e n(d\underline{u}_e/dt) + \text{grad}p_e = -en\underline{E} - en\underline{u}_e \times \underline{B} + m_e \underline{j}/(e\nu) \qquad (2.258)$$

schreiben. Das letzte Glied auf der rechten Seite beschreibt die Reibungskraft zwischen Elektronen und Ionen. Bei der Untersuchung des Mechanismus der Entwicklung dissipativer Instabilitäten haben wir die Projektion dieser Gleichung in Richtung des Magnetfeldes benützt und dabei die Trägheit des Plasmas und $\text{grad}p_{1e}$ vernachlässigt, weil wir den Beitrag dieser Terme als klein gegen den der Reibungskraft angesehen haben. Gerade auf diese Annahmen gründete sich die Anwendung des Ohmschen Gesetzes in seiner einfachsten Form $\underline{j} = \sigma\underline{E}_1$.

Jetzt gehen wir anders vor: Wir vernachlässigen die Reibungskraft, berücksichtigen jedoch $\text{grad}p_{1e}$. Dabei folgt aus Gleichung (2.258), daß

$$\text{grad}p_{1e} = -en\underline{E}_1 \qquad (2.259)$$

Den Trägheitsterm sehen wir weiterhin als klein an. Die Beziehung (2.259) wird in der Theorie der Driftinstabilitäten häufig als Ersatz für das Ohmsche Gesetz benützt.

Wir betrachten auch hier eine ebene Plasmaschicht, in deren ungestörtem Zustand sich die Dichte n(x) in x-Richtung stetig ändert. Das Magnetfeld $\underline{B}$ sehen wir wie früher als homogen und als parallel zur z-Achse gerichtet an. Weiter wollen wir zur Vereinfachung annehmen, daß die Elektronentemperatur T_e in der ganzen Plasmaschicht einen konstanten Wert hat. Bei dem üblichen Störungsansatz für die Dichte in Form einer ebenen Welle $(\exp(ik_y y+ik_z z-i\omega t))$ ergibt sich aus (2.259) in linearer Näherung als Gleichung für die Störung der Elektronendichte n_{1e} die Beziehung

$$n_{1e}kT_e = n_o e\varphi_1 \qquad (2.260)$$

wobei φ_1 die Störung des elektrischen Potentials ist. Es handelt sich also um eine Boltzmannverteilung, wie wir sie schon früher benützt haben.

Wenn wir wie bereits bei der Untersuchung der Gravitationsinstabilität die Parallelbewegung der Ionen vernachlässigen und außerdem berücksichtigen, daß die Bewegung senkrecht zum Feld durch elektrische Drift bedingt ist, dann läßt sich die Kontinuitätsgleichung in der Form

$$-i\omega n_{1i} - ik_y(\varphi_1/B_o)(dn_o/dx) = 0 \qquad (2.261)$$

schreiben. Mit Hilfe von (2.260) und (2.261) ergibt sich aus der Quasineutralitätsbedingung $n_{1e} = n_{1i}$ die Dispersionsbeziehung

$$\omega = -k_y(kT_e/eB_o)d(\ln n_o)/dx \qquad (2.262)$$

Hier ist $(d(\ln n_o)/dx)^{-1}$ eine charakteristische Länge für die Inhomogenität des Plasmas, die von der Größenordnung des Querschnittsradius a des Plasmas ist.

Man nennt diese Welle eine Driftwelle, weil ihre Ausbreitungsgeschwindigkeit senkrecht zum Magnetfeld größenordnungsmäßig mit der Geschwindigkeit der Driftbewegung des inhomogenen Plasmas übereinstimmt (für $T_i \sim T_e$ ist diese Geschwindigkeit proportional zu $r_{Be}v_{Te}/a \sim r_{Bi}v_{Ti}/a$). Der Anwendbarkeitsbereich des für die Frequenz der Driftwellen erhaltenen Ausdrucks ergibt sich aus der Bedingung, daß die Phasengeschwindigkeit in Längsrichtung ω/k_z die Ungleichung

$$v_{Te}(m_e/m_i)^{1/2} < \omega/k_z < v_{Te} \qquad (2.263)$$

befriedigt. Wenn sich ω/k_z der thermischen Geschwindigkeit der Elektronen v_{Te} nähert, dann muß in der Bewegungsgleichung für die Elektronen der Trägheitsterm berücksichtigt werden, wodurch sich eine Änderung des Ausdruckes für ω ergibt. Im anderen Grenzfall $\omega/k_z \to v_{Te}(m_e/m_i)^{1/2}$ geht die Driftwelle in einem Plasma mit kalten Ionen ($T_e \gg T_i$) in eine Ionenschallwelle über, für die die Längsbewegung der Ionen eine wesentliche Rolle spielt. Wenn jedoch die Ionen eine Temperatur in der Nähe der Elektronentemperatur besitzen, dann gilt $v_{Te}(m_e/m_i)^{1/2} \sim v_{Ti}$, weshalb für die Ionenwelle starke Landaudämpfung eintritt, so daß sie sich nicht ausbreiten kann. Wir bemerken, daß aus der Bedingung $\omega/k_z > v_{Ti}$ folgt, daß

$$k_z/k_y < r_{Bi}/a \qquad (2.264)$$

In einem starken Magnetfeld gilt $r_{Bi}/a \ll 1$, so daß die Driftwelle in Richtung des Magnetfeldes stark auseinandergezogen ist.

Wir betrachten jetzt die Eigenschaften von Driftwellen in der Magnetfeldgeometrie toroidaler Anordnungen und beschränken uns wie gewöhnlich auf den Fall $B_\theta \ll B_z$. Bei kleiner toroidaler Krümmung, (d.h. wenn a sehr klein gegen die Länge L des Plasmas ist) hängt die Störung von den Koordinaten in der Form $\exp(i(m\theta-2\pi nz/L)$ ab. Auf einer geschlossenen Feldlinie mit dem Rotationstransformationswinkel ι, der durch $2\pi n/m$ gegeben ist, verschwindet für eine solche Störung die Parallelkomponente $k_\parallel$ des Wellenvektors. Nach (2.215) gilt in der Umgebung einer geschlossenen Feldlinie, die auf der magnetischen Fläche mit dem Radius r liegt,

$$k_\parallel = k_\theta(\Delta r/r)\theta_s \qquad (2.265)$$

wobei θ_s der Wert der Verscherung und k_θ die poloidale Komponente des Wellenvektors ist. Den Ausdruck, der die Frequenz der Welle im Torus bestimmt, erhält man aus Gleichung (2.262) durch Ersetzung von k_y durch k_θ. Aus der Bedingung $\omega/k_\parallel > v_{Ti}$ und dem Ausdruck (2.262) für ω folgt

$$\Delta r < r_{Bi}/\theta_s \qquad (2.266)$$

Im Falle von Verscherung ist also die Driftwelle mit den Wellenzahlen m und n in einem engen Bereich um die magnetische Fläche mit dem Radius r_o konzentriert, in dem Steigung der Störung mit der Steigung der Feldlinie übereinstimmt. Wenn die Ionentemperatur von der Elektronentemperatur nicht sehr stark verschieden ist, dann werden außerhalb des durch die Ungleichung (2.266) gegebenen Bereiches Störungen von der Art der Driftwellen schnell gedämpft. Wir bemerken, daß eine genauere Betrachtung der Mechanismen zur Anregung von Driftschwingungen ergibt, daß die Breite des Gebietes, in dem die Plasmastörungen lokalisiert sind, meistens viel kleiner als r_{Bi}/θ_s ist.

Wenn wir den Einfluß der Kräfte durch Reibung und Trägheit in der Bewegungsgleichung vernachlässigen, dann erhalten wir für die Frequenz der Driftwellen einen reellen Wert, was bedeutet, daß diese Wellen harmonische Schwingungen darstellen, die sich innerhalb ihres Lokalisierungsbereiches ohne merkliche Dämpfung oder Verstärkung ausbreiten. Zu einem Transport von Teilchen senkrecht zum Magnetfeld und damit zu einer anomalen Diffusion des Plasmas können sie nicht beitragen. Davon kann man sich anhand der folgenden recht allgemeinen Überlegungen überzeugen.

Für langsame Driftschwingungen in einem Plasma hinreichend hoher Temperatur gilt die Beziehung (2.260), die eine Beziehung zwischen den Parallelkomponenten der Gradienten von Druck und elektrischem Potential herstellt. Infolge der sehr großen Wärmeleitfähigkeit des Plasmas parallel zum Magnetfeld hat die Elektronentemperatur in allen Punkten ein- und derselben Feldlinie den gleichen Wert. Wenn wir deshalb beide Seiten von (2.259) längs einer Magnetfeldlinie integrieren, dann erhalten wir

$$\varphi = (k(kT_e)/e)\ln(n_e) + \varphi_o \tag{2.267}$$

In einer geschlossenen Magnetfeldkonfiguration mit Rotationstransformation erzeugt jede unendlich lange Feldlinie eine toroidale magnetische Fläche und füllt sie dicht aus. Es ist klar, daß Gleichung (2.267) eine Beziehung zwischen n_e und φ in allen Punkten einer solchen Fläche herstellt, während sich φ_o nur beim Übergang von einer magnetischen Fläche zu einer anderen ändert. Auf diese Weise stellt sich auf jeder magnetischen Fläche eine Boltzmann-Verteilung der Elektronen ein.

Aus Gleichung (2.267) folgt, daß für die Komponenten des Elektronendruckgradienten, die in der betrachteten Fläche liegen, die Beziehung

$$\partial p_e/\partial s = -en_e E_s \tag{2.268}$$

gilt. Bei der Anregung von Driftwellen wird das Verhalten der Elektronenkomponente durch die Gleichung

$$\mathrm{grad} p_e = -en\underline{E} - e\underline{u}_e x\underline{B} \tag{2.269}$$

beschrieben. Nach Gleichung (2.268) ist die Projektion von $\underline{u}_e x\underline{B}$ auf eine magnetische Fläche gleich Null. Daraus folgt, daß die Geschwindigkeitskomponente u_{en}, die senkrecht zur magnetischen Fläche ist, ebenfalls Null ist, d.h. daß der Übergang von Elektronen von einer magnetischen Fläche auf eine andere ausgeschlossen ist.

Wenn man die Reibungskraft zwischen Elektronen und Ionen berücksichtigt, dann kann die Frequenz einen Imaginärteil besitzen ($\omega = \omega_o + i\gamma$), was einer Anregung von Driftwellen entspricht. Einzige Bedingung hierfür ist eine Dichte- oder Temperaturinhomogenität des Plasmas. Aus diesem Grunde nennt man in der plasmatheoretischen Literatur Instabilitäten dieser Art manchmal auch universelle Instabilitäten.

Wir wollen zunächst den Fall betrachten, in dem die Temperatur des ungestörten Plasmas (d.h. des Plasmas im Ausgangszustand) im gesamten Volumen konstant ist, während die Dichte sich dort ändert. Die Plasmaschicht möge eine Störung in Form einer ebenen Welle ($\exp(-i\omega t + ik_y y + ik_z z)$) erfahren. Aus der Bewegungsgleichung (2.258) folgt unter Berücksichtigung eines kleinen Trägheitsterms, daß

$$\underline{j}_{1\perp} = \underline{B}x(-in\omega m_i \underline{u}_i + \mathrm{grad} p_1)/B^2 \tag{2.270}$$

gilt. Die Bewegung der Ionen wird in erster Näherung durch elektrische Drift bestimmt. Deshalb kann man in Gleichung (2.270) $\underline{u}_i$ durch ($\underline{B}x\mathrm{grad}\varphi$)

$/B^2$ ersetzen. Beachten wir, daß $\mathrm{div}\underline{j}_1 = 0$ gelten muß, dann finden wir als Beziehung zwischen den Stromdichtekomponenten

$$j_{1z} = (i/k_z)\mathrm{div}\underline{j}_{1\perp} \qquad (2.271)$$

Benützen wir hier die Vektoridentität $\mathrm{div}(\underline{A}\times\underline{B}) = \underline{B}\cdot\mathrm{rot}\underline{A} - \underline{A}\cdot\mathrm{rot}\underline{B}$, dann erhalten wir aus den Gleichungen (2.270) und (2.271)

$$\mathrm{div}\underline{j}_{1\perp} = (i\omega m_i/B_o)\underline{B}\cdot\mathrm{rot}(n\underline{u}_i) \qquad (2.271')$$

Unter Benützung des Ausdruckes für $\underline{u}_i$ können wir (2.271) in die Form

$$j_{1z} = (k_y^2/k_z^2)\omega n_o(m_i/B^2)\varphi \qquad (2.272)$$

bringen. Die linearisierte Kontinuitätsgleichung lautet (s. Gleichung (2.261))

$$-i\omega n_1 - (ik_y\varphi/B)(dn_o/dx) = 0 \qquad (2.273)$$

und die Bewegungsgleichung der Elektronen parallel zum Magnetfeld (unter Berücksichtigung der Reibung)

$$ik_z n_1 kT_e = en_o ik_z\varphi - (m_e/\nu)j_{1z} \qquad (2.274)$$

Die Lösung des aus den Gleichungen (2.272)-(2.274) bestehenden Systems ergibt als Dispersionsbeziehung

$$\omega^2 - i\omega_s\omega + i\omega_s\omega_d = 0 \qquad (2.275)$$

wobei $\omega_s = (k_z^2/k_y^2)\omega_{Be}\omega_{Bi}\tau_{ei}$ ($\tau_{ei} = 1/\nu$) und $\omega_d = -(k_y(kT_e)/eBn_o)(dn_o/dx)$ die Driftfrequenz (2.262) ist. Für sehr hohe Stoßfrequenz, d.h. für kleine Werte von τ_{ei}, und $\omega_s \ll \omega_d$ ergibt sich aus der Dispersionsbeziehung $\omega \approx \pm i(\omega_s\omega_d)^{1/2}$. Die Anwachsrate dieser sogenannten drift-dissipativen Instabilität wird maximal und vergleichbar mit der Driftfrequenz selbst ($\mathrm{Im}\,\omega \sim \omega_d$), wenn $\omega_s \sim \omega_d$ gilt.

Diese Beziehungen gelten nur in einem hinreichend kalten Gasentladungsplasma oder unter den Bedingungen der Ionosphäre (für die die freie Flugzeit der Elektronen sich durch Stöße mit neutralen Teilchen noch verkleinern kann). Deshalb stellt eine drift-dissipative Instabilität dieser Art für die magnetische Einschließung eines Hochtemperaturplasmas keine Gefahr dar. Seinerzeit jedoch, zu Beginn der Untersuchungen zur kontrollierten Kernfusion, war man der Meinung, daß die Bedingungen, unter denen ein Fusionsplasma magnetisch eingeschlossen wird, auch am Modell eines relativ kalten Gasentladungsplasmas untersucht werden können.

Auf diese Weise blieb für lange Zeit die Frage der sogenannten Bohm-Diffusion ungeklärt. Auf der Grundlage von Ergebnissen früher Untersuchungen der Plasmadiffusion senkrecht zum Magnetfeld hatte D. Bohm postuliert, daß der Koeffizient anomaler Diffusion durch

$$D_{\perp} = kT/(16eB) \qquad (2.276)$$

gegeben sein muß. Er nahm an, daß die Ursache für diese Anomalie eine Instabilität unbekannter Natur ist, die das Plasma in einen turbulenten Zustand überführt.

Viele erste Versuche, den Mechanismus dieser hypothetischen Instabilität aufzuklären, blieben ohne Ergebnis. Mit Entdeckung der drift-dissipativen Instabilität jedoch genügte ein Blick auf die maximale Anwachsrate $\sim \omega_d = k(kT/eB).n'/n$, um den Schluß ziehen zu können: Wenn es die Bohm-Diffusion gibt, dann muß ihre Ursache gerade diese Instabilität sein.

In einem Hochtemperaturplasma gilt in der Regel $\omega_s \gg \omega_d$, so daß wir für die Frequenz

$$\omega = \omega_d + i(\omega_d^2/\omega_s) \qquad (2.277)$$

erhalten. Je größer τ_{ei} ist, desto größer ist ω_s und desto kleiner ist die Anwachsrate der Instabilität. Genau die gleiche Rolle spielt die Verscherung, die den effektiven Wert von $k_{\parallel}$ und damit von ω_s vergrößert. Deshalb ist diese Art von drift-dissipativer Instabilität nicht gefährlich. Im übrigen ist es so, daß in einem Hochtemperaturplasma, in dem die gewöhnlichen Reibungskräfte zwischen Ionen und Elektronen klein sind, in erster Linie ein stoßfreies Analogon der drift-dissipativen Instabilität in Erscheinung tritt, wobei die Landau-Dämpfung die Rolle der dissipativen Kräfte spielt. Die Instabilität selbst besteht in einer resonanten Anregung von Driftwellen durch Elektronen, deren Parallelgeschwindigkeit mit der Phasengeschwindigkeit der Welle ω/k_z übereinstimmt.

Eine Abschätzung ihrer Anwachsrate erhält man leicht durch das übliche Verfahren, das darin besteht, daß man die Arbeit des Feldes der Welle an den resonanten Teilchen ($\omega \approx k_z v_z$) bestimmt. Die kinetische Gleichung für die Elektronen in der Driftnäherung wird die Form (vgl. (2.53))

$$-i\omega f_1 + ik_z v_z f_1 + (E_y/B_o)\partial f_o/\partial x - (eE_z/m_e)\partial f_o/\partial v_z = 0$$

haben. Diese Gleichung unterscheidet sich von der normalen linearisierten Gleichung (1.83) durch den Term $(E_y/B_o)(\partial f_o/\partial x)$, der den Transport der Elektronen mit der Geschwindigkeit der elektrischen Drift E_y/B_o berücksichtigt. Für die Korrektur f_1 zur Verteilungsfunktion erhalten wir dann

$$f_1 = -(i/(\omega - k_z v_z))((E_y/B_o)\partial f_o/\partial x - (eE_z/m_e)\partial f_o/\partial v_z) \qquad (2.278)$$

Jetzt bestimmen wir die Arbeit des Feldes der elektrischen Welle an den resonanten Elektronen:

$$\overline{j_z E_z} = -e\mathrm{Im}\int \frac{E_z v_z dv_z}{\omega - k_z v_z}\left\{\frac{E_y}{B_o}\frac{\partial f_o}{\partial x} - \frac{eE_z}{m_e}\frac{\partial f_o}{\partial v_z}\right\} \approx \qquad (2.279)$$

$$\approx \frac{e\pi\omega}{|k_z| k_z} E_z\left\{\frac{E_y}{B_o}\frac{\partial f_o}{\partial x}\bigg|_{v_z=\omega/k_z} - \frac{eE_z}{m_e}\frac{\partial f_o}{\partial v_z}\bigg|_{v_z=\omega/k_z}\right\}$$

Das Vorzeichen dieses Ausdrucks, das über Stabilität oder Instabilität entscheidet, wird von der Konkurrenz der beiden auf der rechten Seite stehenden Terme bestimmt. Der zweite Term beschreibt die gewöhnliche Landaudämpfung und spielt bei Abwesenheit von Effekten von Strahlinstabilität ($df/dv > 0$) eine stabilisierende Rolle. Der erste Term hingegen beschreibt die bei der Expansion des Plasmas freigesetzte Energie und treibt die Driftinstabilität an.

Für eine Maxwellverteilung $f_o \sim n_o(x)\exp(-m_e v_z^2/(2kT))$ mit konstanter Temperatur erhalten wir aus (2.279)

$$\overline{j_z E_z} = (e^2\pi\omega/(k_z^2 |k_z| kT))\,|E_z|^2 f_o(v_z = \omega/k_z)\cdot(\omega - \omega_d) \qquad (2.280)$$

Hierbei wurde berücksichtigt, daß $E_y = (k_y/k_z)E_z$ (was sich aus $E = -\mathrm{grad}\varphi$ ergibt) gilt; ω_d wird durch Gleichung (2.262) bestimmt. Auf diese Weise ergibt sich für eine einfache Driftwelle, die durch (2.262) beschrieben wird, eine vollständige Kompensation der beiden konkurrierenden Vorgänge. Bei inhomogener Temperaturverteilung jedoch ist der erste Term größer und es tritt Instabilität ein. Außerdem zeigen genauere Überlegungen, daß mit abnehmender Wellenlänge der Driftschwingungen in der zum Magnetfeld senkrechten Richtung die Frequenz ω stets kleiner ist, als sie sich aus der einfachen Modellgleichung (2.262) ergibt. Dieser Umstand führt ebenfalls zu Instabilität. Eine solche Instabilität hängt bereits nicht mehr von den Einzelheiten der Plasmakonfiguration ab. Deshalb spricht man auch hier gelegentlich von universeller Instabilität. Das wirksamste Mittel dagegen stellt Magnetfeldverscherung dar. Aus diesem Grunde ist die betrachtete Instabilitätsform für die Einschließung von Energie und Teilchen im Plasma nicht besonders gefährlich. Letzten Endes hängt die geringe Effektivität der verschiedenen Arten von Driftinstabilität damit zusammen, daß bei langsamen Driftschwingungen die Elektronen genügend Zeit für die Einstellung einer Boltzmannverteilung finden.

Eine größere Gefahr stellt die Instabilität dar, die nicht durch einen Dichte-, sondern durch einen Temperaturgradienten verursacht wird. Man spricht dann von Temperatur-Driftinstabilität. Der Einfachheit halber wollen wir annehmen, daß die Temperatur vom Plasmazentrum aus nach außen wesentlich steiler als die Dichte abfällt, d.h. $d(\ln T)/d(\ln(n)) >> 1$. In diesem Falle kann man in der linearisierten Kontinuitätsgleichung für die Ionen das dn_o/dx enthaltende Glied vernachlässigen, den zur Längsgeschwindigkeit u_{1z} proportionalen Term jedoch darf man nicht weglassen. Für die Kontinuitätsgleichung erhalten wir dann

$$-i\omega n_1 + ik_z u_{1z} n_o = 0 \qquad (2.281)$$

Die physikalische Bedeutung dieser Beziehung besteht darin, daß für eine Bewegung, für die $\mathrm{div} n_o \underline{u}_{1\perp} = 0$ gilt, eine Dichteänderung nur durch Kompression oder Expansion des Plasmas in Längsrichtung hervorgerufen werden kann.

Die Geschwindigkeitskomponente u_{1z} können wir aus der Gleichung bestimmen, die die Längsbewegung der Plasmaionen beschreibt

$$-i\omega n_o m_i u_{1z} + ik_z(n_o kT_1 + n_1 kT_o) = -ik_z \varphi_1 e \qquad (2.282)$$

Wenn wir die Wärmeleitfähigkeit vernachlässigen, dann können wir die Wärmebilanzgleichung in der Form

$$-i\omega T_1 - i(k_y \varphi_1/B)(dT_o/dx) = 0 \qquad (2.283)$$

schreiben. Für die Elektronen können wir eine Boltzmannverteilung annehmen. Das bedeutet, daß die Beziehung $e\varphi_1 = (n_1/n_o)kT_o$ gilt. Setzen wir diesen Ausdruck für φ_1 in Gleichung (2.282) ein und lösen das System von Gleichungen (2.282)-(2.283), dann erhalten wir für ω die folgende Beziehung

$$\omega^3 = (\omega + 0.5\,\omega_T)k_z^2 c_s^2 \qquad (2.284)$$

wobei $\omega_T = (1/eB)k_y(d(kT)/dx)$ und $c_s = (2kT/m_i)^{1/2}$ ist. Für $\omega_T >> k_z c_s$ vereinfacht sich diese Gleichung zu

$$\omega^3 = \omega_T k_z^2 c_s^2/2 \qquad (2.285)$$

Sie hat drei Wurzeln, von denen eine reell und zwei komplex sind. Eine der komplexen Wurzeln entspricht der Anregung kleiner Störungen, für die

die Anwachsrate von der Größenordnung der Frequenz ist.

Eine genauere theoretische Analyse ergibt, daß ein dichtes Plasma instabil ist, wenn $\eta = d\ln T/d\ln(n) > 2/3$ ist. Ein Plasma niedriger Dichte, in dem die Rolle der Reibungskräfte von der Landau-Dämpfung übernommen wird, ist gegen langwellige Schwingungen ($k_y r_{Bi} \ll 1$) für $\eta > 2$ und gegen kurzwellige ($k_y r_{Bi} \sim 1$) für $\eta > 1$ instabil. Anregung tritt für $\omega_T > 2k_z c_s$ ein. Für die Unterdrückung dieser Art von Driftinstabilität wäre ein größerer Wert für die Verscherung erforderlich. Man kann sie deshalb als Ursache zusätzlichen Wärmeverlustes des Plasmas nicht ausschließen.

Interessante Modifikationen von Driftinstabilitäten sind in einem Mehrkomponentenplasma möglich. Als Beispiel dafür kann ein Plasma gelten, das Verunreinigungen enthält. Tatsächlich stellen Verunreinigungen eines der wichtigen Probleme der Kernfusionsforschung dar. In der Nähe der Gefäßwand ist das Vorhandensein eine gewissen Menge von schweren Verunreinigungsionen großer Kernladungszahl ($Z \gg 1$) (Ionen, die aus der Wand herausgeschlagen werden) unvermeidlich. Es ist wohlbekannt, daß Verunreinigungen in Kernfusionsexperimenten höchst unerwünscht sind, da bereits eine sehr kleine Menge die Strahlungsverluste wesentlich erhöht (s. Abschnitt 1.8). Weniger bekannt ist die Tatsache, daß sie zu einer weiteren Art von Driftinstabilität führen. Der Mechanismus läßt sich anhand der oben betrachteten Driftwellen recht einfach erklären. Es erweisen sich dabei ziemlich langsame Störungen als instabil, nämlich solche, deren Phasengeschwindigkeit parallel zum Magnetfeld klein gegen die thermische Geschwindigkeit der Wasserstoffionen, jedoch wesentlich größer als die thermische Geschwindigkeit der schweren Verunreinigungsionen ist:

$$v_T^I < \omega/k_z < v_T^H \ll v_{Te} \qquad (2.286)$$

Hierbei kann von einer Boltzmann-Verteilung (2.260) nicht nur der Elektronen, sondern auch der Wasserstoffionen ausgegangen werden. Was die Verunreinigungsionen angeht, so ergibt sich ihre Dichte aus der hydrodynamischen Kontinuitätsgleichung (2.261). In einem Dreikomponentenplasma führt die Quasineutralitätsbedingung im von uns betrachteten Falle zusammen mit Gleichung (2.262) auf die folgende Beziehung für die Frequenz der langsamen Driftbewegungen

$$(e/kT_e)n_e = -(e/kT_i)n_o^H - (k_y/B_o)(dn_o^I/dx)(Z/\omega)$$

d.h.
$$\omega = -(k_z/eB_o)(dn_o^I/dx).(Z/(n_{oe}/kT_e + n_{oH}/kT_H)) \qquad (2.287)$$

Wie auch im Falle der universellen Driftinstabilität hängt die Anregung der hier betrachteten Driftwellen damit zusammen, daß es in der Gleichung für die Arbeit des elektrischen Feldes der Welle an den resonanten Teilchen (2.279) neben den für ein homogenes Plasma üblichen Termen, die proportional zu $E_z(\partial f_o/\partial v_z)$ sind, noch einen Term gibt, der proportional zu $E_y(\partial f_o/\partial x)$ ist. Dabei wird entsprechend Bedingung (2.286) der Hauptbeitrag zur Arbeit des Feldes an den Teilchen von der Wechselwirkung mit den resonanten Wasserstoffionen geliefert (im Unterschied zur universellen Driftinstabilität, für die $v_{Ti} < \omega/k_z < v_{Te}$ gilt und nur die resonante Wechselwirkung der Welle mit den Elektronen wesentlich ist). Für die Anwachsrate der Driftwelle ergibt sich

$$\gamma \sim (\partial f_o^H/\partial v_z + (k_y/k_z)(m_H/eB_o)(\partial f_o^H/\partial x)) \qquad (2.288)$$

wobei v_z an der Stelle ω/k_z zu nehmen ist. Bei räumlich konstanter Plasmatemperatur erhalten wir aus (2.288) die folgende Bedingung für Instabilität:

$$1 + (k_y/\omega)(kT_H/eB_o)(1/n_o^H)(dn_o/dx) < 0 \qquad (2.289)$$

Unter Benützung des Ausdrucks (2.287) für die Frequenz können wir sie in der Form

$$T_e/(T_e+T_H) + (dn_o^H/dx)(Z(dn_o^I/dx))^{-1} < 0 \qquad (2.290)$$

schreiben. Offensichtlich müssen für ein Auftreten dieser Instabilität die Vorzeichen der Dichtegradienten von Hintergrund und Verunreinigungsionen einander entgegengesetzt sein, was in der Nähe der Wand der Fall ist. Diese Instabilität kann gefährlich werden, weil sie mit einer erhöhten Diffusion der Verunreinigungsionen ins Plasma verbunden ist. Als ein interessantes Äquivalent einer Verunreinigungskomponente kann man gefangene Teilchen in toroidalen Konfigurationen ansehen. Der Unterschied zwischen gefangenen und freien Teilchen zeigt sich sehr deutlich für langsame Störungen mit $\omega/k_z \ll v_{Ti}$. Während sich im elektrischen Feld, das von diesen Störungen hervorgerufen wird, für die freien Ionen und Elektronen die Boltzmann-Verteilung (2.260) einstellen kann, wird die Dichtestörung der gefangenen Teilchen durch die Kontinuitätsgleichung (2.261) bestimmt. In dieser Gleichung muß jedoch berücksichtigt werden, daß durch Stöße Teilchen den Einfang-Kegel verlassen und mit einer gewissen Frequenz ν_1 verloren gehen. Dadurch ergibt sich eine Abänderung der Kontinuitätsgleichung (2.261), die die folgende Form hat:

$$i\omega n_1^{tr} + ik_y\varphi\delta(dn_o/dx)/B_o - \nu_1 n_1^{tr} = 0 \qquad (2.291)$$

wobei $\delta = \sqrt{\epsilon}$ der relative Anteil gefangener Teilchen im Gleichgewichtszustand ist *). Bei der Berechnung von ν_1 ist zu berücksichtigen, daß wegen der Existenz eines Einfang-Kegels die Verteilungsfunktion im Gleichgewichtszustand große Geschwindigkeitsgradienten besitzt ($v \sim \sqrt{\epsilon v_T}$). Deshalb genügt es, im Landauschen Stoßintegral nur den Term mit der höchsten (zweiten) Ableitung zu berücksichtigen (s. Gleichung (1.98)). Auf diese Weise ergibt sich $\nu_1 = \nu/\epsilon$. Aus der Kontinuitätsgleichung (2.291) erhalten wir dann die folgende Formel für die Dichtestörung der gefangenen Teilchen (Elektronen und Ionen)

$$n_1^{tr} = -1(\omega + i\nu/\epsilon)k_y\varphi\delta(dn_o/dx)/B_o \qquad (2.292)$$

Dann erhalten wir aus der Quasineutralitätsbedingung

$$n_{1e} + n_{1e}^{tr} = n_{1i} + n_{1i}^{tr}$$

anstelle von (2.262) für die Frequenz der Driftschwingungen die folgende Dispersionsbeziehung

$$2 = -\omega_d\sqrt{\epsilon}/(\omega + i\nu_e/\epsilon) + \omega_d\sqrt{\epsilon}/(\omega + i\nu_i/\epsilon) \qquad (2.293)$$

Hier ist ω_d die Frequenz der Driftschwingungen, die durch (2.262) bestimmt wird. Der Term auf der linken Seite der Dispersionsbeziehung beschreibt den Beitrag der einer Boltzmann-Verteilung genügenden freien Elektronen und Ionen (zur Vereinfachung nehmen wir an, daß Ionen und Elektronen die gleiche Temperatur besitzen ($T_e = T_i$)). Auf der rechten Seite stehen die Beiträge der gefangenen Elektronen und Ionen. Wir wollen den Fall untersuchen, in dem $\nu_i/\epsilon < \omega < \nu_e/\epsilon$ gilt, das ist der für Fusionsanordnungen wichtigste Fall. Aus (2.293) ergibt sich dann die folgende Lösung der Dispersionsgleichung

$$2\omega = \omega_d\sqrt{\epsilon}\{(1 - i(\nu_i/\epsilon\omega)) + i\omega(\omega_d\epsilon^{3/2}/\nu_e)\}$$

d.h.

$$\omega = \sqrt{\epsilon}\,\omega_d/2 + i(\omega_d^2/2\nu_e)\epsilon^2 - 2i\nu_i/\epsilon \qquad (2.294)$$

Auf diese Weise tritt für

$$\nu_i\nu_e < \omega_d^2\epsilon^3/4 \qquad (2.295)$$

*) Da die Tiefe der Magnetfeldmulde, in der die Teilchen gefangen sind, von der Ordnung $\mu\Delta B$ ist, wobei $\Delta B = B_O a/R$ ist und a/R das Verhältnis von kleinem zu großem Radius, werden aus einer Maxwellschen Geschwindigkeitsverteilung nur Teilchen mit einer hinreichend kleinen Parallelgeschwindigkeit, die durch $v_\parallel \lesssim v_T(\Delta B/B_O)^{1/2} \approx v_T(a/R)^{1/2}$ gegeben ist, eingefangen. Der Anteil gefangener Teilchen ist also durch $\delta = \sqrt{\epsilon}$ gegeben, wobei $\epsilon = a/R$ ist.

die sogenannte drift-dissipative Instabilität an gefangenen Teilchen auf. Offensichtlich läßt sich diese Instabilität nicht vollständig unterdrücken. Man muß deshalb erwarten, daß sie, wenn auch nicht zu katastrophalen, so doch eben zusätzlichen Verlusten an Teilchen und Energie in toroidalen Plasmakonfigurationen führt.

2.17 Mikroinstabilität und anomale Diffusion

Im Unterschied zu den großmaßstäblichen magnetohydrodynamischen Instabilitäten, die zu einer katastrophalen Änderung des ursprünglichen Gleichgewichtszustandes des Plasmas führen können, kommt es durch kleinmaßstäbliche Instabilitäten (Mikroinstabilitäten) von der Art der Driftinstabilitäten nicht zu einer sofortigen Aufhebung des Gleichgewichts. Sie führen zu mikroskopischen Pulsationen über Entfernungen von der Ordnung der Wellenlänge der instabilsten Wellen ursprünglich linearer Störungen. Auf diese Weise müssen die charakteristischen Frequenzen dieser Pulsationen den Frequenzen der instabilsten Moden entsprechen. Die Bestimmung der Amplituden im nichtlinearen Regime aber ist ein schwieriges Problem. Aus allgemeinen Überlegungen ergibt sich lediglich, daß Instabilitäten mit größerer Anwachsrate auch zu größeren Amplituden führen sollten. In diesem Zusammenhang ist es nützlich, auf der Grundlage der in den Abschnitten 2.14-2.16 angestellten Überlegungen die Mikroinstabilitäten des Plasmas im Magnetfeld einmal systematisch zusammenzustellen (Tab.2.1).

Tab.2.1 Mikroinstabilitäten im inhomogenen Plasma

Instabilität	Wellenlänge	Frequenz	Anwachsrate
drift-dissipative Instab.	$r_{Bi} < \lambda_\perp < a$	ω_d	$< \omega_d$
(universelle) Drift-Inst.	$\lambda_\perp \leqslant r_{Bi}$	ω_d	$\sim \omega\,\omega_d/(k_\parallel v_{Te})$
Drift-Temperatur-Instab.	$\lambda_\perp \geqslant r_{Bi}$	ω_d	$\sim \omega_d$
Drift-Instabilitäten gefangener Elektronen und Ionen	$\lambda_\perp \sim r_{Bi}$	$\omega_d (a/R)^{1/2} \lesssim \omega \lesssim \omega_d$	$< (a/R)^{1/2} \omega_d$
Stromkonvektive Instab.	$\lambda_\perp > r_{Bi}$	aperiodisch	$(m_e/m_i)^{1/2} u_o/a$

Abb.2.49 zeigt die Spektren niederfrequenter, von Mikroinstabilitäten verursachter Plasmafluktuationen, die in einem Tokamak in Princeton beobachtet wurden. Die wichtigste Folge von Mikroinstabilitäten des Plasmas hervorgerufener turbulenter Fluktuationen ist die Erhöhung der Flüsse von Teilchen und Wärme senkrecht zum Magnetfeld. Im Mittel hat dieser turbulente Transport von Teilchen und Energie senkrecht zu $\underline{B}$ den Charak-

ter einer Diffusion, so daß man auch oft von anomaler Diffusion und anomaler Wärmeleitung spricht.

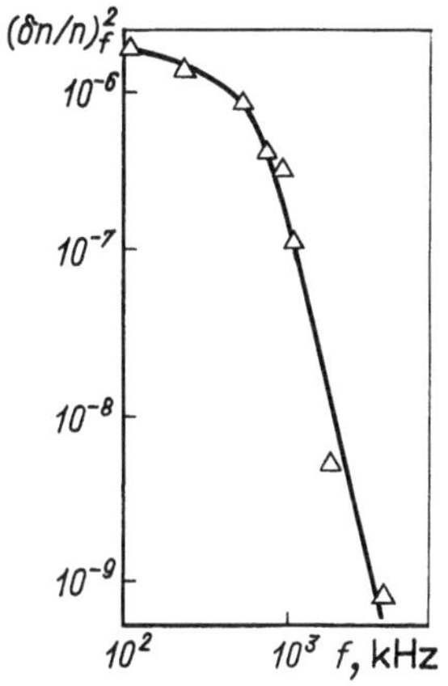

Abb.2.49
Das Spektrum von Fluktuationen der Plasmadichte im Tokamak (gemessen mit Hilfe von Mikrowellenstreuung (M. Okabayashi, V. Arunasalam in "Nuclear Fusion" Bd. 7, 1977, S. 497)
Die obere Frequenzgrenze des Spektrums (das oberhalb 1000 kHz steil abfällt) stimmt mit der Abschätzung der maximalen Frequenz der Driftwellen (2.262) für $k_y \sim 1/r_{Bi}$ überein

Wenn dieser Vorgang als Superposition einer großen Zahl schwach miteinander wechselwirkender Elementarschwingungen aufgefaßt werden kann, dann läßt sich die anomale Diffusion mit Begriffen der Theorie schwacher Turbulenz beschreiben. Der erste Schritt in dieser Richtung besteht in der Benützung der quasilinearen Theorie. Die Verteilungsfunktion der Elektronen (Ionen) wird wie gewöhnlich in einen schnell oszillierenden und in einen nur langsam veränderlichen Teil zerlegt. Wir wollen uns dabei auf die kinetische Gleichung in der Driftnäherung beschränken

$$\partial f/\partial t + (\underline{E}x\underline{B}_0/B_0^2)\mathrm{grad}_\perp f + v_\parallel(\underline{B}/B_0).\mathrm{grad}_\parallel f + (eE_z/m)\partial f/\partial v_z = 0 \quad (2.296)$$

Anomale Diffusion ergibt sich aus dem mittleren Effekt des zweiten und des dritten Terms in dieser Gleichung, d.h. als Folge von Pulsationen durch elektrische Drift und durch Wanderung von Magnetfeldlinien. Der Einfachheit halber wollen wir den letzteren Effekt hier nicht betrachten (seine physikalische Bedeutung haben wir im Zusammenhang mit der Zerstörung magnetischer Flächen in Abschnitt 2.10 bereits untersucht). Das Schwingungsfeld E_y stellen wir in der Form

$$E_y = \sum_{\underline{k}} E_{\underline{k}y}\exp(-i\omega_{\underline{k}}t+i\underline{k}.\underline{r})$$

Für den schnell oszillierenden Teil haben wir bereits in Abschnitt 2.16 (s. Gleichung (2.278)) eine Beziehung aufgestellt. Nach der üblichen Mittelungsprozedur (s. Abschnitt 1.16) erhalten wir als Gleichung für den langsam veränderlichen Teil der Verteilungsfunktion

$$\partial f/\partial t = \sum_{\underline{k}} ((1/B)\partial/\partial x + (ek_z/(mk_y))\partial/\partial v_z)E_{yk}^2 x \quad (2.297)$$

$$\times \ \mathrm{Im}\ (1/(\omega - k_z v_z))((1/B)\partial/\partial x + (ek_z/(mk_y))\partial/\partial v_z)f$$

die in expliziter Form das Diffusionsglied mit dem Diffusionskoeffizienten resonanter Teilchen

$$D_\perp = \sum_{\underline{k}} (E_{y\underline{k}}/B_o)^2 \mathrm{Im}(1/(\omega - k_z v_z)) \qquad (2.298)$$

enthält. Auf diese Weise bestimmt ein gegebenes Fluktuationsspektrum des elektrischen Feldes automatisch die Diffusionsgeschwindigkeit. Eine interessante Entartung tritt für Moden mit $k_\parallel = 0$ auf:

$$\mathrm{Im}\left\{(\omega - k_z v_z)^{-1}\right\} \to \mathrm{Im}\ 1/\omega = \gamma/(\omega^2 + \gamma^2)$$

wobei γ der Imaginärteil der Frequenz der entsprechenden Mode ist. Insbesondere stellen Moden mit $k_\parallel = 0$ (in der zu $\underline{B}$ senkrechten Ebene) zweidimensionale konvektive Zellen dar. Wie in einer gewöhnlichen inkompressiblen Flüssigkeit entsprechen sie aperiodischer Bewegung ($\mathrm{Re}\omega = 0$). Es bleibt also nur der mit Dämpfung verbundene Imaginärteil übrig. Im Falle diffusiver Durchmischung ist diese Dämpfung durch $\gamma_{\underline{k}} = k_y^2 D_\perp$ gegeben. Dann geht (2.298) in

$$D_\perp = \sum_{\underline{k}} (E_{\underline{k}y}/B_o)^2 (1/k_y^2 D_\perp) \qquad (2.299)$$

über. Für den anomalen Diffusionskoeffizienten ergibt sich also eine andere Abhängigkeit von der Amplitude der Fluktuationen des elektrischen Feldes als in Gleichung (2.298):

$$D_\perp = \left\{\sum_{\underline{k}} E^2_{\underline{k}y}/(B_o^2 k_y^2)\right\}^{1/2} \qquad (2.300)$$

Am schwierigsten bei der Lösung des Problems des anomalen Transports von Teilchen und Wärme ist die Bestimmung des Turbulenzspektrums von $|E_{\underline{k}}|^2$. Das quasistationäre Pulsationsspektrum, das sich nach Entstehung der Instabilität einstellt, ist das Ergebnis der Wirkung zweier Faktoren: Einmal wird als Folge der Instabilität kontinuierlich Energie in die instabilen Moden gepumpt, und zum anderen wird wegen der nichtlinearen Wechselwirkung der Moden untereinander Energie über das Spektrum in den Dämpfungsbereich übertragen. Der letztere Vorgang ist für die meisten Instabilitäten des Plasmas im Rahmen der Näherung schwacher Turbulenz nicht beschreibbar. Wie oft in der Theorie der hydrodynamischen Turbulenz, müssen wir uns mit Größenordnungabschätzungen begnügen. Der Diffusionskoeffizient läßt sich in der Form

$$D \sim v_p^2 \tau \qquad (2.301)$$

schreiben. Hier ist v_p die Pulsationsgeschwindigkeit und τ eine charakteristische Abklingzeit der Korrelation. In unserem Falle gilt $\tau \approx 1/|\gamma|$, weil es einen anderen die Irreversibilität des turbulenten Regimes charakterisierenden Zeitmaßstab nicht gibt. Die Pulsationsamplitude bestimmen wir aus den folgenden Überlegungen. Einerseits führt die Instabilität zu einem Anwachsen der Amplitude entsprechend $\partial v_p/\partial t \sim \gamma v_p$, andererseits führen nichtlineare Glieder vom Typ $\underline{v}.\mathrm{grad}\underline{v}$ zu einer Umpumpung von Energie in die Gebiete des Spektrums, in denen die Fluktuationen gedämpft werden. Aus der Bilanzgleichung dieser beiden Vorgänge bestimmt sich dann der stationäre Wert der Pulsationsamplitude:

$$|\gamma| v_p \approx (v_p/\lambda_\perp) v_p \tag{2.302}$$

wobei $\lambda_\perp$ eine charakteristische Länge für die Pulsationen senkrecht zu $\underline{B}$ ist. Nachdem wir v_p aus (2.302) zu $v_p \approx |\gamma| \lambda_\perp$ bestimmt haben, erhalten wir

$$D \approx |\gamma| \lambda_\perp^2 \tag{2.303}$$

Für $\lambda_\perp$ wird man natürlich die Wellenlänge der Instabilität einsetzen. Für maximales $\lambda_\perp \sim ((1/n)(dn/dx))^{-1}$ und eine Anwachsrate $\gamma \sim \omega_d$, die für $\omega_s \sim \omega_d$ (s. Abschnitt 2.16) angenommen wird, erhalten wir schließlich

$$D_\perp \approx kT_{oe}/(2\pi e B_o) \tag{2.304}$$

Von der gleichen Größenordnung ist der hypothetische Bohmsche Diffusionskoeffizient. Es ist leicht zu sehen, daß sich für hinreichend große Werte von B_o ein kleinerer Diffusionskoeffizient ergeben hätte. In der Tat wird bei ungeändertem k_y und nach unten beschränktem $k_z \gtrsim 2\pi/L$ mit Zunahme von B_o ω_s größer als ω_d.

Ein Wert B^* für das Magnetfeld, oberhalb dessen diese Änderung des Regimes turbulenter Diffusion eintritt, läßt sich aus der Bedingung $\omega_d \lesssim \omega_s$ für $k_y \sim 1/a$ und $k_z \sim 2\pi/L$ gewinnen. Es ergibt sich

$$B^* \approx L^{2/3} (m_i m_e \nu_e kT_e)^{1/3} a^{-4/3}/e \tag{2.305}$$

In einem Hochtemperaturplasma niedriger Stoßfrequenz ν_e hat man es praktisch immer mit wesentlich größeren Magnetfeldern zu tun, so daß sich die Diffusion infolge drift-dissipativer Instabilität als unbedeutend herausstellt.

2.18 Energiebilanz des Plasmas im Tokamak

Wenn Instabilitäten des Plasmas unterdrückt werden können, dann wird die Dauer der Einschließung von Teilchen und Energie in der Magnetfeldkonfiguration durch Vorgänge der Diffusion und des Wärmetransports bestimmt. Wir geben einige Ergebnisse wieder, die bei der theoretischen Untersuchung der Gesetzmäßigkeiten, denen diese Vorgänge unterliegen, erhalten wurden. Dabei beschränken wir uns auf den Fall eines Tokamaks. Die Schlußfolgerungen, die sich ergeben werden, können jedoch allgemeinere Gültigkeit beanspruchen.

Das Plasma diffundiert in Richtung des kleinen Radius mit der Geschwindigkeit u_r, und für eine erste Orientierung kann man zur Bestimmung der Diffusionsgeschwindigkeit die für ein zylindrisches Plasma gültige Formel $u_r=-(1/\sigma_\perp B^2)dp/dr$ (vgl. (2.171)) benützen. Für die Diffusion des toroidalen Plasmas im Tokamak ergeben sich jedoch Zusatzterme, die eine viel wichtigere Rolle spielen. Prinzipiell nicht so wichtige Nebeneffekte wollen wir hier nicht betrachten. Zu ihnen gehört die Kompression des Plasmas, die durch die Wechselwirkung des Längstromes mit dem von ihm erzeugten poloidalen Magnetfeld hervorgerufen wird und die Driftbewegung im elektrischen Feld, das durch eine zeitliche Änderung des toroidalen Magnetfeldes B_φ induziert wird.

Eine Schlüsselrolle kommt der Korrektur u_{tor} durch toroidale Effekte zu. Wegen der Inhomogenität des toroidalen Magnetfeldes ergibt sich eine Teilchendrift, die sehr schnell zur Entstehung von Raumladungen führen würde (Abb.2.50), fände nicht wegen der vom Plasmastrom im Tokamak erzeugten poloidalen Magnetfeldkomponente B_θ ein Ladungsausgleich längs Feldlinien statt.

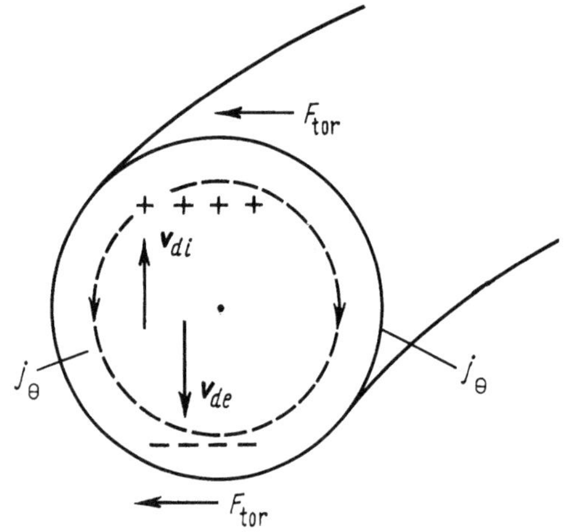

Abb.2.50
Trennung und Umverteilung von Ladungen durch toroidale Drift

Es entsteht auf diese Weise eine eigenartige permanente Zirkulation von Ladungen: die toroidale Drift sucht ständig eine Ladungstrennung aufzubauen, während die Bewegung über θ mit der Geschwindigkeit $v_{\parallel}B_{\theta}/B$ den Ladungsüberschuß zurückführt (s. Abb.2.50). Indem wir die gleichen Überlegungen anstellen wie bei der Ableitung des Ausdrucks für die Diffusionsgeschwindigkeit des Plasmas senkrecht zu einem geraden Magnetfeld (s. Abschnitt 2.9), kommen wir leicht zu dem Schluß, daß das Auftreten neuer Ströme auch zu einer zusätzlichen Reibungskraft zwischen Elektronen und Ionen und damit zu einer zusätzlichen Drift unter der Wirkung dieser Kraft führt. Zu ihrer Bestimmung benützen wir die Gleichungen der Magnetohydrodynamik. Die Gleichgewichtsbedingung hat in den Koordinaten r und θ die Form

$$-\partial p/\partial r + j_{\theta}B_{\varphi} - j_{\varphi}B_{\theta} + F_{tor,r} = 0 \qquad (2.306)$$

$$-(1/r)(\partial p/\partial \theta) + F_{tor,\varphi} = 0 \qquad (2.307)$$

Als einfachste Ersetzung der toroidalen Kraft führen wir wieder die künstliche Schwerkraft $\underline{F}_{tor} = -\rho\underline{g}$ ein, die die auf Abb.2.50 eingezeichnete Richtung hat und vom inneren in Richtung des äußeren Torusumfangs zeigt. Dann gilt

$$F_{tor,r} = \rho g \cos\theta, \qquad F_{tor,\varphi} = -\rho g \sin\theta$$

Indem wir annehmen, daß die toroidale Korrektur für die Gleichgewichtsparameter p(r) und $\rho(r)$ klein ist (d.h. die Bedingung $r/R \ll 1$ erfüllt ist), finden wir aus (2.307)

$$p = p_o(r) + r\rho_o(r) g \cos\theta \qquad (2.308)$$

Diesen Ausdruck müssen wir in (2.306) einsetzen. Es ist leicht zu sehen, daß sich eine Gleichung ergibt, in der einige Glieder vom Winkel θ nicht abhängen, während andere proportional zu $\cos\theta$ sind. Durch Vergleich der einander entsprechenden Terme finden wir, daß

$$-dp_o/dr + j_{\theta}B_{\varphi} = 0$$

gelten muß (das ist die übliche Gleichgewichtsbedingung für ein Plasma mit geraden Feldlinien, die hier zu der die nullte Ordnung beschreibenden Gleichung wird). Außerdem ergibt sich die Beziehung

$$-r(d\rho_o/dr) g \cos\theta + j_{\varphi}B_{\theta} = 0 \qquad (2.309)$$

Sie liefert uns den Ausdruck für den parallel zum Magnetfeld fließenden Strom, der die Ladungstrennung durch die von der Kraft $\underline{F}_{tor}$ erzeugte toroidale Drift kompensiert. Die Geschwindigkeit u_r^* der resultierenden Driftbewegung des Plasmas unter der Wirkung der mit dem Strom j_φ verbundenen Reibungskraft ($F_\varphi = j_\varphi/en\tau_{ei}$) erhalten wir aus dem Ohmschen Gesetz

$$j_\varphi = \sigma_\parallel u_r^*/B_\Theta \qquad (2.310)$$

so daß sich zusammen mit (2.309)

$$u_r^* = -r(d\rho_o/dr)g\cos\Theta/(\sigma_\parallel B_\Theta^2) \qquad (2.311)$$

ergibt, d.h. die toroidale Korrektur zur radialen Diffusionsgeschwindigkeit des Plasmas ändert als Funktion von Θ ihr Vorzeichen. Die einem solchen Geschwindigkeitsfeld entsprechende Strömung entspricht einer eigenartigen diffusiven Konvektion (Abb.2.51).

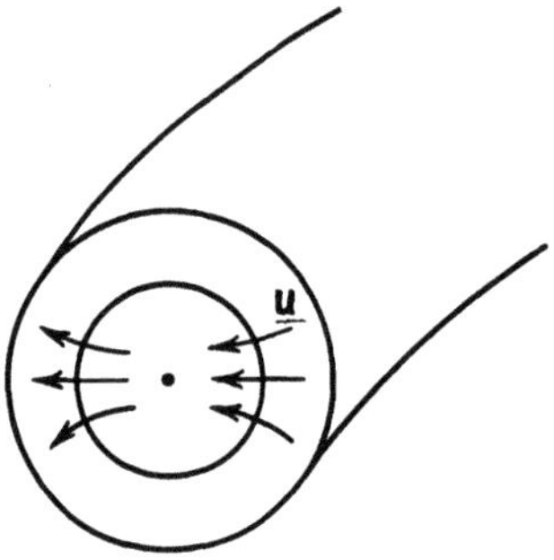

Abb.2.51
Diffusive Plasmakonvektion im Tokamak durch endliche Leitfähigkeit

Durch Integration über den Winkel Θ ergibt sich, daß die radiale Strömungsgeschwindigkeit im Mittel von Null verschieden und nach außen gerichtet ist. In der Tat erhalten wir für den nach außen gerichteten Teilchenfluß

$$\int_0^{2\pi} nu_r d\Theta = \int_0^{2\pi} n_o(r)u_r d\Theta + \int_0^{2\pi} \delta n(r,\Theta)u_r d\Theta$$

Das erste Glied auf der rechten Seite verschwindet. Zur Bestimmung der toroidalen Korrektur zur Plasmadichte $\delta n(r,\Theta)$ wollen wir annehmen, daß die Plasmatemperatur auf einer magnetischen Fläche konstant ist, d.h. $\delta n \sim \delta p$ gilt. Dann finden wir unter Berücksichtigung von (2.308)

$$\delta n = (n_o/p_o)\delta p = (n_o/p_o)r\rho_o(r)g\cos\Theta$$

so daß

$$\int_0^{2\pi} \delta n u_r^* d\Theta = -(\pi r^2(d\rho_o/dr)g^2\rho_o/(\sigma_\parallel B_\Theta^2)(n_o/p_o) \qquad (2.312)$$

gilt. Wenn wir $\overline{u}_r$ als den Mittelwert der Diffusionsgeschwindigkeit einführen, indem wir (2.312) durch $2\pi n_o(r)$ teilen, dann ergibt sich für $\overline{u_r^*}$

$$\overline{u_r^*} = -(r^2/2)(d\rho_o/dr)g^2\rho_o/(\sigma_\parallel B_\theta^2 p_o) \qquad (2.312')$$

Indem wir von der künstlichen Schwerkraft ρg wieder auf die Wirkung der toroidalen Krümmung $2p/R$ übergehen, erhalten wir für die mittlere Geschwindigkeit u_{tor}

$$u_{tor} = -(2/\sigma_\parallel)(r^2/R^2)(1/B_\theta^2)(dp_o/dr) \qquad (2.313)$$

Die Summe der Größen u_r und u_{tor} können wir als effektive Diffusionsgeschwindigkeit im Torus ansehen. Für sie erhalten wir

$$u_\perp = u_r + u_{tor} = -(1/\sigma_\perp B^2)(1 + (2\sigma_\perp/\sigma_\parallel)g^2)(dp_o/dr) \qquad (2.314)$$

Der Parameter $q = (r/R)(B_\varphi/B_\theta)$ ist der sogenannte Sicherheitsfaktor (gegen helikale Störungen). Im Experiment nimmt er an der Stelle $r=a$ gewöhnlich Werte zwischen 3 und 5 an. Die Größe q hängt mit dem Rotationstransformationswinkel der Feldlinien durch die Beziehung $q = 2\pi/\iota$ zusammen. Die Formel (2.314) ist dem folgenden Verhältnis zwischen dem effektiven Wert des totalen und des gewöhnlichen Diffusionskoeffizienten $D_\perp^o$ in einem Magnetfeld mit geraden Feldlinien (s. (2.271)) äquivalent:

$$D_{P.S.} = D_\perp^o(1 + (2\sigma_\perp/\sigma_\parallel)q^2) \qquad (2.315)$$

Wenn wir hier q durch ι ausdrücken, dann erhalten wir eine Beziehung, die auch für Stellaratoren gilt:

$$D_{P.S.} = D_\perp^o(1 + 8\pi^2\sigma_\perp/(\iota^2\sigma_\parallel)) \qquad (2.315')$$

Sie wird oft als Pfirsch-Schlüter-Formel bezeichnet. Das zweite Glied, das die toroidale Korrektur zum Diffusionskoeffizienten eines stabilen Plasmas beschreibt, ist relativ groß (für den Tokamak ergeben sich für das Verhältnis $D_{P.S.}/D_\perp^o$ Werte von 10-20). Doch selbt unter Berücksichtigung dieser Korrektur stellt sich die Diffusionsgeschwindigkeit als klein heraus. Allerdings gelingt es in praktisch allen existierenden experimentellen Anordnungen niemals, alle Arten von Instabilitäten des Plasmas vollständig zu unterdrücken. Deshalb ist der Koeffizient für die Diffusion senkrecht zum Magnetfeld viel (um einige Größenordnungen) größer, als der Pfirsch-Schlüter-Wert angibt. Auch ist zu beachten, daß der Ausdruck (2.315) für $D_\perp$ nur dann gilt, wenn wir es mit einem Plasma genügend hoher Dichte zu tun haben, so daß wir uns bei der Berechnung des Teilchenflusses auf die magnetohydrodynamische Beschreibung berufen können. Dazu ist notwendig, daß wir es in jedem Volumenelement mit einer isotropen Geschwindigkeitsverteilung der Teilchen zu tun haben.

In einem Plasma niedriger Dichte und hoher Temperatur kann sich der Einfluß der Toruskrümmung auf die Transportprozesse als wesentlich stärker herausstellen, als wir gerade beschrieben haben. Das erklärt sich aus der Rolle, die bei diesen Vorgängen die in gewissen Feldlinienbereichen in magnetischen Spiegeln gefangenen Teilchen spielen. Bei niedriger Dichte bilden sie sozusagen ein selbständiges statistisches Ensemble. Von der Existenz eines solchen Ensembles von gefangenen Teilchen kann man offensichtlich dann sprechen, wenn während der Bewegung eines Teilchens zwischen den Reflexionspunkten die Wahrscheinlichkeit für den Übergang vom gefangenen in den freien Zustand klein ist.

Eine sehr grobe Abschätzung des Querdiffusionskoeffizienten $D'_\perp$ gefangener Teilchen kann man mit Hilfe der Beziehung

$$D'_\perp \sim (\Delta r)^2/\tau_1 \tag{2.316}$$

erhalten, wobei Δr die Versetzung des Teilchens in der zu $\underline{B}$ senkrechten Richtung in der Zeit τ_1 ist. Für Δr nehmen wir größenordnungsmäßig die halbe Breite einer "Banane" (des sichelförmigen Querschnitts der Bahn eines gefangenen Teilchen in einer poloidalen Ebene) an. Für eine Versetzung des Teilchens um Δr muß sich sein Geschwindigkeitsvektor um den Winkel $\sim(a/R)^{1/2}$ drehen (weil für gefangene Teilchen der Winkel $v_\parallel/v$, den die Geschwindigkeit mit einer zu $\underline{B}$ senkrechten Ebene bildet, von der Größenordnung $(a/R)^{1/2}$ ist und bei seiner Änderung sich die Breite der Banane dazu proportional verhält).

Da Coulombstöße den Charakter von Mehrfachstreuung haben und sich die Drehung des Geschwindigkeitvektors $\Delta\alpha$ statistisch aus kleinen Ablenkungen zusammensetzt, läßt sich die Zeit τ_1 mit Hilfe der Beziehung $\tau_1 \sim \tau(\Delta\alpha)^2 \sim \tau a/R$ bestimmen, wobei τ die Zeit zwischen zwei Stößen eines Elektrons mit den Ionen ist.

Indem wir in (2.316) die für Δr und τ_1 erhaltenen Ausdrücke einsetzen, finden wir

$$D'_\perp \sim (r_{Be}^2/\tau)(B_\varphi/B_\theta)^2 \tag{2.317}$$

wobei r_{Be} der Elektronengyroradius ist.

Das Verhältnis der Dichte gefangener Teilchen zur Dichte aller Teilchen im Plasma ist von der Größenordnung $(a/R)^{1/2}$. Deshalb ist der effektive

Diffusionskoeffizient von der Ordnung $D'_{\perp}\,(a/R)^{1/2}$. Wenn wir schließlich noch einen numerischen Koeffizienten (dessen Herleitung ausführliche Rechnungen im Rahmen der sogenannten neoklassischen Transporttheorie erfordern würde) berücksichtigen, dann erhalten wir für den Diffusionskoeffizienten

$$D_{G.S.} = 3.6(a/R)^{1/2}(r_{Be}^2/\tau)(B_\varphi^2/B_\theta^2) \qquad (2.318)$$

Er ist um den Faktor $(R/r)^{3/2}$ größer als der Diffusionskoeffizient nach (2.315), d.h. in gegenwärtigen Experimenten 20-70 mal so groß. Es zeigt sich also, daß bei rein klassischer (laminarer) Betrachtung durch die Wirkung der Toruskrümmung der Diffusionsfluß in einem Plasma niedriger Dichte auf mehr als das Tausendfache ansteigen kann. Wir wollen das Verhalten der Diffusionsgeschwindigkeiten im magnetohydrodynamischen und im Bananen-Regime miteinander vergleichen, indem wir den Diffusionskoeffizienten als Funktion der Stoßfrequenz $\nu_e = 1/\tau_e$ auftragen (Abb.2.52).

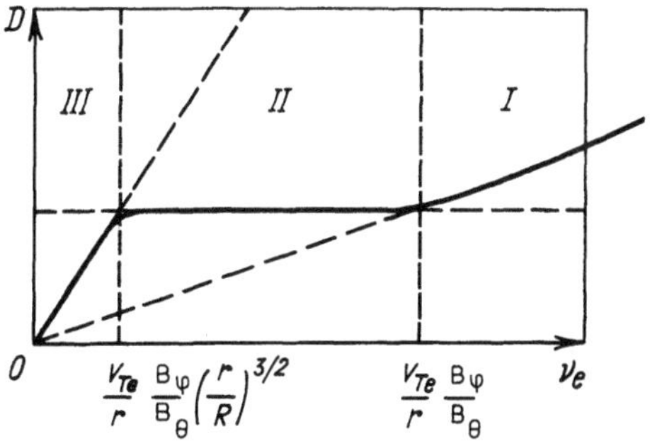

Abb.2.52
Abhängigkeit des Diffusionskoeffizienten von der Stoßfrequenz
I - MHD- II - Plateau-Regime
III - Bananen-Regime

Es ist klar, daß eine solche Darstellung nur bedingt richtig sein kann. Das geht schon daraus hervor, daß die Ausdrücke (2.315) und (2.318) für die Diffusionskoeffizienten in Wirklichkeit nicht nur über ν_e sondern auch noch direkt von der Temperatur abhängen.

In beiden Regimen ergibt sich für $D(\nu_e)$ eine Gerade. Die Steigung von $D_{G.S.}(\nu_e)$ ist im Bananen-Regime $3.6x(R/a)^{3/2}$ mal größer als im stoßdominierten magnetohydrodynamischen Regime. Für das Bananen-Regime gilt

$$\nu_e < (r/R)^{3/2}(B_\theta/B_\varphi)(v_{Te}/r)$$

Wenn diese Bedingung nicht erfüllt ist, dann finden die Elektronen nicht genügend Zeit, um zwischen zwei Stößen eine der Bananenbahnen ganz zu durchlaufen und die Unterscheidung zwischen gefangenen und freien Elektronen verliert ihren Sinn.

Der magnetohydrodynamische Grenzfall andererseits erlegt der Stoßfrequenz eine Beschränkung nach unten auf. Für die Anwendung der magnetohydrodynamischen Beschreibung ist notwendig, daß die freie Weglänge wesentlich kleiner als eine charakteristische räumliche Abmessung ist. Für die Bewegung der Elektronen parallel zum Magnetfeld ist eine solche Abmessung durch rB_φ/B_Θ gegeben. Sie entspricht dem längs einer Feldlinie genommenen mittleren Abstand zwischen einem Maximum und einem Minimum des magnetischen Feldes. Folglich gilt im stoßdominierten Bereich

$$\nu_e > (B_\Theta/B_\varphi)(v_{Te}/r).$$

Die beiden für die Stoßfrequenzen im Bananen- und im stoßdominierten Regime gefundenen Ungleichungen bestimmen auf Abb.2.47 ein Gebiet, für das

$$(v_{Te}/r)(B_\Theta/B_\varphi)(r/R)^{3/2} < \nu_e < (v_{Te}/r)(B_\Theta/B_\varphi) \qquad (2.319)$$

gilt. Da $(R/r)^{3/2} \gg 1$ ist, handelt es sich dabei um einen sehr großen Bereich.

Wie aber hängt der Diffusionskoeffizient in diesem Zwischenbereich von der Stoßfrequenz ab? Die Antwort darauf gibt die neoklassische Theorie der Diffusion: In dem von den Ungleichungen (2.319) bestimmten Intervall ist der Diffusionskoeffizient von der Stoßfrequenz praktisch unabhängig. Man kann sagen, daß diese Antwort das überraschendste Ergebnis der neoklassischen Theorie ist. Ihre physikalische Bedeutung wird verständlicher, wenn wir eine Analogie zur Landau-Dämpfung benützen. Die Inhomogenität des toroidalen Magnetfeldes übernimmt dabei die Rolle des Feldes der Welle (die man im gegebenen Falle magnetostatisch nennen müßte). Die gefangenen Teilchen finden ihre Entsprechung in den resonanten Teilchen. Was die Reibungskraft $F_\varphi = j_\varphi/ne\tau_{ei}$ angeht, so entspricht sie der Elektronenreibung an der magnetostatischen Welle, die die Rolle des Mittlers zwischen Elektronen und Ionen spielt. Diese Analogie führt zu einer wesentlichen Vereinfachung unserer Betrachtungen.

Das toroidale Magnetfeld ist durch $B_\varphi = B_o(1-(r/R)\cos\Theta)$ gegeben. Sein inhomogener Anteil $\delta B = -B_o(r/R)\cos\Theta$ entspricht dem Feld der Welle. Die von ihm hervorgerufene Korrektur f_1 zur gesuchten Verteilungsfunktion der "resonanten" gefangenen Elektronen genügt der linearisierten kinetischen Gleichung

$$\begin{aligned} & v_{\parallel}(B_\Theta/B_o)(1/r)(\partial f_1/\partial\Theta) - (\mu/m)(\mathrm{grad}\,\delta B)_{\parallel}(\partial f_o/\partial v_{\parallel}) + \\ & + (1/(eB_o))\mu(\mathrm{grad}\,\delta B)_\Theta(\partial f_o/\partial r) = -\nu_e f_1 \end{aligned} \qquad (2.320)$$

Hier bezeichnen die Indizes $\parallel$ und Θ die Komponenten von $\mathrm{grad}\,\delta B$ parallel zum Magnetfeld und in Θ-Richtung. Der zweite Term entspricht dem Glied

$-(\mu/m)(\mathrm{grad}\,B)\cdot(\partial f/\partial \underline{v})$, während der dritte die Wirkung der Drift der resonanten Teilchen im inhomogenen Magnetfeld beschreibt. Das Fehlen des normalerweise auftretenden Terms $-i\omega f_1$ bedeutet, daß - wie auch zu erwarten - die Teilchen mit $v_\parallel \approx 0$ resonant sind. Indem wir berücksichtigen, daß

$$(\mathrm{grad}\delta B)_\parallel = -(B_o/R)\sin\theta(B_\theta/B_o), \quad (\mathrm{grad}\delta B)_\theta = (B_o/R)\sin\theta$$

gilt, erhalten wir nach leichter Zwischenrechnung (die wir zur Herleitung der Formel (2.108) ähnlich schon in Abschnitt 2.7 durchgeführt haben) die folgende Lösung von Gleichung (2.320):

$$f_1 = -\sum_{\pm} \frac{\mu}{2m_e}(B_o/R)\left\{\frac{B_\theta}{B_0}\frac{\partial f_o}{\partial v_\parallel} + \frac{1}{\omega_{Be}}\frac{\partial f_o}{\partial r}\right\}\frac{\exp(\pm i\theta)}{(1/r)(B_\theta/B_o)v_\parallel + i\nu_e} \qquad (2.321)$$

Indem wir in Analogie zur Theorie der Landau-Dämpfung die Arbeit der Welle des Feldes $\langle \underline{j}.\underline{E}\rangle$ an den resonanten Teilchen berechnen, finden wir für den radialen Fluß resonanter Teilchen durch toroidale Drift

$$\langle nu_r\rangle = \int(\mu B_o/m_e)(\sin\theta/(\omega_{Be}R))f_1 d\mu d\theta dv_\parallel \qquad (2.322)$$

In diesem Ausdruck ersetzt die Integration über μ und $v_\parallel$ die Integration über den Geschwindigkeitsraum. Da das Vorzeichen der Drift sich im Variabilitätsbereich von θ ändert, wollen wir diesen Ausdruck über alle Winkel θ mitteln. Bei der Berechnung des Integrals über $v_\parallel$ ist zu berücksichtigen, daß

$$\mathrm{Im}\left\{((B_\theta/B_o)v_\parallel/r \mp i\nu)^{-1}\right\} = \pm(\pi r B_o\delta(v_\parallel))/B_\theta$$

(für $\nu \to 0$ verfahren wir genauso wie im Falle der Landau-Dämpfung). Schließlich erhalten wir nach Zwischenrechnung und Berücksichtigung von (2.321) und (2.322) für eine Gleichgewichtsverteilungsfunktion der Form $f_o = n(r)f_M$, wobei f_M eine Maxwell-Verteilung ist,

$$\overline{nu_r} = -(\pi/2)^{1/2}(r r_{Be}/R^2)(kT_e/eB_\theta)(dn/dr)$$

Wir erhalten also für den Diffusionskoeffizienten im Bereich intermediärer Stoßfrequenzen (man nennt ihn den neoklassischen Plateau-Bereich (s.Abb.2.52))

$$D^p_\perp = (\pi/2)^{1/2}(r r_{Be}/R^2)(kT_e/eB_\theta) \qquad (2.323)$$

Für den Wärmeleitungskoeffizienten ergibt sich die gleiche Abhängigkeit von der Stoßfrequenz ν_e wie für den Diffusionskoeffizienten $D_\perp$, da der Transport von Wärme senkrecht zum Magnetfeld durch die gleichen, von

Zeit zu Zeit durch Stöße unterbrochenen Driftbewegungen der Teilchen bestimmt wird. Eine besonders wichtige Rolle muß wegen des großen Wertes für die Versetzung beim Stoß die Wärmeleitfähigkeit der Ionen spielen. Ionen"bananen" sind schließlich r_{Bi}/r_{Be}-mal dicker als Elektronenbananen. Auf die gleiche Weise wie oben für die Elektronen erhält man für die Wärmeleitfähigkeit der Ionen im Plateau-Bereich

$$\chi^{P}_{\perp i} = 1.5(\pi)^{1/2}(rr_{Bi}/R^2)(kT_i/eB_\Theta) \qquad (2.324)$$

Daraus ergibt sich, daß sie mit der Ionentemperatur wie $T_i^{3/2}$ wächst. Je stärker die Ionen geheizt werden, desto mehr Wärme übertragen sie durch Wärmeleitung. Aus diesem Grunde blieb in den Experimenten lange Zeit die Zunahme der Ionentemperatur weit hinter der Zunahme der zugeführten Heizleistung zurück.

Im Bananen-Regime ergibt sich aus der neoklassischen Theorie für die Wärmeleitfähigkeit der Ionen

$$\chi_{\perp i} = 0.4(r/R)^{1/2}(r^2_{Bi}/\tau_i)(B^2_\varphi/B^2_\Theta) \qquad (2.325)$$

Sie nimmt also mit Zunahme der Temperatur wie $T_i^{-1/2}$ ab. Es erwies sich jedoch als nicht so einfach, aus dem Plateau-Bereich herauszukommen. Offensichtlich wird die in die Bedingung

$$\nu_i < (v_{Ti}/r)(B_\Theta/B_0)(r/R)^{3/2} \qquad (2.326)$$

eingehende effektive Stoßfrequenz der Ionen eines Wasserstoffplasmas unter experimentellen Bedingungen durch Stöße mit mehrfach geladenen Verunreinigungsionen erhöht. Jedenfalls befindet man sich mit den gegenwärtigen Tokamakexperimenten meistens im Plateau-Bereich.

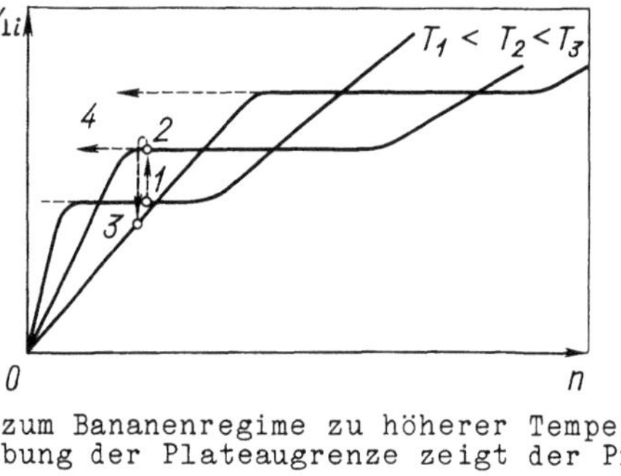

Abb.2.53
$\chi_{\perp i}$ nach der neoklassischen Theorie als Funktion von n für drei Werte der Temperatur (für den Diffusionskoeffizienten ergibt sich eine analoge Abhängigkeit)

Der Wechsel des Transportregimes ist durch Pfeile (1->2->3) markiert worden. Bei hinreichend hoher Temperatur wechselt das Plateau- mit dem Bananenregime. Verunreinigungen hoher Kernladungszahl können den Übergang zum Bananenregime zu höherer Temperatur hin verschieben. Die Verschiebung der Plateaugrenze zeigt der Pfeil (4) an

Der Übergang vom neoklassischen zum Bananen-Regime läßt sich am besten anhand einer Schar von Kurven $\chi_{\perp i}(n)$ für verschiedene Temperaturen ver-

folgen (Abb.2.53).
Jede der aufgetragenen Kurven verhält sich für gegebene Temperatur wie $\chi_{\perp i}(\nu_i)$. Im Plateau-Bereich ist $\chi_{\perp i}$ um so größer, je höher die Temperatur T ist. Allerdings stimmen die Bereichsgrenzen für verschiedene Temperaturen nicht miteinander überein. Mit zunehmender Temperatur muß $\chi_{\perp i}$ abnehmen, so daß Heizung des Plasmas bei festgehaltener Plasmadichte letzten Endes ins Bananen-Regime führen muß.

Auf der Abbildung ist die Regime-Folge bei Temperaturerhöhung durch Pfeile angezeigt worden. Einer Zunahme von $\chi_{\perp i}$ als Funktion der Temperatur im Plateau-Bereich schließt sich eine Abnahme im Bananen-Regime an. Wie sich $\chi_{\perp i}$ als Funktion der Dichte durch Vergrößerung von ν_i (durch Verunreinigungen) erhöht wurde gestrichelt eingezeichnet.

Unter den Bedingungen Ohmscher Heizung, bei der im Plasma der das poloidale Magnetfeld B_θ erzeugende Strom I_φ fließt, ist die Elektronentemperatur in der Regel wesentlich höher als die Ionentemperatur. Die Wärmebilanz der Ionenkomponente wird durch die Konkurrenz von Stoßheizung durch die Elektronen und neoklassischem Wärmeverlust bestimmt. Aus ihr läßt sich anhand der folgenden Überlegungen die Abhängigkeit der Ionentemperatur von den wesentlichen Plasmaparametern (ihre sogenannte Skalierung) bestimmen. Die Übertragung von Wärme von den Elektronen auf die Ionen ist proportional zu $n(T_e-T_i)/T_e^{3/2}$ (s. Formel (1.17')). Den Wärmeverlust der Ionen können wir größenordnungsmäßig durch $\Delta T_i \sim T_i/r^2$ abschätzen. Daraus ergibt sich $nT_i/\tau \sim n\chi_{\perp i}(T_i/r^2)$. Aus der Wärmebilanz folgt dann die Proportionalität

$$n(kT_e-kT_i)/(kT_e)^{3/2} \sim \chi_{\perp i}(kT_i/r^2) \tag{2.327}$$

Für das Verhältnis $(kT_e-kT_i)/(kT_e)^{3/2}$ benützt man zweckmäßigerweise die Interpolation $k(T_e-T_i)/(kT_e)^{3/2} \sim (kT_i)^{1/2}/3$, die die Abhängigkeit von T_e beseitigt. Dadurch ergibt sich im Änderungsbereich des Parameters T_e/T_i von 1.6 bis 10 ein Fehler von höchstens 15 Prozent. Das ist ein für die Auswertung von Ergebnissen von Tokamakexperimenten durchaus zulässiger Wert. Indem wir jetzt $\chi_{\perp i}$ nach (2.324) einsetzen, können wir aus (2.327) leicht finden, daß für die Ionentemperatur die Skalierung

$$T_i \sim (I_\varphi B_\varphi R^2 n)^{1/3} \tag{2.328}$$

gilt*). Bei der Ableitung von (2.328) haben wir das Poloidalfeld B_θ

*) Diese Beziehung ist heute als Artsimowitsch-Formel allgemein bekannt (Anmerkung von R.S. Sagdeew).

durch den Strom I_φ ausgedrückt, indem wir die Beziehung $B_\Theta = \mu_0 I_\varphi/(2\pi r)$ benützt haben. Es ist erstaunlich, wie gut die an Tokamaks durchgeführten Ionentemperaturmessungen bei Ohmscher Plasmaheizung dieser Skalierung entsprechen (Abb.2.54).

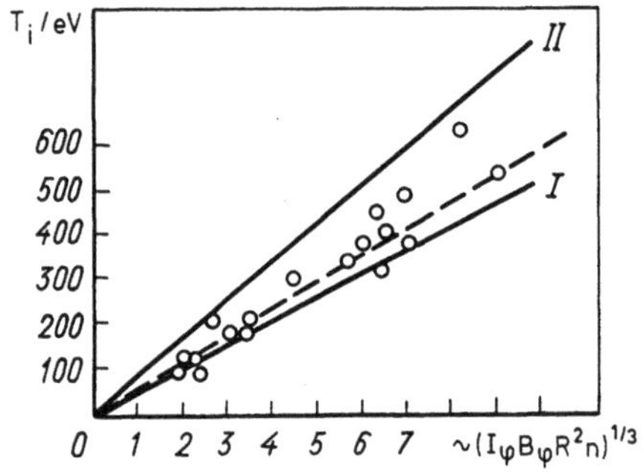

Abb.2.54
Die experimentell bestimmte Abhängigkeit der Ionentemperatur im Tokamak vom Strom und von der Stärke des Magnetfeldes

Die Geraden I und II entsprechen der Abhängigkeit nach der neoklassischen Theorie für zwei verschiedene radiale Strom- und Dichteprofile. Die Gerade I gilt für homogene, Gerade II für Verteilungen des Typs $n \sim (1-r^2/a^2)$ und $j_\varphi \sim (1-r^2/a^2)$. Die Punkte entsprechen experimentellen Werten.

Die Vorgänge bei der Einstellung der Wärmebilanz in der Elektronenkomponente konnten im Rahmen der neoklassischen Theorie nicht erklärt werden. Dafür ergibt sich ein zu kleiner Wert für die Wärmeleitfähigkeit (sie ist r_{Bi}/r_{Be}-mal kleiner als in der Ionenkomponente), so daß selbst schwache Restinstabilitäten (am ehesten aus der Familie der Driftinstabilitäten) zu einem größeren Verlust thermischer Elektronen führen.

Zur direkten Heizung der Ionen injiziert man hochenergetische Ionen ins Plasma, und zwar in der Form von ursprünglich neutralen, leicht ein gebundenes Elektron verlierenden Atomen des schweren Wasserstoffs. Man muß nur dafür sorgen, daß Energie eines solchen Strahls von Neutralteilchen nicht auf die Elektronen übertragen wird.

Wenn die thermische Geschwindigkeit der Elektronen wesentlich größer als die der Ionen ist, dann bleibt Formel (1.17') auch für $T_i \gg T_e$ gültig, d.h. auch dann, wenn die Elektronen durch die heißeren Ionen geheizt werden. Für diesen Fall schreiben wir (1.17') in der Form

$$Q_{ie} = 10^{-32} n(k(T_i - T_e)/e)(kT_e/e)^{-3/2}/A \qquad (2.329)$$

wobei Q_{ie} die Energie ist, die pro Volumeneinheit und s von den Ionen auf die Elektronen übertragen wird. Wenn jedoch in einem Plasma mit kalten Elektronen ständig heiße Ionen vorhanden sind, so daß $v_{Ti} \gg v_{Te}$ gilt, dann kann die Wärmeübertragung wesentlich schneller vor sich gehen. Indem wir die gleichen Überlegungen anstellen wie bei der Herleitung von Formel (1.18'), erhalten wir den folgenden Ausdruck für den Wärmetransport

$$Q_{ie} = 2.10^{-29}/(kT_i/e)^{1/2} \tag{2.330}$$

Aus dem Vergleich mit (2.329) ergibt sich eine interessante Schlußfolgerung, die eine der spezifischen Eigenschaften eines Hochtemperaturplasmas demonstriert. Wir wollen annehmen, daß sich ein schnelles schweres geladenes Teilchen einer Energie von 10^5 bis 10^6 eV durchs Plasma bewegt. Es verliert Energie im wesentlichen durch Stöße mit den Plasmaelektronen, und es muß dieser physikalische Mechanismus sein, der die freie Weglänge des schnellen Teilchens bestimmt. Wenn es sich um ein Wasserstoffplasma handelt und $v_{Ti} >> v_{Te}$ gilt, dann kann man für eine grobe Abschätzung der Abbremsung des Teilchens Formel (2.330) benützen, indem man $kT_i = (2/3)w$ setzt, wobei w die Energie des Teilchens ist. Wie entsprechende Berechnungen ergeben, sind dabei die Energieverluste des Teilchens pro Masseneinheit durchlaufener Materie im Plasma von der gleichen Größenordnung, wie in einem neutralen Medium. Die Situation ändert sich jedoch ganz wesentlich, wenn sich das Teilchen durch ein Plasma hinreichend hoher Elektronentemperatur bewegt. Auch für $kT_e << (2/3)w$, aber $v_{Te} >> v_{Ti}$, ergeben sich viel kleinere Energieverluste, die durch die Formel

$$Q_{ie} = (10^{-32}/A)n(kT_i/e)/(kT_e/e)^{3/2} \tag{2.331}$$

bestimmt werden. Hier ist Q_{ie} die Energie, die das Teilchen pro s verliert und A die Teilchenmasse (für ein Proton gilt A = 1). Die Abnahme von Q_{ie} hat eine entsprechende Zunahme der freien Weglänge zur Folge. Wenn das Teilchen auf seinem Weg durchs Plasma Kernreaktionen auslöst, dann nimmt die Reaktionsausbeute mit Erhöhung der Elektronentemperatur stark zu (natürlich nur dann, wenn es uns gelingt, das schnelle Teilchen für genügend lange Zeit im Plasma einzuschließen).

Wir wollen ein interessantes Beispiel betrachten, das einem der Autoren (L.A. Artsimowitsch) zu verdanken ist. Betrachten wir einen Strahl schneller Deuteronen in einem Tritium-Plasma. Bei niedriger Plasmatemperatur wird die Reaktionsausbeute sehr klein sein. Für $w \approx 100$keV ist beträgt die Wahrscheinlichkeit dafür, daß ein Teilchen in einem Plasma von ungefähr Nullpunktstemperatur auf einer freien Weglänge eine Kernreaktion auslöst, etwa 2.10^{-6}. Der Energiewirkungsgrad, d.h. das Verhältnis von frei werdender Kernenergie zu ursprünglicher Deuteronenenergie, liegt bei 0.04 Prozent. Die genannte Wahrscheinlichkeit und der Energiewirkungsgrad K wachsen mit Zunahme der Elektronentemperatur schnell an. Bei $T_e \approx 6.10^3$eV nähert sich K dem Wert 1 und für $T_e \approx 10^6$eV ist K >> 1. Auf diese Weise ergibt sich durch den Einschuß schneller geladener Teilchen in ein Plasmma genügend hoher Elektronentemperatur im Prinzip die Möglichkeit energetischer Nützung der Reaktion D+T->He+n. Im Jahre

1961, als diese Abschätzungen durchgeführt wurden, war dies eine ganz unwahrscheinliche Perspektive. Heute jedoch können schnelle Ionen in Magnetfeldkonfigurationen mit großer Einschlußzeit der geladenen Teilchen (z.B. in einen Tokamak) injiziert werden, und ein heißes Plasma kann als effektives "Kerntarget" dienen. Dabei werden sich zwei Gruppen von Plasmaionen herausbilden: eine Gruppe thermischer und eine Gruppe suprathermischer (schneller) Ionen. Man spricht dann von einem Zweikomponenten-Tokamak. Man muß aber bemerken, daß diese Methode wohl wichtigere Bedeutung für eine normale Erhöhung der Plasmatemperatur besitzt. Besonders erfolgreich wurde diese Heizung am Tokamak PLT in Princeton eingesetzt (Abb.2.55).

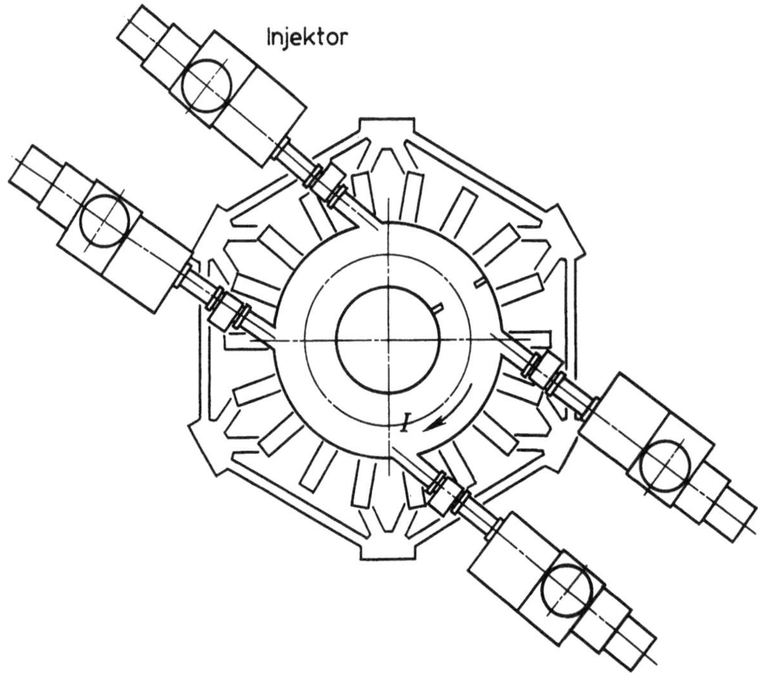

Abb.2.55 Die Anordnung der Injektoren für den Einschuß von Neutralteilchen am Tokamak PLT des Princeton Plasma Physics Laboratory.

Bei einer totalen Heizleistung von $P \sim 2.5$ MW wurde in einem Plasma mit einer Dichte von $n \sim 5 \cdot 10^{13}$ cm^{-3} (im Zentrum) eine Ionentemperatur von $T_0 \sim 5.5$ keV erreicht. Hierbei waren die Ionen im Bananenregime und der Wärmeleitungskoeffizient war um einige Male kleiner, als die Skalierung für den Plateaubereich ergibt. (Report PPL-783851, Princeton Plasma Physics Laboratory, 1978)

In der Energiebilanz eines magnetisch eingeschlossenen Plasmas spielt unter gewissen Bedingungen die mit der Larmorrotation der Elektronen verbundene sogenannte Betatronstrahlung eine wesentliche Rolle. Für ein Elektron, das im Magnetfeld auf einer helikal geformten Feldlinie die Zentrifugalbeschleunigung $v_\perp^2/r_{Be}$ erfährt, wird die Energie, die in der Zeiteinheit ausgestrahlt wird, durch den Ausdruck

$$dW/dt = (8\pi/3)r_o^2(1+w_e/m_oc^2)^2(v_\perp/c)^2c(B^2/\mu_o) \qquad (2.332)$$

bestimmt, wobei r_o der klassische Elektronenradius und w_e die kinetische Energie des Elektrons ist (wobei in den uns interessierenden Fällen gilt $w_e \ll m_oc^2$).

Das Strahlungsspektrum eines einzelnen Elektrons ist ein Linienspektrum. Es besteht aus einer Hauptlinie mit der Larmorfrequenz ω_{Be} und aus deren Harmonischen. Durch den relativistischen Dopplereffekt hängt die Frequenz ω_n der n-ten Harmonischen von den Geschwindigkeitskomponenten $v_\parallel$ und $v_\perp$ des Teilchens und vom Winkel θ ab, unter dem die Strahlung gegen die Richtung des Magnetfeldes beobachtet wird:

$$\omega_n = n\omega_B(1-v^2/c^2)^{1/2}/(1-(v_\parallel/c)\cos\theta)$$

Wenn die Elektronenenergie im Verhältnis zu m_oc^2 hinreichend klein ist, dann entfällt der größte Teil der abgestrahlten Energie auf die Grundfrequenz. Mit Zunahme von w_e nimmt der Anteil der höheren Harmonischen an der Gesamtstrahlungsintensität schnell zu. Unter der Annahme, daß die gesamte abgestrahlte Energie das Plasma verläßt, würden die Betatronstrahlungsverluste im Plasma die durch thermonukleare Reaktionen gewonnene Energie übertreffen. Wenn also diese Strahlung das Plasma ungehindert verlassen könnte, dann wäre sie ein wesentliches Hindernis für die Entwicklung eines Fusionsreaktors mit positiver Energiebilanz. In Wirklichkeit jedoch wird ein großer Teil der auf die Grundfrequenz und die ersten Harmonischen entfallenden Betatronstrahlung absorbiert und nur die mit den verhältnismäßig schwachen höheren Harmonischen verbundene Strahlung kann ohne wesentliche Abschwächung das Plasma verlassen.

In vereinfachter Form kann man sich die Strahlung, die letzten Endes das Plasma verläßt, als Superposition von Absorptionseffekten ausgesetzter (nach Rayleigh-Jeans verteilter) Gleichgewichtsstrahlung niedriger Frequenz mit $n<n^*$ (wobei n die Ordnungszahl der Harmonischen ist) und von das Plasma praktisch ungehindert verlassender Hochfrequenzstrahlung der Plasmaelektronen mit $n>n^*$ vorstellen. Eine Abschätzung für n^* kann man erhalten, indem man annimmt, daß für n = n* die spektralen Strahlungsintensitäten (Rayleigh-Jeans und direkte Elektronenstrahlung) größenordnungsmäßig einander gleich sind.

Eine Vorstellung von den Ergebnissen, die aus der strengen Theorie des Strahlungstransports erhalten wurden, kann Abb.2.56 vermitteln.

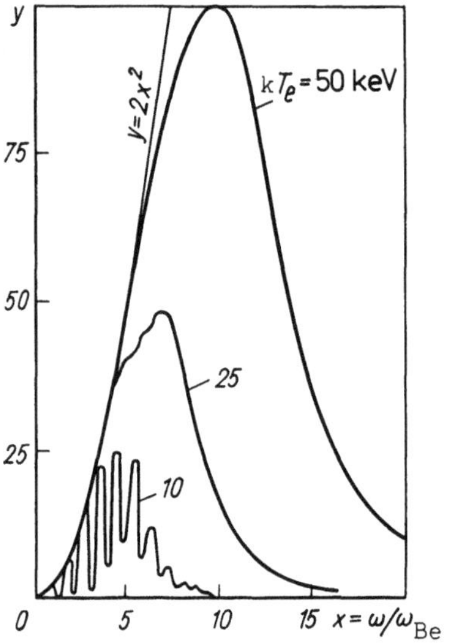

Abb.2.56
Das Spektrum der aus dem Plasma tretenden Magnetobremsstrahlung

Sie zeigt die spektrale Intensitätsverteilung der aus einer ebenen Plasmaschicht austretenden Betatronstrahlung für den Fall $2\mu_o nkT/B^2 = 1$. Über der Abszisse ist die Frequenz in Einheiten von ω_{Be} und über der Ordinate die spektrale Intensität aufgetragen. Der Maßstab der Ordinate wurde so gewählt, daß das Spektrum eines schwarzen Strahlers im Bereich niedriger Frequenzen (d.h. dort, wo er nach Rayleigh-Jeans strahlt) durch die Parabel $y = 2x^2$ dargestellt wird. Da wegen der Absorption das Strahlungsspektrums des Plasmas von der Dicke der strahlenden Schicht abhängen muß, drückt man diese zweckmäßigerweise in dimensionslosen Einheiten aus. Die dimensionslose Dicke der Schicht a_o wird durch die Beziehung $a_o = (\mu_o e n_o c/B)a$ bestimmt, wobei a die Dicke der Schicht in m ist. Für die Kurven auf Abb.2.56 gilt $a_o = 10^4$. Sie stellen das Spektrum der Betatronstrahlung für verschiedene Werte der Plasmatemperatur dar. Während für nicht zu große Werte von T_e die einzelnen Harmonischen klar zu erkennen sind, haben bei höheren Temperaturen die Kurven die für ein kontinuierliches Spektrum typische Form. Wegen des Dopplereffektes verschmelzen bei hohen Temperaturen die einzelnen Harmonischen entsprechenden Linien miteinander.

Im Grenzfall extrem starker Magnetfelder (die für astrophysikalische Anwendungen von Bedeutung sind) wird die Magnetobremsstrahlung in den Röntgenspektralbereich verschoben. Auf Abb.2.57(b) ist ein solches Strahlungsspektrum für den Neutronenstern Her-X aufgetragen worden.

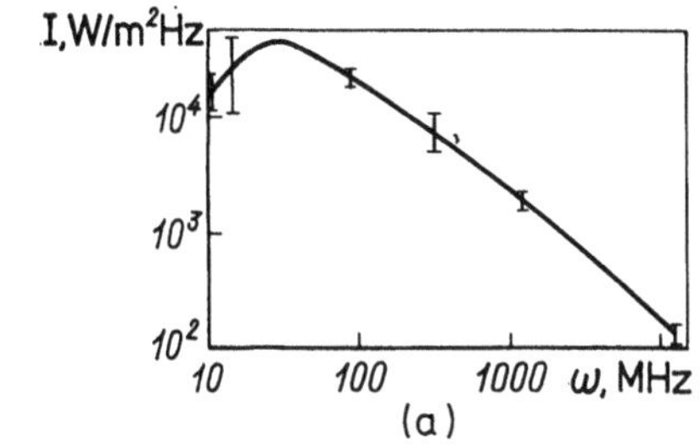

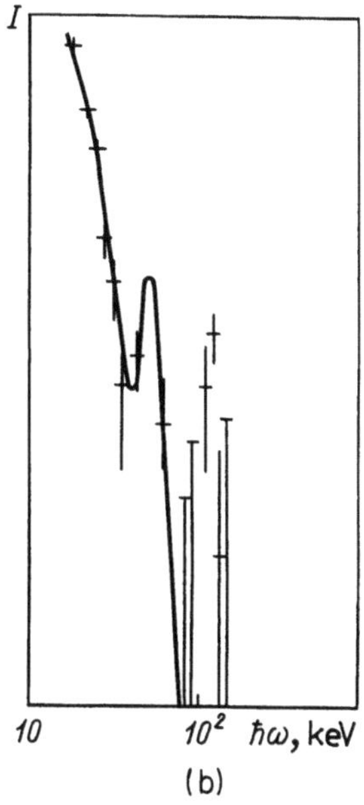

Abb.2.57
Magnetobremsstrahlung relativistischer Elektronen im interstellaren Raum ist die Hauptquelle der beobachteten Radiostrahlung unserer Galaxis, anderer Galaxien und Radiogalaxien, sowie der Strahlung von Explosionsresten von Supernovae und Quasaren

Hier ist das Spektrum der Radiostrahlung von der Radiogalaxie Schwan A wiedergegeben. Die Strahlungsleistung beträgt ungefähr 10^{38}W(a). Das Maximum bei $\hbar\omega = 56$ keV im Röntgenstrahlungsspektrum des Pulsars HerX-1, das bei Röntgenmessungen von einem Ballon aus gemessen wurde (J. Trumper et al., "Astroph.J.Lett.", Bd.219, 1978, S.105) und als Strahlung eines heißen Plasmas bei Zyklotronfrequenz interpretiert wird, entspricht einer Magnetfeldstärke von $5 \cdot 10^8$ T (b)

2.19 Anomaler Widerstand des Plasmas und die Bildung von Doppelschichten

Angesichts der großen Vielfalt von Plasmainstabilitäten ist es zweckmäßig, diejenigen zu einer besonderen Klasse zusammenzufassen, die nicht oder fast nicht von Randbedingungen abhängen, ganz gleich, ob es sich dabei um die konkrete Geometrie eines Laboratoriumsplasmas, um die Art des Plasmagleichgewichts oder die Strömungsform des Plasmas handelt. Zur wichtigsten Gruppe solcher Instabilitäten muß man zweifellos die Instabilitäten eines stromführenden Plasmas rechnen, in dem die Stromdichte einen gewissen kritischen Wert übersteigt.

Das dafür bekannteste Beispiel stellt die Ionenschallinstabilität dar (s. Abschnitt 1.12). Wenn der Grund für die Entstehung der Instabilität das Übersteigen eines kritischen Wertes für den Strom ist, dann ergibt sich aus allgemeinen Überlegungen, daß sein Ansteigen automatisch zu einem Mechanismus führt, der schließlich ein weiteres Wachstum verhindert, anders ausgedrückt, es tritt ein zusätzlicher, sogenannter anomaler elektrischer Widerstand auf.

Die Verteilungsfunktion der Elektronen möge also relativ zu der der Ionen eine gewisse Geschwindigkeit $\underline{u}_o$ besitzen, die den für das Auftreten von Instabilität kritischen Wert übersteigt. Als Folge dieser Instabilität kommt zum normalen Impulsverlust der Elektronen durch Zweierstöße noch der mit der Anregung von Schwingungen und Wellen verschiedener Art verbundene Impulsverlust durch Strahlung hinzu. In Tab.2.2 geben wir eine Aufstellung der bei der Überschreitung eines kritischen Geschwindigkeitswertes entstehenden Instabilitäten.

Tab. 2.2 Instabilitäten im stromführenden Plasma, die mit anomalem Widerstand verbunden sind

Instabilitätstyp	Schwellwert	Frequenz	Anwachsrate
Buneman-Instabilität	$u_o \gtrsim v_{Te}$	$\sim \omega_{pi}$	$\sim \omega_{pi}$
Ionenschall-Instab.	$u_o > (kT_e/m_i)^{1/2}$	$\lesssim \omega_{pi}$	$\lesssim \omega_{pi} u_o / v_{Te}$
Elektrostatische Moden mit $k_\perp^2 >> k_z^2$	sehr niedrig, manchmal $< v_{Ti}$	$\omega << \omega_{Be}$	$(\omega_{Be}\omega_{Bi})^{1/2}$
Instabilitäten bei Harmonischen der Zyklotron-Frequenz		$l\omega_B$	$\omega_B u / v_{Te}$

Sie enthält die wichtigsten Instabilitäten, die mit dem Problem anomalen Plasmawiderstandes in Zusammenhang stehen. Die einfachste von ihnen ist die Buneman-Instabilität (s. Abschnitt 1.12). Die Ausgangsverteilungsfunktionen von Elektronen und Ionen haben in diesem Falle die Form zweier δ-Funktionen, die relativ zueinander um den Wert der mittleren Geschwindigkeit u_o verschoben sind. Die Instabilität besteht in der Anregung longitudinaler elektrostatischer Plasmaschwingungen mit einer Anwachsrate von der Ordnung der Ionenplasmafrequenz.

Eine andere Instabilität, die man als eine Mode vom praktisch gleichen Typ ansehen kann, ist die bereits genannte Ionenschallinstabilität. Sie tritt bei Driftgeschwindigkeiten u_o der Elektronen unterhalb der thermischen Geschwindigkeit auf. Ihre Anwachsrate ist größenordnungsmäßig durch die mit dem Verhältnis von Drift- zu thermischer Geschwindigkeit der Elektronen multiplizierte Ionenplasmafrequenz gegeben. Im Grenzfall $u_o \rightarrow v_{Te}$ geht die Ionenschallinstabilität fast stetig in die Buneman-Instabilität über.

Im Magnetfeld ergeben sich weitere Instabilitäten. Eine von ihnen, deren Entstehung ebenfalls mit dem Elektronen-Imaginärteil von Ionen-Zyklotron-Wellen verbunden ist, ist die

Drummond-Rosenbluth-Instabilität. Sie entsteht dann, wenn ein Strom parallel zum Magnetfeld fließt. Sie unterscheidet sich damit von den ersten beiden Instabilitäten, die gewissermaßen gegen die Existenz eines nicht zu starken Magnetfeldes ($\omega_{Be} \ll \omega_{pe}$) invariant sind. Offenbar führt die Drummond-Rosenbluth-Instabilität zu keinem nennenswert großen anomalen Widerstand, weil die Fluktuationen nur kleine Anwachsraten besitzen und sie offensichtlich durch einfache quasilineare Effekte wie Plateau-Bildung der Verteilungsfunktion leicht unterdrückt wird.

Eine wichtigere Rolle können elektrostatische Instabilitäten mit $k_\perp^2 \gg k_z^2$ spielen. Anders ausgedrückt sind dies Wellen, deren Wellenvektor fast senkrecht zum Magnetfeld gerichtet ist und deren Frequenzen wesentlich kleiner als die Elektronengyrofrequenz, jedoch größer als die Gyrofrequenz der Ionen ist. Sie erinnern an die Moden, die sich bei der Existenz eines Verlustkegels (s. Abschnitt 2.8) ergeben:

$$1 + \frac{\omega_{pe}^2}{\omega_{Be}^2} + \frac{\omega_{pi}^2}{k^2}\int \frac{\underline{k}.(\partial f_o^i/\partial \underline{v})}{\omega - \underline{k}.\underline{v}}\, d^3v + \frac{\omega_{pe}^2}{k^2}\int \frac{k_z(\partial f_o^e/\partial v_z)}{\omega - \underline{k}.\underline{u}_o - k_z v_z}\, d^3v = 0 \qquad (2.333)$$

In der Näherung $\omega \gg kv_{Ti}, \underline{k}\cdot\underline{u}_o > k_z v_{Te}$ geht diese Gleichung in die Dispersionsbeziehung für die sogenannte modifizierte Buneman-Instabilität über:

$$1 + \frac{\omega_{pe}^2}{\omega_{Be}^2} - \frac{\omega_{pi}^2}{\omega^2} - \frac{\omega_{pe}^2 k_z^2/k^2}{(\omega - \underline{k}.\underline{u}_o)^2 - k_z^2 v_{Te}^2} = 0 \qquad (2.334)$$

Die Anwachsrate ist größenordnungsmäßig durch

$$\gamma \sim (\omega_{Bi}\omega_{Be})^{1/2} \ll \omega_{pi}$$

für

$$kr_{Be} \sim 1, \quad k_z = ku_o/v_{Te} \qquad (2.334')$$

gegeben. Diese Näherung ist gültig, wenn die Driftgeschwindigkeit wesentlich größer als v_{Ti} ist. Bei Verletzung dieser Bedingung ergibt sich eine kinetische Instabilität von der Art

$$\mathrm{Re}(\omega - \underline{k}.\underline{u}_o) \approx k_z (kT_i/m_e)^{1/2}/(1+k^2 r_{B*}^2)^{1/2}$$
$$\mathrm{Im}\,\omega = \pi^{1/2}\omega(\omega - \underline{k}.\underline{u}_o)/(2|\underline{k}|\, v_{Ti}) \qquad (2.335)$$
$$r_{B*}^2 = kT_i/(m_e \omega_{Be}^2)$$

Sie tritt auf, wenn ein Strom senkrecht zum Magnetfeld fließt.

Besonders schwierig ist die Untersuchung des Zusammenhangs zwischen linearer Stabilitätstheorie und anomalem Plasmawiderstand für den Zeitpunkt, in dem die nichtlineare Sättigung der Instabilität einzusetzen beginnt. Für die Lösung dieses Problems müssen Methoden der nichtlinearen Feldtheorie, der Theorie schwacher Turbulenz (s. die Abschnitte 1.16-1.18), (im Falle der Ausbildung starker Turbulenz) Größenordnungsabschätzungen u.a.m. herangezogen werden.

Wir geben hier einige allgemeine Überlegungen wieder, die von einem speziellen Modell für das nichtlineare Stadium praktisch nicht abhängen. Eine korrekte Behandlung des Problems der elektrischen Leitfähigkeit σ muß den Impulsaustausch zwischen Elektronen und im Plasma angeregten Schwingungen in Betracht ziehen. Die übliche Leitfähigkeitsformel für das Plasma $\sigma = ne^2/m\nu$ enthält die Stoßfrequenz der Elektronen und berücksichtigt den Impulsverlust durch Stöße mit den Ionen und neutralen Atomen. Werden durch Instabilität von den Elektronen im Plasma Schwingungen und Wellen angeregt, dann ergibt sich ein anomaler Impulsverlust (ein Impulsübertrag von den Elektronen auf die Schwingungen und damit auf kollektive Bewegungen der Ionen). Zur Bestimmung der effektiven Stoßfrequenz ν_{eff} kann man die Impulserhaltung im Gesamtsystem Elektronen-Wellen benützen. Der mittlere Impulsverlust der Elektronen pro Zeiteinheit ist durch

$$\nu_{eff} m_e n_o \underline{u}_o \approx -\underline{F} \tag{2.336}$$

gegeben. Wenn dieser Impuls auf Wellen der Energiedichte W übertragen wird, dann ist die Impulsänderung der Wellen durch

$$\int \gamma^e_{\underline{k}} W_{\underline{k}} (\underline{k}/\omega_k)(d^3k/(2\pi)^3) \tag{2.337}$$

gegeben, wobei $\gamma^e_{\underline{k}}$ der Beitrag der Elektronen zum Imaginärteil der Frequenz ist. Indem wir (2.336) und (2.337) einander gleichsetzen, erhalten wir

$$\nu_{eff} m n_o \underline{u}_o \approx \int \gamma^e_{\underline{k}} W_{\underline{k}} (\underline{k}/\omega_{\underline{k}})(d^3k/(2\pi)^3) \tag{2.338}$$

d.h.

$$\nu_{eff} = (1/mn_o u_o) \int \gamma^e_{\underline{k}} W_{\underline{k}} (\underline{k}/\omega_{\underline{k}})(d^3k/(2\pi)^3) \tag{2.339}$$

Auf diese Weise läuft das Problem auf eine Bestimmung von $W_{\underline{k}}$ hinaus; $\gamma^e_{\underline{k}}$ ist im quasilinearen Sinne zu interpretieren. Gleichung (2.338) hätten wir am Beispiel von Ionenschallschwingungen auch aus der quasilinearen Diffusionsgleichung der Elektronen ableiten können.

Anomaler Widerstand führt zu anomaler Deposition Joulescher Wärme j^2/σ_{eff} im Plasma. Diese Art der Plasmaheizung wird häufig turbulente Heizung genannt, weil der Mechanismus, der die Natur des anomalen Plasmawiderstandes bestimmt, die von der Instabilität hervorgerufene Turbulenz ist. Bei Abwesenheit von Zweierstößen führt turbulente Heizung zu unterschiedlicher Temperatur der Elektronen- und der Ionenkomponente des Plasmas. Eigentlich kann von einer Temperatur der Elektronen und Ionen gar nicht gesprochen werden, wenn man den Begriff der Temperatur im traditionellen Sinne verwendet (nämlich im Sinne einer Maxwellverteilung der Teilchen). Unter der Temperatur versteht man in solchen Plasmen deshalb die mittlere chaotische kinetische Energie von Elektronen oder Ionen.

In der Regel wächst bei turbulenter Heizung die Elektronentemperatur schneller als die Ionentemperatur. Man kann eine einfache Relation erhalten, die die Geschwindigkeiten der Heizung von Elektronen und Ionen miteinander verknüpft. Dazu geht man bei der Wechselwirkung von Elektronen und Ionen mit den im Plasma angeregten Schwingungen von den Erhaltungssätzen für Impuls und Energie aus. Auf die Plasmaelektronen wirkt die Reibungskraft

$$\underline{F} = -\nu_{eff} n_o m \underline{u}_o \tag{2.340}$$

Die Arbeit dieser Kraft wird offensichtlich für die Heizung der Plasmaelektronen aufgebracht:

$$dw_e/dt \sim \nu_{eff} m_e u_o^2 = (1/n_o) \int \gamma_{\underline{k}}^e W_{\underline{k}} (\underline{k} \cdot \underline{u}_o)/\omega_{\underline{k}} \cdot (d^3k/(2\pi)^3) \tag{2.341}$$

Im stationären Sättigungszustand, der dann erreicht ist, wenn das weitere Anwachsen der Instabilität durch nichtlineare Effekte begrenzt wird, wird der Impuls der Schwingungen (und mit ihm auch die Energie) auf die Ionen übertragen. Auf diese Weise müssen die Ionen im Sättigungszustand die Schwingungsenergie mit einer Absorptionsrate von größenordnungsmäßig $\int \gamma_{\underline{k}}^e W_{\underline{k}} d^3k$ aufnehmen. Die Ionen werden also mit der Geschwindigkeit

$$dw_i/dt \sim (1/n_o) \int \gamma_{\underline{k}}^e W_{\underline{k}} d^3k/(2\pi)^3 \tag{2.342}$$

geheizt. Indem wir die Gleichungen (2.341) und (2.342) durcheinander teilen, erhalten wir

$$dw_e/dw_i \sim \int \gamma_{\underline{k}}^e W_{\underline{k}} (\underline{k} \cdot u_o/\omega_{\underline{k}}) d^3k / \left(\int \gamma_{\underline{k}}^e W_{\underline{k}} d^3k \right) \tag{2.343}$$

Setzt man hier näherungsweise

$$\int \gamma_{\underline{k}}^e W_{\underline{k}} (\underline{k} \cdot \underline{u}_o/\omega_{\underline{k}}) d^3k \sim (\underline{k} \cdot \underline{u}_o/\omega_k) \int \gamma_{\underline{k}}^e W_{\underline{k}} d^3k$$

dann ergibt sich für das Verhältnis der Heizgeschwindigkeiten die Abschätzung

$$dw_e/dw_i \sim u_o(\omega/k) \qquad (2.344)$$

Diese Beziehung hängt vom Instabilitätstyp nicht ab und ist in diesem Sinne universell. Tatsächlich führt sie für die meisten Instabilitäten zu einer schnelleren Heizung der Elektronen. Bei Ionenschallinstabilität ist in der Regel $u_o \gg \omega/k$, so daß $dw_e/dw_i \gg 1$ gilt. Für sie überführen wir den Ausdruck (2.339) zweckmäßigerweise in eine anschaulichere Form. Indem wir die sich für $k \sim r_D^{-1}$ ergebende maximale Anwachsrate $\gamma^e_{\underline{k}} \approx \omega u_o/v_{Te}$ in (2.339) einsetzen, erhalten wir die Beziehung

$$\nu_{eff} \sim \omega_p W/n_o kT_e \qquad (2.345)$$

Wenn also die Schwingungsenergie W im Sättigungsbereich der Instabilität bekannt wäre, dann ließe sich ν_{eff} bestimmen. Zur Bestimmung von W steht uns in der nichtlinearen Plasmatheorie die Theorie schwacher Plasmaturbulenz zur Verfügung. Sie ist allerdings nicht immer anwendbar. Sogar für den einfachsten Fall der Bunemann-Instabilität muß die Theorie starker Turbulenz herangezogen werden. Aus ihr ergeben sich jedoch nur Größenordnungsabschätzungen.

Auf die Ionenschallinstabilität hingegen kann die Theorie schwacher Turbulenz angewendet werden. Der Imaginärteil der Frequenz ist wesentlich kleiner als der Realteil, weil die Driftgeschwindigkeit viel kleiner als die mittlere thermische Geschwindigkeit der Elektronen sein kann. Der nichtlinearen Theorie der Ionenschallinstabilität und der Berechnung des anomalen Widerstandes wurden viele Untersuchungen gewidmet. Wir wollen dieses Problem etwas ausführlicher betrachten. Die Energiedichte $W_{\underline{k}}$ der Schwingungsmode mit dem Wellenvektor $\underline{k}$ wächst bei kleinen Amplituden exponentiell an. Bei großen Amplituden werden Effekte nichtlinearer Sättigung wirksam und ein stationärer oder quasistationäer Zustand kann sich einstellen. Dann läßt sich das Spektrum von $W_{\underline{k}}$ bestimmen, indem man das lineare Wachstum durch einen der mit nichtlinearer Sättigung verbundenen Effekte kompensiert. Größenordnungsmäßig können wir den nichtlinearen Term in der symbolischen Form

$$0 = \left\{2\gamma_{\underline{k}} - A\omega_{\underline{k}}(W/n_o kT_e)\right\} W_{\underline{k}} \qquad (2.346)$$

darstellen. Für Ionenschallschwingungen sind Resonanzen von Dreiwellen-Wechselwirkungen verboten, so daß der einzige Effekt, der ein Glied von der Ordnung W^2 liefern kann, die nichtlineare Streuung der Welle an den Ionen ist (s. Abschnitt 1.17). Das ist der Effekt, der durch das Vorhandensein von Nennern der Form $\omega-\omega'-(\underline{k}-\underline{k}').\underline{v}$ hervorgerufen wird, d.h. von

Landau-Resonanzen nichtlinearer Schwebungen, die sich für jedes beliebig herausgegriffene Wellenpaar ergeben können. Diese Schwebungen geraten in Resonanz mit den Ionen, wobei ein Teil der Energie absorbiert wird und ein anderer Teil in eine Welle niedrigerer Frequenz übergeht. In Wahrheit erhält man für diesen quadratischen Term einen ziemlich komplizierten Integralausdruck, dessen Betrachtung in diesem Buch zu weit führen würde. Seine Größe schätzen wir auf die folgende Weise ab. Da der betrachtete Effekt mit der thermischen Bewegung der Ionen zusammenhängt, ist der Operator A proportional zu dem kleinen Faktor T_i/T_e (da es sich um Ionen handelt, ist per definitionem notwendig, daß $T_i << T_e$ ist). Da er dimensionslos ist, setzen wir für ihn $A \sim T_i/T_e$ an. Die Theorie schwacher Turbulenz bestätigt diese Abschätzung. Damit ergibt sich

$$W \approx 10^{-15}(T_e/T_i)(u_o/v_{Te})nkT_e/e \tag{2.347}$$

Der numerische Faktor ergibt sich aus der Theorie. Damit kommen wir zu der folgenden Formel für die effektive Stoßfrequenz:

$$\nu_{eff} \approx 10^{-2}\omega_{pi}(u_o/c_s)(T_e/T_i) \tag{2.348}$$

Wenn man also durch das Plasma einen Strom schicken könnte, der so groß ist, daß die Elektronen durch kohärente Strahlung von Phononen, d.h. von Ionenschallschwingungen, Impuls verlieren, dann würde sich letzten Endes ein stationäres Spektrum einstellen und ν_{eff} würde durch Formel (2.348) bestimmt werden.

Wenn in einem Plasma mit ursprünglich gleicher Ionen- und Elektronentemperatur (so daß Ionenschallschwingungen nicht möglich sind) ein Strom im Regime anomalen Widerstandes durch Buneman-Instabilität fließt, dann geht dieses Regime früher oder später in das Ionenschall-Regime über. Das hängt damit zusammen, daß die Elektronen ku_o/ω-mal schneller geheizt werden, als die Ionen, so daß im Plasma schließlich Ionen- und Elektronentemperatur voneinander verschieden sind. Die Ionenschallinstabilität facht sich ja gewissermaßen selbst an, da für $u_o >> c_s$ auf die Elektronen stets mehr Wärme übertragen wird, als auf die Ionen.

Dieses Modell anomalen Widerstandes hat einen schwachen Punkt: Nicht eine der vier in die Beziehung (2.348) eingehenden Größen u_o, c_s, T_e und T_i kann in einem realen Plasma ohne Zweierstöße (so daß Streuung also nur an Fluktuationen auftritt) noch ihre normale Bedeutung haben. Beginnen wir mit der Elektronentemperatur. Ohne Zweierstöße kann man schwerlich erwarten, daß die Verteilungsfunktion eine Maxwellverteilung sein wird. Auch ohne die Forderung nach einer Maxwellverteilung der Elektronen und Annahme einer gewissen mittleren thermischen Verteilung ist erforderlich, daß f_o^e für große Geschwindigkeiten genügend schnell abnimmt. In diesem Falle könnte man - zumindest bedingt - noch von einer Temperatur der Elektronen sprechen. Mit den Ionen ist die Situation aber noch komplizierter, wenn sie nur mit Wellen wechselwirken (keine Zweierstöße).

Betrachten wir, welche Form die Verteilungsfunktionen von Elektronen und Ionen besitzen können. Dazu benützen wir den auf Abb.2.58 dargestellten Geschwindigkeitsraum. Hier bezeichnen v_x und v_y die Geschwindigkeitskomponenten des Teilchens parallel und senkrecht zur Richtung des Stromflusses.

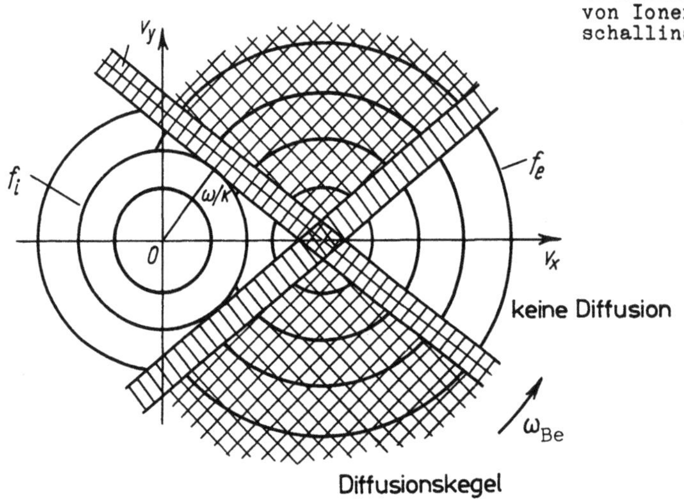

Abb.2.58
Quasilineare Diffusion von Ionen bei Ionenschallinstabilität

Ursprünglich mögen Elektronen und Ionen eine Maxwellverteilung besitzen. Das bedeutet, daß ihre Verteilungsfunktionen in der v_x-v_y-Ebene konzentrisch-kreisförmige Niveaulinien besitzen. Das Zentrum dieser Kreise, das dem Maximum der Verteilungsfunktion entspricht, liegt für die Ionen im Koordinatenursprung. Für die Elektronen ist es um den Wert u_o nach rechts verschoben: sie übertragen Strom. Die Wechselwirkung zwischen Wellen und Teilchen ist dann besonders stark, wenn Landau-Resonanz vorliegt. Irgendeine herausgegriffene Welle mit der Phasengeschwindigkeit ω/k wechselwirkt mit Teilchen, die sich in der Nähe einer Geraden befinden (s. Abb.2.58). Für diese Teilchen nämlich tritt die Resonanz ein. Betrachtet man schließlich Wellen aller möglichen Richtungen und verschiedener Phasengeschwindigkeiten, dann sieht man, daß alle in der Umgebung einer die Bedingung der Landauresonanz erfüllenden Geraden befindlichen Teilchen die Wirkung des Wellenfeldes spüren. Im Ionenschallspektrum fehlen aber Wellen mit Geschwindigkeiten unterhalb eines bestimmten Wertes ($\omega/k \lesssim v^*$) (s. Abschnitt 1.11 und 1.12).

In der quasilinearen Näherung können wir für $v < v^*$ von einer Wechselwirkung zwischen Wellen und Teilchen absehen. Sie ist zu schwach und hängt mit nichtlinearen Effekten in der nächst höheren Ordnung zusammen. Im Wechselwirkungsbereich Ionen-Wellen gibt gibt es verhältnismäßig wenige Ionen, so daß nur ein Teil von ihnen starker Einwirkung von Seiten der Welle ausgesetzt ist. In nullter Näherung bleibt die Verteilungsfunktion der Ionen im größten Teil ihres Definitionsbereiches praktisch undeformiert. Im resonanten Bereich hingegen ergibt sich eine starke Verformung durch quasilineare Diffusion im Geschwindigkeitsraum. Wenn Zweierstöße keine Rolle spielen, dann ist diese Änderung der Ionenverteilung ganz wesentlich. Sie verändert den von den Ionen herrührenden Imaginärteil der Dispersionsbeziehung stark. Dieser normalerweise sehr kleine Imaginärteil reagiert auf Änderungen im "Schwanz" der Ionenverteilung sehr empfindlich.

Auf der anderen Seite ist für die Elektronen der Geschwindigkeitsbereich, in dem es keine Resonanz zwischen Teilchen und Wellen gibt, verhältnismäßig klein, weil die Schallgeschwindigkeit $(m_e/m_i)^{1/2}$-mal kleiner als die mittlere thermische Geschwindigkeit der Elektronen ist. Im Prinzip kann man vernachlässigen, was innerhalb dieses nur kleinen Kreises vor sich geht. Es ergibt sich jedoch eine andere Schwierigkeit. Man kann sich nämlich schwer vorstellen, daß der Strom senkrecht zu seiner Flußrichtung Wellen anregen kann. Tatsächlich ergibt sich aus der Theorie der Ionenschallinstabilität, daß Wellen mit einem zur Stromrichtung fast senkrechten Wellenvektor einen sehr kleinen Imaginärteil besitzen und daß man sie praktisch als stabil ansehen kann.

Wir kommen also zu dem Schluß, daß sich im Geschwindigkeitsraum ein kleiner Kegel herausbildet, in dem Wellen für eine Resonanz mit den Elektronen nicht zur Verfügung stehen. Diese Elektronen werden vom elektrischen Feld, das den Plasmastrom treibt, frei beschleunigt. Ihr Beitrag zum Strom kann zu einer starken Abnahme des elektrischen Widerstandes führen. Wieviele Elektronen geraten aber in diesen Verlustkegel und werden weiter frei beschleunigt? Das Problem läßt anhand zweier Grenzfälle diskutieren. Zunächst betrachtet man zweckmäßigerweise den einfacheren Fall, in dem senkrecht zur Zeichenebene ein (zumindest) schwaches Magnetfeld B_o anliegt (s. Abb.2.58). Dieses Magnetfeld versetzt die Elektronen in eine (im Verhältnis zur Frequenz der Plasmaschwingungen) langsame Gyration, die jedoch im Zeitmaßstab, in dem Elektronen in den Verlustkegel geraten, sehr schnell sein kann. Das bedeutet, daß Mittel alle Elektronen während einer Larmordrehung im Mittel alle Elektronen in

Wechselwirkung mit den Wellen geraten. Damit ergeben sich hier für die Elektronen keine weiteren Schwierigkeiten. Auch wenn f_o^e keine Maxwell-Verteilung ist, kann man trotzdem von einer mittleren Elektronentemperatur sprechen.

Wir wollen also annehmen, daß durch das Vorhandensein eines schwachen Magnetfeldes alle Aussagen über die effektive Zahl von Stößen auch auf spätere Zeitpunkte, zu denen sich eine wesentliche Verzerrung der Elektronenverteilung und eine Abweichung von einer Maxwellverteilung ergeben haben können, übertragbar sind. Gerade mit einer solchen Situation haben wir es bei stoßfreien Stoßwellen senkrecht zum Magnetfeld zu tun (s. Abschnitt 2.20).

Die Probleme, die mit der Ionenverteilung zusammenhängen, bleiben jedoch auch in diesem Falle bestehen. Das liegt daran, daß die (unter dem Einfluß des Magnetfeldes stehenden) Ionen nicht genügend Zeit zur Vermischung finden, so daß ihre Verteilung von ziemlich exotischer Form sein kann und sich letzten Endes von einer Maxwellverteilung stark unterscheidet. Es ist zu erwarten, daß der größte Teil der Ionen kalt bleibt, während eine gewisse Gruppe, die sich zunächst mit näherungsweise Schallgeschwindigkeit bewegt, geheizt wird. Ohne die Verwendung numerischer Methoden wird so bald wohl schwerlich die Form einer solch komplizierten Ionenverteilung bestimmen können.

Einfacher sollten die Gesetzmäßigkeiten bei schwacher Nichtlinearität sein, wenn es gerechtfertigt ist, sich mit der quasilinearen Näherung zu begnügen. In dieser Näherung tritt Sättigung der Instabilität durch quasilineare Verformung der Ionenverteilung ein, durch die sogar in einem Plasma unterschiedlicher Ionen- und Elektronentemperatur eine Gruppe von Ionen mit großer Geschwindigkeit ($v \gtrsim c_s$) entsteht. Solche Ionen, die Ionenschallwellen resonant absorbieren, müssen der Anregung von Elektronenschwingungen das Gleichgewicht halten. Betrachten wir den Prozeß nichtlinearer, hier also quasilinearer Schwingungssättigung. Die Gleichung für das Spektrum der instabilen Wellen möge die symbolische Form (s. Gleichung (2.346))

$$dW_k/dt = 2\gamma_{\underline{k}}^e W_{\underline{k}} - 2\gamma_{\underline{k}}^i W_{\underline{k}} - A(W/n_o kT_e) W_{\underline{k}} \qquad (2.349)$$

haben. Das Anwachsen von Schwingungen für $u > c_s$ führt zu einer Widerstandszunahme, d.h. es entsteht eine Reibungskraft, die auf die Elektronen wirkt. Wenn das angelegte elektrische Feld, das den Strom treibt, nicht zu groß ist, dann muß als Folge der Reaktion der Elektronen auf den erhöhten Widerstand u_o so lange abnehmen, bis das Plasma die Instabilitätsschwelle erreicht. Das bedeutet, daß die nichtlinearen Glieder in Gleichung (2.349) eine kleine Rolle spielen und die Sättigung aller ursprünglich instabilen Wellen durch die Bedingung $\gamma_k^e \approx \gamma_k^i$ bestimmt wird. Anders ausgedrückt: Für alle ursprünglich instabilen Wellen muß für alle resonanten Geschwindigkeiten ($\omega = kv$) die Bedingung

$$\gamma_k = \gamma_k^e - \gamma_k^i \approx (df_o^e/dv + (m_e/m_i)(df_o^i/dv)) = 0 \qquad (2.350)$$

erfüllt sein. Wenn wir in Bedingung (2.349) den letzten Term vernachlässigen, dann enthält sie die Amplituden W_k der sich einstellenden Wellen nicht, so daß ν_{eff} aus ihr nicht direkt bestimmt werden kann. Die effektive Stoßfrequenz für ein solches Sättigungsregime der Instabilität, das man auch das quasilineare Regime nennt, läßt sich aus dem Ohmschen Gesetz bestimmen, indem man den für $j = en_o u_o \approx en_o v_c$ gefundenen Wert einsetzt. Indem wir annehmen, daß $j = en_o v_c = \sigma E$ gilt, finden wir

$$\nu_{eff} = eE/(m_e v_c) \qquad (2.351)$$

Jetzt können wir mit Hilfe der Beziehung (2.339), die ν_{eff} mit der Schwingungsenergie verknüpft, W bestimmen:

$$W/(n_o kT_e) \approx (eEr_D/n_o kT_e)(v_{Te}/v_c) \qquad (2.352)$$

Mit Zunahme von E nimmt auch W zu und für hinreichend große Felder darf man das nichtlineare Glied in (2.349) bereits nicht mehr vernachlässigen. Die so einfach scheinenden Formeln des quasilinearen Regimes sind in Wirklichkeit kompliziert. Es scheint so, als würde für die Bestimmung von $u_o \approx v_c$ der lineare Ausdruck für den Imaginärteil der Frequenz genügen. γ_k^i hängt jedoch sehr empfindlich von der Form der Ionenverteilung für große Ionengeschwindigkeiten ab. Diese schnellen Ionen erhöhen durch Absorption von Wellen ihre Energie und ändern (infolge quasilinearer Effekte) die Form ihrer Verteilung sehr schnell. Dadurch ändern sich γ_k^i und, als Folge, v_c ebenfalls sehr schnell. Wenn die thermische Energie, die von den Plasmateilchen absorbiert wird, nicht nach außen abgeführt wird, dann ist zu erwarten, daß letzten Endes eine gewisse Gruppe von Ionen entsteht, die die gesamte Wellenenergie absorbiert. Wir verfahren auf die folgende Weise: Die Ionenverteilung teilen wir in eine Gruppe kalter und eine Gruppe heißer Ionen auf. In dieser vereinfachten Beschreibung lassen sich die Größen bestimmen, die den Stromfluß charakterisieren. Die Gruppe von Ionen, die in Resonanz mit den Ionenschallschwingungen gerät und anschließend beschleunigt wird, ist verhältnismäßig klein. Ihre Dichte wollen wir mit X bezeichnen. Als effektive Temperatur solcher resonanten Ionen führen wir $kT_i \sim m_i v_i^2$ ein. Dann erhalten wir aus (2.344)

$$T_e/T_i \approx Xu_o/c_s \tag{2.353}$$

Mit der Abschätzung $\gamma_i \approx \omega_{pi}^2(\omega/k^2)Xc_s/(kT_i/m_i)^{3/2}$ für die Anwachsrate der Ionen (wobei wir $T_i \geq T_e$ annehmen) und Vergleich mit der Anwachsrate der Elektronen (s. Tab.2.2 am Anfang dieses Abschnitts) erhalten wir

$$X \approx (m_e/m_i)^{1/4}(T_i/T_e)^{1/4} \tag{2.354}$$

Jetzt stehen uns für die Bestimmung der drei Unbekannten X, u_o/c_s und T_i/T_e die beiden Gleichungen (2.353) und (2.354) zur Verfügung. Um eine dritte Gleichung zu erhalten, betrachten wir den Impuls der resonanten Ionen. Der Impuls, den die Elektronen bei der Streuung verlieren, geht auf die Ionen über. Deshalb ist die Ionengeschwindigkeitsverteilung anisotrop. Die Verteilungsfunktion der Ionen stellen wir in der Form $f_i(\underline{v},\theta) = f^i_{oi}(\underline{v})+f^a_{1i}(\underline{v},\theta)$ dar, wobei wir den anisotropen Teil f^a_{1i} wie folgt abschätzen: Bei der Schwingungsabsorption bewegt sich ein Ion im Mittel um den Winkel $\Delta\theta \sim W/m_i c_s v_i$. Die relative Energiezunahme der Ionen bei diesem Vorgang ist größenordnungsmäßig durch $\Delta T_i/T_i \sim W/kT_i$ gegeben. Auf diese Weise ist die Vermischung über den Winkel, die eine isotrope Verteilung herzustellen versucht, v_i/c_s-mal stärker. Dann gilt

$$|\underline{P}_i| \approx \left|\int m_i \underline{v}_i f^a_{1i} d^3v\right| \approx n_o X m_i c_s$$

Die fehlende Gleichung ergibt sich nun aus der Bedingung, daß die Arbeit der Reibungskraft dP_i/dt durch $(dP_i/dt)u_o \approx n_o dkT_e/dt$ gegeben ist, d.h.

$$Xm_i c_s u_o \approx kT_e \tag{2.355}$$

Als Lösung des erhaltenen Gleichungssystems erhält man schließlich

$$u_o \approx c_s(m_i/m_e)^{1/4}, \quad T_i \approx T_e, \quad X \approx (m_e/m_i)^{1/4} \tag{2.356}$$

Die mittlere chaotische Energie dieser heißen Ionen ist also größenordnungsmäßig gleich der mittleren chaotischen Energie der Hauptmasse der Elektronen. Gewissermaßen ist dies die Skalierung des quasilinearen Regimes anomalen Widerstandes.

Diese Skalierung gilt für einen Strom, der senkrecht oder fast senkrecht zum Magnetfeld fließt. Wir stellen uns jetzt vor, daß entweder ein Magnetfeld überhaupt nicht vorhanden ist oder nur eine Komponente in Richtung des Stromflusses besitzt. Dann verschwindet der Mechanismus, der zur Vermischung der Elektronen führt und das Problem der Elektronenverteilungsfunktion wird komplizierter. Wie gehen wir in diesem Falle vor? Zwei Gruppen von Elektronen einzuführen ist offensichtlich nicht möglich, weil im Unterschied zum Fall der Ionen zwei Gruppen von Elektronen nicht ausgezeichnet sind. Ganz im Gegenteil, es gibt einen stetigen Übergang von langsamen Elektronen zu immer schnelleren und man kann sich überlegen, daß letzten Endes mit der Zeit ein beträchtlicher Teil der Elektronen in den Geschwindigkeitsbereich gerät, in dem es praktisch keine Wellen gibt. Diese Erscheinung erinnert an Runaway-Elektronen im Lorentz-Gas, in dem die Stoßfrequenz mit Zunahme der Geschwindigkeit wie v^{-3} abnimmt. Gerade durch diese Eigenschaften zeichnet sich die Wechselwirkung der Elektronen mit den Ionenschallwellen aus.

Die Frage, welche Form das Ohmsche Gesetz in einem solchen Plasma hat, ist bis heute ungeklärt. Einer der verbreitetsten Standpunkte läßt sich wie folgt beschreiben. Ein großer Teil der Elektronen gerät ins Runaway-Regime, die Verteilungsfunktion der Elektronen ist über $v_{\parallel} = \underline{v}.\underline{B}/B$ in Stromrichtung stark auseinandergezogen, und das Verhältnis der mittleren Driftgeschwindigkeit der Elektronen zur mittleren thermischen Geschwindigkeit kann von der Ordnung 1 werden.

Wir wollen jetzt den von irgendeiner anderen Instabilität hervorgerufenen anomalen Widerstand betrachten (s. Tab.2.2 am Anfang von Abschnitt 2.19). Die niedrigste Anregungsschwelle (einen kleinen Werte von u_o) haben elektrostatische Instabilitäten mit $k_z \ll k_\perp$ in einem Plasma, in dem der Strom senkrecht zum Magnetfeld fließt. Die nichtlineare Sättigung solcher Instabilitäten ist im Rahmen der Theorie schwacher Turbulenz nicht beschreibbar. Wir betrachten als Beispiel den Fall der modifizierten Buneman-Instabilität (s. Formel (2.334)).

Die Dispersionsbeziehung (2.334) unterscheidet sich von der gewöhnlichen Buneman-Relation durch die Ersetzung von ω_{pi} durch $\omega_{pi}/(1+\omega_{pe}^2/\omega_{Be}^2)^{1/2}$ und von ω_{pe} durch $\omega_{pe}k_z/(k(1+\omega_{pe}^2/\omega_{Be}^2)^{1/2})$. Die Schwingungsamplitude läßt sich im Sättigungsbereich mit Methoden der Theorie starker Turbulenz abschätzen. In der Gleichung für die Elektronen

$$\partial\underline{u}/\partial t + \underline{u}.\text{grad}\,\underline{u} = (e/m)(\underline{E} + \underline{u}\times\underline{B})$$

vergleichen wir das lineare Glied $\partial\underline{u}/\partial t$ mit dem nichtlinearen $\underline{u}.\text{grad}\underline{u}$. Im nichtlinearen Stadium müssen diese Glieder von gleicher Größenordnung sein und das quasistationäre Sättigungsregime der Instabilität beschreiben. Damit ergibt sich

$$ku_o \sim (k/B_o)\sum_{\underline{q}} q\varphi_{\underline{q}}$$

so daß wir für die Energiedichte der Schwingungen die folgende Abschätzung erhalten

$$\sum_k n_o e^2|\varphi_k|^2/(2kT_e) \approx m_e n_o u_o^2, \quad kr_{Be} \approx 1 \tag{2.357}$$

Mit Hilfe von (2.339) erhalten wir für die effektive Stoßfrequenz

$$\nu_{eff} \approx \omega_B u_o / v_{Te} \tag{2.358}$$

Diese Instabilität wird in der Regel langsamer als Ionenschall ($T_e \gg T_i$) angeregt, kann jedoch auch in einem Plasma hoher Ionentemperatur auftreten. Im Unterschied zum Ionenschall ist für sie die Erfüllung der Bedingung $T_e \gg T_i$ nicht notwendig.

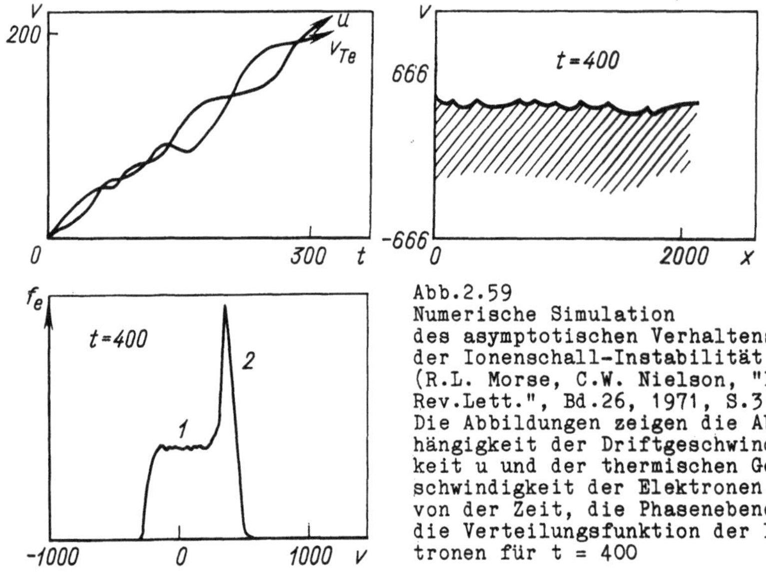

Abb.2.59
Numerische Simulation des asymptotischen Verhaltens der Ionenschall-Instabilität (R.L. Morse, C.W. Nielson, "Phys. Rev.Lett.", Bd.26, 1971, S.3)
Die Abbildungen zeigen die Abhängigkeit der Driftgeschwindigkeit u und der thermischen Geschwindigkeit der Elektronen v_{Te} von der Zeit, die Phasenebene und die Verteilungsfunktion der Elektronen für t = 400

Das Experiment wurde für ein reales Massenverhältnis von Elektronen und Ionen bei einem elektrischen Feld $E_o = 0.02\, m_e \omega_{pe} v_{Te}^0/e$ und einem Anfangsverhältnis der Temperaturen $T_e/T_i = 1$ durchgeführt. Die Zeit wurde in Einheiten des Inversen der Plasmafrequenz $1/\omega_{pe}$ und die Geschwindigkeit in Einheiten von $v^0_{Te}/2\pi$ gemessen. Die Verteilungsfunktion zeigt neben einem stark verwaschenen Elektronen-"Kern" (1) eine Gruppe von Runaway-Elektronen im asymptotischen Bereich $u \sim v_{Te} \sim t$. Das Abreißen der Beschleunigung im Anfangsstadium hängt mit dem Auftreten von Ionenschallinstabilität durch bevorzugte Heizung der Elektronen zusammen.

Unsere Betrachtungen zeigen, daß die Erscheinung anomalen Widerstandes eines der schwierigsten Kapitel der Physik kollektiver Vorgänge im Plasma bleiben wird. Im Grunde gibt es bis heute im Bereich der Theorie außer einigen halbquantitativen Überlegungen und Abschätzungen nur noch einige Modelle für besondere Grenzfälle. Die Realisierung eines allgemeinen Szenariums ist nicht so ganz einfach. Selbst eine Analyse des quasilinearen Regimes anomalen Widerstandes, in dem die nichtlineare Wechselwirkung der Wellen nicht berücksichtigt zu werden braucht, ist in allgemeiner Form noch nicht durchgeführt worden. Hier erweist sich das numerische Experiment als hilfreich (Abb.2.59).

Zusammenfassend läßt sich bemerken, daß der qualitative Verlauf des anomalen Ohmschen Gesetzes $j = j(E)$, d.h. der Zusammenhang zwischen Strom und Spannung, die auf Abb.2.60 dargestellte Form haben muß. Bei unterkritischer Stromdichte, so daß $(u_o/v_{Te}) < (u_o/v_{Te})_{kr}$ gilt, herrschen stabile Verhältnisse, der lineare Teil der Kurve $j = j(E)$ entspricht der klassischen stoßbedingten elektrischen Leitfähigkeit. In der Nähe des Schwellwertes der Strominstabilität $u_o/v_{Te} \approx (u_o/v_{Te})_{kr}$ wachsen die Fluktuationen an und mit ihnen auch die effektive Stoßfrequenz (bedingt durch die Streuung der Elektronen an den Fluktuationen) stark an. Der genaue Wert für $(u_o/v_{Te})_{kr}$ hängt davon ab, welche Art von Strominstabilität vorherrscht. Die starke Zunahme von ν_{eff} bei Erreichung der Instabilitätsschwelle führt zu einem Knick in der Kurve $j = j(E)$. In den für die Messung der klassischen elektrischen Leitfähigkeit charakteristischen Maßstäben ist die Kurve $j(E)$ im Bereich der Instabilität praktisch parallel zur Abszisse. Um einen Strom zu erzeugen, der den kritischen wesentlich übersteigt, wäre die Anlegung eines riesigen elektrischen Feldes notwendig. Der Verlauf von $j(E)$ in diesem Bereich ist wesentlich nichtlinear. So kann man z.B. im oben betrachteten Regime nichtlinearer Sättigung der Ionenschallinstabilität aus der Beziehung (2.348) die Abhängigkeit $j \sim E^{1/2}$ erhalten.

Experimente zum anomalen Widerstand sind schwer zu interpretieren, weil sich die Plasmaparameter bei Änderung von j oder von E stark ändern. Zur Orientierung geben wir auf Abb.2.61 experimentelle Ergebnisse zur Messung des anomalen Widerstandes bei großen Stromdichten j wieder.

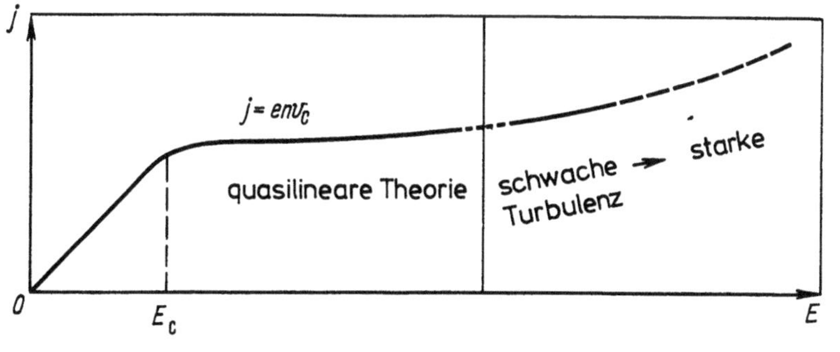

Abb.2.60 Das Ohmsche Gesetz im Falle von Ionenschallturbulenz

Bis jetzt wurde bei der Untersuchung der Plasmaturbulenz im elektrischen Feld und der Mechanismen anomalen Widerstandes vorausgesetzt, daß die am

Plasma anliegende Potentialdifferenz sich gleichmäßig (oder doch fast gleichmäßig) über das gesamte Volumen verteilt, d.h. daß das elektrische Feld im Plasma fast homogen ist. In der Realität unter Randbedingungen können sich aber ganz andere Verhältnisse ergeben. Wir grenzen in Gedanken im Plasma eine Stromröhre, d.h. einen schlanken, von Feldlinien der Stromdichte erzeugten Volumenbereich ab. Aus irgendeinem Grunde mögen sich in dieser Röhre die Plasmaparameter so geändert haben, daß sich das dimensionslose Verhältnis u_o/v_{Te} längs Stromlinien ändert. Wenn diese Inhomogenität so beschaffen ist, daß verschiedene Bereiche der Stromlinie verschiedenen Regimen der Funktion $j = j(E)$ entsprechen (s. Abb. 2.60), dann wird sich die an den Enden der Stromröhre anliegende Potentialdifferenz ungleichmäßig verteilen.

Der größte Teil entfällt dabei auf das Gebiet mit maximalem Wert des Verhältnisses u_o/v_{Te}. Durch das stark nichtlineare Verhalten der Funktion $j(E)$ können die Feldstärkeunterschiede zwischen Gebieten minimalen und maximalen Wertes dieses Verhältnisses riesig werden. Ein solches Potentialprofil muß sich aber im Laufe der Zeit noch aufsteilen. In der Tat muß, wenn wir die Deposition Joulescher Wärme bei anomalem Widerstand (turbulente Heizung) berücksichtigen, in Gebieten maximalen Wertes von u_o/v_{Te} (und d.h. von E) besonders stark geheizt werden. Die zugeführte Wärme muß längs Stromlinien von den Elektronen wegtransportiert werden. Dieser konvektive Transport findet im Ausdruck für den Wärmefluß im Glied $u\partial T_e/\partial x$ Berücksichtigung (s. Gleichung (1.87)). Die von diesen Effekten hervorgerufene Umverteilung der Temperatur längs einer Stromli-

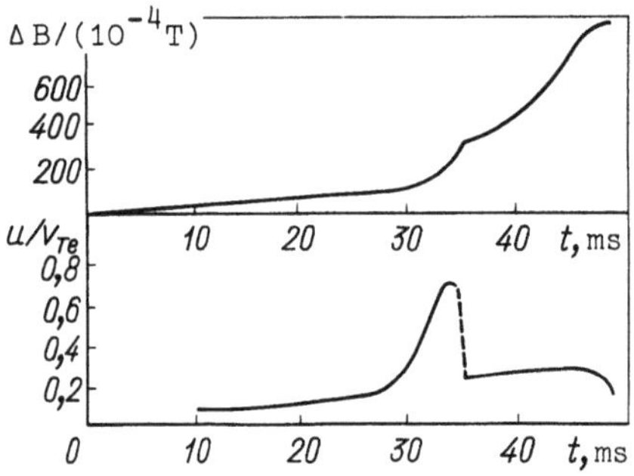

Abb.2.61
Magnetfeldprofil an der Front einer stoßfreien Stoßwelle, gemessen mit einer raumfesten Sonde beim Passieren der Stoßwelle und das aus dieser Messung berechnete Verhältnis von gerichteter zu thermischer Geschwindigkeit der Elektronen

Die gerichtete Geschwindigkeit der Elektronen an der Stoßfront nimmt zu, solange die Entwicklung der Strominstabilität (Buneman) nicht zu einer Heizung der Elektronen führt. Danach fällt sie wegen des Übergangs in den quasilinearen Bereich, in dem sie vom elektrischen Feld praktisch nicht abhängt, steil ab. Das Experiment wurde in einem Wasserstoffplasma einer Dichte von $n_0 \sim 1.5 \cdot 10^{14}$ cm^{-3} in einem Magnetfeld $B_0 = 0.07$ T durchgeführt. Machzahl $M \approx 2$ (V.G. Eselewitsch, A.G. Eskow, R.Ch. Kurtmullaew, A.I. Maljutin "ZHETF", Bd.60, 1971, S. 2079)

nie ändert v_{Te} und damit auch u_o/v_{Te}. Es ist leicht zu sehen, daß eine Abnahme von u_o/v_{Te} "stromabwärts" (in Richtung der den Strom tragenden Elektronenbewegung) in Gebieten maximaler Werte von E zu einer neuen

Verteilung von E führen muß. Qualitativ ist die Reihenfolge der sich nach Einschaltung des Stroms abspielenden Vorgänge auf Abb.2.62 dargestellt.
Die starke Einschnürung der Gebiete anomal großen Wertes des elektrischen Feldes mit der Bildung von Potentialsprüngen erinnert an die Formierung von Stoßwellen bei der nichtlinearen Evolution des Geschwindigkeitsprofils in der Gasdynamik. Tatsächlich geht diese Analogie sehr weit. Der Potentialsprung oder die Doppelschicht ist auch mit einem Sprung der Werte der Plasmaparameter (z.B. der Elektronentemperatur) verbunden. Obgleich, wie wir schon erwähnt haben, man von Temperatur im Zusammenhang mit dem Auftreten von anomalem Widerstand nur mit einem gewissen Vorbehalt sprechen kann, läßt sich eine Doppelschicht durchaus als eine elektrostatische Stoßwelle in einem Zweikomponentenplasma auffassen.

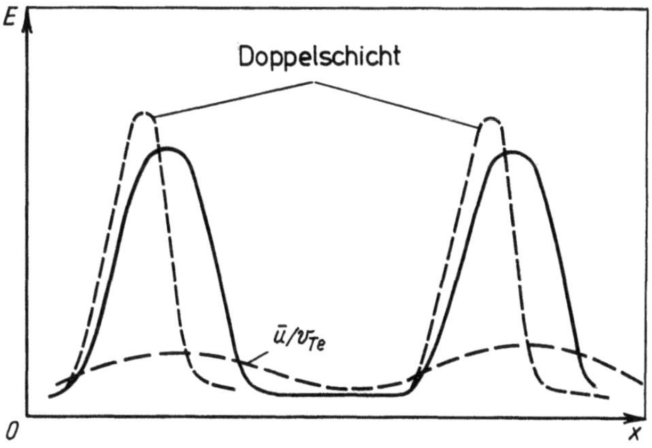

Abb.2.62 Die Bildung von Doppelschichten bei Stromfluß unter Bedingungen anomalen Widerstandes

Es ist interessant, daß der einfachste Grenzfall eines solchen Potentialsprungs nichts anderes als die klassische Langmuirsche Doppelschicht ist. Sie entsteht z.B. in der Nähe einer Kathode, von der Elektronen mit einer mittleren Geschwindigkeit u_K emittiert werden, die kleiner als die dem Entladungsstrom entsprechende Geschwindigkeit u_o ist. Aus diesem Grunde müssen die Elektronen in der Schicht durch das elektrische Feld zunächst einmal beschleunigt werden, damit die Schwelle $u_o/u_K \sim 1$ überwunden werden kann. Dieses alte Modell der Doppelschicht ist sehr einfach und verdient es, erwähnt zu werden. Im stationären Fall erhält man die Elektronenbeschleunigung in der Schicht aus der Bewegungsgleichung

$$m_e u_e du_e/dx = e d\varphi/dx - (kT_e/n_e)\, dn_e/dx \qquad (2.359)$$

Für einen Potentialsprung $e\varphi_o >> kT_e$ kann in der Bewegungsgleichung der Elektronen der Gradient des gaskinetischen Drucks vernachlässigt werden und die Elektronengeschwindigkeit in der Schicht ergibt sich aus der Erhaltung der Energie:

$$u_e = (u_o{}^2 + 2e\varphi/m_e)^{1/2} \tag{2.360}$$

wobei u_o die Geschwindigkeit ist, mit der die Elektronen in die Doppelschicht injiziert werden. Die Elektronendichte innerhalb der Schicht ergibt sich aus der Bedingung für die Konstanz des Stroms:

$$n_e = j_e/u_e \tag{2.361}$$

Entsprechend erhalten wir für die Ionenkomponente die Beziehung

$$u_i = ((2e/m_i)(\varphi_o - \varphi))^{1/2}, \qquad n_i = j_i/u_i \tag{2.362}$$

Hierbei haben wir vorausgesetzt, daß an der Anodenseite der Schicht, d.h. für $\varphi = \varphi_o$, die Ionengeschwindigkeit verschwindet (Abb.2.63) (die Ionen werden stromaufwärts beschleunigt).

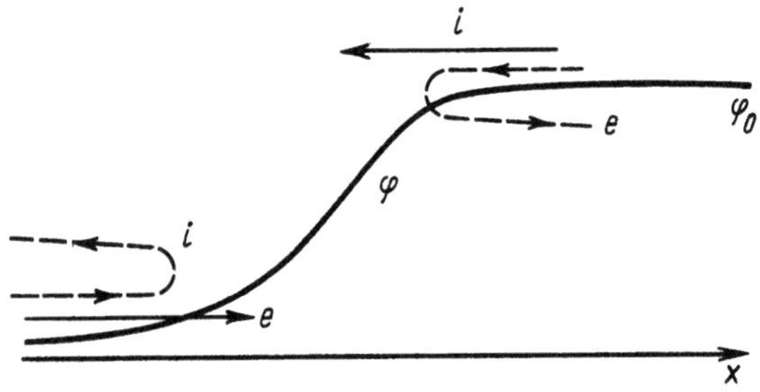

Abb.2.63
Potentialverteilung und Teilchenbahn im Inneren der Doppelschicht

Die Potentialverteilung in der Doppelschicht wird durch die Poissongleichung bestimmt:

$$\epsilon_o d^2\varphi/dx^2 = e\left\{j_e/(u_o^2 + 2e\varphi/m_e)^{1/2} - j_i/((2e/m_i)(\varphi_o - \varphi))^{1/2}\right\} \tag{2.363}$$

Das erste Integral dieser Gleichung liefert das elektrische Feld:

$$(\epsilon_o/2)E^2 = j_e m_e (u_o^2 + 2e\varphi/m_e)^{1/2} - j_e m_e u_o + j_i(2e(\varphi_o - \varphi)/m_i)^{1/2} - j_i(2e\varphi_o/m_i)^{1/2} \tag{2.364}$$

Zusammen mit der Bedingung $E = -d\varphi/dx \to 0$ für $\varphi \to \varphi_o$ erhalten wir damit eine Strom-Spannungsbeziehung für die Doppelschicht - eine Beziehung, die die Potentialdifferenz mit den Elektronen- und Ionendichten verknüpft.

$$j_e = j_i(2e\varphi_o m_i)^{1/2}/(m_e(u_o^2+2e\varphi_o/m_e)^{1/2} - m_e u_o) \qquad (2.365)$$

Im wichtigsten Fall $e\varphi_o >> m_e u_o^2$ erhalten daraus die sogenannte Langmuir-Bedingung

$$j_e = j_i(m_i/m_e)^{1/2} \qquad (2.366)$$

Die Potentialverteilung, die durch Integration von Gleichung (2.364) entsteht, zeigt Abb.2.63, die Verteilung der Ladungsdichte in der Schicht erhalten wir aus der Formel $\rho = -\varepsilon_o d^2\varphi/dx^2$. Links, auf der der Kathode zugewandten Seite der Doppelschicht, herrscht Elektronenüberschuß ($\rho<0$). Innerhalb der Schicht werden die Elektronen beschleunigt, ihre Dichte nimmt ab und auf der Anodenseite der Schicht entsteht ein Ionenüberschuß ($\rho>0$). Wie bereits oben erwähnt wurde, ist die Langmuirsche Doppelschicht eine Struktur, die weitgehende Analogie zu nichtlinearen elektrostatischen Wellen zeigt (s. Abschnitt 1.20). Es gibt allerdings auch einige wesentliche Unterschiede. Insbesondere ist eine Doppelschicht eine stationäre Struktur. Außerdem ist in einer Doppelschicht die elektrische Ladung auf einen kleinen Raumbereich konzentriert, außerhalb der Schicht herrscht Quasineutralität. Da die Elektronendichte in der Schicht in Stromrichtung abnimmt und die Ionendichte zu, ist klar, daß sich mit Hilfe von nur zwei Komponenten - von beschleunigten Elektronen und Ionen - Quasineutralität auf beiden Seiten der Doppelschicht nicht herstellen läßt. Hierzu sind zwei weitere Gruppen von Teilchen erforderlich - kalte Ionen auf der Kathodenseite und kalte Elektronen auf der Anodenseite (s. Abb.2.63). Sie werden von den Potentialbergen, die die Potentialverteilung in der Schicht für sie bildet, reflektiert. Für $e\varphi_0 >> kT_e$ dringen sie nicht tief ins Innere der Schicht ein und haben auf die Potentialverteilung keinen wesentlichen Einfluß, sie sind nur zur Herstellung der Quasineutralität auf beiden Seiten der Schicht notwendig.

Aus Gleichung (2.359) läßt sich noch eine wichtige Besonderheit der Doppelschicht ableiten. Durch Benützung von (2.361) läßt sie sich in der Form

$$(m_e u - kT_e/u)du/dx = e d\varphi/dx \qquad (2.367)$$

schreiben. Daraus folgt, daß die Beschleunigung der Elektronen in Richtung der Zunahme von φ, die für die Bildung der Doppelschicht notwendig ist, nur bei Erfüllung der Bedingung

$$m_e u_o^2 > kT_e \qquad (2.368)$$

eintritt. Wir wissen bereits, daß diese Ungleichung auch die Bedingung für die Entstehung der Buneman-Instabilität ist. Man kann also in der Umgebung der Langmuir-Schicht die Anregung intensiver elektrostatischer Schwingungen mit einer Frequenz von der Ordnung der Ionenplasmafrequenz erwarten. Eine Theorie der Doppelschicht, die die Turbulenz berücksichtigt, die von der Buneman-Instabilität hervorgerufen wird, gibt es noch nicht. Offensichtlich hält die Entwicklung der Instabilität den Vorgang träger Beschleunigung der Elektronen durch das elektrische Feld nicht auf, es ergibt sich jedoch durch die Wechselwirkung mit turbulenten Pulsationen für die Elektronen ebenfalls eine chaotische Geschwindigkeit $\langle v^2 \rangle^{1/2}$. Wenn man annimmt, daß innerhalb der Doppelschicht die gerichtete Geschwindigkeit der Elektronen proportional zu $\langle v^2 \rangle^{1/2}$ wächst, dann bleiben mit der Ersetzung $m_e \rightarrow m_{eff} \sim 2m_e$ die alten Formeln von Langmuir qualitativ richtig.

Außerhalb der Doppelschicht, in dem der Kathode abgewandten Gebiet, muß man die Anregung des reinen Elektronenzweiges der Plasmaschwingungen durch schnelle, in der Schicht beschleunigte Elektronen zu erwarten. Diese Elektronen spielen die Rolle eines Strahls auf einem Hintergrund kälterer Plasmaelektronen. Ein der Wahrheit nahekommendes qualitatives Bild der Verhältnisse in der Doppelschicht unter Berücksichtigung von Instabilität haben wir auf Abb.2.63 dargestellt.

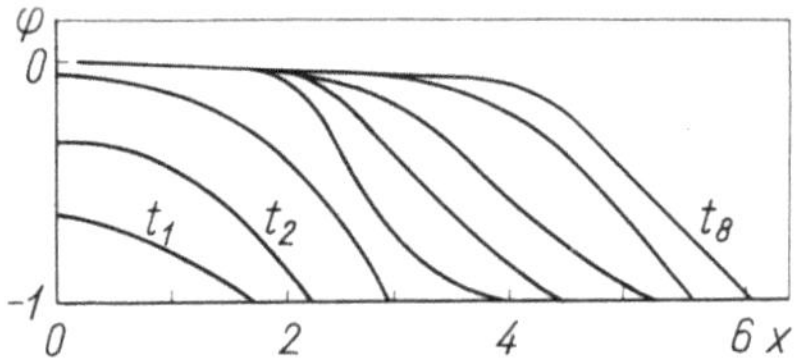

Abb.2.64
Die Potentialprofile des elektrischen Feldes in der Front einer thermischen Stoßwelle, die in Zeitabständen von Δt 10^{-6} s gemessen wurden

Die thermische Welle wurde in einem Argon-Plasma ($n_0 = 2.10^{13}$ cm , T_e = 10 eV) durch lokale Heizung auf eine Temperatur von etwa 300 eV angeregt. Die dabei entstehenden heißen Elektronen werden in der elektrischen Doppelschicht in der Stoßfront der thermischen Welle abgebremst. (A.A. Iwanow u.a. "Pis'ma v ZHETF", Bd. 13, 1971, S. 591)

Eine interessante Erscheinung, die ihrem Wesen nach eine sich bewegende elektrische Doppelschicht darstellt, wurde in Laboratoriumsexperimenten (Abb.2.64) mit sogenannten stoßfreien Elektronen-Wärmewellen erhalten.

2.20 Stoßfreie Stoßwellen

Ein anderes interessantes Beispiel für die wichtige Rolle, die kollektive Vorgänge im Plasma spielen, sind die stoßfreien Stoßwellen. In der gewöhnlichen Gasdynamik wird die Breite der Stoßfront nach unten durch die freie Weglänge der Gasmoleküle begrenzt, im Plasma jedoch sind wegen der sich in ihm abspielenden kollektiven Prozesse besondere Stoßwellen mit wesentlich kleinerer Stoßbreite möglich. Einfachstes Beispiel dafür sind die in Abschnitt 1.20 behandelten Lösungen für Ionenschall-Solitonen. Hier wollen wir die Situation im Magnetfeld betrachten.

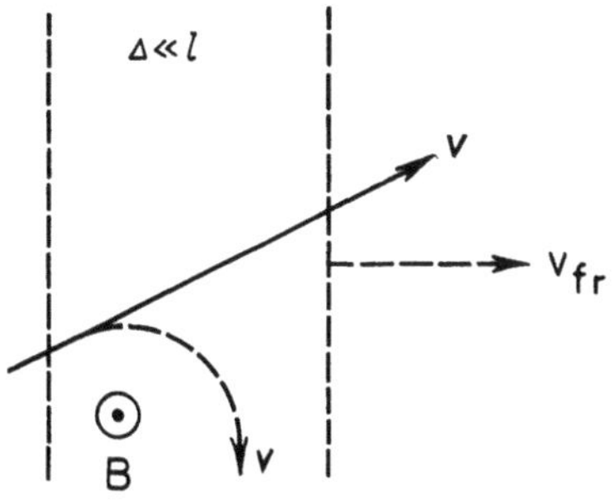

Abb.2.65
Schematische Darstellung der Front einer stoßfreien Stoßwelle

Wir stellen uns (s. Abb.2.65) eine Stoßwelle vor, deren Breite wesentlich kleiner als die freie Weglänge l ist. Schnelle Teilchen ($v > u$) aus dem Gebiet links (wo sich von der Stoßwelle geheiztes Plasma befindet), können, so scheint es, indem sie sich frei nach rechts in Richtung ungestörten Plasmas bewegen, das Übergangsgebiet bis zur Breite l "aufweichen". Welche Effekte können dieses Auseinanderlaufen der Übergangszone verhindern?

1. Der einfachste Fall liegt vor, wenn das Magnetfeld in einer zur Front parallelen Ebene liegt. Es sorgt für eine Bewegungsumkehr von Ionen und Elektronen nach einer Entfernung von der Ordnung des Gyrationsradius r_B. Man kann deshalb erwarten, daß $\Delta \sim r_B$ gilt. Ein hinreichend starkes Magnetfeld ($B^2/(2\mu_o) >> nkT$) verhindert diese Verwaschung sogar dann, wenn es nicht ganz parallel zur Front ist. Das hängt damit zusammen, daß die Geschwindigkeit einer Stoßwelle für $B^2/(2\mu_o) >> nkT$ viel größer als die thermische Geschwindigkeit der Teilchen ist und deshalb der Anteil von Ionen (Elektronen), die die Welle überholen, exponentiell klein. In Problemen dieser Art entsteht das folgende scheinbare Paradoxon. Die Zustände beiderseits der Stoßfront sind durch Erhaltungssätze, nach denen die Energie der Vorwärtsbewegung des ungestörten Plasmas nach dem Passieren der Stoßwelle in innere Energie des Plasmas verwandelt wird, miteinander verknüpft. Was aber führt zu Dissipation, wenn $\Delta << l$ gilt? Im gestörten Zustand hinter der Wellenfront entfällt die meiste innere Energie des Plasmas auf intensive Plasmaschwingungen. Die Entstehung solcher nichtlinearen Schwingungen ist nicht unbedingt mit einer Instabilität des Plasmas verbunden. Sie hängt eng mit den spezifischen Dispersionseigenschaften des Plasmas zusammen (s. Abschnitt 1.20), mit anderen Worten spielt hier wie in der nichtlinearen Dynamik der Ionenschallwellen die Konkurrenz der Effekte nichtlinearer Aufsteilung und der Abweichung von linearer Dispersion die wesentliche Rolle.

2. Wenn das Magnetfeld schwach ist, überhaupt nicht vorhanden oder senkrecht zur Wellenfront zeigt, dann ist der Mechanismus, der das Auseinanderfließen der Stoßfront stört, von anderer Art. Wir wollen annehmen, daß durch das Auseinanderfließen ein gewisser Teil der schnellen Teilchen vor der Front der Stoßwelle ins ungestörte Plasma eindringt. Dann stellt der Plasmazustand in diesem Gebiet eine Mischung aus einer ungestörten Gleichgewichtsverteilung und einer gewissen Gruppe von schnellen Teilchen dar, d.h. er wird zu einem Nichtgleichgewichtszustand (es stellt sich eine Geschwindigkeitsverteilung der Teilchen ein, die keine Maxwell-Verteilung ist). Ein Plasma, das nicht im Gleichgewicht ist, wird gegen die Anregung von Schwingungen verschiedener Art instabil. Die fluktuierenden elektrischen und magnetischen Felder solcher instabilen Schwingungen führen zu einer Streuung von Elektronen und Ionen. Anders ausgedrückt muß beim Vorhandensein von fluktuierenden Feldern dieser Art der Begriff der freien Weglänge neu festgelegt werden, ähnlich wie dies beim Problem des anomalen Widerstandes der Fall war. Der Weg für die Aufstellung der Theorie einer stoßfreien Stoßwelle (einer Stoßwelle ohne Stöße) sieht folgendermaßen aus: Zunächst wird eine laminare Theorie entwickelt, die von der Vorstellung regulärer nichtlinearer Schwingungen (von Solitonen-Lösungen) ausgeht, danach wird die Stabilität dieser Lösungen untersucht. Schließlich wird im Fällen von Instabilität (und auch dann, wenn laminare Lösungen überhaupt nicht existieren) eine "turbulente" Theorie entwickelt.

In der laminaren Theorie muß der Einfluß der Dämpfung auf den Charakter der stationären nichtlinearen Wellen berücksichtigt werden, weil ohne Dämpfung diese Wellen reversiblen Bewegungen entsprechen. Auf diese Weise ist der Plasmazustand vor und nach dem Passieren einer Einzelwelle (eines Solitons) ein- und derselbe. Es ist klar, daß die Berücksichtigung von Dissipation die Reversibilität aufheben muß und daß die Zustände des Plasmas vor und nach einer Einzelwelle nicht mehr die gleichen sein werden. Wenn man für die nichtlinearen Bewegungen des Plasmas die Erhaltungsgleichungen für die Flüsse von Masse, Impuls und Energie benützt, dann müssen diese Gleichungen für stationäre Bewegungen definitionsgemäß Zustände miteinander verknüpfen, die den Gleichungen der Hugoniot-Adiabaten genügen. Die Zustände vor und nach einer Einzelwelle ohne Berücksichtigung von Dämpfung befriedigen die Hugoniot-Adiabate in trivialer Weise. Wie ändert sich die Form der Einzelwelle, wenn Dissipation berücksichtigt wird? Der Zustand nach dem Passieren der Einzelwelle muß sich vom Ausgangszustand unterscheiden, wobei dieser Unterschied natürlich vom gegebenen Mechanismus und vom Grad der Dissipation bestimmt wird. Die Hugoniot-Adiabate hängt aber nicht vom speziellen Dissipationsmechanismus ab. In der Theorie der Stoßbreite in der gewöhnlichen Gasdynamik wird dieser scheinbare Widerspruch auf die folgende

Weise beseitigt: In Abhängigkeit von den Koeffizienten für Viskosität und Wärmeleitfähigkeit und von anderen Größen, die die Dissipation beschreiben, ändert sich auch die Form der Übergangszone selbst (ihre Breite). In einem Plasma niedriger Dichte ist aber die "Breite" einer Einzelwelle (bei schwacher Dissipation) unabhängig von der Hugoniot-Adiabaten durch die Dispersionseigenschaften vorgegeben. Die Auflösung des Paradoxons im Falle eines Plasmas niedriger Dichte besteht darin, daß der Plasmazustand "ungestört" bleibt: Im Plasma verbleiben intensive Schwingungen, deren Beitrag zu den Flüssen von Impuls und Energie berücksichtigt werden muß. Das bedeutet, daß in der Wellenfront ganz von selbst reguläre Schwingungen endlicher Amplitude anwachsen.

In einem Plasma niedriger Dichte, in dem die freie Weglänge wesentlich größer als der Larmorradius der Ionen ist, ist die formale gasdynamische Beschreibung (für Bewegungen senkrecht zum Magnetfeld) auch in Gebieten anwendbar, deren Abmessungen kleiner als die freie Weglänge sind. Dazu ist lediglich notwendig, daß sich alle Größen über eine Entfernung von der Ordnung des Larmorradius nur wenig ändern.

Bei der Betrachtung der Struktur der Front einer Stoßwelle, die sich senkrecht zum Magnetfeld in einem Plasma niedriger Dichte ausbreitet, werden wir annehmen, daß überall in der Front der Larmorradius klein ist gegen irgendeine charakteristische Abmessung. Wir behandeln den einfa-

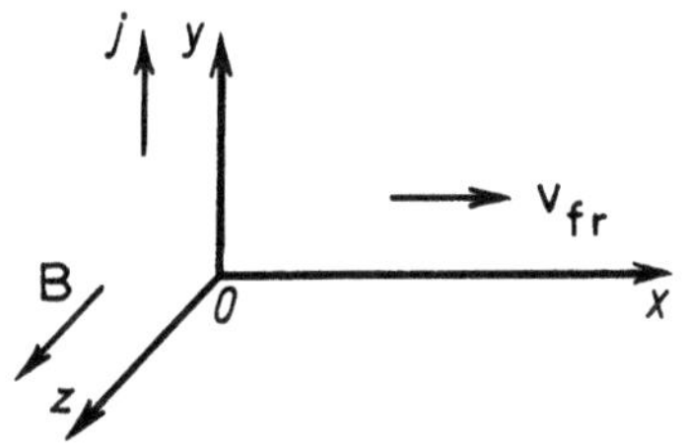

Abb.2.66
Das Koordinatensystem für die Betrachtung der Vorgänge in der Front einer Stoßwelle

cheren Fall eines kalten Plasmas ($\mu_0 p \ll B^2$). Der Dämpfungsmechanismus möge in einer gewissen künstlich eingeführten Reibung zwischen Ionen und Elektronen bestehen. Worum es sich dabei konkret handelt (unter bestimmten Bedingungen wird die Dämpfung z.B. durch anomalen Widerstand hervorgerufen), wollen wir später untersuchen. Die Aufgabe besteht darin, ein System von Differentialgleichungen, das die das Plasma und die selbstkonsistenten elektromagnetischen Felder in der Stoßfront beschreibenden Größen enthält, aufzustellen und es zu untersuchen. Wir führen ein Koordinatensystem ein, in dem die Wellenfront ruht; das Magnetfeld zeige in z-Richtung und die Wellenfront liege in der y-z-Ebene. Der elektrische Strom in y-Richtung wird durch die Elektronen übertragen (Abb. 2.66).

Die Elektronenträgheit in dieser Richtung wird wesentlichen Einfluß auf die Struktur der Front haben, weil sie die nichtlineare Dispersion des Magnetschalls bestimmt (s. Abschnitt 2.6). Schließlich nehmen wir zur Vereinfachung an, daß innerhalb der Front Quasineutralität herrscht: $n_e = n_i$, wobei n_e und n_i die Elektronen- bzw. Ionendichte ist. Diese Annahme haben wir auch in Abschnitt 2.6 bei der Betrachtung linearer Magnetschallwellen senkrecht zum Magnetfeld gemacht.

Bei den Größen, die das Plasma und die Felder bestimmen, handelt es sich um n, B, u_x (die Geschwindigkeit des Plasmas in Ausbreitungsrichtung der Welle, d.h. in x-Richtung), u_y (die Geschwindigkeit der Elektronen, die den Strom übertragen) und um E_y (die y-Komponente des elektrischen Feldes). Das elektrische Feld in x-Richtung läßt sich unter Benützung der Quasineutralitätsbedingung eliminieren. Im Bezugssystem, in dem die Welle ruht, gibt es für diese fünf Unbekannten fünf Gleichungen: (1) die Gleichung für die Erhaltung des Teilchenflusses; (2) die Gleichung für die Erhaltung des Impulsflusses; (3) die Bewegungsgleichung für die Elektronen in Richtung des elektrischen Stromes, d.h. in y-Richtung; (4),(5) die Maxwellgleichungen für die Komponenten von rot$\underline{E}$ und rot$\underline{B}$. Das System von Ausgangsgleichungen läßt sich nach einfachen Umformungen auf eine Differentialgleichung 2. Ordnung für eine der Größen (z.B. für B) reduzieren. Wir wollen diese Gleichungen unter Berücksichtigung der getroffenen Annahmen aufschreiben:

$$(d/dx)(nu) = 0 \qquad (d/dx)(Mnu^2/2+B^2/(2\mu_o)) = 0$$
$$mnu(du_y/dx) = -enE_y + enuB - \nu mnu_y \tag{2.369}$$
$$dE_y/dx = 0 \qquad dB/dx = \mu_o neu_y$$

Der letzte Term auf der rechten Seite der Bewegungsgleichung für die Elektronen entspricht der Reibungskraft zwischen den Elektronen und dem Ionengas.

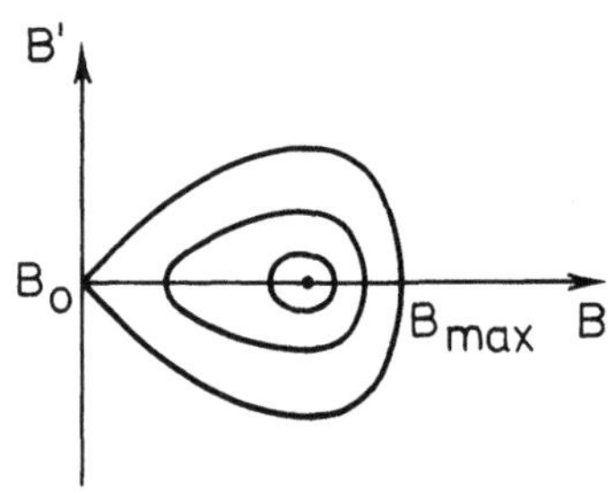

Abb.2.67
Phasenbahnen für nichtlineare Magnetschallwellen

Indem wir aus diesen Gleichungen alle Veränderlichen außer B eliminieren, können wir eine Gleichung 2. Ordnung für B erhalten. Wenn wir für einen Moment den Beitrag der Reibungskraft außer acht lassen, dann nimmt diese Gleichung (bis auf Glieder von der Ordnung m_e/m_i) die Form

$$- \frac{m}{\mu_o e^2 n_o v_{fr}} \frac{d}{dx}\left\{\frac{dB}{dx}\left(\frac{B^2-B_o^2}{2\mu_o m_i n_o v_{fr}} - v_{ph}\right)\right\}\left(\frac{B^2-B_o^2}{2\mu_o m_i n_o v_{fr}} - v_{fr}\right) \qquad (2.370)$$

$$= \left(\frac{B^2-B_o^2}{2\mu_o m_i n_o v_{fr}} - v_{fr}\right) B + v_{fr} B_o$$

an. Sie bestimmt das Änderungsprofil von B in der betrachteten stationären Welle. Indem wir einmal integrieren, erhalten wir

$$-a^2 B'^2 \left\{\frac{B^2-B_o^2}{2\mu_o m_i n_o v_{fr}} - v_{fr}\right\}^2 = \frac{(B^2-B_o^2)^2 - 4\mu_o m_i n_o v_{fr}^2 (B-B_o)^2}{4\mu_o m_i n_o} + C \qquad (2.371)$$

(hier gilt $a^2 = m_e/(\mu_o n_o e^2) = c^2/\omega_{pe}^2$). In Abhängigkeit von der Wahl des Wertes für die Integrationskonstante C erhalten wir verschiedene Lösungen. Zweckmäßigerweise untersucht man die Art der Lösungen in Abhängigkeit von C, indem man die Integralkurven in der Phasenebene (B,B') konstruiert.

Lösungen der Gleichung (2.371) müssen periodische Wellen endlicher Amplitude (cn^2-Wellen) beschreiben. Eine Ausnahme stellt die Lösung dar, die dem Spezialfall C = 0 entspricht. Dieser Fall bezieht sich auf eine Lösung vom Typ eines Magnetschallsolitons. Tatsächlich entspricht er der Bedingung dB/dx = 0 für $B = B_o$. Hierfür nimmt die Gleichung die Form

$$\pm a \frac{dB}{dx} = \frac{(B-B_o)}{(B^2-B_o^2)/(2\mu_o n_o m_i v_{fr}) - v_{fr}} (4\mu_o n_o m_i)^{-1/2} \times \qquad (2.372)$$

$$\times \left(4\mu_o n_o m_i v_{fr} - (B+B_o)^2\right)^{1/2}$$

an. Bei Wahl eines festen Vorzeichens für die Wurzel in dieser Gleichung ergibt sich, daß wir nicht überall auf der x-Achse eine physikalisch vernünftige Lösung konstruieren können. Es existieren jedoch (bis zur zweiten Ableitung einschließlich) überall stetige Lösungen, für die für gewisse $x = x_1$ die Ableitung B' das Vorzeichen wechselt. In einem solchen Punkte nimmt B sein Maximum an. Die Gleichung $(dB/dx)(x=x_1) = 0$ verknüpft die maximale Amplitude des Magnetfeldes B_{max} mit der Ausbreitungsgeschwindigkeit der Welle und spielt eine Rolle, die der Dispersionsbeziehung

$$4\mu_o n_o m_i v_{fr}^2 - (B_{max}+B_o)^2 = 0 \qquad (2.373)$$

entspricht. Hieraus finden wir für die Geschwindigkeit des Solitons

$$v_{fr}^2 = (B_{max}+B_o)^2/(4\mu_o n_o m_i) \qquad (2.374)$$

Im Grenzfall kleiner Amplituden ($B_{max} \to B_o$) ergibt sich die Geschwindigkeit des Magnetschalls.

Eine charakteristische Länge für das Soliton ist durch $\delta \sim c/\omega_{pe}$ gegeben, die Wellenlängen entspricht, für die sich eine Dispersion der Phasengeschwindigkeit ergibt. Ein einfacher analytischer Ausdruck für das Magnetfeldprofil in einer Einzelwelle läßt sich im Falle kleiner Amplituden ($B_{max}-B_o < B_o$) leicht erhalten. Er hat die Form

$$B = B_o \left\{ 1 + 2\left(\frac{v_{fr}^2}{B_o^2/(\mu_o n_o m_i)} - 1\right) \times \right. \qquad (3.375)$$

$$\left. \times \ sh^2 \left[\frac{x}{c/\omega_{pe}} \left(\frac{v_{fr}^2}{(B_o/(\mu_o n_o m_i)^{1/2})^2} - 1 \right)^{1/2} \right] \right\}$$

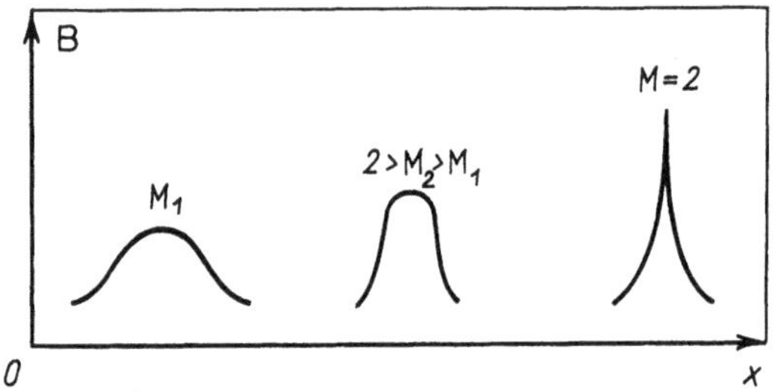

Abb.2.68
Die Profile von Magnetschall-Solitonen für verschiedene Machzahlen

Abb.2.68 zeigt Solitonprofile für verschiedene Mach-Zahlen $M = v_{fr}(B_o/(\mu_o n_o m_i)^{1/2})^{-1}$. Die Lösung vom Soliton-Typ verschwindet für hinreichend große Werte von v_{fr} und B_o. Der kritische Wert für die Amplitude ist durch $B_{max} = 3B_o$ (d.h. $v_{fr} = 2B_o(\mu_o n_o m_i)^{-1/2}$ gegeben. Bei Annäherung der Wellenamplitude an diesen kritischen Wert geht die Ionendichte auf dem Wellenkamm gegen Unendlich. Physikalisch bedeutet dies folgendes. Eine Einzelwelle entspricht einem Hügel des elektrischen Potentials φ. Im Bezugssystem der Welle laufen die Ionen von $x = \infty$ gegen diese Potentialbarriere mit der Geschwindigkeit v_{fr} an. Für nicht zu große Amplituden übertrifft die anfängliche kinetische Energie des Ions $m_i v_{fr}^2/2$ die Höhe $e\varphi_{max}$ dieser Barriere, so daß sie die Ionen nach kurzer Verzögerung überwinden können. Wie sich jedoch aus der Lösung ergibt, wird mit zunehmender Wellenamplitude die Potentialbarriere so hoch, daß $e\varphi_{max} > m_i v_{fr}^2/2$ wird. Die Situation $e\varphi_{max} \approx m_i v_{fr}^2/2$ entspricht der Amplitude $B_{max} = 3B_o$ (oder der kritischen Mach-Zahl 2). Auf dem Kamm einer solchen Welle bleiben die Ionen, nachdem sie ihre Geschwindigkeit reduziert haben, schließlich "stehen", und ihre Dichte nimmt unbegrenzt zu. Bei noch größeren Amplituden würden die Ionen von der Potentialbarriere einfach reflektiert werden, jedoch wird die einem solchen Bild entsprechende

Bewegung im Rahmen des betrachteten Gleichungssystems bereits nicht mehr beschrieben, weil nach der Reflexion eine Mehrstrombewegung (eine einander durchdringende Bewegung von anlaufenden und reflektierten Ionen) vorliegt.

Wir sehen also, daß wie im Falle von Ionenschallwellen (s. Abschnitt 1.20) Dispersionseffekte den "Überschlag" von Magnetschallwellen hinreichend großer Amplitude in einem kalten Plasma nicht aufhalten können.

Wenn wir die thermische Streuung der Ionengeschwindigkeiten berücksichtigt hätten, dann hätten wir sogar bei kleinen Wellenamplituden Ionen finden können, die von der Potentialbarriere reflektiert werden (das sind Ionen kleiner Relativgeschwindigkeit $v_{fr}-v_x$), d.h. solche, die sich ursprünglich in Ausbreitungsrichtung der Welle mit eine Geschwindigkeit bewegt haben, die von v_{fr} wenig verschieden war. Man kann bei ihnen von resonanten Ionen sprechen. Sie stellen nur einen der möglichen Dissipationsmechanismen dar. Er ist unbedeutend, wenn die Zahl der resonanten Ionen klein ist.

Eine andere Art von Dissipation stellt die Reibung der Elektronen an den Ionen dar. Für Wellen kleiner Amplitude läßt sich die Untersuchung vereinfachen und wir können sehen, wozu die Dissipation führt. Anstelle von (2.370) erhalten wir dabei

$$-a^2 \frac{d^2B}{dx^2} = B_o - B + B\,\frac{B^2-B_o^2}{4\mu_o m_i n_o v_{fr}^2} + \frac{a^2}{v_{fr}}\,\nu\,\frac{dB}{dx} \qquad (2.376)$$

Die gleichen Überlegungen wie in Abschnitt 1.20 zeigen, daß es sich hier um die Bewegungsgleichung eines anharmonischen Oszillators mit Reibung handelt, wobei B die Rolle der verallgemeinerten Koordinate und x die Rolle der Zeit spielt.

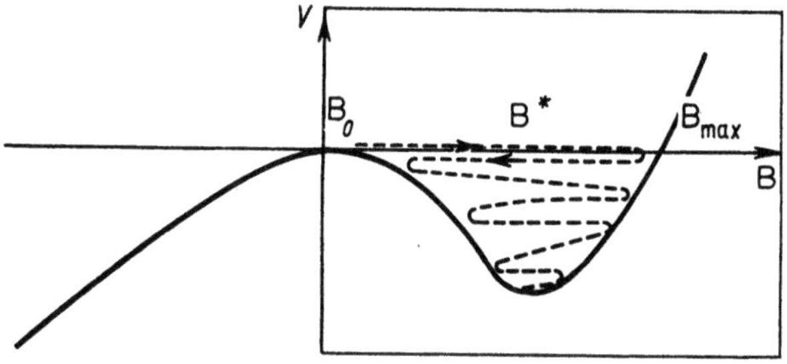

Abb.2.69
Die effektive Potentialmulde für Magnetschall-Solitonen und Stoßwelle

Die Form der Potentialmulde wird durch den Ausdruck

$$V(B) = (1/2)(B-B_o)^2 \left\{(B+B_o)^2/(4\mu_o n_o m_i v_{fr}^2) - 1\right\} \qquad (2.377)$$

bestimmt.

Abb.2.69 zeigt den Verlauf der Funktion V(B). Für

$$B = B^* = -B_o/2 + (4\mu_o m_i n_o v_{fr}^2 + B_o^2/4)^{1/2}$$

nimmt B sein Minimum an. Die Analogie mit einem Oszillator erleichtert die Bestimmung des B-Profils in der Front der Stoßwelle: B oszilliert mit abnehmender Amplitude so lange um den Wert B*, bis B = B* gilt, wobei B* das Magnetfeld hinter der Front ist. Damit B_o dem Minimum des Magnetfeldes in der Welle entspricht, d.h. damit V(B) die auf Abb.2.69 dargestellte Form annimmt, ist notwendig, daß die Bedingung $v_{fr}^2 > B_o^2/(\mu_o n_o m_i)$ erfüllt wird.

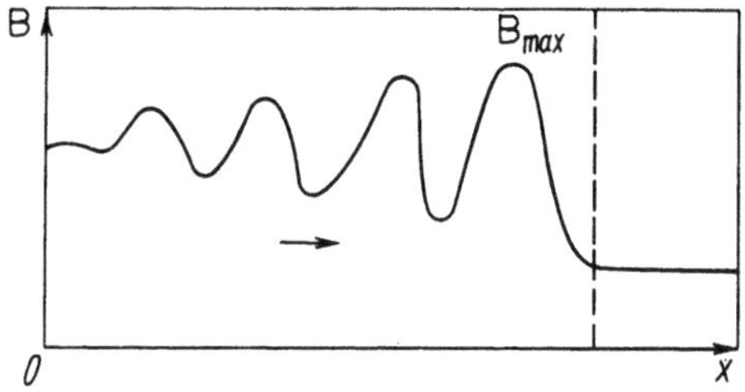

Abb.2.70
Die oszillatorische Struktur einer Magnetschall-Stoßwelle

Das Änderungsprofil von B in der Wellenfront kann man sich wie folgt entstanden denken (Abb.2.70). Zunächst erscheint im ungestörten Plasma ein Soliton, auf dessen Kamm das Magnetfeld ein Maximum besitzt. Durch irreversible Dissipation (Reibung oder resonante Ionen) ist der Zustand des Plasmas nach dem Passieren des Solitons vom Ausgangszustand verschieden. In einer Entfernung von der Ordnung

$$\delta \approx (a/(M-1)^{1/2}) \ln\left\{(v_{fr}/\nu a)(M-1)^{1/2}\right\} \qquad (2.378)$$

wobei $M = v_{fr}/v_A$ die Mach-Zahl ist, folgt der ersten Welle eine zweite usw. Wenn man sich nicht für die Feinstruktur der Oszillationen in der Stoßfront interessiert und das Magnetfeld über Entfernungen, die größer als δ sind, mittelt, dann kann man δ als die effektive Breite der Stoßfront ansehen, die zwei Zustände miteinander verbindet: das (bis zum Eintreffen der Welle) ungestörte und das (von intensiven Schwingungen modulierte) gestörte Plasma. Der Beitrag dieser Zustände muß bei einer solchen Betrachtung in den Erhaltungssätzen an der "Bruchstelle" berücksichtigt werden. In diesem Sinne ist die Rolle der Dämpfung häufig nur symbolisch zu verstehen, da in den Ausdruck für δ (2.378) (die Ausdehnung einer solchen Stoßwelle) die Dämpfung ν im Logarithmus steht.

Die Dämpfung nichtlinearer Oszillationen hinter der Stoßfront ist von folgender Art. In den aufeinanderfolgenden Einzelwellen nimmt die Amplitude stetig ab und der Abstand zweier benachbarter Feldmaxima geht auf $a/(M-1)^{1/2}$ zurück, so daß sich die Form einer gedämpften sinusförmigen Linie ergibt. Die totale Dämpfunglänge der Oszillationen ist von der Ordnung v_{fr}/ν oder $((B^2/(2\mu_o nkT))(m_e/m_i))^{1/2}\lambda$, wobei λ die freie Weglänge der Elektronen ist.

Bei hinreichend großer Reibung (hoher Stoßfrequenz ν) ändert sich der Charakter der Lösungen von Gleichung (2.376) grundlegend. Dieser Fall ist im stoßfreien Plasma bei anomalem Widerstand sehr wichtig. Bis jetzt haben wir die Dämpfung (das letzte Glied in Gleichung (2.376) als klein angesehen. Wenn umgekehrt $c/\omega_{pe} << \nu m_e/(\mu_o n_o e^2 v_{fr})$ gilt, dann kann man die Dispersion, d.h. das Glied mit der zweiten Ableitung in (2.376), vernachlässigen. Die Breite der Stoßfront wird dann durch den Ausdruck

$$\Delta \sim v_{fr}(M-1)/(\mu_o \sigma) \tag{2.379}$$

bestimmt. Einen bestimmten Zahlenwert für Δ können wir erhalten, indem wir für die Berechnung von σ den sich aus der Theorie anomalen Widerstandes bei Ionenschallinstabilität ergebenden Ausdruck benützen.

Bis jetzt hat es sich um die Struktur einer Welle gehandelt, die sich genau senkrecht zum Magnetfeld ausbreitet. Die vorangehende Betrachtung läßt sich leicht auf den Fall von Wellen verallgemeinern, die sich auch parallel zum Magnetfeld ausbreiten. Die mit der Dispersion zusammenhängenden Effekte reagieren sehr empfindlich auf die Ausbreitungsrichtung der Welle. Wenn die Welle auch eine Parallelkomponente besitzt, dann ist eine charakteristische Länge für ihre Dispersion (für $(m_e/m_i)^{1/2} << \theta << 1$) durch $(c/\omega_{pi})\theta$ gegeben. Die Elektronenträgheit spielt für solche Wellen keine Rolle, dafür geht hier die Gyrotropie des Plasmas ein. Die Gleichung für B läßt sich dabei durch eine einfache Betrachtung der Rolle der Dispersion erraten. In der Tat hat man dazu in Gleichung (2.376) unter der Dispersionslänge a nur die Größe $(c/\omega_{pi})\theta$ zu verstehen. Daraus ergibt sich für B die folgende Gleichung:

$$\frac{c^2}{\omega_{pi}^2}\,\theta^2\,\frac{d^2B}{dx^2} = B\left\{1 + \frac{B_o^2}{4\mu_o n_o m_i v_{fr}^2} - \frac{B^2}{4\mu_o n_o m_i v_{fr}^2}\right\} - B_o + \alpha\frac{dB}{dx} \tag{2.380}$$

Es ändert sich aber nicht nur die Länge, sondern auch der Charakter der Dispersion (ω/k nimmt mit Zunahme von k zu). Auch das Vorzeichen der "effektiven" Masse hat sich geändert. Unter Vernachlässigung der Dämpfung $\alpha\,dB/dx$ erhalten wir auch hier nichtlineare periodische stationäre Wellen. Eine spezielle Lösung sind auch die Einzelwellen, nur daß sie hier "Verdünnungswellen" sind (Abb.2.71).

Das Profil der Stoßwelle hat die auf Abb.2.71 dargestellte Form. Es ist interessant, daß das Magnetfeld in der Stoßfront ein Minimum annimmt, und zwar mit einem Wert, der kleiner ist als im ungestörten Plasma. Der Unterschied zum vorher betrachteten Falle besteht darin, daß die Vorderfront der Oszillationen nicht steil ist. Das Problem der laminaren Struktur nichtlinearer Oszillationen in der Front von Stoßwellen läuft also auf die Betrachtung der folgenden zwei Situationen hinaus (Abb. 2.72): (1) Wenn die Dispersionskurve $\omega(k)$ vom Typ I ist (zu $\underline{B}$ senkrechte Wellen in einem kalten Plasma), dann ergibt sich eine steile Front (Solitonen) und (2), wenn kurze Wellen eine größere Ausbreitungsgeschwindigkeit haben als lange (Typ II), dann wird die Front auseinandergezogen, da die kurzen Wellen die Front überholen. Hier ist für die Existenz einer stoßfreien Stoßwelle bereits eine anomale Dämpfung solcher Oszillationen erforderlich.

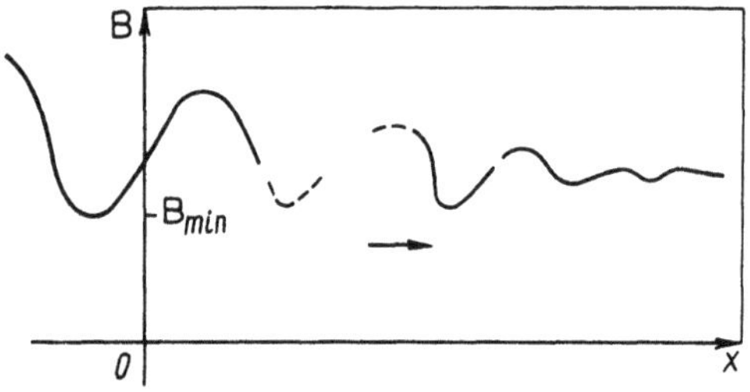

Abb.2.71
Die oszillatorische Struktur einer schräg einfallenden Stoßwelle

Bisher haben wir noch keinen Fall betrachtet, in dem sich eine laminare Theorie der Stoßfront nicht konstruieren läßt. Eine solcher Fall ergibt sich für die bereits oben betrachteten Beispiele von Bewegungen hinreichend großer Amplitude, wenn stationäre nichtlineare Wellen nicht existieren. Wir betrachten zunächst den Fall, in dem sich eine stoßfreie Stoßwelle in einem kalten Plasma senkrecht zu einem starken Magnetfeld ausbreitet. Wenn die Amplitude des Magnetfeldes der Welle einen Wert annimmt, der dem dreifachen Wert des Anfangsmagnetfeldes entspricht, dann wird die laminare Struktur zerstört. Physikalisch bedeutet das, daß sich bei Erreichung einer kritischen Amplitude ($B_{max} = 3B_0$) ein "Überschlag" ergibt. In einem gewissen Gebiet holen die Ionen, die sich zunächst hinter der Front befanden, vordere Ionen ein und überholen sie (Abb.2.73).
Es ergibt sich in diesem Falle ein mehrdeutiges Geschwindigkeitsprofil.

Wir bemerken, daß eine analoge Erscheinung in der Theorie von Wellen endlicher Amplitude auf der Oberfläche einer schweren Flüssigkeit in einem Kanal endlicher Tiefe bekannt ist. Hier ergeben sich nichtlineare stationäre Bewegungen von der Art von Einzel- oder von periodischen Wellen. Bei hinreichend großen Amplituden werden solche Wellen durch Überschlag zerstört. Es ist klar, daß die strenge mathematische Untersuchung der sich nach dem Überschlag ergebenden Situation äußerst schwierig ist. Man kann daher lediglich versuchen, wenigstens qualitativ die wesentlichen Züge dieses Vorgangs zu verstehen, indem man die Analogie zu Flüssigkeitswellen heranzieht.

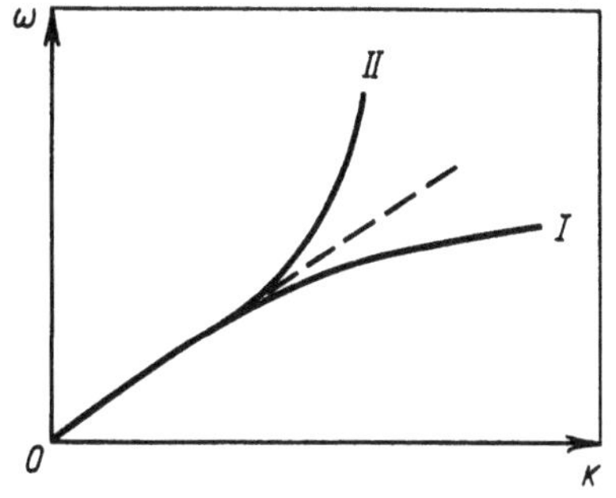

Abb.2.72 Zwei Grenzfälle von Dispersionsrelationen

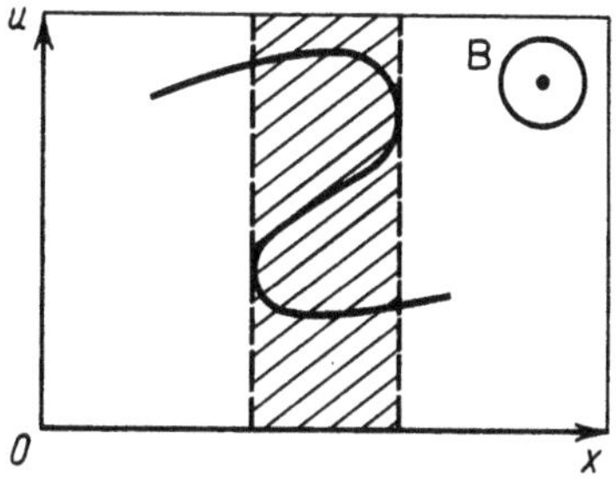

Abb.2.73 Die Entstehung einer Mehrstrombewegung in Stoßwellen hoher Machzahlen

Die wichtigste Frage ist, ob sich nach dem Überschlag für die Plasmabewegung irgendein stationäres Regime einstellt oder ob die Übergangszone (auf Abb.2.73 schraffiert eingezeichnet) unbegrenzt weiter zerfließt, wie dies in einem gewöhnlichen Gas ohne Stöße der Fall sein würde. In der Theorie der Oberflächenwellen ergibt sich eine gewisse Zeit nach dem Überschlag eine stationäre Strömung, die man "Wassersprung" nennt. Sie stellt einen gewissen Übergangsbereich endlicher Breite dar, den man gewöhnlich mathematisch idealisiert durch eine Fläche ersetzt, die zwei planparallele Strömungen voneinander trennt. Für den Durchtritt durch diese Fläche gelten gewisse Erhaltungssätze. In einem gewissen Sinne handelt es sich beim Wassersprung um ein Analogon der Stoßwelle. Die Stationarität der Breite der Übergangsschicht wird physikalisch dadurch sichergestellt, daß Profilbereiche, die sich beim Überschlag nach vorn bewegen, letzten Endes nach Beschreibung eines Bogens unter der Wirkung der Schwerkraft absinken und sich mit ruhenden Profilbereichen vermischen. Im Plasma wird die Rolle der Schwerkraft vom Magnetfeld übernommen, das für eine Bewegungsumkehr der Ionen sorgt. Auch wenn die Ionen noch weit von einer Maxwell-Verteilung entfernt sind, lassen sich die Plasmazustände beiderseits der Übergangszone durch Erhaltungssätze für die Flüsse von Masse, Impuls und Energie miteinander in Verbindung bringen. Für die Breite der Übergangszone erhält man einen Wert, der größenordnungsmäßig mit dem Gyrationsradius der Ionen nach dem Überschlag übereinstimmt. Da in einer Welle mit Mach-Zahlen größer als $2\ v \gtrsim v_A$ gilt, ist die Breite der Übergangszone (oder der stoßfreien Stoßwelle) durch $\delta \sim vm_i/eB \sim c/\omega_{pi}$ gegeben.

Nun muß eine Mehrgeschwindigkeitsströmung senkrecht zum Magnetfeld, wie sie beim Überschlag entsteht, instabil sein. In der Tat, wenn wir der Einfachheit halber eine zweistrahlige Ionenverteilung mit einer Geschwindigkeitsdifferenz, die größer als die thermische Geschwindigkeit ist, betrachten, dann ergibt sich Instabilität für Wellen, die sich fast parallel zum Strahlgeschwindigkeitsvektor ausbreiten. Im Wassersprung ergibt sich eine Instabilität von ähnlicher Gegenstrom-Natur. Dabei handelt es sich einfach um die Instabilität tangentialen Abreißens, die an der Berührungsstelle von Fallströmung und Oberfläche der ruhenden Flüssigkeit entsteht. Im Falle zweier einander entgegen gerichteter, zum Magnetfeld senkrechter Ionenströme entwickelt sich die Zweistrahlinstabilität am stärksten für Frequenzen von der Ordnung der unteren Hybridfrequenz. Die maximale Anwachsrate ist größenordnungsmäßig ebenfalls durch $(\omega_{Bi}\omega_{Be})^{1/2}$ gegeben. Das Plasma wird also turbulent. Im Unterschied zur Situation beim anomalen Widerstand führt diese Turbulenz zu anomaler Viskosität.

Die große Vielfalt von Stoßfrontstrukturen stoßfreier Stoßwellen, die sich aus den oben beschriebenen Modellen ergibt, wird von Laboratoriumsexperimenten (Abb.2.74) und von Stoßwellenmessungen im Sonnenwind (Abb. 2.75) anschaulich demonstriert.

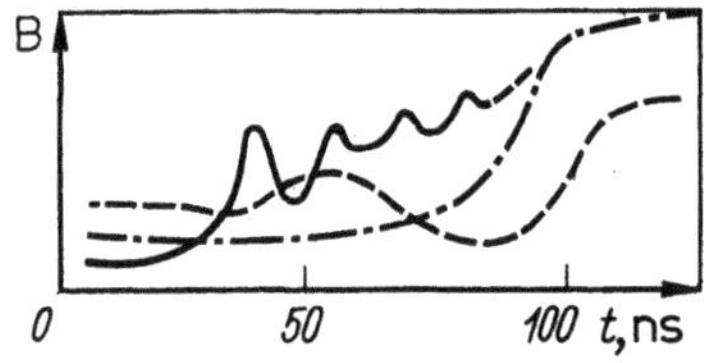

Abb.2.74
Typische Profile stoßfreier Stoßwellen, die in einem Laboratoriumsplasma mit Hilfe eines "Magnetpfropfens" durch ein schnell anwachsendes Magnetfeld erzeugt werden

—— - eine Welle, die sich senkrecht zum Magnetfeld ausbreitet (niedrige Dichte $5 \cdot 10^{12}$; Argon; $B_0 \sim 0.1$ T). In der Front ist die gerichtete Geschwindigkeit der Elektronen größer als die thermische, jedoch selbst eine Buneman-Instabilität kann sich nicht entwickeln. --- - schräg einfallende Stoßwelle. -.-. - Welle, die sich senkrecht zum Magnetfeld im Plasma ausbreitet, Dichte $n > 10^{13}$ cm^{-3} (Bereich anomalen Widerstandes) (S.G. Alichanov u.a. In "Plasma Physics and Controlled Nuclear Fusion Research", Bd. 1, International Atomic Energy Agency, Wien, 1969, S. 47)

Das Problem stoßfreier Turbulenz von Stoßwellen im Plasma, die sich senkrecht oder fast senkrecht zu einem starken Magnetfeld ausbreiten, haben wir bereits betrachtet. Das Magnetfeld schließt heißere Teilchen ein, indem es ein Auseinanderfließen der Übergangszone von ungestörtem (kalten) Plasma (vor der Stoßfront) und geheiztem Plasma hinter der Welle verhindert. Wenn es ein solches Feld nicht gibt oder wenn seine Richtung mit der Ausbreitungsrichtung der Stoßwelle übereinstimmt, dann wird die gegenseitige Durchdringung von heißem und kaltem Plasma nicht verhindert. Das eine Plasma wird sozusagen in das andere eingeschossen. So werden von Zeit zu Zeit aus der Sonnenkorona mit großer Geschwindigkeit riesige Massen heißen Plasmas herausgeschleudert, die, indem sie in interplanetares Plasma eindringen, stoßfreie Stoßwellen erzeugen. Das

Problem besteht hier darin, die Mechanismen zu finden, die in der Lage sind, das freie Auseinanderströmen des injizierten Plasmas im interplanetaren Medium aufzuhalten.

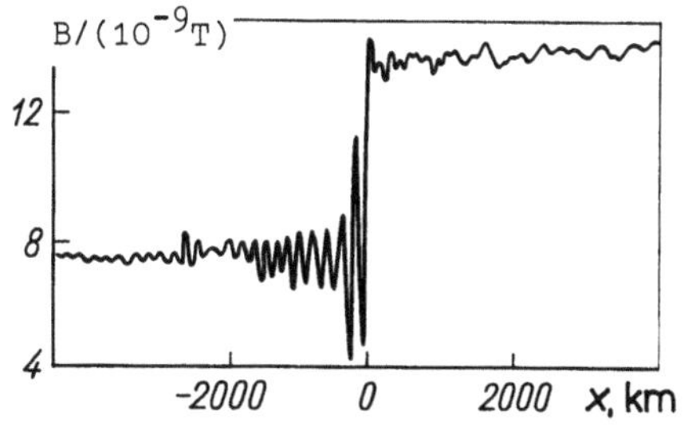

Abb.2.75
Magnetfeldprofil in der Front einer schräg ($\theta \approx 60°$) einfallenden interplanetaren Stoßwelle mit der Machzahl 2.5 nach Satellitenmessungen (ISEE) am 26. Oktober 1977

Das große Verhältnis zwischen gaskinetischem und Magnetfelddruck ($\beta \approx 3$) trägt zur Stabilität der voraneilenden oszillatorischen Struktur bei. Die Dicke der Stoßfront beträgt etwa 90 km, ein Wert, der ungefähr bei $2c/\omega_{pi}$ liegt (C.T. Russell, E.W. Greenstadt, "Report of Inst. of Geophys. and Planet Physics", 1978, Nr. 1847)

Wir wollen etwas ausführlicher wenigstens den verständlichsten Mechanismus betrachten, der mit der Entwicklung einer Art von "Schlauch"-Instabilität zusammenhängt. Ein Strom von Plasma möge parallel zum ungestörten Magnetfeld eingeschossen werden. Dann läßt sich in jedem Volumenelement die Geschwindigkeitsverteilung der Teilchen als Superposition des ungestörten Plasmas und der in das betrachtete Volumenelement einströmenden gestörten Teilchen darstellen. Offensichtlich ist eine solche Verteilung anisotrop mit einem Paralleldruck, der schneller anwächst, als der Senkrechtdruck. Bei einer Druckanisotropie, die den Schwellwert $\Delta p > B_0^2/\mu_0$ übertrifft, entwickelt sich "Schlauch"-Instabilität, die auf das weitere Auseinanderfließen des Plasmas von bestimmendem Einfluß ist.

Als Folge dieser Instabilität werden die Magnetfeldlinien in ungeordneter Weise ausweichen, so daß das Magnetfeld turbulent wird. Die Rückwirkung dieser Turbulenz auf die Teilchenströmung wird durch die quasilinearen Gleichungen für die Verteilungsfunktion der Teilchen berücksichtigt. Wenn man von der Erhaltung der adiabatischen Invarianten

$$\mu = mv_\perp^2/(2B) \quad \text{und} \quad J = \oint v_\parallel dl$$

ausgeht, wobei dl das Längenelement für Magnetfeldlinien ist, dann ist mit dem Anwachsen des turbulenten Magnetfeldes eine Abnahme des Parallel- und eine Zunahme des Senkrechtdruckes des Plasmas verbunden. Mit anderen Worten, die Streuung von Teilchen an den Irregularitäten des Magnetfeldes spielt die Rolle effektiver Stöße, die Isotropie des Plasmadrucks herzustellen versuchen.

Eine analytische Behandlung dieser Erscheinung wurde für schwache Stoßwellen durchgeführt. Für den allgemeinen Fall bedient man sich der Methoden numerischer Simulation (Abb.2.76).

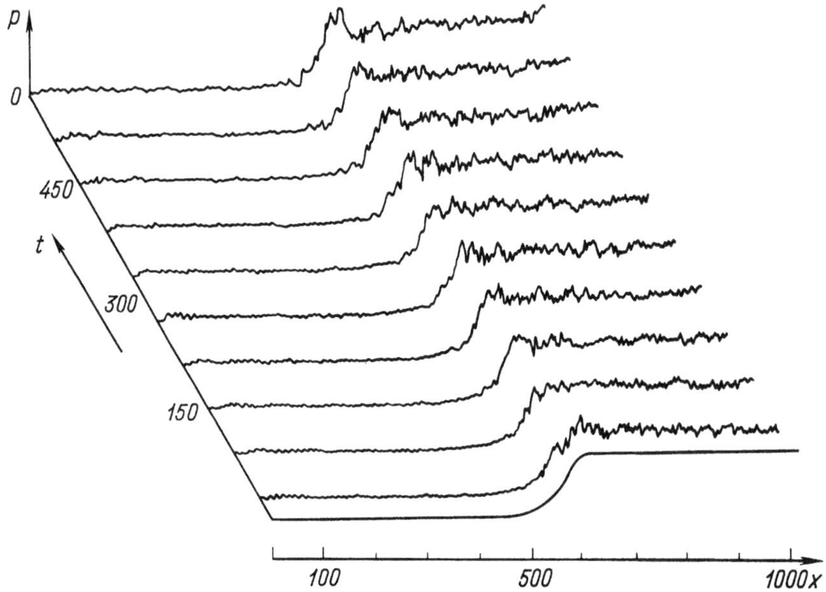

Abb.2.76 Die Struktur einer sich parallel zum Magnetfeld eines Hoch-Beta-Plasmas ausbreitenden stoßfreien Stoßwelle (H. Völk, D. Auer, 1971)

Aufgetragen sind die Dichteprofile in der Welle zu verschiedenen Zeiten t. Der Abstand wurde in Einheiten des Ionenlarmorradius und die Zeit in Einheiten des Inversen der Ionengyrofrequenz gemessen. Durch die Kompression an der Wellenfront ist der Längsdruck der Ionen größer als ihr Querdruck. Die dabei entstehende Instabilität führt zu effektiver Dissipation in der Stoßwelle, die eine Aufsteilung ihres Profils verhindert. Es stellt sich eine quasistationäre Struktur der Front von der Dicke einiger Ionengyroradien ein.

Ohne Stöße erweist sich die Breite der Stoßfront in Übereinstimmung mit Größenordnungsüberlegungen als von der Ordnung einiger Ionengyroradien.

2.21 Die Erzeugung und Verstärkung von Magnetfeld

Bisher haben wir bei der Betrachtung des Verhaltens eines Plasmas im Magnetfeld stets stillschweigend angenommen, daß die Existenz des Magnetfeldes selbst durch äußere Quellen sichergestellt ist, auch wenn wir die Wirkung der im Plasma fließenden Ströme selbstverständlich berücksichtigt haben.

Bei den astrophysikalischen Anwendungen kommt man um die Frage der Entstehung des Ausgangsmagnetfeldes nicht herum. Es zeigt sich, daß die Magnetohydrodynamik aus sich selbst heraus erklären kann, in welcher

Weise die Bewegung eines leitenden Mediums (ganz gleich, ob es sich dabei um ein Plasma oder ein geschmolzenes Metall handelt) ein Magnetfeld erzeugt. Dem Mechanismus der Magnetfelderzeugung, dem sogenannten Dynamoprozeß, liegt der Vorgang des Auseinanderziehens von Magnetfeldlinien bei der Bewegung eines leitenden Mediums zugrunde. Insbesondere bei turbulenter Bewegung des Plasmas ergeben sich für Punkte ein- und derselben Feldlinie Bewegungen, die dazu führen, daß Feldlinien auseinandergezogen und in komplizierter Weise verformt werden. Dabei entstehen starke Magnetfeldgradienten und in manchen Gebieten bilden sich sogar Feldkonfigurationen mit antiparallelen Feldlinien. Aus diesem Grunde ist klar, daß hier die in Abschnitt 2.15 in Zusammenhang mit der Tearing-Mode betrachteten Effekte von Magnetfelddiffusion und -dissipation eine wichtige Rolle spielen werden. Klassisches Beispiel für eine Bewegung dieses Typs ist die differentielle Rotation, bei der eine Feldlinie, die zwei Punkte in unterschiedlicher Entfernung von der Rotationsachse miteinander verbindet, mit der Zeit zu einer Spirale auseinandergezogen wird (Abb.2.77).

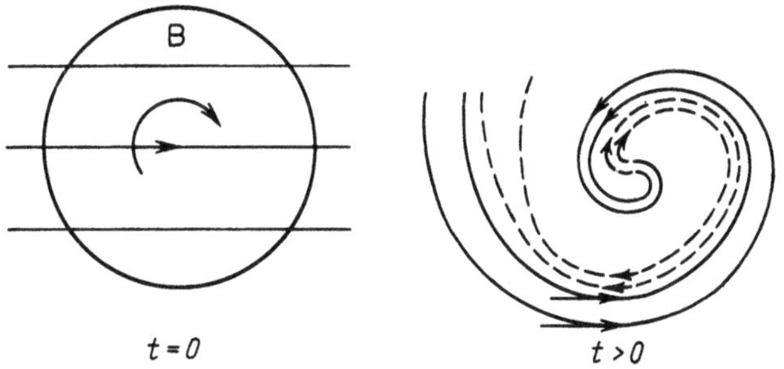

Abb.2.77 Die Verstärkung des Magnetfeldes bei differentieller, gemeinsamer Rotation von Plasma und Magnetfeldlinien

Wegen der Bedingung div$\underline{B}$ = 0 muß dabei die Zahl der Feldlinien in Richtung Rotationsachse gleich der Zahl der in umgekehrter Richtung von der Rotationsachse aus spiralförmig nach außen laufenden Feldlinien sein. Bei starker Verdrehung der Spirale ergibt sich daher eine Magnetfeldverteilung mit lokal antiparallelem Feldlinienverlauf, die durch Magnetfelddiffusion schnell wieder verschwindet. Außerdem führt die Rückwirkung der Spannungskräfte des Magnetfeldes auf das rotierende Plasma früher oder später zur Abbremsung der Rotation und damit zum Aufhören weiterer Feldverstärkung.

Die Unmöglichkeit dauernder Feldverstärkung läßt sich im zweidimensionalen Falle auch mathematisch leicht beweisen. Wir ziehen hierzu Gleichung (2.70) für das Magnetfeld eines sich bewegenden, leitfähigen Plasmas heran. Sie ist die Ausgangsgleichung der Theorie des sogenannten kinematischen Dynamos, für den die Bewegung (das Geschwindigkeitsfeld $\underline{v}(\underline{r},t)$)

vorgegeben wird. Im betrachteten zweidimensionalen Fall führt man zweckmäßigerweise mit Hilfe der Gleichung

$$\underline{B} = \mathrm{rot}\underline{A} \qquad (2.381)$$

anstelle des Magnetfeldes das Vektorpotential A ein. Für eine ebene Bewegung in der x-y-Ebene hat A nur eine Komponente in z-Richtung, so daß (2.70) in

$$\partial A_z/\partial t + \underline{u}\cdot\mathrm{grad}\, A_z = (1/\mu_0\sigma)\,\Delta A_z \qquad (2.382)$$

übergeht. Das zweite Glied auf der linken Seite beschreibt die Feldverstärkung bei der Bewegung der Feldlinien, die rechte Seite die Magnetfelddiffusion. Für $\mu_0\sigma VL \gg 1$, wobei V eine charakteristische Geschwindigkeit und L eine charakteristische Länge ist, dominiert der Verstärkungseffekt. Die Verstärkung kann jedoch nicht von beliebig langer Dauer sein, weil bei diesem Vorgang neue Feldlinien nicht erzeugt werden und die vorhandenen letzten Endes durch Diffusion verschwinden. Das ergibt sich aus einer (von J.B. Seldowitsch bemerkten) Analogie der Gleichung (2.382) mit der Wärmeleitungsgleichung, die bekanntlich nur die stationäre Lösung A_z= const. besitzt.

Unter Berücksichtigung der für ein kosmisches Plasma charakteristischen riesigen Dimensionen und seiner ziemlich großen elektrischen Leitfähigkeit läßt sich zeigen, daß die Bedingungen für Feldverstärkung oft erfüllt sind. Als klassisches Beispiel hierfür gilt der Crabnebel, dessen Magnetfeld offensichtlich eine Evolution dieser Art durchgemacht hat. Die damit zusammenhängenden Vorgänge müssen sich ungefähr folgendermaßen abgespielt haben. Vor ungefähr 1000 Jahren hat sich nach einer Supernova im Zentrum des Crabnebels ein Neutronenstern gebildet, der mit einer Winkelgeschwindigkeit von etwa 30 Umdrehungen pro Minute rotiert. Die leitfähige äußere Hülle des alten Sterns wurde abgeworfen und bewegt sich jetzt mit einer Fluchtgeschwindigkeit von 1500 km/s. Dadurch haben die Magnetfeldlinien, deren eine Enden in die sich entfernende Hülle und deren andere Enden in den schnell rotierenden Neutronenstern eingefroren sind, seit dem Zeitpunkt der Explosion ungefähr $N \approx (30\ \mathrm{s}^{-1}) \times (3.10^{10}\ \mathrm{s}) \approx 10^{12}$ Umdrehungen mitgemacht. Der magnetische Fluß durch den alten Stern hat offensichtlich einen Wert gehabt, der etwa dem Fluß durch unsere Sonne entspricht, d.h.

$$\Psi = 2\pi R_\odot^2 B_\odot \approx 10^{15}\ \mathrm{Vs}$$

wobei $B_\odot \approx 10^{-4}$ T die auf der Sonnenoberfläche im Mittel herrschende magnetische Induktion und $R_\odot = 7.10^5$ km der Sonnenradius ist. Wenn wir nun annehmen, daß etwa 1 Prozent dieses Flusses in der Hülle verblieben ist, dann beträgt der magnetische Fluß durch den Crabnebel unter Berücksichtigung der zahlreichen Umdrehungen des Magnetfeldes gegenwärtig ungefähr 10^{25} Vs. Wenn man berücksichtigt, daß der Durchmesser des Crabnebels ungefähr der Strecke entspricht, den die Hülle in 1000 Jahren zurückgelegt hat (d.h. $\sim 3 \cdot 10^{16}$m), dann finden wir für die magnetische Induktion im Crabnebel $B = 10^{-8}$ T. Eine Abschätzung der Synchrotronstrahlung energiereicher Elektronen in einem solchen Magnetfeld liefert einen Strahlungsfluß, der größenordnungsmäßig mit dem, den man beobachtet, übereinstimmt. Anhänger dieser Theorie sehen hierin ein Argument für die Richtigkeit dieses einfachen Modells der Feldverstärkung.

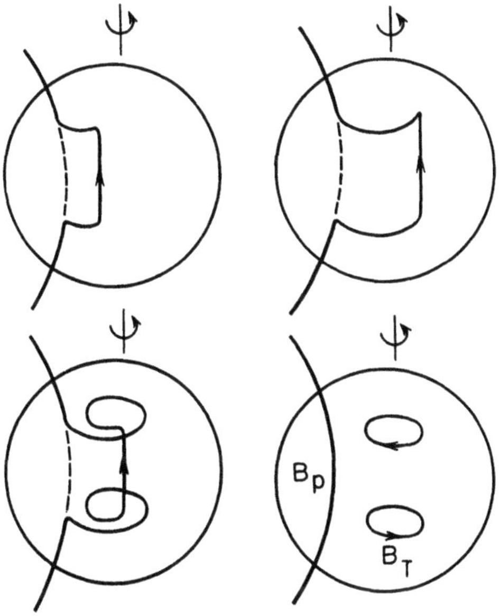

Abb.2.78
Die Erzeugung eines toroidalen Feldes bei differentieller Rotation eines leitenden Mediums mit "eingefrorenem" Poloidalfeld

Es hat sich gezeigt, daß auch gewisse andere regelmäßige Bewegungen hoher Symmetrie Magnetfelder für lange Zeiten nicht verstärken und aufrechterhalten können. Zu dieser Art von Bewegungen gehört die differentielle Rotation eines leitfähigen Kerns mit eingefrorenem poloidalen Magnetfeld. Die differentielle Rotation des Kerns (die gewöhnlich größer im Zentrum ist) führt zu einer Verformung der poloidalen Magnetfeldlinien zu einem Torus (Abb.2.78). Die Stärke des toroidalen Feldes wächst dabei mit der Zeit linear an, da jede neue Umdrehung der Feldlinien den Magnetfeldfluß durch eine meridionale Ebene vergrößert. Das poloidale Feld wird dabei allerdings durch magnetische Viskosität (Diffusion von Feldlinien) exponentiell gedämpft. Schließlich klingt dann auch das toroidale Feld ab. Aus diesem Grunde muß für die Erzeugung eines stationären Magnetfeldes ein geeigneter Mechanismus zur Aufrechterhaltung gerade des poloidalen Magnetfeldes gefunden werden, zumal dies auch für die Erklärung des magnetischen Dipolfeldes gewisser Planeten und Sterne von Bedeutung ist. Das Vorhandensein eines inneren toroidalen Feldes hingegen hat auf den Typus des Außenfeldes keinen Einfluß.

Bullard und Elsässer haben als geeigneten Mechanismus dafür die bei der Konvektionsströmung eines leitenden Mediums auftretende Umwandlung von toroidalem magnetischen Feld in poloidales vorgeschlagen. Eine solche Strömung ergänzt die bereits betrachtete inhomogene Rotation und beseitigt die zylindrische Symmetrie des Problems. Konvektion im Erdkern und in Sternatmosphären aber ist eine Folge der gewöhnlichen hydrodynamischen Instabilität eines Mediums, das im Schwerefeld von unten erwärmt wird. Indem man den Vorgang des Aufsteigens einer Toroidalfeldschleife in einer Konvektionsströmung betrachtet, kann man zeigen, daß Coriolis-Kräfte eine solche Schleife in eine meridionale Ebene drehen und auf diese Weise das poloidale Magnetfeld verstärken. Im kombinierten Feld tritt also eine Rückkopplung auf. J. Parker hat phänomenologische Gleichungen vorgeschlagen, die eine solche Rückkopplung zwischen dem poloidalen Magnetfeld B_P und dem Toroidalfeld B_T herstellen. Diese Gleichungen haben die folgende anschauliche Form

$$\begin{aligned} \partial B_T/\partial t &= \Gamma_R B_P + (1/\mu_o\sigma)\Delta B_T \\ \partial B_P/\partial t &= \Gamma_C B_T + (1/\mu_o\sigma)\Delta B_P \end{aligned} \qquad (2.383)$$

wobei Γ_R der Koeffizient für die Erzeugung des toroidalen aus dem poloidalen Magnetfeld durch differentielle Rotation und Γ_C der entsprechende Koeffizient für den umgekehrten Vorgang durch Konvektion ist. Man kann sich leicht davon überzeugen, daß im Grenzfall schwacher Diffusion diese Gleichungen bei gleichem Vorzeichen der Kopplungskoeffizienten von poloidalem und toroidalem Feld die erzeugten Felder exponentiell anwachsen:

$$B_{T,P} \sim \exp(\gamma t), \quad \gamma^2 = \Gamma_R \cdot \Gamma_C \qquad (2.384)$$

Eine analytische Lösung des Problems der Erzeugung von Magnetfeld in Planeten und Sternen ist gar nicht so einfach. Man ist also oft auf numerische Rechnungen angewiesen, die bereits von Bullard und Elsässer vorgeschlagen wurden. Das Problem vereinfacht sich jedoch dann beträchtlich, wenn Mikroturbulenz für eine weitgehende Glättung des Magnetfeldes sorgt. Dann werden in den Fourierzerlegungen der Geschwindigkeit und des Magnetfeldes die wesentlichen Beiträge durch voneinander völlig verschiedenen Maßstäbe bestimmt. Das bedeutet, daß in der Formeln für die Fourierzerlegung

$$\underline{u}(\underline{r},t) = \int \underline{u}_{\underline{k}}(t)\exp(i\underline{k}.\underline{r})d^3k \tag{2.385}$$

$$\overline{\underline{B}}(\underline{r},t) = \int \overline{\underline{B}}_{\underline{q}}(t)\exp(i\underline{q}.\underline{r})d^3q \tag{2.386}$$

zu berücksichtigen ist, daß $q^2 << k^2$ ist. Aus diesem Grunde ist es vernünftig, das Magnetfeld über die mikroskopische Bewegung des Mediums zu mitteln (was wir durch den Querstrich über $\underline{B}(\underline{r},t)$ angezeigt haben).

Auf diese Weise ergibt sich eine Darstellung des Magnetfeldes als Summe des sich langsam ändernden Feldes B und der mikroskopischen Fluktuationen $\underline{b}$ (die die momentane Reaktion auf die Bewegung des Mediums darstellen). Wir weisen darauf hin, daß sich hier eine gewisse Analogie zur quasilinearen Theorie ergibt (Abschnitt 1.17). Wir stellen das Magnetfeld in der Form

$$\underline{B}(\underline{r},t) = \overline{\underline{B}}(\underline{r},t) + \underline{b}(\underline{r},t) \tag{2.387}$$

Aus der Gleichung (2.70) kann man leicht eine Gleichung für den schnell veränderlichen Teil erhalten

$$\partial\underline{b}/\partial t = \mathrm{rot}(\underline{u}\mathrm{x}\overline{\underline{B}}) + \Delta\underline{b}/\mu_o\sigma \tag{2.388}$$

Wir machen jetzt davon Gebrauch, daß sich $\overline{\underline{B}}$ wesentlich langsamer als $\underline{v}$ ändert. Indem wir zur Vereinfachung annehmen, daß die magnetische Viskosität hinreichend groß ist, können wir diese Gleichung in die Form

$$\overline{\underline{B}}.\mathrm{grad}\ \underline{u} = (1/\mu_o\sigma)\ \overline{k^2}\underline{b} \tag{2.389}$$

bringen, wobei $\overline{k^2}$ das über das Spektrum der turbulenten Pulsationen der Geschwindigkeit gemittelte Quadrat des Wellenvektors ist.

Die Gleichung für den langsam veränderlichen Teil des Magnetfeldes erhalten wir, indem wir Gleichung (2.70) über die mikroskopischen Fluktuationen mitteln, ähnlich wie wir dies bei der Herleitung der quasilinearen Gleichung für die Verteilungsfunktion getan haben:

$$\partial\overline{\underline{B}}/\partial t = \mathrm{rot}\overline{(\underline{u}\mathrm{x}\underline{b})} + (1/\mu_o\sigma)\,\Delta\overline{\underline{B}}$$

Nachdem wir hier den oben gefundenen Ausdruck für $\underline{b}$ einsetzen, erhalten wir

$$\partial\overline{\underline{B}}/\partial t = (\mu_o\sigma/\overline{k^2})\mathrm{rot}\overline{(\underline{u}\mathrm{x}(\overline{\underline{B}}.\mathrm{grad})\underline{u})} + (1/\mu_o\sigma)\,\Delta\overline{\underline{B}} \tag{2.390}$$

Die Mittelung über die turbulenten Pulsationen der Geschwindigkeit haben wir durch einen Querstrich bezeichnet. In der Theorie des kinematischen

Dynamos wird das Geschwindigkeitsfeld als gegeben betrachtet. Für die turbulente Bewegung wird die Vorgabe der gemittelten Bewegungsgrößen gewöhnlich mit Hilfe der Korrelationsfunktion für die Geschwindigkeiten realisiert:

$$K_{\alpha\beta}(\underline{r},\underline{r}') = \overline{u_\alpha(\underline{r})\cdot u_\beta(\underline{r}')}$$

Da $\alpha,\beta = 1,2,3$ der Zahl der rämlichen Dimensionen bezeichnet, ist $K_{\alpha\beta}$ ein Tensor. Natürlich wird man annehmen, daß er nur von $(\underline{r}-\underline{r}')$ abhängt. In einfachster Form läßt sich ein solcher Tensor in der folgenden Weise schreiben:

$$K_{\alpha\beta}(\underline{r},\underline{r}') = A(\underline{r}-\underline{r}')\delta_{\alpha\beta} + B(\underline{r}-\underline{r}')x_\alpha x_\beta + C(\underline{r}-\underline{r}')\epsilon_{\alpha\beta\gamma}x_\gamma \tag{2.391}$$

Hier sind A, B und C gewisse Funktionen von $\underline{r}-\underline{r}'$, $\epsilon_{\alpha\beta\gamma}$ ist das vollständig antisymmetrische Permutationssymbol und x_α, x_β sind die Komponenten des Radiusvektors $\underline{r}-\underline{r}'$. Setzt man $\underline{r}-\underline{r}' = 0$, dann bleibt auf der rechten Seite nur der erste Term übrig. Verjüngung über die Indizes α und β ergibt dann $\overline{v^2} = 3A(0)$. Das mittlere Geschwindigkeitsquadrat ist die allgemeinste charakteristische Größe turbulenter Bewegung. Auf sie beschränkt man sich daher gewöhnlich auch bei der Beschreibung isotroper Turbulenz, d.h. auf der rechten Seite der Beziehung (2.391) betrachtet man nur das A enthaltende Glied. Wenn man die Mittelung in der uns interessierenden Gleichung (2.390) durchführt und nur den A enthaltenden Beitrag berücksichtigt, dann erhält man identisch Null. Durch die Mitnahme des dritten Terms in (2.391) erhält die turbulente Bewegung eine originelle Besonderheit. Wir wollen zunächst die Rechnung durchführen und erst dann auf die physikalische Bedeutung zurückkommen. Indem wir beide Seiten des Ausdruckes (2.390) mit $\epsilon_{\alpha\beta\gamma}\,\partial/\partial x_\delta$ multiplizieren und über die Indizes α und β verjüngen, erhalten wir $C(0) = -\overline{\underline{v}.\text{rot}\underline{v}}/3$. Gerade von diesem Term verbleibt nach Mittelung ein nicht verschwindender Beitrag. Nach leichter Zwischenrechnung ergibt sich

$$\partial\overline{\underline{B}}/\partial t = -(\mu_0\sigma/\overline{k^2})(\overline{\underline{v}.\text{rot}\underline{v}})\ \text{rot}\overline{\underline{B}} + (1/\mu_0\sigma)\,\Delta\,\overline{\underline{B}} \tag{2.392}$$

Eine turbulente Bewegung mit $\underline{v}.\text{rot}\underline{v} \neq 0$ kann man sich anschaulich als statistisches Ensemble von Wirbeln vorstellen, von denen jeder in Abhängigkeit von der Richtung seiner translatorischen Bewegung (dem Vorzeichen von $\underline{v}$) im Mittel in einer Vorzugsrichtung (entsprechend dem Vorzeichen von rot$\underline{v}$) rotiert. Interessant hierbei ist die Analogie zur Polarisation von Neutrino und Antineutrino, die natürlich rein äußerlich ist.

Wenn wir Gleichung (2.392) in Komponenten aufschreiben, dann finden wir, daß Rückkopplung vorliegt. Der Rückkopplungsmechanismus unterscheidet sich allerdings etwas von dem von Parker vorgeschlagenen. Wie Steenbeck und Krause gezeigt haben, ist gyrotrope Turbulenz mit $\overline{\underline{v}\cdot \text{rot}\underline{v}} \neq 0$ in der Lage, für Verstärkung und Aufrechterhaltung des Magnetfeldes zu sorgen. Eine charakteristische Zeit für die Erzeugung von Magnetfeld erhält man, indem man mit Gleichung (2.392) den Kopplungskoeffizienten abschätzt und in die Formel des vereinfachten Modells von Parker einsetzt:

$$\gamma \approx \mu_0 \sigma \overline{v^2}\, q/k \qquad (2.393)$$

Da für die Ableitung der Gleichung für die mikroskopischen Fluktuationen des Magnetfeldes der wesentliche Term der Felddiffusionsterm ist, ergibt sich für die Anwachsrate des Feldes die folgende Beschränkung: $\gamma \ll k^2/(\mu_0\sigma)$, d.h. $\mu_0\sigma \ll (k^3/(\overline{v^2}q))^{1/2}$.

Schließlich müssen wir noch darauf eingehen, daß wir oben das Geschwindigkeitfeld als gegeben angesehen haben. Dazu ist zu bemerken, daß mit zunehmender Magnetfeldstärke der Einfluß des Magnetfeldes auf die Bewegung des Mediums zunimmt und wir schließlich den Rahmen der kinematischen Näherung verlassen. Eine obere Grenze für das Magnetfeld, das noch erreichbar ist, bestimmt sich aus der Bedingung näherungsweiser Gleichheit von magnetischer und kinetischer Energie des Plasmas.

Außer dem Dynamo existieren noch andere Mechanismen der Magnetfelderzeugung, die mit sogenannten Nebenkräften ("Neben-EMK") in Zusammenhang stehen. Dabei kann es sich um thermoelektrische Kräfte im Plasma handeln. So gibt es in Gleichung (2.69) für das Magnetfeld einen Term, der in einem Plasma mit nichtlinearen Gradienten von Druck und Temperatur zum Auftreten eines elektrischen Wirbelfeldes führt. Dieser Effekt hängt mit der Berücksichtigung von Druckkräften im verallgemeinerten Ohmschen Gesetz zusammen. Wenn das Medium ruht und ohne magnetische Viskosität nimmt Gleichung (2.69) die einfache Form

$$\partial \underline{B}/\partial t = (1/en)\, \text{grad}(kT_e) \times \text{grad}\, n \qquad (2.394)$$

an. Hieraus folgt, da bei nichtkollinearen Gradienten von Elektronentemperatur und von Dichte das magnetische Feld im Plasma von selbst anwächst. Aus allgemeinen Überlegungen müßte man erwarten, daß das Magnetfeld so lange anwachsen kann, bis seine Energiedichte mit der Dichte der thermischen Plasmaenergie ($B^2/2\mu_0 \sim nkT$) vergleichbar wird. Bereits vorher jedoch werden die Elektronen durch das Magnetfeld aktiviert, so daß im Ohmschen Gesetz Zusatzterme eine Rolle zu spielen beginnen, die mit Thermokräften senkrecht zur Richtung des Temperaturgradienten und des Magnetfeldes zusammenhängen. Die physikalische Bedeutung einer solchen

Thermokraft und ihr Beitrag lassen sich anhand von Abb.2.79 erläutern. Hier haben die Elektronen, die sich aus einem Gebiet hoher Temperatur in Gegenrichtung des Temperaturgradienten bewegen bezüglich Coulombstößen eine große freie Weglänge. Im Magnetfeld gyrierend übertragen sie beim Stoßprozeß dem Plasma in der Richtung senkrecht zum Temperaturgradienten und zum Magnetfeld Impuls, indem sie eine Thermokraft der Größenordnung

$$\underline{R}_T = -0.81 \cdot \tau_e (\underline{\omega}_{Be} x \operatorname{grad}(kT_e))$$

erzeugen, wobei $\underline{\omega}_{Be} = e\underline{B}/m_e$ gilt und sich der Zahlenfaktor aus einer (über den Rahmen des Buches hinausgehenden) genaueren Transporttheorie ergibt. Wenn wir die Thermokraft im Ohmschen Gesetz (2.65) einführen, dann nimmt die Gleichung für das Magnetfeld die Form

$$\partial \underline{B}/\partial t = 0.81(\tau_e/m_e) \operatorname{rot}(\underline{B} x \operatorname{grad}(kT_e)) + + (1/en)\operatorname{grad}(kT_e)\, x \operatorname{grad} n \tag{2.395}$$

an. Das Zusatzglied auf der linken Seite läßt sich als Rückführung des Magnetfeldes durch Wärmeflüsse mit der Geschwindigkeit

$$\underline{u} = -0.81 \cdot \tau_e \operatorname{grad}(kT_e)/m_e \tag{2.396}$$

interpretieren. Gerade dieser Vorgang erweist sich als stabilisierend auf die Feldzunahme und führt zu einer Feldsättigung auf einem Niveau, das größenordnungsmäßig durch die Bedingung $\omega_B \tau_e \sim 1$ gegeben ist.

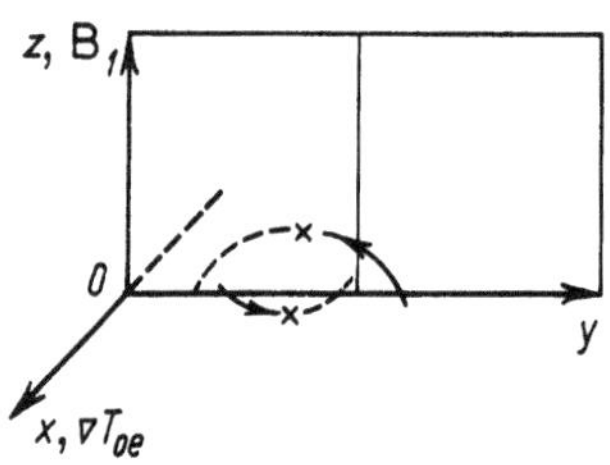

Abb.2.79
Die Entstehung von Thermokräften durch Differenz in den freien Weglängen von Elektronen in Gebieten unterschiedlicher Temperatur

Hierzu müssen wir jedoch bemerken, daß in einem Plasma mit ursprünglich kollinearen Gradienten von n und T kleine Änderungen des Temperaturgradienten durch Störungen des Magnetfeldes diese Kollinearität beseitigen. Um sich davon zu überzeugen, muß man in der Wärmebilanzgleichung zusätzliche Wärmeflüsse (die der Wirkung des Hall-Effekts entsprechen) einführen, so daß wir schließlich

$$\underline{q}_\perp = -5.7(nkT_e \tau_e^2/m_e)(\underline{\omega}_{Be} x \operatorname{grad}(kT_e))$$

erhalten, wobei sich der numerische Koeffizient aus der Transporttheorie ergibt. Als Wärmebilanzgleichung erhalten wir

$$1.5\, n(\partial(kT_e/\partial t) = 3.16\, \mathrm{div}((n_e kT_e \tau_e/m_e)\mathrm{grad}(kT_e)) - \qquad (2.397)$$

$$- 5.7\, \mathrm{div}(n_e kT_e \tau_e^2(\underline{\omega}_{Be} x\mathrm{grad}(kT_e))/m_e)$$

Wir legen die x-Achse in Richtung der ungestörten Gradienten von n_o und T_{oe}, setzen die Störung des Magnetfeldes in z-Richtung in der Form $B_z = B_1 \exp(-i\omega t + iky)$ an und linearisieren die Gleichungen (2.395) und (2.397) bezüglich kleiner Störungen

$$-i\omega B_1 = -(ik(kT_{1e})/en_o)(\partial n_o/\partial x)$$

$$-1.5\, i\omega n_o(kT_{1e}) = -3.16\, n_o(kT_{oe})\tau_e k^2(kT_{1e})/m_e -$$

$$- 5.7\, ikn_o(kT_{oe})\tau_e^2 \Omega_1(\partial(kT_{oe}/m_e)/\partial x)$$

Indem wir das Glied auf der linken Seite der letzten Gleichung gegen den Term, der die vom Magnetfeld unbeeinflußte Wärmeleitfähigkeit beschreibt, vernachlässigen und das Gleichungssystem für B_1 lösen, finden wir, daß das Magnetfeld mit der Anwachsrate

$$\gamma \approx 1.8(\tau_e/m_e n)(\mathrm{grad}n.\mathrm{grad}(kT_e)) \qquad (2.398)$$

exponentiell anwächst. Die hier beschriebene, von selbst vor sich gehende Erzeugung von Magnetfeld wurde von A. Dychne und V. Bolschow bei der Behandlung des Problems der Plasmakorona eines von Laser-Licht bestrahlten Tröpfchen-Targets vorausgesagt. Die Erniedrigung der Wärmeleitfähigkeit des Plasmas mit Zunahme des Magnetfeldes ist von wesentlichem Einfluß auf die Hydrodynamik der Targetkompression und kann sich als Hindernis für die Laser-Fusion erweisen. Außerdem kann, wenn das Target mit sphärisch unsymmetrischem Laserlicht bestrahlt wird, der von der Lichtquelle auf die Elektronen übertragene Impuls eine Komponente in der Skin-Schicht besitzen. Der damit verbundene Elektronenstrom erzeugt im Absorptionsgebiet der Strahlung ein magnetisches Feld. Da die Stärke des Magnetfeldes hierbei proportional zur Strahlungsintensität ist, ist der Effekt nur für sehr hohe Flüsse von Laser-Strahlung wirksam.

Literaturverzeichnis *)

1. L.A. Artsimowitsch. "Kontrollierte thermonukleare Reaktionen", Verlag "FISMATGIS", Moskau, 1960.
2. L.A. Artsimowitsch "Plasma in geschlossenen Magnetfeldkonfigurationen", Verlag "NAUKA", Moskau, 1969.
3. A.A. Wedjonow, E.P. Velichow, R.S. Sagdeew - "Plasmastabilität" in "Fortschritte der physikalischen Wissenschaften", Band 73, S. 701, 1961.
4. R.S. Sagdeew, A.A. Galejew. "Nonlinear Plasma Theory", Benjamin Publishers, N.Y., 1969.
5. C. Alfven. "Kosmische Elektrodynamik", Übersetzung aus dem Englischen ins Russische. Herausgegeben vom Verlag für ausländische Literatur, Moskau, 1952.
6. A.I. Achieser u.a. "Elektrodynamik des Plasmas", Verlag "NAUKA", Moskau, 1974.
7. W.L. Ginsburg. "Die Ausbreitung elektromagnetischer Wellen in einem Plasma", Verlag "NAUKA", Moskau, 1974.
8. W.L. Ginsburg, A.A. Ruchadse. "Wellen im magnetoaktiven Plasma", Verlag "NAUKA", Moskau, 1967.
9. W.E. Golant. "Grundlagen der Plasmaphysik", Verlag "ATOMISDAT", Moskau, 1975.
10. A.A. Iwanow. "Physik des Nichtgleichgewichtsplasmas", Verlag "ATOMISDAT", Moskau, 1977.
11. B.B. Kadomtsew. "Kollektive Vorgänge im Plasma", Verlag "NAUKA", Moskau, 1976.
12. D.G. Lominadse. "Zyklotronwellen im Plasma". Verlag "METSNIJEREBA", Tblisi, 1975.
13. A.B. Michailowsky. "Theorie der Plasmainstabilitäten". Band 1: 1. Instabilitäten des homogenen Plasmas. Zweite, überarbeitete und ergänzte Auflage, Verlag "ATOMISDAT", 1975. Band 2: 2. Instabilitäten des inhomogenen Plasmas. Zweite, überarbeitete und ergänzte Auflage, Verlag "ATOMISDAT", 1977.
14. S.B. Pikelner. "Grundlagen der kosmischen Elektrodynamik", Verlag FISMATGIS, Moskau, 1961.
15. Piddington. "Cosmical Elektrodynamics", Wiley Interscience Publishers, 1966.
16. W.P. Silin. "Parametrische Wechselwirkung von starker Strahlung und Plasma", Verlag "NAUKA", Moskau, 1973.
17. W.P. Silin, A.A. Ruchadse. "Die elektromagnetischen Eigenschaften

---

*) Das vorliegende Buches hält sich in Inhalt und Stil weitgehend an die unter 1-4 zitierte Literatur.

von Plasma und von plasmaähnlichen Medien", Verlag "ATOMISDAT", Moskau, 1961.

18. L. Spitzer. "Physik vollständig ionisierter Gase". Übersetzung aus dem Englischen ins Russische, Verlag für ausländische Literatur, Moskau, 1957.
19. T.C. Stix. "Theorie der Plasmawellen", Übersetzung aus dem Englischen ins Russische, Verlag "ATOMISDAT", Moskau, 1965.
20. V.N. Tsytowitsch. "Nichtlineare Effekte im Plasma", Verlag "NAUKA", Moskau, 1967.

---

21. K. Miyamoto. "Plasma Physics for Nuclear Fusion", The MIT Press, Cambridge, Massachusetts, and London, England, 1980
22. G. Bateman. "MHD Instabilities", The MIT Press, Cambridge, Massachusetts, and London, England, 1978
23. J. Raeder et al. "Kontrollierte Kernfusion", Grundlagen ihrer Nutzung zur Energieversorgung. B.G. Teubner, Stuttgart, 1981

Liste der verwendeten Formelzeichen

Die hinter der Bedeutung des Formelzeichens angegebenen Ziffern geben die Seitenzahl oder die Formelnummer des ersten Auftretens eines Symbols an

a	kleiner Plasmaradius (2.177)
$\underline{A}$	Vektorpotential (2.381)
$\underline{B}$	magnetische Induktion (1.48)
B_θ	poloidale Komponente der magnetischen Induktion (2.37)
B_φ	toroidale Komponente der magnetischen Induktion (2.35)
B_z	z-Komponente der magnetischen Induktion (2.71)
b	Stoßparameter 27
c	Lichtgeschwindigkeit im Vakuum 39
c_s	Schallgeschwindigkeit 19
Δ	= divgrad, Laplace-Operator (1.47)
δ	Plasmaverschiebung (2.182)
D	Diffusionskoeffizient (1.193)
$D_{G.S.}$	Diffusionskoeffizient nach Galejew und Sagdejew (2.318)
$D_{P.S.}$	Diffusionskoeffizient nach Pfirsch und Schlüter (2.315)
ϵ_o	absolute Permeabilität (1.1)
ϵ	Dielektrizitätskonstante (1.33)
ϵ_{ik}	Dielektrizitätstensor (2.84)
e	Elementarladung (1.1)
$\underline{E}$	elektrisches Feld (1.4)
f	Verteilungsfunktion (1.4)
$\underline{F}$	Kraft (2.2)
γ	Dämpfungdekrement, Anwachsrate 17
$\hbar$	Plancksche Konstante 19
I_i	(i=1,2,3), adiabatische Invarianten (2.41)
I	Plasmastrom (2.177)

j	Stromdichte (1.20)
k	als Faktor der absoluten Temperatur T: Boltzmann-Konstante 11
$\underline{k}$, k	Wellenvektor, Betrag des Wellenvektors (1.3)
$\varkappa$	Wärmeleitfähigkeit 67
γ	Verhältnis der spezifischen Wärmen 14
l_{ei}	freie Weglänge für Elektronen-Ionenstöße (1.12)
L_m	magnetische Induktivität pro Längeneinheit (1.30)
L_K	Coulomb-Logarithmus (1.12)
L	Selbstinduktion (2.180)
μ	magnetisches Moment (2.1)
m_e	Elektronenmasse (1.2)
m	Teilchenmasse (1.9)
M_g	kritische Mach-Zahl 151
M	Mach-Zahl (2.378)
ν_{eff}	effektive Stoßfrequenz 331
ν_{ei}	Stoßfrequenz für Elektronen-Ionenstöße (1.3)
ν	Stoßfrequenz (1.8')
n_e	Elektronendichte 22
n	Plasmadichte 20
N	Brechungsindex 39
N	Wellenzahlen 134
ω_B	Larmorfrequenz 157
ω_p	Plasmafrequenz (1.2)
p	Druck (1.3)
p_i, p_e	Ionendruck (2.57), Elektronendruck (2.58)
P	elektrische Polarisation (1.33)
Q_{ie}, Q_{ei}	zwischen Ionen und Elektronen übertragene Energie (2.329)
ρ	Massendichte (1.3)
r_D	Debye-Radius (1.1)
r_B	Larmorradius eines geladenen Teilchens 157

σ elektrische Leitfähigkeit 35
σ_{ik} Leitfähigkeitstensor (2.84)
σ_{ei} Stoßquerschnitt für Elektronen-Ionenstöße (1.13)

$St\{\ \}$ Stoßintegral (1.217)

τ_{ei} freie Flugzeit für Elektronen-Ionenstöße (1.21)
T absolute Temperatur 11
T_i, T_e absolute Ionen- bzw. Elektronentemperatur in K 13
θ_s Magnetfeldverscherung (2.216)

$\underline{u}$ hydrodynamische Strömungsgeschwindigkeit (1.165)
u_d Driftgeschwindigkeit (2.30)
U (effektive) potentielle Energie 149

v_A Alfvengeschwindigkeit (2.83)
v_F Fermi-Geschwindigkeit 21
v Geschwindigkeit (1.4)
$v_\parallel$ Parallelgeschwindigkeit (bezüglich B) (2.3)
v_{ph} Phasengeschwindigkeit 16
$v_\perp$ Senkrechtgeschwindigkeit (bezüglich B) (2.1)
V Volumen (2.203)

w_e, w_i Elektronenenergie, Ionenenergie 30
W Energie (1.4)

Z Kernladungszahl (1.9)

φ elektrisches Potential 16
Φ toroidaler Magnetfeldfluß (2.203)
ψ magnetischer Fluß 346
$\chi_\perp$ Wärmeleitfähigkeit senkrecht zum Magnetfeld (1.172)

Sachverzeichnis

Absorption, eines Elektronenstrahls 122, 125
-, resonante 320
-, von Plasmaschwingungen 122
-, von Wellen durch Teilchen 135
Absorptionskoeffizient 48
Achse, magnetische 236
Adiabatengleichung 72
Adiabatenindex 73
Adiabatische Invarianten 158, 171, 173
Airysche Gleichung 46
Alfven-Wellen 193, 212
Alfvengeschwindigkeit 191, 194
Anisotropie 196
Anomale Diffusion 286, 293, 204
Anomale Viskosität 342
Anomaler Widerstand 89, 311, 322
Anregung, parametrische 108
Anregungszustände 55
Antineutrino 350
Anwachsrate, der Ionenschallinstabilität 90
Artsimowitsch-Formel 305
Aufsteilung einer Wellenfront 146
-, nichtlineare 331
Austauschinstabilität 250, 265
-störungen 252

Ballooning-Moden 264
Bananen-Diffusion 300
-Regime 301
-diffusion 301
Bernstein-Moden 193
Beschleunigung, von Elektronen 37
-, von Ionen 91

Besselfunktionen 53
Betatronstrahlung 309
Bewegungsgleichung, Elektronen 38, 285, 327
-, hydrodynamische 245
-, linearisierte 193, 267
-, von Ionen und Elektronen 217
Biot-Savart 237
Bohm-Diffusion 286
Bohmscher Diffusionskoeffizient 286, 295
Bohrsche Näherung 54
Boltzmann-Statistik 21
-Verteilung 78, 289
Brechungsindex 39, 197, 200
Bremsstrahlung 25, 52
Brillouin-Wellenlänge 27
Brownsche Bewegung 239
Budker-Buneman-Instabilität 80
Bullard-Elsässer-Mechanismus 348
Buneman-Instabilität 312

Coulomb-Logarithmus 28, 54, 176
-Stöße 64, 352
-Streuung 67
-Streuung, am Ion 30
Crabnebel 346

Dämpfung von Wellen 84
- von elektromagnetischen Wellen 40
Dämpfungsdekrement für Plasmaschwingungen der Elektronen 93
- für Plasmaschwingungen der Ionen 89
-, von Langmuir-Wellen 94

De-Broglie-Wellenlänge 54
Debye-Radius 11
Diamagnetismus 157
Diamagnetismus, des Plasmas 228
Dichtemodulation 112
Dielektrizitätskonstante 39, 50, 83, 194
-, komplexe 84
Dielektrizitätstensor 195, 200
Diffusion resonanter Teilchen 119
-, anomale 286, 292
-, des Magnetfeldes 186, 228, 345
-, des Plasmas im Magnetfeld 229
-, im Geschwindigkeitsraum 96, 123
-, im Stellarator 299
-, im Tokamak 299
-, quasilineare 215, 224, 318
-, resonanter Teilchen 223
-, senkrecht zum Magnetfeld 230
-, von Magnetfeldlinien 293
Diffusionsgeschwindigkeit, radiale 298
Diffusionskoeffizient 68, 74
-, resonanter Teilchen 294
-, Bohmscher 286, 295
Dipolfeld, magnetisches 348
Dispersion, anomale 202
-, lineare 192
-, nichtlineare 192
-, verzweigte 198
Dispersionsbeziehung 191, 206, 322, 335
-, bei Driftinstabilität 282
-, für zirkular polarisierte Wellen 200
-, für Plasmaschwingungen 44, 83
-, verzweigte 136
-, allgemeine 83
Dispersionskurve 15
-, elektromagnetischer Wellen 40
Dissipation elektromagnetischer Energie 49
-, von Wellenenergie 92
Doppelschicht, Langmuirsche 327
Doppler-Effekt 80, 90
-, anomaler 218, 221
-, normaler 218
Dopplerverschiebung 80
Dreikomponentenplasma 289
Dreiwellenwechselwirkung 116
Drift-dissipative Instabilität 292
Drift-Instabilität 280, 292
Drift, diamagnetische 166
-, durch gradB 158
-, im elektrischen Feld 164, 192
-, im Magnetfeld 157
-, magnetische 158
-, resonanter Teilchen 303
-, toroidale 303
Driftwellen 280, 281, 290
Druck, magnetischer 228
- einer elektromagnetischen Welle auf ein Plasma 43
Druckanisotropie 343
Drummond-Rosenbluth-Instabilität 313
Dynamo-Mechanismus 346
-Theorie 345
Dynamo, kinematischer 345

Echo-Effekt 97
Effekte, toroidale 296
Einfang von Strahlelektronen 209
Einflüssigkeitshydrodynamik 181
-theorie 73
Einzelteilchenbewegung, im Magnetfeld 156
Elektrisches Feld und Stromdichte 326
Elektronen-Ionenstöße 38
Elektronen-Langmuirschwingungen 224

Elektronen, gefangene 239
-, Heizung von 315
-druck 183
-gyrofrequenz 201
-radius 38
-stoß 17
-strahl 99, 105
-temperatur 13
-volt 11
Emission, von Photonen 57
Energie, thermische 52
Energiebilanz im Tokamak 296
Energiefluß im Kolmogorow-Bereich 137
Energieprinzip 243
Entropie 76, 119
Erhaltungssätze 331
Erzeugung von Magnetfeld 351
-, durch Thermokräfte 352
ExB-Drift 201, 267
Experiment, numerisches 125

Faraday-Effekt 196
Feld, selbstkonsistentes 63
Feldlinienkrümmung 213
Feldstörungen, mikroskopische 238
Feldvektor, elektrischer 196
Feldverstärkung 346
Fermi-Dirac-Statistik 21
Fermi-Geschwindigkeit 21
Festkörperplasma 21
Flächen, magnetische 235
Flugzeit, freie 69
Fluktuationen, der Plasmadichte 293
-, des Plasmas 292
Fluß, magnetischer 172
-erhaltung 185, 189, 263
Fokker-Planck-Stoßglied 67
Formierung einer Stoßwelle 153
Freie Flugzeit, der Elektronen 28
-, der Ionen 30
-, der Photonen 57
Freie Teilchen, im Torus 168
Freie Weglänge 177
- der Elektronen 26
- der Ionen 26
Frequenzverschiebung bei Wellen-Wellen-Wechselwirkung 131

Galejew-Sagdejew 300
Gasentladungsplasma 23
Gefangene Teilchen, im Torus 235, 300
Geometrie, toroidale 235, 282
-, zylindrische 233, 259, 296
Geschwindigkeitsverteilung, der Ionen 322
-, isotrope 300
-, von Elektronen 99
Gleichgewichtsbedingungen 228, 240, 297
Gleichung, kinetische 62
-, im Magnetfeldfeld 176
Gleichung, Eulersche 180
Gravitationsinstabilität 266
Gyrationsenergie 165
-radius 156
-zentrum 178

Halbleiterplasma 23, 201
Hall-Effekt 187
-Strom 201
Hamilton-Funktion 238
Hauptwert 206
Heizgeschwindigkeit 315
Heizung, von Elektronen 31
Helikon 201

Hochfrequenzdruck 41, 42, 112
Hugoniot-Adiabate 332
Hybridresonanz 198
-, obere 198
-, untere 192
Hydrodynamik, stoßfreie 75

Induktionsgesetz 182
Induktivität, magnetische 38
-, nichtmagnetische 38
Induzierte Streuung von Wellen 129
Inkompressibilitätsbedingung 245, 273
Inseln, magnetische 239
Instabilität induzierter Streuung 131
Instabilität bei Austauschstörung 252
-, der Tearing-Mode 271
-, des Ionenschalls 89
-, des Plasmagleichgewichts im Magnetfeld 243
-, dissipative 285
-, drift-dissipative 285, 292
- durch Drift 284
- durch Gravitation 265
- durch Temperaturgradienten 288
- durch Verunreinigungen 290
-, gefangener Teilchen 290
-, parametrische 107, 113, 130
-, stromkonvektive 269, 270, 292
-, universelle 292
-, Ballooning 264
-, Kruskal-Schwarzschild 247
-, Maser 209
Instabilitäten, dissipative 265, 282
-, elektrostatische 322
Invarianten, adiabatische 174, 157, 178, 188
Invariante, 1. adiabatische 178
Ionen-Zyklotron-Instabilität 312
Ionen-Zyklotronresonanz 201
Ionen, gefangene 292
-, mehrfach geladene 28
-ladung 35
-schall 88, 112, 190, 337
Ionenschall-Instabilität 89, 312, 316, 323
-Soliton 151
Ionenschall, kohärente Anregung von 89
-, nichtlinearer 154
-soliton 152
-welle 81
Ionentemperatur 13
Ionenverteilung, zweistrahlige 342
Ionisation 21
Ionisationsgrad 21
Ionosphärenplasma 285

Joulesche Wärme 314

Kavernenbildung 143
Kernladungszahl 55
Kernladungszahl, effektive 35
Kinetische Gleichung 293
-, geladener Teilchen 63
-, von Wellen 135
-, stoßfreie 82
Kinetische Theorie der Wellen 92
Kohlenstoffplasma 57
Kollaps von Langmuir-Wellen 139
-, von Plasmawellen 143
Kollektive Methoden der Beschleunigung 91
Kollektive Wechselwirkung 82

Kolmogorow-Bereich 136
Kolmogorow-Obuchow-Gesetz 137
-Spektrum 137
Kompression, adiabatische 14
Kompressionswelle 191
Kondensation von Plasmonen 139
Kontinuierliches Spektrum 55
Kontinuitätsgleichung 74, 282, 288
Konvektionsströmung 348
Koordinaten, verallgemeinerte 172
Kopplung, parametrische 110, 113
-, von Schwingungen 197
Kräfte, stabilisierende 247
-, ponderomotive 241
-, rücktreibende 42
Kritische Mach-Zahl für ein Ionenschall-Soliton 151
Kruskal-Schafranow-Kriterium 257

Ladungsdichteschwingungen, hochfrequente 196
Ladungstrennung 10, 297
Landau-Dämpfung 16, 86, 95, 143, 225
-Resonanz 129, 215, 317
Langmuir-Plasmafrequenz der Elektronen 14
-, der Ionen 80
Langmuir-Schwingungen 14, 15, 79, 81
Langmuir-Turbulenz 138
-Welle 207
Langmuirsche Doppelschicht 327
Langmuirwellen, monochromatische 114
Larmorfrequenz 156
-radius 156
Leitfähigkeit, elektrische 34, 35
Leitfähigkeitstensor 195
Linienstrahlung 57
Lorentzkraft 180

Mach-Zahl 151, 155
-, kritische (Ionenschall-Soliton) 151
-, kritische (Magnetschall-Soliton) 336
Magnetfeld, der Erde 173
-, toroidales 167
-druck 182
Magnetische Flächen 235
-, Zerstörung von 239
Magnetische Inseln 239
Magnetischer Spiegel 166
Magnetisches Moment 157, 214
Magnetobremsstrahlung 310
Magnetohydrodynamik 181, 184
-, im Magnetfeld 181
-, ohne Magnetfeld 69
-, stoßfreie 75
-, stoßfreie, im Magnetfeld 188
-, Einflüssigkeits- 73
-, Zweiflüssigkeits- , im Magnetfeld 188
-, Zweiflüssigkeits- 72
Magnetoplasma 179
Magnetosphäre 9, 134, 189
Magnetschall 190, 215
-wellen 190
Maser-Instabilität 211
Mathieu-Gleichung 107
Maxwell-Gleichungen 45
Maxwell-Verteilung 31, 68, 88, 317
-, der Elektronen 287
Mehrfachstreuung 68
Mikrofeld 29, 62
Mikroinstabilität 292

Mikroturbulenz 348
Minimum-B-Prinzip 252
Modulation der Verteilungsfunktion 97
Modulationsinstabilität 139, 239
MHD-Generatoren 23
MHD-Regime 301

Näherung, quasilineare 119
Neoklassische Diffusion 301
Neutralteilcheninjektion 308
Neutrino 350
Neutronenstern 310, 346
Nichtgleichgewicht 332
Numerische Simulation 280
Numerisches Experiment 126

Ohmsche Heizung 305
Ohmsches Gesetz 34, 65, 182, 298, 321, 351
-, verallgemeinertes 182
Optik, geometrische 45
Orr-Sommerfeld-Gleichung 272
Oszillator, anharmonischer 337

P-Polarisation 45
Pauli-Prinzip 21
Phasenebene 94
Phasenmischung 98
Phasenraum 21, 63, 178
Phasenresonanz 101
-, Welle-Teilchen 60
Phasenverschiebung 39
Phononen 88, 108
Photonenstrahlung 25
Pinch-Effekt 233, 256, 271
Pinch-Instabilität 264
Plasma 9, 20
- im Hochfrequenzfeld 38
-, inkompressibles 245
-, interplanetares 342
-, kaltes 23
-, kosmisches 134
-, magnetoaktives 230
-, ohne Magnetfeld 9
-, terrestrisches 201
-, Einschließung 44
-, Entstehung der verschiedenen
-, Arten von 20
-, Erzeugung von 9, 20
-echo 97
-frequenz 14, 100
-frequenz, der Elektronen 198
-gleichgewicht 228
-hydrodynamik 69, 179
-kondensat 139
-rauschen 121
-rauschspektrum 124
-resonanz 47
-schall 76
-schicht, magnetfeldfreie 272
-schwingungen 14, 46, 51
-schwingungen, longitudinale 47
-simulation 24
-strahlung 18, 52
-temperatur 11
-trägheit 229, 284
-turbulenz 89, 117
-verschiebung 242
-wellen, Zerfall von 108
Plasmonen 108, 112, 139
Plateau-Bereich der Verteilungsfunktion 126
Plateau-Bildung der Verteilungsfunktion 123
Plateau-Regime 301
Poisson-Gleichung 10, 80, 197

Polarisation, einer Welle 45
-, elektrische 39
Polarisationsverluste 49, 59, 102
Polarisierung, elektrische 74
Potentialbarriere 336
Potentialsprung 328
Potentialverteilung in der Doppelschicht 329
Potenzspektrum 138
Pulsationen, turbulente 348
Pumpwelle 109, 113

Quanteninterpretation 129
Quantenplasma 21
Quasilineare Theorie 120
-, der Zyklotroninstabilität 221
- Relaxation eines Elektronenstrahls 124
Quasineutralität 10, 42, 86, 181, 191, 267, 289
-, in der Doppelschicht 329
Quasiteilchen 19, 89, 129, 213

Raumladung 83
Rayleigh-Jeans-Verteilung 88, 309
Reflexion von Wellen 46
-, von Teilchen 170
Reflexionspunkt 44
Regime, quasilineares 322
Reibungskräfte, zwischen Ionen und Elektronen 229, 284
Reibungskraft 68, 74
Rekombination 21, 22
Rekombinationsprozesse 55
Rekombinationsstrahlung 56
Relaxation eines Elektronenstrahls 123
Resonanz, Welle-Teilchen 16, 100
Resonanzbedingungen 130
Rotation, differentielle 345
Rotationstransformation 299
Rückkopplung 351
Runaway-Effekt 36
Runaway-Elektronen 36

S-Polarisation 45
Saha-Gleichung 22, 23
Sattelpunktsmethode 53
Schallgeschwindigkeit 19
Schallwellen 83
Schlauch-Instabilität 213, 215, 343
Schrödinger-Gleichung 263
Schwache Turbulenz 134
Schwebungen 129
-, nichtlineare 317
Schweif, geomagnetischer 278
Schwingungen, nichtlineare 331
Schwingungsenergie 86, 321
Schwingungssättigung, quasilineare 320
Selbstinduktion 241
Selbstkonsistentes Feld 63
Selbstmodulation 102
Sicherheitsfaktor 299
Simulation, numerische 280
Skin-Effekt 44, 187
Soliton 143, 332
Sonnenplasma 58
Spiegel, magnetische 166, 207
Stabilisierung, durch Verscherung 261, 271
-, durch ein Längsmagnetfeld 257
-, nichtlineare 134
-, von Strahlinstabilität 103
Stabilität, des Plasmarandes 243
-, eines Pinches 256

-, Energieprinzip 243
-, Sicherheitsfaktor 216, 264
Stabilitätskriterium, Kruskal-Schafranow 258
Stabilitätskriterium, Suydam 261
Stabilitätsproblem 234
Stabilitätsreserve (Sicherheitsfaktor) 261, 264
Stellarator 236, 299
Störungen, konvektive 252
-, resonante 238
Stöße, von Ionen und Elektronen 229
-, von Teilchen im Plasma 24
-, Elektronen-Elektronen 25, 28
-, Elektronen-Ionen 25, 34, 40, 65
-, Ionen-Ionen 28, 66
Stoßwelle, stoßfreie 152
Stoßabsorption 51
Stoßbreite 332
Stoßfreie Stoßwellen, ohne Magnetfeld 153
Stoßfrequenz 26, 301
-, effektive 323
Stoßfront 330
Stoßintegral 64, 69, 135, 177
Stoßparameter 27
Stoßquerschnitt 28
-, von Elektronen-Ionen-Stößen 28
Stoßstruktur 333, 342
Stoßwellen 13
-, stoßfreie 153, 330
Strahl-Doppelbrechung 201
Strahlinstabilität 19, 98, 100, 102, 207, 218
Strahlung, von Elektronen 309
Strahlungsgürtel 221, 224
Strahlungsquerschnitt 54
Strahlungstransport 310
Streuung von Teilchen an Schwingungen 29
- von Wellen 316
-, induzierte 129
- eines Quants 130
-, von Teilchen 25, 26, 62
-, inelastische 130
Strömung, axialsymmetrische 186
Stromdichte 34, 39, 177, 196, 229, 285
Supernova 346
Suydam-Kriterium 261

Tearing-Instabilität 277
Tearing-Mode 271, 345
Teilchen-Wellen-Wechselwirkung 117
Teilchen, freie und gefangene 300
-, freie 168
-, gefangene 18, 105, 128, 168, 291
-, resonante 19, 90, 94, 100, 105, 129, 206, 215, 223
Teilchenbewegung, im Torus 167
Temperatur-Driftinstabilität 288
Temperaturanisotropie 221
Theorie, kinetische 64, 175
-, quasilineare 119, 293
Thermische Isolierung des Plasmas 187
Thermokräfte 351
Tokamak 232, 235
Trajektorien freier Teilchen 168
- gefangener Teilchen 168
Transport, turbulenter 292
Transportprozesse im Plasma 33
Transporttheorie, neoklassische 301
Tscherenkow-Effekt 16
Turbulente Heizung 315
Turbulenz, hydrodynamische 294

-, schwache 117, 134, 293
-, durch Ionenschall 138
Turbulenzspektrum 294

Umladung 25

Vektor-Potential 346
Verlustkegel 225, 319
-Instabilität 224, 227
Verlustleistung 49
Verscherung der Magnetfeldlinien 259
Verschiebung des Plasmas 242
Verschiebungsstrom 194
Verteilungsfunktion, von Elektronen 18, 83
-, von Ionen 225
-, von Strahlteilchen 208
Viskosität, magnetische 186, 347
Vorgänge, kollektive 323

Wärmebilanzgleichung 76, 288, 353
Wärmeleitfähigkeit 67, 353
- im Plasma ohne Magnetfeld, 67
-, der Elektronen 65
-, im Magnetfeld 180, 231
-, im Torus 304
-, parallel zum Magnetfeld 283
-, senkrecht zum Magnetfeld 231
Wärmeübertragung zwischen Elektronen und Ionen 52
Wawilow-Tscherenkow-Effekt 16
Wechselwirkung, kollektive 82
-, resonante 82
-, von Ionen und Wellen 318
-, Strahl-Plasma 105
-, Teilchen-Teilchen 24
-, Teilchen-Welle 16,17, 222
-, Welle-Plasma 44
-, Welle-Teilchen 82, 90, 99, 102
-, Wellen-Wellen 116
Weglänge, freie 20, 28, 30, 187, 330
Welle, außerordentliche 199, 218
-, elektromagnetische 41
-, elektrostatische 86
-, longitudinale 81
-, monochromatische 82, 95
-, ordentliche 199, 200
-, transversale 81
Wellen-Wellen-Wechselwirkung, nichtlineare 134
Wellen, cn^2-förmige 149
-, instabile 321
-, longitudinale 196
-, negativer Energie 91, 274
-, nichtlineare 146
-, parallel zum Magnetfeld 189
-, transversale 196
-, zirkular-polarisierte 199
-, Zerfall von 108
-ausbreitung 44
-front 331
-front, nichtlineare Aufsteilung 146
-paket, eindimensionales 223
-quant 110
-transformation 47
Whistler-Moden 201, 224
Widerstand, anomaler 37, 322
Wiederkehrzeit 96
Wirbelfeld, elektrisches 37, 197
Wirbelzerfall 136
Wlassow-Gleichung 64

Zentrifugaldrift 159

Zerfall einer Plasmawelle 108
Zerfallsbedingungen 115
Zerfallsinstabilität 113
-, parametrische 108, 113
Zerstörung magnetischer Flächen 238
Zustandsgleichung 32
Zweiflüssigkeitstheorie 72, 180, 195
Zyklotron-Instabilitäten 312
Zyklotron-Maser 211
Zyklotronfrequenz, Ionen- 198
Zyklotroninstabilität 312, 207
Zyklotronresonanz 165, 222

MIX
Papier aus verantwortungsvollen Quellen
Paper from responsible sources
FSC® C105338

If you have any concerns about our products,
you can contact us on
ProductSafety@springernature.com

In case Publisher is established outside the EU,
the EU authorized representative is:
Springer Nature Customer Service Center GmbH
Europaplatz 3, 69115 Heidelberg, Germany

Printed by Libri Plureos GmbH
in Hamburg, Germany